U0232436

"十四五"时期国家重点出版物出版专项规划项目

化肥和农药减施增效理论与实践丛书

丛书主编 吴孔明

耕地地力提升与化肥养分高效利用

孙 波 张旭东 陆雅海 韦革宏 等 著

科学出版社

北 京

内 容 简 介

我国耕地土壤类型丰富，但地力水平区域差异巨大，必须因地制宜，协同消减土壤障碍和稳定提升耕地地力，在长期和区域尺度上实现化肥养分的高效利用。本书针对我国主要农区的典型土壤类型，从时空格局、消障促效、培肥增效和模式集成 4 个层次，评价了地力水平与化肥养分利用效率之间的定量关系，揭示了土壤障碍对化肥养分利用的制约机制及其消减原理，阐明了作物–土壤–微生物相互作用对化肥养分利用的增效机制及其调控措施，构建了"扩增土壤蓄纳养分功能–提升生物养分转化功能"双核驱动的耕地地力综合调控理论与技术模式，为实施化肥减量增效行动、耕地质量保护与提升行动提供理论与决策支持。

本书可供农学、土壤学、生态学和环境科学等相关专业高校师生、科研人员及相关管理部门人员阅读、参考。

图书在版编目（CIP）数据

耕地地力提升与化肥养分高效利用 / 孙波等著 . —北京：科学出版社，2022.2

（化肥和农药减施增效理论与实践丛书 / 吴孔明主编）

ISBN 978-7-03-069496-6

Ⅰ.①耕… Ⅱ.①孙… Ⅲ.①耕作土壤–土壤肥力–研究 ②化学肥料–施肥–研究 Ⅳ.① S158 ② S143

中国版本图书馆 CIP 数据核字（2021）第 154246 号

责任编辑：陈 新 尚 册 / 责任校对：郑金红
责任印制：肖 兴 / 封面设计：无极书装

科 学 出 版 社 出版
北京东黄城根北街 16 号
邮政编码：100717
http://www.sciencep.com

北京九天鸿程印刷有限责任公司 印刷
科学出版社发行 各地新华书店经销

*

2022 年 2 月第 一 版 开本：787×1092 1/16
2022 年 2 月第一次印刷 印张：32
字数：760 000

定价：368.00 元
（如有印装质量问题，我社负责调换）

"化肥和农药减施增效理论与实践丛书"编委会

主　编　吴孔明

副主编　宋宝安　张福锁　杨礼胜　谢建华　朱恩林
　　　　　陈彦宾　沈其荣　郑永权　周　卫

编　委（以姓名汉语拼音为序）
　　　　曹坳程　陈立平　陈万权　董丰收　段留生
　　　　冯　固　戈　峰　郭良栋　何　萍　胡承孝
　　　　黄啟良　姜远茂　蒋红云　兰玉彬　李　忠
　　　　刘凤权　刘永红　鲁传涛　鲁剑巍　陆宴辉
　　　　吕仲贤　孟　军　乔建军　邱德文　阮建云
　　　　孙　波　孙富余　谭金芳　王福祥　王　琦
　　　　王源超　王朝辉　谢丙炎　谢江辉　熊兴耀
　　　　徐汉虹　严海军　颜晓元　易克贤　张　杰
　　　　张礼生　张　民　张　昭　赵秉强　赵廷昌
　　　　郑向群　周常勇

《耕地地力提升与化肥养分高效利用》著者名单

主要著者　孙　波　　张旭东　　陆雅海　　韦革宏　　卢升高

　　　　　　　杨劲松　　朱安宁　　刘满强　　段英华　　梁玉婷

其他著者（以姓名汉语拼音为序）

　　　　　陈海青　　陈效民　　陈　晏　　邓　欢　　窦　森

　　　　　冯有智　　韩晓增　　胡君利　　黄立华　　蒋瑀霁

　　　　　焦　硕　　兰　平　　李建刚　　李　荣　　李双异

　　　　　梁林洲　　刘德燕　　刘　杰　　刘杏梅　　孟　俊

　　　　　彭成荣　　沈健林　　师江澜　　石建初　　史　鹏

　　　　　唐家良　　田霄鸿　　王伯仁　　王　钢　　王　辉

　　　　　王　敏　　王相平　　王晓玥　　魏　锴　　吴　萌

　　　　　解宏图　　信秀丽　　徐仁扣　　徐志辉　　杨文亮

　　　　　杨云锋　　姚荣江　　于东升　　袁国栋　　袁俊吉

　　　　　张坚超　　张水清　　张文钊　　张先凤　　张玉铭

　　　　　张月平　　郑　璐　　邹文秀

丛 书 序

我国化学肥料和农药过量施用严重，由此引起环境污染、农产品质量安全和生产成本较高等一系列问题。化肥和农药过量施用的主要原因：一是对不同区域不同种植体系肥料农药损失规律和高效利用机理缺乏深入的认识，无法建立肥料和农药的精准使用准则；二是化肥和农药的替代产品落后，施肥和施药装备差、肥料损失大，农药跑冒滴漏严重；三是缺乏针对不同种植体系肥料和农药减施增效的技术模式。因此，研究制定化肥和农药施用限量标准、发展肥料有机替代和病虫害绿色防控技术、创制新型肥料和农药产品、研发大型智能精准机具，以及加强技术集成创新与应用，对减少我国化肥和农药的使用量、促进农业绿色高质量发展意义重大。

按照 2015 年中央一号文件关于农业发展"转方式、调结构"的战略部署，根据国务院《关于深化中央财政科技计划（专项、基金等）管理改革的方案》的精神，科技部、国家发展改革委、财政部和农业部（现农业农村部）等部委联合组织实施了"十三五"国家重点研发计划试点专项"化学肥料和农药减施增效综合技术研发"（后简称"双减"专项）。

"双减"专项按照《到 2020 年化肥使用量零增长行动方案》《到 2020 年农药使用量零增长行动方案》《全国优势农产品区域布局规划（2008—2015 年）》《特色农产品区域布局规划（2013—2020 年）》，结合我国区域农业绿色发展的现实需求，综合考虑现阶段我国农业科研体系构架和资源分布情况，全面启动并实施了包括三大领域 12 项任务的 49 个项目，中央财政概算 23.97 亿元。项目涉及植物病理学、农业昆虫与害虫防治、农药学、植物检疫与农业生态健康、植物营养生理与遗传、植物根际营养、新型肥料与数字化施肥、养分资源再利用与污染控制、生态环境建设与资源高效利用等 18 个学科领域的 57 个国家重点实验室、236 个各类省部级重点实验室和 434 支课题层面的研究团队，形成了上中下游无缝对接、"政产学研推"一体化的高水平研发队伍。

自 2016 年项目启动以来，"双减"专项以突破减施途径、创新减施产品与技术装备为抓手，聚焦主要粮食作物、经济作物、蔬菜、果树等主要农产品的生产需求，边研究、边示范、边应用，取得了一系列科研成果，实现了项目目标。

在基础研究方面，系统研究了微生物农药作用机理、天敌产品货架期调控机制及有害生物生态调控途径，建立了农药施用标准的原则和方法；初步阐明了我国不同区域和种植体系氮肥、磷肥损失规律和无效化阻控增效机理，提出了肥料养分推荐新技术体系和氮、磷施用标准；初步阐明了耕地地力与管理技术影响化肥、农药高效利用的机理，明确了不同耕地肥力下化肥、农药减施的调控途径与技术原理。

在关键技术创新方面，完善了我国新型肥药及配套智能化装备研发技术体系平台；打造了万亩方化肥减施 12%、利用率提高 6 个百分点的示范样本；实现了智能化装备减施 10%、利用率提高 3 个百分点，其中智能化施肥效率达到人工施肥 10 倍以上的目标。农药减施关键技术亦取得了多项成果，万亩示范方农药减施 15%、新型施药技术田间效率大于 30 亩 /h，节省劳动力成本 50%。

在作物生产全程减药减肥技术体系示范推广方面，分别在水稻、小麦和玉米等粮食主产区，蔬菜、水果和茶叶等园艺作物主产区，以及油菜、棉花等经济作物主产区，大面积推广应用化肥、农药减施增效技术集成模式，形成了"产学研"一体的纵向创新体系和分区协同实施的横向联合攻关格局。示范应用区涉及 28 个省（自治区、直辖市）1022 个县，总面积超过 2.2 亿亩次。项目区氮肥利用率由 33% 提高到 43%、磷肥利用率由 24% 提高到 34%，化肥氮磷减施 20%；化学农药利用率由 35% 提高到 45%，化学农药减施 30%；农作物平均增产超过 3%，生产成本明显降低。试验示范区与产业部门划定和重点支持的示范区高度融合，平均覆盖率超过 90%，在提升区域农业科技水平和综合竞争力、保障主要农产品有效供给、推进农业绿色发展、支撑现代农业生产体系建设等方面已初显成效，为科技驱动产业发展提供了一项可参考、可复制、可推广的样板。

科学出版社始终关注和高度重视"双减"专项取得的研究成果。在他们的大力支持下，我们组织"双减"专项专家队伍，在系统梳理和总结我国"化肥和农药减施增效"研究领域所取得的基础理论、关键技术成果和示范推广经验的基础上，精心编撰了"化肥和农药减施增效理论与实践丛书"。这套丛书凝聚了"双减"专项广大科技人员的多年心血，反映了我国化肥和农药减施增效研究的最新进展，内容丰富、信息量大、学术性强。这套丛书的出版为我国农业资源利用、植物保护、作物学、园艺学和农业机械等相关学科的科研工作者、学生及农业技术推广人员提供了一套系统性强、学术水平高的专著，对于践行"绿水青山就是金山银山"的生态文明建设理念、助力乡村振兴战略有重要意义。

中国工程院院士

2020 年 12 月 30 日

前　言

21 世纪以来，我国对耕地质量的持续建设和对化肥资源的高效管理利用支撑了粮食产量的持续增长，但也面临保持土壤健康和环境安全的压力。2015 年，我国化肥施用量约 6000 万 t，单位面积化肥用量是世界平均水平的 3 倍。我国水稻、玉米、小麦三大粮食作物的化肥利用率在 2015 年为 35.2%，2019 年达到 39.2%，但比欧美和日本等发达国家低 10 ～ 20 个百分点，仍有较大的减肥增效发展空间。在采用精确和高效施肥技术提高农田当季化肥利用率的同时，培育和提升耕地地力已经成为长期稳定提高农田化肥养分利用率、实现耕地大面积均衡减肥的根本途径。

耕地地力（cultivated land productivity）是指在特定的立地条件（气候、海拔、地形、水文等），土壤剖面理化性状，农田基础设施（农田道路、排灌设施、农田林网等）及水肥投入水平下农田土壤的生产能力。土壤是耕地地力的基础和核心，土壤由矿物质颗粒、有机质、水、空气等组成，具有一定的土壤剖面构型，其中生活着由丰富的微生物、动物和植物（根系）所形成的生物群落，生物之间的交互作用驱动了土壤生源要素和有害物质的循环和转化，支撑了农产品安全生产，维持了生态环境质量，保障了土壤生物、作物和人类健康。土壤质量（soil quality）和土壤健康（soil health）相互关联，土壤质量是形成耕地地力的物质基础，而土壤健康是发挥耕地生产和生态功能的保障，二者协同发展和优化管理已成为我国耕地质量建设的重要研究领域。

由于我国耕地土壤类型丰富，不同农区管理方式多样、地力水平差异很大，需要在揭示我国耕地地力与养分利用关系的时空格局的基础上，阐明消障提效和培肥增效机制，分区建立化肥减施增效的地力综合管理模式。我国的中低产耕地存在土壤障碍和土壤质量退化问题，而高产耕地存在土壤亚健康和土壤退化问题，盐碱、酸性、砂性、黏板、贫瘠等障碍因子与水土流失、酸化、土壤压实、污染、干旱等退化过程叠加，限制了耕地生产潜力的发挥和水肥资源的高效利用。2000 ～ 2015 年，我国在土壤学研究领域相继实施了"土壤质量演变规律与持续利用""我国农田生态系统重要过程与调控对策研究"和"粮食主产区农田地力提升机理与定向培育对策"等国家重点基础研究发展计划（973计划）项目，在土壤质量形成机制、土壤肥力和生物功能、肥料高效利用与植物营养原理方面开展了系统研究，揭示了不同管理措施下东北平原黑土、黄淮海平原潮土、南方丘陵红壤和长江流域水稻土质量的演变规律，发展了"土壤圈"物质循环理论；通过对我国主要农田生态系统养分和水分循环过程的长期定位与联网研究，提出了热量驱动的农田有机养分再循环增产增效机制和调控理论；研究了中低产田障碍因子消减与地力修复的机制和技术，建立了高强度利用下土壤耕层结构与有机质协同提升地力的机制和模式。其中，"黄淮地区农田地力提升与大面积均衡增产技术及其应用"获得 2014 年度国家科学技术进步奖二等奖，"土壤质量演变规律与持续利用"获得 2005 年度江苏省科学技术进步奖一等奖，"红壤丘陵区花生连作障碍阻控及高产高效关键技术研究与应用"获得 2015 年度江西省科学技术进步奖二等奖。

2016 年启动了"十三五"国家重点研发计划项目"耕地地力影响化肥养分利用的机制与调控"，以东北平原、华北平原、汾渭平原、长江中下游和四川盆地为 5 个重点区，聚焦黑土、潮土、黑垆土、搂土、砂姜黑土、红壤、紫色土和水稻土等 8 类主要耕作土壤类型，针对小麦、玉米、水稻和蔬菜四大作物系统，以化肥减施增效的耕地地力综合提升理论和管理模式为重心，系统研究 4 个关键科学问题：地力与养分利用率的关系及其时空变化规律、土壤障碍（酸化、盐碱、耕层板结变浅、连作障碍）制约养分高效蓄积转化的机制与消减原理、地力培肥促进根系–土壤–微生物互作与提高养分耦合利用的机制及调控途径、肥沃耕层构建与生物功能提升协同驱动养分蓄纳供应的增效机制和调控理论。项目由中国科学院、中国农业科学院与相关高等院校等 20 个单位的 56 位科研骨干、300 多位博士后和研究生协作攻关，项目实施单位包括中国科学院南京土壤研究所、中国科学院沈阳应用生态研究所、中国科学院遗传与发育生物学研究所农业资源研究中心、中国科学院东北地理与农业生态研究所、中国科学院烟台海岸带研究所、中国科学院亚热带农业生态研究所、中国科学院成都山地灾害与环境研究所、中国科学院水生生物研究所、中国农业科学院农业资源与农业区划研究所、全国农业技术推广服务中心、扬州市土壤肥料站、浙江大学、北京大学、南京农业大学、西北农林科技大学、中国农业大学、沈阳农业大学、吉林农业大学、南京师范大学、北京农学院。

项目开展的研究工作包括：①在时空格局演变规律层面，解析了农产品主产区主要耕地土壤类型地力与化肥氮磷利用率的定量关系及其时空演变规律，揭示了地力水平影响化肥氮磷利用率的主控因素，阐明了不同区域通过培育地力减施化肥的潜力与对策措施，构建了服务于化肥减施增效的耕地地力管理大数据平台；②在土壤消障提效机制层面，明确了耕地酸化、盐碱、结构性障碍与连作障碍制约化肥养分利用率的关键指标和致障阈值，揭示了不同障碍类型制约土壤养分扩库与循环利用的作用机制，提出了土壤障碍分类阻控原理与高效消减技术途径；③在耕地培肥增效机制层面，解析了根系–土壤–微生物互作对碳氮磷耦合转化和高效利用的作用机制，揭示了中东部集约化农区与西部旱作农区典型耕作和轮作制度及培肥措施对土壤氮磷养分保蓄与释放的影响，提出了优化培育模式 → 提升耕地地力 → 提高化肥养分利用率的综合技术对策；④在综合管理理论模式层面，明确了典型区域土壤耕层结构、生物功能、养分库容对化肥养分利用率的影响及主控因素，基于"扩增土壤蓄纳养分功能"和"提升生物养分转化功能"的双核驱动理论，提出了消减土壤障碍和构建肥沃耕层的措施，分别建立了黑土肥沃耕层构建的玉米–大豆培肥减施模式、潮土碳氮协同管理的小麦–玉米培肥减施模式、紫色土快速增厚熟化的玉米垄作培肥减施模式、红壤酸化修复与微生物功能提升的玉米/花生–绿肥培肥减施模式、红壤性水稻土秸秆高效管理的稻–稻–肥/藻培肥减施模式，实现了化肥减施和增产增效目标。

　　项目累计发表英文论文 277 篇（其中在 *Nature Communications*、*The ISME Journal*、*Microbiome* 等 SCI 一区期刊发表论文 88 篇），发表中文核心期刊论文 147 篇；授权发明专利 20 项，取得软件著作权 14 项；项目 4 位骨干分别获国家自然科学基金优秀青年科学基金项目、国家"万人计划"青年拔尖人才项目、国家青年千人计划项目资助。项目相关成果先后获国家科学技术奖 1 项、省部级科学技术奖 9 项。"我国典型红壤区农田酸化特征及防治关键技术构建与应用"获得 2018 年度国家科学技术进步奖二等奖，"西北旱区豆科植物根瘤菌资源多样性及其生态适应性研究"获得 2016 年度陕西省科学技术奖一等奖，"黑土肥力形成与调控"获得 2017 年度吉林省自然科学奖一等奖，"黄土高原农果牧复合循环技术集成与示范"获得 2018 年度陕西省科学技术奖一等奖，"河南省高标准粮田耕地质量提升技术集成与应用"获得 2016 年度河南省科学技术进步奖二等奖，"产表面活性剂的堀越氏芽孢杆菌及其分离方法和应用"获得 2019 年度吉林省专利优秀奖，"苏打盐碱地水稻种植'一提双增'调控关键技术的创新及应用"获得 2020 年度吉林省科学技术进步奖二等奖，"黄淮海平原潮土质量与粮食产量协同提升技术创新及应用"获得 2020 年度河南省科学技术进步奖二等奖，"长期覆盖条件下旱田土壤肥力演变规律及其提升关键技术创制与应用"获得 2020 年度辽宁省科学技术进步奖一等奖，"黑土区耕地土壤快速培肥关键技术创新与应用"获得 2020 年度黑龙江省科学技术进步奖一等奖。

　　本书是对项目研究成果的系统总结，目标是以项目研究数据为核心，立论有据，著书有源，促进耕地保育学科的发展。本书共 12 章，其中第 1 章、第 11 章和第 12 章由孙波主持撰写，第 2 章至第 10 章分别由段英华、卢升高、杨劲松、朱安宁、刘满强、陆雅海、梁玉婷、张旭东、韦革宏主持撰写，项目骨干和相关人员参与了各章节的撰写。在本书脱稿之际，谨向为项目研究和本书撰写付出辛勤劳动的各位同仁，以及所有关心支持本项目的各位前辈、领导和合作单位表示衷心的感谢与诚挚的敬意。

　　由于著者水平有限，书中一些观点有待进一步研究和验证，不足之处恐难避免，敬请同行专家和读者批评指正。

孙　波

2021 年 6 月于南京

目　　录

第 1 章 绪 论

1.1 我国粮食安全生产面临的耕地资源与土壤质量退化问题

1.1.1 耕地资源问题

我国目前的粮食和其他主要农产品供需关系总体上表现出"总量基本平衡、结构性短缺、长期性偏紧"的格局。由于人口增加伴随城镇化和工业化的发展，膳食结构升级、工业用途拓展，对饲料用粮和工业用粮的需求快速增加，同时现有一些农产品品种缺口可能继续扩大。2016～2019 年，我国粮食总产达 6.16 亿～6.64 亿 t，基于 14.5 亿人口数和人均 500kg 粮食需求量，预计 2030 年粮食需求量将达 7.25 亿 t（中国科学院农业领域战略研究组，2009）。2016～2019 年，我国每年进口粮食维持在 1 亿 t 以上（1.06 亿～1.31 亿 t），2019 年进口谷物 1785 万 t、大豆 8851 万 t，相当于进口约 7 亿亩（1 亩 ≈ 666.7m²，后文同）耕地的产能。我国幅员辽阔，农业自然资源及其时空配置复杂多样，但水土资源及其利用存在总量不足、质量不高、配置不协调、利用不合理的问题，需要解决资源硬约束问题以保障农产品安全生产和生态环境的可持续发展，因此实施"藏粮于地、藏粮于技"战略对于保障我国的粮食安全十分重要。

1.1.1.1 耕地资源总量不足、质量不高

我国耕地资源不足，2019 年末耕地总面积为 20.23 亿亩（约合 1.3487 亿 hm²），人均耕地仅 1.44 亩（0.096hm²），不足世界平均水平的 40%，而且可耕地已基本利用，后备耕地资源少、条件差、开发利用难度大。我国耕地中高产田（1～3 等地）、中产田（4～6 等地）和低产田（7～10 等地）面积分别占耕地总面积的 31.24%、46.81% 和 21.95%（表 1-1），其中低产田土壤障碍多、改良难度大，而中产田障碍较少、增产潜力较大（农业农村部，2019）。总体上我国耕地基础地力对粮食产量（小麦、玉米、单季稻）的平均贡献率为 45.7%～60.2%（汤

表 1-1 我国 9 个农业区耕地面积和等级分布比例（农业农村部，2019）

区域	面积/（×10⁶hm²）	平均等级	比例/%		
			低产田	中产田	高产田
东北区	29.93	3.59	7.90	40.08	52.01
内蒙古及长城沿线区	8.87	6.28	48.45	38.79	12.76
黄淮海区	21.40	4.20	10.64	49.22	40.15
黄土高原区	11.33	6.47	54.76	32.08	13.16
长江中下游区	25.40	4.72	18.17	54.56	27.27
西南区	20.93	4.98	21.67	56.21	22.12
华南区	8.20	5.36	34.54	40.13	25.33
甘新区	7.73	5.02	23.08	54.55	22.36
青藏区	1.07	7.35	65.79	32.56	1.65

注：百分比之和不为 100% 是因为有些数据进行过舍入修约，下同

勇华和黄耀，2009），比农业发达国家低了 20～30 个百分点。如果通过地力提升措施将中产田平均提高 1 个等级，可实现新增粮食综合生产能力 800 亿 kg 以上。

1.1.1.2 水土资源配置不协调、利用不合理

我国农业生产中水土资源区域分布不协调，东部气候湿润、水源充足，拥有全国 90% 的耕地，而西部干旱、半干旱或高寒区耕地只占全国的 10%；南方水资源占全国总量的 4/5，但耕地不到全国的 2/5，北方水资源只占全国总量的 1/5，但其耕地却占全国的 3/5。近 20 年来我国粮食生产重心已从南方转移到了北方，东北和黄淮海地区粮食产量目前已占全国的 53%，其中商品粮占全国的 66%，而水资源仅占 15% 左右，导致农业生产布局与自然资源分布不匹配。"北粮南运"相当于每年要由北方向南方输送 300 亿 m^3 的水资源，加剧了北方水资源短缺的问题（夏军等，2008；张桃林，2015）。

我国耕地利用强度大，是美国的 2.2 倍、印度的 3.3 倍。美国大量耕地每年实行强制休耕，我国则是采用增加复种指数等方式来保证以较少的耕地资源生产出更多的粮食，耕地很少有休养生息的机会，结果往往是土地产出率高，但资源利用率和劳动力生产率低（Zhang et al.，2010）。同时，农业基础设施薄弱的问题仍未得到根本改善，农业抵御灾害的能力还比较弱。农田有效灌溉面积仅占 51.8%，农田灌溉水利用系数仅为 0.52，平均水分生产力约为 1.0kg/m^3，明显低于发达国家 1.2～1.5kg/m^3 的水平（张桃林，2015）。

1.1.2　土壤质量退化问题

目前，我国农业资源环境受外源性和内源性污染的双重影响，加剧了土壤和水体污染、农产品质量安全风险。一方面，工矿业和城乡生活污染向农业系统转移排放，导致农产品产地环境质量下降和污染问题凸显；另一方面，农业生产系统中化学品过量使用，以及农业废弃物（畜禽粪污、农作物秸秆和农田残膜等）不合理处置，造成严重的农业面源污染（朱兆良等，2006）。根据联合国粮食及农业组织预测，2050 年全球粮食生产的氮肥需求量将从 74Tg N/年增加到 107Tg N/年，为了控制全球粮食生产导致的农业面源污染水平，氮盈余量需要从目前的 100Tg N/年降低到 50Tg N/年，氮肥利用率（nitrogen use efficiency，NUE）需要从平均 40% 增加到平均 70%，其中欧盟和美国 NUE 需要增至 75%，而中国和亚洲其他国家需要增至 60%。然而，1961～2011 年我国氮肥利用率已降至全球最低，而氮盈余量升至全球最高（Zhang et al.，2015）。因此，我国亟须提高肥料利用率以解决粮食安全和环境安全的双重压力。

1.1.2.1 化肥用量偏大，化肥利用率偏低

2013 年，我国农业化肥用量为 5912 万 t，按农业种植面积（包括果园等）计算化肥用量为 321.5kg/hm^2，远高出世界平均水平，分别是美国的 2.6 倍和欧盟的 2.5 倍。我国 2002～2005 年水稻、小麦和玉米施肥量分别为 294.8kg/hm^2、263.6kg/hm^2 和 269.6kg/hm^2，氮肥利用率分别为 27.3%、38.2% 和 31.0%，磷肥利用率分别为 13.0%、16.9% 和 15.3%，钾肥利用率分别为 28.1%、25.6% 和 30.5%（闫湘等，2017）。由于近年来实施测土配方施肥措施，目前我国小麦、水稻、玉米的平均氮肥用量分别为 210kg/hm^2、210kg/hm^2、220kg/hm^2，已进入水环境安全阈值范围（225kg/hm^2），小麦、玉米、水稻的氮、磷和钾肥的平均当季利用率分别为 33%（30%～35%）、24%（15%～25%）和 42%（35%～60%）（农业部，2013）。随

着实施化肥农药使用量零增长行动，我国水稻、玉米、小麦三大粮食作物化肥利用率由 2015 年的 35.2% 增加到 2019 年的 39.2%，但仍然比世界先进水平低 10～20 个百分点。

我国化肥用量存在突出的区域不平衡问题，山东、江苏等地区化肥用量超过 390kg/hm²，内蒙古、贵州等地区施用量低于 195kg/hm²，特别是我国果园、设施蔬菜地、茶园的化肥平均用量分别达到 555kg/hm²、365kg/hm²、678kg/hm²，而且果菜茶种植总面积仍在增加，加剧了区域化肥过量施用的状况（杨林章和孙波，2008；张福锁，2008；倪康等，2019）。虽然在不同气候、土壤和作物产量目标下，作物化肥养分利用率有较大差异，但我国农业化肥利用率总体上仍有较大的提升空间。

1.1.2.2　农业废弃物还田利用率和回收率低

我国每年产生约 38 亿 t 畜禽粪污，排放的氮、磷量已经超过农业化肥氮、磷的排放量，而其化学需氧量（chemical oxygen demand，COD）排放占我国农业生产排放的 COD 总量的 90% 以上。2013 年，我国饲养生猪约 12 亿头，年出栏 7 亿头左右，其中 500 头以上的规模化养殖场占 40% 左右。然而，规模化养殖场废弃物处理设施配套比例不足 50%，畜禽粪便养分还田率不到 50%。2007 年，对全国污染源的第一次普查表明，畜禽养殖排泄物氮、磷排放总量分别达到 10.24 亿 t 和 16.04 亿 t（环境保护部等，2010），同时，这些有机废弃物还存在重金属和抗生素超标现象（Jia et al.，2016）。总体上，我国农田径流和淋洗进入水体的氮量分别占施氮量的 5% 和 2%，NH_3 挥发进入大气的氮占 11%～16%，其中水田损失高于旱地（朱兆良等，2006；Chen et al.，2014；Wang et al.，2018），因此，我国农业中种植业和养殖业导致的面源污染十分严重（Sun et al.，2012）。

2015 年，我国主要农作物秸秆可收集资源量为 9.0 亿 t，秸秆综合利用率为 80.1%，其中秸秆肥料化利用率为 43.2%。2015 年，我国农膜用量达 260 多万吨，其中地膜用量为 145 万 t，因广泛使用超薄地膜（＜0.008mm），其回收率一般低于 60%，致使每年有约 58 万 t 农膜残留在土壤中，影响土壤的结构和通透性，降低了作物对土壤养分和水分的利用。随着秸秆还田和有机肥替代化肥行动的持续推进，2019 年我国秸秆综合利用率增加到 83.7%，畜禽粪污资源化利用率达 70%，但在肥料化利用方面仍有提升潜力。

1.1.2.3　区域性土壤退化和土壤污染问题突出

近 30 年来，我国耕地肥力状况总体向好（徐明岗等，2015）。据农业部国家级耕地质量监测数据，1985～2006 年在常规施肥管理条件下，农田大量养分含量总体表现为上升趋势，土壤全氮、有效磷、速效钾平均含量分别为 1.55g/kg、27.4mg/kg、127mg/kg，分别提升了 19%、330%、67%（全国农业技术推广服务中心和中国农业科学院农业资源与区划研究所，2008）。根据 2005～2014 年测土配方施肥项目数据，我国耕层土壤有机质平均含量为 24.7g/kg，与全国第二次土壤普查数据对比，提高了 4.85g/kg（增加了 24.5%），但西北地区（甘肃和青海）耕层土壤有机质含量下降（杨帆等，2017）。耕层土壤有机质含量增加的主要原因在 2000 年前是化肥投入增加导致的根茬量增加，在 2000 年以后是实施了秸秆还田和增施有机肥措施（Zhao et al.，2018）。但是，我国耕地土壤 C：N：P 仍然不协调，我国表层（0～10cm）富含有机质土壤的 C：N：P 约为 134：9：1（Tian et al.，2010），低于全球表层土壤 C：N：P（186：13：1），导致土壤供应和作物生长需求之间供需错配，影响土壤生产力。

然而，我国耕地仍然存在区域性质量下降问题，退化耕地面积已占耕地总面积的 40% 以上，在高强度农业利用下红壤加速酸化、土壤次生盐碱化、耕作层变薄和板结黏闭、土壤连作障碍等严重影响耕地生产能力的发挥。目前，我国水土流失耕地面积约 3.6 亿亩，盐碱耕地面积约 1.14 亿亩，强酸和极强酸性（pH＜5.5）耕地面积约 2.61 亿亩，沙化耕地面积约 3843 万亩。我国耕地表层土壤 pH 在 20 世纪 80 年代以来已下降了 0.13～0.80（Guo et al.，2010），每年设施蔬菜和豆科作物遭受连作障碍的面积分别达 5000 万亩和 3000 万亩。此外，我国耕地还存在重金属和农药污染问题，影响了土壤健康和农产品质量安全。2014 年调查结果表明，耕地土壤点位超标率达 19.4%，主要污染物为镉、镍、铜、砷、汞、铅、滴滴涕和多环芳烃（环境保护部和国土资源部，2014），其中南方地区（特别是西南地区）土壤重金属污染风险最大（Chen et al.，2015）。

1.2 地力提升与养分高效利用的国际研究进展

1.2.1 打破土壤次生障碍对化肥养分利用制约的原理与技术

20 世纪 90 年代，为应对资源和环境对粮食生产的约束，国际上提出发展集约化可持续农业（Cassman，1999），欧盟制定的"2020 计划"提出通过提高土壤质量稳定提升农业生产效率。21 世纪以来，国外研究主要集中在消减土壤障碍和提升土壤功能两个层面，其中美国农业部盐土实验室（Salinity Laboratory, Agricultural Research Service, USDA）与澳大利亚联邦科学与工业研究组织（Commonwealth Scientific and Industrial Research Organization，CSIRO）等在打破土壤障碍对化肥养分利用的制约方面开展了系统研究，美国康奈尔大学（Cornell University）、法国国家农业科学研究院（Institut Nationale de la Recherche Agronomigue，INRA）和瑞士有机农业研究所（Research Institute of Organic Agriculture，FiBL）等在揭示化肥养分高效利用的土壤生物物理机制方面取得了显著进展，而荷兰瓦赫宁根大学（Wageningen University & Research）和加拿大萨斯喀彻温大学（University of Saskatchewan）等建立了有效的地力分区管理与综合培肥模式。

耕地不合理的管理导致土壤退化。全球退化土壤中，物理性与化学性退化分别占 4.2% 和 12.2%，尤以酸化、盐碱化和连作障碍为重。长期大量施用铵态氮肥加速了土壤酸化，并衍生板结和耕层变薄等次生障碍，进而降低土壤养分库容、抑制作物根系对养分的吸收（Ahmad et al.，2009）。合理配施有机肥和无机肥，以及采用诱导作物根系释放碱性物质的措施可以减缓耕地土壤酸化、改善土壤结构（Hulugalle et al.，2007；Schroder et al.，2011）。针对土壤盐碱化导致的作物吸收养分失衡障碍（Paul and Lade，2014），通过联合采用土壤调理与生物调控技术可以有效提升作物对养分的吸收效率（Sakadevan and Nguyen，2010），而应用土壤水-盐-肥运移模型（如 HYDRUS 2D/3D）可以在区域尺度上指导盐碱土的改良（Šimunek et al.，2011）。长期连作在导病型土壤上导致作物根系对养分的吸收效率下降（Lakshmanan et al.，2014），定向培育抑病型的土壤肥力性状和微生物区系已成为提高化肥养分利用率的重要策略（Mendes et al.，2011）。

1.2.2 土壤结构与微生物群落组装促进养分循环和化肥增效的机制

土壤的良好结构促进了有机氮的矿化和腐殖酸结合态磷的积累，提高了氮磷养分的长效供应能力（Krause et al.，2009；Wright，2009）。土壤团聚体中的碳循环可以通过代谢补偿机制促进氮磷循环（Vogel et al.，2014），而在生态系统尺度上调控碳氮磷的耦合循环促进了养分的平衡供应（Schmidt et al.，2011）。调控活性有机碳输入可以增强土壤结构体中有机质的积累（Six and Paustian，2014；Sokol and Bradford，2019），特别是促进微生物热点区域（microbial hotspot，包括有机碎屑区、根际、生物孔隙、团聚体）微生物群落结构的形成（Kuzyakov and Blagodatskaya，2015），从而发挥土壤的生物功能。土壤结构体内部的空间结构（孔隙）和有机碳及氮磷养分的分异影响了微生物群落的结构与分布（Ruamps et al.，2011），而土壤结构体中微生物食物网（包括土壤原生动物、后生动物和微生物）的交互作用也影响了微生物的分布及其养分转化功能，农业管理措施和团聚体结构共同影响了线虫组成，从而通过线虫对微生物的选择性取食影响了微生物的多样性与活性（Briar et al.，2011）。

土壤微生物不同类群的生理生态特征影响其选择（selection）、漂移（drift）、扩散（dispersal）和突变（mutation）过程，从而影响其生物地理学分布（Hanson et al.，2012）。随着高通量测序技术的发展，2014～2020 年国际学者相继绘制了真菌（Tedersoo et al.，2014）、细菌（Delgado-Baquerizo et al.，2018）、线虫（van den Hoogen et al.，2019）、蚯蚓（Phillips et al.，2019）和原生动物（Oliverio et al.，2020）的全球分布图。土壤微生物群落组成在区域尺度上具有不同的生物地理格局，受到气候（如温度）、土壤性质（如 pH）、植物组成等环境因素的影响（Thompson et al.，2017；Bahram et al.，2018），土壤微生物群落组装（microbiota assembly）显著影响了其养分转化功能（Crowther et al.，2019）。在农田生态系统中，免耕/保护性农业和有机农业显著提高了土壤微生物网络的复杂性和关键种的丰度（Banerjee et al.，2019），提高了土壤微生物群落的养分转化功能。

1.2.3 土壤–根系–微生物系统促进氮磷养分协同利用的机制

土壤–根系–微生物的相互作用影响了化肥养分的利用，土壤、作物和微生物的性质及信号影响了根际养分的转化、转运与作物的吸收（图 1-1）。根系通过吸收和分泌作用改变了根际土壤的环境条件（Blossfeld et al.，2013），从而影响根际微生物组装及其对养分的转化（Philippot et al.，2013；Zhalnina et al.，2018）；根际微生物也可通过信号促进植物的生长（Belimov et al.，2009）。作物根系的生长增加了细菌网络的复杂性，而且根系与细菌间的互惠作用促进了其生物功能（Shi et al.，2016）。不同植物对复杂的氮素转化过程的影响有显著差异，可以促进或抑制土壤的硝化作用（Henry et al.，2008；Philippot et al.，2009）。在耕层土壤中，对采用 ^{13}C 标记、荧光显微成像和高通量测序等方法的研究表明，间套作与轮作影响了根际微生物组成及其对养分的转化利用（Lopes et al.，2014）。在百年尺度上，长期施用化肥和有机肥分别提高了贫营养型与富营养型微生物区系的丰度，增加了氮磷养分矿化的活性（Francioli et al.，2016）。在有机农业系统中配施有机肥和磷细菌可提高土壤微生物多样性，减施化肥 30% 以上（Mäder et al.，2002）。因此，调控土壤根际微生物区系和施用生物有机肥已成为有效的减肥途径。

丛枝菌根真菌（arbuscular mycorrhizal fungi，AMF）定植在植物根系皮层细胞内形成丛枝结构，这种共生体系促进作物在养分缺乏条件下对养分的吸收（Campos-Soriano and Sequndo，2011）。AMF 产生的根外菌丝扩展到土壤中，在土壤团聚体中与微生物区系和微域环境形成密切联系（Bonfante and Genre，2010）。AMF 吸收水和氮磷等养分传输给宿主植物，宿主植物将碳水化合物以己糖的形式回馈给 AMF 作为碳源（Kiers et al.，2011；Walder and van der Heijden，2015）。在生态系统中，AMF 通过复杂的菌根网络改变植物间的营养平衡，影响土壤养分的循环（Hodge and Fitter，2010）。AMF 侵染植物根系能诱导植物合成

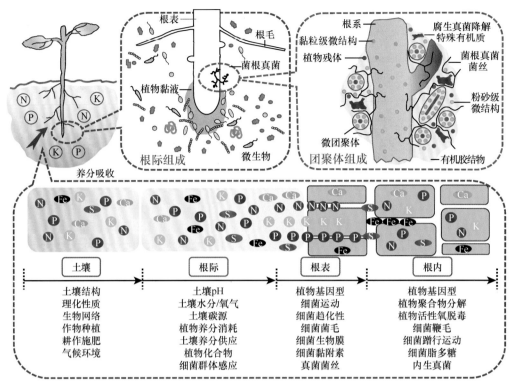

图 1-1　土壤–根系–微生物系统组成及养分在界面间转化迁移的影响因素

多种信号物质，如水杨酸、茉莉酸、类黄酮、一氧化氮、过氧化氢和 Ca^{2+} 等，促进了菌根共生体的形成。缺磷条件可以诱导植物产生独脚金内酯（strigolactone），促进侧根和根毛发育（Gomez-Roldan et al.，2008），也可以促进菌根真菌分枝（Ruyter-Spira et al.，2013）；脂质几丁寡糖（lipochitooligosaccharide）作为内共生信号分子可以刺激丛枝菌根形成和根系发育（Tisserant et al.，2013）。环境氮磷水平影响了菌根真菌的生长及其对植物的侵染率（Nouri et al.，2014），水稻的菌根对氮和锌的协调吸收促进了菌根的生长（Corrêa et al.，2014）。因此，通过调节作物根系分泌物、根际微生物及环境氮磷水平可以促进根与菌根真菌的共生和对养分的吸收利用。

1.2.4　提高化肥养分利用率的地力综合管理模式

耕地地力综合管理是指根据区域气候–作物–土壤条件，运用耕作、轮作、施肥管理结合增加土壤生物多样性等农艺措施培育耕地地力，实现化肥养分利用率和作物产量协同提高的目标。欧美发达国家耕地资源丰富，可以兼顾粮食生产和环境保护目标，主要采取保护性耕作措施提高基础地力（Pittelkow et al.，2015），加拿大建立了小麦间歇性免耕模式恢复地力（Daraghmeh et al.，2008）；美国通过豆科作物轮作增加土壤碳、氮库容，平均提高氮肥利用率达 17%（Gardner and Drinkwater，2009）。而在非洲干旱区，通过建立地力差异化管理措施来提高化肥养分利用率（Tittonell and Giller，2013）。另外，通过生物培育措施改善土壤生物功能可以提高化肥养分利用率，在南非氧化土上引种固氮蓝藻可显著改善土壤结构和肥力，促进了玉米生长（Maqubela et al.，2009）。目前，通过调控作物根际土壤生物功能协同提高土壤地力和减少养分损失已成为提升土壤综合服务功能的有效途径（Wagg et al.，2014）。

1.3　地力提升与养分高效利用的国内研究进展

1.3.1　土壤质量演变与养分循环调控

从 20 世纪 80 年代起，我国相继实施了"中低产田改造""沃土工程""高标准农田建设""测土配方施肥"等行动计划，在重点区域实施了"东北黑土地保护利用""渤海粮仓科技示范工程"等项目，显著促进了耕地土壤质量提升和生态环境保护（Bryan et al.，2018）。中国科学院、中国农业科学院、中国农业大学、南京农业大学、浙江大学等依托 20 世纪 80 年代建立的中国生态系统研究网络和土壤肥力与肥料效应监测网，开展了农田生态系统养分循环和土壤质量长期演变规律的研究。

通过研究建立了基于基层分类标准的土壤系统分类体系，出版了各省区《中国土系志》（张甘霖等，2013；麻万诸和章明奎，2017），系统评价了我国农田化肥养分平衡和养分利用的时空变化特征（杨林章和孙波，2008；李书田和金继运，2011；闫湘等，2017），提出了不同气候带农田有机养分再循环的增产增效机制（杨林章和孙波，2008），建立了基于作物养分需求的化肥和有机肥调控技术途径（张福锁等，2006；Cui et al.，2018），发展了黑土、潮土、红壤、水稻土的土壤质量评价指标、培育理论与培肥技术（曹志洪和周健民，2008；段武德等，2011；周卫，2015）。通过长期研究，主要粮食产区农田土壤有机质演变与提升综合技术、黄淮地区农田地力提升与大面积均衡增产技术及其应用、黄土高原旱地氮磷养分高效利用理论与实践、苏打盐碱地大规模以稻治碱改土增粮关键技术创新及应用、南方低产水稻土改良与地力提升关键技术、我国典型红壤区农田酸化特征及防治关键技术构建与应用、黑土地玉米长期连作肥力退化机理与可持续利用技术创建及应用、有机肥作用机制和产业化关键技术研究与推广、克服土壤连作生物障碍的微生物有机肥及其新工艺等成果先后获得国家科学技术奖。目前，针对我国耕地地力和施肥水平的多样性与复杂性，亟须在不同时空尺度上系统开展耕地地力提升与化肥养分高效利用之间的关联机制研究，评价不同区域农田化肥减施增效潜力和限制因子，开展耕地地力和养分资源协同管理理论、技术与区域调控模式的综合研究。

1.3.2　培肥促进土壤团聚体形成和微生物演替机制

在农田土壤有机质和养分库容提升机制方面，我国学者利用同步辐射、^{13}C-核磁共振（^{13}C-NMR）等技术深入研究了秸秆还田和保护性耕作等对不同类型土壤的团聚体结构与养分库容的协同促进作用，发现不同气候条件下土壤中秸秆分解的芳香化过程趋同（Wang et al.，2012）；长期施用有机肥和免耕促进了不同旱地土壤>0.25mm 团聚体中碳氮磷的积累（宋春等，2010；王仁杰等，2015；邢旭明等，2015；Shu et al.，2015；Yu et al.，2015），显著增加了水稻土>1mm 团聚体中有机碳氮的积累（郭菊花等，2007；陈晓芬等，2013；李文军等，2014），但不同粒径团聚体中养分积累速率随土壤类型的不同而变化（刘震等，2013）。潮土粉粒级团聚体和厌氧型微生物对有机质的积累起到关键作用（Zhang et al.，2014），施用有机肥促进芽孢杆菌（*Bacillus asahii*）成为优势微生物，提升了有机质积累能力（Feng et al.，2015）。基于长期施肥试验，在长期尺度上阐明了典型耕地土壤类型保持有机质平衡的有机碳投入阈值，揭示了土壤有机质提升在总体上增产和促进氮素利用的趋势（Duan et al.，2014；徐明岗等，2015），并在不同粮食主产区建立了农田土壤有机质和地力提升的技术规程与模式（曹卫东和徐昌旭，2010；农业农村部种植业管理司和农业农村部耕地质量监测保护中心，2019）。

国内学者开展了针对不同区域农田土壤微生物分布格局的研究，发现东北平原（辽宁昌图至黑龙江讷河）黑土细菌和真菌数量与多样性均受到土壤有机质含量的影响，随纬度增高而降低，而土壤 pH 仅影响土壤细菌的多样性分布（Liu et al.，2014，2015）。在华北平原，由于作物种植管理模式相似，麦田土壤细菌群落构建在 150～900km 距离以随机性过程为主，在大于 900km 距离时以确定性过程为主（Shi et al.，2018）。在从寒温带到热带的区域尺度上，轮作系统显著改变了水稻土微生物的生态网络结构，不同水稻土中共有的网络关键细菌（根瘤菌目 Rhizobiales）和真菌（肉座菌目 Hypocreales）具有调控氮磷转化的作用（Jiang et al.，2016）。在亚热带稻作区，施用化肥和有机肥增加了区域尺度上水稻土细菌群落结构的相似性（Chen et al.，2017）。

基于长期耕作施肥试验，应用稳定性同位素探针、高通量测序和基因芯片等技术推进了对长期施用有机肥条件下土壤微生物演变机制的认识，深入揭示了土壤团聚体中微生物对养分转化的作用。在黑土旱地施用有机肥显著增加了富营养型细菌和植物有益真菌的数量，而施用化肥导致潜在植物致病真菌数量增加（Hu et al.，2017，2018）。在碱性潮土中施用有机肥显著提高了氨氧化细菌的数量（Shen et al.，2008），增加了影响碳和磷转化的关键微生物 [如菌根真菌和风井氏芽孢杆菌（*Bacillus asahii*）] 丰度（Lin et al.，2012；Feng et al.，2015）。在砂姜黑土中施用有机肥通过改变土壤 pH 显著恢复了由施用化肥而降低的微生物多样性（Sun et al.，2015），但长期施用化肥和有机肥抑制了小麦根际固氮菌群落 [优势种有寡营养型地杆菌（*Geobacter* spp.）] 的生长及其固氮活性（Fan et al.，2019）。在红壤旱地中，长期施用有机肥可以增加花生根际具有碳氮磷协同转化功能的解磷微生物 [与几丁质细胞噬菌体（*Chitinophaga pinensis*）和亚硝基螺菌（*Nitrospira moscoviensis*）相关] 数量，但施用猪粪和石灰降低了固氮菌的数量和多样性（Chen et al.，2018；Li et al.，2018）。在缺磷红壤性水稻土中长期平衡施肥提高了氮转化功能基因的多样性和转化酶的活性（Su et al.，2015），绿肥与水稻轮作通过改变氮转化微生物群落结构提高了土壤供应铵态氮的能力（Gao et al.，2015）。在黑土旱地中，免耕和垄作增强了线虫与微生物对团聚体中有机碳积累的作用，在大于 1mm 团聚体中丛枝菌根真菌起主要作用，而在小于 1mm 团聚体中革兰氏阳性细菌和植物寄生线虫起主要作用（Zhang et al.，2013）。在酸性红壤中，长期施用有机肥增加了大团聚体中生物网络结构的复杂性，大团聚体中食细菌线虫对细菌的捕食作用降低了土壤呼吸熵（Jiang et al.，2013），而对氨氧化细菌的捕食作用提高了土壤硝化势（Jiang et al.，2014）。因此，长期平衡施用化肥和有机肥对于提升土壤微生物养分转化功能具有重要作用。

1.3.3 土壤–根系–微生物系统促进氮磷协同利用和作物抗逆的机制

在根际氮磷等养分供应不足时，作物根系通过生物化学适应机制分泌质子和有机酸等活化养分（特别是磷），也可以通过生物学形态响应机制调控根系生长和根构型以增加对土壤养分的吸收。在低磷和铝毒胁迫下，西红柿通过 14-3-3 蛋白调控根尖分泌质子促进根系生长（Xu et al.，2012），大豆通过苹果酸转运子 GmALMT1 调控苹果酸分泌（Liang et al.，2013）。在长期耕作施肥条件下土壤有效磷含量沿剖面深度逐渐下降，种植浅根系大豆品种比深根品种更有利于吸收表层土壤中较为丰富的有效磷（Wang et al.，2010）。与水稻单作中须根系的生长相比，玉米‖大豆间作系统中两种作物根系间存在不同的回避和交叉生长行为，影响了对磷的利用率（Fang et al.，2011，2013）。在低铵土壤环境下，水稻可以通过提高铵转运蛋白活性来增加单位面积根系的铵吸收能力（Shi et al.，2010）。因此，需要集成作物遗传改良、磷肥合理施用和最佳栽培模式来综合提高作物养分利用率。

在根际作物与微生物互作机制方面，发现蚕豆与玉米间作通过类黄酮（根瘤菌信号化合物）的双重分泌增加蚕豆根毛变形和结瘤，提高蚕豆固氮能力和生产力（Li et al.，2016）；揭示了籼稻根系比粳稻根系富集了更多参与氮循环的微生物类群，水稻通过 *NRT1.1B* 基因调控根系具有氮转化能力的微生物，从而影响籼稻、粳稻田间氮肥利用率（Zhang et al.，2019）。不同大豆结瘤基因型影响了根际微生物群落组成，接种根瘤菌可以促进土壤表层大豆根系的生长，增强根际微生物网络的连接，显著提高网络核心种金黄杆菌属（*Chryseobacterium*）及慢生根瘤菌属（*Bradyrhizobium*）和链霉菌属（*Streptomyces*）细菌的数量（Zhong et al.，2019）。在水稻根际有机物降解与养分释放过程中存在微生物的种间互营机制（Li et al.，2014），水稻根系分泌物中的生物硝化抑制剂 1,9-癸二醇通过抑制氨单加氧酶（ammonia monooxygenase）来抑制硝化作用，其分泌量与根际硝化抑制能力和铵态氮吸收效率存在显著正相关关系（Sun et al.，2016）。通过建立分离根系微生物的高通量微生物培养技术，研究了微生物组装和信号控制机制（白洋等，2017），促进了适应作物品种的微生物功能调控技术研究。

在植物抗逆机制方面，解析了水稻、小麦、玉米等对盐碱、酸性、贫瘠等逆境的响应机制，研究了微生物促进作物抗逆的机制。发现水稻小分子 RNA Osa-miR1848 通过调控靶基因 *OsCYP51G3* 的表达影响植物甾醇和油菜素内酯的生物合成，参与调节水稻生长发育及盐胁迫响应（Xia et al.，2015）。水稻耐铝品种偏好铵态氮，而不耐铝品种偏好硝态氮，控制水稻耐铝和氮素利用的一些遗传位点位于染色体相同区域，为协同调控水稻耐铝和氮素吸收功能提供了可能途径（Zhao et al.，2013）。在环渤海地区的中轻度盐碱地上，筛选出了耐盐小麦品种'小偃 81'和'小偃 60'，实现亩产 400kg 以上；识别了适应高盐环境的碱蓬根系细菌基因组中大量抗盐相关的基因，证实碱蓬根系细菌能帮助其他植物耐盐（Yuan et al.，2016）。针对南方酸性土壤中铝毒和低磷胁迫共存，发现菌根协同提高大豆根系抗铝毒和耐低磷的能力与菌根诱导的磷转运子 GmPT9 的表达相关（Zhang et al.，2015）。

1.3.4 耕地肥沃耕层构建与化肥养分增效技术

针对土壤酸化，通过对全国多点数据的分析阐明了施用化肥对土壤酸化的驱动机制（Guo et al.，2010），通过野外定位试验研究分析了红壤酸化对氮磷转化的制约作用，提出了生物炭改良方法（徐仁扣，2013）。针对盐碱化，基于垄作、硫酸铝改良和氮肥分次施用效应，提出了重度盐碱土提高作物产量和养分利用率的技术体系（杨劲松和姚荣江，2015）。针对连作障碍，研发了控制土壤连作障碍的新型微生物有机肥技术（沈其荣等，2010a，2010b）。

针对不同区域的耕层土壤退化，在东北平原黑土区提出"玉米免耕结合秸秆深埋的肥沃耕层构建技术"以应对耕层变薄问题（韩晓增等，2009），在华北平原潮土区建立"激发式玉米秸秆行间掩埋技术"消减土壤砂性障碍（赵金花等，2016），在关中平原和渭北旱塬塿土与黑垆土区建立小麦-玉米的"高茬还田"及"垄沟覆膜栽培"技术以减缓干旱胁迫和提升土壤有机质含量（陈辉林等，2010；南雄雄等，2011），在长江中游红壤区发展"耕层养分库和生物功能协同重建技术"消减土壤酸化和瘠薄障碍（孙波，2011），在四川盆地紫色土区构建"聚土垄作免耕–坡式梯田模式"破除耕层浅薄障碍（朱波等，2002），不同区域地力提升技术模式及一些新技术的应用显著提高了中低产田产量和养分利用率（曾希柏等，2017）。在国家尺度上，基于测土配方施肥数据和模型分析，建立了全国测土配方施肥数据管理平台，研发了县域耕地资源管理信息系统（cultivated land resources management information system，CLRMIS）并应用于 2498 个县，支撑了全国耕地地力评价和施肥决策（张月平等，2013）。

1.4　面向化肥减施增效的耕地地力综合管理研究

1.4.1　耕地地力和养分高效管理的研究方向与内容

我国近 30 年来化肥投入的增加支撑了我国粮食产量的持续增长。2015 年，我国化肥施用量约 6000 万 t，单位面积化肥用量是世界平均水平的 3 倍。我国水稻、玉米、小麦三大粮食作物化肥利用率在 2015 年为 35.2%，2019 年达到 39.2%，但比欧美国家小麦、玉米主产区的低 10 ~ 20 个百分点，因此化肥减施增效仍有较大空间。在采用精确施肥、替代施肥和施用高效肥料提高当季化肥利用率的同时，培育和提升耕地地力成为长期稳定提高化肥养分利用率、实现藏肥于土与耕地大面积均衡减肥的根本途径。

耕地地力是指在特定立地条件（气候、海拔、地形、水文等）、土壤剖面理化性状、农田基础设施（农田道路、排灌设施、农田林网等）及水肥投入水平下农田土壤的生产能力。地力因子中的土壤因子包括土壤养分（有机质、大量营养元素及必需的微量营养元素等）、土壤物理条件（土体构型、土壤障碍层、质地、孔隙等）、化学条件（酸碱度、阳离子交换量等）与生物条件（生物数量、组成和功能等）。

土壤是耕地地力的基础。土壤具有持续支撑农产品安全生产、维持生态环境质量和保障动植物及人类健康三个方面的功能，土壤质量（soil quality）和土壤健康（soil health）相互关联，土壤质量是形成耕地地力的物质基础，而土壤健康是发挥耕地生产和生态功能的保障（孙波等，1997a，1997b；赵其国等，1997）。土壤是一个包含微生物、动物和植物（根系）的生命系统，由多级生物网络交互作用驱动了养分元素和有害物质的转化与循环过程，从而影响了动植物健康，并最终影响了人类健康。土壤质量和土壤健康的协同发展与优化管理已经成为我国耕地质量建设的重要研究领域。

土壤是化肥养分转化、迁移和作物吸收养分的场所，影响耕地地力的土壤障碍因子和养分因子一方面影响土壤蓄纳与稳定供应养分的能力，另一方面也影响土壤微生物活性和根系生长，进而影响养分在土壤–作物系统中的高效转化和利用。我国耕地基础地力对粮食产量的平均贡献率为 45.7% ~ 60.2%，比农业发达国家低了 20 ~ 30 个百分点，只有通过高强度集约化管理才能同时实现粮食增产和资源增效。

耕地地力与化肥养分利用之间的关系受气候、土壤、作物、耕作、施肥等诸多因素的综合影响，必须结合区域尺度的长期综合观测，揭示耕地地力空间分布格局对化肥养分利用的多尺度影响规律，建立耕地管理模式与耕地质量及化肥养分利用率之间的关系，阐明不同区域通过培育地力减施化肥的潜力与对策措施。国内外研究均证明，提高地力是实现化肥减施的长效途径，稳定提升地力一方面增加土壤有机碳、氮、磷库容，另一方面提高微生物转化氮、磷的能力，从而提高作物对氮肥和磷肥的长期利用率。地力培育是一个长期过程，特别是中低产田地力培育难以一蹴而就，必须加强理论创新，攻克在中短期内加快提升耕地地力、实现化肥减施增效的技术难题。如果利用国家尺度长期试验平台，加强土壤学与生物学和植物营养学的交叉研究，揭示消除土壤障碍制约和培育地力促进养分利用的机制，耦合土壤蓄纳库容扩增和生物转化功能提升对养分利用的增效作用，建立以有机培肥与耕作管理为基础的综合调控技术原理和优化模式，将能够为大面积均衡减施化肥、实现"藏粮于地、藏粮于技"目标提供基础理论和技术支撑。

由于我国耕地土壤类型丰富，不同农区管理方式多样、地力水平差异巨大，需要在揭示我国耕地地力与养分关系时空格局的基础上，阐明消障提效和培肥增效机制，分区建立化肥减施增效的地力综合管理模式。我国的中低产耕地存在土壤障碍，而高产耕地存在养分过量施用和土壤质量退化问题，均制约了化肥养分的高效利用。我国中低产田的土壤原生障碍和次生障碍并存，存在盐碱、酸化、砂性、黏重板结、土层浅薄等障碍问题，叠加瘠薄、干旱、水土流失、有害物质污染等退化问题，限制了农田生产潜力的发挥和水肥资源的高效利用。我国南方耕地土壤退化以酸化和侵蚀为主，北方耕地土壤退化以盐渍化、土壤沙化和水土流失为主（张甘霖等，2010，2013；Yang et al.，2019）。典型的障碍土壤包括东北平原的薄层黑土、白浆土和苏打盐碱土，华北平原的薄层褐土、砂姜黑土、砂性潮土和滨海盐碱土，西北地区的黄绵土和绿洲盐渍土，南方丘陵区的红壤和紫色土，长江中下游的潜育型水稻土（冷浸田、青泥田）和渗育型水稻土（黄泥田、紫泥田）等。因此，面向建立耕地大面积均衡减肥技术的国家需求，亟须针对我国农产品主产区的主要土壤类型和作物类型（小麦、玉米、水稻及蔬菜），以消除土壤障碍和快速培育地力从而稳定提升化肥养分利用率为突破口，开展农田地力提升与养分利用增效机制和技术的多尺度研究。

首先，需要建立多尺度的综合研究方法体系，如分子尺度的宏基因组学第二代测序技术（metagenomics next generation sequencing，mNGS）、高通量功能基因芯片（genechip）和稳定性同位素核酸探针（DNA-SIP）技术及生物信息学分析方法，单细胞尺度的纳米二次离子质谱技术（NanoSIMS）、荧光原位杂交（FISH）、扫描电子显微镜（SEM）、流式细胞仪（FCM）和拉曼单细胞精准分选技术，团聚体尺度的 ^{13}C-核磁共振波谱分析（^{13}C-NMR）、X 射线计算机断层扫描（X-CT）和上海光源同步辐射成像技术（SSRF），田块尺度的同位素标记和原位自动观测技术，区域尺度的时空序列调查和养分循环模型等（图 1-2）。

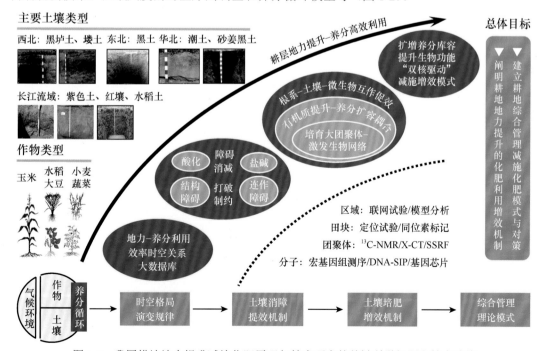

图 1-2　我国耕地地力提升减施化肥原理与技术研究的关键科学问题和技术路线

其次，基于多时空尺度的研究方法，开展土壤学与生物学和植物营养学交叉研究，解决提高化肥养分利用效率的 4 个关键科学问题：①地力与养分利用率的关系及其时空变化规律；②土壤障碍（酸化、盐碱、板结黏闭、耕层变浅、连作障碍）制约养分高效蓄积转化的机制与消减原理；③地力培肥促进根系–土壤–微生物互作提高养分耦合利用的机制及调控途径；④肥沃耕层构建与生物功能提升对养分蓄纳供应的协同驱动增效机制和调控理论。通过剖析地力和化肥养分利用率的关系及其时空变化规律与主控因素，揭示土壤障碍对养分高效蓄积转化的制约机制及其消减原理，阐明培肥地力促进根系–土壤–微生物互作功能从而促进养分耦合循环利用的增效机制，建立协同扩增土壤蓄纳养分功能和提升土壤生物养分转化功能的地力综合调控理论。

最后，基于区域气候、土壤、作物条件，建立并应用化肥减施增效的耕地地力综合管理模式、途径和对策，实现大面积均衡减肥的目标，支撑国家"藏粮于地、藏粮于技"战略的实施。

1.4.2 耕地地力和养分高效管理的研究突破点

在区域尺度和长时间尺度上，建立耕地地力与化肥养分利用率的定量关系，发展多尺度动态关系模型。基于国家尺度耕地地力和养分管理研究平台，如中国科学院的中国生态系统研究网络和中国农业科学院的国家土壤肥力与肥料效益监测站网，利用长期试验在长期尺度上建立不同管理措施下地力提升与化肥养分利用率的定量关系和预测模式；基于我国农产品主产区耕地地力与化肥养分利用率调查，从区域尺度建立不同气候、土壤及作物系统地力和障碍因子与化肥养分利用率的定量关系及预测模型。在不同时空尺度上揭示耕地地力演变过程中控制化肥养分利用率的因素，评价不同区域通过耕地地力提升减施化肥的潜力。

揭示集约化管理下地力提升促进化肥养分高效利用的界面过程机制，发展"双核驱动"养分增效的地力综合调控理论，创新化肥减施增效的理论和模式。针对集约化管理下地力提升措施对"养分输入–保蓄–供应"的促进机制，从根系–土壤–微生物界面，阐明根系分泌物和有机质关键组分与不同界面（根表、根际、团聚体）微生物网络的协同演变关系，揭示其相互作用与反馈机制对氮磷耦合循环的激发效应和增效机制。基于土壤障碍消减和肥沃耕层构建，提高土壤对养分的蓄纳供应能力；基于轮作培肥，促进根系–土壤–微生物互作效应，挖掘"固碳扩氮促磷"潜力；创建"扩增土壤蓄纳养分功能–提升生物养分转化功能"的"双核驱动"地力综合调控理论，建立化肥减施增效的地力综合管理模式。

在国家尺度上，建立耕地地力与化肥利用机制关联型的协同管理大数据平台。基于不同时空尺度耕地地力与化肥养分利用率的定量关系和影响因素研究，结合网络地理信息系统（web geographic information system，WebGIS）和分布式数据库管理系统（distributed database management system，DDBMS）融合多元数据，包括耕地质量监测、测土配方施肥、长期试验及相关社会经济等数据，集成传统的土壤分类型、农业施肥决策型和社会经济管理型数据库的优势，建立互联网分布式数据平台和基于多业务传送平台（multi-service transport platform，MSTP）的内网系统，构建国家尺度耕地地力和化肥养分高效利用的协同管理大数据平台。在此基础上，采用云计算软件（VM Ware 系列软件）开展典型区域的大数据分析，在评价耕地地力水平的基础上，分类提出化肥资源高效配置和减施化肥的区划方案，并为政府部门、企业、推广人员和农户提供咨询服务。

第 2 章　耕地地力水平与化肥养分利用率的关系

20 世纪 90 年代，国际上提出发展 "集约化可持续农业" 以应对资源和环境因素对粮食生产的约束。其核心是通过土壤质量的改善、水肥资源调控及综合管理途径来实现增产和养分利用率提升，同时达到保护生态环境的目标。提升耕地地力逐渐成为提高化肥利用率、实现作物高产的核心途径。在欧盟 "地平线 2020" 计划中，欧盟制定了通过提高土壤质量来提高小麦产量到 $20t/hm^2$、实现化肥高效利用的目标。荷兰瓦赫宁根大学等在非洲的研究表明（Fofana et al.，2008），土壤地力水平显著影响养分利用，在肥力较高的土壤中氮磷养分利用率较高，而在长期缺肥、养分耗竭的低产土壤中养分利用率对化肥投入没有响应，因此低肥力地区首先要恢复土壤地力以促进粮食安全生产。欧洲低投入高产出和非洲低投入低产出农业生产体系采用了不同的养分管理经验，为我国高投入高产出农业体系通过耕地地力提升以提高化肥养分利用率、实现高产高效和保证农业可持续发展提供了借鉴。

2.1　耕地地力分布格局及其对主要作物化肥氮磷利用率的影响

农业可持续集约化作为一项政策目标受到了广泛关注，其目的是在现有的耕地数量上的基础上，通过环境友好的管理方式增加粮食产量（Garnett et al.，2013）。品种改良、管理技术提升和土壤质量改善是实现农业可持续集约化的重要途径（Cassman，1999）。土壤地力被普遍认为是影响作物产量的重要因素（Lal，2009；Fan et al.，2013；孙波等，2017），国内外众多研究表明，土壤地力提升有助于实现作物的高产和稳产（贡付飞等，2013；Fan et al.，2013；梁涛等，2015；An et al.，2015；乔磊等，2016）。然而，对于土壤地力如何影响作物产量和养分利用率仍缺乏定量化的认识，主要原因是在区域和国家尺度上缺乏高精度的土壤数据，以及缺少适宜的土壤质量评价方法使其与土壤性质和作物产量建立有效联系（Patzel et al.，2000；Mueller et al.，2012）。另外，土壤地力在不同区域和作物系统之间存在高度异质性，会显著影响作物产量对养分投入的响应及年际的变异（Tittonell and Gille，2013；Folberth et al.，2016）。土壤地力是气候、土壤和作物管理之间相互作用的综合结果（孙波等，2017），揭示不同区域影响土壤地力及其与氮磷养分利用率关系的主控因子，对阐明通过土壤地力培肥可实现的区域增产减肥潜力和调控对策的实施具有指导意义。

2.1.1　主要作物系统土壤地力的分布特征

针对我国小麦、玉米和水稻三大主要作物，利用 2006 ~ 2012 年开展的涵盖小麦、玉米和水稻主产区的 "3414" 田间试验（n=16 143），基于通过作物估计土壤地力的方法，研究土壤地力对我国主要作物系统作物产量和氮、磷肥利用率的影响，评估我国主要作物系统土壤地力分布格局，定量化评估土壤地力对作物产量和氮、磷肥利用率的影响，探究主要作物系统土壤地力的关键影响因子。

基于作物估计土壤地力的方法是指采用不施肥条件下的作物产量为指标来估计主要作物系统的土壤地力（Fan et al.，2013）。所使用的不施肥小区是指在 1 ~ 2 年的试验时段内既没有投入有机物料（如农家肥、作物秸秆等），也没有投入化肥，但是除草、病虫害防治、灌溉等农技措施同样实施的对照小区。这个方法反映了土壤物理、化学和生物学性质对作物产量的综合影响。

结果表明，我国水稻、玉米和小麦系统的土壤地力（Yield-CK）分别为5.2t/hm²、5.5t/hm²和3.9t/hm²，且在区域之间和区域内均存在显著差异（图2-1）。在水稻系统中，南方单季稻的土壤地力显著高于南方早晚稻。土壤地力在南方单季稻系统中主要分布在4～7t/hm²，占到总体分布的82.0%；南方早稻和晚稻系统则主要分布在3～6t/hm²，分别占到总体分布的86.7%和84.6%。在玉米系统中，东北玉米的土壤地力最高，华北玉米次之，南方玉米最低。土壤地力在东北玉米系统中主要分布在4～9t/hm²，占到总体分布的77.3%；在华北玉米系统中主要分布在4～7t/hm²，占到总体分布的72.6%；在南方玉米系统中主要分布在6t/hm²以下，占总体分布的79.1%。在小麦系统中，华北小麦的土壤地力最高，西北小麦次之，南方小麦最低。土壤地力在华北小麦系统中主要分布在3～6t/hm²，占到总体分布的74.4%；在西北小麦系统中主要分布在2.5～5.5t/hm²，占到总体分布的71%；在南方小麦系统中主要分布在4t/hm²以下，占到总体分布的83.4%。

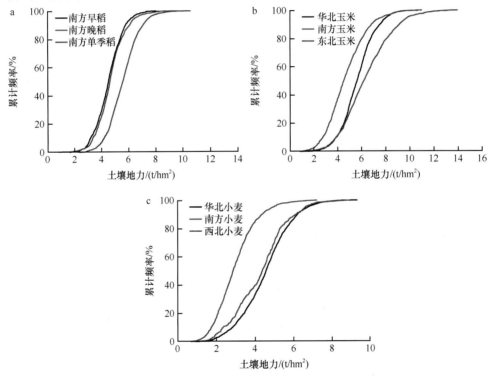

图2-1　主要水稻（a）、玉米（b）和小麦（c）系统土壤地力累计频率分布状况

根据各个作物系统土壤地力的平均值和频率分布状况，参照自然资源部《中国耕地质量等级调查与评定》等相关标准，以1.5t/hm²为步长确定不同作物系统的土壤地力等级划分节点。其中，各小麦和水稻作物系统土壤地力均划分为4个等级，各玉米系统则分为5个等级（表2-1）。结果表明，土壤地力主要分布在中等地力等级，在最低和最高地力等级中分布较少。在不同小麦系统中，中等地力等级的土壤占到总体分布的66%～74%，最低和最高地力等级的土壤分别只占12%～23%和10%～13%；在不同玉米系统中，中等地力等级的土壤占到总体分布的71%～87%，最低和最高地力等级的土壤分别只占3%～17%和6%～11%；在

不同水稻系统中，中等地力等级的土壤占到总体的 80% ～ 88%，最低和最高地力等级的土壤分别只占 4% ～ 15% 和 5% ～ 10%（表 2-1）。

表 2-1　主要作物系统土壤地力等级分布频率及其种植面积

作物系统	土壤地力等级/（t/hm²）	样本频数	样本量	频率/%	种植面积/（×10⁶hm²）
华北小麦	<3	230	1851	12.43	1.51
	3 ～ 4.5	651	1851	35.18	4.27
	4.5 ～ 6	725	1851	39.16	4.76
	>6	245	1851	13.23	1.61
南方小麦	<1.5	341	1458	23.40	1.79
	1.5 ～ 3	563	1458	38.62	2.96
	3 ～ 4.5	406	1458	27.86	2.13
	>4.5	148	1458	10.13	0.78
西北小麦	<3	138	738	18.73	0.11
	3 ～ 4.5	259	738	35.16	0.21
	4.5 ～ 6	259	738	35.16	0.21
	>6	81	738	10.95	0.07
东北玉米	<4.5	468	2739	17.09	2.05
	4.5 ～ 6	807	2739	29.46	3.53
	6 ～ 7.5	678	2739	24.75	2.97
	7.5 ～ 9	472	2739	17.23	2.07
	>9	314	2739	11.46	1.37
华北玉米	<3	44	1640	2.67	0.29
	3 ～ 4.5	265	1640	16.14	1.74
	4.5 ～ 6	671	1640	40.90	4.41
	6 ～ 7.5	487	1640	29.70	3.20
	>7.5	174	1640	10.59	1.14
南方玉米	<3	154	1219	12.66	0.86
	3 ～ 4.5	449	1219	36.79	2.50
	4.5 ～ 6	362	1219	29.69	2.02
	6 ～ 7.5	184	1219	15.12	1.03
	>7.5	70	1219	5.74	0.39
南方早稻	<3	93	1717	5.41	0.31
	3 ～ 4.5	787	1717	45.85	2.66
	4.5 ～ 6	722	1717	42.04	2.44
	>6	115	1717	6.70	0.39
南方晚稻	<3	64	1819	3.54	0.22
	3 ～ 4.5	658	1819	36.15	2.25
	4.5 ～ 6	910	1819	50.04	3.12
	>6	187	1819	10.27	0.64
南方单季稻	<4.5	445	2962	15.02	1.88
	4.5 ～ 6	1461	2962	49.31	6.17
	6 ～ 7.5	905	2962	30.54	3.82
	>7.5	152	2962	5.13	0.64

2.1.2 土壤地力对主要作物系统产量和氮磷利用率的影响

运用回归分析的方法构建了主要作物系统土壤地力与化肥氮磷投入和作物产量关系的定量模型（图 2-2 和图 2-3）。研究表明，作物产量对氮磷投入的响应在不同土壤地力等级上有显著差异。总体来看，高地力等级土壤上可获得较高的最大产量（Yield-max），在相同的施肥量条件下，高地力等级土壤上获得的产量显著高于低地力等级土壤。不同小麦系统中，最高地力等级的土壤上获得的 Yield-max 为 7.6 ～ 8.0t/hm²，而在最低地力等级的土壤上仅为 4.6 ～ 5.3t/hm²，每提高 1 个土壤地力等级，Yield-max 平均提高 15.1% ～ 18.7%；不同玉米系统中，最高地力等级的土壤上获得的 Yield-max 为 9.8 ～ 12.5t/hm²，而在最低地力等级的土壤上仅

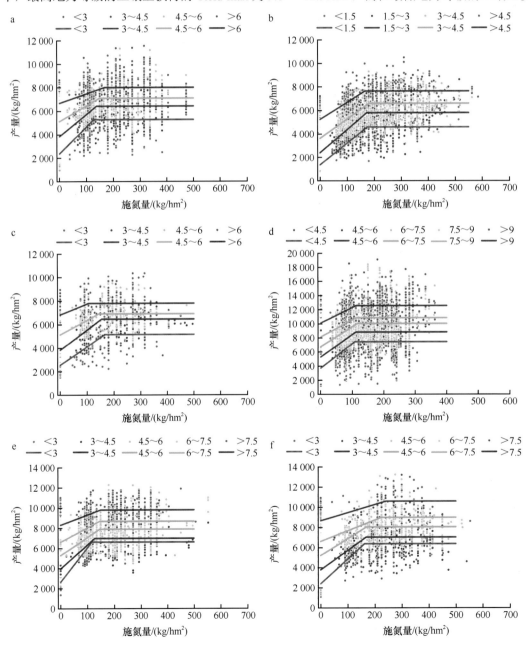

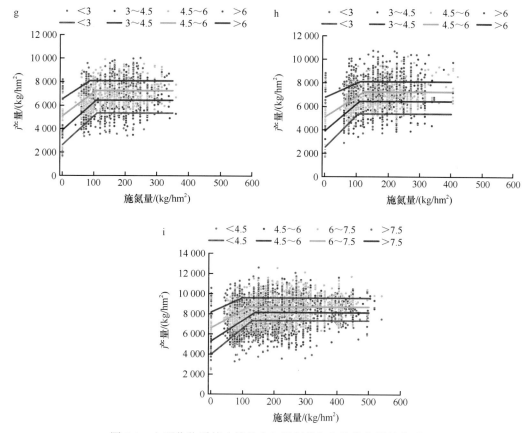

图 2-2 主要作物系统土壤地力与氮肥投入和作物产量的关系

a、b 和 c 分别表示华北小麦、南方小麦和西北小麦；d、e 和 f 分别表示东北玉米、华北玉米和南方玉米；

g、h 和 i 分别表示南方早稻、南方晚稻和南方单季稻；图例数据表示土壤地力等级，单位均为 t/hm²。图 2-3 ～图 2-7 同此

为 6.4 ～ 7.8t/hm²，每提高 1 个土壤地力等级，Yield-max 平均提高 10.4% ～ 13.6%；不同水稻系统中，最高地力等级的土壤上获得的 Yield-max 为 8.1 ～ 10.2t/hm²，而在最低地力等级的土壤上仅为 5.3 ～ 7.6t/hm²，每提高 1 个土壤地力等级，Yield-max 平均提高 9.3% ～ 14.9%。与最大产量相比，氮磷肥投入的增产效应在不同的土壤地力等级上呈现不同的变化趋势，高地力等级土壤上的增产量则低于低地力等级土壤。

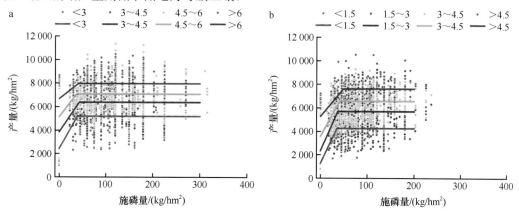

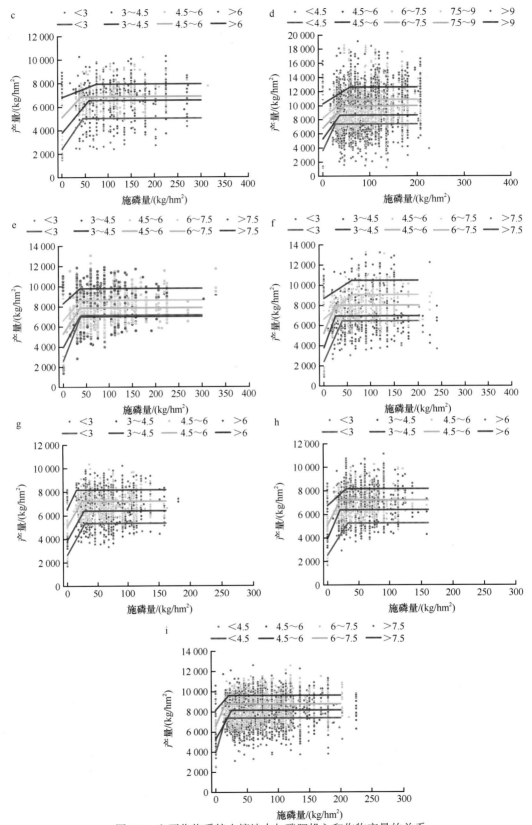

图 2-3　主要作物系统土壤地力与磷肥投入和作物产量的关系

肥料偏生产力表征在施用某一特定肥料下作物产量与施肥量的比值［partial factor productivity（PFP），单位为 kg/kg］。图 2-4 和图 2-5 表示不同土壤地力等级下氮肥偏生产力（PFP-N）和磷肥偏生产力（PFP-P）与氮磷肥投入的关系。在主要作物系统中表现出相同的变化规律，PFP-N 和 PFP-P 随着养分投入的增加均表现出逐渐降低的趋势；在相同的养分投入下，高地力等级土壤上的 PFP-N 和 PFP-P 均高于低地力等级土壤，在低投入的情况下表现得更为明显（图 2-4 和图 2-5）。我们进一步估算了在区域优化施氮量（Regional Optimized Nitrogen application rate，RON）和区域优化施磷量（Regional Optimized Phosphorus application rate，ROP）投入水平下，不同土壤地力等级下 PFP-N 和 PFP-P 的变化规律。在大部分作物系

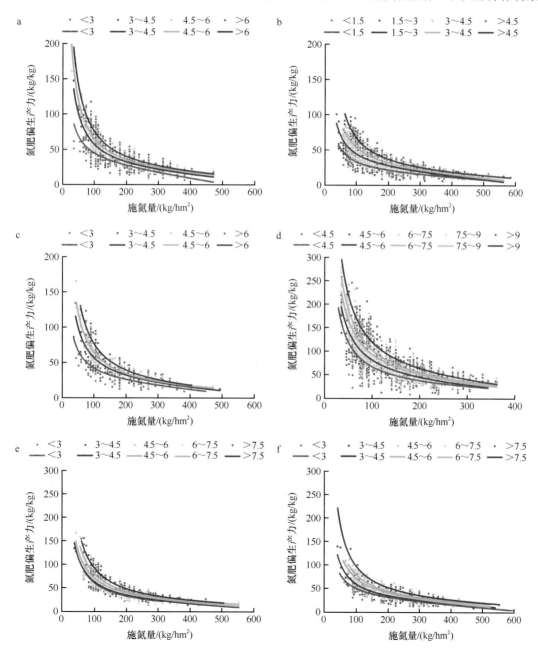

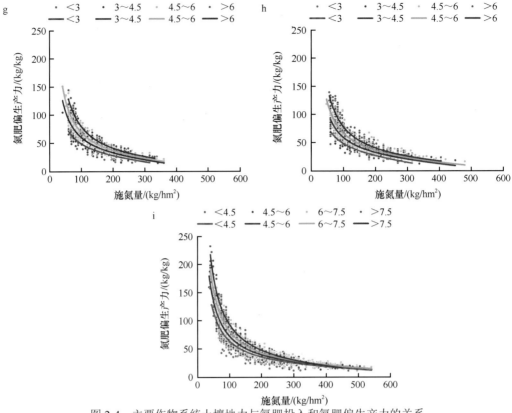

图 2-4　主要作物系统土壤地力与氮肥投入和氮肥偏生产力的关系

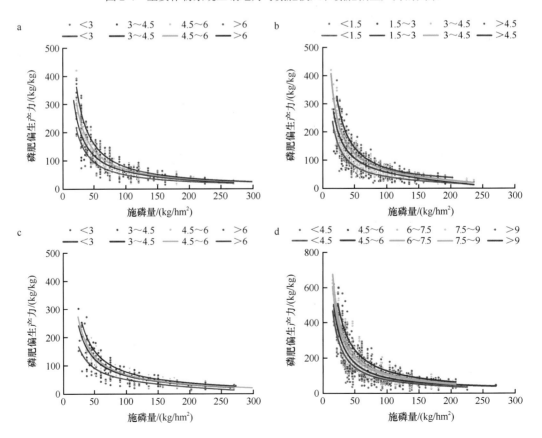

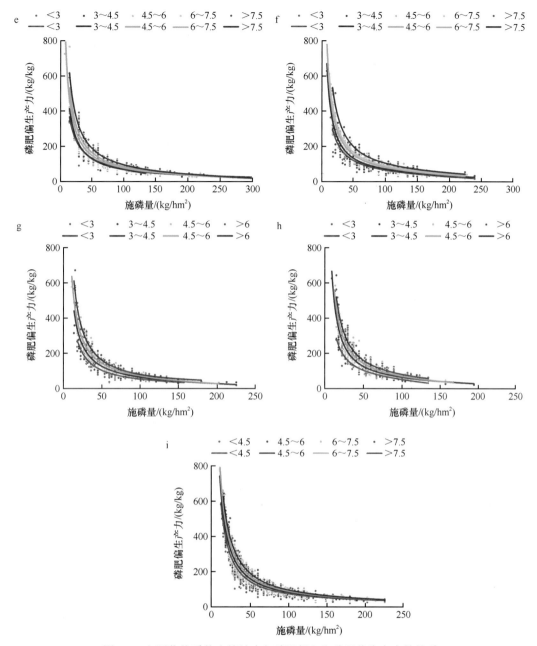

图 2-5　主要作物系统土壤地力与磷肥投入和磷肥偏生产力的关系

统中，高地力等级土壤上的 RON 和 ROP 与低地力等级土壤类似，或者低于低地力等级土壤；但是在华北小麦和华北玉米系统与南方玉米系统中，RON 随土壤地力等级提高明显增加；在西北小麦和南方玉米系统中，ROP 随土壤地力等级的提高明显增加。每提高 1 个土壤地力等级，各小麦系统的 PFP-N、PFP-P 分别平均提高 4.8% ~ 35.0%、4.5% ~ 13.9%，各玉米系统分别提高 3.6% ~ 14.9%、4.8% ~ 12.1%，各水稻系统分别提高 13.0% ~ 24.4%、9.9% ~ 45.0%（表 2-2）。

表 2-2　主要作物系统不同土壤地力等级下的区域优化施氮量和施磷量、最大产量及肥料利用率

作物系统	土壤地力等级/(t/hm²)	区域优化施氮量/(kg/hm²)	区域优化施磷量/(kg/hm²)	最大产量/(t/hm²)	增产量/(t/hm²)	氮肥偏生产力/(kg/kg)	氮肥农学效率/(kg/kg)	磷肥偏生产力/(kg/kg)	磷肥农学效率/(kg/kg)
华北小麦	<3	126	39	5.3	2.9	41.7	22.9	132.1	70.9
	3～4.5	139	43	6.4	2.6	46.4	18.8	147.9	58.8
	4.5～6	150	37	7.1	2.0	47.5	13.4	189.4	51.9
	>6	168	41	8.0	1.4	47.9	8.1	192.4	31.1
南方小麦	<1.5	174	35	4.6	3.2	26.3	18.4	121.4	85.5
	1.5～3	172	37	5.8	3.4	33.6	19.8	155.0	91.2
	3～4.5	182	41	6.6	3.0	36.3	16.4	161.0	73.0
	>4.5	166	49	7.6	2.4	46.0	14.5	155.7	48.0
西北小麦	<3	167	45	5.1	2.6	30.8	15.6	111.2	57.0
	3～4.5	154	58	6.4	2.6	41.8	17.0	112.2	47.3
	4.5～6	144	41	6.9	1.8	47.7	12.2	167.6	43.4
	>6	105	75	7.8	1.0	74.1	9.3	105.8	15.1
东北玉米	<4.5	92	36	7.8	3.9	85.7	42.7	218.6	114.5
	4.5～6	111	48	8.7	3.4	78.5	30.7	181.7	72.2
	6～7.5	115	50	9.8	3.0	85.1	26.5	195.8	60.9
	7.5～9	111	51	10.9	2.8	98.6	24.8	213.4	53.4
	>9	99	60	12.5	2.5	126.7	24.9	208.0	40.0
华北玉米	<3	116	39	6.6	4.0	56.6	34.1	181.4	115.6
	3～4.5	127	36	7.0	3.0	54.7	23.8	192.9	84.5
	4.5～6	146	36	7.9	2.6	54.0	18.0	215.2	70.9
	6～7.5	146	36	8.7	2.1	59.5	14.2	235.5	54.9
	>7.5	150	36	9.8	1.5	65.2	10.0	268.0	40.7
南方玉米	<3	162	39	6.4	4.0	39.3	24.5	164.8	103.0
	3～4.5	168	25	7.0	3.3	41.9	19.4	278.8	127.3
	4.5～6	170	24	8.1	2.9	47.3	16.7	327.6	115.1
	6～7.5	225	60	9.0	2.4	40.0	10.6	150.7	40.1
	>7.5	240	60	10.6	1.9	44.1	8.0	174.3	30.0
南方早稻	<3	110	29	5.3	2.7	48.5	24.6	184.8	92.9
	3～4.5	107	27	6.4	2.6	60.0	23.8	238.2	93.8
	4.5～6	106	24	7.3	2.1	68.6	20.3	303.4	89.2
	>6	87	15	8.1	1.5	92.8	17.5	542.2	106.4
南方晚稻	<3	105	32	5.3	2.8	50.8	26.9	161.9	84.4
	3～4.5	110	20	6.4	2.5	58.6	22.9	317.3	123.2
	4.5～6	123	21	7.2	2.1	58.9	17.4	348.8	102.7
	>6	112	30	8.1	1.3	72.4	12.0	272.0	48.0

作物系统	土壤地力等级/(t/hm²)	区域优化施氮量/(kg/hm²)	区域优化施磷量/(kg/hm²)	最大产量/(t/hm²)	增产量/(t/hm²)	氮肥偏生产力/(kg/kg)	氮肥农学效率/(kg/kg)	磷肥偏生产力/(kg/kg)	磷肥农学效率/(kg/kg)
南方单季稻	<4.5	131	16	7.3	3.4	56.1	25.8	465.5	217.3
	4.5~6	140	25	8.1	2.9	58.4	20.5	324.0	114.7
	6~7.5	119	15	8.7	2.1	73.4	17.8	582.8	145.0
	>7.5	99	21	9.6	1.4	96.7	14.2	466.8	70.5

图 2-6 和图 2-7 表示不同土壤地力等级下氮肥农学效率（AE-N）和磷肥农学效率（AE-P）与氮磷肥投入的关系。AE-N 和 AE-P 随着养分投入的增加也表现出逐渐降低的趋势。但是与

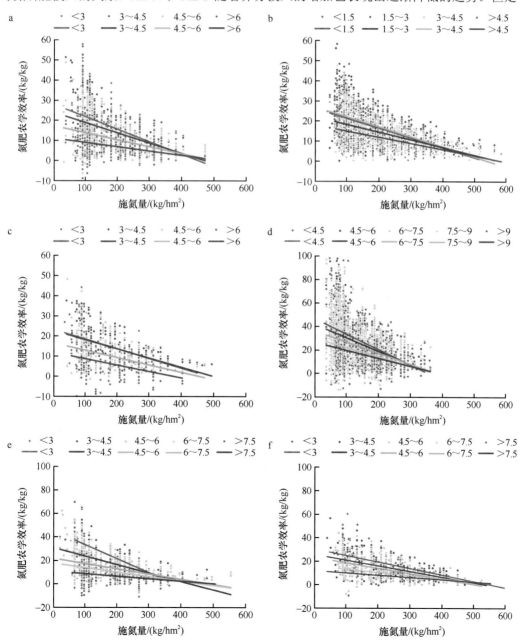

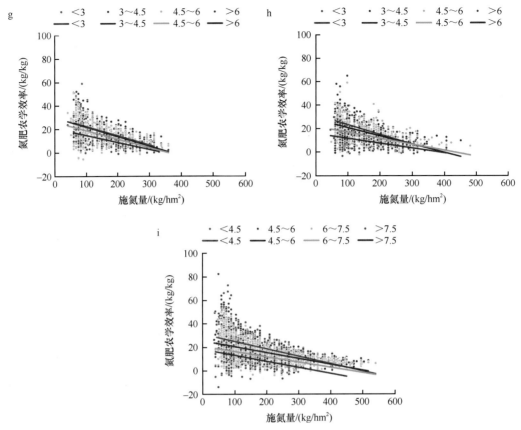

图 2-6　主要作物系统土壤地力与氮肥投入和氮肥农学效率的关系

PFP 不同，在相同的养分投入下，高地力等级土壤上的 AE-N 和 AE-P 均低于低地力等级土壤（图 2-6 和图 2-7），主要是由于高地力等级土壤上增产量低于低地力等级土壤（表 2-2）。在不同小麦系统之间，每提高 1 个土壤地力等级，RON 和 ROP 投入水平下的 AE-N、AE-P 分别平均降低 7.1% ～ 28.8%、8.6% ～ 30.2%；在不同玉米系统之间，AE-N、AE-P 分别平均降低 12.0% ～ 26.3%、17.2% ～ 22.8%；在不同水稻系统之间，AE-N、AE-P 分别平均降低 10.6% ～ 23.4%、5.1% ～ 24.1%。

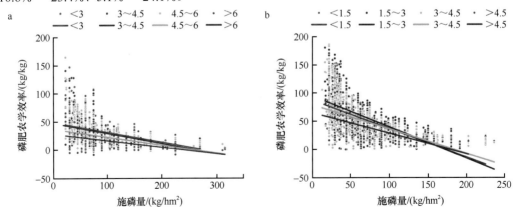

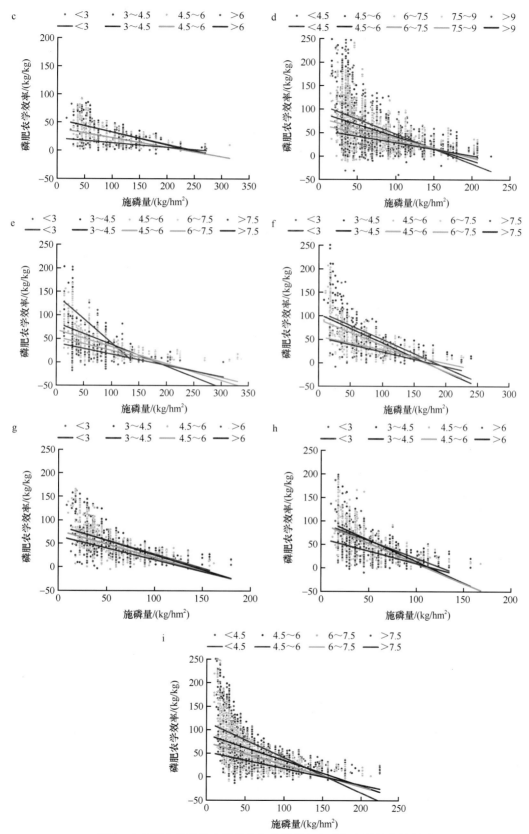

图 2-7　主要作物系统土壤地力与磷肥投入和磷肥农学效率的关系

2.1.3　主要作物系统土壤地力的关键影响因子

利用随机森林模型对主要作物系统中影响土壤地力的气候和土壤因素进行重要性排序（图 2-8）。主要的气候和土壤因素对土壤地力的影响在作物与区域之间存在显著差异。

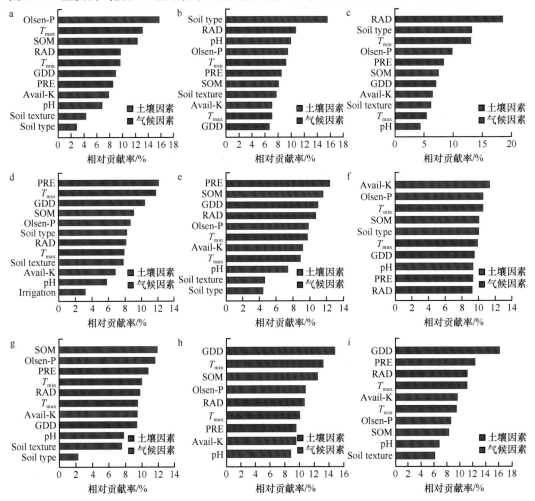

图 2-8　主要作物系统影响土壤地力的气候和土壤因素

a、b、c、d、e、f、g、h 和 i 分别代表华北小麦、南方小麦、西北小麦、东北玉米、华北玉米、南方玉米、南方单季稻、南方早稻和南方晚稻；T_{max}、T_{min}、GDD、PRE 分别代表作物生育期平均最高温、平均最低温、有效积温和累积降水量；Soil type、Soil texture、SOM、Olsen-P、Avail-K 分别代表土壤类型、土壤质地、土壤有机质、土壤有效磷、土壤速效钾

在华北小麦系统中，土壤有机质（SOM）和有效磷（Olsen-P）含量是影响土壤地力的关键土壤因素，而生育期平均最高温（T_{max}）和累积太阳辐射（RAD）是关键气象因素（图 2-8a）。其中，土壤地力产量（Yield-CK）随着 SOM 和 Olsen-P 含量的增加呈现先增加后平缓的趋势，在 SOM 和 Olsen-P 含量分别达到 22g/kg 和 50mg/kg 时达到最高值（图 2-9a-1 和 a-2）。Yield-CK 与 T_{max} 的变化呈现正相关的趋势，并在 15℃时达到最高值；Yield-CK 随着 RAD 的增加有逐渐降低的趋势（图 2-10a-1 和 a-2）。在南方小麦系统中，土壤类型和 Olsen-P 是影响土壤地力的关键土壤因素，RAD 和生育期平均最低温（T_{min}）是关键气象因素（图 2-8b）。Yield-CK 在潮土、棕壤和砂姜黑土等土壤中相对较高，而在紫色土和水稻土上则

相对较低；Yield-CK 与 Olsen-P 含量呈正相关趋势，并随着 Olsen-P 含量的增加而逐渐增加（图 2-9b-1 和 b-2）。T_{min} 和 RAD 分别与 Yield-CK 呈负相关和正相关（图 2-10b-1 和 b-2）。在西北小麦系统中，关键生物物理因素与南方小麦类似，土壤类型和 Olsen-P 是影响土壤地力的关键土壤因素，T_{min} 和 RAD 是关键气象因素（图 2-8c）。Yield-CK 在潮土、娄土和新积土等土壤上相对较高，在水稻土上相对较低。Yield-CK 随着 Olsen-P 含量的增加而逐渐增加，并在 30mg/kg 处达到最高值（图 2-9c-1 和 c-2）。T_{min} 与 Yield-CK 呈正相关关系，Yield-CK 在 T_{min} 达到 5℃时获得最大值；Yield-CK 随着 RAD 的增加呈现先增加后降低的趋势，在 RAD 达到 2500MJ/m² 时达到最大值（图 2-10c-1 和 c-2）。

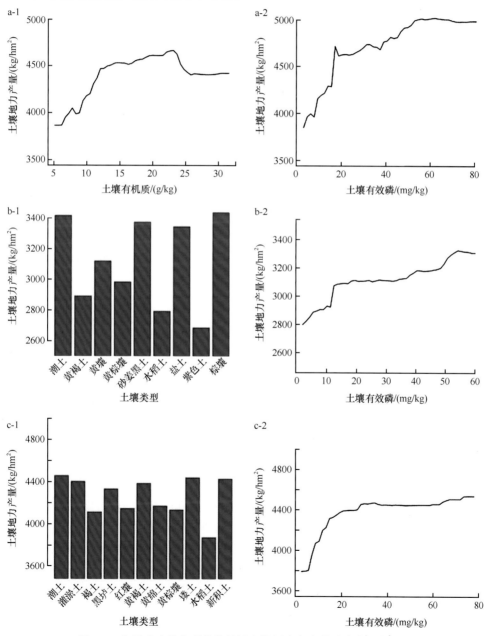

图 2-9　主要小麦作物系统的关键土壤因素与土壤地力产量的关系

a、b、c 分别代表华北小麦、南方小麦、西北小麦，图 2-10 同

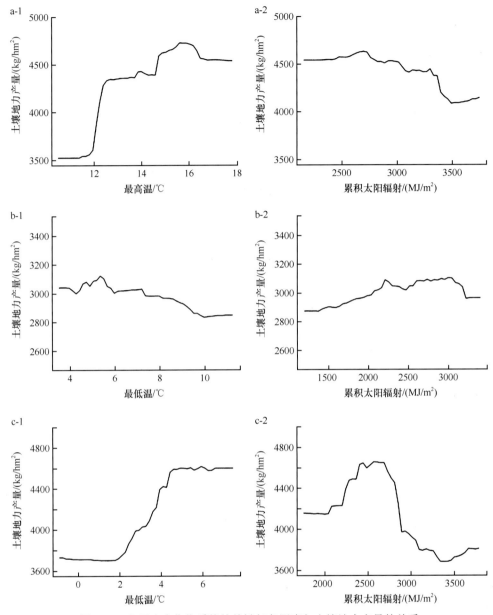

图 2-10　主要小麦作物系统的关键气象因素与土壤地力产量的关系

在东北玉米系统中，SOM 和 Olsen-P 含量是影响土壤地力的关键土壤因素，而生育期累积降水量（PRE）和 T_{min} 是关键气象因素（图 2-8d）。Yield-CK 与 SOM 和 Olsen-P 含量均呈正相关关系，分别在 SOM 达到 58g/kg 和 Olsen-P 达到 70mg/kg 时达到最高值（图 2-11a-1 和 a-2）。Yield-CK 随 PRE 的增加而呈现先增加后平缓的趋势，并在 400 ～ 500mm 处获得最大产量；但是，Yield-CK 随 T_{min} 的增加有逐渐降低的趋势（图 2-12a-1 和 a-2）。与东北玉米的结果类似，在华北玉米系统中 SOM 和 Olsen-P 含量是影响土壤地力的关键土壤因素，而 PRE 和 RAD 是关键气象因素（图 2-8e）。随 SOM 和 Olsen-P 含量的增加 Yield-CK 均呈现先增加后平缓的关系，并在 18g/kg 和 20mg/kg 处获得最大产量（图 2-11b-1 和 b-2）。Yield-CK 与 PRE 呈负相关关系，而与 RAD 呈正相关关系（图 2-12b-1 和 b-2）。在南方玉米系统中，Avail-K 和

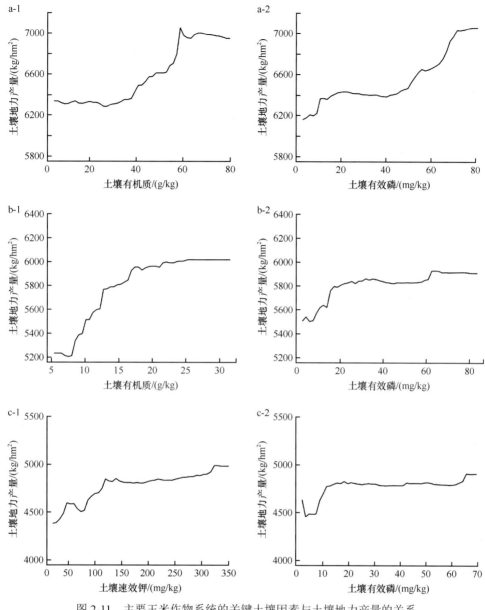

图 2-11　主要玉米作物系统的关键土壤因素与土壤地力产量的关系

a、b、c 分别代表东北玉米、华北玉米、南方玉米，图 2-12 同

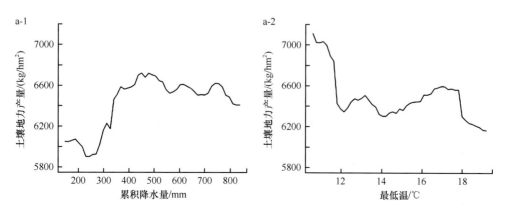

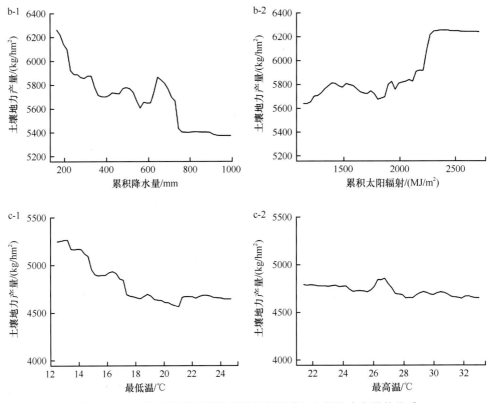

图 2-12　主要玉米作物系统的关键气象因素与土壤地力产量的关系

Olsen-P 含量是影响土壤地力的关键土壤因素，T_{max} 和 T_{min} 是关键气象因素（图 2-8f）。其中，Avail-K 和 Olsen-P 含量的增加均有利于提高 Yield-CK（图 2-11c-1 和 c-2），但是随着 T_{max} 和 T_{min} 的升高，Yield-CK 有逐渐降低的趋势（图 2-12c-1 和 c-2）。

在南方单季稻系统中，SOM 和 Olsen-P 含量是影响土壤地力的关键土壤因素（图 2-8g），而 PRE 和 T_{min} 是关键气象因素。Yield-CK 与 SOM 和 Olsen-P 含量均呈先增加后平缓的趋势，分别在 SOM 为 25g/kg 和 Olsen-P 为 42mg/kg 时达到最高值（图 2-13a-1 和 a-2）。而随着 PRE 和 T_{min} 的增加，Yield-CK 均呈现逐渐降低的趋势（图 2-14a-1 和 a-2）。在南方早稻系统中，SOM 和 Olsen-P 含量是影响土壤地力的关键土壤因素，而生育期有效积温（GDD）和 T_{min} 是关键气象因素。其中，随着 SOM 和 Olsen-P 含量的增加，Yield-CK 有逐渐增加的趋势（图 2-13b-1 和 b-2）。随着 GDD 的增加，Yield-CK 呈现出先增加后降低的变化规律，在 1500～1600℃时产量达到最高值；而随着 T_{min} 的升高，Yield-CK 表现出先降低后平缓的趋势，在 21～22℃时产量达到基本稳定（图 2-14b-1 和 b-2）。在南方晚稻系统中，GDD 和 PRE 是关键气象因素，而 Avail-K 和 Olsen-P 含量是关键土壤因素，其中气象因素对土壤地力的重要性要高于土壤因素。Yield-CK 与 GDD 表现出正相关关系；随着 PRE 的增加，Yield-CK 逐渐增加并在 500～600mm 时达到峰值，PRE 继续增加则有减产的趋势（图 2-14c-1 和 c-2）。

综上所述，主要作物系统农田土壤地力在区域尺度上存在较大变异，中等地力等级的土壤占到总体的 66%～88%，最低和最高地力等级的土壤分别只占 3%～23% 和 5%～13%。土壤地力显著影响作物产量对养分投入的响应，土壤地力提升有利于提高作物产量和肥料偏生产力，但会降低肥料的增产效应。土壤地力每提高 1 个等级，作物产量平均提高 14%，氮

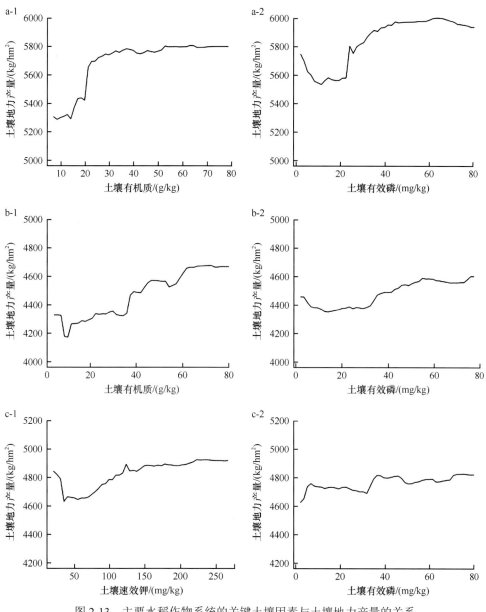

图 2-13　主要水稻作物系统的关键土壤因素与土壤地力产量的关系

a、b、c 分别代表南方单季稻、南方早稻、南方晚稻，图 2-14 同

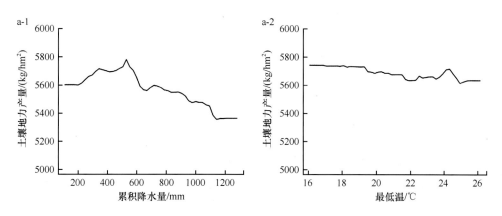

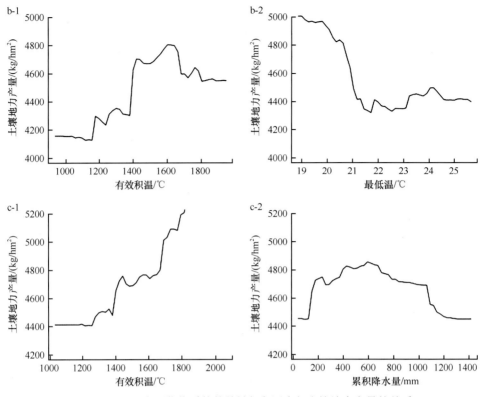

图2-14　主要水稻作物系统的关键气象因素与土壤地力产量的关系

肥和磷肥的 PFP 分别平均提高 15% 和 16%，AE 分别平均降低 18% 和 17%。影响土壤地力的关键土壤因素和气象因素在不同区域与作物系统上表现出差异，总体来看，土壤类型、土壤有机质和有效磷含量是最重要的土壤因素，而温度、累积降水量和累积太阳辐射对土壤地力均有较大影响。

2.2　小麦-玉米轮作农田氮肥利用率的时空演变特征及预测

我国化肥投入增长保证了粮食产量的提高，但资源浪费和环境污染问题日益突出。从 1975 年到现在，我国化肥用量快速上升，粮食作物的单产和总产也大幅度增加，两者十分吻合，但由于肥料利用率的下降和一半左右的化肥用于经济作物，从 1980 年到 2007 年化肥的消费量增加了 4 倍，而粮食产量仅增加不到 10%（中国农业年鉴编辑委员会，1961—2008），因此如何在进一步提高粮食单产的同时提高肥料利用率是目前面临的重要挑战。朱兆良和文启孝（1992）评估我国作物对氮肥的平均利用率仅为 30%。Cui 等（2008）的研究表明，对目前氮肥施用进行精细化管理后，我国玉米氮肥利用率可提高到 60%。蔡祖聪和钦绳武（2006）利用潮土玉米长期施肥试验，发现化肥配施有机肥可有效提高氮肥利用率。因此，基于长期定位施肥试验阐明小麦-玉米轮作系统下氮肥利用率的时空演变特征，并预测其对未来气候变化及施肥的响应，对于合理施肥和地力培育进而促进农业可持续发展具有重要意义。

2.2.1　长期不同施肥条件下玉米和小麦氮肥利用率的时空演变特征

利用昌平（北京）、郑州（河南）、杨陵（陕西）和祁阳（湖南）4 个始建于 1990 年的长期定位施肥试验点,对比研究施肥和地力对玉米与小麦氮肥利用率的影响。各试验点土壤性质和气候条件见表 2-3。这 4 个试验点代表了我国不同的气候区域下典型的小麦–玉米轮作系统,潮褐土（昌平）是潮土与褐土的过渡地带,土壤母质为娄土性物质;潮土（郑州）是我国暖温带半干旱半湿润气候黄淮海平原区主要的土壤类型之一,成土母质为近代河流冲积物;娄土（杨陵）主要分布于陕西关中平原,是在黄土母质上发育的一种古老的耕作土壤;红壤（祁阳）是中亚热带地区具有富铝化特征的地带性土壤,成土母质为第四纪红土。

表 2-3　长期定位试验点的位置、气候及试验初始时土壤基本理化性质

试验点	昌平	郑州	杨陵	祁阳
纬度（N）	40°13′12″	34°47′25″	34°17′51″	26°45′12″
经度（E）	116°15′23″	113°40′42″	108°00′48″	111°52′32″
海拔/m	44	59	523	120
年均降水量/mm	530	646	525	1408
年均温/℃	11.0	14.3	13.0	18.0
有效积温/℃	2386	1450	2323	3259
无霜期/d	210	224	221	300
日照时数/h	2527	1997	1783	1458
土壤 pH	8.2	8.3	8.6	5.7
有机碳/（g C/kg）	7.1	6.7	6.3	6.0
全氮/（g N/kg）	0.64	1.01	0.83	1.07
碱解氮/（mg N/kg）	49.7	76.6	61.3	79.0
全磷/（g P/kg）	0.69	0.65	0.61	0.45
Olsen-P/（mg P/kg）	4.6	6.5	9.6	10.8
全钾/（g K/kg）	14.6	16.9	22.8	13.7
速效钾/（mg K/kg）	65.3	74.0	191.0	122.0

试验采用完全随机试验设计,共 8 个试验处理:①CK（空白,只种植作物,不施肥）;②N（单施氮肥）;③NP（氮磷肥配施）;④NK（氮钾肥配施）;⑤NPK（氮磷钾肥配施）;⑥NPKM（氮磷钾肥配施农家肥）;⑦1.5NPKM（1.5 倍的 NPKM）;⑧NPKS（氮磷钾肥配施作物秸秆）。除 CK 和 1.5NPKM 处理外,所有处理总的氮肥施用量相同（包括无机氮和有机氮）。在 NPKM 和 1.5NPKM 处理中,有机氮和无机氮施用量分别占全氮的 70% 和 30%;1.5NPKM 处理的化肥与有机肥施用量均为 NPKM 处理中施用量的 1.5 倍。有机肥料不考虑 P、K 养分,田间的秸秆不考虑其 N、P、K 养分。

采用作物–土壤模型（Soil Plant and Atmosphere Continuum SYStem,SPACSYS）对作物产量、氮吸收量和氮肥利用率进行了模拟与参数优化。借助校验后的模型,在假设作物品种、管理措施等不改变的前提下,运用联合国政府间气候变化专门委员会（Intergovernmental Panel on Climate Change,IPCC）最新代表浓度路径（representative concentration pathway,RCP2.6、RCP4.5、RCP8.5）气候变化情景,对不同地区、不同施氮方式下作物产量和氮肥利用率的变化趋势进行了预测,以阐明未来气候变化对我国不同地区小麦和玉米氮肥利用率的影响,确定不同气候变化情景下现有施肥模式中的最优施肥方式。

2.2.1.1　玉米氮肥利用率的时空演变特征

　　长期不同施肥条件下玉米氮肥利用率的变化趋势不同，而且在不同地点中的表现不同（图2-15、表2-4）。潮褐土上，玉米的氮肥利用率在N和NK处理下呈持平状态，在1.5NPKM、NPKM、NPKS、NPK和NP处理下分别每年上升2.9%、2.5%、2.8%、2.7%和2.3%。潮土和塿土上，玉米的氮肥利用率在N处理下分别以每年1.4%和1.9%的速率下降，在NK处理下分别以每年0.8%和0.6%的速率下降，而在其他施肥处理下呈持平状态（除了在NP和NPK处理下塿土氮肥利用率呈上升趋势）。红壤上，玉米氮肥利用率在施用有机肥处理下（1.5NPKM和NPKM）呈显著上升趋势，在氮磷钾肥配施作物秸秆（NPKS）处理下呈持平状态，而在只施用化肥的处理下均呈显著下降趋势。

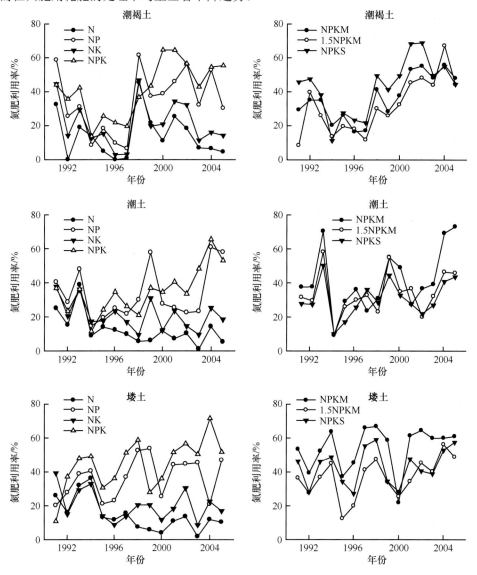

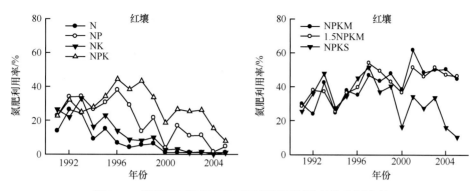

图 2-15 长期不同施肥条件下玉米氮肥利用率的时间演变

表 2-4 长期不同施肥条件下玉米氮肥利用率的年变化速率（%）

土壤类型	N	NP	NK	NPK	NPKM	1.5NPKM	NPKS
潮褐土	0.3	2.3**	0.2	2.7**	2.5**	2.9**	2.8**
潮土	−1.4**	0.2	−0.8**	1.3	1.1	0.4	0.4
塿土	−1.9**	0.8	−0.6**	1.6**	1.3	1.1	0.2
红壤	−2.6**	−2.7**	−2.4**	−1.6**	1.9**	1.4**	−1.0

注：** 表示同一地点不同处理间差异达 0.01 显著水平，下同

2.2.1.2 小麦氮肥利用率的时空演变特征

长期不同施肥条件下小麦对不同施肥处理的响应在潮褐土和潮土上与玉米的反应相似，但在塿土和红壤上小麦与玉米对施肥的反应不同（图 2-16、表 2-5）。在潮褐土上，小麦的氮肥利用率在 N 和 NK 处理下呈显著下降趋势，在 1.5NPKM、NPKM、NPKS 和 NPK 处理下分别每年上升 2.6%、2.8%、2.2% 和 2.9%，而在 NP 处理下呈持平状态。潮土上，小麦的氮肥利用率在 N 和 NK 处理下分别以每年 1.4% 和 1.9% 的速率下降，而在其他施肥处理下均呈持平状态。塿土上，小麦氮肥利用率在 N 处理下以每年 1.7% 的速率下降，而在所有施用氮肥和磷肥的处理下均呈显著上升趋势。红壤上，小麦在施用有机肥的处理下呈持平状态，而在所有施用化肥及化肥配施秸秆的处理下呈显著下降趋势。另外，由图 2-16 也可见，无机肥处理中 NPK 和 NP 处理下小麦的氮肥利用率相近，均高于 NK 和 N 处理下小麦的氮肥利用率。

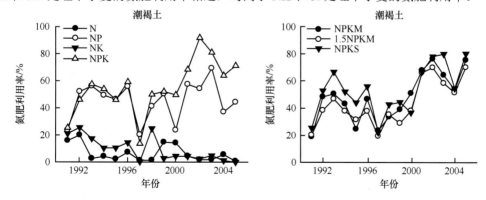

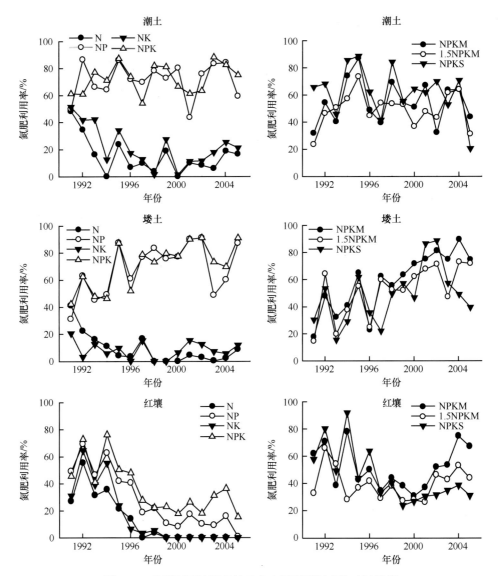

图 2-16　长期不同施肥条件下小麦氮肥利用率的时间演变

表 2-5　长期不同施肥条件下小麦氮肥利用率的年变化速率（%）

土壤类型	试验点	N	NP	NK	NPK	NPKM	1.5NPKM	NPKS
潮褐土	昌平	-0.6**	0.5	-1.5**	2.9**	2.8**	2.6**	2.2**
潮土	郑州	-1.4**	0.3	-1.9**	0.6	0.2	0.2	-1.4
塿土	杨陵	-1.7**	2.1**	-0.1	2.7**	4.1**	2.4**	1.8**
红壤	祁阳	-3.3**	-4.3**	-4.0**	-3.0**	-0.1	-0.1	-3.2**

2.2.2　氮肥利用率与土壤速效磷的关系

为了阐明氮肥利用率与土壤主要养分的相关关系，分析了氮肥利用率与全氮、碱解氮、Olsen-P 和速效钾含量的相关关系。在潮褐土和潮土上，氮肥利用率与土壤全氮含量并没有显著的相关关系，说明在这两个试验点，氮肥利用率没有受到土壤全氮含量的显著影响，而是在很大程度上受到其他因素的影响。在塿土和红壤上，尽管土壤全氮含量与氮肥利用率呈正相关关系，但是其决定系数很小（分别为 0.18 和 0.21），说明在这两个试验点，尽管玉米氮肥利用率受到土壤全氮含量的影响，但影响程度较小。氮肥利用率与土壤速效钾含量除了在红壤上有一定相关性，在其他 3 种土壤上均没有显著关系。

在 4 个试验点，玉米和小麦的氮肥利用率与土壤 Olsen-P 含量均呈显著相关关系（图 2-17和图 2-18），且其相关关系符合米采利希（Mitscherlich）方程。也就是说，玉米和小麦的氮肥利用率会随着土壤 Olsen-P 含量的增加逐渐增加，但是当氮肥利用率达到最大值时开始保持不变，不再受到土壤 Olsen-P 含量的影响。因此，在这 4 个试验点，增加土壤有效磷含量可提高玉米和小麦的吸氮量，进而提高其利用率。

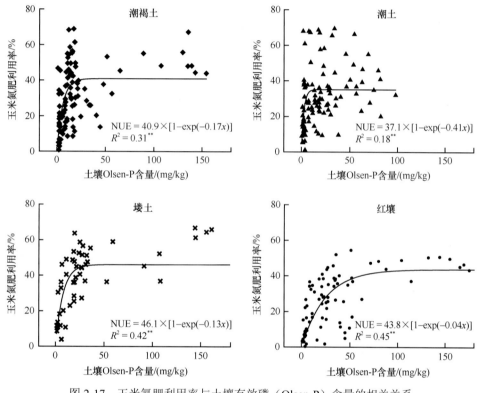

图 2-17　玉米氮肥利用率与土壤有效磷（Olsen-P）含量的相关关系

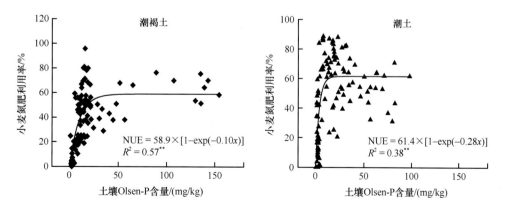

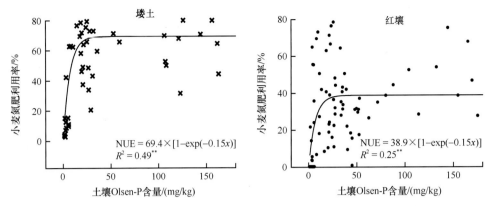

图 2-18　小麦氮肥利用率与土壤有效磷（Olsen-P）含量的相关关系

在米采利希方程 $y=a\times[1-\exp(-bx)]$ 中，a 为 y 能达到的最大值。在潮褐土、潮土、塿土和红壤上，增加土壤有效磷含量可分别提高玉米氮肥利用率至 40.9%、37.1%、46.1% 和 43.8%，可分别提高小麦氮肥利用率至 58.9%、61.4%、69.4% 和 38.9%。另外，除红壤之外，其他 3 个试验点的小麦最大氮肥利用率均高于玉米最大氮肥利用率。在红壤上，玉米和小麦氮肥利用率受土壤有效磷含量的影响较其他试验点小，说明施用磷肥对南方红壤上作物氮肥利用率的影响弱于在其他试验点的影响。

2.2.3　未来气候变化和不同施肥条件下产量与氮肥利用率的变化趋势预测

2.2.3.1　未来气候变化和不同施肥条件下小麦与玉米产量的变化

为了评估年气候变化对一年两熟地区小麦和玉米产量的影响，将 4 个试验点的产量进行平均以研究其变化规律。结果表明，到 21 世纪末，相比基线（baseline），3 种 RCP 气候情景大体上均使小麦的产量增加，增加 1.8%～26.4%（平均 8.5%），并且产量的相对变化率随时间呈增加趋势（表 2-6、图 2-19）。每种施肥处理下，RCP2.6 和 RCP8.5 情景的小麦产量大于 RCP4.5 与基线（$P<0.05$）。相反，到 21 世纪末，RCP 情景下，每种施肥处理的玉米产量相对基线大部分表现出下降的趋势，平均下降 3.8%（表 2-6、图 2-20），RCP4.5 的产量最高，RCP8.5 的产量最低。

不同施肥处理对每种气候情景的小麦、玉米产量有不同的影响。在未来气候变化情景下，施肥处理的小麦和玉米的平均产量比不施肥处理表现出更加高产与稳产的特征，小麦产量相比 CK 增加 72%～100%，玉米增加 68%～96%。施肥处理产量的变异系数（CV）（小麦：7.75%～13.35%，玉米：4.60%～11.02%）小于 CK（CV：小麦为 9.99%～13.63%，玉米为 7.03%～13.92%），尤其是添加了有机肥的处理（NPKM 和 1.5NPKM）的 CV 要低于其他处理（表 2-6）。在产量相对变化率上，施肥处理也小于 CK，NPKM 和 1.5NPKM 处理的产量变化率也要小于其他处理（图 2-19 和图 2-20）。值得注意的是，每种气候情景下施肥处理 NPK、NPKM、1.5NPKM 和 NPKS 的小麦产量并无明显差异，但玉米产量存在明显差异，并呈现：NPK＜NPKM＜NPKS＜1.5NPKM（$P<0.05$），玉米 1.5NPKM 处理的产量：基线为 732.36g/m²，RCP2.6 为 703.57g/m²，RCP4.5 为 741.38g/m²，RCP8.5 为 663.10g/m²。此外，所有气候情景下，玉米的产量变异系数（CV）（4.60%～13.92%）小于小麦（7.75%～13.63%）（表 2-6）。

表2-6　2015～2100年不同气候情景下作物产量、氮吸收量及氮肥利用率的变化情况（一年两熟地区4点均值）

处理	气候情景	小麦							玉米							NUE
		Y	Yc	GN	GNc	CVy	SN	SNc	Y	Yc	GN	GNc	CVy	SN	SNc	
CK	Baseline	291.36c[8]B[9]		6.31aC		9.99	1.47a[6]C[7]		379.68abC		4.87aD		9.01	1.84aD		
	RCP2.6	364.32aB	26.41	4.59bE	-25.57	12.64	1.18bD	-14.49	366.52bD	-1.25	4.66aD	-2.18	8.37	1.77abD	-3.29	
	RCP4.5	305.54bB	7.77	3.61cE	-41.32	12.20	0.80cD	-42.22	390.30aD	2.30	4.65aD	-3.92	7.03	1.72bD	-5.89	
	RCP8.5	303.51bB	5.29	3.76cD	-39.42	13.63	0.77cD	-44.80	337.91cD	-10.39	3.46bD	-28.37	13.92	1.26cD	-31.25	
NPK	Baseline	569.72bA		14.67aA		7.82	4.66aA		679.86aB		11.62aBC		6.00	3.92aB		53.67aA
	RCP2.6	629.07aA	12.11	14.02aB	-1.71	10.28	4.52aA	1.28	637.51cC	-5.27	9.38bC	-18.10	5.83	3.47bB	-10.48	48.21bA
	RCP4.5	574.74bA	2.87	11.56bB	-18.44	11.50	3.35bAB	-24.66	659.08bC	-2.38	9.36bC	-19.21	4.69	3.46bB	-10.59	43.76cA
	RCP8.5	608.88aA	7.59	10.65bB	-26.53	12.93	2.93cAB	-34.45	590.68dC	-12.85	8.01cC	-30.78	9.35	2.64cB	-32.01	39.81dA
NPKM	Baseline	567.36bA		14.32aA		7.75	4.59aA		685.58aB		12.22aB		6.02	4.29aB		49.02aB
	RCP2.6	628.69aA	12.49	12.85bC	-7.55	10.32	4.31aB	-1.91	645.11cC	-4.99	10.29bB	-14.85	5.76	3.98bA	-6.19	43.96bB
	RCP4.5	565.33bA	1.58	10.40cC	-24.72	11.48	3.14bB	-28.35	666.87bC	-2.00	10.21bB	-16.07	4.60	3.95bA	-6.93	39.53cB
	RCP8.5	608.41aA	7.95	10.37cB	-26.47	13.35	2.81cB	-36.52	596.39dC	-12.74	9.35cB	-23.04	8.59	3.13cA	-25.98	34.79dB
1.5NPKM	Baseline	571.76bA		15.06aA		7.82	4.75aA		732.36aA		14.47aA		6.51	4.93aA		52.78aA
	RCP2.6	627.85aA	11.47	14.69aA	-0.06	10.29	4.67aA	2.72	703.57bA	-3.03	11.65bA	-19.31	6.49	3.98bA	-17.67	48.59bA
	RCP4.5	571.17bA	1.83	12.18bA	-16.53	11.42	3.50bA	-23.05	741.38aA	2.01	11.97bA	-17.81	5.31	4.00bA	-17.33	43.78cA
	RCP8.5	609.22aA	7.26	11.48bA	-22.97	12.99	3.08cA	-32.57	663.10cA	-9.12	10.18cA	-29.43	9.33	3.07cA	-36.80	38.70dA
NPKS	Baseline	562.75bA		12.96aB		7.77	4.23aB		675.93bB		10.97aC		6.97	2.68aD		46.16aC
	RCP2.6	622.35aA	12.35	11.45bD	-11.32	10.33	3.65bC	-9.93	663.29bB	-0.99	9.50bC	-12.58	6.92	2.40bC	-8.64	41.81bC
	RCP4.5	565.01bA	2.35	9.31cD	-26.96	11.41	2.67cC	-34.06	703.39aB	4.99	9.85bBC	-9.40	5.37	2.48abD	-6.23	37.32cC
	RCP8.5	599.73aA	7.26	8.75cC	-31.65	12.86	2.21dC	-45.40	625.54cB	-7.04	8.57cBC	-21.38	11.02	1.81cC	-31.20	32.00dC

注：Y表示小麦或玉米的产量（g/m²）；Yc表示小麦或玉米产量的相对变化率（%）；GN表示小麦或玉米籽粒氮含量（g/m²）；GNc表示RCP情景下的小麦或玉米籽粒氮含量相对于基线的变化率（%）；CVy表示小麦或玉米产量的变异系数（%）；SN表示小麦或玉米秸秆氮含量（g/m²）；SNc表示RCP情景下小麦或玉米秸秆氮含量相对于基线的变化率（%）；不同小写字母表示同一施肥处理下不同气候情景间产量、籽粒氮含量、秸秆氮含量或NUE存在显著差异（P<0.05）；不同大写字母表示不同气候情景下同一气候情景下不同施肥处理间同产量、籽粒氮含量、秸秆氮含量或NUE存在显著差异（P<0.05）

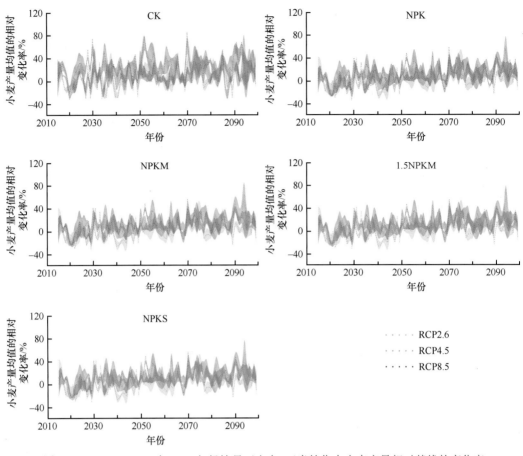

图 2-19 2015~2100 年 RCP 气候情景下小麦–玉米轮作中小麦产量相对基线的变化率

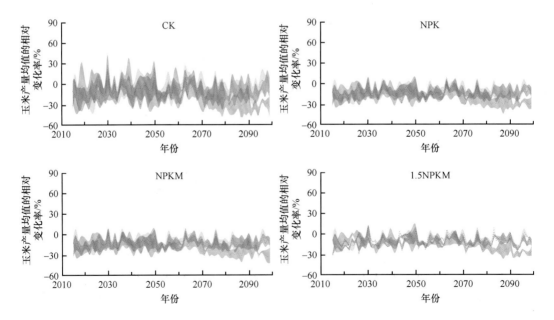

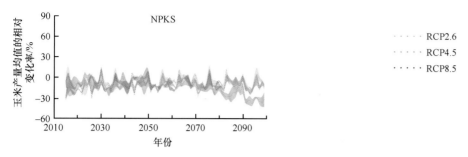

图 2-20　2015～2100 年 RCP 气候情景下小麦–玉米轮作中玉米产量相对基线的变化率

2.2.3.2　未来气候变化和不同施肥条件下小麦与玉米氮含量的变化

小麦和玉米对氮的吸收也受未来气候变化与施肥的影响，研究结果表明，在 RCP 气候情景下，小麦、玉米的籽粒氮含量和秸秆氮含量明显降低，小麦籽粒氮含量下降 0.06%～41.32%，玉米下降 2.18%～30.78%；小麦秸秆氮含量下降 1.91%～45.40%，玉米下降 3.29%～36.80%。每种施肥处理下，小麦和玉米的氮吸收量均在 RCP8.5 情景下降最大，小麦籽粒氮含量下降 22.97%～39.42%，玉米下降 21.38%～30.78%；小麦秸秆氮含量下降 32.57%～45.40%，玉米下降 25.98%～36.80%（表 2-6）。每种施肥处理的小麦籽粒氮含量和秸秆氮含量在 RCP2.6 情景下有最大值，且相对变化率最小；玉米籽粒氮含量和秸秆氮含量则在 RCP2.6 与 RCP4.5 情景下无明显差异，且大于 RCP8.5 的玉米籽粒氮含量和秸秆氮含量（表 2-6、图 2-21、图 2-22）。

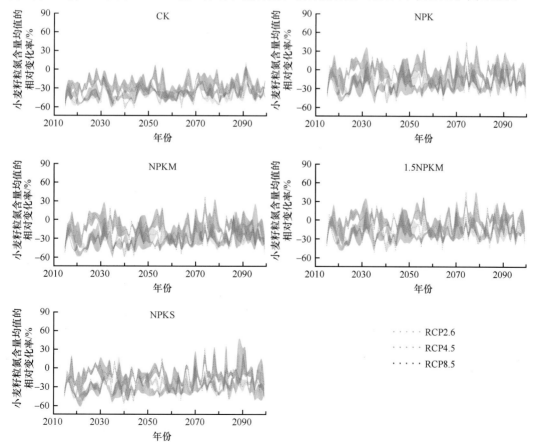

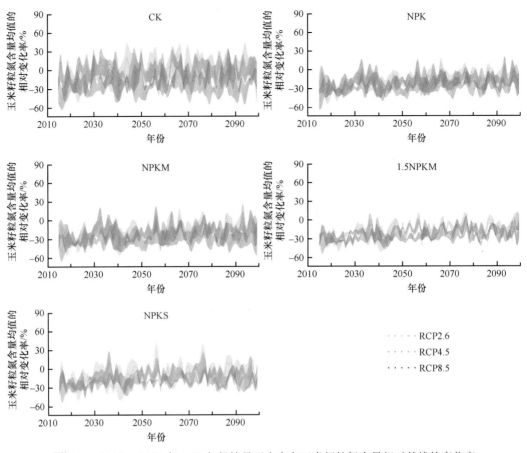

图 2-21 2015～2100 年 RCP 气候情景下小麦和玉米籽粒氮含量相对基线的变化率

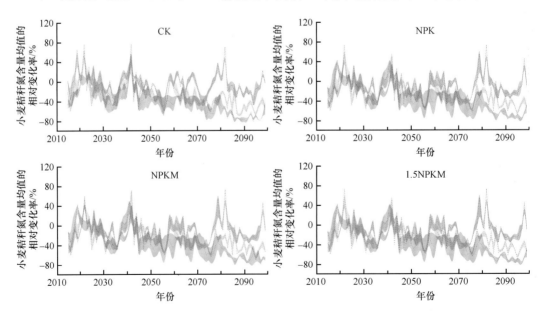

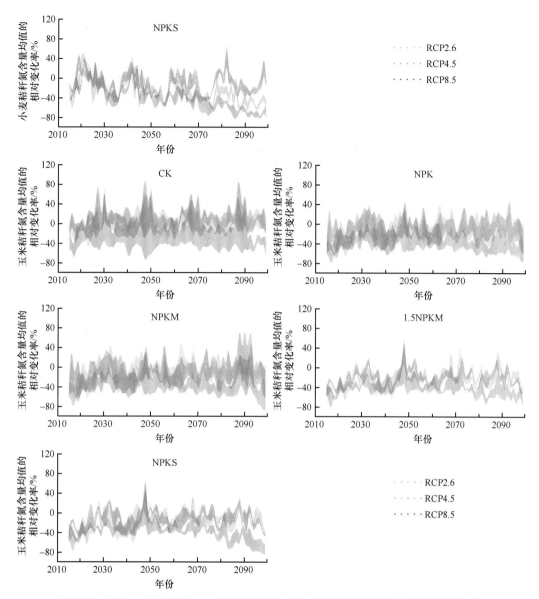

图 2-22　2015～2100 年 RCP 气候情景下小麦和玉米秸秆氮含量相对基线的变化率

　　每种气候情景下，相比基线，施肥明显增加作物的籽粒氮含量和秸秆氮含量，小麦和玉米籽粒氮含量分别增加 105%～237% 和 101%～197%，秸秆氮含量分别增加 185%～337% 和 36%～167%（表 2-6）。1.5NPKM 处理的小麦和玉米的籽粒氮含量与秸秆氮含量均为最高，并且 1.5NPKM 处理的作物氮吸收量相对变化幅度要比其他处理小，表现出更加稳定的特点（图 2-21 和图 2-22）。

2.2.3.3　未来气候变化和不同施肥条件下冬小麦–夏玉米氮肥利用率的变化

　　一年两熟地区，气候变化和施肥对冬小麦–夏玉米轮作体系的年均氮肥利用率（NUE）的影响也可通过 4 个试验点的平均值来反映。结果表明，每种施肥处理下，RCP 气候情景使冬小麦–夏玉米轮作体系的年均 NUE 下降，并且呈现基线＞RCP2.6＞RCP4.5＞RCP8.5。此外，每种气候情景下，不同施肥处理的年均 NUE 呈现 NPK（39.81%～53.67%）＞1.5NPKM（38.70%～52.78%）＞NPKM＞NPKS（$P<0.05$，表 2-6），并且 1.5NPKM 处理的年均 NUE 在每种气候情景下的相对变化幅度都最小，呈现最稳定的特征（图 2-23）。RCP 情景下，NPK 和 NPKM 的年均 NUE 的相对基线的变化率的范围较大，集中在–30%～30%，而 1.5NPKM 和 NPKS 的年均 NUE 的相对变化率的范围较小，集中在–30%～10%，年均 NUE 更加稳定。

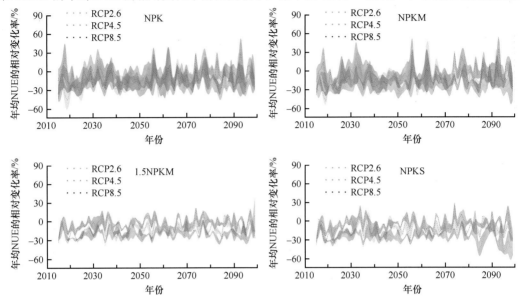

图 2-23　2015～2100 年 RCP 气候情景下一年两熟地区冬小麦–夏玉米轮作年均氮肥利用率
相对基线的变化率

2.3　典型旱地地力与氮肥利用率的关系

提高氮肥利用率是保持作物高产，减小氮肥施用对环境负面影响的最有效途径之一，已成为国内外研究学者广泛关注的热点问题，也是我国农业生产当前亟须解决的热点问题。施氮量大、忽视土壤养分供应是氮肥利用率低的主要原因。随着年代的推移和氮肥投入量的增加，施肥量和作物吸收之间的相关性逐步降低，而且随着氮肥施用量的增加，我国三大粮食作物的氮肥利用率均呈下降趋势（张福锁等，2008）。通过建立作物氮肥利用率与土壤肥力水平、施氮量的定量关系，可为在保证高产稳产的情况下依据地力条件来合理施肥以达到减肥增效提供重要支撑。

2.3.1　作物氮肥利用率与地力关系的理论进展

氮肥利用率受土壤性质、作物种类和生长时期、氮肥及其他肥料的种类与施用技术，以及气象条件等因素的强烈影响。常用的氮肥利用率（nitrogen use efficiency，NUE）是用差减法计算得出的，指施肥区作物氮素积累量与空白区氮素积累量的差占施氮量的百分数，用公式（2-1）计算。

$$\mathrm{NUE}=\frac{U_{\mathrm{N}}-U_{0}}{F_{\mathrm{N}}}\qquad(2\text{-}1)$$

式中，U_0 表示不施肥条件下的作物吸氮量，表征土壤氮的供应能力，与地力密切相关，随地力提升而增加；U_N 是施氮量为 F_N 时的作物吸氮量。

根据公式（2-1）可知，在维持作物高产条件下，即 U_N 较高且稳定不变条件下，直接影响和调控氮肥利用率的主要因素是土壤的供氮量与施氮量。一般认为，氮肥利用率随氮肥施用量的提高而降低。张军等（2011）研究认为，氮肥利用率随施氮量的增加而增加，至中肥处理达最大值，而高肥处理则显著降低。但是这些研究主要是在相同的土壤肥力情况下分析施氮量对氮肥利用率的影响，关于不同土壤肥力条件下施用氮肥对作物的增产效应和氮肥利用率的研究还比较少。

我国大部分农田土壤肥力，与 20 年前相比有一定程度提升（黄耀和孙文娟，2006）。土壤供氮量增大，即 U_0 增加，但是施氮量 F_N 没有相应减小，反而呈逐渐增大的趋势，这造成了我国氮肥利用率逐年下降的趋势，也就是说氮肥利用率随土壤肥力提升而逐渐减小。因此，土壤肥力提升后土壤供氮量（U_0）增大，在维持作物高产（U_N 基本一定）的前提下，施氮量（F_N）应相应减小（图 2-24a），以避免造成氮素的大量损失，氮肥利用率（NUE）则随土壤肥力提升而增大。但是土壤肥力越高，随着土壤供氮量（U_0）的增加，氮肥利用率（NUE）的增加速率越低（图 2-24b）。

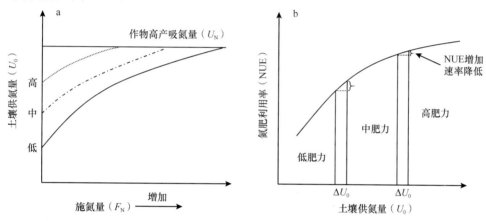

图 2-24　土壤供氮量与施氮量（a）和作物氮肥利用率（b）的响应关系示意图

研究发现，在土壤肥力水平较高的条件下，较低的施氮量可以获得高产和较高的氮肥利用率；土壤肥力水平较低的条件下，需要增加施氮量来获得高产，但是氮肥利用率低于高肥力水平土壤（张铭等，2010；张军等，2011）。也就是说土壤肥力水平提升的情况下，减小施氮量也可以获得高产，而且氮肥利用率是相应增加的。确定合理的氮肥施用量，减少其施入农田后的损失，是提高氮肥利用率的关键。

2.3.2　推荐施氮量

确定合理的施氮量是提高作物产量、减少氮肥损失的关键。为了优化氮肥的施用，国内外目前比较常用的确定作物推荐施氮量的方法总体上分为三类：基于土壤或作物植株分析的测试类方法、基于农田试验确定作物产量与施氮量效应函数来计算最大产量或最佳经济收益时的施氮量、根据土壤–作物农田系统氮素的输入与输出平衡来计算氮肥的施用量（朱兆良，2006）。由试验处理的差异、方法选择的不同，导致推荐施氮量存在很大差异。Yang 等（2017）通过长期田间试验研究发现，我国黄土高原地区小麦和玉米的施氮量分别在 $150 \sim 170 \mathrm{kg/hm^2}$ 与 $180 \sim 200 \mathrm{kg/hm^2}$ 时能够获得更高的产量及较低的环境风险。Liu 等（2016）建议我国冬小麦–玉米轮作、冬小麦–水稻轮作和雨养冬小麦种植区的最佳施氮量分别为 $208 \sim 230kg/hm^2$、$150 \sim 195kg/hm^2$ 和 $117 \sim 134kg/hm^2$。武良（2014）提出既能高产又能保证土壤有机氮库矿化能力的小麦、玉米和水稻的推荐施氮量分别为 $174kg/hm^2$、$174kg/hm^2$ 和 $167kg/hm^2$。巨晓棠（2015）认为我国合理的施氮量大多数在 $150 \sim 250kg/hm^2$。于飞和施卫明（2015）对近 10 年我国氮肥利用率的研究发现，小麦、玉米和水稻的施氮量在 $180 \sim 240kg/hm^2$ 时既能满足产量的需求又能获得较高的氮肥利用率。

获得作物目标产量是提出推荐施氮量的前提。作物目标产量不仅和推荐施氮量有关，还与农田基础地力密切相关。笔者通过收集、分析文献数据得到不施肥处理产量（即基础地力产量）与可获得的田块作物最佳产量的关系，如图 2-25 所示（Liu et al.，2018）。从结果可以看出，耕地的基础地力产量决定了该地块可获得的最佳产量，且二者直接呈显著相关关系，小麦和玉米的最佳产量与基础地力产量的相关系数分别为 $R^2=0.96$ 和 $R^2=0.98$。根据基础地力产量提出该田块最佳产量，才能获得田块的推荐施氮量。

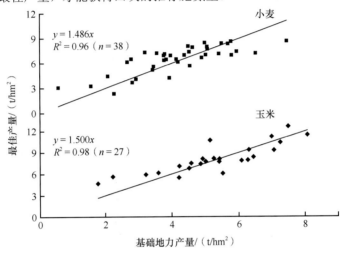

图 2-25　可获得的最佳产量与基础地力产量的关系

2.3.3　我国不同区域粮食作物的最佳施氮量

利用 2006 ～ 2012 年开展的涵盖小麦、玉米和水稻主产区的"3414"田间试验（$n=16\ 143$），可获得不同区域三大粮食作物的推荐施氮量（图 2-26）。我国小麦的推荐施氮量平均为 $174kg/hm^2$，但区域上存在显著差异，长江中下游地区小麦的推荐施氮量最高，为 $197kg/hm^2$，比华北、西北和西南地区的推荐施氮量分别显著高 $8kg/hm^2$、$37kg/hm^2$ 和 $47kg/hm^2$。我国玉米的推荐施氮量平均为 $185kg/hm^2$，其中华北和西南地区的推荐施氮量较高，平均为 $193kg/hm^2$，显著高于西北（$183kg/hm^2$）和东北（$171kg/hm^2$）地区。我国水稻的推荐施氮量相对于小麦和玉米较低，平均为 $163kg/hm^2$，其中我国东北地区水稻的推荐施氮量仅 $136kg/hm^2$，显著低于长江中下游（$187kg/hm^2$）、东南（$170kg/hm^2$）和西南（$160kg/hm^2$）地区水稻的推荐施氮量。

在我国农业生产中，农民往往不能准确地制定合理的施氮量，只能倾向于施用大量的氮肥来维持作物产量。我国土地面积广阔，各区域间土壤和气候条件存在较大差异，导致作物推荐施氮量不同。我国华北地区作物的推荐施氮量较高，约为 $190kg/hm^2$，这除了土壤母质的原因，还可能是华北地区一年两季的种植制度（小麦–玉米轮作）消耗了大量的土壤养分，造成土壤肥力下降，目前华北地区土壤中的全氮和碱解氮含量分别为 $0.9g/kg$ 和 $85mg/kg$，因此，

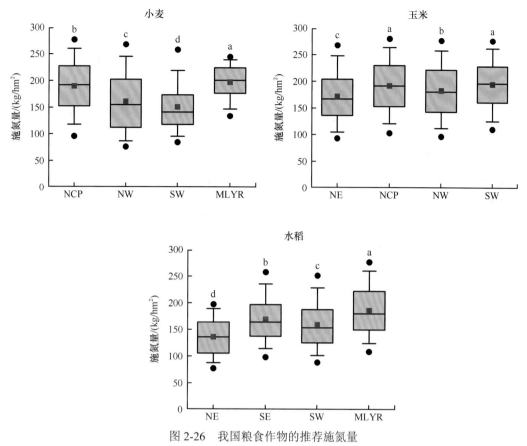

图 2-26 我国粮食作物的推荐施氮量

不同小写字母表示区域间推荐施氮量的差异显著（$P<0.05$）；

NCP：华北地区；NW：西北地区；SW：西南地区；MLYR：长江中下游地区；NE：东北地区；SE：东南地区

需要更多氮肥的补充才能满足作物高产条件下的养分需求（Wang et al.，2011）。相反，由于我国东北地区是一年一熟的种植制度，且土壤中的养分含量充足［SOM 27g/kg、全氮（TN）1.6g/kg、碱解氮（AN）157mg/kg］，因此，作物的推荐施氮量相对较低（玉米 171kg/hm²、水稻 136kg/hm²）。我国西南地区的玉米推荐施氮量较高，而小麦和水稻的推荐施氮量较低，原因是我国西南地区玉米生长季的降水量较高，达到 560mm，会加剧氮素养分的损失，因此需要施用较小麦和水稻更多的氮肥来满足玉米生长期对氮素的需求。造成我国长江中下游地区作物推荐施氮量较高的原因可能是该地区土壤耕层薄、降雨量大、土壤的保水保肥性差，导致氮素的流失严重，因此需要更多的氮肥投入。虽然我国西北地区的土壤养分基本与华北地区相等，但种植制度多为一年一熟，能够使土壤有一定的缓冲期进行养分补充和修复，因而西北地区作物的推荐施氮量要低于华北地区。

2.3.4 氮肥利用率与基础地力和施氮量的关系

氮肥利用率是氮肥施用量及基础地力的目标函数，基于不同耕地基础地力上开展的不同氮肥施用量的肥料效应试验（图 2-27），发现作物产量与氮肥施用量和基础地力间的关系可用二元二次函数拟合（图 2-28a）。随着氮肥施用量的增加，作物产量不断增加，但增加趋势不断减少，直到达到最大产量后，再增加氮肥的施用，小麦产量不增反而下降；而当施肥量一定的情况下，耕地基础地力产量越高，小麦获得的产量越高。在目标产量一定的情况下，高基础地力田块所需氮肥施用量明显低于低基础地力田块（图2-28中黑色圆点）。

图2-27　不同基础地力与不同施氮量的田间试验

作物为小麦（左）–玉米（右）轮作

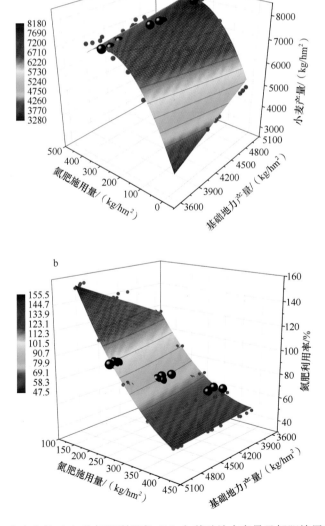

图2-28　小麦产量（a）和氮肥利用率（b）与基础地力产量及氮肥施用量的关系

从氮肥利用率与耕地基础地力与施氮量的关系看（图 2-28b），随着氮肥施用量的增加，氮肥利用率有所降低；而在同一施肥量水平下，氮肥利用率随着基础地力产量的增加而增加。同时考虑氮肥施用量及耕地基础地力产量对氮肥利用率的影响发现，高基础地力耕地氮肥利用率要高于低基础地力耕地（图 2-28 中黑色圆点）。

2.4　水旱轮作农田地力与氮肥利用率的关系

水稻和小麦是我国主要的粮食作物，水稻年产量约为 2.04 亿 t，小麦年产量约为 1.22 亿 t。稻麦轮作在中国是一种非常重要的种植方式，其面积在中国的长江流域多达 1300 万 hm²。长江中下游地区包括江汉平原、洞庭湖平原、鄱阳湖平原、皖苏沿江平原、长江三角洲平原等，是我国最大的水稻生产区，水稻面积和产量均占全国的 50% 以上。其中，位于长三角地区的太湖流域是中国 5 个水稻主产区之一，稻麦轮作区占地 365 万 hm²。为实现粮食高产目标，太湖流域农田长期过量施肥，导致土壤氮素大量残留，氮肥利用率较低（Qiao et al.，2012）。过量施肥不仅导致氮肥的增产效益下降，同时对生态环境造成危害（Zhao et al.，2009）。在太湖流域，种植业肥料氮是最大的氮素输入来源，显著高于食品、饲料、大气沉降等途径（连慧姝，2018）。因此，如何减少氮肥损失、提高氮肥利用率，是该地区农业生产面临的重要问题（Xue et al.，2014）。

不同时段的对比研究发现，由于城镇和工矿用地的占用，长江中下游地区的耕地面积、农作物播种面积在过去一直不断减少（常潇等，2014）；施氮量增加等农田管理措施使长江中下游耕地土壤质量得到提升（李建军，2015；徐志超等，2018）。耕地地力提升有益于粮食产量提高，但继续过量施肥会导致肥料利用率进一步下降，加剧了经济效益和环境效益的损失（巨晓棠，2014）。因此，农业部计划逐步减少施肥量，在 2020 年实现全国化肥用量零增长，提高肥料利用率、减少农业污染（Zhang et al.，2012），提出"藏粮于地、减肥增效"。通过耕地土壤质量培育，提升耕地地力，实现粮食稳定高产（沈仁芳等，2018）。因此，考虑在地力提升和减少施肥量的两种要求下，研究如何实现减肥增效，即保证粮食生产安全和提高氮肥利用率就显得十分重要。

2.4.1　太湖流域典型区地力调查和表征方法

2.4.1.1　研究区概况和田间试验设计

常熟市位于长江中下游的太湖地区（31°33′N ～ 31°50′N、120°33′E ～ 121°03′E），面积为 1276.32km²。常熟市境内地势低平、水网交织，境域南部低洼，属太湖水网平原；西北部与东北部略高，属长江冲积平原。常熟市属于中亚热带季风气候区，2016 年平均气温为 17.4℃，7 月为全年气温最高月份，月平均气温为 29.8℃，1 月为全年最冷月份，月平均气温为 3.9℃；全年平均降水量为 1823.6mm。成土母质主要为长江冲积物、黄土状沉积物、湖泊沉积物及石英砂岩的残积物、坡积物。土壤类型主要包括水稻土、潮土和黄棕壤等。农业生产主要实行水稻–小麦轮作制，水稻和小麦的生产季分别为当年 6 ～ 11 月和 11 月至翌年 6 月。2016 年，常熟市作物播种面积为 68 400hm²，谷物、蔬菜瓜果类、油料作物分别占作物播种面积的 60%、36%、2%，其中谷物占粮食作物播种面积的 98%。全年粮食作物单产为 6.73t/hm²，小麦和水稻的单产分别为 4.25t/hm² 和 9.32t/hm²；全年农作物化肥总施用量约为 2.44 万 t，农作物化肥施用量平均为 357kg/hm²（常熟市统计局，2017；苏州市统计局，2018）。

　　基于常熟市不同土壤类型和土壤综合地力，选择在6个自然村建立6个水稻–小麦轮作试验田区S1～S6（图2-29）。2017年6月小麦收获后30d，人工种植水稻。根据试验田处理的不同，分别施用氮肥、磷肥和钾肥。各试验田小麦氮肥施用量分别为0kg/hm²、100kg/hm²、200kg/hm²和260kg/hm²，水稻氮肥施用量分别为0kg/hm²、100kg/hm²、200kg/hm²和300kg/hm²。每种施肥处理设3个重复试验田，试验田面积为20m²（4m×5m）。在每个试验田，对地上的小麦和水稻的秸秆与籽粒进行收获及测量。收集秸秆和籽粒样品，在75℃的烘箱中烘干至恒重，然后研磨。采用凯氏定氮法测定秸秆和籽粒的总氮含量。

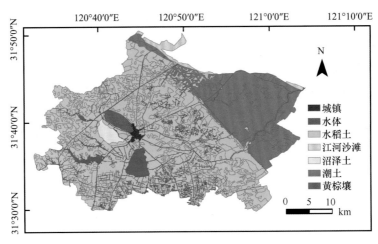

图2-29　常熟市6个水稻–小麦轮作试验田的分布

2.4.1.2　耕地地力综合指数（IFI）计算方法

　　研究区耕地地力评价采用隶属度函数综合质量指数法（公式2-2）。2016年10月基于土壤类型、耕地类型及样点空间分布均匀性考虑，在研究区采集195个耕地样点的表层土壤样品，用于评价该县域土壤综合地力（徐志超等，2018）。本研究共选择8个土壤地力评价指标，包括土壤有机质（SOM）含量、全氮（TN）含量、全钾（TK）含量、有效磷（AP）含量、速效钾（AK）含量、pH、砂粒含量、黏粒含量。利用重铬酸钾法测定全氮（TN）含量、碱熔–火焰光度法测定全钾（TK）含量、碳酸氢钠浸提–钼锑抗比色法测定有效磷（AP）含量、乙酸铵浸提–火焰光度法测定速效钾含量、重铬酸钾–硫酸消化法测定有机质含量、电位法测定土壤pH，利用湿筛法测定土壤砂粒含量、黏粒含量（鲍士旦，1999；张甘霖等，2012）。

　　耕地地力综合指数（IFI）计算公式如下：

$$\text{IFI}(i) = \sum_{j}^{N} w_{ij} F_{ij} \tag{2-2}$$

式中，IFI(i)表示地力综合指数；i表示评价单元；j表示评价指标；w_{ij}表示第i个评价单元、第j个评价指标的权重；F_{ij}表示第i个评价单元、第j个评价指标的隶属度。

　　1）"戒上型"模糊隶属度函数模型

$$Y = \begin{cases} 0 & , \ x \leqslant x_1 \\ 1/\left[1 + a(x - x_o)^2\right] & , \ x_1 < x < x_o \\ 1 & , \ x \geqslant x_o \end{cases} \tag{2-3}$$

2）"戒下型"模糊隶属度函数模型

$$Y=\begin{cases} 0 & , x \geqslant x_u \\ 1/\left[1+a\left(x-x_o\right)^2\right] & , x_o < x < x_u \\ 1 & , x \geqslant x_o \end{cases} \tag{2-4}$$

3）"峰型"模糊隶属度函数模型

$$Y=\begin{cases} 0 & , x \leqslant x_l \text{ 或 } x \geqslant x_u \\ 1/\left[1+a\left(x-x_o\right)^2\right] & , x_l < x < x_u \\ 1 & , x=x_o \end{cases} \tag{2-5}$$

式中，Y 表示模糊函数隶属度；x 表示地力综合评价因子；x_l 是指标下限值；x_o 是指标最适宜值；x_u 是指标上限值；a 是控制曲线形状的经验参数。

利用模糊数学法来确定各指标隶属度。依据已有研究成果，并结合研究区域特点，分别给出 8 个土壤地力评价指标的隶属度函数及其相关参数（表 2-7）。指标权重 w_{ij} 利用相关系数法确定。首先计算单项地力指标之间的相关系数，构建相关系数矩阵。然后，再求某一项指标与其他指标之间的相关系数平均值，通过归一化获得各指标权重（表 2-7）。

表 2-7　隶属度函数类型及其相关参数（徐志超等，2018）

指标	函数类型	经验参数（a）	指标下限值（x_l）	指标最适宜值（x_o）	指标上限值（x_u）	指标权重
AK	戒上型	0.001 010	40	120		0.101
AP	戒上型	0.325 900	3	8		0.080
TN	戒上型	0.955 100	0.8	2.2		0.158
SOM	戒上型	0.017 358	10	37		0.161
TK	戒上型	0.021 300	1	20		0.084
砂粒	峰型	0.050 000	15	35	55	0.146
黏粒	峰型	0.100 000	15	25	35	0.188
pH	峰型	1.073 400	2	7	12	0.082

2.4.1.3　耕地地力与氮肥利用率关系的计算

对小麦氮肥利用率（NUE）与施氮量和耕地地力综合指数进行多元回归拟合分析。由于耕地地力综合指数为无量纲数值（0～1），为便于回归拟合方程参数的比较，氮肥施用量采用无量纲的施氮比（NR）取代，NR 为实际施氮量（NA）（kg/hm²）与试验区最高施氮量（260kg/hm²）的比值。从拟合结果中，选择决定系数（R^2）最高的拟合函数作为多元回归拟合最佳表达式。

$$小麦 NR=NA/260 \quad 或 \quad 水稻 NR=NA/300 \tag{2-6}$$

利用小麦产量与施氮量关系曲线拟合方程，将方程一阶导数即施氮量的产量边际效益减小到 1 时的小麦产量设定为试验田块的最大产量（GY_{MY}），其对应施氮量为获得最大产量时的施氮量（NA_{MY}）。

2.4.1.4　氮肥利用率提升潜力分析

根据田块肥效试验结果，考虑在 3 种情景下研究区稻麦轮作系统氮肥施用量削减及氮肥利用率提升的潜力。各种情景及分析方法如下。

1）根据田块肥效试验的 IFI 与最大产量施氮量（NA_{MY}）的定量关系，获取研究区 NA_{MY} 在空间上的分布特征，通过空间叠加分析获得以稻麦 NA_{MY} 为目标，研究区小麦和水稻实际施氮量的削减空间，并以此计算研究区基于 NA_{MY} 的氮肥利用率提升潜力。

2）以获得田块试验最高的氮肥利用率为目标，获得研究区基于该情景的优化施氮量（NA_{HN}）的空间分布，通过空间叠加分析获得研究区 NA_{HN} 比 NA_{MY} 削减的空间，以及研究区基于 NA_{HN} 的氮肥利用率提升潜力。

3）根据田块肥效试验获取的氮肥利用率与地力综合指数、实际施氮量（NA）的定量关系，在研究区综合地力水平整体提升 10% 的情景下，获得施氮量和 NUE 在研究区的空间变化特征，以此分析综合地力提升对 NUE 的提升潜力。

2.4.2　地力与氮肥利用率的关系特征

2.4.2.1　施氮量对产量与氮肥利用率的影响

在不同的施氮处理下，水稻的平均产量均明显高于小麦，小麦的 NUE 略高于水稻（图 2-30）。2017 年和 2018 年的小麦产量与水稻产量随着实际施氮量的增加均表现出相似的变化规律：随着施氮量从 N0 增长到 N2，小麦和水稻的产量都得到提升，当施氮量达到 N3 时，小麦和水稻产量几乎不再增长（$P > 0.05$）（图 2-30a）。而小麦和水稻的 NUE 则随着施氮量增大而不断减小，在施氮量为 N3 时，没有表现出减小趋势（$P < 0.05$）（图 2-30b）。

以上的结果表明：当施氮量达到或接近最大产量施氮量时，肥料对小麦和水稻产量的边际效应会降至 0，过量的施氮无法提高氮的增产效益，反而会导致边际产量继续降低。同时，小麦和水稻的氮肥利用率则随着施氮量的增大而持续地降低，由此可见，当施氮量超过 NA_{MY}，小麦不再吸收利用氮肥的氮素来增加产量，此时再增加氮肥施用量无益于小麦增产，并且会导致氮肥利用率进一步降低。

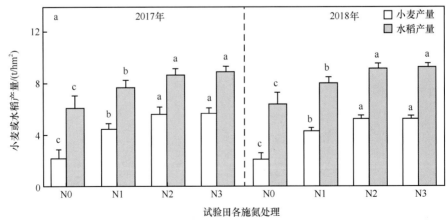

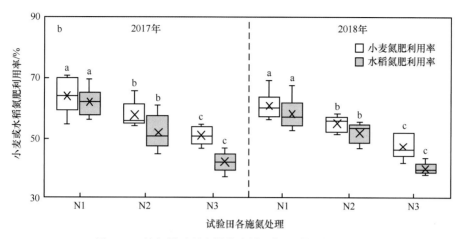

图 2-30　施氮量对稻麦轮作产量和氮肥利用率的影响

施氮处理 N0、N1、N2、N3 分别对应各试验田小麦或水稻的施氮量为 0kg/hm²、200kg/hm²、260kg/hm²、300kg/hm²

2.4.2.2　地力对稻麦轮作产量与氮肥利用率的影响

在相同施氮量下，随着耕地地力综合指数升高，各种施氮处理的小麦和水稻产量均具有增大的趋势（图 2-31a 和 c）。该结果表明：耕地地力综合指数提高有利于作物产量提高。已有研究认为，耕地土壤有机质含量、氮含量、磷含量、钾含量等地力指标提高，作物的产量会有显著提高（Brentrup and Palliere，2010；Cai et al.，2018）。本研究通过土壤养分含量、pH、土壤颗粒含量等评价的耕地地力综合指数与作物产量同样具有相同的趋势。

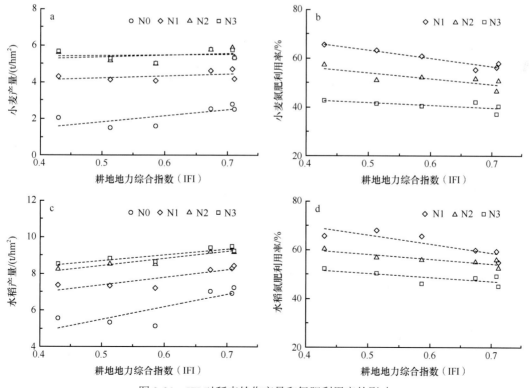

图 2-31　IFI 对稻麦轮作产量和氮肥利用率的影响

　　小麦 NUE 和水稻 NUE 则随着地力综合指数升高呈减小趋势（图 2-31b 和 d）。研究表明，高地力田块具有比低地力田块更高的氮积累量和氮肥偏生产力，但其氮肥利用率均小于低地力田块（李锐，2011；廖育林等，2016）。Friesen 和 Cattani（2017）研究认为，低氮肥力农田作物的氮肥利用率要高于高氮肥力的农田。也有研究显示，在相同的优化施肥模式下，中等水平地力农田的氮肥利用率高于低水平地力农田（丁哲利等，2010）。本研究的地力综合指数与水稻氮肥利用率和小麦氮肥利用率均呈负相关关系，表明随着综合地力提高，水稻和小麦从氮肥中获取氮素的比例减小、从土壤获取氮素的比例增大。

2.4.2.3　稻麦轮作产量和氮肥利用率的综合定量关系

　　为了让实际施氮量（NA）与 IFI 具有相同的取值区间，以便于比较，使用实际施氮量与试验采用的最大施氮量的比值（NR）代替 NA。NR 及 IFI 均为无量纲值，取值范围为 0 ～ 1。分别采用一次多项式、二次多项式、对数多项式对小麦与水稻产量、NUE 及 NR 和 IFI 进行多元回归分析，结果表明小麦产量和 NUE 的一次多项式与二次多项式决定系数（R^2）较大，拟合效果较好。因此，小麦产量和 NUE 分别选择一次多项式和二次多项式，水稻产量和 NUE 均选择一次多项式。

　　施氮量和耕地地力综合指数共同提升有利于稻麦轮作系统产量增加，但不利于 NUE 提高，两者对产量和 NUE 的综合作用呈现出相反的特征（图 2-32a ～ d）。由于 NR 和 IFI 均为范围为 0 ～ 1 的无量纲值，通过比较氮肥利用率与 NR 和 IFI 的回归系数发现，IFI 和 NR 对小麦的产量与 NUE 的相对贡献率（系数绝对值）比值分别为 0.48∶1 和 1.21∶1（图 2-32a 和 b），由此可见，IFI 对小麦产量的贡献率大于施氮量，但对小麦氮肥利用率的影响小于施氮量。IFI 和 NR 对水稻的产量与 NUE 的相对贡献率比值分别为 1.59∶1 和 0.76∶1（图 2-32c 和 d），表明地力综合指数和施氮量对水稻产量及氮肥利用率的影响与小麦相反。钟国荣（2016）通过长期定位试验研究发现，IFI 对水稻、小麦产量的贡献率平均为 56.0% 和 26.5%，说明小麦产量对肥料的依赖性高于水稻，这与本研究的结果基本一致。对于稻麦轮作系统，IFI 和 NR 对产量与 NUE 的相对贡献率比值分别为 0.96∶1 和 1.06∶1，由此可见 IFI 对小麦与水稻的产量和 NUE 的影响力总体上相当（图 2-32e 和 f）。与施氮量一样，培育和提升地力对于提高粮食产量具有重要作用。

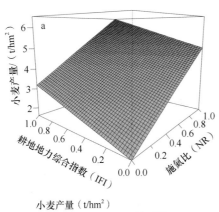

小麦产量（t/hm²）
GY = 1.60+3.34×NR+1.59×IFI
$R^2 = 0.85$　　$P = 7.58 \times 10^{-10}$

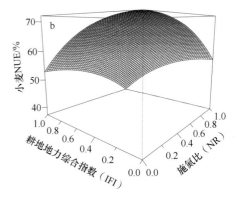

小麦NUE（%）
NUE = 71.96−15.75×NR²−19.05×IFI²
$R^2 = 0.76$　　$P = 6.79 \times 10^{-6}$

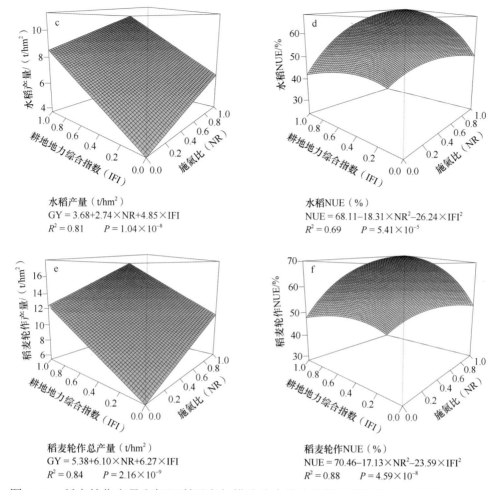

水稻产量（t/hm²）
GY = 3.68+2.74×NR+4.85×IFI
$R^2 = 0.81$　　$P = 1.04×10^{-8}$

水稻NUE（%）
NUE = 68.11−18.31×NR²−26.24×IFI²
$R^2 = 0.69$　　$P = 5.41×10^{-5}$

稻麦轮作总产量（t/hm²）
GY = 5.38+6.10×NR+6.27×IFI
$R^2 = 0.84$　　$P = 2.16×10^{-9}$

稻麦轮作NUE（%）
NUE = 70.46−17.13×NR²−23.59×IFI²
$R^2 = 0.88$　　$P = 4.59×10^{-8}$

图 2-32　稻麦轮作产量和氮肥利用率与耕地地力综合指数及施氮比的定量关系

2.4.2.4　稻麦轮作最大产量及施氮量、氮肥利用率与综合地力的定量关系

根据已有的研究，随着耕地地力的提升，作物对土壤氮素的吸收会增加，而对肥料氮的依赖将会降低，最大产量施氮量随之减少。在综合地力提升的条件下，减少最大产量施氮量，是否会危及粮食安全，作物氮肥利用率是否会提高，它们之间存在怎样的定量关系，这是本区域实现减肥增效及粮食安全双重目标的关键问题。

根据本研究拟合的小麦和水稻产量、氮肥利用率与施氮量（NA）、地力综合指数之间的定量关系方程，计算出各试验田的最大产量（GY$_{MY}$），此时的施氮量为最大产量施氮量。由小麦和水稻的 GY$_{MY}$ 与 IFI 的关系趋势线（图 2-33）可以看出，在稻麦轮作系统中，随着 IFI 提升，小麦和水稻的 GY$_{MY}$ 都呈现增加的规律，小麦和水稻的 NA$_{MY}$ 都随之减小，表明提升地力是稻麦轮作系统减少施氮量同时提高产量的重要基础。

小麦：　　　　　　　NA$_{MY}$=−72.92×IFI+274.6　　（R^2=0.76）　　　　（2-7）

水稻：　　　　　　　NA$_{MY}$=−220.7×IFI+399.5　　（R^2=0.85）　　　　（2-8）

式中，小麦 NA$_{MY}$ 和水稻 NA$_{MY}$ 为 2017 年与 2018 两年的平均值。

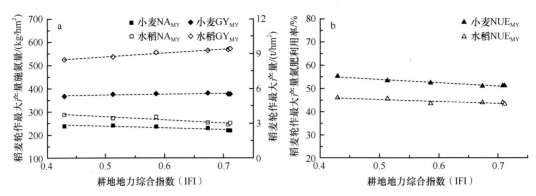

图 2-33　稻麦轮作最大产量（GY_{MY}）及其施氮量（NA_{MY}）与耕地地力综合指数（IFI）的关系

随着地力综合指数提升，NUE 略有减少，表明在追求最大产量的条件下，虽然 GY_{MY} 随着 IFI 提升而提高，但由于边际产量及氮肥吸收量的减少，NUE 会不断减小。因此，在综合地力提升的前提下，通过追求耕地小麦和水稻最大产量实现提高 NUE 目的显得异常困难。

2.4.2.5　基于最大氮肥利用率的施氮量、产量与综合地力的定量关系

已有的研究发现，适当地减少施氮量，施用区域适宜施氮量，虽然无法实现最大的作物产量，但有利于提高氮肥利用率（朱兆良和张福锁，2010）。为实现 NUE 的提高、减少施氮量，施用基于研究区最大 NUE 的施氮量（NA_{HN}）是否会影响作物产量？

在各试验田中，S5 试验田的 IFI 最小，小麦和水稻的 NUE 最高，分别为 55% 和 45%。在追求最大 NUE 的条件下，通过公式（2-7）和公式（2-8）计算各试验田的最大 NUE 的施氮量（NA_{HN}）和产量（GY_{HN}）。随着 IFI 的提高，小麦的 NA_{HN} 和 GY_{HN} 都呈减小的趋势，但 NA_{HN} 减小的幅度更大；水稻 GY_{HN} 随着 IFI 提高而增加，但增大的速率小于 GY_{MY} 随 IFI 提高的增大速率。由此可见，在追求研究区稻麦轮作最大 NUE 的条件下，稻麦轮作的产量将小于最大产量，此时的施氮量也会低于最大产量施氮量。

NR_{HN} 是 NA_{HN} 的无量纲值，分析小麦和水稻的 NR_{HN} 与 IFI 的关系趋势线（图 2-34）可以发现，提高 1 个单位 IFI，需分别减小小麦和水稻的施氮比（NR）0.89 个单位和 0.95 个单位［公式（2-9）和公式（2-10）］，可使各试验田块小麦和水稻的 NUE 分别稳定在 55% 和 45%的水平。因此，要实现各试验田块小麦和水稻的 NUE 随 IFI 增大而提升的目标，施氮量减少率与 IFI 提升率的比值需分别大于 0.89 和 0.95，否则小麦和水稻的 NUE 将随 IFI 增大而减小。

小麦：　　　　　　　$NR_{HN}=-0.89×IFI+1.31$　　　（$R^2=0.99$）　　　　　　　　　（2-9）

水稻：　　　　　　　$NR_{HN}=-0.95×IFI+1.42$　　　（$R^2=0.99$）　　　　　　　　　（2-10）

基于小麦和水稻产量与施氮量（NA）的关系方程［公式（2-9）和公式（2-10）］，可以计算基于 NA_{HN} 的小麦和水稻产量（GY_{HN}）。计算结果表明，除 S5 试验田外，其余各试验田小麦和水稻 GY_{HN} 与 NA_{HN} 均分别小于 GY_{MY} 和 NA_{MY}（图 2-35）。对于研究区小麦，在各试验田维持 55% 的 NUE 水平时，GY_{HN} 较最大产量（GY_{MY}）减少了 4.0%～10.3%，而 NA_{HN} 比 NA_{MY} 减小了 7.1%～20.3%。对于水稻，在各试验田维持 45% 的 NUE 的条件下，此时产量较最大产量（GY_{MY}）减少了 0.3%～3.0%，而施氮量比最大产量施氮量（NA_{MY}）减小了 1.4%～12.4%。小麦和水稻的产量减少比例均远低于施氮量的减少比例。由此可见，在水稻-小麦轮作系统中追求最大 NUE，不仅需要提高土壤综合地力，还需要降低氮肥水平，这将导致作物产量有所增加，但并没有达到最大产量。

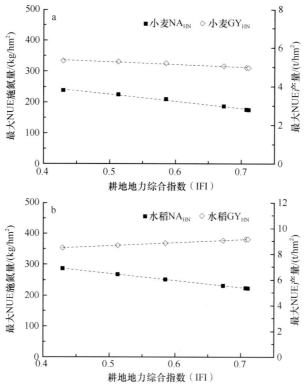

图 2-34　稻麦轮作最大 NUE 的施氮量 NA_{HN} 及产量 GY_{HN} 与耕地地力综合指数（IFI）的关系

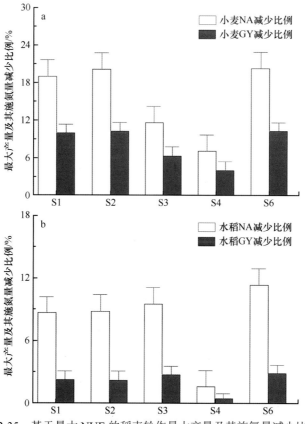

图 2-35　基于最大 NUE 的稻麦轮作最大产量及其施氮量减少比例

2.4.3 氮肥利用率的提升潜力

2.4.3.1 基于最大产量施氮量的稻麦轮作氮肥利用率提升潜力

稻麦轮作最大产量施氮量（NA_{MY}）和耕地地力综合指数（IFI）呈负线性关系，将该线性关系方程［公式（2-7）和公式（2-8）］与研究区 IFI 的空间分布进行耦合，获取小麦 NA_{MY} 和水稻 NA_{MY} 的空间分布特征。研究区稻麦轮作总 NA_{MY} 为 494.9kg/hm²，其中小麦平均 NA_{MY} 和水稻平均 NA_{MY} 分别为 230.5kg/hm² 和 264.4kg/hm²；由于研究区东北部的 IFI 最小，因此该区域小麦和水稻具有最大的 NA_{MY}；对于该区域，应施加更多的氮肥才能获得最大的稻麦产量（图 2-36a）。

将稻麦轮作最大产量施氮量 NA_{MY} 分别与实际的稻麦轮作施氮量进行空间叠加分析发现，研究区南部小麦的施氮量超过了 NA_{MY}，中部和东北部的实际施氮量低于最大产量施氮量；对于水稻施氮量，研究区南部和西北部应减少施氮量，东北部应增加施氮量（图 2-36b）。在基于 NA_{MY} 的优化施氮条件下，研究区稻麦轮作平均 NUE 为 48.1%，表现为东北部大于中部和南部的空间分布特征（图 2-36c）。

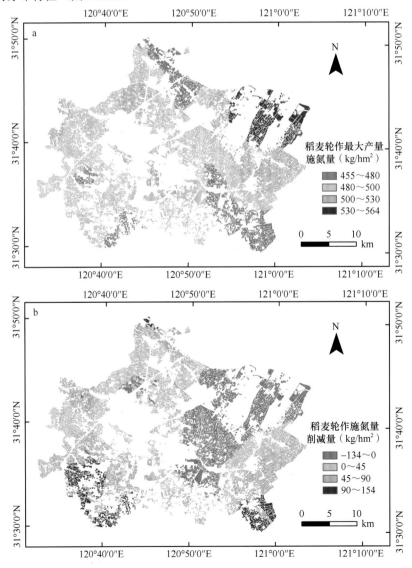

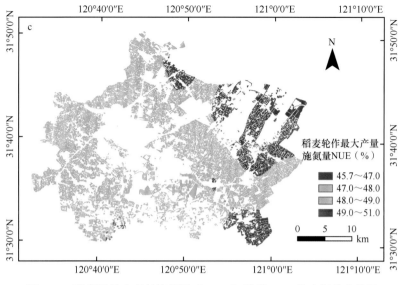

图 2-36 研究区最大产量施氮量（NA_{MY}）及其 NUE 的空间分布特征

2.4.3.2 基于高水平氮肥利用率的氮肥减肥增效潜力

在基于高水平 NUE（小麦 NUE 和水稻 NUE 分别达到田块肥效试验最高水平的 55% 和 45%）的条件下，通过将该条件的施氮量（NA_{HN}）与 IFI 的线性关系方程进行空间耦合，获得 NA_{HN} 在研究区的空间分布特征。结果表明，研究区稻麦轮作总 NA_{HN} 为 358 ~ 625kg/hm²，平均 NA_{HN} 为 454.0kg/hm²，比稻麦轮作的最大产量施氮量（NA_{MY}）减少 40.9kg/hm²（图 2-37）。由于研究区南部的 IFI 较高，其 NA_{HN} 比 NA_{MY} 削减得更多，东北部的 IFI 低于田块肥效试验最低的 IFI（S5），因此该区域 NA_{HN} 比 NA_{MY} 略有增加。

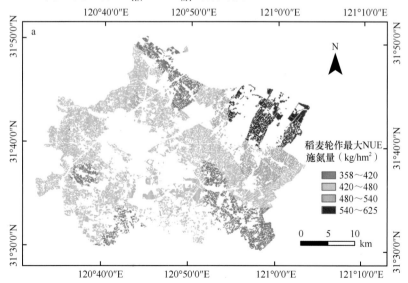

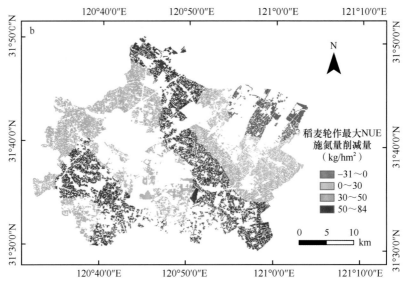

图 2-37　研究区基于最大 NUE 施氮量（NA_{HN}）及其削减量的空间分布特征

2.4.3.3　基于综合地力整体提升的氮肥减施增效潜力

在研究区稻麦轮作 IFI 整体提升 10% 的条件下，整个研究区范围稻麦轮作 NUE 降低 0.15% ～ 1.3%，平均降低 0.8%，降低比例为 1.7%（图 2-38a）；但稻麦轮作的 NA_{MY} 将减少 5.7 ～ 16.6kg/hm^2，平均减小 12.7kg/hm^2，减小比例为 2.6%；并且在 IFI 较大的南部区域稻麦轮作 NA_{MY} 减少量和比例明显大于 IFI 较小的东北部区域（图 2-38b）。此外，综合地力的提升还有利于稻麦轮作最大产量的增加。因此，提高研究区东北部土壤综合地力至较高的水平，能更有利于研究区氮肥施用量的减少，具有更高的氮肥减肥增效潜力。

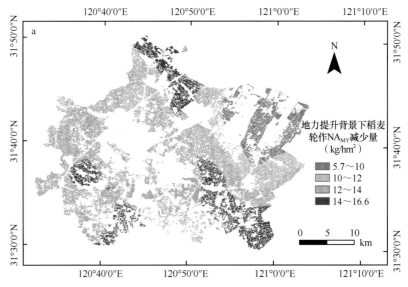

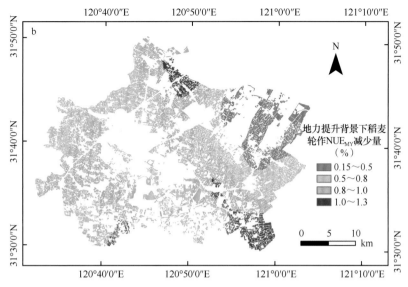

图 2-38 研究区基于土壤综合地力整体提升的 NA$_{MY}$ 和 NUE$_{MY}$ 的空间变化特征

2.4.4 耕地综合地力提升的方法

2.4.4.1 施用有机肥

该研究区土壤 TN 和 SOM 对耕地综合地力的贡献最大，同时也是限制地力低下农田的主要的土壤养分因子。已有研究认为有机肥与化肥相结合施用可以有效地改善 SOM 含量、增加土壤氮素含量（Fan et al.，2005；Xu et al.，2014）。胡莹洁等（2018）指出，长江中下游平原水稻土的 SOM 含量在 2010 年的平均水平 23.4g/kg 的基础上，大约有 18.3g/kg 的改进空间。但是，在研究区太湖流域，有机肥在肥料投入总量中所占的比例不到 10%，远低于美国、欧洲等国家和地区 40% ~ 60% 的比例（朱兆良和金继运，2013），因此有机肥施用比例也有提高的空间。由于太湖地区畜禽养殖率低于中国其他粮食主产区（胡莹洁等，2018），因此有机肥的区域外源投入是提高该地区 SOM 和 TN 含量的关键。

2.4.4.2 秸秆还田

自我国禁止焚烧秸秆以来，秸秆还田这一措施被广泛用于改善研究区域的耕地土壤质量（Yang et al.，2016）。已有研究表明，在稻麦轮作系统中秸秆全量还田可以补充土壤养分，增加土壤微生物的生物量和活性，减少氮肥的施用（Yan et al.，2019）。研究区常熟市处于长江中下游平原，自然地理条件优越，便于对秸秆进行机械切割和还田（苏州市统计局，2018）。张志毅等（2019）采用 Meta 分析方法，定量研究稻麦轮作下秸秆还田对土壤基础养分的影响，结果表明：在太湖地区典型的稻麦轮作系统下，秸秆全量还田配合翻耕措施能够增加土壤氮、磷、钾和有机质等含量，达到土壤地力培育的效果。

2.4.4.3　小麦季节休耕

太湖地区的农业休耕制度也是另一项培肥地力的重要措施。为实现"藏粮于地、藏粮于技"的国家战略，我国"十三五"规划提出了农田轮作休耕制度（朱国锋等，2018）。太湖流域于 2017 年开始实施稻麦轮作系统的休耕措施，由地方政府通过经济补助的形式鼓励农民每 3 年停种一季小麦。本研究的结果表明，水稻增产主要受耕地地力的影响，而小麦增产受施肥量的影响。因此，在小麦需求量较小的南方地区，适当降低小麦种植面积，不仅可以减少化肥施用量，同时能够维持和提高耕地地力，从而促进水稻季的产量，协同实现区域耕地地力提升、水稻增产和化肥减施的目标。

第3章 土壤酸化与化学养分的互动机制及其调控原理

3.1 化肥–土壤酸化–耕地地力的互动机制

土壤酸化是指在自然和人为条件下，土壤酸度变强，即土壤 pH 降低的现象，其实质是土壤中盐基阳离子淋失，交换性酸增加，从而引起土壤 pH 下降。自然状态下，土壤酸化十分缓慢，pH 下降 1 个单位需要数百万年。但随着工业化进程和高强度的人为活动，大量外源酸进入土壤，明显加快了该进程，导致土壤酸化的主要因素是大气酸性沉降、大量施用化学氮肥、高强度作物栽培等，其中化学氮肥的长期过量施用是我国农田土壤加速酸化的主要原因。土壤酸化导致土壤养分有效性下降、肥力降低、土壤板结、重金属活性增强，造成土壤质量下降，影响作物正常生长发育，最终影响农作物产量与品质。土壤酸化已经成为影响我国粮食安全及农田可持续发展的主要障碍因素之一。

3.1.1 施肥与土壤酸化的互动影响

化学氮肥特别是铵态氮肥的过量施用是农业土壤酸化的重要原因。氮肥主要通过 NH_4^+ 硝化、硝酸盐淋溶及作物对阴阳离子的不均衡吸收来加速土壤酸化。铵态氮肥通过硝化作用将 NH_4^+ 氧化为 NO_3^- 并产生 H^+，硝化反应的方程式如下：

$$2NH_4^+ + 3O_2 \rightleftharpoons 2NO_2^- + 2H_2O + 4H^+$$

$$2NO_2^- + O_2 \rightleftharpoons 2NO_3^-$$

尿素通过水解和硝化作用产生 H^+，方程式如下：

$$CO(NH_2)_2 + 4O_2 \rightleftharpoons 2H^+ + 2NO_3^- + H_2O + CO_2$$

从硝化反应方程可以看到 1mol NH_4^+ 氧化成 NO_3^-，产生 2mol H^+。因此，铵态氮的长期过量投入会导致土壤酸化。针对土壤中硝酸盐的淋溶，带负电荷的 NO_3^- 携带带正电荷的阳离子（Ca^{2+}、K^+、Mg^{2+}、Na^+）以保持土壤颗粒的电荷平衡，NO_3^- 淋溶过程中盐基阳离子的淋失会加速土壤酸化过程。对于硫酸铵，SO_4^{2-} 和 NO_3^- 离子的迁移造成更多盐基阳离子淋失；有机氮在微生物作用下，通过氨化作用转化为 NH_4^+，硝化作用将 NH_4^+ 氧化为 NO_3^-，氨化过程释放出 OH^-，而硝化过程产生 H^+，理论上每摩尔 NH_4^+ 氧化为 NO_3^- 产生 2mol H^+。NH_4^+ 挥发可降低表层土壤 pH，反应式如下：

$$NH_4^+ \longrightarrow NH_3 + H^+ \text{（pKa 9.5）}$$

氮肥施用导致土壤酸化的潜力与氮肥种类密切相关。对土壤酸化作用最强的是 $(NH_4)_2SO_4$，尿素和硝酸铵的作用较弱。按照各种化肥酸化当量（kg CaCO₃/100kg 肥料）计算，$(NH_4)_2SO_4$ 为 110，$(NH_4)_2HPO_4$ 为 74，尿素为 79，元素 S（S^0）为 310。尿素由于氨化作用产生 NH_4^+ 释放 OH^-，中和硝化过程中产生的部分 H^+，这是尿素氮肥的酸化作用比铵态氮肥弱的原因。长期施用过磷酸钙也会导致土壤酸化。过磷酸钙施入土壤后会产生异成分溶解，形成磷酸、磷酸一钙和磷酸二钙的混合成分，其中磷酸作为多元强酸能使施入磷肥处的土壤严重酸化，此外磷酸钙中磷酸氢根的电离也会产生 H^+。过磷酸钙的生产工艺是用硫酸来溶解磷矿石，其产品过磷酸钙中含有 5% 左右的游离硫酸，可直接使土壤酸化。

作物生长和收获会从土壤中吸收与移除盐基离子，根系每吸收 1mol 盐基离子，将向土壤中释放等当量的 H⁺。然而，作物对土壤中阴阳离子的吸收并不是等电荷的。作物吸收氮有 3 种形式：阴离子 NO₃⁻、阳离子 NH₄⁺ 和中性 N₂（固氮），根据作物吸收氮的形式和同化机制可发生过量的阴离子与阳离子吸收。作物为了保持根圈电荷中性，吸收阳离子时释放 H⁺，当阴离子吸收多时，释放 OH⁻。因此，一些酸被 NO₃⁻ 吸收而中和，从而释放 OH⁻。为保持体系的电荷平衡，作物从土壤中吸收养分离子的同时，要向土壤溶液中分泌质子或者 OH⁻ 和 HCO₃⁻。但这种关系是短暂的，作物最终会以残体的方式归还于土壤，保持离子的平衡。但在高度集约化农业中，绝大部分农业产品被收获带走，带走了大量的碱性物质，打破了这种平衡关系，导致了作物对土壤的酸化作用。植物吸收 NH₄⁺ 和固氮导致 H⁺ 净释放，吸收 NO₃⁻ 导致 OH⁻ 净释放。农作物收获从土壤中移走钙、镁、钾等养分，也加速了土壤酸化。豆科类植物和茶树对土壤酸化具有更明显的加速作用。豆科植物从土壤中吸收的 Ca^{2+}、Mg^{2+}、K^+ 等无机阳离子多于无机阴离子，导致根系向土壤释放质子，加速土壤酸化。因此，种植豆科植物增加土壤有机氮是加速土壤酸化的另一个原因。

图 3-1 表明了氮肥和作物对土壤酸化的作用。铵态氮的硝化、植物对铵态氮的吸收和氨的挥发是释放 H⁺ 的过程，植物对硝态氮的吸收、有机氮的矿化和硝态氮的反硝化过程是消耗 H⁺ 的过程。对某一具体的农田土壤，其酸化程度取决于 H⁺ 产生和 H⁺ 消耗两个过程的平衡状态。

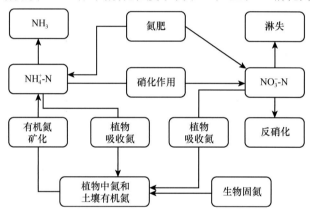

图 3-1   土壤中氮素转化过程与 H⁺ 产生和消耗的关系示意图

国内外的广泛研究证明，氮肥过量施用引起的土壤酸化普遍存在。中国农业科学院农业资源与农业区划研究所证实氮肥施用是农田土壤酸化的主要驱动力，平均年施 75kg N/hm² 使 pH 每 10 年降低 0.27 个单位（周晓阳等，2015）。Hetrick 和 Schwab（1992）报道在粉砂壤土上年施 225kg N/hm² NH_4NO_3 肥，不到 40 年土壤 pH 从 6.9 降到 4.1。化学氮肥的施用量和施用年限对土壤 pH 变化有重要影响，随着氮肥用量的增加和施用年限的延长，土壤酸化程度明显加重。Fageria 等（2010）报告水稻田土壤 pH 随硫酸铵和尿素施用量增加而线性降低，而硫酸铵对 pH 的降低幅度大于尿素。表 3-1 是我国农田土壤表土 pH 在 20 世纪 80 年代至 2000 年间的变化情况。

国内外的大量长期定点监测和长期定位施肥试验证明了土壤 pH 随着铵态氮肥的施用增多而降低。湖南祁阳长期定位施肥试验表明，氮肥（尿素）连续施用（300kg N/hm²）19 年，N 和 NPK 处理的红壤 pH 从开始时的 5.7 分别下降到 3.83 和 3.90，下降约 2 个单位（Cai et al.，2014）。作物产量随施肥年限延长呈降低趋势，其中小麦产量平均每年下降 11 ～ 104kg/hm²，玉米产量平均每年下降 24 ～ 210kg/hm²。英国洛桑试验站的 Woburn 试验区（始于 1876 年），土壤酸化在施用氮肥的处理中最明显，土壤酸化致使连续种植 15 年以后的小麦产量开始降低，表土 pH 在 1883 ～ 1991 年由 6.2 降低到 3.8。

表 3-1　我国主要农田土壤表土在 20 世纪 80 年代至 2000 年间的 pH 变化（Guo et al.，2010）

组别	主要土壤类型	代表区域	1980s	粮食作物（水稻、小麦、玉米、棉花）		经济作物（蔬菜、水果、茶叶）	
				2000 年	pH 变化	2000 年	pH 变化
I	红壤、黄壤	南方和西南地区	5.37（301）	5.14（505）	−0.23**	5.07（337）	−0.30**
II	水稻土	南方和东北地区	6.33（1157）	6.20（1101）	−0.13**	5.98（413）	−0.35**
III	紫色土	西南地区	6.42（297）	5.66（211）	−0.76**	5.62（98）	−0.80**
IV	黑土、暗棕壤和棕壤	北方沿海和东北地区	6.32（562）	6.00（537）	−0.32**	5.60（238）	−0.72**
V	潮土、褐土和塿土	华北平原和黄土高原	7.96（995）	7.69（850）	−0.27**	7.38（520）	−0.58**
VI	风积土、棕漠土和高山漠土	西北地区	8.16（493）	8.16（250）	0.00ns	8.17（10）	0.01ns

注：20 世纪 80 年代（1980s）和 2000 年所在列中括号内数据表示样本数，括号外数据代表土壤 pH 的平均值；pH 变化中 ** 代表差异性检验的显著性（$P < 0.01$），ns 代表无显著性差异

我国四大耕作系统（双季稻、水稻–小麦、小麦–玉米和温室大棚蔬菜）中，Guo 等（2010）发现我国农田三大粮食作物体系（小麦–玉米、水稻–小麦和双季稻）一年两季的氮循环过程的 H^+ 产生量为 20 ～ 33kg/hm²，换算为一年单季的 H^+ 产生量则为 10 ～ 16kmol/hm²。在不同土地利用方式中，单位面积旱地农田的 H^+ 净产量（产酸量）最高，达到 19.0kmol/(hm²·a)，其次为水田 [16.5kmol/(hm²·a)]，林地的产酸量 [3.2kmol/(hm²·a)] 最低（周海燕等，2019）。与氮循环过程和盐基离子吸收产生的酸化潜势相比，酸雨对农田土壤酸化的贡献相对较小，Guo 等（2010）对我国农田的研究结果也表明酸雨的贡献远低于氮循环过程和盐基离子吸收的贡献，氮肥驱动的酸化为酸雨的 10 ～ 100 倍。据湖南祁阳的研究，氮循环过程致酸贡献率平均为 66.5%，盐基离子吸收为 33.0%，酸雨则仅为 0.5%。无论是农田还是林地，氮循环过程都是产生 H^+ 的主要来源，是土壤酸化的主要驱动因素。因此，减少氮循环过程的 H^+ 产生量（减少施用铵态氮肥、提高氮肥利用率）和维持土壤中盐基离子库的平衡是防止土壤酸化的有效措施。

3.1.2　土壤酸化对耕地地力和养分利用的影响

农田土壤加速酸化导致土壤氢离子、铝离子大量增加（图 3-2），土壤中的钙、镁、钾、钠等离子淋失严重，营养元素的有效性大大降低，土壤物理性质恶化，土壤肥力下降，影响微生物活性等，是耕地地力的主要障碍因素。土壤酸化将导致农作物减产、农产品品质下降。在严重酸化情况下（pH<4.0），农作物甚至无法生长，农民颗粒无收。

土壤酸化对氮、磷等营养元素的有效性及含量的影响较大，酸性土壤普遍缺 N、P、K，很多土壤缺 Ca 和 Mg。一般认为，土壤速效氮（硝态氮、铵态氮或碱解氮）在中性、微酸及微碱条件下有效性较高，当土壤 pH 低于 6.0 时，硝化速率明显下降，pH 低于 4.5 时，硝化作用基本停止，碱解氮含量也随土壤 pH 下降而直线下降。土壤 pH 对磷酸盐的形态和磷的有效性影响很大。在 pH 低于 5.5 时，土壤对磷的固定作用更加明显。pH 在 6.5 ～ 7.0 时，磷与钙结合生成磷酸一钙或磷酸二钙，磷呈 $H_2PO_4^-$ 和 HPO_4^{2-} 形态，作物能够吸收利用；当 pH<

5.5 时，磷酸根与铁、铝结合形成磷酸铁、磷酸铝而被固定。因此，土壤 pH 过低会加剧磷的固定，降低土壤中磷的有效性，导致大多数的酸性土壤都严重缺磷。因此，土壤酸化明显影响氮磷有效性与肥料利用率。表 3-2 是土壤 pH 与肥料利用率的关系。

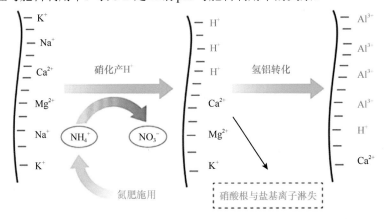

图 3-2　土壤酸化与铝活化示意图（徐仁扣等，2018）

表 3-2　土壤酸度对肥料利用率的影响（以中性土壤肥料利用率为 100%）（Zimdahl，2015）

土壤酸度	pH	氮肥利用率/%	磷肥利用率/%	钾肥利用率/%	肥料损失率/%
极强酸性	4.5	30	23	33	71.3
很强酸性	5.0	53	34	52	53.7
强酸性	5.5	77	48	77	32.7
中度酸性	6.0	89	52	100	19.7
中性	>7.0	100	100	100	无

土壤酸化导致盐基离子的加速淋失，土壤胶体上吸附的盐基离子如 NH_4^+、K^+、Ca^{2+}、Mg^{2+} 多被 H^+、Al^{3+} 代换到土壤溶液中，进而被淋失掉，导致土壤肥力下降，盐基离子的淋失会严重影响植物的生长。当 pH<5 时，铝则以 Al^{3+}、$Al(OH)^{2+}$ 等离子形式存在，土壤中水溶性铝含量呈直线上升趋势，对植物具有严重的毒害作用。

土壤酸化强烈影响土壤微生物的活动，大多数土壤微生物都对酸敏感。土壤酸化后土壤微生物的数量会减少，微生物的生长和活动受到抑制，从而影响到土壤有机质的分解和土壤中碳、氮、磷、硫的循环。例如，土壤酸化通过控制土壤硝化微生物——氨氧化细菌（ammonia-oxidizing bacteria，AOB）、氨氧化古菌（ammonia-oxidizing archaea，AOA）和亚硝酸盐氧化细菌（nitrite oxidizing bacteria，NOB）限制硝化作用。

3.1.3　土壤酸化对养分转化微生物群落及其功能的影响

大多数微生物的最适 pH 在中性范围，土壤酸化会抑制微生物的活性，不利于微生物的生长。土壤中涉及养分转化的微生物也不例外。在酸性土壤中，涉及氮、磷、硫等主要养分转化的微生物数量和功能较中性土壤更少。但从微生物群落组成上看，土壤酸化并非抑制所有微生物。喜酸、嗜酸及耐酸微生物会在酸化土壤中占据主要地位，成为在酸性土壤中发挥功能的主要类群。现代分子生物学技术的广泛运用，包括稳定同位素标记技术、高通量测序技术等，为揭开微生物群落组成及其功能提供了强大保障。

氮是土壤中极为重要的养分元素，它是构建包括 DNA、RNA、氨基酸、蛋白质、糖、叶绿素等重要生物分子的必需元素。土壤中氮元素的形态包括有机氮和无机氮。有机氮经过氨化细菌的矿化作用会形成无机氮，而无机氮的转化涉及不同价态氮的相互转化。主导无机氮转化的主要微生物类群包括氨氧化细菌、氨氧化古菌、厌氧氨氧化细菌、硝化细菌、反硝化细菌和固氮细菌。土壤酸化对氨化作用影响不显著。但许多研究发现，土壤酸化会显著影响无机氮的转化过程。从理论上说，土壤酸化之后氨氧化功能减弱，不利于氨氧化细菌生长。比较红壤长期施肥土壤（pH 3.7～5.8）的氨氧化细菌、氨氧化古菌及硝化潜势，发现氨氧化细菌、氨氧化古菌的数量及硝化潜势与土壤 pH 存在显著的正相关关系，而与土壤硝态氮含量存在显著的负相关关系。Song 等（2020）采用施过量氮肥的土壤（pH 4.3～7.0）作为研究土壤酸化的材料，发现土壤反硝化功能、反硝化细菌的数量和多样性都随着土壤 pH 的下降而降低。

目前，有关土壤酸化对厌氧氨氧化过程和相关微生物影响的研究较少。Shen 等（2013）采集了全国范围内 32 份土壤样本（pH 3.9～7.6），并对厌氧氨氧化细菌特征基因进行了定量和测序分析，相关分析结果显示厌氧氨氧化细菌数量和多样性与土壤 pH 无显著相关性，但与土壤铵态氮浓度和有机碳浓度呈显著正相关。固氮细菌数量、固氮酶活性和固氮速率在中性 pH 条件下最高，土壤酸化会降低上述指标。

对于所有生物，磷都是极其重要的必需元素，它主要存在于 RNA、DNA、ATP、细胞膜的磷脂中。但在土壤中，绝大部分磷与 Ca^{2+}、Fe^{3+}、Mg^{2+} 等阳离子结合，形成难溶性磷酸盐，无法被植物吸收。土壤中还广泛存在着一类称为"解磷细菌"的微生物。解磷细菌分为无机磷细菌和有机磷细菌。前者向环境中分泌有机酸，降低土壤 pH，从而溶解难溶的磷酸盐并释放磷酸根；后者通过分泌磷酸酶、核酸酶和植酸酶来分解有机磷，释放磷酸根，产生植物可以吸收利用的有效态磷。土壤中主要的有机磷细菌是芽孢杆菌属（*Bacillus*）和假单胞菌属（*Pseudomonas*）的细菌；主要的无机磷细菌是假单胞菌属的细菌。Zheng 等（2019）将一份采自河南封丘的土壤的 pH 从 8.35 分别调节至 4、5、6 和 7，模拟土壤酸化过程，采用 *pqqC* 基因作为无机磷细菌特征基因表征无机磷细菌的数量和多样性。结果显示，无机磷细菌 *pqqC* 基因丰度与土壤 pH 呈显著的线性正相关关系，因此土壤酸化降低无机磷细菌数量，可能是因为有效态磷浓度增加会抑制无机磷细菌生长。供试土壤中，芽孢杆菌属和链霉菌属（*Streptomyces*）的细菌为优势无机磷细菌。在 pH 4 的土壤中，芽孢杆菌属为优势菌属，而在 pH 6 及以上土壤中链霉菌属（*Streptomyces*）为优势菌属。其他无机磷细菌如短杆菌属（*Brevibacterium*）在 pH 4 的土壤中的丰度仅次于芽孢杆菌属，在 pH 更高的土壤中，丰度明显降低。而赖氏菌属（*Leifsonia*）的丰度则在 pH 6 和 pH 7 的土壤中最高。有机磷细菌在胞内磷水平缺乏的时候会向胞外分泌磷酸酶；反之，环境有效态磷水平增加时会对有机磷细菌及磷酸酶活性产生抑制。Yin 等（2014）研究发现，红壤中酸性磷酸酶的活性与土壤 pH 呈显著的负相关关系。酸性磷酸酶和碱性磷酸酶分别适宜在酸性土壤与碱性土壤中发挥其活性功能。但许多研究发现碱性磷酸酶在有机磷的分解过程中起主要作用。而且磷脂在碱性条件下更容易分解。例如，卵磷脂在碱性条件下分解产生胆碱和三甲胺。因此，土壤酸化会导致有效态磷浓度增加，抑制磷细菌及碱性磷酸酶活性，不利于有机磷的分解。

以湖南祁阳红壤实验站的红壤农田生态系统长期定位施肥试验为研究对象，采集不同施肥处理［氮肥（N）、氮磷钾肥（NPK）、有机肥（M）、氮磷钾肥及有机肥（NPKM）、氮肥+石灰（NL）、氮磷钾+石灰（NPKL）、不施肥（CK）及休耕（CKO）]小区的土壤作为不同 pH 梯度（4.0～6.5）土壤，提取土壤样品 DNA，利用 Illumina HiSeq 测序仪进行测序，获得土壤微生物组数据。结果发现土壤微生物主要以细菌为主（68%），真核生物占31%，古菌仅占 1%。对土壤微生物群落组成变化分析发现，随着土壤 pH 下降，土壤中放线菌门（Actinobacteria）、纤线杆菌纲（Ktedonobacteria）等细菌种类的相对丰度升高，α-变形菌纲（Alphaproteobacteria）、β-变形菌纲（Betaproteobacteria）等细菌种类的相对丰度降低（图 3-3a）；古菌群落随土壤 pH 下降，热原体纲（Thermoplasmata）的相对丰度升高明显，奇古菌门（Thaumarchaeota）等的相对丰度有明显下降（图 3-3b）；真核生物中子囊菌门（Ascomycota）等相对丰度随着土壤 pH 升高而升高，扭鞘藻门（Streptophyta）的相对丰度随土壤 pH 升高而降低（图 3-3c）。

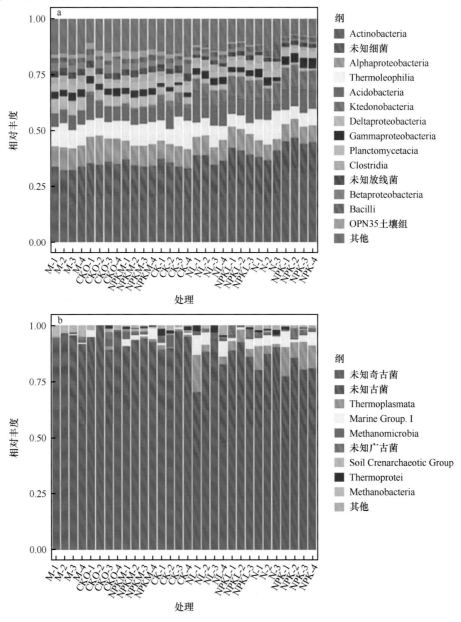

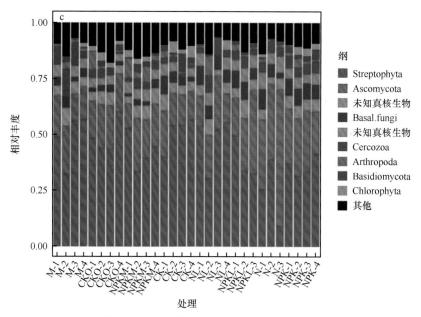

图 3-3 红壤不同施肥处理土壤的细菌（a）、古菌（b）和真核生物（c）群落相对丰度

　　长期定位试验研究施肥对酸性旱地土壤自养硝化活性及自养硝化微生物群落的影响表明，施化肥和有机肥显著提高了土壤有机碳与无机氮含量，施有机肥提高了土壤 pH 和总氮含量，降低了 C/N；对照土壤自养硝化作用占据主导地位（73.6% ～ 85.3%），施肥显著提升了土壤自养硝化活性，且施有机肥提升效果更为明显；微域培养后，有机肥处理土壤氨氧化古菌（AOA）和氨氧化细菌（AOB）*amoA* 基因相对丰度及 16S rRNA 基因相对丰度显著上升，而 CK 和 NPK 土壤仅 AOA 相对丰度显著上升，即 3 种土壤 AOA 均有明显活性（主要类群为 *Nitrososphaera* > 99.30%），而 AOB 仅在有机肥处理的土壤中有活性（主要类群为 *Nitrosospira* > 99.99%），另外还发现有机肥处理的土壤中亚硝酸盐氧化细菌（NOB）有较强活性（主要类群为 *Nitrospira* > 96.69%）；逐步回归分析显示，自养硝化活性显著受总氮含量影响，AOA 和 AOB 的 *amoA* 基因相对丰度分别受有机碳含量与 pH 影响，*Nitrososphaera* 相对丰度与 NO_3^--N 含量显著正相关，而 *Nitrosospira* 和 *Nitrospira* 相对丰度则与 C/N 显著负相关。由此可知：长期施肥后土壤总氮含量的提升显著刺激自养硝化活性；以 *Nitrososphaera* 为主的 AOA 在酸性旱地土壤硝化作用中发挥了重要作用，施有机肥土壤 pH 上升及 C/N 下降刺激了 *Nitrosospira*（AOB）生长，从而改变了酸性旱地土壤中活跃的自养硝化微生物类群。

3.1.4　土壤酸化对耕地地力影响的物理学机制

　　土壤酸化导致土壤板结、孔隙变小、透气性差，不利于土壤中水、气、热、肥的调节，进而影响作物根系生长，影响根系对土壤中营养元素的吸收和利用。土壤酸化引起土壤板结是导致耕地地力下降的主要原因之一。其主要原因是土壤结构遭到破坏，团粒结构难以形成，干燥后受内聚力作用使土面变硬，最终不适于作物生长。土壤板结往往导致植物根系生长受阻，进而影响吸肥能力，作物长势差、产量低。由于土壤板结和结构退化等地力障碍难以定量描述，采用同步辐射 X-射线显微 CT（synchrotron radiation X-ray micro-computed tomography，SR-mCT）和孔隙网络模型从微尺度描述土壤结构，解释长期施肥引起土壤板结和结构退化等地力障碍的物理学机制。

以水稻土长期施肥定位试验为例，土壤为水稻土（泥质田，A-Ap-W-C 构型），处理为不施肥对照（CK）、化肥（NPK）、水稻秸秆（RS）、猪栏肥（PM）、猪栏肥+化肥（PM+NPK）和水稻秸秆+化肥（RS+NPK）6 个处理。化肥施用量为每年 60kg N/hm^2、13kg P/hm^2 和 33kg K/hm^2，21 年后 NPK、RS、PM、RS+NPK 和 PM+NPK 处理土壤 pH 分别比对照土壤下降 1.4、0.4、0.8、1.0 和 0.8。土壤团聚体组成分析结果表明，NPK 处理比有机肥处理明显降低了大团聚体的含量，与对照比较，PM、RS、PM+NPK 和 RS+NPK 处理增加的 >2mm 团聚体的比例分别为 14.5%、26.6%、22.9% 和 29.3%，而 NPK 处理与对照没有明显差异，同时团聚体稳定性降低，团聚体平均重量直径（MWD）比有机肥处理显著降低。研究表明，>2mm 团聚体与土壤板结密切相关，长期施肥导致的 >2mm 团聚体减少是导致土壤板结的主要原因。

将土壤大团聚体进行同步辐射 X-射线显微 CT 扫描，获得 CT 图像，经图像重构、分割、孔隙结构定量和网络模型分析，解释长期施肥引起土壤板结的物理学机制。表 3-3 是不同施肥处理的孔隙定量数据。SR-mCT 分析表明，与对照相比，NPK 处理对总孔隙度（total porosity，TP）、孔隙形态、连通孔隙度（connected porosity）、各向异性（degree of anisotropy，DA）和连通孔隙度/孤立孔隙度（connected porosity/isolated porosity，C/I）没有明显影响，而孤立孔隙度（isolated porosity）显著增加；RS 处理 TP 与 CK、NPK 处理没有显著差异，而连通孔隙度和 C/I 值显著增加，孤立孔隙度显著降低。与 RS 处理比较，RS+NPK 处理孤立孔隙度显著增加，而 DA 值和 C/I 值降低；与 CK 和有机肥（RS 和 PM）处理比较，NPK 与 PM+NPK 处理趋向降低 C/I 值。试验明确长期使用化肥导致的结构退化机制主要是 NPK 处理降低 C/I 值，增加孤立孔隙的微孔隙度。孔隙网络模型表明 NPK 处理降低了孔隙网络系统的复杂性。TP 和 C/I 值是评价施肥对微尺度孔隙结构影响的重要指标，可作为耕地地力评价的新指标。

表 3-3　不同施肥处理土壤大团聚体的孔隙数量、总孔隙度、孔隙形态和 DA 值

处理	孔隙数量	总孔隙度/%	孔隙形态/%			DA 值
			规则形	不规则形	拉长形	
CK	7 673b	10.05b	42.69ab	35.75ab	21.56c	2.35d
NPK	8 867ab	10.35b	50.35a	31.56ab	18.09cd	2.12d
RS	9 029ab	11.16b	30.62bc	23.81c	45.57a	4.62a
RS+NPK	12 159a	10.71b	37.12b	28.56b	34.32b	3.56bc
PM	8 572b	15.75a	25.65c	46.52a	27.83b	3.75ab
PM+NPK	10 356a	9.81b	35.96b	39.29a	24.75bc	2.68cd

根据有效孔隙直径（effective pore diameter），将孔隙分为大孔隙（macropore，>80μm）、中孔隙（mesopore，30～80μm）和微孔隙（micropore，<30μm）。图 3-4 是连通孔隙和孤立孔隙的大小分布。对于连通孔隙中 >80μm 和 30～80μm 的孔隙度，PM 处理显著高于其他处理，而其他处理没有显著差异；NPK 处理的 <30μm 连通孔隙度显著高于其他处理。对于孤立孔隙，PM 处理的 >80μm 孔隙度显著高于其他处理，而 NPK 处理的 <30μm 孔隙度显著高于其他处理。也就是说 PM 处理显著增大连通孔隙和孤立孔隙的大孔隙度，而 NPK 处理增大孤立孔隙的微孔隙度。

长期施肥影响耕地地力的第二个机制是改变了团聚体中孔隙的空间分布（图 3-5），CK 处理的团聚体内部孔隙分布较为均匀。施用 RS 之后，孔隙的位置发生了较为显著的变化。施用 PM 可以使团聚体孔隙分布更均匀，并且能明显增加团聚体外层的孔隙数量，有利于促进团聚

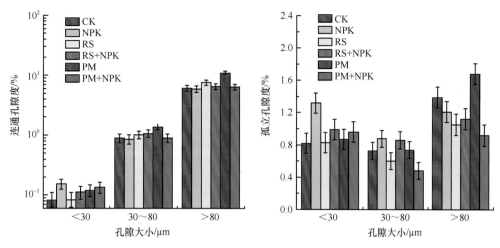

图 3-4　不同施肥处理土壤中连通孔隙和孤立孔隙的大小分布

体的水气交换能力。当施用 NPK 之后，无论是 NPK 单施还是配合有机肥施用，都会导致团聚体内层和中层微孔隙体积增加，说明了 NPK 的施用会导致土壤团聚体内部小孔隙的显著增加。NPK 处理的孔隙浓集在内部，孔隙大小分布表明 NPK 处理增加了微孔隙度和中孔隙度。PM+NPK 处理的孔隙空间分布与 PM 处理不同，与 PM 处理比较其表面的大孔隙度降低，中间和内层的微孔隙度增大。

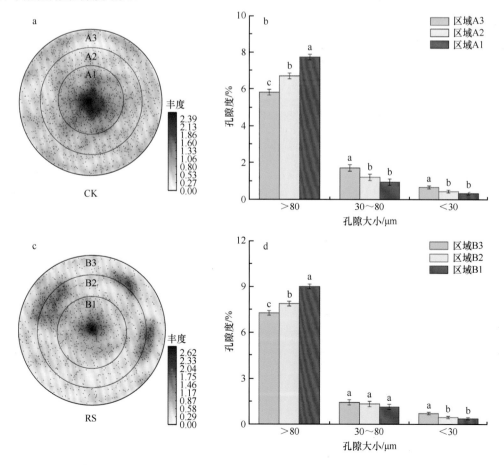

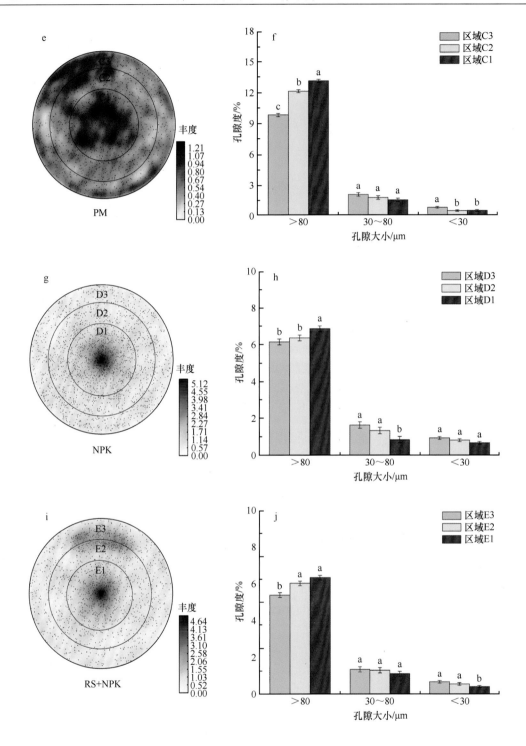

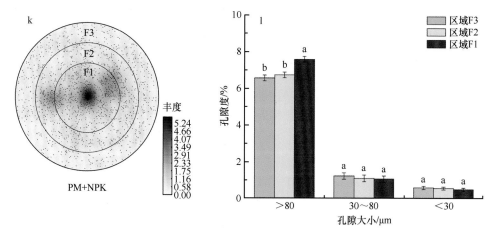

图 3-5　不同施肥处理团聚体内孔隙的空间分布

左侧图都是孔隙分布图，每个小圆点代表一个孔隙，等值线形状代表孔隙丰度，颜色深浅代表孔隙丰度高低；
右侧图都是团聚体不同圈层的孔隙大小分布

图 3-6 是不同施肥处理的 3-D 连通孔隙和孔隙网络可视化图。可视化图表明 NPK 处理降低了孔隙网络系统的复杂性，PM 处理有最复杂的网络结构，而 PM+NPK 处理的孔隙网络系统比 PM 处理简单，表明 NPK 处理降低了孔隙网络系统的复杂性。在孔隙网络中，不同孔隙之间由通道相互连接，其中通道的最窄处被称为孔喉，其横切面积被定义为孔喉面积。不同处理的孔喉面积分布没有显著差异，而孔喉数量显著不同。表 3-4 和图 3-7 分别是不同施肥处理土壤团聚体中连通孔隙的网络模型参数与拓扑结构（topological structure）。NPK 处理 $10 \sim 100\mu m^2$ 孔喉数量与 CK 相同，而 NPK 处理 $>100\mu m^2$ 孔喉数量显著低于 CK。RS、RS+NPK 和 PM+NPK 处理的孔喉数量高于 CK。在孔隙网络模型当中，将连通孔隙根据不同的功能分为两类。第一类是骨干孔隙，这些孔隙具有相对较大的等效直径和较高的连通度，它们组成了整个孔隙网络的骨架，对水气运移和养分传递起到重要作用。第二类孔隙为辅助孔隙。这些孔隙的等效直径较小和连通度相对较低，它们在孔隙网络中对水气运移和养分传递起到了辅助与补充的作用。NPK 处理的骨干孔隙的比例明显降低，而 RS 和 PM 处理显著提高了骨干孔隙的比例，RS+NPK 和 PM+NPK 处理降低了骨干孔隙的比例，增加了辅助孔隙的比例。在骨干孔隙当中，连通度较高的大孔隙被定义为关键节点孔隙（key node pore），这些孔隙组成了土壤孔隙系统中的关键节点，决定了土壤优先流及水、气和养分的交换。NPK 处理主要是通过降低关键节点孔隙比例，而有机肥通过增加关键节点孔隙比例改善土壤孔隙结构。NPK 处理通过增加孤立孔隙度退化土壤结构，而不是降低总孔隙度。RS 和 PM 处理不但增加有机质含量，而且通过降低孤立孔隙度而增加 C/I 值，改善空气、水分和养分的循环。所以 RS 处理通过降低孤立孔隙度改善孔隙结构。NPK 处理有最低的关键节点孔隙数量，而 RS 和 PM 处理比较高，RS+NPK 和 PM+NPK 处理比 NPK 处理高，比 RS 和 PM 低。孔隙网络模型虽然提供了一些重要参数，如孔隙大小、孔喉面积、通道长度等，但仍然无法对整个网络的拓扑结构进行定量描述。因此，通过引入网络分析的方法对孔隙网络的拓扑结构进行研究。孔隙网络拓扑结构有 3 个主要指标：①平均连通度，表示每个孔隙分别和几个邻近孔隙相连；②平均路径长度，表示任意连接两个孔隙之间有多少个孔隙；③网络直径，指的是两个最远孔隙之间的路径长度。

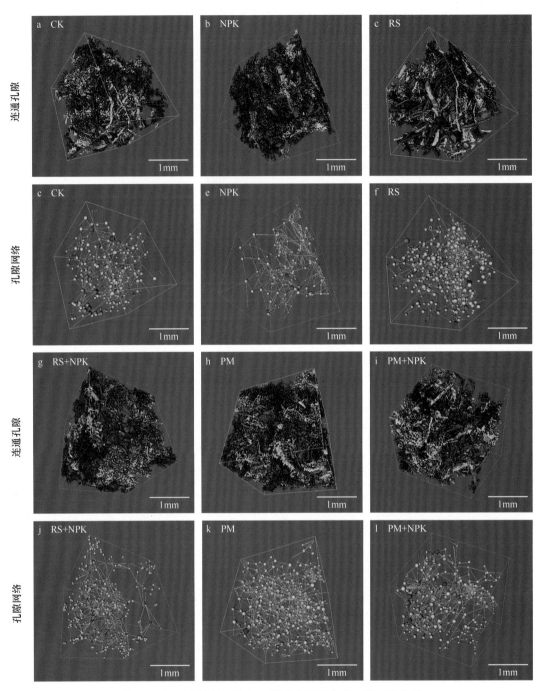

图 3-6　不同施肥处理的 3-D 连通孔隙和孔隙网络可视化图

表 3-4　不同施肥处理土壤团聚体中连通孔隙的孔隙网络模型参数

孔隙性质	CK	NPK	RS	RS+NPK	PM	PM+NPK
平均孔隙/μm^2	2863b	2448c	3471a	2889b	3901a	2697bc
平均路径长度/μm	350a	310b	359a	339ab	356a	318b
关键节点孔隙/%	15.9cd	10.8d	25.9b	18.5c	31.6a	17.6c

续表

孔隙性质	CK	NPK	RS	RS+NPK	PM	PM+NPK
平均连通度	3.26c	2.69d	5.53ab	4.21b	6.58a	3.18c
平均路径长度	3.48b	3.17c	4.12a	3.26bc	3.97a	3.25bc
网络直径	8.3bc	7.3c	12.0a	7.6c	11.6a	9.3b

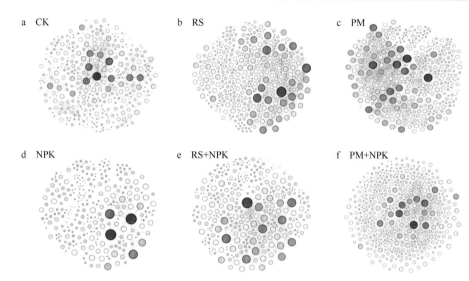

图 3-7 不同施肥处理团聚体中连通孔隙的网络拓扑结构

每个节点代表一个连通孔隙,线代表连接其他不同孔隙的通道 (channel);大而深颜色的节点代表联系邻近较多孔隙的孔隙,小而浅颜色节点代表联系邻近较少孔隙的孔隙

孔隙网络中根据孔隙大小和连通性将连通孔隙分为 6 组,活动孔隙指有较高节点数的孔隙,而将低于平均节点数的孔隙称为低活动孔隙。聚类结果表明大孔隙对施肥更为敏感,NPK 处理的活动中孔隙(active mesopore)比例比 CK 显著降低,有机肥单独使用明显增加了活动大孔隙(active macropore)的比例,而导致总孔隙度、大孔隙度和 C/I 值显著增加;NPK+PM 处理趋向降低活动大孔隙的比例,增加低活动孔隙(less active pore)的比例。施肥引起的连通孔隙和孤立孔隙比例的变化影响土壤的许多功能与过程。连通孔隙通常影响空气、水分交换及养分移动和微生物活动,而孤立孔隙主要影响水分吸持和固碳。因此,C/I 值和总孔隙度可作为评价土壤孔隙功能的指标。长期施用化肥显著降低 C/I 值,而对总孔隙的影响不明显,表明长期施用化肥是通过增加孤立孔隙度而不是降低总孔隙度退化土壤的;使用有机肥不但增加有机质含量,而且通过降低孤立孔隙度增加 C/I 值,从而改善水气和养分循环。

3.2 土壤酸化对作物养分吸收和利用的影响机制

我国的酸化土壤主要分布于水热资源丰富的热带和亚热带地区,其气候适宜农业生产。但是酸化土壤具有的酸害、铝毒和养分缺乏等多种胁迫因子,显著影响土壤细菌群落的组成、功能和多样性,制约了土壤养分的转化,限制了作物生产力的发挥。为了充分发挥酸化土壤上作物的生产力和维持生态系统的稳定性,需要全面了解土壤酸化对作物养分吸收利用、养分转化和有效性的影响,以便因地制宜地指导酸化土壤的培肥与施肥管理、作物品种选育和土壤修复等。

3.2.1　土壤酸化对作物养分吸收和利用的影响

土壤酸化会使土壤中的含铝矿物释放出大量铝离子，导致植物铝中毒。研究表明，铝胁迫下的植物根系伸长生长受到抑制，根系吸收和运输功能及根系的酶活性迅速下降。植物中铝浓度过高时会抑制细胞有丝分裂和 DNA 合成，影响酶活性，破坏细胞膜结构，抑制养分吸收等。在低 pH 条件下，土壤中锰、铜、锌、镉、铅、铬等重金属离子溶解度升高，活性增加，当其浓度超过一定限度时就会使农作物发生重金属中毒现象，影响农作物的生长发育，并对农业生产和生态环境产生潜在威胁。重金属的溶出不仅影响作物生长，还会通过植物吸收、富集进入食物链，而多数重金属在动物体内无法进行正常代谢，也无法排出，人和动物食用超过一定量后就会出现重金属中毒。

土壤酸化影响作物对土壤养分的吸收。土壤微生物的多样性和数量也会受到土壤酸化的影响，在强酸性土壤中几乎所有的微生物活性受铝毒害，土壤的低 pH 会抑制土壤微生物的活性和数量。由于土壤微生物直接参与了土壤中有机质的分解过程，因此土壤酸化在影响微生物活性的同时也间接影响了土壤中碳、氮、磷、硫这些元素循环的平衡性。植物根系对 Ca^{2+} 和 Mg^{2+} 的吸收还会受到酸性土壤中较高浓度的竞争性阳离子（H^+、Al^{3+}、Mn^{2+}）的抑制。叶片中 Ca^{2+} 和 Mg^{2+} 含量也会出现随土壤中 H^+ 的增加而显著减少的现象。

土壤酸化影响作物对大量元素及有益中量元素的吸收。研究表明，在酸化土壤中，铝抑制硝酸还原酶的活性和合成，干扰作物根系对氮的吸收、同化和转移。铝与钾竞争吸附位点，降低了植物对钾的吸收。土壤酸化导致作物产量下降的作用机制大体上分为如下 4 类：①氢毒害、铝毒害、锰毒害，主要是铝毒害；②养分缺乏，主要是钙、镁等盐基离子或磷酸根等阴离子不足；③碳/氮循环改变，主要是氮循环（有机氮矿化和铵态氮硝化）受抑制；④有益微生物或微动物减少，有害线虫增加。由于土壤–植物交互的复杂性，单一因素很难解释作物产量对 pH 的响应关系，如多数研究表明铝毒限制了作物产量，但 pH>5 以后交换性铝可忽略不计，而 pH 5～7 时大豆产量仍直线下降，显然这不应该是铝毒原因。也就是说，在驱动作物产量下降的因素中，铝毒不总是唯一的主控因素。对祁阳 274 个红壤采样分析表明，红壤交换性钙含量与阳离子交换量（cation exchange capacity，CEC）呈密切正相关，随 pH 升高而呈指数增加。这些结果暗示钙的有效性（交换性钙）也可能是驱动作物产量的一个主控因子，特别在 pH>5.5 的红壤上作用更加突出。据此，我们提出假说：在红壤酸化过程中，土壤铝和钙竞争驱动作物产量响应，并且这种驱动是分阶段的，高 pH 阶段（pH>5.5）由钙主导；低 pH 阶段（pH<4.5）由铝主导；中间 pH 阶段（pH 5.0 附近）由铝–钙竞争主导。换句话说，土壤交换性铝：交换性钙决定了作物产量对土壤 pH 的响应关系。

土壤酸化还会导致土壤生物和酶的活性降低，有机碳的溶解性减弱，改变土壤生物群落结构和组成，直接影响土壤养分的转化，从而影响作物对养分的吸收。因此，在酸性土壤上生长的作物不仅会因缺磷、钙、镁等而生长受限，也会因铝、锰、镉等的活性增加而导致过量毒害，抑制作物对养分的吸收利用。

铝毒被认为是酸性土壤上植物生长的主要限制因子，几微摩尔浓度的铝就会对多数植物的根系产生严重毒害，根系是植物吸收养分的主要部位，从而影响植物对多种养分的吸收，降低养分吸收效率。铝对植物氮营养的影响研究表明，铝可以干扰作物根系的氮素吸收，并且对不同形态氮素的吸收因作物种类或品种差异而不同。铝也降低了水稻对 NO_3^- 和 NH_4^+ 的吸收。铝与钾可竞争根的吸收位点，因此铝毒抑制根系对 K^+ 的吸收，导致植物根系和地上部钾含量降低。铝胁迫也会导致作物微量元素的缺乏。铝还可在根表或质外体与磷发生沉淀，使作物对磷的吸收受阻。铝胁迫抑制水稻对钙、磷、钾、镁、锰的吸收，铝对水稻养分吸收的影响顺序为 Mg＞Ca＞P＞K。有些作物的铝毒症状类似于磷缺乏，供磷可以缓解作物铝毒症状，因此推测铝毒对诱导磷缺乏有直接作用。铝胁迫对许多作物体内镁含量的抑制比其他元素抑制程度大，如玉米、燕麦、大豆、咖啡、木薯、马铃薯、黑麦草等。过量活性铝的存在是酸性土壤上植物缺磷的主要原因，在土壤体系和植物体内，铝都易与磷反应生成难溶性的磷酸铝，使磷的生物有效性降低；作物根表积累的大量带正电荷的铝离子也能吸附磷，使磷在根部积累。通常情况下，铝会抑制作物对锰的吸收，但作物种类和铝、锰的浓度决定铝对作物锰的吸收。

土壤 pH 和氧化还原电位决定土壤中锰的形态与浓度，土壤锰可影响作物对养分的吸收利用。土壤 pH 越低，则土壤溶液中锰浓度越高。因此，锰毒是酸性土壤上次于铝毒的第二大限制植物生长的因子。锰是作物必需微量元素之一，参与叶绿体的组成和维持叶绿体膜的结构等，是光合作用不可或缺的元素之一。植物正常生长发育需要的最高锰浓度为 30mg/kg。但是在酸化的土壤中，锰以活性高的 Mn^{2+} 形式大量进入土壤，导致作物吸收的锰浓度超出临界值时，叶绿素的合成受阻，叶绿素分解，叶绿体结构被破坏，光合作用受抑制，叶片黄化皱缩，褐色的锰氧化斑点等锰毒典型症状出现。与铝毒的主要作用位点在作物根系不同，锰毒对地上部分的影响大于根系，叶片是锰毒的作用靶器官，植物吸收的锰有 87%～95% 被转移至地上部分。Mn^{2+} 可能与 Mg^{2+}、Ca^{2+} 和 Fe^{2+} 在植物根部具有相同的结合位点，过量的锰能够抑制作物根系对镁、钙、铁的吸收。

土壤酸化引起的土壤溶液 H^+ 活度增加可以大幅度地提高重金属元素的可迁移性及生物可利用性。土壤 pH 每下降一个单位，镉的活性会增加 100 倍，所以"镉米"的产生并不一定是因为土壤严重污染，可能是因为酸化使土壤中镉的活性大幅度增加。重金属生物可利用性的增加不仅增加了作物对有毒重金属的积累，而且对其他养分吸收有显著的影响。Cd 作为水稻的非必需元素，对水稻有较强的毒害作用，水稻各部分 Cd 的积累浓度与各部分的生物量和矿质元素积累量存在一定的相关性，与生物量和 Ca、Mg 的吸收量呈负相关，与 Fe 的吸收量呈正相关。

酸性土壤中同时存在磷生物有效性低、活性铝浓度高两种限制因子，磷与铝存在着显著的互作关系。磷可与铝结合形成难溶性磷酸铝络合物，使根际或植物体内的铝活性下降，进而减轻铝毒危害；同样磷与铝结合也降低了磷的生物有效性。适应酸性土壤的植物不仅耐铝能力要强，磷吸收利用能力也要高。已经发现许多耐铝植物的体内磷含量较高，磷的吸收和转运效率也高于不耐铝植物；磷高效植物也具有较高的耐铝能力。磷可以缓解水稻的铝毒害，在小麦、玉米、油茶、柑橘等植物中都发现磷可缓解铝毒害。因为磷可钝化铝的活性，所以在酸性土壤增加磷肥的施用可以有效地缓解作物的铝毒害。

土壤硝化作用和植物吸收无机氮源均会改变土壤 pH，从而导致土壤活性铝浓度的改变，存在氮–铝互作机制。在土壤中，植物吸收硝态氮会升高土壤 pH，从而降低土壤中铝的潜在毒性；植物吸收铵态氮和铵态氮硝化为硝态氮都会降低土壤 pH，增加土壤中铝的潜在毒性。但是在植物体内，两种氮源对植物铝毒害的影响与土壤中不同。一般在植物中，硝态氮加重铝对植物的毒害，而铵态氮减轻铝对植物的毒害（赵学强和沈仁芳，2015）。分析不同水稻品种的耐铝和铵硝偏好能力，发现粳稻耐铝且"喜"铵，籼稻不耐铝且"喜"硝，水稻的"耐铝能力"与"铵态氮利用能力"存在极显著正相关关系，与"硝态氮利用能力"存在极显著负相关关系。在其他种类植物间也有类似规律，如铝敏感植物大麦"喜"硝；铝敏感植物小麦"喜"硝；耐铝植物水稻"喜"铵；耐铝植物茶树"喜"铵。

3.2.2　土壤酸化对根际微环境与养分转化微生物的影响

土壤酸化导致整个土壤微环境都发生了改变，许多土壤微生物适宜的微生态环境失去平衡。根际微环境指受植物根系影响的土壤微环境，是根系组分相互作用最频繁的微生态区域，其中微生物数量远远高于土体。根际微环境不仅是植物与土壤交流沟通的桥梁，也是植物遭受胁迫时优先响应的区域，因此酸化对根际微环境的影响更复杂。土壤酸化导致的作物根系构型和根系分泌物种类、数量的改变均影响着根际区域的物质组成、养分活化与固定、微生物种群分布及其结构等，从而影响作物根际对养分的转化与吸收。土壤酸化导致的作物铝毒害症状首先表现在根系伸长生长严重受抑制、根尖膨大、根粗短、根冠和表皮脱落等。

土壤酸化影响氮转化微生物的功能。土壤微生物作为土壤生物的主体，控制着土壤主要的生物活性，是土壤养分转化和循环的动力。微生物吸收肥料中的营养物质转变为自身的机体物质，最终死亡完成了无机养分有机化，可以减少淋溶和挥发造成的养分损失。酸性土壤中的铝和锰等过量毒害、磷氮等养分缺乏等逆境影响着微生物的群体及功能，而微生物又调控着土壤养分的转化及根系分泌物的种类以对抗逆境。固氮微生物主要由细菌组成，由于细菌对土壤 pH 非常敏感，低 pH 下土壤细菌丰度显著降低，因此酸性土壤生物固氮量较低，酸性土壤普遍缺氮。作物吸收利用的主要无机氮源是铵态氮和硝态氮，土壤硝化过程主控着土壤铵态氮和硝态氮的比例。大量证据表明，在大多数酸性土壤中，化能无机自养型细菌是主要的硝化菌，异养菌的贡献较小。在早期，普遍认为自养氨氧化的从铵态氮到亚硝态氮再到硝态氮的两步过程中，分别由氨氧化细菌（ammonia-oxidizing bacteria，AOB）和亚硝酸盐氧化细菌（nitrite-oxidizing bacteria，NOB）参与。近年来，研究者发现氨氧化古菌（ammonia-oxidizing archaea，AOA）与 AOB 有同样的功能，也参与土壤硝化过程。AOA 和 AOB 相比，AOA 与 NH_4^+ 的亲和度高于 AOB，其耐受氨氮的浓度低于 AOB，更适宜于低营养条件下生长；在同一氨氮浓度环境中，当 AOA 可以正常生长时，AOB 不能获得足够的氨氮浓度以维持正常代谢，当 AOB 可以正常生长时，AOA 却因较高的氨氮浓度而受抑制。AOB 对土壤酸度较敏感，低 pH 条件下氨氧化细菌活性减弱，硝化作用受抑，所以一般酸性土壤的硝化能力低于中性和石灰性土壤。

土壤 pH 降低会导致氨的质子化，氨氧化底物氨氮的生物可利用性降低，所以在酸性环境中，AOB 因氨氮的匮乏而无法正常生长，对寡营养生长的 AOA 更有利。酸性土壤中 AOB 的硝化作用只可能发生在 pH 中性的位点上，这些位点可能非常小，紧紧围绕在氨化微生物的周围，氨气可直接扩散到 AOB 细胞中。在大部分酸性土壤中，氨氧化古菌的数量要多于氨氧化细菌，也表明 AOA 较 AOB 对低 pH 环境可能有着更强的适应性（Leininger et al.，2006；He et al.，2007；Zhang et al.，2011）。土壤 pH 对氨氧化古菌的种群结构和进化起着重要作用，AOA 在酸性土壤中形成了适合酸性环境的典型生态类型。耐酸性的 AOA 可以在 pH 低至 4.0 ~ 5.5 的环境下催化氨氧化，其发现也解释了低 pH 土壤中氨氧化存在的合理性。在一定的 pH 范围内，土壤硝化速率并不会随 pH 降低而降低；但当土壤 pH 低于 4.2 时，土壤的硝化速率将急剧下降，几乎没有硝化能力。

磷在生物圈的所有生命系统的代谢过程中起关键作用。但在酸性土壤中，由于活性铝、铁等的大量存在，磷的生物有效性低。许多微生物都直接或间接地参与磷的转化，包括有机磷和无机磷的互相转化，以及难溶性磷转化为可溶性磷。微生物在分解有机体的过程中产生质子、有机酸等分泌物，促进难溶性磷酸盐的溶解，有机酸还可以螯合钙、镁、铝、铁等金属离子，使难溶性无机磷溶解。微生物合成的腐殖酸物质、微生物分泌的有机酸阴离子可以与磷酸根竞争吸附位点，抑制磷的吸附固定，从而促进了磷的释放。微生物吸收的无机磷转变为自身的有机磷，在微生物体消亡过程中释放为有效态磷。这些众多的与磷相关的微生物类群包括真菌、细菌和放线菌等，其中，菌根真菌和解磷细菌直接参与调控难溶性磷的溶解与植物对磷的吸收，目前对其关注较多。细菌和放线菌适宜生活在中性至微碱性的土壤环境中，当土壤 pH 过低时，其活性受到严重影响，土壤磷矿化速率下降。而菌根真菌一般比较耐酸。虽然比较耐酸，土壤 pH 仍是影响丛枝菌根（arbuscular mycorrhizal，AM）真菌多样性的主要因子之一，低 pH 可以抑制真菌孢子的萌发和菌丝的生长，也决定了土壤 AM 真菌的组成。但是 AM 真菌对低 pH 的耐性比细菌类解磷细菌要强得多，不同的 AM 真菌有各自适宜的 pH 范围，在酸性土壤区也已筛选出强耐酸性的 AM 真菌菌株。一般，球囊霉属真菌耐 pH 范围较广，土壤 pH 越低无梗囊霉属真菌比例越高。

3.2.3　土壤酸化诱导铝毒对作物根系生长与养分吸收的影响

铝毒是酸性土壤上作物生长的主要限制因子，并导致作物减产。土壤溶液中的铝通过与植物根系的作用产生毒害。为研究铝对根系的毒害机制，在水培条件下将铝与根系作用，然后将根表铝区分为交换态铝、络合态铝和沉淀态铝。图 3-8 结果表明，大豆和玉米根系表面络合态铝所占的权重最大，其含量高于交换态铝和沉淀态铝。随着铝浓度的升高，玉米和大豆根系吸附的交换态铝、络合态铝与沉淀态铝逐渐增加，大豆根表交换态铝和络合态铝均随溶液中铝的初始浓度升高显著增加（$P<0.05$），但沉淀态铝增加不显著；玉米根表 3 种形态铝随铝初始浓度升高而增加大体上均不显著。当 2 种植物比较时，可以发现大豆根系 3 种形态铝的含量均显著高于玉米根系，这与 2 种植物根系在铝溶液中根伸长结果基本一致（图 3-9），说明植物根表吸附的铝越多，对根系的毒害越大，对根系生长的抑制作用也越大。

交换态铝主要通过静电力吸附于根系的阳离子交换位上，这部分铝的活性较高，其数量主要取决于根表面电荷状况。测定了 2 种植物根的阳离子交换量（CEC），大豆根的 CEC 为76.78cmol/kg，玉米根的 CEC 为 55.09cmol/kg，大豆根的 CEC 显著高于玉米根的 CEC（$P<0.05$），与 2 种植物根交换态铝含量大小一致，说明 CEC 是影响根系交换态铝含量的主要因素。

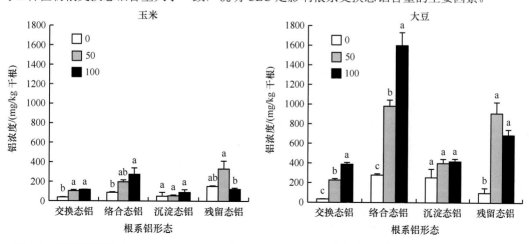

图 3-8　不同铝浓度（0μmol/L、50μmol/L 和 100μmol/L）下玉米与大豆幼苗根系吸附铝的形态分布

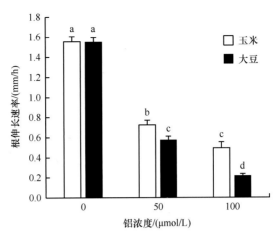

图 3-9　玉米和大豆幼苗在不同浓度铝溶液中的根伸长速率（溶液 pH 为 4.2，生长 48h）

　　苏木精染色法常用来指示植物根系吸附铝数量的多少。图 3-10 结果表明，吸附铝的大豆根染色后呈很深的蓝色，无法区分离根尖不同距离的铝浓度大小。但吸附铝的玉米根染色后离根尖不同距离表现出明显差异，根尖部位染色较深，随着离根尖距离的增加，蓝色逐渐变浅，说明铝离子主要吸附在玉米根的根尖部位。这是植物易受铝毒伤害的主要原因之一。苏木精染色结果还表明大豆根吸附铝的能力显著大于玉米根，与图 3-8 结果一致。

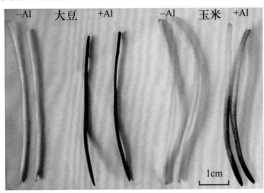

图 3-10　在 pH 4.2 含 50μmol/L 铝溶液中浸泡 2h 后大豆和玉米根系的苏木精染色结果

　　选择了 47 种水稻，研究了水稻根系在含铝溶液中的相对伸长率与根系表面吸附铝数量的关系。结果表明（图 3-11），水稻根系的相对伸长率与根系表面吸附铝的数量呈显著的负相关关系，进一步说明根系吸附铝的数量越多，铝对根系的毒害越大，对根系生长的抑制作用越大。用氢氧化钙和硫酸铝分别将第四纪红色黏土发育的红壤（红黏土）和第四纪红砂岩发育的红壤（红砂土）的 pH 调节至 4.0、4.2、4.5、4.8、5.0、5.5、6.0，然后用盆栽试验施用 ^{15}N 标记的尿素研究土壤酸化对玉米吸收氮素的影响。结果表明，对于两种不同母质发育的红壤，随着土壤 pH 升高，玉米对氮素的吸收量均呈现先增加后基本保持不变的趋势，红黏土、红砂土的转折点分别出现在 pH 4.8、pH 5.0（图 3-12）。这一趋势也与土壤 pH 对玉米生物量的影响一致。由此说明当土壤 pH 分别高于 4.8、5.0 时，土壤 pH 的改变对 2 种红壤上玉米生长和玉米对氮素吸收的影响很小；但当 pH 分别低于 4.8、5.0 时，随着土壤的进一步酸化，玉米生物量和玉米对氮素的吸收量随土壤 pH 的下降显著减小（$P<0.05$）。主要是因为这一 pH 范围内

毒性铝的释放量随土壤 pH 下降显著增加，对植物根系毒害增强。土壤酸化对红砂土上玉米吸收氮素的抑制作用大于红黏土。

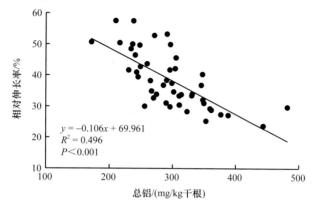

$y = -0.106x + 69.961$
$R^2 = 0.496$
$P < 0.001$

图 3-11　47 种水稻根系的相对伸长率与根系吸附铝的相关关系

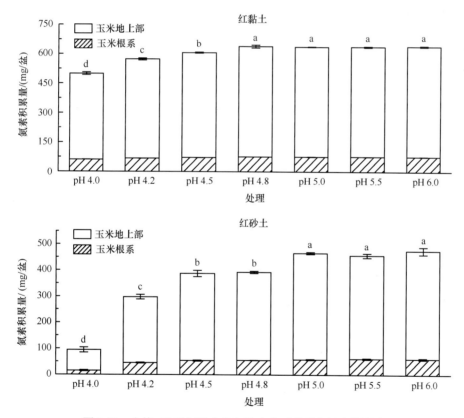

图 3-12　土壤 pH 对红黏土和红砂土上玉米吸收氮素的影响

进一步采用田间小区试验研究了强酸性土壤施用不同改良剂对土壤 pH、土壤溶液中毒性铝，以及油菜和红薯对养分吸收与作物产量的影响。表 3-5 结果表明，未施用改良剂的对照处理土壤 pH 很低，因此土壤交换性铝和土壤溶液中 Al^{3+}（毒性铝）浓度很高。施用石灰、碱渣及碱渣与 3 种有机物料配施均显著提高了土壤 pH 和土壤交换性盐基阳离子含量，显著降低了土壤交换性铝浓度和土壤溶液中 Al^{3+} 浓度。虽然施用 3 种有机物料（花生秸秆、油菜秸秆、有机肥）没有显著提高土壤 pH，但显著降低了土壤溶液中 Al^{3+} 浓度，有机肥的效果大于油菜秸秆和花生秸秆。

表 3-5　施用不同改良剂对酸性土壤 pH、交换性铝浓度、交换性盐基阳离子含量和
土壤溶液中 Al^{3+} 浓度的影响

处理	土壤 pH	土壤交换性铝浓度/ （mmol/kg）	土壤交换性盐基阳离子含量/ （mmol/kg）	土壤溶液中 Al^{3+} 浓度/ （mmol/L）
对照	4.37c	43.76a	13.11c	1022a
石灰	4.62b	27.38b	26.53b	7d
花生秸秆	4.41c	44.93a	14.27c	326bc
油菜秸秆	4.38c	42.65a	12.43c	508b
有机肥	4.40c	41.03a	16.03c	166c
碱渣	4.75a	27.21b	28.37b	7d
碱渣+花生秸秆	4.73a	28.77b	25.19b	5d
碱渣+油菜秸秆	4.75a	28.99b	26.70b	7d
碱渣+有机肥	4.82a	25.18b	32.43a	2d

土壤酸化导致的铝毒害抑制了油菜对土壤养分的吸收，施用改良剂改良了土壤酸度，缓解了铝对植物的毒性，从而显著促进了油菜对土壤氮素的吸收量（$P<0.05$）（图 3-13）。单施改良剂处理中，石灰和碱渣效果较好，其次为有机肥，单施秸秆次之。碱渣与有机肥和油菜秸秆配施的效果显著优于这些改良剂单独施用的处理（$P<0.05$），碱渣与有机配施效果最好。施用改良剂也增加了油菜的氮素收获指数（nitrogen harvest index，NHI），不同改良剂处理对油菜 NHI 影响的大小顺序与其对油菜吸收氮素的促进作用的大小顺序基本一致。这些结果说明改良剂促进了氮素在油菜籽粒部分的累积。

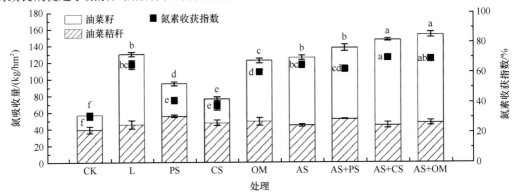

图 3-13　施用改良剂对油菜吸收土壤氮素及氮素收获指数的影响
CK：对照；L：石灰；PS：花生秸秆；CS：油菜秸秆；OM：有机肥；AS：碱渣。下同

施用改良剂均提高了油菜对土壤磷、钾、钙和镁的吸收（图 3-14），除油菜秸秆对磷吸收的影响不显著外，其他处理均显著促进油菜对这 4 种养分的吸收（$P<0.05$）。不同改良剂处理对这 4 种养分吸收的促进作用的大小顺序与其对氮吸收的促进作用相似。单施改良剂处理以石灰和碱渣较好，其次为有机肥，2 种秸秆的效果较小。碱渣与有机肥和秸秆配施的效果大于这些改良剂单独施用的效果，碱渣与有机肥配施处理提高这 4 种养分吸收的效果最为显著。

与氮吸收的结果相似，改良剂主要促进了磷、钾、钙、镁在油菜籽粒中的累积。

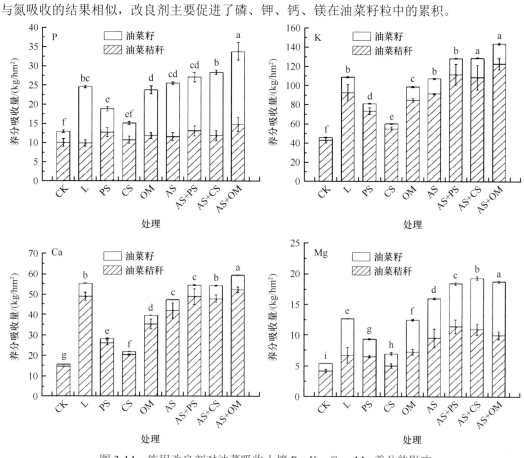

图 3-14　施用改良剂对油菜吸收土壤 P、K、Ca、Mg 养分的影响

不同改良剂处理对氮素吸收的促进作用的大小顺序与这些改良剂降低土壤溶液中毒性 Al^{3+} 效果的大小顺序基本一致（表 3-5）。这些结果说明，土壤酸化导致大量毒性 Al^{3+} 的释放并对作物根系造成伤害，不仅抑制根系生长，而且抑制了根系对土壤养分的吸收。改良土壤酸度，缓解酸化土壤中铝对植物的毒害，是促进酸化土壤中作物对养分的吸收和提高养分利用率的关键措施。

3.3　阻控土壤酸化提高养分利用率的主要措施

3.3.1　阻控土壤酸化提高养分利用率的主要改良剂

阻控土壤酸化的基本路径主要有：降低 H^+ 产生量，调控不平衡的 H^+ 和 OH^- 产生过程，中和产生的酸等。在农田，土壤中酸产生速率可以通过下面途径改变，如选择适宜的肥料种类和作物品种，降低农田中 C、N、S 的损失；减少 NO_3^- 淋溶，避免致酸肥料如硫酸铵和尿素施用与表土流失；施用石灰性物质如生石灰（CaO）、白云石 [$CaMg(CO_3)_2$] 等中和酸化土壤。作为传统的改良方法，施有机肥、石灰等碱性物质或化学改良剂及间作、轮作等改良措施已经得到了广泛应用，而生物炭、高分子化合物等新兴改良技术正处于研究阶段。另外，硅肥及某些有机酸对酸化土壤也有一定的改良效果，并逐步在农业生产中推广。

3.3.1.1　石灰类改良剂

改良酸化土壤的传统和有效方法是施用石灰等碱性物质直接中和土壤酸度。常用的石灰类改良剂包括生石灰（CaO）、熟石灰 [Ca(OH)$_2$]、石灰石、方解石粉（CaCO$_3$）和白云石粉 [CaMg(CO$_3$)$_2$] 等。这些石灰性物质中和酸度的能力不同，可用碳酸钙当量（calcium carbonate equivalent，CCE）表示，即纯 CaCO$_3$ 的质量百分数。以石灰的 CCE 为 100，生石灰则为 179，熟石灰为 136，白云石为 109。白云石粉 [CaMg(CO$_3$)$_2$] 可同时提供 Ca 和 Mg 养分，反应式如下。

$$CaMg(CO_3)_2 + 2H^+ \longrightarrow 2HCO_3^- + Ca^{2+} + Mg^{2+}$$

$$2HCO_3^- + 2H^+ \longrightarrow 2CO_2 + 2H_2O$$

施用石灰等碱性物质改良农田土壤酸化是世界范围内的传统农业措施，已有广泛研究。石灰需要量取决于石灰性物质的中和值和土壤的缓冲量。除了中和土壤酸度，石灰还能改善土壤物理、化学和生物学性质。施用石灰的直接效应包括：增加 Ca 含量，如果施用白云石还可增加 Mg 含量；中和土壤的活性酸和潜性酸，生成氢氧化物沉淀，减小铝毒，降低土壤酸度；增加 P、K、Ca、S 和 Mg 等养分的有效性；改善豆科植物的共生固氮；改善氮吸收效率和根系生长；等等。长期、大量施用石灰也会导致土壤板结和养分不平衡。石灰特别是石灰石粉，溶解度小，大量或长期施用石灰会造成土壤板结。长期施用石灰会加速土壤 K$^+$ 和 Mg^{2+} 浸出，停止施加会出现土壤"复酸化"。此外由于石灰在土壤中移动性慢，施用石灰短时间内对深层土壤的改良效果有限，而且长期大量施用石灰容易形成 CaSO$_4$，破坏土壤孔隙结构而导致土壤板结。单施石灰还有可能引起钙、镁、钾养分失衡而导致减产，同时也可能引起镁和铝水化氧化物的共沉淀，降低 Mg^{2+} 的有效性。石灰在土壤中的移动性差，仅能中和 15～20cm 及以上表层土壤的酸度，对 20cm 以下的表下层和底层土壤基本无效。而植物根系可深达 40～60cm 的土层，表下层土壤酸度的改良与表层土壤同等重要。

3.3.1.2　土壤调理剂

土壤调理剂是指加入土壤中用于改善土壤的物理、化学和/或生物性状的物料，用于改良土壤结构、降低土壤盐碱危害、调节土壤酸碱度、改善土壤水分状况或修复污染土壤等。酸化土壤修复的调理剂种类很多，常用的有石膏、氯化钙、硫酸亚铁、腐殖酸钙、微生物制剂等。一些工业废弃物如磷石膏、碱渣、粉煤灰、烟气脱硫石膏（flue gas desulfurization gypsum，FGD）、造纸废渣等也用于酸化土壤改良。然而，工业副产品常常含有重金属等污染物质，对农产品存在潜在的风险。

以酸化红壤（pH 4.60）为例，通过温室盆栽试验研究了用氨碱法生产纯碱产生的副产品碱渣（AS）、猪骨提取胶原蛋白产生的骨粉（BM）和农作物秸秆等生物质燃烧发电后的灰渣（BA）等土壤调理剂单独施用与配合施用对土壤酸度的改良效果，以及对小麦产量、养分吸收及籽粒重金属含量的影响。收获后对照处理的土壤 pH（3.83）较土壤起始 pH（4.60）降低了 0.8 个 pH 单位，说明在盆栽过程中土壤发生进一步酸化，其主要原因是在盆栽过程中施用的尿素转化为 NH$_4^+$ 发生硝化反应产生大量 H$^+$，使土壤 pH 进一步下降。收获后，单独和配合施用 3 种物料显著提高了土壤 pH（$P < 0.05$），且 3 种物料配施对土壤 pH 的提升效果最为显著，土壤 pH 提高了 1.24 个 pH 单位，其次为生物质灰渣与骨粉配施，土壤 pH 提高了 0.91 个单位（图 3-15）。在单施处理中，碱渣对土壤 pH 的提升效果最好，其次为骨粉，而生物质灰渣的效果最弱。可能是由于添加骨粉后为作物提供了大量的有效磷，促进了作物对氮的吸收，进而

减少了土壤的硝化产酸量，减缓了作物生长过程中因硝化产酸而导致的土壤 pH 下降。

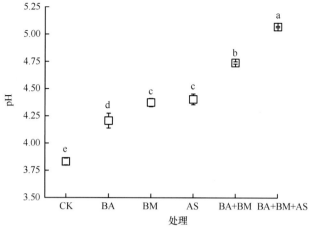

图 3-15　三种物料单施和配施对土壤 pH 的影响

　　土壤交换性酸（交换性 Al^{3+} 和交换性 H^+）是土壤酸度的主要组成成分，添加改良剂后土壤交换性酸含量显著降低（图 3-16）。交换性 Al^{3+} 是土壤交换性酸的主要组成成分，因此改良剂对土壤交换性酸含量的降低效果主要通过显著降低交换性 Al^{3+} 含量实现的，而土壤交换性 Al^{3+} 含量过高导致的铝毒是限制作物生长的重要因素。添加改良剂提高土壤 pH，从而促进了交换性铝的水解和羟基铝化合物沉淀的形成，降低了土壤交换性 Al^{3+} 含量。与对照相比，3 种改良剂配施使土壤交换性 Al^{3+} 含量降低 89.3%，生物质灰渣与碱渣配施降低交换性 Al^{3+} 含量 66.6%。比较 3 种物料的单施效果发现，它们均对交换性 Al^{3+} 含量降低起到一定作用，其中骨粉效果最显著，与培养试验的结果一致。其可能原因是骨粉中含有大量磷酸钙盐，添加后大幅增加土壤溶液中的 Ca^{2+} 含量，这些 Ca^{2+} 与土壤交换性 Al^{3+} 发生阳离子交换反应，同时由于添加骨粉后土壤有效磷含量显著增加，这些磷可与溶液中的 Al^{3+} 发生络合反应，甚至形成磷酸铝沉淀，因而降低交换性 Al^{3+} 含量。

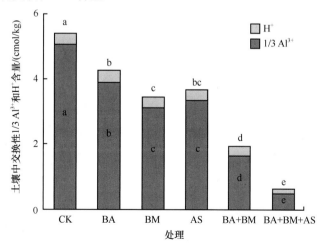

图 3-16　三种物料单施和配施对土壤交换性酸含量的影响

　　土壤中交换性盐基阳离子（K^+、Na^+、Ca^{2+}、Mg^{2+}）一方面可以供作植物生长的有效养分，另一方面能够与交换性 Al^{3+} 发生交换反应，促进土壤交换性 Al^{3+} 水解，降低铝毒危害。3

种物料中均含有一定量的 K、Ca、Mg，3 种物料配施和生物质灰渣与骨粉配施使土壤交换性 Ca^{2+} 和 Mg^{2+} 含量均显著增加（图 3-17）。生物质灰+骨粉和生物质灰渣、骨粉、碱渣配施使土壤交换性 Ca^{2+} 含量分别增加 7.7 倍和 11.5 倍，使交换性 Mg^{2+} 含量分别增加 1.2 倍和 3.7 倍。3 种改良剂单施时，骨粉对增加土壤交换性 Ca^{2+} 含量起主要作用，而碱渣对增加土壤交换性 Mg^{2+} 含量起主要作用。添加物料后并未提高土壤交换性 K^+ 含量，在骨粉单施、碱渣单施、生物质灰渣和骨粉配施及 3 种物料配施的处理中，交换性 K^+ 含量表现为显著降低。这一现象与培养试验不同。其主要原因是添加改良物料后，促进了植物生长，而 K 作为作物生长所需的大量元素，作物吸收大量 K，导致物料添加后土壤交换性 K^+ 含量降低。生物质灰渣与骨粉配施处理土壤交换性 K^+ 含量高于骨粉单施，说明生物质灰渣较高的 K 含量对提高土壤交换性 K^+ 含量起到了一定的效果，但不足以完全满足作物对 K 的需求。由于 Na^+ 交换性能弱、易流失且土壤交换性 Na 含量较低，因此添加物料后土壤交换性 Na^+ 含量变化不大。

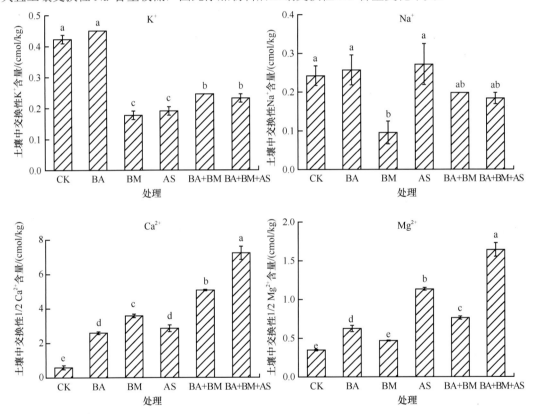

图 3-17　三种物料单施和配施对土壤交换性盐基阳离子含量的影响

骨粉的添加大幅度提高了土壤有效 P 的含量，单施骨粉与对照相比，有效 P 含量增加了 93.2%，而生物质灰渣和碱渣的单施对有效 P 含量并无增加效果（图 3-18）。由于骨粉中含有大量的 P，而生物质灰渣和骨粉中 P 含量较低。生物质灰渣和骨粉配施与生物质灰渣及骨粉与碱渣配施也能够大幅提高土壤有效 P 含量，与对照相比，有效 P 含量分别增加 86.4% 和 65.6%。但是与骨粉单施相比，生物质灰渣和骨粉的添加使土壤有效 P 含量略有降低，其可能原因：生物质灰渣和骨粉的加入使土壤中 Ca^{2+} 进一步增加，促使磷酸根离子形成难溶性磷酸钙盐，降低了土壤有效 P 含量；3 种物料配施更好地促进了作物的生长，进而增加了作物对 P 的吸收。在收获后，土壤有效 P 含量依然表现出显著增加也说明添加 2g/kg 骨粉不仅能够满足当季作物对土壤 P 的需求，而且还为后季作物提供了一定量的有效 P。

　　生物质灰渣、骨粉、碱渣的单施和配施均能够显著提高作物株高与生物量，促进作物生长，在各处理之间，生物量差异更大（图 3-19 和图 3-20）。3 种物料配施对作物的生长促进效果最为显著，其生物量较对照增加了 29 倍，较单施生物质灰渣的效果也增加了 2.7 倍。由于

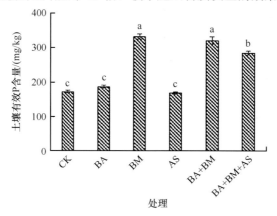

图 3-18　三种物料单施和配施对土壤有效 P 含量的影响

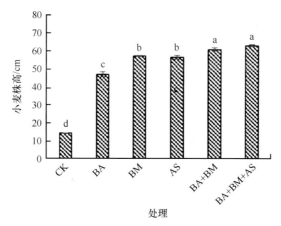

图 3-19　三种物料单施和配施对小麦株高的影响

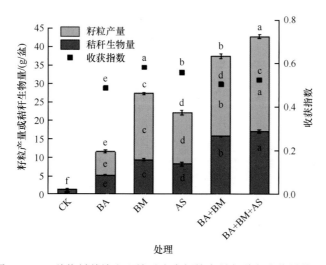

图 3-20　三种物料单施和配施对小麦籽粒产量与秸秆生物量的影响

对照没有籽粒产量，但通过其他处理之间比较可以发现，3 种物料配施籽粒产量最高，其次为生物质灰渣与骨粉配施处理，且均显著高于单施处理（$P<0.05$）。上述生物量和籽粒产量差异主要是由于 3 种物料配施一方面更好地提高了土壤 pH，降低了土壤交换性酸度；另一方面，3 种物料配施更好地平衡了土壤 P、K、Ca、Mg 养分。3 种物料单施处理之间籽粒产量也存在显著差异（$P<0.05$），大小顺序为 BM＞AS＞MA。骨粉处理小麦籽粒产量比单施生物质灰渣处理增加 1.8 倍，比碱渣处理高 28.4%。因此，单施骨粉处理获得了最高的作物收获指数。骨粉和碱渣对土壤酸度的改良效果差异不大，但是骨粉对作物生长的促进效果显著好于碱渣，主要是由于单施骨粉为作物提供了大量土壤有效 P，促进了作物生长。

作物对养分的吸收主要由作物生物量和土壤有效养分含量决定。土壤过酸抑制作物正常生长，降低作物对养分的吸收。在作物能够正常生长的 pH 条件下，根际土壤的有效养分含量影响作物的生长及养分吸收。添加改良物料均显著促进了植物对 N 的吸收，其中 3 种物料配施处理效果最为显著，其次为生物质灰渣和骨粉配施处理。比较 N 在籽粒和秸秆中的累积状况发现，添加改良物料主要促进了 N 在籽粒中的累积（图 3-21）。由于各处理添加了等量 N，因此改良物料对土壤 pH 的提升而促进作物生长是其促进 N 累积的主要原因。作物吸收的 K 主要累积在秸秆中，与对照相比，施用改良剂显著增加了作物对 K 的吸收。比较作物收获后土壤交换性 K^+ 含量和作物对 K 的吸收结果发现，虽然 BA+BM 和 BA+BM+AS 相较于 BM 与 AS 显著增加了作物对 K 的吸收，但前两个处理土壤交换性 K^+ 残留量依然显著高于 BM 和 AS

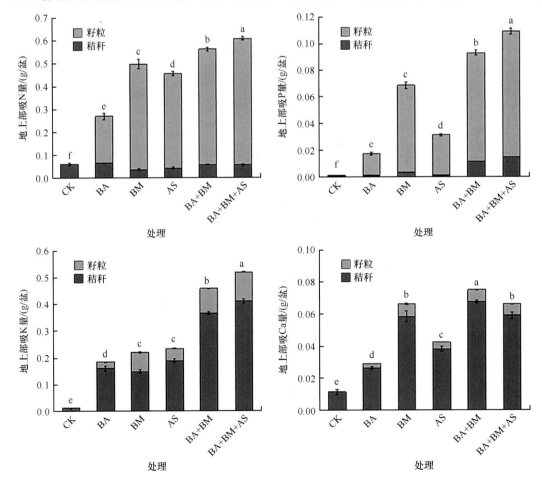

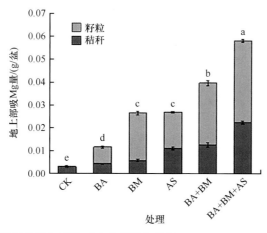

图 3-21　三种物料单施和配施对小麦籽粒与秸秆 N、P、K、Ca、Mg 含量的影响

两处理，说明生物质灰渣中的 K（34.5g/kg）有效补充了土壤 K，促进了作物对 K 的吸收。添加骨粉的 3 个处理较 BA 和 AS 显著增加了籽粒中 K 的积累，主要是由于骨粉中的 P 补充了土壤有效 P，促进植株生长。添加改良物料也均显著增加了作物对 P 的吸收，主要增加了 P 在籽粒中的积累，其中 3 种改良物料配施对 P 的吸收促进效果最显著，其次为生物质灰渣与骨渣配施处理（图 3-21）。单施骨粉和单施碱渣后，土壤 pH 和交换性 Al³⁺ 含量并无显著性差异，但单施骨粉比单施碱渣更好地提高了作物产量和作物对 P 的吸收，主要是由于添加骨粉大幅度提高了土壤有效 P 的含量，更好地促进了作物生长。在促进 P 的吸收方面，提高土壤有效 P 含量起到了主导作用。作物吸收的 Ca 主要累积在秸秆中，添加改良物料后，作物吸收 Ca 量显著增加，其中生物质灰渣与骨粉配施处理作物吸 Ca 量最高，其次为 3 种改良剂配施和单施骨粉处理（图 3-21）。虽然生物质灰渣、骨粉、碱渣配施较生物质灰渣和骨粉配施能够更好地提高土壤交换性 Ca²⁺ 含量，但其对作物 Ca 的吸收效果却较生物质灰渣和骨粉配施低。可能是由于生物质灰渣和骨粉配施所提供的交换性 Ca²⁺ 含量已经足够满足作物生长需求量。在 3 种物料单施处理中，骨粉对作物吸收 Ca 的促进效果最为显著。5 种处理对作物吸收 Mg 也有显著促进效果。改良物料配施由于能够更好地促进作物生长和提供土壤交换性 Mg²⁺，因此能够更好地促进作物对 Mg 的吸收（图 3-21）。比较改良物料单施效果，虽然骨粉处理的作物产量显著高于碱渣单施，但碱渣和骨粉对 Mg 在作物体内的累积量相当，说明碱渣中的 Mg 能够有效补充作物对 Mg 的需求。总之，改良物料配施在提高 N、P、K、Ca、Mg 养分吸收方面较改良物料单施均表现出更好的效果，因此，综合考虑酸度改良、养分提高及作物增产的效果，生物质灰渣、骨粉与碱渣配施是更好的选择。

3.3.1.3　有机改良剂

　　有机肥有效阻控土壤酸化的机制主要是通过碱直接中和土壤酸度、络合土壤活性铝、降低肥料氮硝化。有机物料中含有丰富的营养元素，能提高土壤肥力水平，还能增加土壤微生物活性，增强土壤对酸的缓冲性能。例如，施用水稻秸秆能提高酸性红壤的 pH 和短期降低土壤中交换性 Al³⁺ 的含量；混施腐熟的猪粪和小麦秸秆能提高酸性红壤 pH，且有一定程度的缓解铝毒作用。秸秆还田不但能改善土壤环境，而且还能减少碱性物质的流失，对减缓土壤酸化非常有利。绿肥对土壤有机质含量、土壤酸碱缓冲性能的提高均起着很好的促进作用。秸秆还田不仅能够改善土壤本身的结构，还能保留秸秆中的碱性物质，从而进一步中和土壤中的酸性物质，缓解土壤酸化现象。植物残茬能有效提高酸化土壤的 pH。水稻秸秆混施腐熟的猪粪和小麦秸秆能使红壤 pH 上升，从而缓解土壤酸化。

红壤（pH=4.6）施用水稻秸秆和油菜秸秆的盆栽试验表明，秸秆直接还田的红壤 pH 随着水稻 4 个生长期的变化呈减小的趋势，在水稻的 4 个生长期内，土壤交换性酸总量和土壤交换性 Al^{3+} 含量随时间变化大致递减，结果表明，土壤的 pH 随着水稻的种植逐渐降低，造成土壤酸化。秸秆直接还田可以有效提高土壤 pH，降低土壤酸性，这与之前的研究结果一致。这是因为秸秆和生物炭均呈碱性，可以通过降低土壤交换性酸总量和交换性 Al^{3+} 含量、提高土壤盐基饱和度及消耗土壤质子等作用来降低土壤酸性。

3.3.2 生物炭消减土壤酸化及其衍生地力障碍

3.3.2.1 生物炭的碱性特征

生物炭是作物秸秆等有机物在缺氧条件下，在低于 700℃下裂解的固体产物。经高温裂解后，生物炭芳香化程度加深，孔隙率和比表面积增大，且在表面产生一定数量的碱性基团。当将农作物秸秆在厌氧条件下热制备成生物炭时，秸秆中的碱性物质会转移并富集到生物炭中，这是秸秆生物炭呈碱性的一个重要原因，也是因为这一原因，生物炭的含碱量一般高于相应的秸秆。生物炭中的碱性物质主要有表面有机官能团、碳酸盐、可溶性有机化合物和其他无机碱 4 类（表 3-6），前两类是生物炭碱度的主要来源。红外光谱的分析结果表明，秸秆及其在 350℃下制备的生物炭中均含丰富的羧基与酚羟基等含氧官能团，这些弱酸基官能团在 pH 较高时主要以阴离子形态存在，是生物炭中的碱性物质。生物炭的红外光谱分析结果还表明，除含氧有机官能团外，生物炭还含有碳酸根等无机阴离子，说明生物炭制备过程中产生新的碱性物质碳酸盐。因此，碳酸盐是生物炭中碱的另一种重要形态。定量分析结果表明，碳酸盐对生物炭总碱含量的贡献在 20% ～ 73%，不同生物炭之间存在很大差异。可溶性有机化合物主要是可溶性的有机酸。其他无机碱包括 PO_4^{3-}、SiO_4^{4+}、Fe—O—O^- 等，这些阴离子与 H^+ 反应消耗质子。生物炭的碱度则受生物质材料和裂解温度的影响。

表 3-6　生物炭碱度的类型与质子的反应

碱度类型	与质子反应
表面有机官能团（—COO^-、—O^-）	生物炭—COO^-+H^+══生物炭—COOH 生物炭—O^-+H^+══生物炭—OH
碳酸盐［$CaCO_3$、$Ca(HCO_3)_2$］	CO_3^{2-}+$2H^+$══H_2O+CO_2↑ HCO_3^-+H^+══H_2O+CO_2↑
可溶性有机化合物（R—COO^-、R—O^-）	R—COO^-+H^+══R—COOH R—O^-+H^+══R—OH
其他无机碱（PO_4^{3-}、SiO_4^{4+}、Fe—O—O^-）	PO_4^{3-}+H^+══HPO_4^{2-} SiO_4^{4+}+$4H^+$══SiO_2↓+$2H_2O$ Fe—O—O^-+H^+══FeOOH

生物炭的总碱含量随生物质材料不同而变化。一般豆科植物秸秆制备的生物炭的总碱含量高于非豆科植物秸秆制备的生物炭，这是因为豆科植物在其生长过程中从土壤中吸收的阳离子与阴离子数量的差值大于非豆科类植物，因此豆科植物秸秆比非豆科植物秸秆积累了更多的碱性物质，这是豆科植物秸秆制备的生物炭的总碱含量高于非豆科植物秸秆制备的生物

炭的主要原因。图 3-22 是不同生物质制备生物炭的 pH。猪粪制备的生物炭的 pH 显著高于木质纤维素生物炭。裂解温度也是影响生物炭的性质和土壤酸度的改良效果的另一个重要因素（图 3-22）。比较了由油菜秸秆、玉米秸秆、大豆秸秆和花生秸秆在 300℃、500℃、700℃下制备的生物炭的性质，结果表明，生物炭的 pH、总碱含量和盐基阳离子含量均随裂解温度的升高而增加，但生物炭的产率呈相反的变化趋势。因此，较高温度下制备的生物炭对红壤酸度的改良效果优于较低温度下制备的生物炭。研究发现，生物炭中的总碳酸盐和结晶态的碳酸盐（方解石与白云石）含量也随裂解温度的升高而增加；但生物炭表面有机阴离子的含量随温度升高而减小，因为随着温度升高，农作物秸秆表面的有机官能团发生部分烧失。因此，碳酸盐对生物炭总碱含量的贡献随温度升高而增加，而有机阴离子对生物炭总碱含量的贡献随温度升高而减小。虽然高热解温度下制备的生物炭总碱含量高，对土壤酸度的中和效果也最好，但生物炭的产率随温度升高显著减小。考虑生物炭的综合效率，建议选择 500℃作为制备用于酸性土壤改良的秸秆生物炭的最佳温度。这一温度下制备的生物炭具有较高的碳酸盐含量、一定量的有机阴离子和中等的产率。

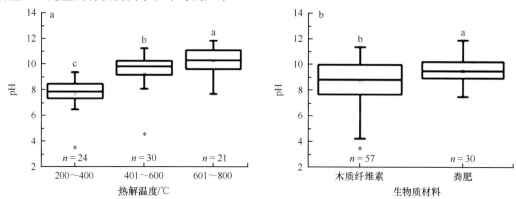

图 3-22　制备生物炭的热解温度和生物质材料对生物炭 pH 的影响

＊表示在 0.05 水平差异显著

3.3.2.2　生物炭对酸化土壤的改良效果

生物炭对酸化土壤的改良作用已有广泛研究，包括针对不同土壤类型施用不同生物炭的培育、盆栽和大田试验。例如，室内培育试验研究了油菜秸秆、小麦秸秆、稻草、稻壳、玉米秸秆、大豆秸秆、蚕豆秸秆和绿豆秸秆等 8 种农业废弃物在 350℃下制备的生物炭对红壤酸度的改良效果，结果表明所有生物炭均可提高红壤 pH，降低土壤交换性酸和交换性 Al^{3+} 含量，豆科植物秸秆制备的生物炭的改良效果优于非豆科植物秸秆制备的生物炭。田间试验结果表明，施用生物炭提高了油菜籽的产量（图 3-23），油菜秸秆炭和花生秸秆炭的效果更显著。生物炭富含 Ca^{2+}、Mg^{2+}、K^+ 等盐基离子，而这正是酸性土壤广泛缺乏的，因此，添加生物炭可以提高红壤的交换性盐基阳离子的含量。

由于生物炭表面含丰富的有机官能团，施用生物炭还能提高土壤的 pH 缓冲容量（pH buffering capacity，pHBC）（图 3-24），提高土壤的抗酸化能力。花生秸秆炭的效果最为显著，花生秸秆炭处理土壤 pHBC 较对照增加 2 倍；其次为稻草炭，稻草炭处理土壤 pHBC 较对照提高 144%；玉米秸秆炭和油菜秸秆炭效果相当，这两种处理的土壤 pHBC 较对照增加 85% 左右。一般，随着土壤 pH 缓冲容量的增加，土壤对外源酸引起的酸化作用的抵抗能力会增强。

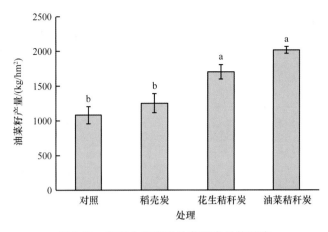

图 3-23　施用生物炭对油菜籽产量的影响

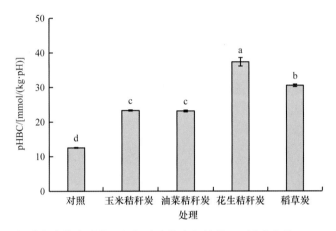

图 3-24　添加秸秆生物炭对第三纪红砂岩发育红壤的 pH 缓冲容量（pHBC）的影响

关于利用畜禽粪制备的生物炭对土壤酸度、有效磷含量和磷酸酶活性的影响，室内培养试验表明，由鸡粪和猪粪制备的生物炭均对土壤酸度、有效磷含量和磷酸酶活性产生影响。添加 2 种生物炭均提高了土壤 pH，降低了土壤交换性酸含量，鸡粪生物炭对土壤酸度的改良效果优于猪粪生物炭。添加生物炭提高了土壤有效磷含量和碱性磷酸酶活性，但降低了酸性磷酸酶的活性。由于鸡粪含磷量高，因此添加鸡粪生物炭使红壤、砖红壤和黄棕壤有效磷含量分别提高了 2.4 倍、7.4 倍和 1.8 倍。因此，畜禽粪生物炭可用于改良酸性土壤，提高土壤磷的有效性。图 3-25 总结了生物炭对酸化土壤的影响。

3.3.2.3　生物炭修复酸化土壤的田间验证

田间试验验证了不同生物炭修复酸化土壤、提高土壤养分有效性的效果。试验田土壤为发育于河谷冲积物的水稻土，土壤 pH 4.78，施用水稻秸秆（RSB）、玉米秸秆（MSB）、小麦秸秆（WSB）、稻壳（RHB）和竹炭（BCB）5 种有机物料制备的生物炭，用量为 2.25t/hm²，研究了生物炭对水稻、油菜、玉米三季作物生长的影响（图 3-26）。添加不同生物炭后三季作物产量较对照均有增加，不同处理对水稻的增产效果为 RHB＞WSB＞MSB＞RSB＞BCB，分别较对照显著提高 13.3%、10.8%、10.1%、7.7% 和 6.3%。RHB 和 RSB 处理油菜籽粒产量分别显著提高 83.0% 和 59.9%，其余处理增产不显著。对玉米的增产效果与水稻基本一致，为

RHB＞WSB＞RSB＞MSB＞BCB，分别较对照提高 57.8%、36.6%、32.6%、27.0% 和 5.3%。整体来看，稻壳生物炭对三季作物的增产效果优。

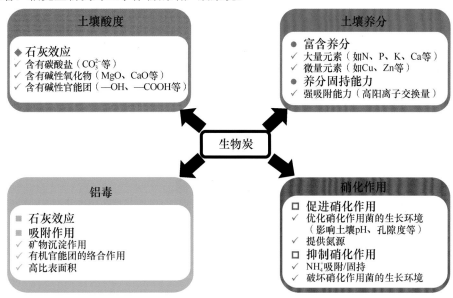

图 3-25　生物炭改良酸化土壤的效果示意图

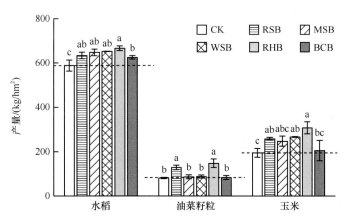

图 3-26　5 种生物炭对水稻、油菜和玉米产量的影响

5 种生物炭本身的 pH 为 7.8 ～ 10.7，三季作物收获后测定土壤 pH 表明，生物炭显著增加土壤 pH，表现为 WSB＞RHB＞MSB＞RSB＞BCB（图 3-27），从图 3-27 可以看出，加入不同原料生物炭后，土壤 pH 在作物收割后均有不同程度的提高。虽然水稻、油菜、玉米三季作物收割后的土壤 pH 整体呈现减小的趋势，但是加入生物炭后的土壤 pH 均显著高于对照组。生物炭效果以 RHB、RSB 和 MSB 效果较好，pH 分别提高 0.79、0.59 和 0.58 个单位；MSB、BCB 和 RHB 交换性酸含量分别较对照降低 73%、51%、58%（图 3-27）。土壤 pH 随时间降低，表明生物炭的作用效果随时间下降，交换性酸含量的变化反映了相同的规律，不同原料生物炭均能有效改良土壤酸化，以稻壳生物炭降低土壤酸性的效果最好。

田间试验表明不同原料生物炭均可提高土壤有机质含量（图 3-28），其中 MSB、RHB 和 BCB 处理在三季作物土壤中效果均为显著。BCB 处理显著增加土壤总 P 含量。Olsen-P 和 Bray 法测定的土壤有效磷含量结果表明，Olsen-P 含量随时间增加，三季作物在 RHB 处理下分别比对照显著提高 119%、96% 和 52%，Bray-P 含量变化与 Olsen-P 基本一致，不同处理为 RHB＞RSB＞WSB＞BCB＞MSB。整体来看，生物炭可有效提高土壤 pH，降低土壤交换性酸含量，增强土壤交换性能，提高土壤中有机质含量和有效磷含量，稻壳生物炭在长期的土壤改良中对提高有机质含量和磷素养分含量效果较好。

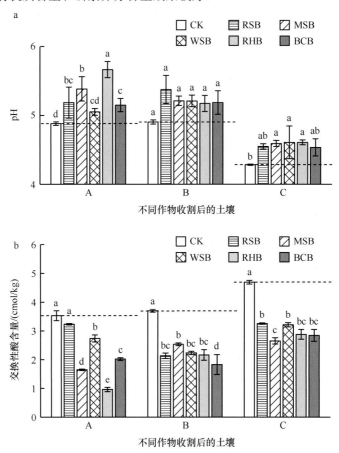

图 3-27　5 种生物炭对土壤 pH 和交换性酸含量的影响

A：水稻收割后的土壤；B：油菜收割后的土壤；C：玉米收割后的土壤。下同

3.3.2.4　生物炭修复酸化土壤的机制

生物炭的碱度是改良土壤酸度、提高 pH 和降低交换性 Al^{3+} 含量的主要机制。研究表明，生物炭对红壤酸度的改良效果与生物炭的含碱量高度相关（$R^2=0.95$）（Yuan and Xu，2011），说明碱含量是决定生物炭对红壤酸度改良效果的关键因子，可用作筛选高效生物炭改良剂的参数。此外，生物炭中含有的盐基、碳酸盐和氧化物可直接中和土壤酸度。生物炭表面弱酸有机官能团（—COO⁻、—O⁻）与 H⁺反应。土壤交换性酸以交换性铝为主，交换性铝与交换性盐基阳离子含量呈此消彼长的关系。当向酸性土壤中添加生物炭时，生物炭中的盐基阳离子与交换性铝发生阳离子交换反应，使部分交换性铝释放进入土壤溶液中，此时生物炭中的碱中和由铝离子水解产生的 H⁺，促进溶液中铝由活性形态向惰性的氢氧化铝形态转变。这是生物炭增加土壤交换性盐基阳离子含量、降低土壤交换性铝含量的主要机制，也是生物炭改良红壤酸度的主要机制。此外，生物炭表面有机官能团（—COOH、—OH）结合形成低活性的

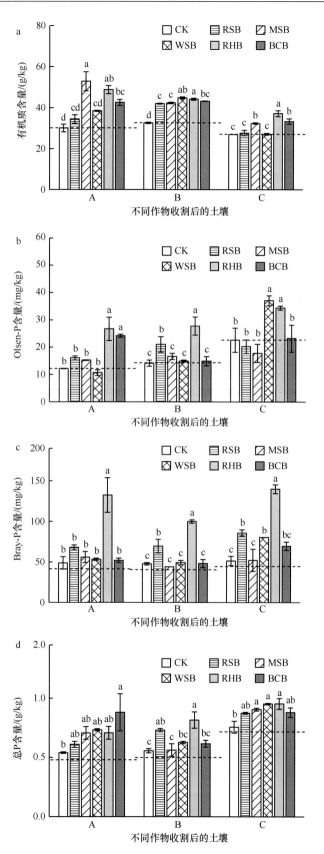

图 3-28　不同原料生物炭对土壤有机质含量和有效磷含量的影响

有机铝，降低交换性铝含量。Qian 等（2013）报道猪粪生物炭可通过沉淀将酸性土壤中高毒性的 Al^{3+} 转变为低毒性的 $Al(OH)_3$ 和 $Al(OH)_4$，Al^{3+} 也可以与有机官能团通过专性吸附结合。

土壤 pH 缓冲容量（pHBC）是决定土壤酸化速率的关键因子。在相同外源质子输入下，高 pHBC 土壤酸化速率较低。生物炭改良酸化土壤的另一重要机制是提高土壤 pH 缓冲容量和抗酸化能力，阻控修复土壤的复酸化。对于玉米、油菜、花生和水稻等 4 种常见农作物的秸秆在 400℃下烧制 3h 制备的生物炭，培养试验和模拟酸化试验发现 4 种秸秆生物炭均能提高酸性土壤的 pH 缓冲容量，从而提高土壤的抗酸化能力。比较了玉米秸秆炭对第三纪红砂岩、花岗岩、第四纪红黏土和玄武岩发育的红壤 pHBC 的影响，发现生物炭对初始 pHBC 较低的红砂土的提升效果大于对其他母质发育的土壤。模拟酸化试验结果表明，在酸化过程中，添加生物炭的土壤 pH 下降幅度显著小于添加 $Ca(OH)_2$ 处理，说明生物炭的添加能够显著减缓酸化过程中土壤 pH 的降低。与添加 $Ca(OH)_2$ 处理相比，生物炭的添加也显著降低了土壤潜在活性铝（交换性铝、有机结合态铝和羟基结合态铝）含量。因此，生物炭不仅能够通过提高土壤抗酸化能力减缓土壤酸化过程，还能够抑制酸化过程中土壤铝毒害的产生。通过测定生物炭酸化过程中盐基离子的释放、红外光谱的变化及可溶性硅的变化探讨了生物炭提升土壤抗酸化能力的机制，结果表明生物炭表面有机阴离子的质子化是提升土壤 pHBC 的主要机制，可溶性硅与 H^+ 形成沉淀也有贡献。

模拟酸化试验研究结果表明（图 3-29），随着向土壤中添加 HNO_3 量增加，土壤发生酸化，pH 下降。比较添加不同生物炭和 $Ca(OH)_2$ 的土壤酸化过程，可以发现相同 HNO_3 添加量下，不同处理土壤 pH 的下降幅度存在显著差异，添加 $Ca(OH)_2$ 处理土壤 pH 下降幅度最大，其次为添加油菜秸秆炭、玉米秸秆炭和稻草秸秆炭处理，添加花生秸秆炭处理土壤 pH 下降幅度最小。随着 HNO_3 添加量的增加，不同处理之间 pH 下降幅度的差异变大。这些结果说明与添加 $Ca(OH)_2$ 的对照相比，添加生物炭显著提高了土壤的抗酸化能力，减缓了土壤酸化过程。在 4 种生物炭中，花生秸秆炭效果最为突出，其他 3 种生物炭的效果相近。

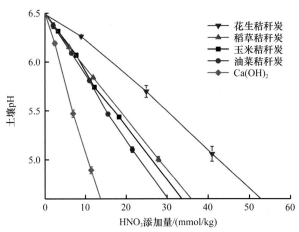

图 3-29　添加不同秸秆炭对酸化过程中红砂土 pH 降低的影响

不同生物炭表面带有丰富的负电荷，添加生物炭提高了土壤的 CEC，是生物炭提高土壤 pHBC 的主要原因。土壤 CEC 的增加提高了土壤通过交换反应消耗质子的能力，因而提高了土壤酸缓冲容量。这只是生物炭提高土壤抗酸化能力的表观机制，但仍无法定量解释土壤酸缓冲容量和抗酸化能力的提升。生物炭表面含氧官能团（如—COO^- 和—O^-）和质子的缔合与解离被认为是缓冲土壤 pH 变化的主要机制（Xu et al.，2012）。然而这一假设仍需试验验证。在衰减全反射−傅里叶变换红外光谱（ATR-FTIR）中，—COOH 和—COO⁻ 的吸收峰位置不同，因此可利用 ATR-FTIR 技术探明生物炭表面羧基质子化作用。研究结果表明，随着 pH 的降低，在 1720cm⁻¹ 处的—COOH 吸收峰强度增加，而在 1375cm⁻¹ 处的—COO⁻ 的吸收峰强度随之减弱（图 3-30）。

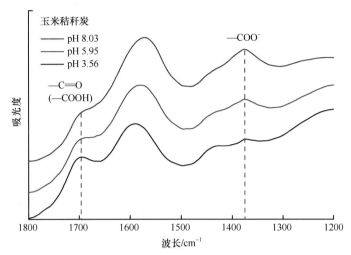

图 3-30　不同 pH 下玉米秸秆炭衰减全反射−傅里叶变换红外光谱（ATR-FTIR）吸光度比较

ATR-FTIR 结果明确了生物炭表面羧基等官能团的质子化是生物炭提高土壤 pHBC 的主导机制，但这是单一生物炭体系中的结果。生物炭提高土壤 pHBC 的机制还需要进一步在炭土混合体系中进行验证。土壤有效阳离子交换量（effective cation exchange capacity，ECEC）是某一 pH 条件下土壤表面有效负电荷量。添加到土壤中的生物炭表面羧基阴离子是土壤负电荷的主要来源，也是生物炭提高土壤 ECEC 的主要原因。当酸化过程中土壤表面羧基发生质子化时（—COO⁻+H⁺——→—COOH），土壤表面负电荷减少，ECEC 下降，并伴随大量交换性盐基阳离子释放进入土壤溶液，因此，可以观测土壤 ECEC 的变化和盐基阳离子释放进一步验证上述机制。在模拟酸化过程中，添加生物炭和 Ca(OH)₂ 处理红砂土与红黏土的 ECEC 变化情况如图 3-31 所示，生物炭的添加较 Ca(OH)₂ 处理显著提高了土壤 ECEC，与添加 Ca(OH)₂

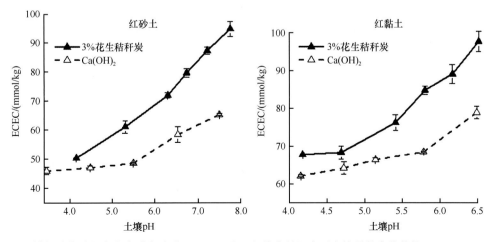

图 3-31　模拟酸化过程中花生秸秆炭或 Ca(OH)₂ 处理红壤有效阳离子交换量的变化趋势（Shi et al.，2018）

的对照处理相比，添加 3% 花生秸秆炭的红砂土和红黏土 ECEC 分别提高 45% 和 24%。两种处理中土壤 ECEC 均随 pH 的下降而降低，但添加生物炭处理中土壤 ECEC 随 pH 下降的降低幅度大于添加 Ca(OH)$_2$ 处理。模拟酸化过程中添加花生秸秆炭的红砂土和红黏土 ECEC 的降低幅度更是比添加 Ca(OH)$_2$ 对照处理大 78% ~ 130%。这说明花生秸秆炭的添加显著促进了模拟酸化过程中有机阴离子（羧基阴离子）质子化作用。添加 Ca(OH)$_2$ 处理的红砂土和红黏土 ECEC 的降低是由于土壤自身含有一定量的有机物，其表面有机阴离子在模拟酸化过程中也发生质子化反应。

3.3.3 消减土壤酸化促进养分循环利用的综合调控技术

3.3.3.1 消减土壤酸化促进养分循环利用的施肥技术

1. 合理选择氮肥品种和施用方法

铵态氮肥的施用是农田土壤加速酸化的重要原因。但不同品种的铵态氮肥对土壤酸化的影响程度不同，施肥引起的土壤酸化程度随氮肥品种而异。(NH$_4$)$_2$SO$_4$ 和 NH$_4$Cl 等生理酸性肥料对土壤酸化的影响比较大，尿素对土壤酸度的影响较弱。结合作物特性和肥料特性，合理选择氮肥种类，可以减缓土壤酸化。氮肥深施也能减轻其对土壤酸化的影响，合理的施肥时间能使肥料尽可能地被作物吸收利用。因此，在酸化土壤中，应尽量施用生理碱性肥料和进行深施，以及按作物生长规律确定施肥时间。

施用碱性肥料能够补充酸性土壤中矿质元素的不足，同时改良土壤酸化，提高土壤肥力，增加作物产量。以将硅钙肥、钙镁磷肥和过磷酸钙肥 3 种碱性肥料以不同方式配合施用来种植水稻为例，酸性水稻土上以硅钙肥与钙镁磷肥配合施用效果较好，能增加水稻的实粒数，提高结实率和千粒重。由于植物对盐基吸收产生的 H$^+$ 存在偏好，K 或 Ca 是盐基吸收过程中产酸最多的元素，在实施土壤酸化改良调控时要注意补充 K 或 Ca 元素。

以硝态氮肥替代铵态氮肥用于设施农业生产。作物吸收硝态氮，其根系会释放 OH$^-$，中和根际土壤的酸度。研究发现，施用硝态氮肥时植物通过其根系与土壤的相互作用提高土壤 pH。因此，以硝态氮肥替代铵态氮肥可以从源头上切断氮肥在土壤中产酸。考虑到硝态氮肥价格较高，可在设施农业中生产蔬菜和瓜果等高附加值农产品时优先使用硝态氮肥，避免氮肥对土壤酸化的影响。大多数蔬菜和瓜果属于喜硝植物，对硝态氮有偏好吸收，因此施用硝态氮肥还可以提高氮肥利用率。

2. 减施化肥并增施有机肥

铵态氮肥的过量施用会导致其在土壤中淋失，进而加速农田土壤酸化。因此，应在保证粮食安全的前提下逐步减少铵态氮肥施用量，提高氮肥利用率。通过区域总量控制和分期调控等新的施肥技术，可在保证粮食产量的前提下降低氮肥用量。

研究表明，长期施用有机肥或有机肥与化肥配施可以维持土壤酸碱平衡，减缓土壤酸化。因为有机肥含一定量的碱性物质，增加了盐基离子，可有效缓解土壤酸化；长期施用有机肥还可提高土壤有机质含量，从而提高土壤的酸缓冲容量，提高土壤的抗酸化能力；有机肥的投入可有效补充由农产品的移除而引起的盐基离子损失。但由于某些畜禽粪含重金属和抗生素等污染物，选择有机肥时要注意规避环境风险和健康风险，避免将有害物质引入酸性土壤中。

目前，有机肥与土壤酸化的关系需进一步研究。一种观点认为有机物在矿化的过程中产生大量富含羟基、苯酚等官能团的酸性物质，与土壤中羟基铝、羟基铁的水合氧化物发生配位体交换，消耗土壤中的质子，降低土壤 pH，而且有机物分解产生的有机酸在进一步脱羧过程中释放的 CO_2 将消耗氢离子。然而，有研究认为，有机肥中有机氮到硝态氮的转化过程是一个酸化的过程，因此有机肥对土壤酸度的长期效果取决于有机肥质子消耗能力和随后过程中硝化产生的酸，大量有机肥施用是否会引起土壤酸化，与有机物料的有机酸盐含量、作物种类及土壤背景值有关，需进一步观测。合理确定有机肥施用量及有机肥与化肥的合理配比，既可保证作物产量，又可维持化肥产酸与有机肥耗酸的平衡。

3. 尿素和铵态氮肥与硝化抑制剂配施

铵态氮肥中铵离子的硝化作用产生 H^+ 是其加速农田土壤酸化的主要机制。如能采取有效措施抑制或减少硝化反应，则可从源头上控制或减缓铵态氮肥对土壤酸化的加速作用。在室内控制条件下的研究表明，双氰胺等硝化抑制剂可以抑制酸性土壤中的硝化反应，而且硝化抑制剂与尿素配合施用还可提高酸性土壤的 pH，因为尿素的水解过程消耗 H^+。

4. 合理的水肥管理

铵态氮的硝化及其产生的 NO_3^- 随水淋失是加剧土壤酸化的重要原因。因此，通过合理的水肥管理以尽量减少 NO_3^- 的淋失，也能减缓农田土壤酸化。例如，选择合理的施肥时间，让施入土壤的肥料尽可能被植物吸收利用。确定合理的氮肥用量，减少氮肥损失，因为过量施用氮肥必然导致氮肥在土壤中的残留和淋失。在酸性土壤地区使用缓释肥料减少氮肥损失，提高氮肥利用率，减缓土壤酸化。

3.3.3.2　土壤酸化治理集成模式

我国南方水稻土的酸化十分普遍，通过集成调酸控酸、有机无机配施、培肥改良等综合技术治理土壤酸化。施石灰是我国稻田土壤酸化改良的传统措施，然而，长期或大量施用石灰往往引起土壤养分失衡及土壤中微量元素缺乏问题。水稻土酸化综合治理模式采用硅钙钾镁肥为土壤调理剂来调控土壤酸度。硅钙钾镁肥是磷石膏、钾长石在高温下煅烧而形成的一种碱性肥料，含有水稻所需要的硅、钙、镁、磷、钾大中量营养元素，可有效克服石灰养分单一的不足。采用测土配方施肥、施用缓控释肥等化肥减量增效技术，优化适氮、增磷、增钾、有机无机配合施用等施肥新技术，提高肥料利用率，实现化肥减量化。该集成模式田间示范结果表明，可有效提高水稻产量和土壤 pH，降低土壤交换性铝含量，增加土壤交换性盐基离子含量。稻田施用硅钙钾镁肥 $1125kg/hm^2$，当季土壤 pH 提高 0.18 个单位，交换性 H^+ 含量降低 $0.15cmol/kg$，交换性 Al^{3+} 含量降低 $0.02cmol/kg$。施用土壤调理剂后，土壤的交换性 Ca、Mg、K 和 Na 含量均呈升高趋势，交换性 Ca^{2+}、Mg^{2+}、K^+ 和 Na^+ 含量较对照分别增加 $1.25cmol/kg$、$0.18cmol/kg$、$0.05cmol/kg$ 和 $0.10cmol/kg$。冀建华等（2019）的研究结果显示，在南方双季稻地区，硅钙钾镁肥每季用量在 $1500kg/hm^2$ 以上，且连续施用 8 季可显著改良亚表层（$15\sim30cm$）土壤酸性，同时有效补充耕层和亚表层土壤盐基养分。

我国南方分布的大面积酸性红壤，土壤 pH 多在 5.5 以下，其中很大部分土壤的 pH 小于 5.0，甚至小于 4.5。红壤具酸性强、质地黏重、易板结、结构不良、养分含量低等特性，开展酸性土壤改良尤为重要。红壤酸化治理可采取以石灰类物质和生物炭为核心治酸，以配方施肥和有机无机结合为核心阻酸，有机培肥改土控酸结合的综合治理技术。经多点田间和盆栽试验，石灰和生物炭单施或混施，结合商品有机肥改良土壤、测土配方施肥，可有效降低土壤酸度和铝毒。石灰等无机改良剂与有机肥、秸秆或秸秆生物炭按一定比例配合施用,不仅可以中和土壤酸度,还能同时提高土壤肥力,保持土壤养分平衡。此外,碱渣、碱性肥料、酸性土壤调理剂等也在红壤中得到应用。利用南方红壤区丰富的农作物秸秆、绿肥等有机物,也可将这些有机物料粉碎后与石灰、碱渣等物质配合施用以应用于酸性红壤的改良。土壤酸化的治理是一项系统工程,要从土壤物理、化学、生物性状等多方面入手,采取调酸治酸、源头阻控、培肥改良等措施进行综合持续改良矫治,以提高耕地土壤质量和综合生产能力,推进"藏粮于地、藏粮于技"战略,为农业可持续发展和乡村振兴服务。

3.3.3.3　合理选择作物及品种

不同的作物及品种对土壤酸度的适应范围存在差异,这可能与不同作物在土壤中偏重吸收的离子存在差异有关。例如,豆科植物在生长过程中,会通过根系向土壤中释放 H^+,加速土壤酸化。豆科植物的固氮作用、有机氮的矿化及随后的硝化也是加速土壤酸化的原因。对酸缓冲能力弱的土壤,通过调整种植制度,实施豆科作物与禾本科作物的合理间作或轮作,缓解种植豆科作物引起的土壤酸化趋势。在酸性较强或酸化趋势较明显的土壤上,可以筛选和种植耐酸性较强的作物,特别是酸性迟钝型作物品种。根据我国红壤区的试验结果,水稻、玉米和小麦的酸害阈值(土壤 pH)分别为4.8、5.8和5.3。我国南方受酸雨影响大,在土壤酸化严重的区域可以选育和种植耐酸水稻品种。

第4章 土壤盐碱障碍降低养分利用率的机制及其增效途径

4.1 盐碱障碍对农田养分形态转化、有效性与吸收利用的影响机制

土壤盐渍化是引起土地退化的重要障碍因子,已成为全球关注的农业与生态问题。我国现有各类可利用盐渍化土地约 3600 万 hm^2,占全国可利用土地面积的 4.88%,其中近期具备农业改良利用潜力的盐渍土面积近 670 万 hm^2(杨劲松和姚荣江,2015)。盐渍土作为我国重要的后备土地资源,其治理和利用对促进我国耕地资源占补平衡、保持地区耕地总量、确保区域粮食安全意义重大。

盐碱农田土壤基础地力普遍较差,氮磷养分利用率低,严重制约了土地生产力(苏海英,2008)。在盐渍化条件下,盐分成为氮磷迁移、转化与有效性的重要影响因素。氮素施入土壤后会发生矿化、挥发、硝化、反硝化和作物吸收等一系列的反应(闫建文,2014),上述转化过程还受到包括肥料类型与数量、土壤 pH、土壤质地、温湿度等诸多外界因素的影响(张先富等,2012)。此外,土壤盐分还通过改变土壤的物理、化学性质进而影响磷素在土壤中的转化过程,降低磷素的生物有效性。土壤盐渍化产生的离子毒害和渗透胁迫不仅影响植物生长,还造成了氮磷的供给缺乏或不平衡。此外,大量研究表明,土壤微生物是土壤养分循环的主要驱动力(贺纪正和张丽梅,2013),盐碱化通过抑制微生物的活性进而影响盐渍土氮素的循环过程与磷素的生物活化过程(卢鑫萍等,2012;Mavi and Marschner,2013)。Barin 等(2015)的研究表明,土壤高盐分含量易造成土壤微生物及作物根系的渗透胁迫,减少土壤酶的分泌,从而影响土壤养分转化与循环。本文主要从盐渍化影响氮素养分的氨挥发、矿化、硝化、氮平衡及磷素的形态分布等过程方面,剖析盐碱障碍对农田土壤氮磷养分迁移、转化与有效性的作用效应。

4.1.1 盐碱障碍对农田氮素关键转化过程的影响

4.1.1.1 土壤盐分对氨挥发的影响

土壤盐分是氨挥发潜力的重要促进因子,其主要通过影响土壤阳离子交换量(CEC)、有机质含量等间接影响氨挥发。研究表明,土壤氨挥发速率随盐分含量升高而逐渐增大,且到达氨挥发峰值所用时间逐渐增加,相应的氨挥发持续时间增长;累积氨挥发量随盐度增加而增加,且土壤盐分与累积氨挥发量呈线性正相关;不同氮源累积氨挥发量在 3 种盐渍土中均呈现尿素＞磷酸一铵＞有机肥的顺序,累积氨挥发量随盐度增加而增大(苏海英等,2008)。

由图 4-1a 可知,各种盐分梯度下氨挥发速率随时间变化呈现一致性,均表现为随时间增加,氨挥发速率先增加,到达峰值后开始下降。就非盐渍土而言,其氨挥发速率前 3d 呈现增加趋势,在第 3 天达到峰值,约为 0.4mg/(kg·d);其后开始下降,到第 6 天氨挥发速率已经降低到极低水平,低于峰值的 1/10,其后仍存在较低的氨挥发速率,到第 16 天时,氨挥发速率基本接近于 0。就轻度盐渍土而言,其氨挥发速率前 4d 持续增加,在第 4 天达到峰值,第 5 天氨挥发速率也很高,与峰值相差不大,约为 0.9mg/(kg·d);其后开始下降,到第 11 天氨挥发速率已经降低到极低水平,但仍存在较低的氨挥发速率,到第 16 天时氨挥发速率基

本接近于 0。就中度盐渍土而言，其氨挥发速率前 7d 持续增大，在第 7 天达到峰值，约为 0.73mg/(kg·d)，其后开始下降，到第 16 天氨挥发速率已经降低到极低水平，其后继续缓慢下降，到第 22 天时氨挥发速率基本接近于 0。就重度盐渍土而言，其氨挥发速率前 13d 持续增大，在第 13 天达到峰值，约为 1.07mg/(kg·d)，其后较长一段时间（到第 25 天）氨挥发速率维持在很高水平，均高于 1.00mg/(kg·d)，其后开始下降，到第 44 天氨挥发速率已经降低到极低水平。就盐土而言，其氨挥发特征与重度盐渍土较为接近，氨挥发速率升高持续时间较长，其氨挥发速率前 25d 持续增大，在第 25 天达到峰值，约为 0.96mg/(kg·d)，其后几天（到第 29 天）氨挥发速率维持在很高水平，其后开始下降，到第 44 天氨挥发速率仍在较高水平。综合不同盐分梯度的氨挥发速率来看，随盐分升高氨挥发速率逐渐增大，且到达氨挥发峰值所用时间逐渐增加，相应的氨挥发持续时间增长。

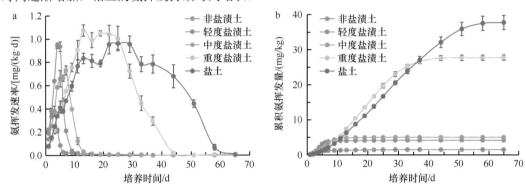

图 4-1　不同盐分土壤氨挥发速率（a）和累积氨挥发量（b）的变化

非盐渍土：$EC_{1:5}$=0.149mS/cm；轻度盐渍土：$EC_{1:5}$=0.687mS/cm；中度盐渍土：$EC_{1:5}$=1215mS/cm；
重度盐渍土：$EC_{1:5}$=3048mS/cm；盐土：$EC_{1:5}$=4156mS/cm。下同

选择非盐渍土、轻度盐渍土和中度盐渍土，施用尿素、磷酸一铵、有机肥 3 种来源的氮肥，培养试验发现不同氮源的氨挥发持续时间和累积氨挥发量均存在差异。各氮源氨挥发持续时间均随盐度增加而增加（图 4-2），与上文中的结果相印证。在 3 种土壤中，有机肥的氨挥发速率在整个氨挥发过程中始终是最低的，其在非盐渍土、轻度盐渍土和中度盐渍土的氨挥发速率峰值分别为 0.041mg/(kg·d)、0.066mg/(kg·d) 和 0.073mg/(kg·d)。相对应地，尿素的氨挥发速率峰值分别为 0.378mg/(kg·d)、0.942mg/(kg·d) 和 0.730mg/(kg·d)，磷酸一铵的氨挥发速率峰值分别为 0.102mg/(kg·d)、0.127mg/(kg·d) 和 0.158mg/(kg·d)。磷酸一铵的氨挥发周期长于尿素，前期尿素氨挥发速率高于磷酸一铵，后期则出现相反的规律，整体来看尿素的平均氨挥发速率也均高于磷酸一铵。不同氮源累积氨挥发量在 3 种盐渍土中均呈现尿素＞磷酸一铵＞有机肥的顺序，且随着盐度的增加，累积氨挥发量的差异增大。

4.1.1.2　土壤盐分对有机氮矿化的影响

针对不同盐分含量的土壤，通过室内恒温培养试验发现，非盐渍土总矿质氮（硝态氮和铵态氮）累积量和土壤呼吸净累积量显著高于轻度盐渍土与中度盐渍土，添加牛粪有机肥显著提高了土壤氮矿化和呼吸作用，但有机肥氮净矿化量在中度盐渍土中最高。由此表明一定程度的盐分会促进有机肥的矿化，过高的盐分反而抑制有机肥的矿化。

不同盐分含量的土壤中有机氮总体上呈现缓慢释放的过程，在培养的第一周，总矿质氮

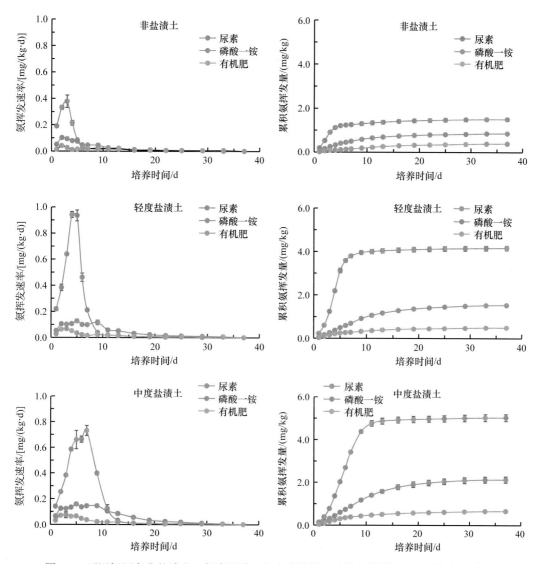

图 4-2　不同氮源在非盐渍土、轻度盐渍土和中度盐渍土中的氨挥发速率及累积氨挥发量

（硝态氮和铵态氮）含量迅速升高，随后总矿质氮含量增速明显降低。在不同盐分含量的土壤中，轻度盐渍土总矿质氮含量明显高于中度盐渍土，添加有机肥显著提高了总矿质氮累积量（图 4-3）。

有机氮矿化过程中铵态氮（NH_4^+-N）、硝态氮（NO_3^--N）含量的变化可分为 2 个明显的阶段（图 4-4），在培养的前 2 周，铵态氮含量迅速降低，其后一直保持较低水平，且不同处理间铵态氮的含量相差不大。不同处理土壤硝态氮的变化趋势基本一致，各处理土壤硝态氮含量均随培养时间的延长而不断升高，培养结束时，各添加有机肥处理的土壤硝化氮含量均显著大于对照土壤。在培养的前 2 周，各处理硝态氮含量迅速升高，其后硝态氮含量增速明显降低。不同盐分含量的土壤及有机肥处理中，硝态氮含量存在显著差异。其中，非盐渍土对照和有机肥处理的硝态氮含量明显高于盐渍土，而轻度盐渍土和中度盐渍土的硝态氮含量差异不明显。

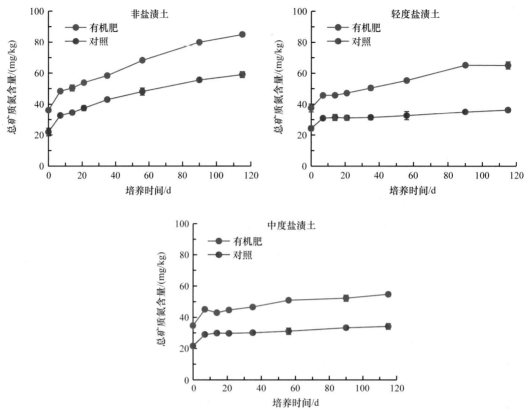

图 4-3　不同盐分含量土壤中施用牛粪有机肥下总矿质氮含量的变化

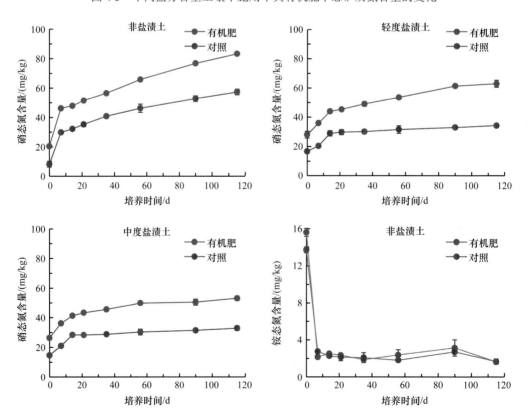

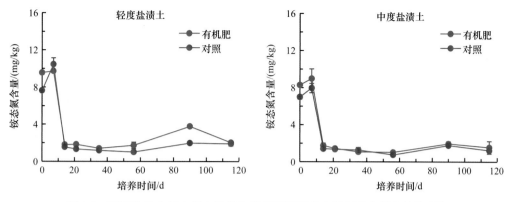

图4-4　不同盐分含量土壤中施用牛粪有机肥下硝态氮和铵态氮含量的变化

土壤累积碳矿化量随土壤盐分含量增加而下降，添加有机肥显著提高了土壤累积碳矿化量（图4-5）。土壤累积碳矿化量均呈现前期增长快（前2个月），后期增长较慢（后2个月）的趋势。从土壤碳矿化速率来看，培养初期土壤碳矿化速率很高，前3d的土壤碳矿化速率达到峰值；随后土壤碳矿化速率急剧下降，到第14天，土壤碳矿化速率已经降低到初始碳矿化速率的31.5%～41.9%；其后土壤碳矿化速率开始缓慢下降，到第3个月时，土壤碳矿化速率已经降低到极低水平。

从有机肥氮净矿化量看，表现为轻度盐渍土（28.8mg/kg）＞非盐渍土（25.9mg/kg）＞中度盐渍土（20.6mg/kg），有机肥氮净矿化量随土壤盐分含量的升高呈现先升高后降低的趋势。土壤呼吸净累积量随盐分含量变化的规律与氮净矿化量的规律相一致，表现为轻度盐渍土（191.1mg/kg）＞非盐渍土（146.9mg/kg）＞中度盐渍土（125.5mg/kg）。

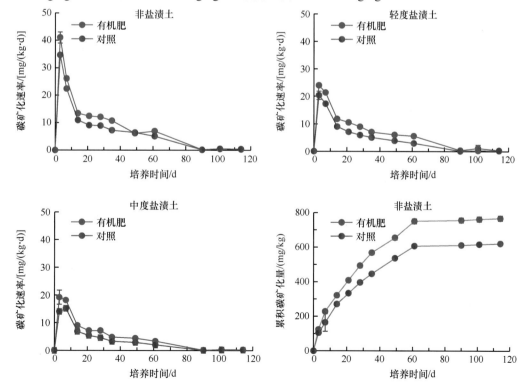

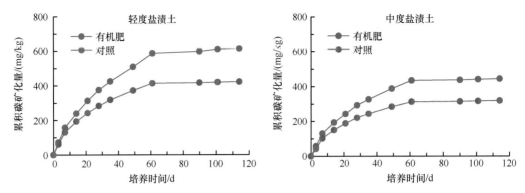

图 4-5　不同盐分含量土壤中施用牛粪有机肥下土壤碳矿化速率及累积碳矿化量的变化

4.1.1.3　土壤盐分对硝化作用的影响

研究表明，土壤平均硝化速率随盐分含量的升高而显著降低，硝化过程被抑制导致铵态氮的积累进而造成氨挥发的加剧。综合来看，盐分可通过抑制硝化进而加剧氨挥发。

盐分含量较低的 3 种土壤（非盐渍土、轻度盐渍土和中度盐渍土）与盐分含量较高的两种土壤（重度盐渍土和盐土）中硝化过程存在较大差异。在盐分含量较低的 3 种土壤中，铵态氮和硝态氮含量的变化规律相似，表现为第一周铵态氮含量达到峰值，由于硝化作用，铵态氮含量在第二周急剧下降，同时硝态氮含量在第二周达到峰值，其后保持稳定（图 4-6）。3 种土壤硝态氮含量在第一周表现为非盐渍土＞轻度盐渍土＞中度盐渍土，铵态氮含量在第一周表现为中度盐渍土＞轻度盐渍土＞非盐渍土。在盐分含量较高的两种土壤中，铵态氮和硝态氮含量的变化规律相似，但硝化过程明显延长。盐土中硝态氮含量一直呈缓慢上升趋势，铵态氮含量在前 5 周一直呈上升趋势，其后开始下降。重度盐渍土中硝态氮含量也一直呈缓慢上升趋势，但其在各周的含量均高于盐土。重度盐渍土中铵态氮含量在前 3 周一直呈上升趋势，其后开始下降。培养试验结束时，重度盐渍土和盐土中的硝态氮含量明显低于盐分含量较低的土壤。

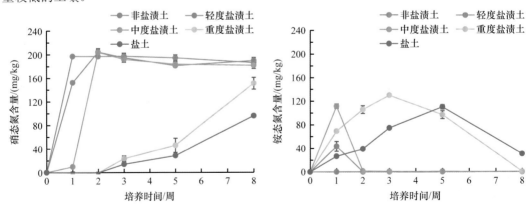

图 4-6　不同盐分含量土壤中硝态氮和铵态氮含量的变化

在 3 种土壤中，有机肥处理下土壤铵态氮和硝态氮含量始终最低，且在整个培养过程中显著低于添加尿素和磷酸一铵的土壤。添加尿素和磷酸一铵的土壤硝态氮含量变化规律相似。在初期，添加磷酸一铵的土壤铵态氮含量始终高于添加尿素的土壤（图 4-7）。这主要是尿素存在水解过程，使得酰胺态氮转化为铵态氮。在整个培养过程中，添加尿素的土壤铵态氮含量下降快于添加磷酸一铵的土壤，同时硝态氮含量上升快于添加磷酸一铵的土壤，这表明尿素的硝化速率大于磷酸一铵。

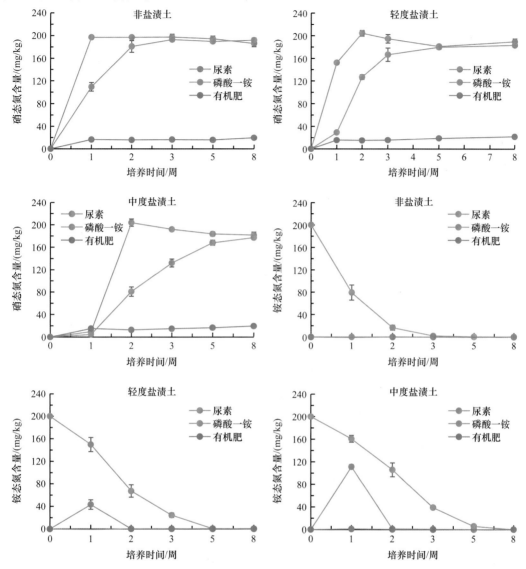

图 4-7　不同盐分含量土壤中添加不同氮源后硝态氮和铵态氮含量的变化

4.1.1.4　土壤盐分对硝化作用关键微生物的影响

研究发现，盐分通过抑制氨氧化微生物的活性来抑制硝化作用。氨氧化古菌（AOA）和氨氧化细菌（AOB）的群落结构、多样性及 *amoA* 基因拷贝数均受到盐分的抑制，不同盐分含量土壤中 AOA 和 AOB 菌落结构均存在显著差异。AOB 是硝化过程的主导氨氧化微生物，其菌落结构、多样性随盐分含量的增加而显著降低。在 AOA 中，*Nitrosophaera* 是优势微生物；在 AOB 中，*Nitrosospira* 是优势微生物。

土壤盐分含量增加总体上降低了土壤 AOA 和 AOB 的 *amoA* 基因拷贝数（图 4-8）。在培养第 1 周，所有不同盐分含量的土壤中，AOB 的基因拷贝数均显著大于 AOA（图 4-8a）。AOA 的基因拷贝数随着土壤盐分含量的增加而减少，表现为非盐渍土（4.10×10^5 拷贝数/g）>

轻度盐渍土（2.47×10⁴拷贝数/g）＞重度盐渍土（2.34×10³拷贝数/g）＞中度盐渍土（2.33×10³拷贝数/g）。AOB的基因拷贝数随着土壤盐分含量的增加也表现出类似的降低趋势，不同盐分含量土壤中基因拷贝数依次为非盐渍土（8.91×10⁶拷贝数/g）＞轻度盐渍土（1.52×10⁶拷贝数/g）＞中度盐渍土（1.18×10⁵拷贝数/g）＞重度盐渍土（2.61×10⁴拷贝数/g）。在第8周（图4-8b），AOA和AOB的基因拷贝数均有所减少。其中，AOA的基因拷贝数减少了半个数量级，AOB的基因拷贝数除重度盐渍土外减少了一到两个数量级。在第1周AOA和AOB的amoA基因拷贝数与硝化速率均呈正相关（AOA：r=0.731，P=0.007；AOB：r=0.712，P=0.009）。这与马丽娟（2015）的研究结果一致。

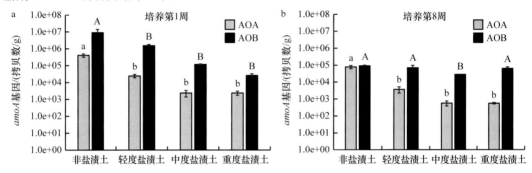

图4-8　氨氧化古菌（AOA）和氨氧化细菌（AOB）amoA基因拷贝数

不同小写、大写字母分别表示不同土壤中AOA、AOB的amoA基因拷贝数差异显著（P＜0.05）

土壤中AOA和AOB的amoA基因多样性如表4-1所示。在所有土壤中，AOA和AOB均有较高的覆盖度，且均超过99%。非盐渍土中AOA的运算分类单元（operational taxonomic unit，OTU）数量最少，多样性Shannon指数和丰富度Chao1指数最低；在其他3种盐渍土壤中，OTU数量、Chao1指数和Shannon指数随着土壤盐分含量的增加而减小，说明其群落丰度和多样性均随着土壤盐分含量的增加而减少。而对于AOB，其OTU数量和Chao1指数随土壤盐分含量的增加而降低，Shannon指数除轻度盐渍土外也随土壤盐度的增加而降低。

表4-1　不同盐分含量土壤中氨氧化古菌（AOA）和氨氧化细菌（AOB）的多样性指标

土壤	AOA			AOB		
	OTU数量	Shannon指数	Chao1指数	OTU数量	Shannon指数	Chao1指数
非盐渍土	30.33	1.28	34.22	22.33	1.93	23.83
轻度盐渍土	48.33	2.51	49.37	18.00	0.80	18.92
中度盐渍土	42.67	2.39	43.83	15.33	1.22	15.33
重度盐渍土	39.33	2.34	39.56	13.33	0.77	13.44

AOA和AOB的相对丰度随着土壤盐分含量的增加而发生显著变化（图4-9）。AOA群落中，Nitrosophaera为优势微生物，且在非盐渍土、轻度盐渍土和中度盐渍土中，其相对丰度随盐分含量的增加而降低，但重度盐渍土中相对丰度高于中度盐渍土；而Nitrosopumilus随盐分含量的变化呈现与Nitrosophaera相反的规律。AOB群落中，亚硝化螺菌属（Nitrosospira）

在 AOB 中占优势，且 *Nitrosospira* 的相对丰度随盐分含量的增加而减少；但亚硝化单胞菌属（*Nitrosomonas*）相对丰度随着盐分含量增加而增加。

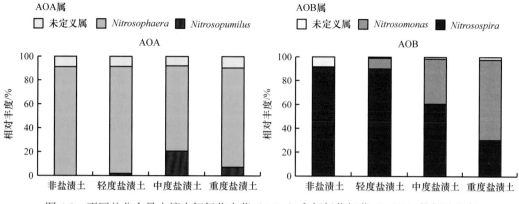

图 4-9　不同盐分含量土壤中氨氧化古菌（AOA）和氨氧化细菌（AOB）的相对丰度

4.1.2　盐碱障碍下根区土壤磷形态与有效性的特征

磷素是作物生长发育所必需的营养元素之一，同时也是限制农业生产的关键因子。土壤盐碱障碍严重制约了盐渍农田磷素养分的有效性。因土壤含盐量、pH 高，直接影响磷素在土壤中的转化过程，导致磷素生物有效性低，抑制作物的生长和降低产量，对盐碱地区的农业发展和生态环境造成了不良影响（郝晋珉和牛灵安，1997）。本节针对滨海盐碱障碍农田，通过与非盐渍生境的对比，探究不同程度盐碱障碍下土壤盐碱指标的变化及土壤磷库中磷素的形态及有效性状况，以明确盐碱障碍对盐渍土壤磷素有效性的影响。

4.1.2.1　盐碱障碍下根区/非根区土壤速效磷含量的变化

通过根袋法盆栽试验，对比了非盐渍土、轻度盐渍土和中度盐渍土对土壤 pH、盐分离子组成及根区磷素形态与有效性的影响。研究发现，与非盐渍土相比，盐碱障碍显著降低根区土壤速效磷含量。在仅施氮肥不施磷肥处理下，与非盐渍土相比，轻度盐渍土和中度盐渍土在大麦季根区土壤速效磷含量大体上分别降低了 45.2% 和 69.2%，玉米季分别降低了 56.0% 和 86.3%（图 4-10）。轻度盐渍土根区土壤速效磷含量大体上显著低于非根区，而中度盐渍土根区内外土壤速效磷含量无显著差异。

试验土壤 pH 为 8.49～8.77，受高 pH 的影响，经过两季作物种植之后轻度盐渍土和中度盐渍土根区速效磷含量显著低于非盐渍土。一般来讲，土壤磷素有效性随 pH 的升高而呈降低趋势，这是由 pH 升高导致土壤中的磷酸钙盐被固定在土壤矿物中，产生磷的沉淀。在盐碱土中，大部分磷以难溶性磷酸盐形态存在，使磷的有效性降低（郝晋珉和牛灵安，1997）。有研究表明，植物生长过程中根系能分泌有机酸调节根际 pH，对植物利用土壤中的难溶性磷素有着重要作用（张彦东等，2001）。而本试验中轻度盐渍土、中度盐渍土根区土壤速效磷含量均低于非根区，一方面是由于盆栽试验中根袋限制了根系的生长空间，作物在生长过程中因需磷量大而造成根区速效磷的亏缺；另一方面是由于盐碱障碍下土壤微生物、多种酶活性受到抑制，进而限制了作物根际磷素养分的活化过程。

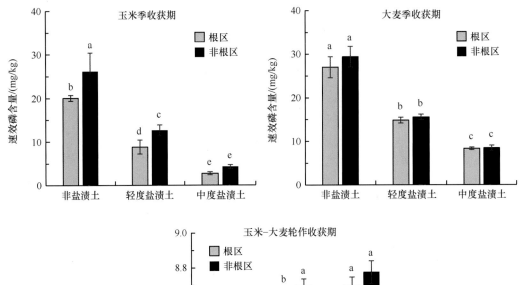

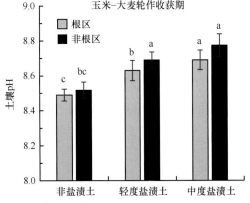

图 4-10　不同盐分含量土壤玉米–大麦轮作盆栽试验中根区和非根区速效磷含量与 pH

不同字母表示不同处理在 0.05 水平差异显著

4.1.2.2　盐碱障碍下根区/非根区土壤 pH 变化

土壤 pH 的高低不仅直接影响土壤养分的存在形态及有效性，且与土壤微生物活性密切相关（张晶等，2014）。在玉米–大麦轮作后，随着土壤盐分含量的升高，根区和非根区土壤 pH 均呈上升的趋势（图 4-10）。轻度盐渍土和中度盐渍土根区土壤 pH 分别比非盐渍土提高 0.14 个单位和 0.20 个单位。经过玉米–大麦轮作后，只有轻度盐渍土根区 pH 显著低于非根区，这可能是因在轻度盐碱障碍下作物通过加强根际呼吸，分泌质子、有机酸导致的。

土壤磷素形态转化与土壤 pH 密切相关。由于盐渍土壤高 pH 的影响，磷肥施入土壤后 75% 以上与土壤中的钙结合，形成一系列溶解度较低的磷酸盐，降低磷素有效性和磷肥利用率（Häring et al.，2017）。土壤 pH 与石灰性土壤的最大吸磷量呈显著正相关，且高 pH 影响苏打盐碱土 Ca_2-P、Ca_8-P、Fe-P、Al-P 等无机磷组分的转化，抑制土壤有效磷的释放。

4.1.2.3　盐碱障碍下根区土壤磷形态的变化

在赫德利（Hedley）磷素分级中，H_2O-Pi、$NaHCO_3$-Pi 和 NaOH-Pi 被认为是相当有效的无机磷源，而 HCl-Pi 难以转化成有效磷被植物利用，被认为是低活性磷（Perassi and Borgnino，2014；许艳和张仁等，2017）。滨海盐渍土的大麦–玉米轮作试验表明（图 4-11），土壤磷库以稳定性无机磷（HCl-Pi）为主，占总磷的 62.7% ~ 78.3%；其次为残留磷，占

16.3% ~ 22.5%；而活性无机磷、中等活性无机磷以及有机磷的比例较小。在大麦季，与非盐渍土相比，轻度和中度盐渍土中活性无机磷比例分别降低 40.3% 和 75.3%，中等活性无机磷比例分别降低 26.6% 和 56.3%，而稳定性无机磷比例分别提高 9.2% 和 24.4%，有机磷（包括活性有机磷和中等活性有机磷）和残留磷比例无显著差异。在玉米季，与非盐渍土相比，轻度和中度盐渍土中活性无机磷比例分别降低 54.9% 和 80.3%，中等活性无机磷比例分别降低 31.0% 和 67.6%，有机磷比例分别降低 27.2% 和 43.0%，而稳定性无机磷比例分别提高 6.4% 和 14.2%，只有残留磷比例无显著差异。总体上，随着作物的生长，盐碱障碍下土壤磷库中活性无机磷、中等活性无机磷的比例降低，而稳定性无机磷比例不断升高，降低了滨海盐渍土磷素的有效性。

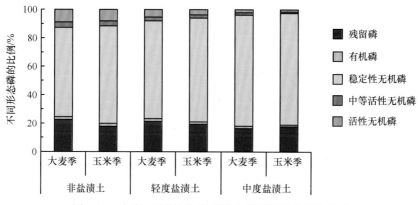

图 4-11　大麦–玉米轮作收获后土壤不同形态磷的组成

　　尽管土壤 pH 影响着磷素形态转化，但作物根际酸化过程促进土壤磷的有效化（金欣等，2018）。张教林等（2000）对不同定植年限的热带橡胶园土壤磷素形态的研究表明，随着种植年限的增加，磷素总量基本保持不变，但土壤有机磷含量降低了 55%。而在本试验中，因滨海盐渍土壤磷库中有机磷的比例较低，作物通过有机磷的矿化作用对土壤无机磷的补充有限，加之盐碱障碍的存在，使得两季作物轮作后土壤磷库中活性无机磷、中等活性无机磷的比例下降较快，而稳定性无机磷比例逐渐上升，土壤磷素的有效性降低。

4.1.2.4　盐碱障碍下根区土壤碱性磷酸酶活性与盐分含量和磷形态的相关性

　　土壤磷酸酶催化土壤有机磷矿化，其活性影响了土壤中有机磷的转化及其生物有效性。土壤磷酸酶的活性受土壤 pH 影响，盐渍土由于 pH 较高，土壤磷酸酶中以碱性磷酸酶为主导（张体彬等，2017）。滨海盐渍土的大麦–玉米轮作试验表明（图 4-12），根区土壤碱性磷酸酶的活性与土壤盐分含量呈显著负相关，而与根区速效磷含量呈显著正相关。由此说明通过改良盐碱土降低根区土壤盐分含量，可以提高土壤碱性磷酸酶活性，进而提高根区土壤速效磷含量。

　　进一步分析根区土壤碱性磷酸酶活性与不同形态磷的相关关系，结果表明，根区土壤碱性磷酸酶活性与土壤活性无机磷（相关系数为 0.873）、NaOH-Pi（相关系数为 0.922）和 NaOH-Po（相关系数为 0.765）呈极显著（$P < 0.01$）正相关，与 HCl-Pi（相关系数为–0.936）呈极显著负相关。而碱性磷酸酶活性与 $NaHCO_3$-Po（相关系数为–0.273）呈负相关，与残留态磷（R-P）呈正相关（相关系数为 0.200），但相关性不显著。由此表明，土壤碱性磷酸酶活性的升高可

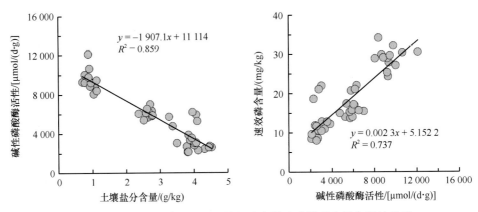

图 4-12　土壤碱性磷酸酶与土壤盐分含量及速效磷含量之间的关系

提高土壤磷库中活性无机磷、中等活性无机磷的比例，促进稳定性无机磷向其他形态磷转化，进而提高盐渍土壤磷素的有效性。碱性磷酸酶能在一定程度上促进土壤 $NaHCO_3$-Po 的矿化，但由于盐渍土中有机磷的含量较低，改良措施对土壤 $NaHCO_3$-Po 和 NaOH-Po 的活化作用有限。

　　Kedi 等（2010）的研究表明，土壤酶由于受到土壤中的黏土矿物和腐殖质胶体的保护，在土壤中被固定而长时间停留。此外，当采用盐渍化治理措施时，中度盐渍土上碱性磷酸酶活性的增幅大于轻度盐渍土，这可能是由于中度盐渍土壤速效磷含量较低，磷胁迫条件下促进了碱性磷酸酶对土壤有机磷的矿化，补充了土壤无机磷源（Yan et al.，2018）。由相关性分析结果看出，可通过降低土壤盐分含量来提高根区碱性磷酸酶的活性，碱性磷酸酶活性的升高可提高土壤磷库中活性无机磷、中等活性无机磷的比例，促进稳定性无机磷的转化，从而提高盐渍土壤磷素的有效性。

4.1.3　盐碱化农田氮磷养分吸收利用的障碍机制

　　通过对盐碱化农田生态系统氮磷迁移转化关键过程的连续观测试验，明确了土壤盐分可提高土壤氨挥发量、氮淋失量并抑制作物对养分的吸收，同时发现盐分可影响土壤 pH、CEC及碱性磷酸酶活性，并进而影响磷素的形态和有效性。在滨海盐碱区，盐分含量是影响氮磷养分利用率的关键因子，盐分含量越高氮磷养分的吸收与利用率越低。在东北苏打盐碱区，肥料氮在中度盐渍土中的损失率远大于轻度盐渍土，轻度盐渍土水稻的化肥利用率高于中度盐渍土，当土壤 pH<9 时，盐分是氮磷养分利用的主要制约因子，当土壤 pH≥9 时，pH 对氮磷养分利用的制约作用大于盐分。在西北内陆干旱盐碱区，合理的水肥调控可控制根区土壤盐分含量，提高棉花对氮磷养分的利用率，在相同氮磷肥水平下，水分条件改变显著影响棉花对氮磷养分的吸收，水分是内陆干旱盐碱区影响氮磷养分吸收利用的主控因子。

4.1.3.1　滨海盐碱化农田土壤氮素损耗途径与作物养分吸收特点

　　不同盐渍化土壤中，淋溶液中铵态氮、硝态氮和无机氮浓度及氮淋失量均随土壤盐分含量增加而升高（图 4-13）。这主要是重度盐渍土中作物长势较差，作物吸氮量较低，造成无机氮在土壤中累积，并快速转化为硝态氮，导致淋溶液中硝态氮含量高、淋失量大（闵伟等，2012）。

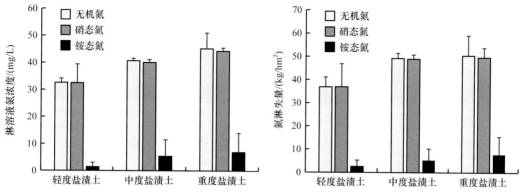

图 4-13　不同盐渍土中氮淋失量的变化

不同盐分含量土壤中氨挥发速率均表现为施肥后氨挥发量逐渐增大，出现峰值后再逐渐降低，最后趋于稳定的趋势。基肥的氨挥发速率峰值出现在施肥后第 4 天，其大小顺序：中度盐渍土＞轻度盐渍土＞重度盐渍土，而追肥的氨挥发速率峰值出现在施肥后第 3 天，其大小顺序：轻度盐渍土＞重度盐渍土＞中度盐渍土（图 4-14）。追肥的累积氨挥发量远高于基肥，主要是因为基肥为缓释氮肥磷酸一铵，追肥为尿素。基肥和追肥的累积氨挥发量之和以重度盐渍土为最高（24.6kg/hm²），大小表现为重度盐渍土＞中度盐渍土＞轻度盐渍土。就基肥与追肥氨挥发速率对比来看，氨挥发速率以重度盐渍土为最高，其次是中度盐渍土，轻度盐渍土最低，说明重度盐渍化促进了化肥的氨挥发损失。

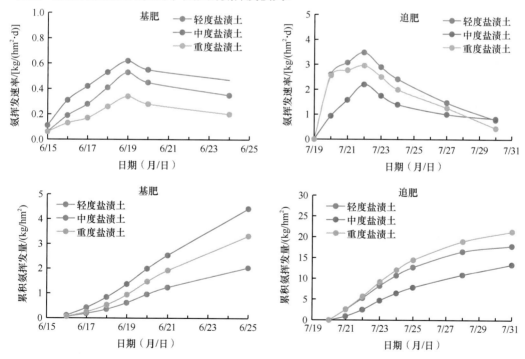

图 4-14　不同盐渍化程度农田基肥和追肥氨挥发

滨海盐碱区土壤盐分含量与作物养分吸收、产量密切相关。土壤盐分含量越高，作物生长受到抑制，导致作物产量降低（朱海等，2019）。作物产量与表层土壤盐分含量呈显著的负相关关系（图 4-15），土壤盐分含量升高会抑制作物的生长，造成作物减产。中度盐渍土中产量比轻度盐渍土降低了 23.3%，虽然秸秆量有所增加，但总体上作物地上部吸氮量下降了 15.6%（表 4-2）。作物的地上部吸磷量与产量呈极显著正相关关系（图 4-15），说明在滨海盐渍农田上不同的改良措施通过促进作物地上部吸磷，可提高作物产量。单晶晶（2017）在黄河三角洲滨海地区对轻度盐渍土的研究表明，土壤盐分抑制了冬小麦地上部的生长和养分吸收，通过合理控制氮磷施用量可以有效提高小麦产量。

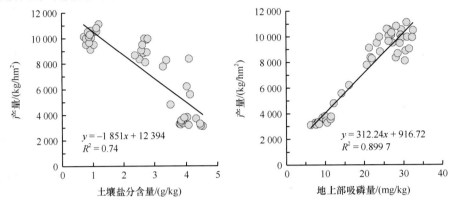

图 4-15　作物产量与土壤盐分含量及作物地上部吸磷量的相关关系

表 4-2　不同盐渍化农田作物产量和吸氮量的差异

土壤	产量/（kg/hm²）	籽粒吸氮量/（kg/hm²）	秸秆量/kg	秸秆吸氮量/（kg/hm²）	地上部吸氮量/（kg/hm²）
轻度盐渍土	6813.32	108.68	6061.88	57.97	166.65
中度盐渍土	5226.24	80.24	6598.49	60.33	140.57

4.1.3.2　苏打盐碱土氮磷养分吸收利用的主导障碍因素

在苏打盐碱区，通过分析不同开垦种稻年限下土壤盐分含量和养分指标之间的相互关系，建立了土壤盐分含量与氮磷养分之间的关系模型，揭示了苏打盐碱土抑制氮、磷养分积累的主要障碍因素。结果发现苏打盐碱土 pH 与全氮、全磷含量显著负相关（图 4-16），高 pH 是抑制土壤全氮和全磷含量提升的主导障碍因素。土壤电导率（electrical conductivity，EC）可以反映土壤盐分含量水平，苏打盐碱土 EC 与有机质和速效氮、速效磷含量显著负相关（图 4-17），高 EC 是抑制土壤有机质、速效氮和速效磷含量提升与作物吸收利用的主导障碍因素。因此，提高苏打盐碱土稻田化肥氮、磷的当季利用率，必须要降低土壤 pH 和盐分含量。

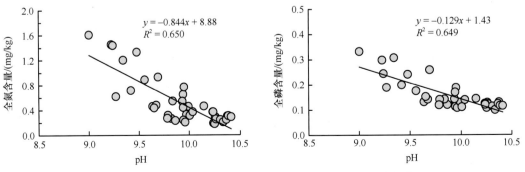

图 4-16　苏打盐碱土 pH 与土壤全氮和全磷含量的相关关系

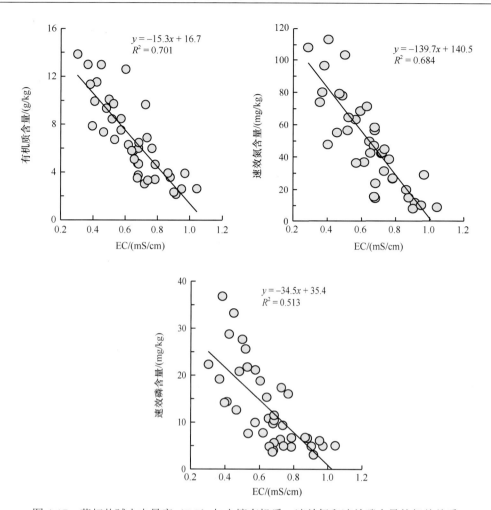

图 4-17 苏打盐碱土电导率（EC）与土壤有机质、速效氮和速效磷含量的相关关系

4.1.3.3 干旱盐碱区土壤氮磷养分吸收利用的障碍机制

在内陆干旱盐碱区，盐分胁迫严重影响作物的生长和地上部干物重的积累，且地上部的减少量大于地下部。盐分胁迫伊始，冬小麦光合速率、气孔导度、蒸腾速率等生理指标均出现明显下降，且随着营养液盐分浓度增加（胁迫趋重）其下降幅度越大，之后稳定在较低水平；前期胁迫程度决定了后期的恢复比例，随着营养液盐分浓度升高或胁迫历时越久，复水（更换为正常营养液）后各生理指标达到峰值的时间（恢复时间）越长，且最大恢复比例（最大恢复程度）呈递减趋势；光合速率、气孔导度、蒸腾速率的最大恢复程度不同，光合速率最大恢复程度最高，气孔导度与蒸腾速率的最大恢复程度略低，且二者规律类似。水分对缓解盐分胁迫危害和提升氮磷养分利用率更为重要（Inagaki et al.，2016）。

根据冬小麦经历盐分胁迫–复水循环的阶段差异，水培试验可分为以下两个阶段。

第一阶段（P1，22～42d，大致为小麦的分蘖前期）：一部分小麦分别培养在 0mmol/L、50mmol/L、75mmol/L、100mmol/L、125mmol/L、150mmol/L NaCl 营养液中，7d 后转移至正常营养液中继续培养 6d，处理记为 P1-S0-7、P1-S50-7、P1-S75-7、P1-S100-7、P1-S125-7、P1-S150-7；另一部分小麦分别培养在不同 NaCl 浓度的营养液中，14d 后转移至正常营养液中继续培养 6d，处理记为 P1-S0-14、P1-50-14、P1-S75-14、P1-S100-14、P1-S125-14、P1-S150-14。

第二阶段（P2，43～63d，大致为小麦的分蘖中后期）：一部分小麦分别培养在0mmol/L、50mmol/L、100mmol/L、150mmol/L、200mmol/L、250mmol/L NaCl营养液中，7d后转移至正常营养液中继续培养6d，处理记为P2-S0-7、P2-S50-7、P2-S100-7、P2-S150-7、P2-S200-7、P2-S250-7；另一部分小麦分别培养在不同NaCl浓度的营养液中，14d后转移至正常营养液中继续培养6d，处理记为P2-S0-14、P2-S50-14、P2-S100-14、P2-S150-14、P2-S200-14、P2-S250-14。

1. 冬小麦生长指标对于盐分胁迫及复水的响应

盐分胁迫严重影响作物的生长。随着盐分胁迫程度的增加，根冠比增大（表4-3），说明地上部干物重的减少大于根系；叶片干重与鲜重的比例显著增加，即叶片的含水量降低。复水6d后，根冠比和叶片的含水量与对照处理基本一致，然而地上部干物重由于前期造成的伤害，在复水后并没有恢复到对照水平，也有可能是恢复时间不够。这与Botella等（1997）的研究结果一致，作物遭受盐分胁迫时间越长、胁迫浓度越大，干物重越低，叶片的含水量越低，根冠比越大；复水恢复阶段，各处理的叶片的含水量基本能恢复，然而干物重随着前期胁迫的增加，复水后恢复程度也呈现下降的趋势。

表4-3　第一个盐分胁迫–复水阶段冬小麦地上部干物重增加量、根冠比及叶片干重/鲜重的变化

时期	NaCl浓度/（mmol/L）	地上部干物重增加量/g		根冠比		叶片干重/鲜重	
		7d	14d	7d	14d	7d	14d
盐分胁迫	0	3.30a	3.25a	0.21d	0.21e	0.10c	0.10d
	50	3.00ab	2.79a	0.25cd	0.30de	0.11b	0.12bc
	75	2.81b	2.56a	0.31bcd	0.38cd	0.12a	0.12bc
	100	2.13c	1.77b	0.34bc	0.47bc	0.12a	0.13ab
	125	2.04c	1.92b	0.37b	0.52b	0.12a	0.13ab
	150	1.77c	1.50b	0.49a	0.69a	0.12a	0.14a
复水阶段	0	4.40a	4.40a	0.24d	0.24d	0.13a	0.13b
	50	3.91ab	3.67ab	0.26cd	0.28cd	0.14a	0.14ab
	75	3.73ab	3.21ab	0.32bcd	0.35bc	0.14a	0.14ab
	100	3.38ab	2.93b	0.34bc	0.40ab	0.14a	0.14ab
	125	3.03b	2.79b	0.39ab	0.41ab	0.14a	0.14ab
	150	2.84b	2.41b	0.44a	0.49a	0.14a	0.15a

2. 冬小麦光合速率、气孔导度和蒸腾速率对于盐分胁迫及复水的生理响应

标准化处理（以正常值为1的相对比例）能够在一定程度上排除其他无关因素的影响，所以标准化处理更能直观地反映冬小麦在试验过程中的动态变化。标准化光合速率在第二个盐分胁迫–复水（置于正常的营养液中）期间的动态变化如图4-18所示。盐分胁迫伊始，试验各处理冬小麦净光合速率均出现了不同程度的降低，且下降程度随NaCl浓度的升高而变大，1～2d后稳定在较低水平。然而在相同盐分浓度的胁迫条件下，胁迫一周和两周对冬小麦净光合速率的影响不大。

复水后，各处理前期盐分胁迫程度（胁迫时间和NaCl浓度）决定了恢复程度，50mmol/L的NaCl浓度处理复水后基本能恢复到对照（0mmol/L）水平，200mmol/L处理随着恢复时间

的延长可能恢复到更高的水平，然而 250mmol/L 处理冬小麦在胁迫的第 5 天左右死亡（数据未展示）。生长阶段不同，其耐盐程度也不同，150mmol/L 处理在 P1 阶段（分蘖前期）只能恢复到对照的 80%（数据未展示），而在 P2 阶段可以完全恢复（图 4-18）。适当的盐分胁迫能够提高作物的净光合速率，S50 和 S100 处理在复水后，其恢复程度均达到 100% 以上。气孔导度和蒸腾速率变化规律与净光合速率相似，在盐分胁迫伊始均出现明显下降，且随着营养液盐分浓度增加（胁迫趋重）下降幅度越大，胁迫 2 ~ 3d 后稳定在较低水平（图 4-18）；随着营养液盐分浓度升高或胁迫历时越久，复水（更换为正常营养液）后各生理指标达到峰值的时间（恢复时间）越长，且最大恢复比例（最大恢复程度）呈递减趋势（杨永辉等，2011）。

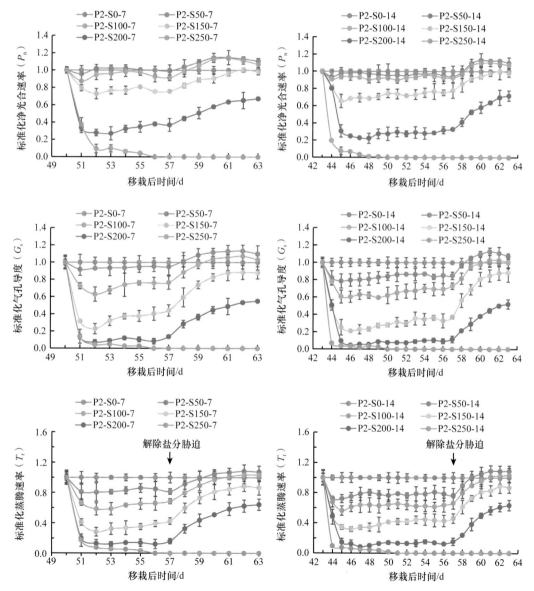

图 4-18　冬小麦净光合速率、气孔导度、蒸腾速率对盐分胁迫（胁迫时间和 NaCl 浓度）与复水（移栽后 57d 转移至正常营养液）的响应

3. 复水后冬小麦光合速率、气孔导度和蒸腾速率的恢复程度

复水后净光合速率恢复程度最高，气孔导度与蒸腾速率的恢复程度略低。回归分析表明，净光合速率、气孔导度和蒸腾速率的最大恢复比例与复水前的营养液电导率（EC）之间存在负相关关系，可统一表征为 $y=-0.0032x^2+0.427x+100$，这可为定量描述盐分胁迫对冬小麦生理恢复机制的影响奠定基础（图 4-19）。

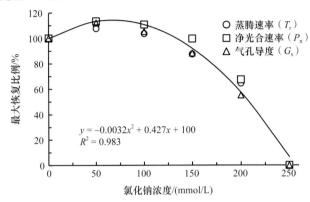

图 4-19　复水阶段冬小麦净光合速率、气孔导度及蒸腾速率的最大恢复比例

总体上，在西北内陆干旱盐碱区，水分状况是土壤氮磷养分利用率的关键因子，水分的恢复可缓解盐分胁迫，提升冬小麦净光合速率、气孔导度和蒸腾速率等生理参数，恢复并促进作物对氮磷养分的吸收利用。

4.2　盐碱耕地障碍消减对化肥养分利用的促进机制

土壤盐碱障碍将导致土壤黏粒分散、表层结皮、容重增大等土壤结构性问题（Shainberg and Letey，1984；Sumner，1993；Quirk，2001；Tejada and Gonzalez，2006），进而将影响土壤水气环境、土壤养分释放与有效性，以及土壤耕性和作物生长（Naidu and Rengasamy，1993；Qadir and Schubert，2002）。同时，结构性差的土壤导水性能差，不利于盐分的淋洗而导致盐分在表土中积聚，加剧土壤的盐渍化（Lauchli and Epstein，1990），导致土壤质量与生产力下降。施用生物炭、黄腐酸、有机肥等改良剂，可以改善盐碱土的土壤结构，提升土壤水力学性能，提高滩涂围垦农田土壤质量，从而提高盐碱农田养分利用率。

4.2.1　障碍消减措施对盐碱耕地土壤物理性质的调控效应

在滩涂围垦盐碱障碍农田中，设置了不同有机肥和覆盖田间试验，包括对照（CK）、秸秆覆盖（SM）、薄膜覆盖（PM）、有机肥施用（FYM）、薄膜覆盖+有机肥施用（PM+FYM）、秸秆覆盖+有机肥施用（SM+FYM）6 个处理，研究障碍消减措施对土壤容重和水力学参数等物理性质的影响。

4.2.1.1　调控措施改善土壤结构的机制

在常规耕作状况下，滩涂围垦农田表层（0～10cm）土壤容重均值为 1.30g/cm³，而后随着土壤深度的增加而加大，在 20～30cm 土层具有最大值（1.49～1.55g/cm³），而在 30～40cm 土层略有降低（图 4-20）。这与研究区的耕作制度有直接的关系，通常情况下，该地采

取的耕地方式为机器旋耕，且其耕作深度主要集中在 0～15cm 土层，致使 20～30cm 成为明显的犁底层，土壤紧实、容重大。

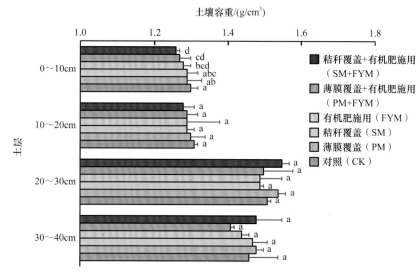

图 4-20　不同调控措施对土壤剖面中土壤容重的影响

有机肥、覆盖及其集成调控措施对 0～20cm 土层土壤容重的降低作用明显，尤其是在 0～10cm 土层中，土壤容重显著降低，而对 20～40cm 的土壤容重影响不大（图 4-20）。同样，这与研究区的耕作方式及调控措施直接相关，耕作方式决定了有机肥的作用范围主要集中在 0～10cm，表层覆盖同样仅对表层土壤影响较大，而 20cm 的土壤容重仍然受当地耕作方式及其成土过程的直接影响。各调控措施对 0～10cm 土壤容重的作用强度表现为以下顺序：SM+FYM＞PM+FYM＞FYM＞SM＞PM＞CK，且处理间差异明显。有机肥的施用显著降低了土壤容重，当其与覆盖集成使用时，降低效果更为显著，SM+FYM、PM+FYM 和 FYM 的表层土壤容重分别为 1.26g/cm³、1.27g/cm³ 和 1.28g/cm³，依次比对照降低了 3.25%、2.54% 和 1.88%。

4.2.1.2　土壤团粒结构对调控措施的响应特征

在常规耕作措施下，滩涂围垦农田土壤 0～10cm 的水稳性团聚体含量较低，仅为 29.2%，且其组成中主要以＞0.5mm 和 0.25～0.5mm 的团聚体为主，两者所占比例为 59.0%（图 4-21）。薄膜覆盖和秸秆覆盖措施有利于增加水稳性团聚体含量，其提升比例分别为 55.9% 和 25.4%。覆盖措施对土壤水稳性团聚体的增加效应主要集中在小粒级团聚体中，即 0.5～1mm 和 0.25～0.5mm 团聚体。薄膜覆盖（PM）和秸秆覆盖（SM）对这两粒级团聚体的增加量分别为 7.3%、7.0% 和 1.6%、3.6%。有机肥施用（FYM）极大地促进了土壤团聚体的形成，其含量达到了 46.2%，增长比例为 58.0%；同时，这种促进作用在各个粒级上均有明显反应，粒级由大到小，有机肥的促进比例依次为 84.0%、49.3%、25.8%、50.7%、70.2%、35.2%。PM+FYM、SM+FYM 对土壤团粒结构的改善效果更为显著，对各粒级团聚体均有显著增加作用。前者＞0.25mm 团聚体含量为 50.3%，后者的为 49.0%，增长比例分别为 72.0% 和 67.8%。与 0～10cm 土层相比，10～20cm 土壤团聚体含量下降，不同施肥措施对 10～20cm 土壤团聚体的促进作用也降低（图 4-21）。

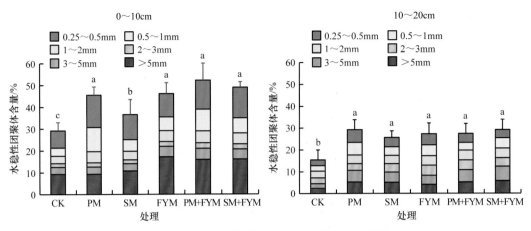

图 4-21　不同调控措施对土壤水稳性团聚体含量的影响

4.2.1.3　滨海盐渍土改良措施提升土壤水力学参数的机制

土壤饱和导水率、土壤饱和含水量和土壤毛管持水量显著影响了盐碱农田土壤水盐运移与盐分淋洗效率，农田施用有机肥和采用覆盖措施可以调控这些重要参数。研究发现有机肥、覆盖及其集成措施显著提高了盐碱农田的土壤饱和导水率，使 0 ～ 10cm、10 ～ 20cm 土层的饱和导水率均有所增加，尤其是秸秆覆盖和有机肥及其集成改良效果显著（图 4-22）。不同改良措施对土壤饱和导水率的提升顺序为 SM+FYM ＞ PM+FYM ＞ FYM ＞ SM ＞ PM ＞ CK，相对于对照 0 ～ 10cm 的 4.57mm/h，上述调控措施的促进比例分别为 31.2%、24.4%、18.0%、11.0% 和 9.41%；而相对于对照 10 ～ 20cm 的饱和导水率 4.19mm/h，上述调控措施对土壤饱和导水率的提升量分别为 1.05mm/h、0.82mm/h、0.73mm/h、0.63mm/h 和 0.29mm/h。

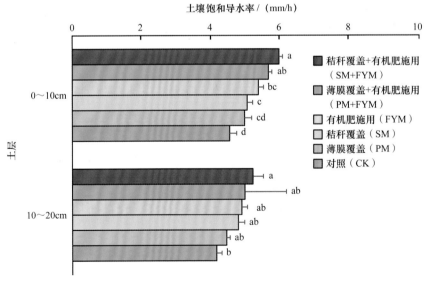

图 4-22　不同调控措施对土壤饱和导水率的影响

土壤饱和导水率在盐渍土区主要受土壤有机质含量、土壤颗粒组成、土壤容重、土壤孔隙度及土壤全盐含量的影响（陈效民等，1994）。土壤有机质主要通过改善土壤结构，尤其是土壤团粒结构来增加土壤饱和导水率；土壤容重作为土壤结构优劣的表征，当其值较大时，意味着土壤有机质含量低，土壤团粒结构较差，影响土壤水分的入渗特征，而当容重降低时，象征着土壤结构的提升，饱和导水率增加；在盐渍土壤中，土壤含盐量也是影响土壤饱和导水率的重要因素之一，其原因在于盐碱障碍土壤中钠离子含量较高，会引起黏粒扩胀分散，堵塞土壤毛管通道，从而使饱和导水率下降；另外，土壤含盐量高，则土壤有机质的积累变少，土壤结构不良，也使土壤饱和导水率降低。施用有机肥和采用覆盖措施通过增加土壤有机质含量，改善孔隙结构，降低土壤容重和含盐量，从而实现提升土壤饱和导水率的作用。

　　Haynes 和 Naidu（1998）的研究表明，施用有机肥有利于提高土壤的持水能力、孔隙度、渗透能力、团聚体含量，降低土壤容重和减少表层土壤的结皮等。在常规耕作状况下，滩涂围垦农田表层（0～20cm）土壤毛管持水量保持在 35.9%～36.4%（图 4-23），随土壤深度增加略有下降。施用有机肥增加了土壤有机质含量，进一步改善了土壤的毛管结构，提高了持水能力。地表覆盖措施同样有利于改善土壤毛管结构及其持水能力。所以在施用有机肥和采用覆盖措施下，土壤毛管持水量增加。其中，SM+FYM 的毛管持水量为各措施中的最大值，在 0～10cm、10～20cm 土层分别为 38.2% 和 37.2%；其次为薄膜覆盖和有机肥集成措施，其 0～10cm、10～20cm 土层的毛管持水量分别为 37.8% 和 36.9%，体现了施用有机肥与覆盖的交互作用。

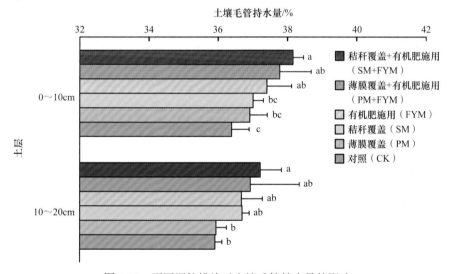

图 4-23　不同调控措施对土壤毛管持水量的影响

　　整体来说，施用有机肥比地表覆盖对土壤毛管持水量的提升作用大，其原因可能是有机肥能快速提高土壤有机质含量，改善土壤结构，提升土壤的毛管分布及其持水能力。而薄膜覆盖与秸秆覆盖对滩涂围垦农田土壤毛管持水量的调控作用相近，两者之间的差异不明显。

4.2.2　障碍消减措施对氮素转化和磷素形态的促进机制

4.2.2.1　滨海盐渍土改良措施对氮素转化的影响

　　在江苏东台滨海盐渍农田，2018 年 6 月小麦收获后，选取不同含盐量田块（32°38′42.01″N、120°54′8.04″E），采集非盐渍土、轻度盐渍土和中度盐渍土表层（0～10cm）土壤，开展小麦秸秆生物炭和石膏施用影响氮素硝化与氨挥发的试验（表 4-4）。试验设置了不施改良剂对照、低量石膏、高量石膏、低量生物炭和高量生物炭 5 个处理。

表 4-4　滨海盐渍土和生物炭、石膏的理化性质

供试土壤和材料	EC/（μS/cm）	pH	TN/（g/kg）	TOC/（g/kg）	NO_3^--N/（mg/kg）	NH_4^+-N/（mg/kg）
非盐渍土	147.9±7.78	8.57±0.08	0.31±0.01	3.48±0.03	17.79±0.44	5.39±0.19
轻度盐渍土	686.7±16.12	8.88±0.01	0.24±0.02	2.69±0.11	7.09±0.30	4.63±0.13
中度盐渍土	1215.5±17.68	8.97±0.02	0.22±0.01	2.43±0.03	16.75±0.16	4.85±0.06
石膏	2716.0±1.41	6.36±0.17	0.06±0.00	0.56±0.02	1.34±0.02	7.84±0.24
生物炭	7581.5±81.32	9.13±0.05	6.64±0.12		35.01±1.65	2.40±0.09

注：EC 代表电导率，TOC 代表总有机碳，TN 代表全氮

在非盐渍土中，添加生物炭处理后硝化过程非常迅速，铵态氮含量很快降至较低水平，处理间差异不明显，硝态氮含量始终大体上低于对照（图 4-24）。在中度盐渍土中，硝化作用比非盐渍土慢；添加生物炭后前两周土壤铵态氮含量明显高于对照，硝态氮含量在整个培养过程中低于对照，且高量生物炭处理降低了土壤硝态氮含量，施用生物炭降低了土壤硝化总量（图 4-24）。

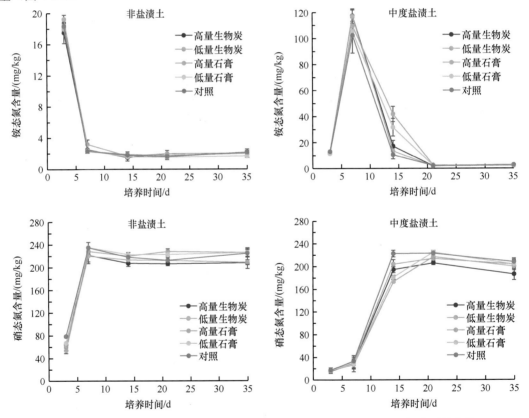

图 4-24　施用生物炭和石膏后非盐渍土与中度盐渍土中硝态氮及铵态氮含量的变化

在非盐渍土中，施用石膏处理，铵态氮含量很快降至很低水平，处理间差异不明显。施用石膏的土壤硝态氮含量在第一周低于对照，其后差异不明显。在中度盐渍土中，施用石膏的土壤铵态氮含量前两周也明显高于对照，硝态氮含量前两周明显低于对照，表明石膏降低了硝化速率。

从土壤氨挥发的影响看，非盐渍土中累积氨挥发量均低于中度盐渍土（图 4-25）。在非盐

渍土中，高量生物炭和低量生物炭处理对累积氨挥发量影响均不显著，但高量石膏和低量石膏处理均显著降低了累积氨挥发量，两种改良剂高、低用量之间的差异均不显著。在中度盐渍土中，施用生物炭增加了累积氨挥发量，其中高量生物炭处理增加显著，低量生物炭处理增加不显著。在中度盐渍土中施用石膏降低了土壤氨挥发量，因施用生物炭降低了土壤硝化总量，提高了土壤中铵根离子浓度，增加了土壤氨挥发量。

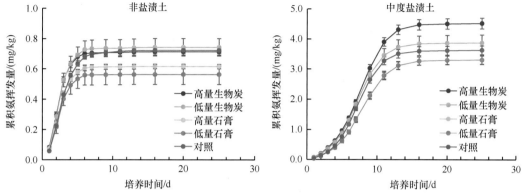

图 4-25　施用生物炭和石膏后非盐渍土与中度盐渍土中累积氨挥发量的变化

4.2.2.2　滨海盐渍土改良措施对磷素形态的影响机制

土壤中磷素的赋存形态决定了土壤对作物磷素的供给能力（陈芬等，2012）。针对非盐渍土、轻度盐渍土和中度盐渍土表层（0～10cm）土壤，以单施氮肥和单施磷肥处理为对照，开展施用磷肥与生物炭、腐殖酸、有机肥的改良试验（表 4-5），研究大麦-玉米轮作系统中不同改良剂对不同盐渍土磷素形态和碱性磷酸酶活性的影响。

表 4-5　大麦季不同改良措施下根区土壤各形态磷组分占全磷比例

盐碱程度	处理	Hedley 各形态磷占全磷比例/%							活性无机磷比例/%
		H$_2$O-Pi	NaHCO$_3$-Pi	NaOH-Pi	HCl-Pi	NaHCO$_3$-Po	NaOH-Po	R-P	
非盐渍土	氮肥	1.12b	7.77ab	3.80a	62.71ab	0.49a	1.61a	22.46bc	8.89bc
	磷肥	1.23b	8.43a	4.00a	63.64a	0.41a	1.38b	20.82c	9.66ab
	磷肥+生物炭	1.67a	8.46a	3.82a	58.69bc	0.66a	1.36b	25.15ab	10.13a
	磷肥+腐殖酸	1.06b	7.13b	3.60a	58.92c	0.56a	1.31b	27.44a	8.20c
	磷肥+有机肥	1.10b	8.15a	3.84a	58.23c	0.55a	1.51ab	26.58a	9.25abc
轻度盐渍土	氮肥	0.62d	4.69c	2.79b	68.54a	0.84a	1.33a	21.18a	5.31d
	磷肥	0.72cd	5.02bc	2.89ab	69.56a	1.04a	1.44a	19.34ab	5.73cd
	磷肥+生物炭	1.47a	6.06a	3.04a	68.10a	0.92a	1.29a	19.12b	7.53a
	磷肥+腐殖酸	0.88b	5.43b	2.96ab	68.79a	0.75ab	1.42a	19.77ab	6.31b
	磷肥+有机肥	0.74c	5.35b	2.82b	68.76a	0.53b	1.35a	20.45ab	6.09bc
中度盐渍土	氮肥	0.32c	1.88d	1.66c	78.06a	0.65ab	1.09a	16.34c	2.20d
	磷肥	0.67b	2.84c	2.11b	76.33b	0.79a	0.89b	16.38c	3.51bc
	磷肥+生物炭	2.25a	4.68a	2.40a	71.12c	0.61ab	0.90b	16.39c	6.93a
	磷肥+腐殖酸	0.51bc	2.85c	2.00b	75.92b	0.67ab	0.88b	16.40c	3.35b
	磷肥+有机肥	0.71b	3.30b	2.05b	72.64c	0.59b	0.90b	16.41c	4.02b

注：H$_2$O-Pi 表示水溶性无机磷，NaHCO$_3$-Pi 表示 NaHCO$_3$ 浸提无机磷，NaHCO$_3$-Po 表示 NaHCO$_3$ 浸提有机磷，NaOH-Po 表示 NaOH 浸提有机磷，R-P 表示残留态 P。不同字母表示不同处理在 0.05 水平差异显著；各形态磷的单位均为 mg/kg。下同

从土壤 Hedley 磷组分看，大麦季（表 4-5）和玉米季（表 4-6）收获后滨海盐渍土壤磷库中的磷主要以 HCl-Pi 的形态存在，占全磷含量的 58.23%～78.25%。随着土壤盐分含量的升高，各处理土壤活性无机磷的比例降低，稳定性无机磷的比例升高，从而导致土壤磷素的有效性降低。

表 4-6　玉米季不同改良措施下根区土壤各形态磷组分占全磷比例

盐碱程度	处理	Hedley 各形态磷占全磷比例/%							活性无机磷比例/%
		H_2O-Pi	$NaHCO_3$-Pi	NaOH-Pi	HCl-Pi	$NaHCO_3$-Po	NaOH-Po	R-P	
非盐渍土	氮肥	0.71d	7.47c	3.39ab	68.55a	0.60a	1.61a	17.66ab	8.18d
	磷肥	0.82cd	7.75c	7.75b	69.41a	0.79a	1.38a	16.70b	8.57cd
	磷肥+生物炭	1.63a	10.32a	10.32ab	66.31b	0.59a	1.39a	16.40b	11.95a
	磷肥+腐殖酸	0.84c	8.28c	8.28ab	68.78a	0.70a	1.50a	16.50b	9.12c
	磷肥+有机肥	0.99b	9.31b	9.31a	65.23b	0.71a	1.51a	18.74a	10.30b
轻度盐渍土	氮肥	0.30c	3.39b	3.39b	72.94a	0.57a	1.04c	19.41a	3.69a
	磷肥	0.48b	4.31ab	4.31ab	70.79ab	0.62a	1.18abc	20.30a	4.79ab
	磷肥+生物炭	0.62a	4.46a	4.46b	70.52ab	0.65a	1.12bc	20.35a	5.08ab
	磷肥+腐殖酸	0.42b	4.85a	4.85a	69.42b	0.73a	1.21ab	20.81a	5.28b
	磷肥+有机肥	0.46b	4.54a	4.54a	70.08b	0.53a	1.30a	20.55a	5.00b
中度盐渍土	氮肥	0.17c	1.44c	1.44c	78.25a	0.43a	0.83a	17.78a	1.60c
	磷肥	0.48b	2.44b	2.44b	76.67b	0.63a	0.83a	17.24a	2.92b
	磷肥+生物炭	1.04a	3.90a	3.90a	74.17c	0.41a	0.68a	17.70a	4.93a
	磷肥+腐殖酸	0.35b	2.66b	2.66b	76.14b	0.37a	0.78ab	17.87a	3.01b
	磷肥+有机肥	0.38b	2.45b	2.45b	76.55b	0.36a	0.84a	17.74a	2.82b

Hedley 磷素分级方法中，H_2O-Pi 和 $NaHCO_3$-Pi 是植物主要吸收利用的磷形态，为土壤活性磷库的主要组成部分（戴佩彬，2016）。在非盐渍土的大麦季收获后，不同调控措施下土壤活性无机磷比例为 8.20%～10.13%，其中磷肥和腐殖酸处理土壤活性无机磷比例较对照（施磷肥）显著降低，其余施肥处理与对照无显著差异。在轻度盐渍土、中度盐渍土上，磷肥和生物炭处理均能显著提高土壤活性无机磷比例，较对照分别提高了 31.4% 和 97.4%。在轻度盐渍土中，添加磷肥和腐殖酸处理能显著提高活性无机磷的比例（较施磷肥对照提高了 10.1%），而在中度盐渍土中比对照略有降低，这可能是由于中度盐渍土中 pH 较高，影响了腐殖酸对难溶性磷的活化作用（Alvarez et al.，2004）。在轻度盐渍土和中度盐渍土中，添加磷肥和有机肥处理也能显著提高活性无机磷比例，较施磷肥对照分别提高 6.3% 和 14.5%。玉米季收获后，轻度、中度盐渍土比大麦季各处理下活性无机磷比例大体上均降低，说明 H_2O-Pi 和 $NaHCO_3$-Pi 是当季作物吸收的主要磷源。在轻度盐渍土中，施用改良剂显著提高了土壤活性无机磷的比例，添加生物炭、腐殖酸、有机肥的 3 个处理分别比施磷肥对照提高了 6.1%、10.0%、4.4%。在中度盐渍土中，只有添加生物炭处理显著提高了土壤活性无机磷的比例，较施磷肥对照提高了 68.8%。经过两季轮作后，轻度、中度盐渍土添加生物炭后活性无机磷的比例下降最大，这可能是生物炭通过自身磷素的矿化改善了土壤磷素营养，促进了作物对土壤无机磷的吸收（赵凤亮等，2016）。

　　NaOH-Pi 对植物的有效性低，可作为潜在磷源缓慢矿化以补充土壤中的有效磷，属于中等活性无机磷（Rose et al.，2010）。与非盐渍土相比，盐碱障碍降低土壤 NaOH-Pi 的比例。施用改良剂可以提高轻度和中度盐渍土中 NaOH-Pi 的比例，如在中度盐渍土中施用生物炭后，大麦季和玉米季土壤 NaOH-Pi 的比例分别比施磷肥对照提高了 13.7% 和 59.8%，说明肥料中磷素向中等活性无机磷转化。

　　NaHCO$_3$-Po 主要是可溶性有机磷，而 NaOH-Po 主要是土壤中腐殖酸类物质结合的有机磷（Maranguit et al.，2017）。滨海盐渍土壤磷库中有机磷的比例很少，仅占 1.09%～2.48%（表 4-5、表 4-6）。在非盐渍土中，施用改良剂可以提高 NaHCO$_3$-Po 的比例，但在轻度和中度盐渍土中则大体上降低其比例，但不同盐碱土中 NaOH-Po 比例变化较小。在中度盐渍土，施用磷肥和有机肥后，大麦季和玉米季土壤 NaHCO$_3$-Po 的比例分别比施磷肥对照降低了 25.3% 和 42.9%，说明在盐碱障碍下施用改良剂促进了可溶性有机磷的矿化，但对难溶性有机磷的矿化影响较小。

　　HCl-Pi 很难转化成有效磷被植物利用，被认为是稳定性磷（Hedley et al.，1982）。土壤磷库中 HCl-Pi 比例的变化与 H$_2$O-Pi、NaHCO$_3$-Pi 和 NaOH-Pi 相反，即随着盐分含量的增加，土壤磷库中 HCl-Pi 比例提高，土壤磷的有效性降低。在非盐渍土和盐渍土中，生物炭、腐殖酸和有机肥降低了大麦季土壤 HCl-Pi 比例，促进了磷的活化，如在中度盐渍土中，施用生物炭和有机肥的 2 个处理下，大麦季土壤 HCl-Pi 的比例分别比施磷肥对照降低了 6.8% 和 4.8%。这可能是由于生物炭和有机肥减少了土壤胶体对磷酸根离子的吸附固定，促进了土壤难溶性磷向其他形态磷的转化（张玉兰等，2009；关连珠等，2013；Yan et al.，2018）。

　　土壤磷酸酶是催化土壤有机磷矿化的一类酶，其活性的高低直接影响土壤中有机磷的形态及其生物有效性，是评价土壤磷素生物转化方向和强度的指标（于群英，2001）。土壤磷酸酶的活性受土壤 pH 影响，盐渍土由于 pH 较高，土壤磷酸酶中以碱性磷酸酶为主导（张体彬等，2017）。在轻度盐渍土中，施用改良剂可以提高根区土壤碱性磷酸酶活性，但对非根区影响不大（图 4-26）。其中施用有机肥的作用最强，在玉米季作物收获后，土壤碱性磷酸酶活性比施磷肥对照增加了 15.2%。有机肥中含有大量微生物和酶类，同时微生物本身还能向土壤中分泌一定量的酶，对于改善土壤结构、促进土壤磷素循环具有重要作用（王树起等，2008）。

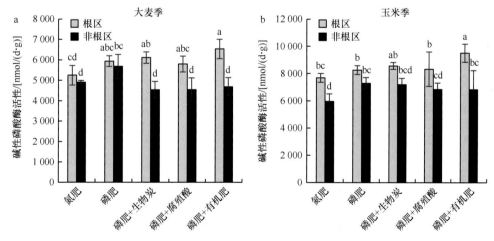

图 4-26　轻度盐渍土中施用不同改良剂对大麦季（a）和玉米季（b）土壤碱性磷酸酶活性的影响

　　中度盐渍土在大麦-玉米轮作条件下，施用不同改良剂后碱性磷酸酶活性低于轻度盐渍土。

在大麦季，根区土壤碱性磷酸酶的活性整体较低，不同改良剂中仅施用有机肥处理酶活性略高于施磷肥对照处理（图 4-27）。中度盐渍土上碱性磷酸酶的活性受到明显的抑制，这可能是由于盐碱障碍土壤中微生物活性受到抑制，而且土壤中大量 Na^+ 的存在分散土壤颗粒，不利于土壤团聚体的形成，导致土壤中的磷酸酶失去保护而失活（Tripathi et al.，2007；Deb et al.，2016）。在玉米季，施用生物炭、腐殖酸和有机肥显著提高了非根区土壤碱性磷酸酶的活性，分别比施磷肥对照提高了 13.8%、13.4% 和 42.6%。

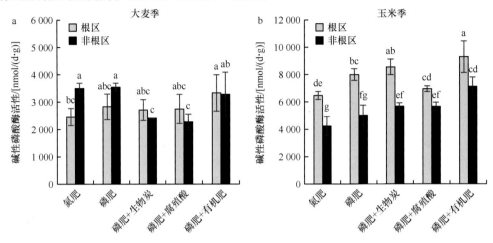

图 4-27　中度盐渍土中施用不同改良剂对大麦季（a）和玉米季（b）壤碱性磷酸酶活性的影响

综合大麦-玉米轮作试验结果来看，不同改良措施下根区的碱性磷酸酶活性大体上均高于非根区，且玉米季的土壤碱性磷酸酶活性高于大麦季，说明土壤碱性磷酸酶对土壤中有机磷的活化作用较为缓慢。Kedi 等（2010）的研究表明，土壤酶由于受到土壤中的黏土矿物和腐殖质胶体的保护，在土壤中被固定而长时间停留。此外，玉米季中度盐渍土上碱性磷酸酶活性的增幅大于轻度盐渍土，这可能是由于经过大麦-玉米两季轮作中度盐渍土壤中速效磷含量较低，磷胁迫条件促进了碱性磷酸酶对土壤有机磷的矿化，补充了土壤无机磷源（闫海丽，2007）。

4.2.3　障碍消减措施对盐碱耕地氮磷养分吸收利用的提升效应

在江苏东台盐碱农田，针对轻度盐渍土和重度盐渍土设置了生物炭、脱硫石膏、EM（effective microorganisms，有效微生物）菌剂、黄腐酸等改良材料消减土壤盐碱障碍与作物氮磷养分增效试验（表 4-7）。

表 4-7　滨海盐渍农田盐碱障碍消减与氮磷养分增效试验处理

编码	改良剂试验处理	施用量
T11	高量生物炭	20t/hm²
T12	低量生物炭	10t/hm²
T21	高量脱硫石膏	7.6t/hm²
T22	低量脱硫石膏	3.8t/hm²
T31	EM菌剂+化肥配施	EM菌剂80L/hm²
T32	EM菌剂+有机–无机肥配施	EM菌剂80L/hm²
T41	高量黄腐酸	3t/hm²
T42	低量黄腐酸	1.5t/hm²

　　田间试验表明，不同改良材料显著影响了作物吸氮量，但对作物吸磷量没有显著影响（图 4-28）。在轻度盐渍土中，低量脱硫石膏（T22）处理作物的吸氮量要显著高于其他处理，可达 90kg/hm²，相比于常规施肥（T0）处理的 52kg/hm² 提升 73%；其次是高量脱硫石膏（T21）处理，作物吸氮量提升 53%。生物炭处理下作物吸氮量提高 35% 左右，黄腐酸处理可提升10% ~ 20%。而 EM 菌剂+有机–无机肥配施（T32）处理与常规施肥（T0）处理相比下降了21%。总体结果可表现为低量脱硫石膏＞高量脱硫石膏、高量和低量生物炭＞EM 菌剂+化肥配施、高量黄腐酸＞低量黄腐酸＞常规施肥＞EM 菌剂+有机–无机肥配施。在重度盐渍土中，低量生物炭处理作物吸收氮量效果最佳；其次为高量黄腐酸处理，对比常规施肥（T0）处理，吸氮量分别提高了 68%、64%。

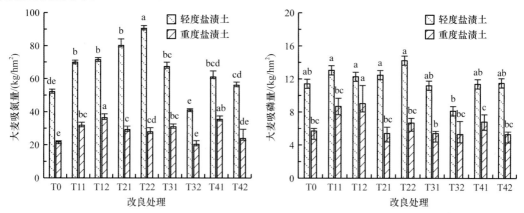

图 4-28　不同改良剂对轻度盐渍土和重度盐渍土中大麦吸氮量与吸磷量的影响

　　肥料的添加增加了作物的养分来源，促进了作物对养分的吸收。盐渍土壤改良材料的施用可明显改善土壤理化性质，提高土壤肥力，促进作物生长，提高作物对养分的吸收。

　　尹秀玲等（2016）的研究表明，玉米秸秆生物炭可提高土壤有机质含量，土壤对氮磷的吸附速率常数增大，加大对氮磷的吸附量，增强对氮磷的固定，减少氮磷损失。本试验中，大麦吸收氮磷量分别为 30kg/hm²、10kg/hm²，且生物炭高施入量下大麦吸收氮磷量反而降低，玉米吸收氮磷量均达到 10kg/hm²。张晗芝等（2010）研究发现，施用 12t/hm² 的生物炭可促进干物质的积累，用量为 48t/hm² 时则会抑制干物质的积累，而本试验中生物炭施用 10t/hm²、20t/hm² 两个量，其中高施入量处理下效果较差。

　　农业改良剂石膏的施用可以改善盐渍土理化性质，增加土壤养分含量（李孝良等，2012）。本研究中，轻度盐渍土上以低量脱硫石膏处理下作物对氮磷的吸收最多，李孝良等（2011）研究石膏与肥料配比对滨海盐渍土玉米养分吸收的影响发现，经石膏处理后，玉米植株吸收氮素浓度为 10 ~ 15g/kg，而本研究中玉米植株吸收氮素浓度只达到 1 ~ 5g/kg，可能原因是本研究土壤属于养分重度缺乏盐渍土壤，作物对养分的利用能力较低。

　　从大麦的氮磷肥利用率看（表 4-8），施用生物炭、脱硫石膏、EM 菌剂和黄腐酸改良剂大多提高了作物氮肥利用率，但对磷肥利用率没有显著影响。在轻度盐渍土中，与常规施肥（T0）处理相比，低量脱硫石膏（T22）处理下氮肥利用率提高 170%；其次是高量脱硫石膏（T21）处理，氮肥利用率提高 124%。EM 菌剂+有机–无机肥配施处理降低了作物的氮肥利用率。在重度盐渍土中，低量生物炭处理显著提高了作物对氮磷的吸收，减少了氮磷的损失。与常规施肥（T0）处理相比，低量脱硫石膏（T22）和高量黄腐酸（T41）处理下氮肥利用率平均分别增加了 41% 和 93%；石膏及 EM 菌剂+化肥配施处理下氮肥利用率平均分别提高 45.9% 和 27.0% 左右。

表 4-8　不同改良剂对轻度盐渍土和重度盐渍土中大麦氮肥利用率与磷肥利用率的影响

改良处理	轻度盐渍土		改良处理	重度盐渍土	
	氮肥利用率/%	磷肥利用率/%		氮肥利用率/%	磷肥利用率/%
T0	9.77±2.80de	6.04±0.14	T0	6.63±0.31e	5.12±0.38
T11	17.30±2.24b	7.86±2.24	T11	11.20±0.84bc	7.24±1.09
T12	18.00±4.90b	7.00±2.56	T12	13.20±1.07a	8.84±2.41
T21	21.90±2.92b	7.23±3.51	T21	9.97±0.98c	4.68±0.89
T22	26.40±6.79a	9.19±1.58	T22	9.38±1.09cd	4.79±0.64
T31	16.30±3.06b	5.81±1.91	T31	10.80±0.74bc	6.40±0.33
T32	4.99±2.89d	2.40±1.05	T32	6.04±0.93e	5.99±1.78
T41	13.70±4.19bc	6.01±1.56	T41	12.80±0.88ab	4.77±0.96
T42	11.50±2.13bc	6.15±3.60	T42	7.58±2.48de	5.19±0.37

土壤盐分含量大于 3g/kg 时，土壤盐分含量（x）与氮肥利用率（NUE）和磷肥利用率（PUE）表现出显著的负相关关系，其相关方程分别为 NUE=$-3.75x+26.6$（R^2=0.758），PUE=$-2.46x+17.0$（R^2=0.711）。因此，针对盐碱土施用改良剂，在减少土壤盐分含量的同时，改善了土壤结构，提高了土壤水力学性能，降低了土壤氮素损失，活化了土壤磷素，因此改善了作物的生长环境，促进了作物对氮磷养分的吸收和利用。本研究中，生物炭、脱硫石膏、EM菌剂、黄腐酸这 4 种改良剂均能使肥料利用率提高 40% 以上。

生物炭施用量和土壤质地影响了生物炭提高肥料利用率的作用。Rajkovich 等（2012）对温带淋溶土的研究发现，添加 2% 的生物炭可以提高玉米吸氮量 15%，但添加 7% 的生物炭可降低玉米吸氮量 16%。本研究中施用 1% 的生物炭可以显著提高大麦吸氮量，提高氮肥利用率，施用 2% 的生物炭时提高作物吸氮量的效果开始下降，高量生物炭反而加重了土壤盐渍化程度，因此对于盐渍土壤，不宜施用高量的生物炭。

Murtaza 等（2016）通过石膏改良黏壤盐碱土的 2 年试验发现，施用石膏需要量的 50% 时，可以增加作物产量、提高氮肥利用率。本试验各处理作物氮肥利用率均只达到 10% ～ 20%，主要是因为在盐渍土中盐害较重、养分亏缺，限制了作物的生长和作物对养分的吸收利用。此外，腐殖酸类物质能够通过营养补给来促进微生物的生长，间接促进作物生长，加强作物对养分的吸收（Clapp et al.，2001；庄振东等，2016；裴瑞杰等，2017）。

4.3　盐碱耕地氮磷养分增效的调控途径

通过上述研究，明晰了不同类型盐碱障碍降低农田养分利用效率的机制，探明了土壤培肥、有机物料应用等农艺措施对耕地盐碱障碍消减与化肥养分增效的驱动机制。在此基础上，针对我国东部滨海（江苏和山东）、东北（吉林）和西北（新疆）地区 3 种不同类型的盐碱障碍耕地，研究氮磷养分增效的调控途径。针对滨海盐碱障碍耕地，重点从化肥有机替代、生物炭的合理应用等角度提出化肥养分增效的调控手段；针对东北苏打盐碱障碍耕地，着重从种稻改碱和有机–无机肥配施角度提出苏打盐碱稻田养分增效的方式；针对西北干旱盐碱障碍耕地，从以水调肥控盐、水肥一体的方向构建盐碱旱地化肥养分增效的利用途径。

4.3.1　江苏滨海盐碱化耕地氮磷养分增效的调控途径

在江苏滨海新垦盐渍化农田开展了有机–无机肥配施调控试验，设置了全有机肥（OM1）、3/4 有机肥+1/4 化肥（OM3/4）、2/4 有机肥+2/4 化肥（OM2/4）、1/4 有机肥+3/4 化肥（OM1/4）、全化肥（NPK）和不施肥（CK）6 个处理，研究不同有机–无机肥配施模式对于土壤盐分改良、作物氮素利用和氮素平衡的影响与效果。

就大麦产量来看（图 4-29），在 2017～2018 年大麦季，部分处理间存在显著性差异。OM1 处理大麦产量较 NPK 处理显著降低，其他处理（除 CK 外）大麦产量与 NPK 处理差异不显著，但 OM1/4 处理大麦产量仍略高于 NPK 处理。在 2018～2019 年大麦季，不同处理大麦产量也存在一定的差异。其中 OM1 和 OM3/4 处理大麦产量显著低于 NPK 处理，OM2/4 和 OM1/4 处理大麦产量与 NPK 处理差异不显著，但 OM1/4 处理大麦产量高于 NPK 处理。两年试验结果表明，以有机肥代替部分化肥不仅可以减少化肥的投入，而且合适的配施比例并不会造成作物的减产，反而可以促进作物增产，其中 OM1/4 处理效果最好。

从大麦秸秆量看（图 4-29），在 2017～2018 年大麦季，不同处理间作物秸秆量存在显著差异，其中 OM1 处理作物秸秆量显著低于 NPK 处理，其他处理（除 CK 外）与 NPK 处理差异不显著。但 OM1/4 处理大麦秸秆量相对最高，略高于 NPK 处理，显著高于 OM3/4 和 OM2/4 处理。在 2018～2019 年大麦季，各处理大麦秸秆量也存在显著差异，具体来看，OM1 和 CK 处理大麦秸秆量显著低于 NPK 处理，OM2/4 和 OM3/4 处理大麦秸秆量与 NPK 处理差异不显著，但 OM1/4 处理大麦秸秆量相对较高，高于 OM2/4 处理和 NPK 处理。综合来看，适当比例的有机肥代替无机肥可以提高作物的秸秆量，但当有机肥配施比例过高时，可能会造成作物秸秆量的降低。在本研究中，OM1/4 处理作物秸秆量最高，表明该有机–无机肥配施比例效果最好。

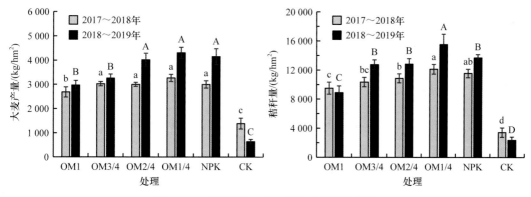

图 4-29　不同处理大麦产量和秸秆量的差异

OM1：全有机肥；OM3/4：3/4 有机肥+1/4 化肥；OM2/4：2/4 有机肥+2/4 化肥；OM1/4：1/4 有机肥+3/4 化肥；NPK：全化肥；CK：不施肥。不同大写字母或小写字母分别表示 2 个年份不同施肥处理之间差异显著（$P<0.05$）。下同

在 2017～2018 年大麦季，OM1/4 处理大麦籽粒氮含量与 NPK 处理差异不显著，且略高于 NPK 处理；其他处理大麦籽粒氮含量均低于 NPK 处理，且差异显著（表 4-9）。就秸秆氮含量来看，不同处理间也存在显著性差异。其中，除 CK 外，OM1 处理秸秆氮含量最低，且

显著低于 NPK 处理和其他有机-无机肥配施处理。OM3/4 处理秸秆氮含量高于 OM1 处理,但也显著低于 NPK 处理和其他有机-无机肥配施处理。OM2/4 和 OM1/4 处理大麦秸秆氮含量与 NPK 处理差异不显著。综合植株不同部位生物量和氮含量,计算不同处理的植株吸氮量。除 CK 外,OM1/4 处理的植株吸氮量与 NPK 处理差异不显著,且略高于 NPK 处理,OM3/4 和 OM2/4 处理的植株吸氮量均显著低于 NPK 处理,同时显著高于 OM1 处理。OM1 处理的植株吸氮量最低,并显著低于 NPK 处理和其他有机-无机肥配施处理。

表 4-9 2017～2018 年不同处理大麦产量、氮含量和吸氮量的差异

处理	生物量/（kg/hm²）		氮含量/%		吸氮量/（kg/hm²）		
	籽粒	秸秆	籽粒	秸秆	籽粒	秸秆	总量
OM1	2 682.74b	9 497.81c	1.85b	0.41c	43.07	38.80	81.87c
OM3/4	3 021.58a	10 353.42bc	1.91b	0.52b	50.31	53.77	104.08b
OM2/4	2 998.35a	10 876.65b	1.88b	0.59a	49.16	63.83	112.99b
OM1/4	3 271.39-9	12 131.39a	2.23a	0.60a	63.38	73.10	136.48a
NPK	3 001.42a	11 554.13ab	2.18a	0.60a	57.05	69.51	126.56a
CK	1 383.69c	3 421.87d	1.87b	0.39c	22.53	13.25	35.78d

在 2018～2019 年大麦季,OM2/4 和 OM1/4 处理籽粒氮含量与 NPK 处理差异不显著 (表 4-10),OM1 和 OM3/4 处理籽粒氮含量低于 NPK 处理,且差异显著。不同处理秸秆氮含量的差异与籽粒氮含量的差异一致。就植株吸氮量来看,OM1/4 处理的植株吸氮量高于 NPK 处理,但差异不显著。OM1、OM3/4 和 OM2/4 处理的植株吸氮量均显著低于 NPK 处理,且各处理间差异显著。综合两年试验结果,有机-无机肥配施处理对大麦植株不同部位氮含量和植株吸氮量均有一定的影响,其中 OM1/4 处理的植株吸氮量相对最高,略高于 NPK 处理,其他处理植株吸氮量均低于 NPK 处理。

表 4-10 2018～2019 年不同处理大麦产量、氮含量和吸氮量的差异

处理	生物量/（kg/hm²）		氮含量/%		吸氮量/（kg/hm²）		
	籽粒	秸秆	籽粒	秸秆	籽粒	秸秆	总量
OM1	2 964.83b	8 868.5c	1.90b	0.48b	48.95	42.55	91.50d
OM3/4	3 258.03b	12 741.97b	1.93b	0.48b	54.66	61.43	116.09c
OM2/4	4 013.10a	12 820.23b	2.09ab	0.50ab	72.95	64.15	137.10b
OM1/4	4 306.23a	15 527.10a	2.17a	0.56a	81.25	86.46	167.71a
NPK	4 145.77a	13 687.57b	2.18a	0.57a	78.72	77.72	156.44a
CK	638.83c	2 361.17d	1.91b	0.48b	10.63	11.23	21.86e

选取常用指标氮肥当季回收率、氮肥农学效率、氮肥偏生产力来表征农田氮肥利用率 (表 4-11)。整体来看,与常规非盐农田的氮肥利用率相比,相关指标均呈现较低水平。在 2017～2018 年大麦季,除对照 CK 外,OM1 处理的氮收获指数最高。这可能是由于在氮素供应不足的条件下,作物优先供应籽粒部分的氮素需求。就氮肥当季回收率来看,不同有机-无机肥配施处理间差异明显。其中 OM1/4 处理的氮肥当季回收率最高,高于 NPK 处理,

其他处理的氮肥当季回收率均低于 NPK 处理。同时，OM1/4 处理氮肥农学效率和氮肥偏生产力也均为最高，且氮肥偏生产力差异与氮肥农学效率差异相一致。

表 4-11　2017～2018 年不同处理氮肥利用率的差异

处理	氮收获指数/%	氮肥当季回收率/%	氮肥农学效率/（kg/kg）	氮肥偏生产力/（kg/kg）
OM1	52.61	20.49	5.77	11.92
OM3/4	48.34	30.36	7.28	13.43
OM2/4	43.51	34.32	7.18	13.33
OM1/4	46.42	44.78	8.39	14.54
NPK	45.08	40.35	7.19	13.34
CK	62.97			

在 2018～2019 年大麦季，OM1 处理的氮收获指数也是最高（表 4-12）。就氮肥当季回收率来看，OM1/4 处理的氮肥当季回收率最高，高于 NPK 处理，其他有机–无机肥配施处理的氮肥当季回收率均低于 NPK。就氮肥农学效率来看，OM1/4 处理最高，OM2/4 处理氮肥农学效率与 NPK 处理相差不大，其他处理氮肥农学效率低于 NPK 处理。氮肥偏生产力差异与氮肥农学效率差异相一致。综合两年试验结果来看，OM1/4 处理的氮肥当季回收率、氮肥偏生产力和氮肥农学效率均为最高，表明该处理氮肥利用率较好。

表 4-12　2018～2019 年不同处理氮肥利用率的差异

处理	氮收获指数/%	氮肥当季回收率/%	氮肥农学效率/（kg/kg）	氮肥偏生产力/（kg/kg）
OM1	53.50	30.95	10.34	13.18
OM3/4	47.08	41.88	11.64	14.48
OM2/4	53.21	51.22	15.00	17.84
OM1/4	48.45	64.83	16.30	19.14
NPK	50.32	59.82	15.59	18.43
CK	48.63			

盐渍化土壤含盐量高，养分匮乏，有机–无机肥配施是实现盐渍化农田土壤培肥、作物增产的有效途径。其一方面能够改善土壤的盐渍化状况；另一方面可增加土壤有机质含量，改善土壤结构，提高植物对水分和养分的利用率，实现作物增产。

4.3.2　山东滨海盐碱化耕地氮磷养分增效的调控途径

近年来，受气候变化和工农业活动类型调整的影响，黄河三角洲地区降水持续减少，可用于农业灌溉的水资源明显不足。在淡水资源紧缺、土壤盐渍化程度日益加剧、本底有机质匮乏、土壤缺氮贫磷的现实背景下，黄河三角洲盐渍土改良面临着巨大挑战，需要建立协同降低土壤盐渍危害和提升养分蓄供能力的有效措施。

试验区位于山东省东营市河口区仙河镇神仙沟流域。试验区 0～20cm 土层土壤平均含盐量为 2.8‰，属中度盐渍化土壤（2.0～4.0g/kg），试验地土壤和生物炭的养分含量如表 4-13 所示。试验设不施肥对照（CK），常规施肥量（CF，375kg/hm²，经调查当地农民获取，取均值表示），75% 的常规施肥量（75%CF），1g/kg、2g/kg、4g/kg 竹柳炭添加量（T1、T2、T3，以 0 ～ 20cm 土层土壤质量计，将竹柳炭均匀投加至表土，经 2 次机械旋耕后混匀），1g/kg、2g/kg、4g/kg 竹柳炭+75% 的常规施肥量（T4、T5、T6）处理。各小区随机布设，同一处理设置 4 个重复。冬小麦播种量 188kg/hm²，犁沟间距 15cm。播种时间为 2017 年 10 月 15 日，采用旋耕松土（2 次，20cm/次）、犁沟下播的方式进行。冬小麦春灌期：2018 年 3 月 21 日，净水压力约 35cm 水柱；之后，在 5 月 10 进行了喷药灭虫；田间冬小麦收获时间为 6 月 10 日。

表 4-13　黄河三角洲东营研究区盐渍土和生物炭养分含量

名称	铵态氮/（mg/kg）	硝态氮/（mg/kg）	有效磷/（mg/kg）	速效钾/（mg/kg）	阳离子交换量/（cmol/kg）
盐渍土	2.69	27.11	0.83	95.31	5.18
生物炭（竹柳炭）	0.89	5.29	11.56	11120	7.23

田间土壤养分含量分析结果表明（表 4-14），随生物炭添加剂量（0g/kg、1g/kg、2g/kg 和 4g/kg）的增加，土壤中铵态氮、有效磷和有机质含量大体上均逐步提升。1 ～ 4g/kg 的生物炭投加量可明显提升土壤铵态氮和有效磷含量，而对于有机质而言，对照和施炭小区间则无明显差异。此外，施用生物炭小区的土壤中硝态氮的含量明显降低。

表 4-14　麦收时段田间土壤养分含量

处理	铵态氮/（mg/kg）	硝态氮/（mg/kg）	有效磷/（mg/kg）	有机质/（g/kg）
CK（对照）	2.69±0.49a	27.11±0.67a	0.59±0.02a	6.18±0.17a
T1（1g/kg 生物炭）	5.57±1.27b	6.17±2.92b	2.12±0.41b	8.29±0.91a
T2（2g/kg 生物炭）	7.06±1.69b	5.56±3.81b	2.52±0.55b	8.58±0.57a
T3（4g/kg 生物炭）	6.81±0.78b	9.82±2.47b	2.77±0.32b	8.73±2.31a
CF（常规施肥量）	4.88±0.78	34.42±6.72	3.10±0.81	7.26±0.32
75%CF（75% 的常规施肥量）	4.41±0.57d	28.60±1.33d	1.26±0.06d	6.93±0.56de
T4（1g/kg 生物炭+75%CF）	5.69±0.89de	17.31±1.01e	2.86±0.30de	6.71±0.87d
T5（2g/kg 生物炭+75%CF）	6.68±2.45f	16.59±1.67e	3.48±0.52e	8.23±0.67de
T6（4g/kg 生物炭+75%CF）	6.28±0.33e	17.63±2.02e	3.67±0.34e	8.79±0.70e

施用脲铵氮肥和磷酸二氢铵可提升土壤中的铵态氮、硝态氮与有效磷含量，其效果与化肥施用量有关，如 75% 的常规施肥量（75%CF）下土壤铵态氮、硝态氮、有效磷含量较 CK 分别提升了 63.9%、5.5%、113.6%，常规施肥量（CF）小区较 75% 的常规施肥量（75%CF）小区进一步分别提升了 10.7%、20.3%、146.0%。增施 25% 的磷酸二氢铵，土壤有效磷含量便显著提升，这与土壤本底贫磷关系密切。与生物炭添加类似，较 75% 的常规施肥量而言，炭-肥配施可明显提升土壤中的铵态氮、有效磷含量，整体上其作用效果也好于单施生物炭；且 2g/kg、4g/kg 生物炭+75% 的常规施肥量在提升土壤铵态氮、有效磷含量上的效果优于常规施肥量。与生物炭添加一致，较 75% 的常规施肥量，炭-肥配施也降低了土壤中的硝态氮含量，说明生物炭添加或炭-肥配施均不利于固持土壤中的硝态氮。

研究表明（图 4-30），相较于 75% 的常规施肥量，1g/kg、2g/kg、4g/kg 的生物炭配施以 75% 的常规施肥量可逐步提升冬小麦的氮肥利用率、磷肥利用率。具体地，试验设 75% 的常规施肥量（75%CF），1g/kg、2g/kg、4g/kg 竹柳炭添加量（T1、T2、T3，以 0 ～ 20cm 土层土壤质量计，将竹柳炭均匀投加至表土，经 2 次机械旋耕后混匀），1g/kg、2g/kg、4g/kg 竹柳炭+75% 的常规施肥量（T4、T5、T6）处理。T4、T5、T6 处理较 75%CF 处理的冬小麦氮肥利用率分别提升了 13.3%、39.6%、41.7%，磷肥利用率分别提升了 5.0%、16.0%、44.0%；其中，2g/kg 或 4g/kg 的生物炭配施以 75% 的常规施肥量可明显提升冬小麦氮肥利用率，4g/kg 的生物炭配施以 75% 的常规施肥量可明显提升冬小麦磷肥利用率；整体上，4g/kg 的生物炭配施以 75% 的常规施肥量可明显提升冬小麦氮肥利用率、磷肥利用率。

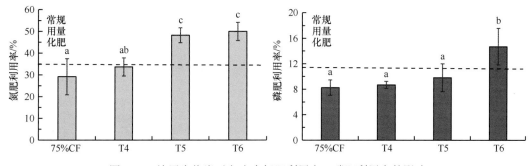

图 4-30　施用生物炭对冬小麦氮肥利用率、磷肥利用率的影响

各处理措施下田间试验小区内冬小麦籽粒产量的分析结果表明（图 4-31），低剂量（1 ～ 4g/kg）的生物炭添加便可逐步提升冬小麦的籽粒产量，且作用效果明显。较对照，T1（1g/kg 生物炭）、T2（2g/kg 生物炭）、T3（4g/kg 生物炭）处理下冬小麦籽粒产量分别提升了 49.2%、50.8%、58.0%，尤其是 4g/kg 的生物炭添加剂量，其对应的作物产量已略高于常规施

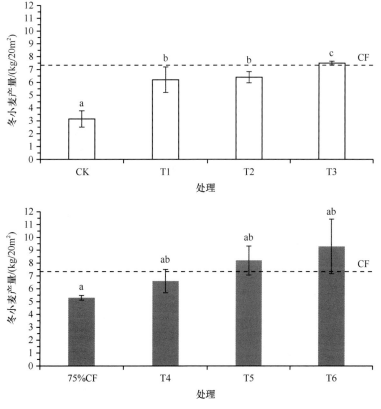

图 4-31　施用生物炭对冬小麦产量的影响

肥量。这一显著效果与 4g/kg 生物炭添加量相对于土壤本底养分值引入了较多的有效磷和速效钾等是分不开的。

　　生物炭与化肥配施可显著提高冬小麦籽粒产量，1g/kg、2g/kg、4g/kg 生物炭配施 75% 化肥处理（T4、T5、T6）下，小麦籽粒产量分别比 75% 常规施肥量（75%CF）处理增加了 19.7%、35.4%、43.0%，2g/kg、4g/kg 生物炭配施 75% 常规施肥量处理比常规施肥量（CF）处理增产 11.0%、21.5%。综上，2～4g/kg 的生物炭配施 75% 的常规施肥量（基肥：脲铵氮肥，追肥：磷酸二氢铵，常规施肥量：375kg/hm²）可实现当季减肥增效和冬小麦增产的目标。

4.3.3　东北苏打盐碱化耕地氮磷养分增效的调控途径

　　针对大安苏打盐碱地改良，开展了盐碱地水稻长期定位施肥试验下的有机肥施用、有机肥和化肥配施及秸秆还田与化肥配施对水稻产量和养分利用率影响的研究，在施肥措施上通过增加有机质含量来实现逐步提升土壤地力。多年的试验结果表明，苏打盐碱土地力提升需要较长的时间，化肥可以在短期内提高盐碱地水稻产量，但有机肥施用和秸秆还田实现培肥增产效应需要较长的时间过程。

4.3.3.1　苏打盐碱地水稻不同施肥处理对稻谷产量的影响

　　对盐碱地水稻长期定位施肥试验小区测产表明，长期连续施用有机肥或者秸秆还田与化肥配施处理，稻谷产量均低于氮磷钾肥配施处理（图 4-32）。连续 3 年氮磷钾肥配施（NPK）较不施肥对照（CK）稻谷产量分别增加 57.9%、35.3%、81.7%，增产效果显著。3 年中，无论是有机肥单施（M）、有机肥与化肥配施（MNPK），还是秸秆还田与化肥配施（RNPK），稻谷产量均低于氮磷钾肥配施。因此，在相同养分施用量下，有机肥与化肥配施及秸秆还田与化肥配施处理短期内都无法提高产量和养分利用率。

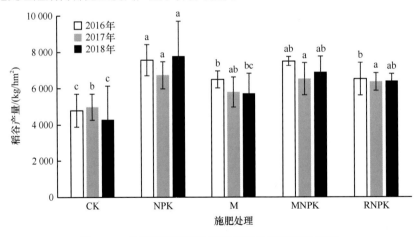

图 4-32　长期不同施肥处理下盐碱地稻谷产量比较

4.3.3.2　不同开垦年限和不同施氮处理下氮素含量变化与土壤盐分及 pH 的关系

　　对不同开垦年限稻田的土壤氮素含量与盐分、pH 的相关性分析发现（表 4-15），土壤无机氮和硝态氮含量变化与土壤 pH 呈极显著负相关，土壤全氮含量变化与土壤盐分 [电导率（EC）] 呈极显著负相关，表明氮素的吸收、转化受土壤 pH 和电导率的影响。

表 4-15 不同开垦年限稻田土壤氮素含量与土壤盐分和 pH 的相关性

指标	TN	IN	NH_4^+-N	NO_3^--N
pH	-0.216^{ns}	-0.727^{**}	-0.436^{ns}	-0.859^{**}
EC	-0.650^{**}	0.0492^{ns}	0.400^{ns}	-0.206^{ns}

注: ns 表示相关性不显著, ** 表示相关性极显著 ($P<0.01$); TN 表示总氮, IN 表示无机氮。下同

不同施氮处理的盐碱地稻田土壤氮素含量变化与盐分、pH 的相关性分析表明 (表 4-16), 土壤氮素形态、含量与转化在很大程度上受到土壤电导率和 pH 的影响, 各形态氮素含量与 EC、pH 均呈极显著负相关, 说明土壤氮素含量受到土壤较高盐分和高 pH 的抑制, 因此, 即便是连续 3 年高水平氮肥投入, 土壤氮素含量的增加也并不明显; 相反, 过高的氮素投入可能会造成氮素损失的增加。

表 4-16 不同施氮处理下稻田土壤氮素含量与土壤盐分和 pH 的相关性

指标	TN	IN	NH_4^+-N	NO_3^--N
pH	-0.683^{**}	-0.851^{**}	-0.674^{**}	-0.806^{**}
EC	-0.845^{**}	-0.805^{**}	-0.583^{**}	-0.816^{**}

4.3.3.3 长期施肥对苏打盐碱地稻田氮磷钾肥利用率的影响

对近 3 年盐碱地稻田长期定位施肥试验分析发现, 氮磷钾肥对水稻产量的贡献率和肥料的农学利用率差异都较大 (表 4-17)。从总体上看, 对盐碱地水稻增产最大的施肥方式是氮磷钾肥配施, 平均贡献率达到 35%; 其次是有机肥和氮磷钾肥配施及氮肥单施。磷钾肥对盐碱地水稻增产的单一贡献较小且不稳定, 可能与盐碱土自身钾素含量较高, 在高 pH 条件下磷的有效性下降等因素有关, 单独施用磷钾肥也增加了土壤盐分, 因此, 磷钾肥只能配合氮肥少量施用。综合起来, 苏打盐碱地稻田化肥减施不应该仅仅减少氮肥用量, 同时要大幅降低磷钾肥的用量, 甚至可采用免施磷钾肥或隔年施用磷钾肥的施肥方式。

表 4-17 不同肥料组合对盐碱地水稻产量的贡献率和农学利用率的比较

肥料组合	肥料贡献率/%				肥料的农学利用率/ (kg/kg)
	2016 年	2017 年	2018 年	平均值	
氮肥	32.86	20.39	33.99	29.08	$6.375 \sim 11.75$
磷肥	6.79	-18.24	12.31	0.29	$3.5 \sim 6.015$
钾肥	5.88	-4.56	-33.45	-10.71	<3.0
氮磷钾化肥	36.42	26.04	44.97	35.81	$8.76 \sim 17.55$ (以 N 计)
有机肥	26.15	14.07	24.99	21.74	$0.027 \sim 0.057$ (以有机肥计)
有机肥+化肥	36.00	23.72	37.84	32.52	$7.74 \sim 13.5$ (以 N 计)
秸秆还田+化肥	26.15	21.73	33.07	26.98	$8.5 \sim 12.77$ (以 N 计)

基于几年来盐碱地水稻施肥试验结果, 形成了苏打盐碱地水稻施肥的初步结论, 即在盐碱地开垦种稻初期, 水稻施肥应以氮肥为主, 施氮量控制在 150kg/hm² 左右, 视土壤盐碱程度适量增减; 磷钾肥配合氮肥施用效果更好, 但从经济效益角度考虑, 建议磷钾肥用量降低或

隔年施用。苏打盐碱地稻田存在着盐碱障碍和地力瘠薄的双重限制,从培肥地力的角度适当增加有机肥投入和秸秆还田措施,是从根本上改良利用苏打盐碱地的重要措施。

从盐碱地稻田氮肥减施的初步效果看,氮肥减量 12.5% ～ 25%(即 175kg/hm² 和 150kg/hm²)施用后稻谷产量没有出现大幅降低。2 种不同底肥表现出稻谷产量变化差异较大,生态掺混肥(B20 ～ B23)由于含氮量高,稻谷产量较高,减量施肥 12.5% 后稻谷产量与推荐量相同,减量施肥 25% ～ 37.5%,依次减产 16.7% ～ 25.0%;生态复混肥(B15 ～ B18)由于含氮量低,推荐量处理即没有生态掺混肥处理稻谷产量高,说明盐碱地水稻施肥首先必须保证底肥充足,减量施肥 12.5% ～ 25%,稻谷产量可增加 7.1% ～ 14.4%,减肥 37.5% 则减产 50% 以上。

4.3.4　西北内陆盐碱化耕地氮磷养分增效的调控途径

我国西北内陆地区(如新疆)水资源短缺、蒸发强烈,土壤盐碱化问题非常严重,严重制约区域农业甚至经济社会的可持续发展。众所周知,土壤干旱和盐碱化均会导致作物根系吸水过程受限,进而影响养分吸收,降低养分利用率,最终导致作物生长受限和产量下降。在可用淡水资源严重受限的情况下,加大肥料投入量成为缓解、平衡水盐胁迫对作物生长与产量造成的影响的重要措施,但其负面效应也非常明显:养分资源消耗量显著增大,养分利用率进一步降低,土壤与地下水体中的养分含量不断提高,导致水资源短缺与土壤盐渍化问题更为严峻。由此可见,在淡水资源极度匮乏且土壤盐渍化不断加剧的西北内陆区,在不增大甚至降低灌水、施肥量的基础上,通过优化灌溉施肥制度调控作物根区土壤水分、盐分及养分的分布方式并采取有效措施排出部分盐分是促进作物吸收、提高养分利用率的必经途径。

试验在新疆沙湾县新疆农业大学棉花育种基地进行,供试作物为棉花('新农大 4 号'),灌溉方式为膜下滴灌。试验共设置 15 个种植小区(6.9m×7.5m),每个小区均采用宽窄行种植模式(一膜三管六行)。宽行间距 66cm,窄行间距 10cm,株距 14cm。每个小区有三膜,膜间距 30cm,每膜种植 6 行棉株,共设 3 条滴灌带,一条设在中间窄行棉株中间,另外两条分别设在小区膜边两行棉株根部附近。滴灌带滴头间距为 30cm,滴头流量 2.4L/h。各处理全生育期总灌水量为 4570m³/hm²。试验过程中,氮磷钾等肥料全部作为追肥使用(即在作物不同的生长阶段根据当地传统施肥时间施用),每个处理总施肥量分别为:纯氮 267.15kg/hm²,五氧化二磷 139.65kg/hm²,氧化钾 130.05kg/hm²,施肥方式是在每次灌溉过程中随水滴施。根据当地传统管理模式,2019 年 6 月 22 日灌第一次水,2019 年 8 月 25 日灌最后一次水,累计灌水 8 次,每个处理单次灌水量为 8.13m³,灌水持续时间为 4.5h。

N1:灌水刚开始时即施全部肥液,之后灌水 4.5h,灌水过程只施肥 1 次。

N2:灌水周期的前 1/3 只灌水,1/3 节点处(1.5h)施全部肥液,之后继续灌水,灌水过程施肥 1 次。

N3:灌水周期的前 1/2 只灌水,1/2 节点处(2.25h)施全部肥液,之后继续灌水,灌水过程施肥 1 次。

N4:灌水开始时即施 1/3 肥液,然后 1/3 节点处(1.5h)再施用 1/3 肥液,最后再在 2/3 节点处(3h)施用剩余的 1/3 肥液,之后继续灌水,灌水过程施肥 3 次。

N5:灌水开始时即施 1/10 肥液,然后 1/3 节点处(1.5h)再施用 3/10 肥液,最后再在 2/3 节点处(3h)施用剩余的 6/10 肥液,之后继续灌水,灌水过程施肥 3 次。

4.3.4.1　灌水过程中不同施肥模式对土壤无机氮含量及分布的影响

为详细了解土壤中氮素的运移规律，在棉花花铃期（需水需肥量较高时期）进行连续土样采集，具体采样时间为2019年8月8日、8月10日、8月15日（分别对应为灌水前1天、灌水后第1天和第6天），测得土壤剖面中无机氮（硝态氮与铵态氮之和）含量（图4-33）。各处理灌水前一天，由于经过长时间的转化运移，土壤中的尿素已完全转化为铵态氮，在被作物吸收利用的同时也在进行着硝化作用而转化为硝态氮，硝态氮同样也可被作物直接吸收利用；灌水后第1天各处理各土层无机氮含量变化甚微，并且0～40cm土层无机氮含量基本高于40～100cm土层。在灌水后第6天，土壤各土层无机氮含量迅速升高，可能是由于尿素分解为无机氮需要一定时间，无机氮经过多天的转化运移及作物的吸收利用，在灌水后第6天各处理土壤剖面上无机氮含量有一定的差异；N1处理土壤底层无机氮含量明显偏高，70cm处达到了784.8mg/kg，而N2、N3处理土壤底层无机氮含量较N1有所减小，并且最高值逐渐

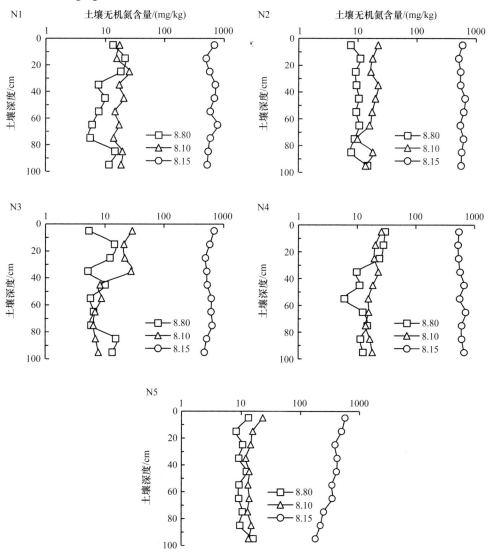

图 4-33　不同施肥模式下土壤剖面无机氮含量

向土壤表层移动，N2 处理在 50cm 处达到最大值 657.5mg/kg，N3 处理在 10cm 处达到最大值 695.3mg/kg，可以在一定程度上说明随着施肥时段的后移，无机氮淋失量也随之减小。依据根系分布施肥的 N5 处理的无机氮分布与作物根系分布较为吻合，从地表向下大致呈递减规律，并且底层土壤无机氮残留量远小于其他处理。对于 N4 处理，其土壤底层无机氮含量较其他处理偏高，说明无机氮淋失较多，未被作物根系充分吸收利用。

4.3.4.2 灌水过程中不同施肥模式对水氮利用的影响

N1 ～ N5 处理棉花产量分别为 5858.0kg/hm²、5938.2kg/hm²、6026.7kg/hm²、5520.6kg/hm²、6397.8kg/hm²（图 4-34），这表明不同施肥策略导致棉花产量不同，随着施肥时段的后移，产量大致呈增加趋势，N5 的产量最高，分别比 N1、N2、N3、N4 高出 7.4%、4.8%、3.6%、13.1%。由此可见，单次灌溉过程中按递增的比例施入肥料对棉花产量有影响，依据根系分布施肥有助于减少氮素的淋失量，较利于棉花产量的形成。

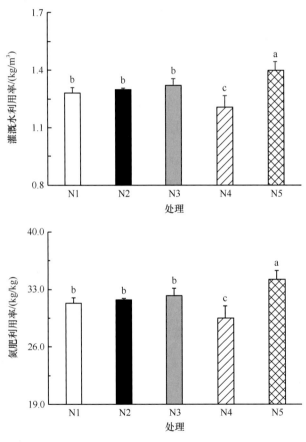

图 4-34　不同施肥模式下棉花水分利用率和氮肥利用率

图中不同小写字母表示处理间差异显著（$P < 0.05$）

由于所有处理在整个生育期内灌水量一致（457mm），灌溉水利用率主要由产量决定。棉花灌溉水利用率（WUE_I）与产量的变化趋势类似，随着施肥量更多集中在灌水后期，产量逐渐增加，WUE_I 也相应增加。N1 ～ N5 的 WUE_I 分别为 1.28kg/m³、1.30kg/m³、1.32kg/m³、1.21kg/m³、1.40kg/m³，处理间无显著性差异，但处理 N5 的 WUE_I 最高，分别高出其余 4 个处理 9.2%、7.7%、6.2%、15.9%（图 4-34）。

各处理棉花氮肥利用率趋势与棉花产量、灌溉水利用率趋势相同，N1～N5 处理 NUE 分别为 31.3kg/kg、31.8kg/kg、32.2kg/kg、19.5kg/kg、34.2kg/kg，处理间均无现显著性差异，N5 处理较其他处理分别高 9.2%、7.7%、6.2%、15.9%（图 4-34）。

对作物灌水施肥后，养分在土壤中经过运移、转化、被作物吸收等过程，在土壤剖面上的分布变化会对作物根系吸收养分产生影响（Albassam，2001；Ding et al.，2019）。本试验通过对棉花的一个典型灌溉周期内进行连续取样，检测土壤剖面的无机氮含量发现，在灌水一段时间后不同的施肥方式在土壤剖面上无机氮含量的分布有所差异。在灌水后第 1 天各处理土壤剖面无机氮含量增加甚微，可能是由于尿素分解为无机氮需要一定的时间，并且尿素的分解转化速度受多种因素的影响。尿素在土壤中通过直接水解转化成铵态氮，受来自植物残体中的脲酶和土壤微生物分泌的脲酶的作用很快水解为碳酸铵，进一步通过硝化作用转化成硝态氮发挥作用，这一水解过程受土壤 pH、温度、水分、质地及抑制剂的影响（侯红雨等，2003；任江静等，2019；Hu et al.，2019）。在灌水后第 6 天检测到无机氮含量迅速升高，且各处理无机氮含量在土壤剖面上的分布有所差异（图 4-33），施肥时间的不同对养分在土壤剖面的运移产生较大影响，N1 处理施肥时间最早，在 70cm 土层及以下无机氮积累较多，随着施肥时段的滞后，无机氮含量在土壤深层的积累量有所减少，并且其最大值逐渐向土壤上层移动；N4 处理 60cm 以下土层中无机氮积累量较其他处理偏高，可能是在此处理施肥方式下养分在土壤剖面的运移分布与作物根系不能很好地吻合，即作物根系密集处养分含量较少，大多数养分淋失到作物根系较少的土壤下层，导致养分吸收利用率有所降低。而 N5 处理土壤剖面上无机氮含量从地表到土壤下层逐渐减小，与作物根系分布大致吻合，但地表最大值较小，可能是因为 8 月 15 日为灌水后第 6 天，作物还在继续吸收利用氮素，故部分氮素已被地表根系吸收利用；还有可能是因为尿素还未完全分解转化为无机氮。有研究表明，在灌水量和施肥量相同的前提下，提前施肥时段可以提高尿素在土壤中的运移速度，增加尿素在土壤剖面中的分布范围，同时可以促进尿素分子在土壤中的分解转化速度；反之，滞后施肥时段则可以对尿素在土壤中的运移分布和转化起到抑制作用（侯红雨等，2003）。

不同的施肥模式会导致作物不同的氮素吸收规律，进而影响棉花的生长、产量等。在棉花生育前期（46d，79d），作物对养分的需求量较少，施肥量也较少，生长较慢，因此各处理作物产生的地上部干物重和叶面积指数并无明显差异。而从花铃后期（99d）开始，棉花对水分和养分的需求极为迫切，且需求量也较大，为蕾期的 3～4 倍，生长速度加快（闫映宇，2016），各处理棉花地上部干物重和叶面积指数因施肥策略的不同而逐渐产生显著差异，最后一次取样（播种后 147d）所有处理叶面积指数均有所减少是由于脱叶剂和棉花叶自然脱落的影响。

棉花在开花前，以营养生长为主，作物干物重积累过多或过少均不利于高产；开花后棉花整株干物重适中，生殖器官的干物重积累量最高时，棉花产量也最高（高璆，1988；陈奇恩，1997）。促进盛花期干物质积累量是获得棉花高产的关键所在（徐立华等，2007）。本试验中 N5 处理在花铃后期干物质积累量较高，因此获得了较高的产量（图 4-34）。

第5章 土壤结构性障碍制约养分高效利用的机制与突破对策

5.1 土壤结构性障碍特征及其对养分库的影响

5.1.1 黑土结构性障碍特征及其对养分库的影响

东北地区是中国最主要的粮食生产区，其粮食产量约占全国的20%。然而小型农机具的应用及连年旋耕作业，使耕层变浅、紧实层（也称犁底层）加厚变硬的现象日趋严重，过厚、坚实的紧实层导致土壤结构变差，协调土壤水、肥、气、热的功能变弱，作物根系分布浅层化，严重阻碍土壤功能的有效发挥。旱地紧实层的存在不仅影响了土壤中养分及水分的运移，降低土壤的通气性和根系的穿插能力，进而限制了作物生长；而且影响深层土壤微生物活性及养分的转化。本文以东北典型黑土区为研究对象，通过区域调查、样品采集与分析，研究了土壤结构性障碍对养分库的影响。

5.1.1.1 黑土结构性障碍特征

2016年秋在东北典型黑土区进行了土壤结构性障碍因素调查，采样点沿南北方向线状分布，北起黑龙江省嫩江县，南至吉林省公主岭市（43°22′31.4″N ～ 49°10′54.8″N、124°27′21.1″E ～ 125°18′59.8″E），全长约850km，共采集样点46个。耕地类型全部为旱田，每个样点分别采集耕作层、紧实层和底土层土壤样品。

1. 土层厚度分布

土壤耕作层、紧实层的划分是通过实地对土壤剖面的观察进行的，现场观察指标主要包括土壤结构、紧实程度、根系分布和颜色等。通过对各层次厚度的聚类统计分析，有助于掌握因耕作引起的障碍层次的分布情况。

结果表明，大多数采样点的耕作层厚度为13 ～ 14cm，占采样点数的34.78%；其次是10 ～ 13cm；耕作层厚度为≤10cm和>17cm的最少，比例均为13.04%。对于紧实层，多数耕地紧实层厚度为10 ～ 17cm，其所占比例为30.43%；紧实层厚度为≤7cm和>20cm的耕地最少，二者比例均为10.87%。由此可见，由于长期不合理的耕作和高强度种植，在家庭联产承包责任制的影响下，一直沿用的小型机械灭茬或旋耕产生的紧实层变厚、变硬和上移等问题突显（图5-1）。

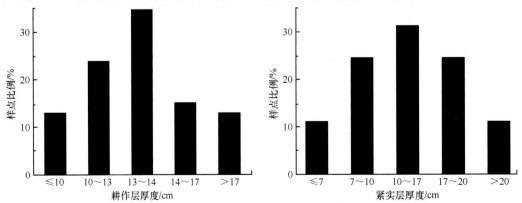

图 5-1 耕作层厚度和紧实层厚度的样点分布

2. 土壤容重与紧实度

土壤容重是表征土壤物理环境的一个重要指标。通过对不同耕作层次土壤容重的数据分析发现，紧实层容重显著高于耕作层和底土层，分别比耕作层和底土层容重增加了 23.57% 和 12.19%；而耕作层和底土层无显著差异。这说明长期的机械化操作使亚表层土壤容重增大，形成了一个较为特殊的层次——紧实层，当这一层次容重达到一定程度，便会对土壤特征和作物产量产生影响，形成障碍层次。容重的增加会降低土壤的孔隙度及孔隙的连续性，破坏土壤结构的均匀性，致使土壤的水分、养分及氧气的交换值下降，延缓了土壤的生物过程（Brussaard and van Faassen，1994）。

土壤紧实度是表征作物根系生长机械阻力的综合指标，其影响土壤的导水性、保肥性、通气性及温度等，因此其变化均直接或间接地影响作物根系向下生长和扩散。通过调查发现东北农田黑土壤紧实度随着深度的增加总体表现为先急剧增加又缓慢降低的过程（图 5-2），平均值最大值出现在 15cm 深度，为 1.6MPa，几乎所有样点在约 40cm 深度后又表现出增加的趋势；北部农场的耕地紧实层多出现在地表往下 15～22cm 处，厚度为 7cm 左右，而南部的家庭承包的耕地多为地表往下 10～17cm，厚度多为 10cm 以上。通过观察采样点土壤剖面，表层土壤多疏松，紧实层土壤则表现为致密紧实，呈现出明显的棱角分明的片状结构。土壤紧实度值整体变化趋势为由耕作层（0.3～1.1MPa）至紧实层（1.1～2.1MPa）迅速增加，再到底土层（0.7～1.4MPa）逐渐降低的趋势。

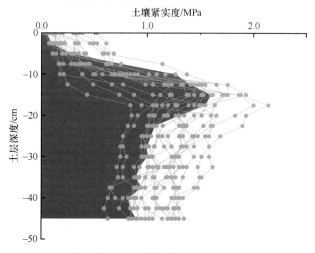

图 5-2 土壤紧实度分布图

图中阴影部分为所有样点平均值随深度的变化

Passioura（2002）发现当根系在土壤中延伸时所受到的机械阻力达到 0.8MPa 时，根系伸长速率有显著下降的趋势；当达到 2MPa 时，根系生长会严格受到限制；当达到 5MPa 时，根系生长会完全停止。由此可见，研究区的耕地紧实层已经对农业生产造成了阻碍。

3. 土壤团聚体组成和稳定性

团聚体组成和稳定性是评价土壤结构与质量的敏感性指标，通过影响土壤孔隙度、通气透水性和持水性来调节土壤物理、生物和化学性质。团聚体是土壤结构的基本单元，被称为土壤肥力的中心调节器。团聚体组成中，直径＞0.25mm 的团聚体含量和平均重量直径（mean weight diameter，MWD）均可以表征团聚体的稳定性，其值越大体现土壤的团聚程度越高、稳定性越强。

　　通过对所采集土壤样品进行团聚体筛分（湿筛法），得到各个团聚体的质量百分含量（图5-3），不同层次水稳性团聚体含量变化明显，从耕作层、紧实层到底土层，＞0.25mm团聚体含量逐渐减低；从平均重量直径来看（图5-3），紧实层显著低于耕作层，降低了21%，底土层则处于耕作层和紧实层之间，且与二者均无显著差异。上述结果表明，紧实层的结构稳定性要显著低于耕作层，而改善土壤团聚体组成对协调养分吸收与转化、培肥地力和促进植物生长具有重要作用。

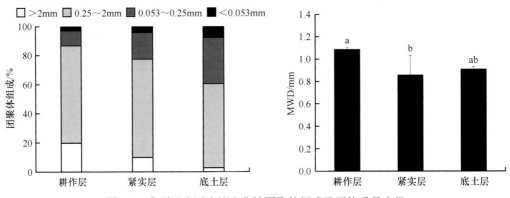

图5-3　典型黑土区土壤水稳性团聚体组成及平均重量直径

右图中不同小写字母表示不同土层间差异达0.05显著水平

4. 土壤孔隙微结构特征

　　在东北典型黑土区选择5个典型样点，于不同层次（耕作层、紧实层和底土层）采集原状土柱（直径5cm、高5cm），进行工业CT扫描，获取25μm分辨率的图像，定量研究长期耕作条件下，土壤微结构特征在土体层次间的差异。与常规土壤物理分析方法相比，CT扫描方法具有能够在不扰动分析对象内部结构的情况下对土体进行分析，成像速度快，分析精度较高（毫米至微米尺度）等优点，还可通过连续切片图像重建土体内部结构并进行三维立体分析。

　　从CT扫描结果的三维图像（图5-4）可以直观地看出，紧实层孔隙状况明显弱于耕作层和底土层；为了更好地表征孔隙结构的复杂度，通过扫描图像进一步分析了连通密度，结果表明，紧实层和底土层的连通密度显著低于耕作层，分别降低了63.05%和50.90%。

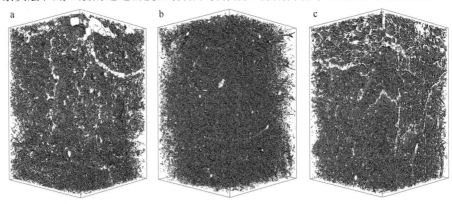

图5-4　不同层次土壤三维结构图的变化

a. 耕作层；b. 紧实层；c. 底土层

5.1.1.2　黑土结构性障碍对土壤养分库的影响

由于 0～40cm 土层受农业生产的影响较大，本部分计算了 40cm 深度土壤各养分指标的含量情况，分析了耕作层和紧实层厚度的变化对养分储量的影响。

1. 对土壤有机质储量的影响

土壤有机质是指示土壤健康的关键指标。大量研究资料表明，中国土壤表土中大部分的氮、磷、硫等植物必需营养元素均存在于有机质中（黄昌勇，2000），并且有机质能够显著改善土壤物理、化学及生物学特性，有机质中的胡敏酸类物质还可以刺激植物生长。因此，农田土壤有机质储量的多少直接决定着土壤肥力和生产能力的高低。

由图 5-5 可以看出，耕作层厚度越大，有机质储量（40cm）就越高，二者存在极显著正相关性（$P<0.01$）。从其分布状况可以看出，耕作层厚度在 14～17cm 时，有机质储量相对平稳，其储量也最大，为 12.25×10^3kg/亩；其次是厚度＞17cm；10～13cm 厚度耕作层有机质储量最小，为 8.55×10^3kg/亩。

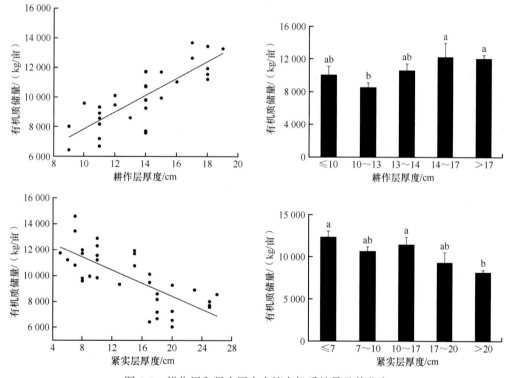

图 5-5　耕作层和紧实层中土壤有机质储量及其分布

图中数据代表 40cm 土层的总储量，下同

与耕作层相反，紧实层厚度与有机质储量（40cm）存在负相关关系，亦达到了极显著的相关性（$P<0.01$）。从其分布来看，紧实层厚度在≤7cm、10～17cm 时，有机质储量较大，分别为 12.34×10^3kg/亩、11.47×10^3kg/亩；其次是 7～10cm；＞20cm 厚度的紧实层有机质储量最小，为 8.12×10^3kg/亩。

上述结果表明，耕作层和紧实层的"此消彼长"能显著影响土壤有机质的储量，长期旋耕作业形成的紧实层，其厚度和深度均不利于土壤有机质储量的增加。在实际生产上应结合有机培肥，打破紧实层，构建肥沃耕作层。

2. 对土壤全氮储量的影响

土壤氮是作物对氮素吸收利用的主要来源，一般情况下作物吸收的总氮量的50%～70%来源于土壤，土壤全氮是土壤各种形态氮素含量之和，包括有机态氮和无机态氮，其含量是衡量土壤肥力的一个重要指标（朱兆良，1982）。

由图5-6可以看出，耕作层厚度与全氮储量（40cm）存在显著正相关关系。从其分布状况可以看出，耕作层厚度为14～17cm、>17cm时，全氮储量较大，分别为534.69kg/亩、535.88kg/亩；其次是厚度为13～14cm；10～13cm厚度耕作层全氮储量最小，为394.80kg/亩。

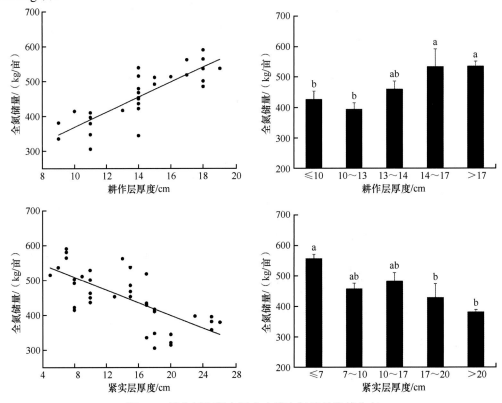

图5-6 耕作层和紧实层中土壤全氮储量及其分布

与耕作层不同，紧实层厚度与全氮储量（40cm）存在极显著负相关关系（$P<0.01$）。从其分布来看，紧实层厚度在≤7cm时，全氮储量最大，为557.56kg/亩；紧实层厚度>20cm时，全氮储量最小，为382.12kg/亩。

结果表明，紧实层不利于土壤全氮储量的积累。在农业生产上应定期深松、深翻，施用有机肥，增加土壤全氮储量。

3. 对土壤碱解氮储量的影响

碱解氮包括无机态氮和结构简单、能为作物直接吸收利用的有机态氮，它可供作物近期吸收利用，故又称速效氮。碱解氮作为植物氮素营养较无机氮有更好的相关性，所以常将它作为评价土壤氮素有效性的指标。

由图 5-7 可以看出，耕作层厚度与碱解氮储量（40cm）存在极显著正相关关系。从其分布状况可以看出，耕作层厚度 14 ～ 17cm 时，碱解氮储量最大，为 12.29kg/亩；其他各层次碱解氮储量主要分布在 5.98 ～ 9.39kg/亩。

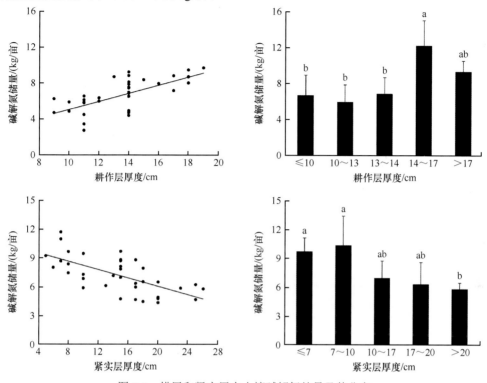

图 5-7　耕层和紧实层中土壤碱解氮储量及其分布

与耕作层不同，紧实层厚度与碱解氮储量（40cm）存在极显著的负相关关系。从其分布来看，紧实层厚度在≤7cm、7 ～ 10cm 时，碱解氮储量最大，分别为 9.74kg/亩、10.36kg/亩；紧实层厚度 >20cm 时，碱解氮储量最小，为 5.84kg/亩。由此说明，土壤紧实层不利于植物对氮素养分的吸收；紧实层越厚，耕作层越薄，越不利于碱解氮的积累和氮素的利用。

4. 对土壤全磷储量的影响

全磷指的是土壤全磷含量即磷的总储量，包括有机磷和无机磷两大类。土壤中的磷素大部分是以迟效性状态存在，因此土壤全磷含量并不能作为土壤磷素供应的指标，而全磷含量低于某一水平时，却可能意味着磷素供应不足。磷素是作物必需的重要养分元素之一，也是农业生产中最重要的养分限制因子。

耕作层厚度与全磷储量（40cm）存在显著正相关关系。从其分布状况可以看出，耕作层厚度在 13 ～ 14cm 和 14 ～ 17cm 时，全磷储量最大，均为 2400kg/亩；其次是厚度为 >17cm；≤10cm 厚度耕作层全磷储量最小，为 1700kg/亩（图 5-8）。与耕作层相反，紧实层厚度与全磷储量存在极显著负相关关系。从其分布来看，紧实层厚度在≤7cm 时，全磷储量最大，为 3300kg/亩；其次是 7 ～ 10cm 和 10 ～ 17cm 厚度；最小的是 >20cm 的，为 1700kg/亩。由此可见，农田紧实层的存在不利于土壤全磷储量的积累。

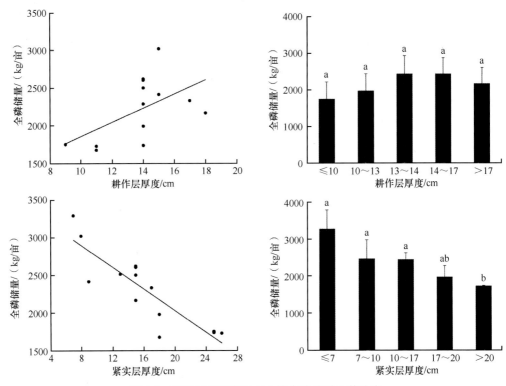

图 5-8　耕作层和紧实层中土壤全磷储量及其分布

5. 对土壤有效磷储量的影响

速效磷是指土壤中较容易被植物吸收利用的磷。除了土壤溶液中的磷酸根离子，土壤中的一些易溶的无机磷化合物、吸附态的磷均属速效磷部分。土壤速效磷是土壤有效磷储库中对作物最为有效的部分，也是评价土壤供磷水平的重要指标，其含量直接影响作物的生长发育和产量。

由图 5-9 可以看出，耕作层厚度与有效磷储量存在显著正相关关系。从其分布状况可以看出，耕作层厚度在＞17cm 时，有效磷储量最大，为 5.33kg/亩；其次是厚度为 10～13cm；14～17cm 厚度耕作层有效磷储量最小，为 2.30kg/亩。与耕作层相反，紧实层厚度与有效磷的储量（40cm）存在显著负相关关系。从其分布来看，紧实层厚度在≤7cm 时，有效磷储量最大，为 4.92kg/亩；其次是厚度 17～20cm；最小的是 10～17cm，为 3.04kg/亩。这也说明，紧实层的存在容易造成有效磷库的损失，在磷肥过量施用的情况下，不但作物对磷肥利用效率不高，而且增加了生态环境污染的风险。

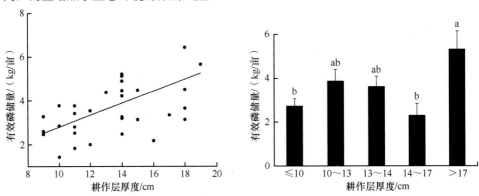

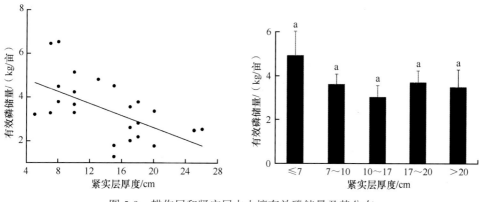

图 5-9　耕作层和紧实层中土壤有效磷储量及其分布

5.1.2　典型区潮土结构性障碍及其对养分库的影响

5.1.2.1　潮土结构性障碍因素

基于对典型潮土区河南省封丘县 0 ～ 40cm 土壤剖面状况的调查，耕作层浅薄、潮土砂性质地导致土壤团聚结构发育较弱是影响养分库的主要障碍因素。

当前封丘地区潮土耕作层厚度集中在 15 ～ 18cm（占样点数的 50%），耕作层浅薄，其次是 18 ～ 20cm、20 ～ 25cm（各占 21%），耕作层厚度＜15cm 和＞25cm 的采样点仅占极少数（图 5-10）。多年来旋耕机的大面积推广应用（旋耕机的旋耕深度一般不超过 18cm）是潮土区普遍存在耕作层浅薄的主要原因；近年来逐步推行深耕作业，使得部分地区耕作层深度有所增加。耕作层深度对土壤容重有一定影响，耕作层越厚，耕作层和亚耕层土壤容重显著降低，但各样点耕作层与亚耕层土壤容重没有显著差异，潮土区未出现明显的犁底层。

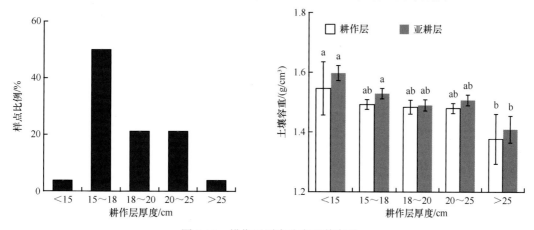

图 5-10　耕作层厚度分布及其容重

不同小写字母表示不同处理间差异显著（$P<0.05$）

潮土团聚体分布及其稳定性受土壤质地类型的显著影响（Mamedov et al.，2006）。土壤质地愈黏重，大团聚体含量越高，而微团聚体含量越低，大团聚体的质量比例呈现出壤黏土＞黏壤土＞砂质黏壤土＞砂壤土的规律，微团聚体变化规律则相反，粉黏粒含量不受土壤质地的影响。团聚体稳定性指数 [MWD 和几何平均直径（geometric mean diameter，GMD）] 也呈现出相似的变化规律。大团聚体的质量比例与土壤黏粒和粉粒含量显著正相关，与土壤砂粒含量显著负相关；与此相反，微团聚体的质量比例与土壤黏粒和粉粒含量显著负相关，与土壤砂粒含量显著正相关（图 5-11）。另外，团聚体的稳定性也与土壤黏粒和粉粒含量显著正相关，表明砂性潮土中较高的砂粒含量严重制约了良好的土壤团聚结构的形成。

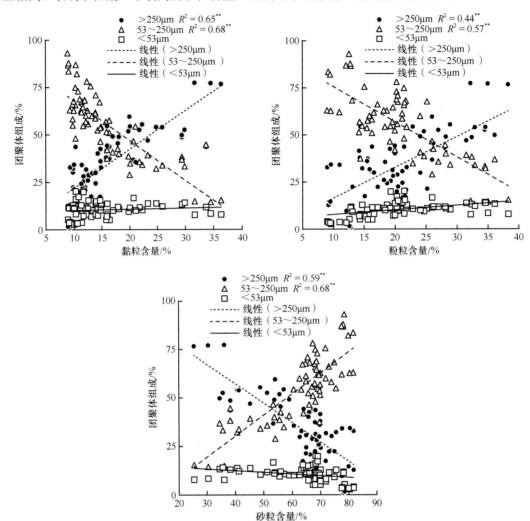

图 5-11　土壤颗粒对土壤团聚体组成的影响

** 表示在 0.01 水平显著相关，下同

5.1.2.2　潮土结构性障碍对养分库的影响

1. 耕作层厚度对养分库容的影响

耕作层厚度决定土壤水、肥、气和热容量大小，是作物养分和水分供给的关键影响因素（Bakker et al.，2004；夏伟光，2015）。潮土区耕作层厚度显著影响了 0～40cm 土体的养分储量，土壤耕作层厚度与土壤有机质储量、全氮储量、全磷储量呈显著正相关（图 5-12），长期采用旋耕机翻地所导致的土壤耕作层变浅，使得 0～40cm 土体土壤结构较差，进而导致土壤有机质储量、全氮储量、全磷储量显著降低。总体上，耕作层浅薄显著抑制了养分在土壤中的保蓄，降低了土壤本身对作物的养分供应能力，是潮土区主要结构性障碍之一。

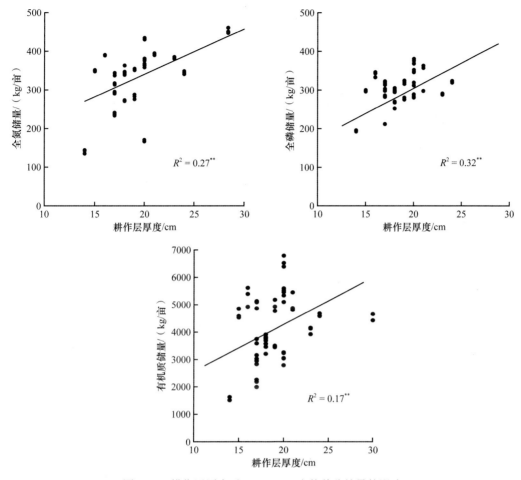

图 5-12　耕作层厚度对 0 ～ 40cm 土体养分储量的影响

2. 土壤质地对养分库容的影响

潮土土壤质地对土壤养分库容有显著影响，0 ～ 40cm 土体土壤有机质储量、全氮储量、全磷储量与土壤黏粒和粉粒含量显著正相关，同时与土壤砂粒含量显著负相关（图 5-13）。砂壤土有机质储量、全氮储量、全磷储量显著低于砂质黏壤土、黏壤土和壤黏土，砂质黏壤土、

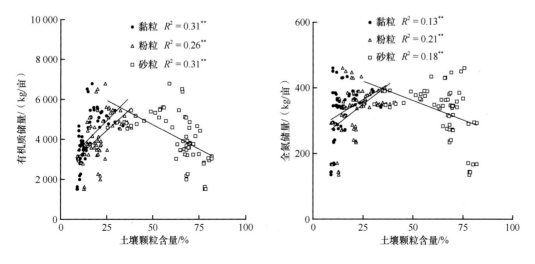

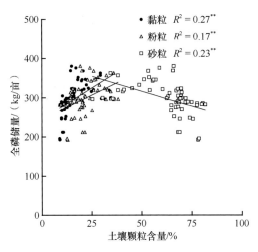

图 5-13　土壤质地对土壤养分库容（0 ～ 40cm 土层）的影响

黏壤土和壤黏土间土壤养分库容没有显著差异，3 种黏质土壤中壤黏土相对较低的 0 ～ 40cm 土体养分（如有机质、全磷）储量主要由耕作层较浅造成（图 5-14）。

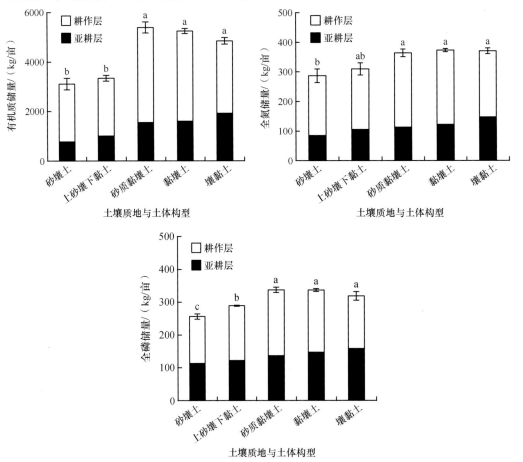

图 5-14　不同土壤质地与土体构型对土壤养分储量（0 ～ 40cm 土层）的影响

3. 土壤团聚结构对养分库容的影响

如图 5-15 所示，0 ～ 40cm 土体土壤有机质储量、全氮储量均与土壤大团聚体含量显著正相关，表明团聚结构的形成有利于增加土壤养分库容。土壤有机质储量、全氮储量与土壤大团聚体含量呈幂函数关系，大团聚体含量较低时，土壤有机质储量、全氮储量随大团聚体含量增加而增加的幅度较大，即对于大团聚体含量较低的砂壤土，培育团聚结构对提高土壤养分储量作用显著。土壤全磷储量与土壤大团聚体含量也显著相关，但由于潮土磷素易被固定，大团聚体对土壤磷库的作用明显低于土壤碳库、氮库。

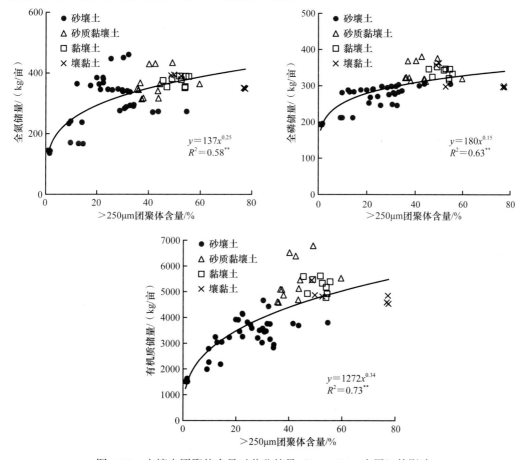

图 5-15　土壤大团聚体含量对养分储量（0 ～ 40cm 土层）的影响

团聚结构的形成不仅有利于养分库容扩增，也有利于作物生长发育（图 5-16），土壤大团聚体含量与作物产量显著正相关，大团聚体含量增加也显著提高了氮磷肥的养分利用率（养分利用率用"偏生产力"表征）；与土壤养分库容规律相同，大团聚体含量与磷肥偏生产力的相关性也低于氮肥偏生产力。因此，消除土壤结构性障碍因子是实现砂性潮土养分库容扩增、化肥养分高效利用的重要途径之一。

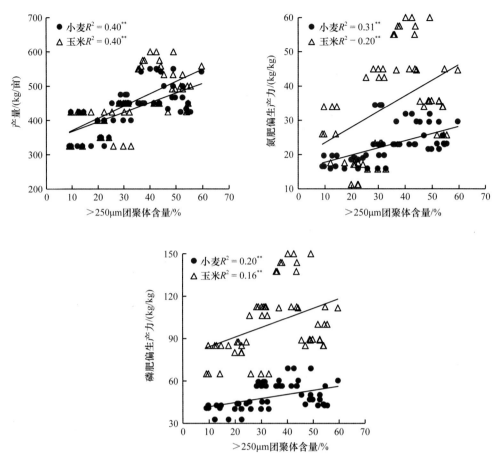

图 5-16　大团聚体含量对作物产量和化肥养分利用率的影响

5.2　土壤团聚结构对养分蓄供及利用的制约机制

5.2.1　不同团聚结构土壤中化肥氮转化过程及影响因素

　　土壤中超过 95% 的氮以有机形态存在，这些氮素养分很难被作物直接吸收利用。土壤氮素形态的划分能够帮助人们认识潜在氮素的生物可利用性。根据 Bremner（1965）提出的酸水解方法，将土壤中的氮素分为酸解有机氮和非酸解有机氮，其中，酸解铵态氮和氨基酸态氮是土壤可矿化氮的主要来源（李菊梅和李生秀，2003）。Schnitzer 和 Ivarson（1982）研究认为，进入土壤的化肥氮中有 20% ~ 40% 转化为有机氮形态，其中，氨基酸态氮多分布于较小的土壤颗粒中（<2μm），而酸解铵态氮主要赋存于粗砂粒中。Nguyen 和 Shindo（2011）分析了不同有机肥施用量对有机氮含量及其分布的影响，结果表明，随着有机肥施用量的增加，土壤各粒级中全氮及有机氮各组分含量均有所增加，但不同有机氮组分对氮肥的响应存在较大差异，施用有机肥提高了非酸解有机氮和氨基糖态氮的比例，却降低了酸解铵态氮和酸解未知态氮的部分，同时对氨基酸态氮的影响较小。也有研究认为，土壤中含氮化合物的含量随着土壤颗粒的减小而增加，长期施用粪肥后土壤细砂粒和细黏粒能够富集大量的氨基态氮和酰胺态氮（Schulten and Leinweber，1991）。虽然有部分研究分析了土壤颗粒中有机氮组分的分布情况，但是土壤类型、施肥处理及土壤颗粒组成等因素均会影响土壤有机氮的分布特征，

因此，本研究依托长期定位施肥试验，探究长期施用化肥和有机肥对潮土团聚体中有机氮含量及其分布的影响，以进一步明确不同施肥措施和团聚体形成对氮素转化过程的长期效应。

5.2.1.1　不同团聚结构土壤中有机氮组分分布

长期施肥试验位于河南省封丘县潘店镇中国科学院封丘农业生态实验站，供试土壤类型为潮土，土壤母质为黄河冲积物。1989 年小麦季开始试验，种植制度为冬小麦–玉米一年两熟轮作制。试验包括 7 个处理：有机肥（OM）、一半化肥和一半有机肥（1/2OM）、氮磷钾肥（NPK）、氮磷肥（NP）、磷钾肥（PK）、氮钾肥（NK）、不施肥（CK）。长期试验的具体管理情况见文献（钦绳武等，1998）。

1. 团聚体中全氮含量

与不施肥处理相比，施肥处理提高了团聚体中全氮含量，以 OM 处理含量最高，平均值为 1.15g/kg（图 5-17），较不施肥处理提高了 165%，较 NPK 处理提高了 63%。同一施肥处理下，不同粒径团聚体全氮含量总体表现为 0.25～2mm＞（＞2mm）＞（＜0.25mm），各处理全氮平均含量分别为 0.78g/kg、0.67g/kg、0.62g/kg。CK 处理不同粒径团聚体对全氮的贡献率无明显差异，而所有施肥处理均以＞2mm 团聚体氮素对土壤全氮贡献率最高，且 1/2OM 与 OM处理显著增加＞2mm 团聚体对全氮的贡献率。全氮含量在不同粒级团聚体中差异较大，与不施肥处理相比，全氮主要赋存于 0.25～2mm 团聚体中，与孙天聪等（2005）的研究结果相似，＞2mm 团聚体对土壤全氮的贡献率最高，表明大团聚体是潮土全氮的主要载体。

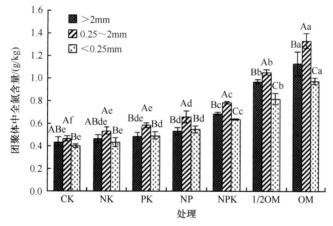

图 5-17　不同施肥处理下土壤团聚体中全氮含量

不同大写字母表示同一处理全氮含量在不同团聚体间差异显著（$P<0.05$）；
不同小写字母表示同一粒径下团聚体全氮含量在不同处理间差异显著（$P<0.05$）

2. 团聚体中有机氮组分的分布特征

不同施肥处理下各粒径团聚体中酸解有机氮含量差异较大，变化范围为 147.94～837.69mg/kg。与 CK 处理相比，施肥增加同一粒级团聚体中酸解有机氮含量，以 OM 处理效果最为显著。施肥对团聚体中酸解有机氮含量的影响不尽相同，CK、NK、NPK、1/2OM 处理团聚体中酸解有机氮含量随着团聚体粒径减小而明显下降，NP、PK 处理中则有先上升后下降的趋势。非酸解有机氮的含量在 249.42～357.14mg/kg，单施化肥非酸解有机氮含量比CK 显著增加 10%～30%。同一处理下，0.25～2mm 团聚体中非酸解有机氮含量显著高于其他两个粒级。除 CK 处理外，其他各施肥处理团聚体中均以酸解有机氮为主，同时施肥使非酸解有机氮分配比例明显下降。酸解有机氮各组分在不同粒径团聚体中分布差异较大，以酸解铵态氮和氨基酸态氮比例较高（图 5-18），分别占全氮的 18% ~ 19%、11% ~ 18%。各

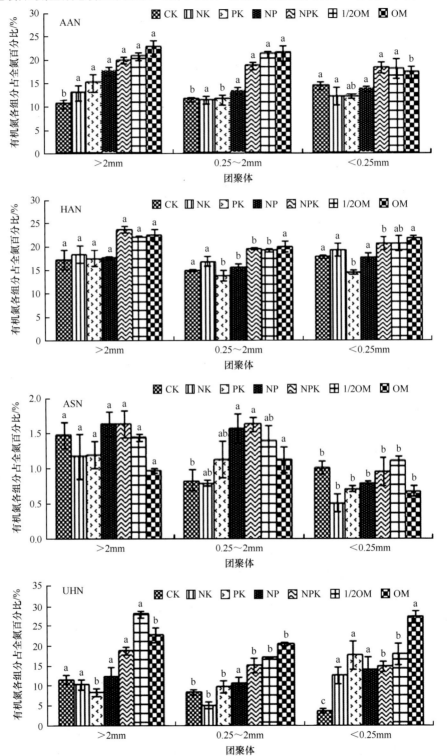

图 5-18　施肥对土壤团聚体有机氮组成的影响

AAN：氨基酸态氮；HAN：酸解铵态氮；ASN：氨基糖态氮；UHN：酸解未知态氮。

不同小写字母分别表示不同处理之间全氮含量在 0.05 水平差异显著，误差线为标准偏差

形态氮的分配比例总体呈现酸解铵态氮＞氨基酸态氮＞酸解未知态氮＞氨基糖态氮的趋势。1/2OM 和 OM 处理主要增加了＞2mm、0.25～2mm 团聚体中氨基酸态氮、酸解未知态氮分配比例，NPK 处理＞2mm 团聚体中酸解铵态氮比例显著提高，对氨基糖态氮分布影响较小。

经过长期的培肥处理，土壤有机氮各组分含量显著增加，且酸解有机氮含量均高于非酸解有机氮含量，是潮土耕作层土壤氮素的主要组成部分。各形态氮含量及分配比例表现为酸解铵态氮＞氨基酸态氮＞酸解未知态氮＞氨基糖态氮的规律。不同施肥措施显著影响农田土壤氮素状况，施用有机肥增加大团聚比例是培育土壤氮库的有效措施。

5.2.1.2　不同团聚结构土壤中化肥氮同化过程及影响因素

不同的土壤及团聚体组分因其有机质含量和孔隙结构不同，土壤微生物等的作用也会有所不同，所以化肥氮在不同团聚体中的同化过程可能会有所差异。本节内容基于肥料长期定位试验，采集平衡施用化肥（NPK）、有机肥（OM）和不施肥（CK）3 个处理的土壤样品，通过室内培养试验与 ^{15}N 同位素标记相结合，研究了不同粒级土壤团聚体及大团聚体破碎（人为设置"结构破坏"）对化肥氮同化过程的影响。

1. 化肥氮在不同结构土壤有机氮库中的转化

不同土壤与团聚体培养试验结束后标记的 ^{15}N 在不同土壤氮库中的回收率结果表明（表 5-1），各土壤及不同粒级团聚体的氮肥回收率在 74.9%～91.7%，总的氮素损失率在 20%以下，在培养试验条件下，氮素损失主要是氨挥发与反硝化作用，这一比例和潮土在其他的培养试验及田间试验的结果基本一致。CK 处理土壤的氮肥回收率显著低于 NPK 和 OM 处理，NPK 和 OM 处理的氮肥回收率无显著性差异，说明化肥氮施入 CK 处理土壤中更易损失。从试验结果看，OM 处理土壤化肥氮转化至非酸解有机氮的比例要显著低于 NPK 处理土壤。而在酸解有机氮组分中，酸解铵态氮是化肥氮最主要的储存形式，包括土壤中无机态的交换性 NH_4^+ 和固定态 NH_4^+，也可由酸解过程中某些氨基酸和氨基糖经脱氨基作用产生。氨基酸态氮多存在于土壤有机质中的蛋白质和多肽中，受到土壤腐殖质和无机物的保护，是植物吸收的氮素的主要来源。OM 处理的土壤化肥来源的氨基酸态氮、酸解铵态氮显著高于 NPK 和 CK 处理。

表 5-1　培养 120d 标记氮素在不同土壤氮库中的回收率

土壤处理	分级	全氮/%	氨基酸态氮/%	酸解铵态氮/%
OM	＞2mm	87.0a	4.6ab	26.0a
	0.25～2mm	87.2a	6.1a	27.6a
	＜0.25mm	86.9a	3.1b	20.4b
	破碎	88.3a	4.7ab	18.6b
	全土	88.4a	4.8ab	26.4a
NPK	＞2mm	86.6a	1.4c	11.1c
	0.25～2mm	91.7a	1.2c	10.1c
	＜0.25mm	88.1a	0.9c	10.9c
	破碎	86.8a	1.1c	8.6c
	全土	87.5a	0.9c	9.2c

续表

土壤处理	分级	全氮/%	氨基酸态氮/%	酸解铵态氮/%
CK	>2mm	74.9b	1.2c	7.7c
	0.25 ~ 2mm	79.4b	2.1c	9.8c
	<0.25mm	76.5b	1.6c	10.2c
	破碎	77.2b	1.6c	8.4c
	全土	78.0b	1.5c	9.7c

注：不同小写字母表示不同处理之间有机氮组分含量在 0.05 水平差异显著

　　一般认为，酸解铵态氮、氨基酸态氮与氨基糖态氮是易降解有机氮，而非酸解有机氮与酸解未知态氮为难降解有机氮。从图 5-19 可以清楚地看出，在培养初期（7d 和 30d）OM 与 NPK 处理土壤易降解有机氮含量无显著性差异，随着培养过程的延长，OM 处理土壤的易降解有机氮含量显著增加，而 NPK 处理土壤的易降解有机氮含量则略有下降，后期具有显著性差异。这主要是因为长期施用有机肥的土壤有机质含量高，化肥氮施入后可与土壤中的有机质组分结合，形成易于降解和利用的有机氮。而长期施用化肥的土壤在施入化肥氮后其主要被固定下来，其有效性下降。

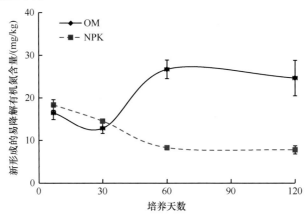

图 5-19　培养过程中不同土壤化肥氮施入后新形成的易降解有机氮的含量变化

2. 不同土壤团聚体对化肥氮在土壤中转化过程的影响

　　培养 120d 后，不同团聚体化肥氮在土壤氮库中的转化有所不同（表 5-1）。总体来说，CK 和 NPK 处理土壤各粒级团聚体间无显著差异，而 OM 处理土壤各粒级团聚体化肥氮转化形成的有机氮组分差异显著。这可能是因为 NPK 处理团聚结构相对较差，团聚结构主要是黏粒胶结而形成，所以对有机氮组分的分配影响不大。在 OM 处理土壤中，0.25 ~ 2mm 团聚体中化肥氮转化形成的易降解有机氮含量在培养 60d 后显著高于其他粒级团聚体。OM 和 NPK 处理 >2mm 与 <0.25mm 团聚体在 7d、30d 和 60d 时化肥氮转化形成的易降解有机氮含量差异不显著，培养至 120d 时，>2mm 团聚体新形成的易降解有机氮含量显著高于 <0.25mm 团聚体（图 5-20）。从这一结果来看，0.25 ~ 2mm 团聚体对提高化肥氮在土壤中的有效性的作用尤其重要，通过培肥土壤使其形成稳定大团聚体有助于有效氮库的提升。

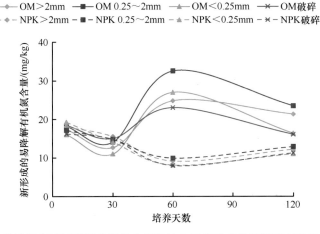

图 5-20　培养过程中不同团聚体组分化肥氮施入后新形成的易降解有机氮的含量变化

3. 大团聚体破碎对化肥氮在土壤中转化过程的影响

因各粒级团聚体物理、化学性质有所不同，本试验中将＞2mm 团聚体人为破碎至＜0.25mm 粒级，形成破碎样品，破碎样品与＞2mm 团聚体化学性质一致，只存在结构差异，而与＜0.25mm 团聚体则结构一致，化学性质不同，以此来比较土壤团聚体形成对化肥氮的转化过程的影响。培养 120d 后，OM 处理土壤化肥氮施入新形成的易降解有机氮占全氮的比例是大团聚体（＞0.25mm）显著高于小团聚体。＞2mm 团聚体人为破碎后，易降解有机氮比例显著下降，更接近于＜0.25mm 团聚体（图 5-21）。由此说明大团聚体对有机质的包裹作用有助于化肥氮转化至有效氮库。

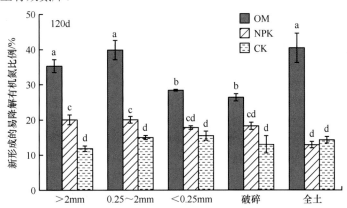

图 5-21　不同土壤及团聚体组分由化肥氮施入新形成的易降解有机氮占全氮的比例

将不同土壤与团聚体有机质含量和化肥氮转化形成的易降解有机氮含量进行相关分析发现，培养前期（7d 和 30d）有机质含量与易降解有机氮含量相关性不显著，培养后期（60d 和 120d）有机质含量与易降解有机氮含量显著相关（$P < 0.01$）。由此说明化肥在潮土氮库中的转化主要受有机质含量的影响，随潮土有机质含量增加，化肥氮更易于转化至易降解的有机氮组分中。

综上所述，结构良好土壤有利于化肥氮转化为易降解有机氮，有利于形成有效氮库，其机制是大团聚体对有机质有更强的包裹作用，而团聚体破坏促进了有机质的分解，而有机质含量的降低制约了化肥氮向易降解有机氮的转化，抑制了土壤有效氮库的扩增。

5.2.2　土壤团聚结构对潮土氨基糖组成的影响机制

5.2.2.1　土壤氨基糖的组成和来源

土壤团聚体是土壤结构的基本单元，其数量、大小及排列方式影响了土壤一系列物理、化学和生物过程，如水分入渗、孔隙大小、通气性、养分供应和转化及抗侵蚀能力等。耕作措施会改变土壤团聚体粒级分布及其稳定性，继而改变团聚体各粒级的碳、氮含量。微生物参与并驱动土壤团聚体的形成和稳定，而耕作等措施会影响土壤结构特性，改变微生物生物量及群落组成。当微生物细胞死亡后，绝大部分的碳水化合物会迅速降解，细胞壁成分在土壤中存留时间较长且可以和土壤颗粒形成新的黏合剂，有助于土壤团聚体的凝聚及稳定，因此，微生物残体对土壤团聚体形成和稳定的促进作用可能更加持久。

微生物残留物是指微生物的代谢产物如细胞外酶（exo-enzyme）、细胞外聚合物（extra-cellular polymeric substance）和死亡细胞，包括蛋白质、几丁质、多糖等。氨基糖（amino sugar）是土壤微生物来源的碳的标志物，因为高等植物无法合成氨基糖，低等动物氨基糖含量很低，微生物是土壤氨基糖的主要来源（Khan et al., 2016）。氨基糖经常与土壤矿物相结合，稳定性高，且不易受外界气候条件的影响，易在土壤中积累（Throckmorton et al., 2015）。氨基糖较少来自活体微生物，主要来自微生物死亡后的残留物（Gunina and Kuzyakov, 2015; Guan et al., 2018）。Glaser 等（2004）认为土壤中的氨基糖存在"记忆效应"，可以表征历史微生物残体的累积动态变化和当前微生物残体的群落组成，反映出土壤微生物群落组成的动态变化和碳氮循环的相关过程。

目前，微生物细胞中已经鉴定出 26 种氨基糖，但在土壤中只发现 11 种氨基糖，能被定量测定的仅仅只有 4 种氨基糖单体，即胞壁酸（muramic acid, MurA）、氨基葡萄糖（glucosamine, GluN）、氨基半乳糖（galactosamine, GalN）和氨基甘露糖（mannosamine, ManN）。其中，氨基葡萄糖、氨基半乳糖和氨基甘露糖是 3 种互为差向异构体的己糖胺。胞壁酸含量占土壤总氨基糖含量的 3%～16%（Joergensen, 2018），只来源于细菌的氨基糖具有单一性，是细菌脂多糖（lipopolysaccharide）和细胞壁肽聚糖（peptidoglycan）的组成成分。胞壁酸可作为细菌残留物的生物标志物（Joergensen, 2018）。氨基葡萄糖含量占土壤总氨基糖含量的 47%～68%，主要来源于真菌，是真菌几丁质（chitin）的唯一成分和脱酰基几丁质的重要成分，少部分来源于无脊椎动物和细菌细胞壁的肽聚糖。土壤无脊椎动物对氨基葡萄糖的贡献很小，可忽略不计；而土壤细菌对氨基葡萄糖的贡献可以通过细菌细胞中胞壁酸和氨基葡萄糖的摩尔分数比（1∶2）来估算，因此，氨基葡萄糖可作为真菌残留物的生物标志物。氨基半乳糖含量占土壤总氨基糖含量的 17%～42%，但它的来源存在争议。有研究发现，氨基半乳糖主要存在于细菌细胞壁及细胞外的荫状多聚糖中。Joergensen 等（2010）观察到氨基半乳糖与细菌残留碳之间存在显著的正相关关系，认为氨基半乳糖主要来源于细菌；而Engelking 等（2007）发现，细菌来源的氨基半乳糖含量只占总氨基糖含量的 4%，真菌来源的氨基半乳糖含量则达到 15%，表明氨基半乳糖更多地来源于真菌。氨基甘露糖来源也尚不明确，由于其在土壤中含量很低，对土壤有机质累积的贡献相对较小（图 5-22）。

微生物残留物是微生物生长和代谢的副产物，具有较高的稳定性，通常被归入土壤稳定碳库（Ludwig et al., 2015）。活体微生物生物量碳占土壤有机碳库的比例不足 4%，但是，土

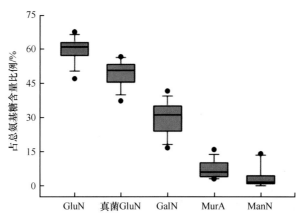

图 5-22　土壤中不同种类氨基糖含量占总氨基糖含量比例

参考 Joergensen（2018）绘制

壤微生物不断经历着增殖和死亡，微生物残留物在土壤中不断地累积，微生物残留物碳占土壤有机碳的比例甚至可以达到 80%。因此，微生物主要通过微生物残留物对土壤有机碳库的长期固定和稳定发挥作用。微生物残留物碳还可以与土壤颗粒结合形成微团聚体，进而形成大团聚体，促进土壤有机碳的累积（Murugan et al.，2019）。但是，土壤结构如何影响土壤氨基糖的含量和组成？土壤氨基糖在土壤团聚体中分配特征是什么？针对上述问题，本部分重点讨论潮土中氨基糖组分特征、土壤结构和微生物群落间的关系。

5.2.2.2　不同肥料长期施用对潮土氨基糖总量和组分的影响

1. 氨基糖总量和组成

长期施肥试验的 7 个处理中，总氨基糖含量表现为 NPK＞OM＞NP＞PK＞1/2OM＞NK＞CK（对照），其中 NPK 处理总氨基糖含量为 392.2mg C/kg，明显高于其他处理，CK 处理总氨基糖含量最低，为 193.0mg C/kg（图 5-23）。OM 和 1/2OM 处理氨基糖含量占有机碳（SOC）含量的比例为 2.9%～3.2%，显著（$P<0.05$）低于 CK 与纯化肥处理（NPK、NP 和 PK）（4.3%～5.6%）（图 5-24）。无论是有机肥处理还是无机肥处理，土壤总氨基糖含量均随有机碳含量的增加呈线性增长，表明微生物残留物对土壤有机碳的累积具有重要作用。

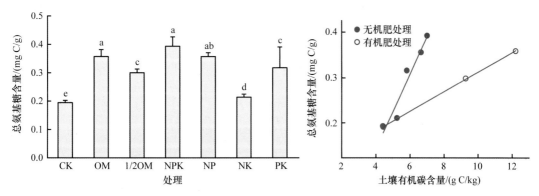

图 5-23　潮土中总氨基糖含量（左）及其与土壤有机碳含量的关系（右）

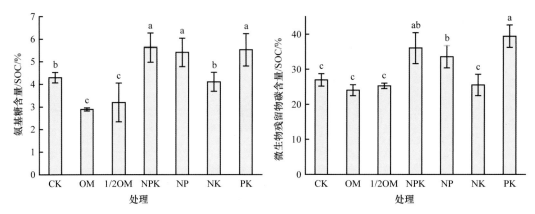

图 5-24　潮土中总氨基糖含量占土壤有机碳含量的比例（左）及微生物残留物碳含量占
土壤有机碳含量的比例（右）

除 NK 处理外，与对照相比，长期施肥均显著增加了土壤氨基葡萄糖和氨基半乳糖的含量（$P<0.05$），增幅分别为 57.0%～107.3% 和 31.5%～95.7%，其中 NPK 处理增幅最大（表 5-2）。与 CK 相比，长期施肥处理也显著增加了土壤胞壁酸的含量（$P<0.05$，除 NK 外）。有机肥处理胞壁酸含量为 22.3～29.1mg C/kg，是对照的 4.65～6.06 倍，也显著高于化肥处理。长期施用有机肥处理显著降低了氨基葡萄糖与胞壁酸之比（$P>0.05$），而施用化肥处理无显著影响。根据土壤氨基糖含量计算微生物残留物碳，发现与对照相比，施用有机肥处理对微生物残留物碳/SOC 值无显著影响，相反施用化肥处理则显著增加了微生物残留物碳/SOC 值。德国黑森州 25 年的长期定位试验也发现了类似的结果，有机肥处理中微生物残留物碳对土壤有机碳的贡献显著低于化肥处理（Sradnick et al.，2014）。

表 5-2　长期施肥对潮土氨基糖含量（mg C/kg）、组成及微生物残留物碳的影响

处理	CK	OM	1/2OM	NPK	NP	NK	PK
氨基葡萄糖（GluN）	115.7±3.9d	221.9±9.0ab	181.6±1.8c	239.8±17.1a	214.1±12.5ab	129.1±6.0d	194.5±10.1bc
氨基甘露糖（ManN）	2.6±0.3b	2.9±0.3b	2.9±0.2b	4.0±0.3a	3.9±0.5a	2.3±0.2b	3.1±0.3ab
氨基半乳糖（GalN）	69.9±3.4c	104.7±3.7b	91.9±3.6b	136.8±4.3a	128.7±8.2a	75.4±4.1c	101.5±4.5b
胞壁酸（MurA）	4.8±0.4f	29.1±0.6a	22.3±0.8b	11.5±1.0d	9.2±0.2e	5.2±0.3f	16.4±0.7c
GluN/MurA	24.6±1.6a	7.6±0.2d	8.2±0.2d	21.0±0.6b	23.4±1.8ab	24.8±0.5a	11.9±0.3c
GluN/GalN	1.66±0.03c	2.12±0.02a	1.98±0.07a	1.75±0.07bc	1.65±0.06c	1.72±0.08c	1.91±0.02ab
真菌残留碳/细菌残留碳	4.6±0.3a	1.2±0.0c	1.4±0.0c	3.9±0.1b	4.4±0.4ab	4.7±0.1a	2.1±0.1c
总氨基糖/SOC	4.3±0.2b	2.9±0.1c	3.2±0.9c	5.6±0.3a	5.4±0.3a	4.1±0.2b	5.5±0.3a
微生物残留物碳/SOC	26.8±1.0c	24.0±0.8c	25.3±0.5c	35.9±2.7ab	33.5±1.5b	25.5±1.4c	39.3±2.1a

与此同时，OM 和 1/2OM 处理真菌残留物碳与细菌残留物碳的比值分别为 1.2 和 1.4，显著（$P<0.05$）低于对照处理，而 NP 和 NK 处理则与对照处理无显著差异。化肥处理有机碳只来源于植物根系和根系分泌物，微生物残留物碳占有机碳的比例却较高，这表明植物输入的有机物质被快速分解、矿化，不利于有机碳的固定；相反，OM 和 1/2OM 有更多外源有机

物质输入，其微生物残留物碳占有机碳的比例及真菌残留物碳与细菌残留物碳的比值却较低，这表明施用有机肥增加潮土有机碳的原因可能并非是微生物残留物碳特别是真菌残留物碳的增加，而是外源输入有机碳被封存、积累。

2. 土壤团聚体对氨基糖组成的影响机制

封丘长期定位试验的结果表明，有机肥处理有机碳的比矿化率（即单位有机碳的矿化速率）显著低于 NPK 处理（Yu et al.，2012b），这表明与化肥处理相比，OM 和 1/2OM 处理增加的有机碳被更加有效地保护。施用有机肥可以增加所有粒径团聚体中有机碳的含量，施用化肥则仅增加了大团聚体（>0.25mm）中的有机碳含量，微团聚体（0.053～0.25mm）中有机碳含量并没有增加。微团聚体（无论是自由微团聚体还是大团聚体中的微团聚体）中有机碳的增加可以提升土壤孔隙中填充有机质（pore filling organic matter）的含量，从而增加土壤中<4μm 孔隙的比例、降低 4～15μm 孔隙的比例（Ruamps et al.，2011；Zhang et al.，2015），降低氧气扩散速率（DCo）。DCo 的降低诱导土壤中优势微生物向专性/兼性厌氧的方向演替，从而改变土壤中有机物质的分解速率和产物类型。

回归分析表明，潮土中氨基葡萄糖与胞壁酸比值与大团聚体含量呈极显著负相关（$P<0.01$），而与 DCo 呈显著正相关（$P<0.05$）（图 5-25）。冗余分析（redundancy analysis，RDA）结果表明，土壤中胞壁酸含量与细菌磷脂脂肪酸（PLFA）、革兰氏阳性（G^+）细菌磷脂脂肪酸（PLFA）含量及 G^+/G^-（革兰氏阳性细菌/革兰氏阴性细菌）显著相关（$P<0.05$），但与放线菌 PLFA 负相关（图 5-26）。胞壁酸含量与 G^+ 细菌 a16:0 和 i16:0 显著正相关，在 OM 处理中，a16:0 和 i16:0 占总 G^+ 细菌 PLFA 含量的 72%，而在其他处理中 a16:0 和 i16:0 的占比仅为 24%～41%。相反，胞壁酸含量与 G^- 细菌 18:1ω7c 显著负相关。与 G^- 细菌相比，G^+ 细菌细胞壁更厚且胞壁酸含量更高（Appuhn and Joergensen，2006），更有利于胞壁酸的累积。因此，有机肥处理胞壁酸的累积主要源于土壤特别是大团聚体中 G^+ 细菌 a16:0 和 i16:0。

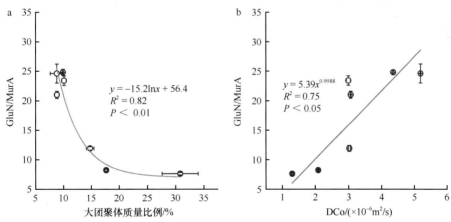

图 5-25　潮土中 GluN/MurA 与大团聚体质量比例（a）和氧气扩散速率（b）的关系

与施用化肥处理相比，施用有机肥均衡地促进了各粒级团聚体中有机碳的增加，微团聚体（无论是自由微团聚体还是大团聚体中的微团聚体）中孔隙填充有机质的增加更有效地降低了土壤中大孔隙的比例和氧气扩散速率，从而诱导微生物群落向更加适应厌氧环境（如 G^+ 细菌）的方向演替，G^+ 细菌细胞死亡后，细胞壁碎片长时间稳定存在于土壤中，增加了胞壁酸含量。

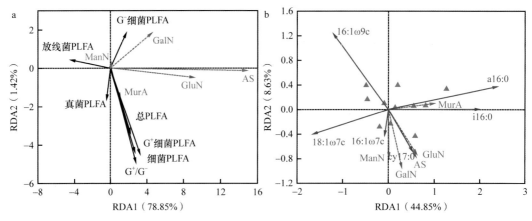

图 5-26　潮土中氨基糖组成（a）与微生物群落结构（b）的冗余分析

5.2.3　土壤团聚结构对磷素养分转化的影响机制

磷是作物生长的大量必需营养元素，土壤中总磷含量在 100 ～ 3000mg/kg（Condron et al.，2005），但总磷中只有不足 1% 是植物可利用的有效磷（Raghothama and Karthikeyan，2005）。由于农业生产需要持续不断的磷投入，而世界上现有的磷矿储量远远低于农业需要量，磷被形容为一种正在消失的元素（Gilbert，2009），因此国际上对土壤残留磷活化与提高磷素有效性的研究一直非常重视（Sattari et al.，2012）。土壤是一个复杂的三相系统，土壤结构综合反映团聚体和孔隙结构在土壤里的排列情况，与土壤水分、养分传输密切相关（Lal，2015），土壤结构按尺度从小到大依次为土壤颗粒、土壤团聚体、土柱、土壤剖面（Peng et al.，2015）。目前，土壤磷素方面的研究主要集中在土壤颗粒和土柱尺度上，土壤颗粒尺度上主要进行磷素形态与化学过程研究，土柱尺度上则主要研究磷素的迁移及其环境效应（Bünemann et al.，2011）。近年来，研究人员通过田间试验证实土壤团聚体对磷素有效性有显著影响（Fonte et al.，2014；Nesper et al.，2015）。因此，探索土壤团聚体对磷素有效性及转化过程的作用机制和调控措施可以丰富对土壤磷素循环的科学认识。本节基于封丘潮土长期施肥试验，研究长期不同施肥对土壤磷素形态和磷素吸附特征的影响。

5.2.3.1　长期施肥对耕层土壤磷素形态的影响

土壤全磷演变是一个缓慢变化的过程，封丘潮土长期施肥试验表明，1989 年（试验开始时）至 2009 年各处理之间 40 ～ 60cm 土层的总磷含量没有显著差异。磷肥（有机肥或化肥）的投入均能提高 0 ～ 20cm 土层的全磷和有效磷含量；但各处理 20cm 土层以下有效磷含量均小于 2mg/kg。0 ～ 20cm 土层中 OM、1/2OM 和 NPK 处理有效磷含量分别为 11.6mg/kg、9.9mg/kg 和 7.1mg/kg。有机肥显著提高了 0 ～ 20cm 土层的有效磷含量。

进行 25 年（1989 ～ 2014 年）施肥试验后，土壤中各组分无机磷的含量由于施肥条件不同，各自的含量变化也不同。施加磷肥后，土壤中 Ca_2-P、Ca_8-P、Al-P、O-P、Ca_{10}-P 五种形态磷素含量都显著增加。总体来说，所有处理都以最稳定的 Ca_{10}-P 含量最高。在平衡施肥处理中，OM 处理下 Ca_2-P、Fe-P 含量最高，NPK 处理 Ca_2-P、Fe-P 含量最低。而土壤中 Ca_8-P、Al-P 则是 NPK 处理下含量最高，OM 处理下含量最低。即有机肥施入越多，土壤中 Ca_2-P、Fe-P 增加越为显著；施入化学磷肥越多，则 Ca_8-P、Al-P 比例增加显著。几种处理下土壤中

Ca_{10}-P 含量变化很小。按照磷素分类方法，Ca_2-P 为速效磷源，Ca_8-P、Al-P、Fe-P 为缓释磷源，O-P、Ca_{10}-P 为迟效磷源。NPK 处理缓释磷源、迟效磷源增加显著，OM 处理则表现为速效磷源增加显著（表 5-3）。进一步利用土壤浸提液 ^{31}P NMR 技术研究发现，长期不施肥降低了无机磷的比例；平衡施肥条件下，NPK 和 1/2OM 处理无机磷比例基本相同，而 OM 处理无机磷比例下降；施用有机肥可以提高有机磷各组分的含量，随着施用有机肥比例的增加，磷酸二酯和磷酸单酯比例均增加，说明磷素有效性高。而有机肥配施化肥处理的磷素组成和含量基本与 NPK 处理一致。

表 5-3　不同处理下不同形态无机磷增加比例（%）

处理	速效磷源	缓释磷源	迟效磷源
CK	−10.22	−16.50	−0.74
NK	28.71	−19.33	−8.54
PK	1255.32	673.44	27.53
NP	460.30	319.18	7.71
NPK	296.81	345.92	9.40
1/2OM	525.96	210.36	12.55
OM	649.72	192.36	4.37

5.2.3.2　砂性障碍土壤结构对磷素吸附特征的影响

选取封丘潮土长期施肥试验不同肥力、不同结构的耕层土壤样品进行磷素吸附试验，采用 Langmuir 吸附等温线进行模拟（图 5-27），研究发现，长期施用有机肥显著降低了 0～20cm 土壤磷吸附亲和力常数（k）、最大吸附量和吸附缓冲容量；与不施肥处理相比，平衡施用化肥（NPK）处理显著提高了 0～20cm 土壤磷吸附亲和力常数、最大吸附量和吸附缓冲容量；长期化肥配施有机肥（1/2OM）处理处于 NPK 和 OM 处理中间。由此说明长期施用有机肥或有机与无机肥配施能显著降低潮土对磷的吸附性，有效提高土壤磷素供应能力。同时由于大团聚体与有机质的协同促进关系，因此大团聚体形成有利于提高土壤磷素的有效性，反之则制约了砂性潮土有效磷库容量的提升。

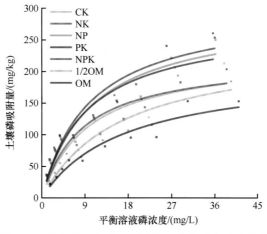

图 5-27　长期施肥条件下不同处理土壤磷素吸附曲线

5.3 土壤团聚结构形成及其微生物作用机制

传统观点认为有机质分子结构决定了土壤有机质的稳定性。简单的有机物优先被微生物分解，复杂的难分解有机物在土壤中更容易残留下来。但是，越来越多的研究认为有机质的稳定是由土壤生态系统综合功能决定的。其中，团聚体的物理保护是有机质稳定的重要机制。Ashman 等（2003）推测，有机碳稳定性随着团聚体粒径减小而增强，但是近年来的研究发现，小粒径团聚体中有机碳稳定性未必高于大粒径团聚体（Razafimbelo et al.，2008）。Yu 等（2012b）对潮土的研究发现，微团聚体中有机碳的稳定性高于粉黏粒组分。Lisboa 等（2009）计算了土壤团聚体中有机碳的周转时间，微团聚体中有机碳的周转时间为 498 年，粉砂粒组分中的有机碳只有 210 年。导致微团聚体中有机碳更加稳定的可能机制：有机碳与微生物及其分泌酶之间形成空间隔离屏障，使得微生物无法有效利用碳基质；氧气进入团聚体的速率减缓，降低微生物分解有机碳的速率；改变微生物群落组成，降低土壤有机碳分解速率。对微生物和酶而言，其通常无法进入 <0.1mm 的土壤孔隙。即便小型细菌可以存留于微团聚体中相对较大的孔隙，但其分泌的酶并非完全是生理有效的。因此，促进团聚体的形成是提高土壤有机质含量的关键。Yu 等（2012a）发现，土壤大团聚体比例随着粉黏粒组分中有机质含量的增加呈指数增加，表明提高粉黏粒组分中有机质含量，该组分将不断地通过自结合形成微团聚体，进而形成大团聚体，反过来加速土壤有机质的累积。

土壤有机质的转化本质上是一个微生物介导的过程。团聚体结构的形成改变了氧气等微环境，进而影响微生物的群落组成。在好氧环境中，有机质转化主要由放线菌、芽孢杆菌、纤维杆菌、真菌等好氧微生物通过胞外分泌物即分泌到体外的多种酶系协同执行，而在厌氧环境中主要由厚壁菌门中的厌氧微生物实施（Bayer et al.，2004）。微生物群落结构的演变会引发有机物分解速率和结构的改变。例如，在有机物分解前期，革兰氏阴性细菌活性更强，迅速分解双氧烷基碳等组分，随着分解速率的下降，真菌的作用更加显著，能够分解木质素上的甲氧基碳。因此，明确有机质组分、团聚体结构、微生物群落之间的偶联关系是深入认识土壤结构形成的关键。

5.3.1 不同耕作和秸秆管理措施对潮土团聚结构形成的作用机制

5.3.1.1 不同耕作和秸秆管理下潮土团聚结构形成与有机碳累积特征

针对黄淮海平原砂性潮土较差的团聚结构和较低的有机质水平严重限制着农田生态系统的稳定性与生产力这一现状，加强以"改良土壤结构、促进有机碳累积"为核心的理论与技术研究是发展农田高强度种植和地力提升共济的新途径。依托中国科学院封丘农业生态实验站内连续 9 年的不同耕作和秸秆管理长期定位试验，借助团聚体分级、有机碳分组、核磁共振和分子生物学等相关分析技术，从不同耕作和秸秆管理下潮土团聚结构形成与有机碳累积特征、有机碳组分影响大团聚化进程的作用机制，以及团聚体、有机碳和微生物的联动关系 3 个方面展开研究，以期阐明土壤团聚结构形成及其微生物作用机制，为消减土壤结构性障碍和实现农田地力定向培育提供理论支撑。

封丘站砂性潮土耕作和秸秆管理长期定位试验设置了 4 个耕作管理处理：每年小麦季翻耕（T）、每两年小麦季翻耕 1 次（2T）、每 4 年小麦季翻耕 1 次（4T）、长期免耕（NT），在每种耕作措施下设置 2 个秸秆管理处理：秸秆不还田（–S）和秸秆还田（+S）。试验结果表明，在 8 种不同耕作和秸秆管理措施下，潮土的团聚结构组成主要以微团聚体（0.053～0.25mm）为主，其质量比例达到 43.8%～65.3%，以粉黏粒（<0.053mm）的质量比例最低，仅为 6.3%～9.8%（图 5-28）。在秸秆不还田条件下，与连续性翻耕处理相比，少耕（2T 和 4T）和免耕（NT）显著提高了 0～5cm 与 5～10cm 土层大团聚体（>0.25mm）的质量比例，但在 10～20cm 土层，仅 4T 处理使大团聚体的质量比例显著提高了 6.3%（图 5-28）。同时，秸秆还田较不还田处理相比，0～20cm 土层大团聚体的质量比例均显著提高（图 5-28）。

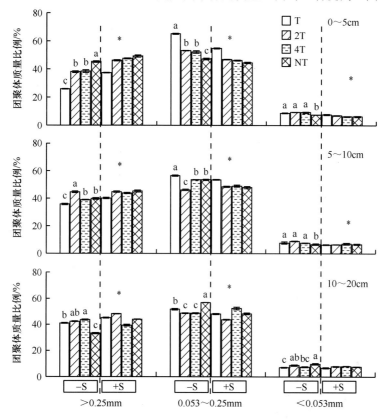

图 5-28　不同耕作与秸秆管理下 0～5cm、5～10cm 和 10～20cm 土层土壤团聚体的质量比例

　　耕作模式、秸秆管理和二者的交互作用均显著影响 0～10cm 土层团聚体的稳定性。与连续性翻耕处理相比，少免耕使 0～5cm 和 5～10cm 土层 MWD 分别提高了 62.6% 和 39.9%，而 GMD 分别提高了 17.1% 和 9.4%（表 5-4）。与秸秆不还田处理相比，秸秆还田也显著提高了 0～5cm 和 5～10cm 土层团聚体的稳定性。在 8 种耕作和秸秆管理措施下，以少耕耦合秸秆还田措施对土壤大团聚化进程的促进效应最大。

表 5-4　0～5cm、5～10cm 和 10～20cm 土层土壤团聚体的稳定性及其方差分析

耕作模式	平均重量直径（MWD）/mm						几何平均直径（GMD）/mm					
	0～5cm		5～10cm		10～20cm		0～5cm		5～10cm		10～20cm	
	−S	+S	−S	+S	−S	+S	−S	+S	−S	+S	−S	+S
T	0.45	0.69	0.65	0.72	0.72	0.70	0.52	0.60	0.59	0.62	0.62	0.64
2T	0.65	1.08	0.83	1.20	0.75	0.81	0.58	0.69	0.64	0.71	0.62	0.66
4T	0.59	0.81	0.87	0.79	0.87	0.59	0.58	0.66	0.63	0.64	0.65	0.59

续表

耕作模式	平均重量直径（MWD）/mm						几何平均直径（GMD）/mm					
	0～5cm		5～10cm		10～20cm		0～5cm		5～10cm		10～20cm	
	–S	+S	–S	+S	–S	+S	–S	+S	–S	+S	–S	+S
NT	0.97	1.11	1.02	1.09	0.55	0.80	0.67	0.71	0.66	0.69	0.56	0.64
ANOVA												
耕作模式（t）	$P<0.001$		$P<0.001$		ns		$P<0.001$		$P<0.001$		ns	
秸秆管理（s）	$P<0.001$		$P<0.01$		ns		$P<0.001$		$P<0.01$		$P<0.05$	
t×s	$P<0.001$		$P<0.05$		ns		$P<0.001$		$P<0.05$		ns	

注：ns 表示处理间差异不显著；–S 表示秸秆不还田，+S 表示秸秆还田

　　经过连续 9 年的耕作和秸秆管理，少免耕措施使 0～5cm 和 5～10cm 土层土壤有机碳平均储量较连续性翻耕分别增加了 20.7% 和 7.5%，而 10～20cm 土层土壤有机碳平均储量却降低了 8.2%（图 5-29a）。相反，与秸秆不还田处理相比，秸秆还田处理显著提高了 0～5cm、5～10cm 和 10～20cm 土层土壤有机碳平均储量，提高率分别为 28.8%、25.1% 和 7.7%（图 5-29a）。有机碳氧化稳定系数（K_{os}）用来表征土壤有机碳的氧化活性，K_{os} 值越小，表明有机碳活性越高（Blair et al.，1995）。土壤有机碳的氧化活性受到耕作模式和秸秆管理方式的显著影响，少免耕和秸秆还田措施均显著提高了 0～5cm 和 5～10cm 土层土壤有机碳的氧化活性（图 5-29b）。该结果表明在少免耕耦合秸秆还田的保护性耕作下 0～10cm 土层土壤累积的这部分有机碳主要属于相对活性有机碳组分。

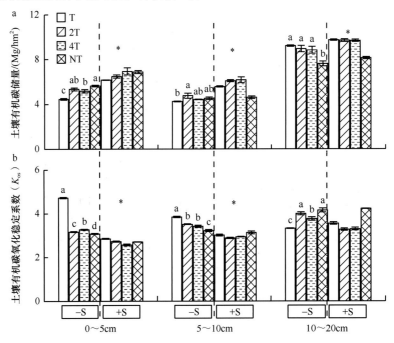

图 5-29　不同耕作与秸秆管理下 0～5cm、5～10cm 和 10～20cm 土层土壤有机碳储量及氧化活性

　　回归分析结果表明，不同耕作和秸秆管理下 0～20cm 土层大团聚体的质量比例和团聚体的稳定性指数均与有机碳的氧化稳定系数显著负相关（图 5-30），说明保护性耕作条件下相对活性有机碳的积累可能对土壤大团聚体形成和团聚体稳定性提升起主导作用。通过计算

不同团聚体对全土有机碳积累的相对贡献率，结果发现其与耕作和秸秆管理措施无关，细大团聚体（0.25～2mm）和微团聚体对全土有机碳积累的相对贡献率要显著大于粗大团聚体（＞2mm）与粉黏粒；但是，少免耕和秸秆还田主要提高了 0～5cm 与 5～10cm 土层粗大团聚体或细大团聚体对全土有机碳积累的相对贡献率（图 5-31）。

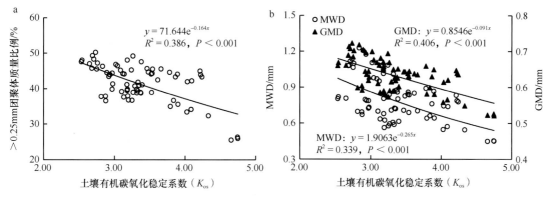

图 5-30　0～20cm 土层大团聚体（＞0.25mm）质量比例及稳定性与有机碳氧化活性的关系

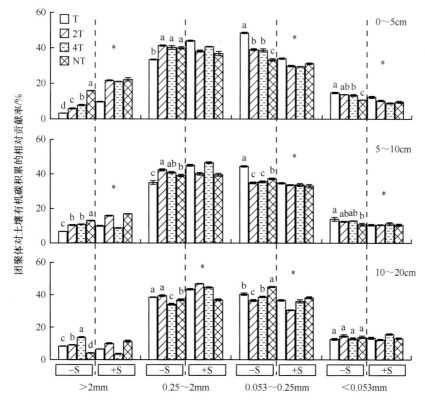

图 5-31　不同耕作与秸秆管理下 0～5cm、5～10cm 和 10～20cm 土层各团聚体对全土有机碳积累的相对贡献率

将粗大团聚体和细大团聚体结合态有机碳进一步细分为粗闭蓄态颗粒有机碳、细闭蓄态颗粒有机碳和矿物结合态有机碳。结果表明，在粗大团聚体中，0～5cm 土层团聚体结合态有机碳的氧化稳定系数与细闭蓄态颗粒有机碳和矿物结合态有机碳的累积量显著负相关，而 5～10cm 土层团聚体结合态有机碳的氧化稳定系数仅轻度负相关于这两种颗粒有机碳组分

（表 5-5）。相比之下，在细大团聚体中，0 ～ 5cm 和 5 ～ 10cm 土层团聚体结合态有机碳的氧化活性主要随着土壤粗闭蓄态颗粒有机碳与细闭蓄态颗粒有机碳的积累而显著提高（表 5-5）。

表 5-5　0 ～ 5cm 和 5 ～ 10cm 土层粗大团聚体及细大团聚体结合态有机碳的氧化稳定系数（Y）与不同颗粒有机碳（X）的关系

颗粒有机碳	粗大团聚体（＞2mm）		细大团聚体（0.25 ～ 2mm）	
	回归方程	R^2	回归方程	R^2
0 ～ 5cm				
coarse iPOC	$Y=4.1036e^{-0.109X}$	0.118	$Y=-1.239\ln X+3.7853$	0.179^*
fine iPOC	$Y=4.8015e^{-0.11X}$	0.368^{**}	$Y=-1.513\ln X+5.5334$	0.236^*
mSOC	$Y=-4.926\ln X+9.4708$	0.386^{**}	$Y=-1.063\ln X+4.3604$	0.033
5 ～ 10cm				
coarse iPOC	$Y=-0.9291X+5.0756$	0.115	$Y=7.3235e^{-0.594X}$	0.568^{**}
fine iPOC	$Y=-1.097\ln X+5.4761$	0.054	$Y=5.8637e^{-0.118X}$	0.368^{**}
mSOC	$Y=-1.832\ln X+5.8494$	0.068	$Y=-0.2576X+4.4251$	0.054

注：coarse iPOC 为粗闭蓄态颗粒有机碳，fine iPOC 为细闭蓄态颗粒有机碳，mSOC 为矿物结合态有机碳。* 和 ** 分别表示统计相关性在 0.05 和 0.01 水平显著

5.3.1.2　有机碳组分影响大团聚化进程的作用机制

基于核磁共振光谱分析，将潮土有机碳进一步划分为 8 种不同成分与来源的碳官能团组分（Mao et al.，2008）。潮土有机碳的主要结构组成与耕作和秸秆管理措施无关，在 0 ～ 5cm 和 5 ～ 10cm 土层，烷氧碳（O-alkyl C）、烷基碳（alkyl C）、芳基碳（aromatic C）、羧基碳（carboxyl C）和甲氧基/含氮烷基碳（methoxyl/N-alkyl C）是构成土壤有机碳最重要的 5 种碳组分，其含量显著高于二氧烷基碳（di-O-alkyl C）、酚碳（phenolic C）和酮/醛类碳（ketones/aldehydes C）；同时，耕作模式和秸秆管理方式显著影响了土壤中不同碳官能团组分的积累。与连续性翻耕处理相比，在 0 ～ 5cm 土层，免耕和秸秆还田措施显著提高了除 ketones/aldehydes C 以外其余碳官能团组分的含量，其中 alkyl C（37.1%）、methoxyl/N-alkyl C（53.3%）和 carboxyl C（57.3%）在 NTS 处理下累积量较高，而 O-alkyl C（54.4%）、di-O-alkyl C（67.4%）、aromatic C（40.7%）和 phenolic C（65.5%）在 TS 处理下累积量较高；在 5 ～ 10cm 土层，仅 TS 处理显著提高了以上这些碳官能团组分的含量，而 NT 处理和 NTS 处理仅轻微提高了 di-O-alkyl C 和 aromatic C 的含量（表 5-6）。

表 5-6　不同耕作与秸秆管理下 0 ～ 5cm 和 5 ～ 10cm 土层土壤有机碳官能团组分的含量

（单位：g C/kg）

试验处理	烷基碳含量	甲氧基/含氮烷基碳含量	烷氧碳含量	二氧烷基碳含量	芳基碳含量	酚碳含量	羧基碳含量	酮/醛类碳含量
0 ～ 5cm								
T	1.25bB	0.65dC	1.53aC	0.46eC	0.92cC	0.35eC	0.82cdC	0.09fA
NT	1.68bA	0.89dB	1.89aB	0.58eBC	1.13cB	0.45eB	1.06cdB	0.07fA
TS	1.54bAB	0.96dA	2.36aA	0.78eA	1.29cA	0.58fA	1.14cAB	0.13gA
NTS	1.71bA	0.99dA	2.33aA	0.68eAB	1.22cAB	0.57eA	1.29cA	0.22fA

续表

试验处理	烷基碳含量	甲氧基/含氮烷基碳含量	烷氧碳含量	二氧烷基碳含量	芳基碳含量	酚碳含量	羧基碳含量	酮/醛类碳含量
5～10cm								
T	1.24bB	0.69dB	1.57aB	0.40eB	0.90cB	0.37eB	0.90cB	0.13fA
NT	1.24bB	0.65dBC	1.38aC	0.42eAB	0.93cB	0.34eB	0.82cB	0.06fA
TS	1.53bA	0.86dA	1.94aA	0.57eA	1.12cA	0.50eA	1.09cA	0.13fA
NTS	1.17bB	0.62dC	1.42aBC	0.45eAB	0.94cB	0.36eB	0.81cB	0.07fA

注：同行不同小写字母表示相同处理下不同碳官能团组分间差异显著（$P<0.05$）；同列不同大写字母表示相同碳官能团组分在不同处理间差异显著（$P<0.05$）

通过计算保护性耕作下不同有机碳官能团组分在团聚体中的累积变化率，结果发现，与连续性翻耕处理相比，在 0～5cm 土层，免耕和秸秆还田主要促进了不同有机碳官能团组分在粗大团聚体与细大团聚体中的积累，同时却降低了微团聚体与粉黏粒中各有机碳官能团组分的积累量，并且粗大团聚体中各有机碳官能团组分的累积量要显著大于细大团聚体（图 5-32）。在 5～10cm 土层，TS 处理显著促进了各有机碳官能团组分在粗大团聚体与细大团聚体中的积累，而 NT 和 NTS 处理仅增加了粗大团聚体中各有机碳官能团组分的积累量（图 5-32）。此外，对不同保护性耕作处理比较发现，0～5cm 和 5～10cm 土层粗大团聚体积累的有机碳官能团组分量依次为 NTS＞NT＞TS 处理，但是 0～5cm 土层细大团聚体积累的有机碳官能团组分量以 NT 和 TS 略高于 NTS 处理（图 5-32）。

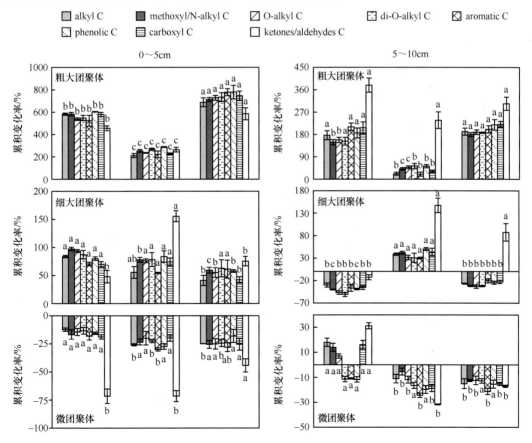

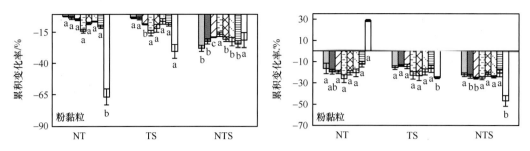

图 5-32　保护性耕作下 0 ～ 5cm 和 5 ～ 10cm 土层团聚体结合态有机碳官能团组分的累积变化率

冗余分析结果表明，在 0 ～ 5cm 土层，不同耕作和秸秆管理措施下土壤 alkyl C、methoxyl/N-alkyl C、O-alkyl C、aromatic C、phenolic C 和 carboxyl C 的含量均显著正相关于粗大团聚体或细大团聚体的质量比例，并且 alkyl C、methoxyl/N-alkyl C 和 carboxyl C 与大团聚化进程的相关性要高于其余有机碳官能团组分（图 5-33）。相比之下，在 5 ～ 10cm 土层，仅细大团聚体的质量比例与土壤 methoxyl/N-alkyl C、O-alkyl C、phenolic C、carboxyl C 的含量显著正相关，并且前两种碳官能团组分与大团聚化进程的相关性要高于后两者（图 5-33）。根据冗余分析结果，对所有与土壤大团聚化进程显著相关的有机碳官能团组分进行通径分析，结果发现，methoxyl/N-alkyl C 和 O-alkyl C 分别是 0 ～ 5cm 与 5 ～ 10cm 土层促进土壤大团聚体形成的最重要的碳组分，其直接贡献率达到 73.1% ～ 85.1%（表 5-7）。

5.3.1.3　团聚体、有机碳和微生物的联动关系

土壤团聚体的形成不仅减少了微生物对有机碳的物理接触，避免了有机碳组分被快速降解（Jagadamma et al.，2014），而且塑造了土壤微环境，通过影响碳基质数量和质量、土壤水气特性、孔隙分布等改变微生物丰度及其群落结构（Zhang et al.，2018a）。在不同耕作和秸秆管理措施下，0 ～ 10cm 土层大团聚体的质量比例与土壤有机碳含量、C/N 和体积含水量均显著指数正相关，同时却显著对数负相关于土壤孔隙度和氧气有效扩散系数。因此，在少免耕与秸秆还田措施下大团聚化进程有利于增加土壤活性碳基质数量和含水量，以及形成厌氧微环境。

0 ～ 10cm 土层土壤微生物群落的典范对应分析结果表明，一方面，第一和第二主成分能够解释土壤微生物群落结构在 5 种环境因子（有机碳含量、C/N、土壤体积含水量、孔隙度和氧气有效扩散系数）上 73.9% 的变异信息，其中第一主成分主要反映了耕作模式对微生物群落结构的影响，而第二主成分则主要呈现了秸秆管理方式影响微生物群落结构的结果（图 5-34a）；另一方面，真菌、G[+]细菌和饱和支链脂肪酸指示的微生物是少免耕耦合秸秆还田处理下的优势微生物群落（图 5-34b）。同时，根据表征环境因子解释贡献率的箭头长度可以看出，5 种环境因子中，以土壤体积含水量、孔隙度和氧气有效扩散系数对微生物群落结构的影响较大（图 5-34b）。

通过计算几种特定的土壤微生物含量比值来揭示微生物群落结构及其功能多样性对不同耕作和秸秆管理的响应变化，结果发现不同耕作和秸秆管理措施下细菌/真菌（B/F）及单不饱和脂肪酸/饱和支链脂肪酸（M/B）均显著负相关于土壤体积含水量（图 5-35a），同时又与土壤孔隙度和氧气有效扩散系数显著正相关（图 5-35b 和 c）。该结果表明少免耕和秸秆还田措施下土壤体积含水量的增加及厌氧微环境的形成有利于微生物群落向真菌与厌氧微生物转变。

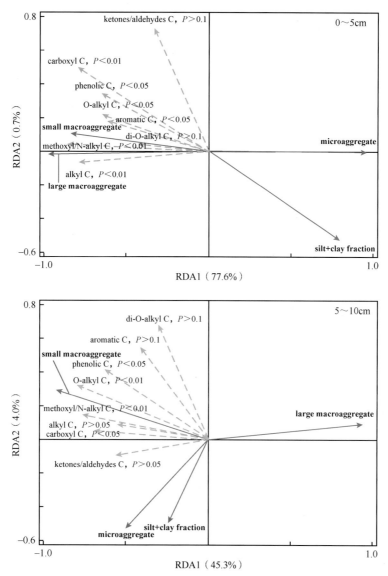

图 5-33　0～5cm 和 5～10cm 土层大团聚化进程与土壤有机碳官能团组分积累的冗余分析

large macroaggregate：粗大团聚体；small macroaggregate：细大团聚体；microaggregate：微团聚体；silt+clay fraction：粉黏粒；

alkyl C：烷基碳；methoxyl/N-alkyl C：甲氧基/含氮烷基碳；O-alkyl C：烷氧碳；di-O-alkyl C：二氧烷基碳；aromatic C：芳基碳；

phenolic C：酚碳；carboxyl C：羧基碳；ketones/aldehydes C：酮/醛类碳

表 5-7　0～5cm 和 5～10cm 土层团聚体质量比例（Y）与有机碳官能团组分含量（X）的通径分析

团聚体类别	线性回归方程	R^2	直接通径	间接通径
0～5cm				
粗大团聚体	$Y=36.975X_{\text{methoxyl/N-alkyl C}}-20.580$	0.535^{**}	0.731	0
细大团聚体	$Y=16.108X_{\text{methoxyl/N-alkyl C}}+13.734$	0.725^{**}	0.851	0
5～10cm				
细大团聚体	$Y=18.035X_{\text{O-alkyl C}}-2.198$	0.700^{**}	0.836	0

注：$**$ 表示统计相关性在 0.01 水平显著

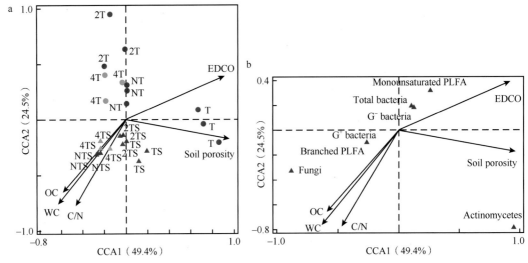

图 5-34　0 ～ 10cm 土层土壤微生物群落的典范对应分析（a）及其第一和第二主成分的因子载荷图（b）

OC：有机碳含量；WC：土壤体积含水量；EDCO：氧气有效扩散系数；Soil porosity：土壤孔隙度；G⁺ bacteria：革兰氏阳性细菌；

G⁻ bacteria：革兰氏阴性细菌；Total bacteria：总细菌；Fungi：真菌；Actinomycetes：放线菌；Monounsaturated PLFA：单不饱
和脂肪酸；Branched PLFA：饱和支链脂肪酸

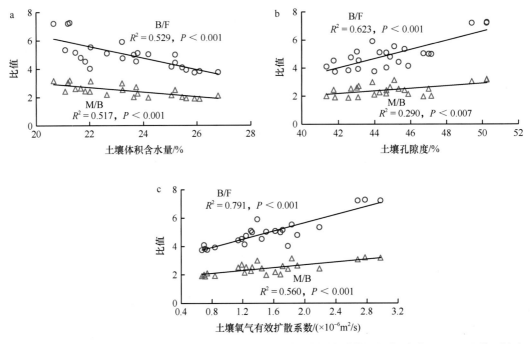

图 5-35　0 ～ 10cm 土层土壤体积含水量、孔隙度或氧气有效扩散系数与细菌/真菌（B/F）和单不饱和
脂肪酸/饱和支链脂肪酸（M/B）的关系

冒余分析结果表明，在 0 ～ 10cm 土层土壤有机碳含量和有机碳平均累积速率与 G⁺细菌、
G⁻细菌、真菌和单不饱和脂肪酸的含量及 G⁺/G⁻值均显著正相关，同时又显著负相关于 B/F 和
M/B 值，说明不同耕作和秸秆管理措施下土壤微生物群落向真菌和厌氧微生物转变能显著促
进土壤有机碳的累积（图 5-36）。变差分解分析进一步指出，土壤微生物群落结构和大团聚

化进程能共同解释有机碳在不同耕作与秸秆管理措施下累积过程 82.4% 的变异信息，两种变量因子间比较发现，微生物群落结构的贡献程度为 22.9%，土壤大团聚化进程仅为 0.3%，而这两种变量交互作用的贡献率最大，达到 59.2%（图 5-37）。综上所述，在以少免耕耦合秸秆还田的保护性耕作措施下土壤大团聚化进程联合微生物群落结构共同影响土壤有机碳的累积过程。

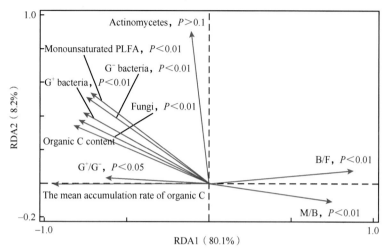

图 5-36　0～10cm 土层土壤有机碳积累与微生物群落结构的冗余分析

Organic C content：有机碳含量；The mean accumulation rate of organic C：有机碳平均累积速率；G+ bacteria：革兰氏阳性细菌；G- bacteria：革兰氏阴性细菌；Fungi：真菌；Actinomycetes：放线菌；Monounsaturated PLFA：单不饱和脂肪酸；Branched PLFA：饱和支链脂肪酸；G+/G-：革兰氏阳性细菌与革兰氏阴性细菌含量的比值；B/F：细菌与真菌含量的比值；M/B：单不饱和脂肪酸与饱和支链脂肪酸含量的比值

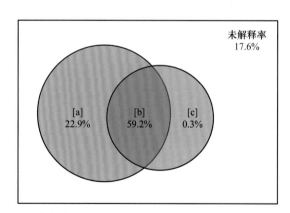

图 5-37　0～10cm 土层土壤微生物群落（[a]+[b]）和大团聚化进程（[b]+[c]）影响有机碳累积的变差分解分析

5.3.2　长期施肥对潮土团聚结构形成的微生物作用机制

5.3.2.1　长期施肥潮土中微生物群落结构和有机碳累积的关系

1. 不同施肥下土壤团聚体结构、孔隙结构及氧气有效扩散系数

封丘站长期施肥定位试验结果表明，在 7 个处理中，微团聚体的比例为 55.1%～71.5%，显著（$P < 0.05$）高于其他粒级。大团聚体的比例为 9.9%～30.8%，与不施肥处理相比，施用

有机肥处理中大团聚体比例分别增加了 250% 和 101%；相反，除了 PK 处理，所有施化肥处理对大团聚体含量均无显著影响。

从孔隙结构看（图 5-38），直径＜4μm 孔隙的比例在 OM 和 1/2OM 两个处理土壤中分别为 65.12% 和 59.88%，显著（$P<0.05$）高于对照处理，而施用化肥处理与对照差异不显著。与对照处理相比，施肥显著（$P<0.05$）降低了土壤中 4～15μm 孔隙的比例，增加了 60～300μm 孔隙的比例，但不同施肥处理之间差异不显著。OM 处理中 15～60μm 孔隙的比例为 11.33%，显著（$P<0.05$）低于其他处理；对照处理中 15～60μm 孔隙的比例最高，但与 NK 和 PK 处理差异不显著。除 PK 处理外，其他施肥处理土壤中＞300μm 孔隙的比例均显著（$P<0.05$）高于对照处理，其中最高出现在 NP 处理（9.31%），而剩余 4 个施肥处理彼此之间差异不显著。

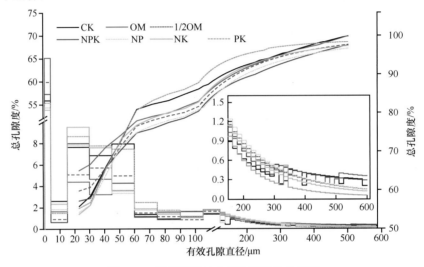

图 5-38　长期施肥对土壤孔隙结构的影响

与对照处理相比，有机肥和化肥施用显著降低了土壤中的氧气有效扩散系数（图 5-39）。对照处理土壤中氧气有效扩散系数最高，为 $5.19\times10^{-6}\text{m}^2/\text{s}$，其次是 NK 处理土壤，而 NPK、NP 和 PK 三个处理土壤之间差异不显著。OM 处理土壤中氧气有效扩散系数仅为 $1.30\times10^{-6}\text{m}^2/\text{s}$，显著（$P<0.05$）低于其他处理。不同处理土壤中氧气有效扩散系数表现为 CK＞NK＞NPK、

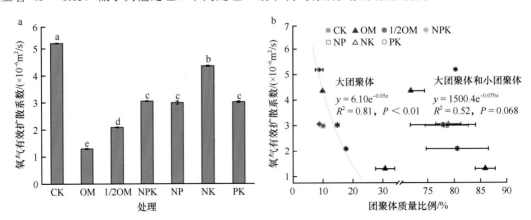

图 5-39　长期施肥对土壤中氧气有效扩散系数的影响（a）和有效扩散系数与团聚体质量比例的关系（b）

NP、PK＞1/2OM＞OM。回归分析表明，氧气有效扩散系数与大团聚体质量比例呈指数负相关（$P<0.01$），而与大团聚体和小团聚体质量比例的和也呈负相关，但未达到显著水平（$P=0.068$，图 5-39）。

2. 不同施肥下土壤中微生物群落结构的变化

相同 PLFA 类型在不同施肥处理中的生物量或含量百分比均发生了明显变化。1/2OM 处理土壤中微生物 PLFA 总量最高，其次是 OM 处理，两者均显著（$P<0.05$）高于对照处理土壤；而施用化肥的土壤中微生物 PLFA 总量与对照处理土壤差异不显著（表 5-8）。细菌 PLFA 含量在 1/2OM 中为 70.52nmol/g，同样显著高于其他处理，其次是 OM 和 NPK 处理，而 NP、NP 和 PK 三个不均衡化肥处理土壤细菌 PLFA 含量与对照处理土壤差异不显著。与对照处理相比，施肥特别是施用有机肥，显著降低了每克土壤的有机碳微生物量（图 5-40）。与对照处理相比，所有施肥处理均显著增加了土壤 G⁺菌的含量，而对 G⁻菌无显著影响。与细菌不同，施用有机肥或化肥使土壤中放线菌的含量由对照处理的 14.51nmol/g 下降至 9.41 ～ 11.88nmol/g。7 个处理土壤中真菌含量在 10nmol/g 左右，并且最高值出现在 1/2OM 处理，而最低值出现在 NPK 处理。与对照处理相比，单不饱和脂肪酸的含量在 OM 与 NP 处理土壤中显著（$P<0.05$）降低；饱和支链脂肪酸含量在 OM、1/2OM 和 NPK 处理土壤中显著（$P<0.05$）升高。

表 5-8　长期施肥对土壤微生物 PLFA 含量的影响　　　　　　（单位：nmol/g）

处理	CK	OM	1/2OM	NPK	NP	NK	PK
总 PLFA	67.87±7.71c	86.11±6.39ab	92.52±5.06a	75.95±5.32bc	71.26±7.81c	66.98±7.34c	70.39±3.91c
单不饱和脂肪酸	24.73±3.28a	19.25±1.52c	24.53±1.29a	24.84±1.60a	20.92±1.46bc	23.58±2.55ab	22.18±1.07abc
饱和支链脂肪酸	21.91±2.47d	46.03±3.44a	36.19±2.40b	28.46±2.65c	20.81±3.06d	19.79±2.09d	19.12±1.19d
细菌	41.45±5.09d	61.16±4.49b	70.52±3.63a	55.12±3.52c	48.72±6.69cd	44.52±6.25d	46.16±2.51d
G⁺细菌	7.40±0.90e	36.61±2.51a	33.05±2.04b	19.02±1.61c	15.05±2.82d	12.93±1.97d	14.86±1.01d
G⁻细菌	24.14±3.46ab	20.55±1.27b	23.49±0.86ab	26.34±1.43a	22.56±2.49ab	20.89±2.59b	20.84±0.65b
真菌	10.24±0.69cd	10.27±0.82c	13.24±0.81a	9.89±0.63d	11.59±0.46b	11.14±0.86bc	11.52±0.67b
放线菌	14.51±1.57a	9.78±0.95c	9.41±0.62c	9.81±1.12c	9.87±0.26c	11.42±0.23bc	11.88±0.70b

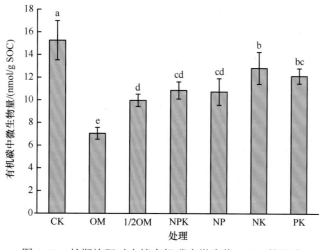

图 5-40　长期施肥对土壤有机碳中微生物 PLFA 的影响

与对照处理相比，NK 处理显著（$P<0.05$）增加了单不饱和脂肪酸与饱和支链脂肪酸含量的比值（M/B），而 PK 与对照处理差异不显著。OM、1/2OM 和 NPK 处理土壤中 M/B 值分别为 0.42、0.68 和 0.87，显著（$P<0.05$）低于对照处理土壤（图 5-41a）。另外，OM、1/2OM 和 NPK 处理中细菌与真菌含量的比值（B/F）分别为 0.17、0.19 和 0.18，同样显著（$P<0.05$）低于其他处理（图 5-41b）。与对照处理相比，施肥显著（$P<0.05$）增加了 G$^+$细菌/G$^-$细菌含量的值，并且不同处理间的大小顺序为 OM＞1/2OM＞NPK，PK＞NP，NK＞CK（图 5-41c）。除 NK 处理外，其他施肥处理土壤中 cy/ω7c 的值均显著（$P<0.05$）高于对照处理，并且以 OM 处理最高，为 6.88（图 5-41d）。回归分析表明，M/B 值显著（$P<0.05$）正相关于土壤中氧气有效扩散系数，而 cy/ω7c 值显著（$P<0.01$）负相关于土壤中氧气有效扩散系数（图 5-42）。

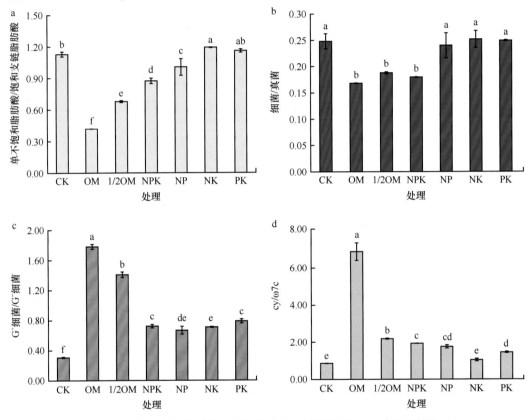

图 5-41　不同施肥土壤单不饱和脂肪酸/饱和支链脂肪酸（a）、细菌/真菌（b）、
G$^+$细菌/G$^-$细菌（c）和 cy/ω7c（d）的值

3. 土壤微生物群落结构与有机碳平均累积率的关系

RDA 分析表明，土壤有机碳平均累积率与饱和支链脂肪酸、放线菌和 G$^+$细菌含量及 M/B、F/B 与 G$^+$细菌/G$^-$细菌值密切相关，而与单不饱和脂肪酸、细菌、真菌和 G$^-$细菌含量的关系不大。回归分析表明，有机碳平均累积率与土壤饱和支链脂肪酸（$P<0.001$）、G$^+$细菌含量（$P<0.01$）及 G$^+$细菌/G$^-$细菌值（$P<0.01$）呈显著正相关，与 M/B 值呈极显著（$P<0.001$）负相关（图 5-43）。此外，有机碳平均累积率与放线菌含量同样呈负相关趋势，但不显著（$P=0.07$）。进一步分析表明，土壤有机碳平均累积率（z）与大团聚体质量比例（x）和 M/B 值（y）同时显著相关，而且后两者可以解释 94% 的有机碳平均累积率变异。

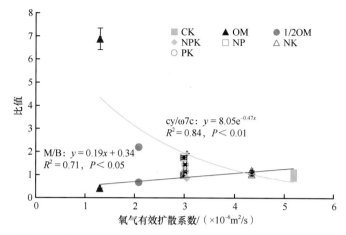

图 5-42　氧气有效扩散系数与土壤中 M/B 和 cy/ω7c 值的关系

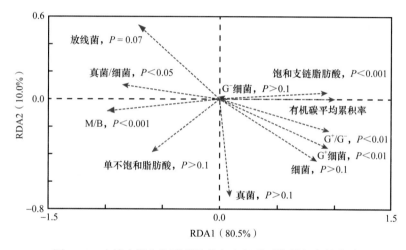

图 5-43　土壤中微生物群落结构与有机碳平均累积率的关系

　　因此，有机肥施用增加了土壤有机碳含量，促进了土壤团聚体形成，改变了土壤孔隙结构，导致土壤氧气有效扩散系数降低，不利于好氧菌而有利于兼性微生物和厌氧菌的生长。G$^+$细菌和厌氧菌比例的增加反过来又促进了有机碳的累积。所有施肥处理中放线菌含量的降低则有利于土壤中难分解有机碳的累积。

5.3.2.2　长期施肥对团聚体中微生物群落结构和有机碳累积的影响

1. 土壤团聚体中细菌、真菌和放线菌含量

　　3 个处理土壤各粒级团聚体中微生物总量与原土中测得的微生物量相比，回收率为 95% ～ 100%。不同粒级团聚体中，微生物含量差异显著。3 个处理土壤小团聚体中微生物含量为 89.00 ～ 93.93nmol/g，显著高于其他粒级，最低含量出现在黏粒中。与对照处理相比，NPK 处理对各粒级团聚体微生物含量均无显著影响，而 OM 处理则显著增加了微团聚体和黏粒中的微生物含量。

　　3 个处理土壤中，细菌的最高 PLFA 含量均出现在微团聚体，为 47.97 ～ 63.07nmol/g。OM 和 NPK 处理中，细菌最低 PLFA 含量出现在黏粒组分中，仅分别占细菌总量的 1.71% 和

2.31%；对照处理中，黏粒组分中细菌含量与粉砂组分中差异不显著（图5-44a）。与对照处理相比，OM 处理显著增加了微团聚体、粉砂和黏粒组分中细菌含量，NPK 处理仅显著增加粉砂组分中细菌含量。此外，OM 处理微团聚体和黏粒组分中细菌含量同样显著高于 NPK 处理。3 个处理土壤中，真菌的最高含量均出现在小团聚体，为 20.39～21.53nmol/g，其次是大团聚体，而黏粒组分中含量最低，仅为 0.81～1.83nmol/g。与对照处理相比，OM 和 NPK 处理显著降低了大团聚体中真菌含量，但是 OM 处理显著增加了粉砂组分中真菌含量（图5-44b）。3 个处理土壤中，小团聚体中的放线菌含量大体上显著高于其他粒级团聚体，而黏粒组分中均未检测到放线菌（图5-44c）。与对照处理相比，OM 处理所有团聚体中的放线菌含量均显著降低，而 NPK 处理显著降低了大团聚体、小团聚体和粉砂组分中放线菌含量，而对微团聚体没有影响。

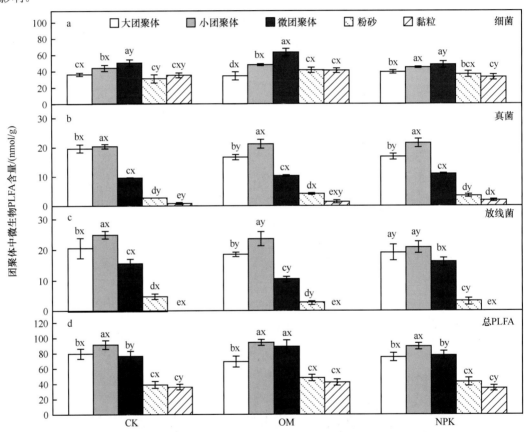

图 5-44　长期施肥对土壤团聚体中微生物群落结构的影响

图柱上不同字母 a、b、c、d、e 表示同一处理不同粒级团聚体间差异显著（$P<0.05$），

不同字母 x、y、z 表示不同处理间差异显著（$P<0.05$）。下同

2. 土壤团聚体中单不饱和 PLFA（好氧菌）和饱和支链 PLFA（厌氧菌）含量

3 个处理土壤中，微团聚体中单不饱和 PLFA 含量为 25.78～51.03nmol/g，显著高于其他粒级，粉砂组分中好氧菌含量则最低（图5-45a）。厌氧菌在小团聚体中的含量为

36.66～52.80nmol/g，显著高于其他粒级，而在黏粒组分中最低（图 5-45b）。与对照处理相比，OM 处理显著降低了所有团聚体中好氧菌的含量；NPK 处理仅降低了小团聚体中好氧菌的含量，但是增加了粉砂和黏粒组分中的含量。相反，OM 和 NPK 处理均增加了大团聚体、小团聚体和黏粒组分中厌氧菌的含量，但是不同施肥处理的增加幅度不同，OM 处理大团聚体和小团聚体中厌氧菌含量的增加率分别为 39.35% 和 44.03%，高于 NPK 处理，而黏粒组分中的增加率低于 NPK 处理。除了对照处理中的小团聚体和粉砂组分及 NPK 处理中的小团聚体，不同施肥处理中好氧菌/厌氧菌值随着团聚体粒级减小而增加（图 5-45c）。OM 和 NPK 处理，尤其是前者，显著降低了除粉砂组分外的所有团聚体中好氧菌/厌氧菌值，相反，NPK 处理显著增加了粉砂组分中好氧菌/厌氧菌值。

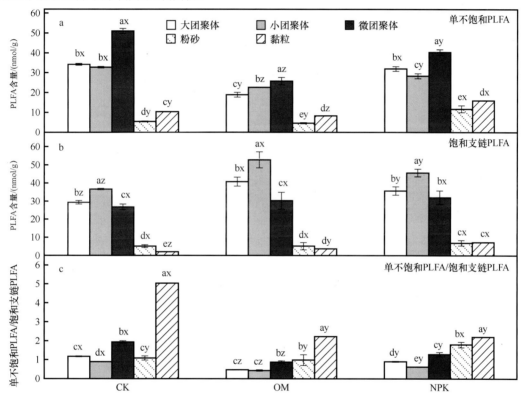

图 5-45　长期施肥对土壤团聚体中单不饱和 PLFA 和饱和支链 PLFA 的影响

3. 土壤团聚体中有机碳累积与微生物群落结构的关系

冗余分析（RDA）表明，OM 和 NPK 处理中各粒级团聚体中有机碳的增加率与厌氧菌、真菌和放线菌含量及好氧菌/厌氧菌比值（由 M/B 值表征）密切相关，而与单不饱和 PLFA 和细菌含量关系不明显。相关分析表明，OM 处理中各粒级团聚体中有机碳增加率与真菌和放线菌含量正相关，与饱和支链 PLFA 含量也呈正相关，但未达到显著水平（$P=0.059$），而与 M/B 值呈显著负相关（图 5-46）。NPK 处理中各粒级团聚体有机碳增加率同样与真菌含量显著正相关，而与 M/B 值呈显著负相关。

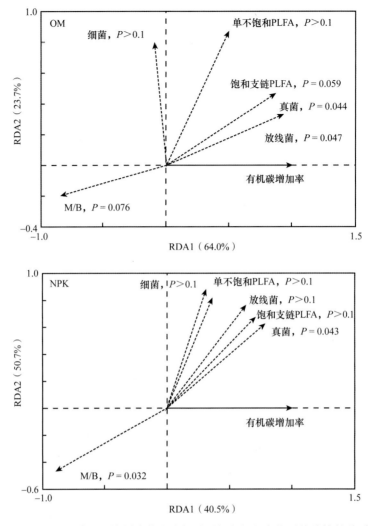

图 5-46　长期施肥土壤团聚体中有机碳增加率与微生物群落结构的关系

5.4　土壤结构改良与调控技术模式

5.4.1　黑土玉米秸秆富集深埋还田技术

东北黑土区（包括东北三省和内蒙古东部）耕地总面积约为 5.38 亿亩。近年来，黑土耕地不仅数量逐渐减少，而且质量也逐渐"变瘦"。黑土耕地质量下降的主要表现：一方面，耕作层结构变差，耕作层变薄，犁底层变得浅、厚、硬，亚表层过于紧实；另一方面，耕作层特别是亚表层土壤有机质含量降低，土壤肥力下降。黑土开垦前表层有机质含量多在 3% ～ 6%，低于 3% 的比较少见，但目前吉林省耕地土壤有机质含量基本在 1.5% ～ 3%，较开垦前下降了 30% ～ 50%。土壤肥力下降的原因主要有以下几个方面：一是有机肥料施用量低，秸秆还田量不足；二是种植结构不合理，玉米连作现象普遍；三是不合理的耕作造成土壤物理性状退化。如何提升黑土耕地的土壤质量？理论上，要求合理耕作的同时，还能补充土壤有机质，最终形成深厚、肥沃、健康的表土层（耕作层和亚表层）。实现上述目标的最重要的技术手段就是把机械化深松与秸秆还田结合起来，快速培肥"饥饿"（有机质缺乏）和"肠梗堵"（土体上下水气不畅）的土壤耕作层与亚表层。

5.4.1.1 玉米秸秆富集深埋还田技术

秸秆富集深埋还田简称秸秆富集深还，是将秸秆资源化与土壤培肥结合，深松与秸秆还田结合，秸秆还田与免耕播种结合，将玉米联合收割机抛洒在地表的秸秆，通过机械化手段大比例（4:1～8:1）富集到预定的条带并施入土壤亚表层，同时能种还分离适应免耕播种的新模式，也是一种新的条带轮耕保护性耕作模式（窦森，2019）。其优点：土层顺序不变；宽窄行种还分离，即当年埋秸秆的条带为宽行，不播种，不减密度；免耕播种，即直接用免耕播种机在非埋秸秆条带播种；条带状轮耕种植，每年埋秸秆的条带依次轮换，周期为 4～8 年任选，可连年全量深埋秸秆；土壤搅动作业面积只有 1/4 或 1/8，节省动力；由于本技术属于种还分离，不需配施更多的氮肥和秸秆降解菌剂，可逐渐节约化肥，节省生产成本；由于深埋，对土壤打破犁底层、实现亚表层培肥效果极好，并可以取代免耕的周期性深松。

5.4.1.2 秸秆富集深还田间操作

1. 秸秆富集比例

秸秆富集深还可与目前主流的多种栽培耕作技术搭配，如宽窄种植、大垄双行种植、免耕种植等，秸秆富集比例因实际的需要或秸秆环境压力自由选择，可以是四行一带（4:1 富集）、六行一带（6:1 富集）或八行一带（8:1 富集）。

2. 田间操作步骤

按照确定秸秆富集宽度、秸秆归行及秸秆行宽确定、用风力注入筒式犁将秸秆粉碎入土、带状免耕播种的顺序（图 5-47），具体步骤如下。

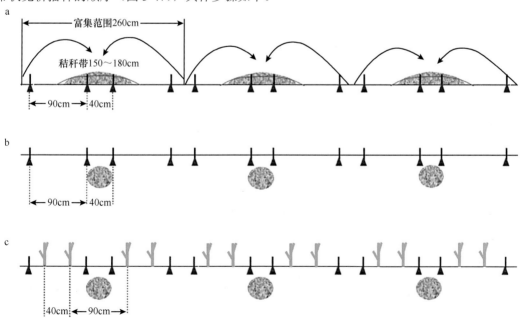

图 5-47 玉米秸秆富集深埋还田方法（以四垄一带为例）

a 为秸秆富集幅宽和归行宽度；b 为粉碎入土；c 为带状免耕播种

步骤一：秸秆富集幅宽的确定。在玉米种植集中连片且适于机械化的区域，根据不同的种植模式、收获机械类型及经营者的种植规模确定秸秆富集的幅宽。一般，秸秆富集幅宽为 4～8 垄（2.6～5.2m）。

步骤二：中聚成带。采用指盘搂草机将玉米收割机打碎落地的秸秆中聚成带，带宽 1.5～1.8m。

步骤三：粉碎入土。采用风力注入筒式犁通过三个环节将粉碎秸秆集中注入土壤亚表层。首先用碎秆刀轴将集聚的秸秆打碎抛入绞龙，通过绞龙输送至风机，再经风机将碎秸秆送入管式开掘体（筒式犁）中继而落入土中。秸秆入土最大深度为 35～40cm，秸秆的覆土厚度为 10～15cm。

步骤四：带状免耕播种。富集的秸秆注入土壤深层后，以深埋秸秆的垄为中心，两侧相邻的垄均实施免耕种植，即以深埋秸秆的垄为中心留出空带，带宽 90cm，空带两侧各种植 2 行玉米，行距为 40cm。

3. 秸秆富集深还的年际循环

由于秸秆富集深还的独到之处是多垄归为一垄，故每年产生的秸秆可以依次逐年持续条带深埋还田。其深还位置与最初深还位置重合为一个循环周期，四垄富集深还的循环周期为 4 年。如果苗带和埋秸秆带每年都换位，按条带依次逐年富集深还的年际循环如图 5-48 所示。

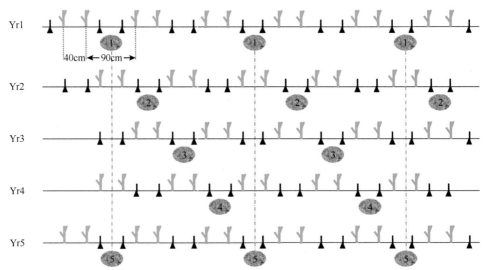

图 5-48　秸秆富集深还年际循环位置（每年苗带换位）

Yr1～Yr5 分别代表第 1 年到第 5 年

苗带和埋秸秆带每两年换一次位置（图 5-49），要求垄侧播种。无论是苗带和埋秸秆带每年都换位，还是每两年换一次位置，都适用于宽窄行种植模式，也适合于免耕播种。

4. 秸秆富集深还的年际简易循环

图 5-50 为第一年秸秆埋第一个宽行，第二年埋第 2 个宽行（相邻宽行），这样苗带不换位置，但埋秸秆带交替，要求垄侧播种。该方法同样适用于宽窄行种植模式与免耕播种。

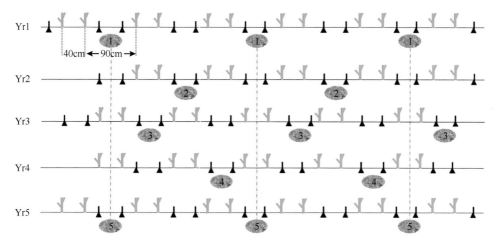

图 5-49　秸秆富集深还年际循环位置（每 2 年苗带换位）

Yr1 ～ Yr5 分别代表第 1 年到第 5 年

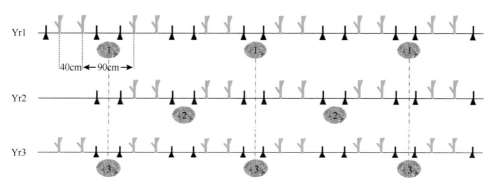

图 5-50　秸秆富集深还年际简易循环位置（埋秸秆带换位）

Yr1 ～ Yr3 分别代表第 1 年到第 3 年

5.4.1.3　秸秆富集深还的效果

增加耕作层厚度和土壤有机质含量是提高地力的关键，2015 ～ 2016 年农业部给东北投入 10 亿元用于黑土地保护试点，目标为两点：增加土壤有机质含量；耕作层厚度增加 10cm。秸秆富集深还可同时、快速地达到这两点目标。秸秆深还的改土效果很明显，一般土壤容重、水分和结构状况等物理性质有所改善。秸秆富集深还可促使土壤亚表层有机碳含量增加 10% ～ 15%，土壤耕层由约 15cm 增加至 30cm。

通常认为秸秆深埋还田可能分解缓慢而影响第二年播种。但模拟埋置试验中，秸秆还田 120d 时，其分解率就达到 60% 以上，330d 时超过 65%。对于秸秆深埋还田是否会引起第二年玉米产量降低也常存在疑虑，但在榆树黑土区玉米产量可以达到 10t 以上，较传统耕作高 5%。辽宁省的试验也表明，秸秆深还对玉米产量没有不良影响。

秸秆深埋还田能增加土壤胡敏酸、富里酸和胡敏素的含量，改善腐殖质组成，腐殖质的腐殖化程度（PQ）从 53% 增加至 63%，胡敏酸的分子简单化程度（H/C 摩尔比）从 0.977 提高至 1.269，促使黑土胡敏酸结构简单化和年轻化。由于秸秆富集深还技术属于种还分离栽培耕作模式，当季基本不存在秸秆分解与作物争氮的问题，可以少配或不配施更多的氮肥，一切与正常免耕播种栽培管理一致，不增加生产成本；由于秸秆埋在土壤深部，不影响第二年春天播种，到第二年秋天秸秆腐烂得像草炭一样，成为优质的肥料，因此一般不需要特殊加施秸秆腐熟剂或其他菌剂，不增加还田成本，且第二年以后可节约一定数量的化肥。

秸秆富集深还技术操作比较简单，可因地制宜地选用。秸秆富集深还技术模式适用于玉米秸秆露天焚烧压力比较大、连年需要全量还田并且没有条件休耕的地区，以及土壤耕作层尤其是亚表层急需培肥的耕地，一般东北平原、台地的黑土地区域，土体厚度在 35cm 以上均可以应用。由于是 1/4 到 1/8 耕作，加之没有预先打碎秸秆和还田后耙地、镇压等工序，秸秆富集深还较一般的翻压、旋耕还田节省动力成本，经济效益和生态环境效益俱佳。

5.4.2　砂性潮土深免间歇耕作耦合秸秆还田技术

潮土作为黄淮海平原主要的耕作土壤，其较高的砂粒含量使得团聚结构难以形成和有机质累积缓慢，严重限制着农田生产力的提升。同时每年 1 次的冬小麦旋耕播种，不仅由频繁地扰动土壤导致团聚结构破坏、有机质分解加速，而且导致耕层变浅。以少免耕和秸秆还田为主的保护性耕作是一项农业可持续性发展策略，旨在扭转由连续翻耕引起的土壤生产力持续退化局面。但长期免耕容易导致土壤板结、养分物质表聚，以及小麦产量下降。为此，通过多年的研究和实践，创建一种新的耕作制度——深免间歇耕作耦合秸秆还田技术，以实现黄淮海冬小麦–夏玉米轮作系统在高强度种植下的耕地质量持续提升和农田生产力的可持续发展。

5.4.2.1　技术要点

在黄淮海平原典型潮土区，深免间歇耕作耦合秸秆还田的技术要点主要包括：间歇耕作制度仅用于小麦种植季，而玉米种植季采取免耕播种；小麦播种前，每 2～4 年土壤深翻一次，翻耕深度为 25cm 左右；小麦和玉米秸秆均还田，其中小麦秸秆被粉碎为 6～7cm 的碎片，而玉米秸秆被粉碎的尺寸为 2～3cm，所有的作物秸秆均于土壤翻耕前覆盖还田。通过降低土壤扰动程度，深免间歇耕作较连续性耕作有利于减小对土壤物理结构的破坏性；同时，与完全免耕或以浅旋耕作业为主的少耕土壤相比，深免间歇耕作土壤因为受到间歇深耕作业的影响，耕层土壤容重显著降低，而耕作层厚度也明显增加，土壤水、肥、气、热因子得到明显改善，进而有利于提升农田土壤地力和实现农作物高产稳产（Zhang et al.，2018b）。秸秆作为我国最为丰富的农业生产资源之一，不仅是重要的有机输入源，而且其还田以后有利于保持土壤水分、调节土壤极端温度和刺激微生物活性，在培育农田土壤地力方面也发挥着重要的作用（Derpsch et al.，2014）。

5.4.2.2　技术实施成效

中国科学院封丘农业生态实验站长期定位试验结果表明，无论秸秆还田与否，降低翻耕频率较连续性翻耕处理能够显著增加 0～10cm 土层＞0.25mm 大团聚体的质量比例，增加率高达 18.0%～37.9%；同时，与秸秆不还田处理相比，秸秆还田还显著促进了 0～10cm 和 10～20cm 土层土壤大团聚化进程（Zhang et al.，2018b）。随着土壤翻耕频率降低，土壤容重逐渐增大，而饱和导水率则显著减小，秸秆还田在一定程度上减弱了耕作模式对土壤容重和饱和导水率的影响程度（舒馨等，2014）。与常规耕作模式相比，以少免耕为主的保护性耕作制度能够引起土壤养分发生表聚，故有利于 0～10cm 表层土壤碳氮磷养分积累，但是对 10～20cm 亚表层或更深层次的土壤来说，降低翻耕频率对土壤基础养分储量没有影响甚至表现出负的效应（表 5-9、表 5-10）；相反，秸秆还田作为外来有机输入源，对土壤碳氮磷养分物质累积却起着显著的促进作用。通过对比不同耕作与秸秆管理下的多年平均农作物产量，结果发现以深免间歇耕作耦合秸秆还田处理下的小麦和玉米产量最高（图 5-51）。由此表明：深免间歇耕作耦合秸秆还田为主的保护性耕作制度在培育潮土农田土壤地力和增加农作物产量过程中潜力很大。

表 5-9　0～10cm 土层土壤多年（2011～2016 年）平均基础养分储量及其方差分析

试验处理	有机质/（Mg/hm²）	全氮/（Mg/hm²）		碱解氮/（×10⁻³Mg/hm²）		全磷/（Mg/hm²）		有效磷/（×10⁻³Mg/hm²）	
		$-S$	$+S$	$-S$	$+S$	$-S$	$+S$	$-S$	$+S$
连续性（常规）耕作	18.2b	1.07b	1.27b*	79.8b	92.1b*	1.29b	1.27b	17.3a	17.3b
深免间歇耕作	20.8a	1.12ab	1.43a*	88.0a	110.5a*	1.46a	1.51a	19.2a	31.6a*
完全免耕	21.1a	1.13a	1.40a*	92.7a	103.3a	1.21c	1.46a*	15.9a	32.5a*
秸秆不还田	18.6B	—		—		—		—	
秸秆还田	21.4A	—		—		—		—	
ANOVA									
耕作模式（t）	$P<0.001$	$P<0.001$		$P<0.001$		$P<0.01$		$P<0.01$	
秸秆管理（s）	$P<0.001$	$P<0.001$		$P<0.001$		$P<0.05$		$P<0.001$	
t×s	ns	$P<0.01$		$P<0.05$		$P<0.05$		$P<0.01$	

注：$-S$ 表示秸秆不还田；$+S$ 表示秸秆还田。同列不同小写字母表示土壤多年平均基础养分储量在不同耕作模式之间差异显著；同列不同大写字母表示 3 种耕作模式下的平均养分储量在两种秸秆管理方式之间差异显著；* 表示相同耕作模式下的土壤养分储量在两种秸秆管理方式之间差异显著（$P<0.05$）；ns 表示处理间差异不显著。"—"表示没有相关数据。下同

表 5-10　10～20cm 土层土壤多年（2011～2016 年）平均基础养分储量及其方差分析

试验处理	有机质/（Mg/hm²）	全氮/（Mg/hm²）	碱解氮/（×10⁻³Mg/hm²）		全磷/（Mg/hm²）		速效磷/（×10⁻³Mg/hm²）
			$-S$	$+S$	$-S$	$+S$	
连续性（常规）耕作	17.7a	1.06a	71.8a	76.7a	1.16a	1.18a	13.5a
深免间歇耕作	14.5b	0.93b	52.3b	78.3a*	0.96b	1.18a*	11.0b
完全免耕	14.4b	0.89b	51.3b	60.5b*	1.01b	1.03b	12.9b
秸秆不还田	14.8B	0.88B	—		—		10.9B
秸秆还田	16.3A	1.04A	—		—		14.0A
ANOVA							
耕作模式（t）	$P<0.01$	$P<0.01$	$P<0.001$		$P<0.001$		$P<0.05$
秸秆管理（s）	$P<0.05$	$P<0.001$	$P<0.001$		$P<0.01$		$P<0.05$
t×s	ns	ns	$P<0.05$		$P<0.01$		ns

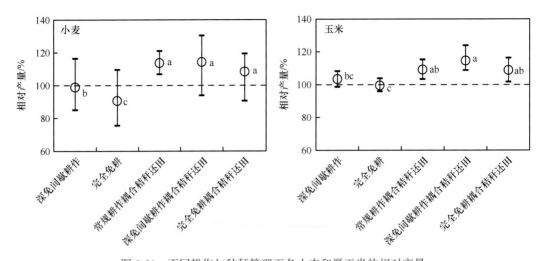

图 5-51　不同耕作与秸秆管理下冬小麦和夏玉米的相对产量

将常规耕作处理下的小麦和玉米产量分别看作 100%

第6章 连作障碍抑制作物对养分吸收利用的机制与消减技术

随着经济技术的飞速发展和人口压力的逐渐增大，我国设施蔬菜行业面临巨大挑战，高产品种单一连作种植在我国普遍存在。连作障碍在设施蔬菜类、烟草和豆科等作物种植过程中普遍出现。连作障碍是指同一作物或近缘作物连续种植以后，即便是种植过程中管理正常，仍然会出现作物生长发育受阻、病虫害严重、产量和品质下降等的现象。连作障碍能够导致土壤缓冲能力下降、酸碱失衡、氮磷钾养分及微量元素富集或亏缺、作物养分吸收利用率下降，引起土壤严重劣化、作物大幅度减产降质等严峻问题。连作障碍问题是我国农业发展亟待解决的最严峻的挑战之一。

各种作物连作障碍的成因是复杂的，是内外多种生物和非生物因素综合作用的结果。根据作物的种类和栽培条件不同，连作障碍的成因也不同。连作障碍是由土壤和植株两个系统中众多因素共同决定的，一般认为产生连作障碍的原因主要有以下几个：①土壤理化性质恶化导致的养分亏缺。张欢强等（2007）的研究表明，随着连作年限增加，土壤酸化，土壤大量元素如 N、P、K 养分过剩，而一些微量元素匮乏，进而影响了作物的正常生长发育。过量施肥会降低植物根系活力，使其抗逆性下降，易感染病害。②土壤微生物区系失衡，病原菌数量增加。长期连作下，作物根系分泌物和植株残茬腐解物给病原菌提供了丰富的营养与寄主及良好的温湿度环境，使得病原菌数量不断增加（Yang et al., 2001）。③自毒作用。化感作用是指一种植物或者微生物（供体）通过向环境释放某些化学物质而对附近的其他有机体包括植物、动物和微生物（受体）产生直接或间接的促进或抑制作用。具有化感作用的物质被称作化感物质。化感物质主要通过影响植物的相关代谢活动和酶活性、改变细胞膜的透性，以及影响植物根系对矿质养分和水分的吸收，从而对植物产生化感作用（Yu et al., 2003）。

本章节分别从作物和土壤角度重点介绍了作物连作障碍的土壤物理、化学和生物学障碍问题，包括土壤物理结构退化、土壤化学性质变劣如酸化、养分不均衡和化感物质积累、土壤生物群落结构破坏如土传病虫害爆发等，然后针对连作障碍影响作物生长和健康的机制分析，提出相应的连作障碍消减技术以消除土壤障碍、改善土壤健康，最终达到提升养分利用率的目标。

6.1 连作障碍影响耕地地力的机制

6.1.1 连作障碍的土壤物理问题

6.1.1.1 土壤结构破坏

作物连作导致土壤物理结构性状的变化主要表现：随着种植年限的增加，土壤容重增大，土壤板结，土壤通气透气性变差，土壤团聚结构退化。土壤的板结情况通常通过土壤容重来评价。吴凤芝等（2002）的研究表明，种植蔬菜的大棚土壤容重随着种植年限加长而有增加的趋势。团粒（团聚体）是土壤颗粒经过黏结团聚和切割造型形成的土壤结构单元，其在维持土壤结构稳定性、营养元素转化和增强土壤抗蚀能力等方面具有重要的作用，且土壤团聚体稳定性会直接或间接地影响到其他的土壤物理、化学和生物学性质。连作与轮作相比，土壤团聚体平均质量直径和几何平均直径均显著下降，土壤物理结构受到破坏，抗侵蚀能力减弱（于寒等，2014），土壤团聚体稳定性也显著下降（Acosta-Martínez et al.，2004；柴仲平等，2008）。一旦蔬菜地发生连作障碍，土壤极易出现板结、土壤容重变大、通气性变差的现象，严重地影响作物根部的生长发育，根系无法呼吸会腐烂，造成其长势变差甚至死亡。

6.1.1.2　土壤导水性能下降、盐分表聚

土壤水分的状况与变化也决定了植物对其吸收利用的强度和难易程度，从而影响植物的生长发育乃至生产力。连作障碍影响了土壤水分运动与平衡。连作年限对田间持水量及土壤饱和导水率都有影响，土壤饱和导水率随着连作年限的增加逐渐减小（张登科和宋珍珍，2018）。张庆霞等（2010）研究发现，马铃薯地块土壤水分的季节性变化趋势随连作年限的增加而降低。

连作障碍对土壤水分运动的影响还会进一步导致土壤盐分积累的加剧。作物连作过程中施肥量过大，造成土壤含盐量不断增加，产生次生盐渍化现象，而且设施栽培由于长年覆盖或季节性覆盖，灌溉多为地下水浇灌，雨水淋洗少，改变了自然状态下土壤水分平衡和溶质的传输途径，设施土壤得不到自然降雨对土壤溶质的冲刷和淋洗，再加上不合理的灌溉和连作的土地利用方式，以及设施过程中特殊的由下到上的水分运动形式，使深层水分不断通过毛细管作用上移，导致深层土壤盐分聚积到地表（刘建国，2008）。

6.1.2　连作障碍的土壤化学问题

6.1.2.1　土壤养分失衡

在设施农业生产过程中盲目施肥、凭经验施肥等，特别是过量投入氮肥的现象非常严重（周建斌等，2004）。土壤中含有的矿物质养分的类别及其含量是一定的，连续种植同一作物后，特定的营养元素会被植物逐渐选择吸收利用，造成养分失衡问题。长期连续偏施化肥会使土壤的氮、磷、钾养分含量增加，盐渍化加剧，土壤微量元素的含量随着连作荏次的增加而降低（廖海兵等，2011）。一方面，连作会导致土壤有效养分出现不同程度的积累。研究显示，附子连作 3 年后土壤酸性增强，造成磷素和钾素利用率下降，导致有效磷和速效钾的累积；再者，全氮含量的大量剩余对附子母根烧伤严重，导致产量下降。这与本课题组的前期研究类似，农民习惯施肥量过大造成土壤大量元素的累积，进而影响蔬菜产量。另一方面，随着连作年限的增加，土壤中养分失衡（祝丽香等，2013）。连作对一些有益的中微量元素消耗更大，但是农民施肥一般只注重氮、磷和钾肥的施用，缺乏对锌、锰、铁等微量元素的补充，导致土壤微量元素严重缺失，影响植株的生长发育。刘亚锋等（2007）发现有效锰等微量元素含量随黄瓜连作年限的增加而下降。连作四荏茄子后，土壤中钙、镁的含量显著降低（李戌清等，2017）。因此，连作年限较长的土壤水肥流失严重，极易造成植株缺素症状，甚至死亡。

在中国代表性设施蔬菜生产地区山东海阳，研究了长期（0～15 年）温室蔬菜地施肥状况和土壤性质的变化特点，以及与另外两个种植系统（露天小麦–玉米轮作和温室草莓）的差异。温室蔬菜土壤 N、P、K 年平均投入量分别为 842.15kg/hm²、809.14kg/hm²、931.55kg/hm²，是小麦–玉米轮作体系养分用量的 3 倍，远远超过当地农技推广部门的推荐用量。随着大棚蔬菜种植年限的增加，在 15 年的栽培过程中，土壤总 N、P、K 和速效 N、P、K 含量呈现出先上升后下降的变化趋势（图 6-1）。过量施肥除了使土壤养分大量盈余，还造成了设施蔬菜地

土壤养分含量呈不平衡状态，表现为土壤 C/N、C/P、N/P 摩尔比分别为 11.58、16.06、1.71，均显著低于中国和世界范围内相应的土壤养分元素的含量比例（表 6-1）。其 C/P 和 N/P 也低于露地小麦–玉米轮作和温室草莓土壤，说明土壤中 N、P 含量较高（Li et al.，2019）。实际生产中应根据植物和土壤需求施肥，以提高肥料利用率，保持土壤健康，提高产量。

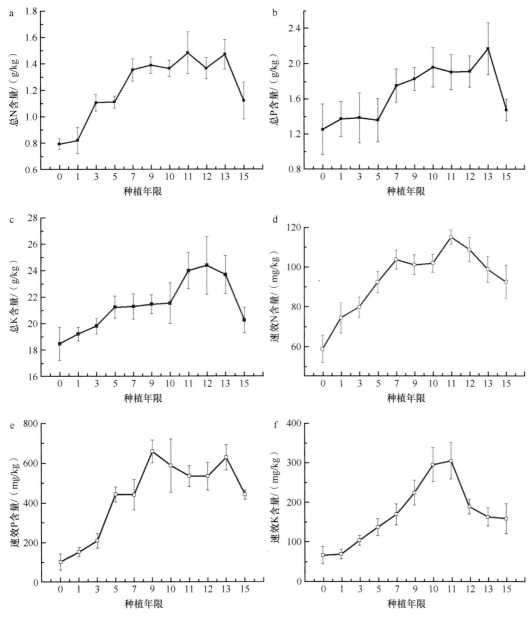

图 6-1　设施蔬菜地土壤总 N、P、K 和速效 N、P、K 含量随连作年限的变化趋势

表 6-1　三种栽培模式中土壤 C、N、P 之间的比例特征

栽培模式	参数	C/N	C/P	N/P
设施蔬菜	平均值	11.58	16.06[*]	1.71[**]
	范围	11.01～12.14	14.66～17.46	1.62～1.81
	变异系数	0.20	0.31	0.21

栽培模式	参数	C/N	C/P	N/P
小麦–玉米轮作	平均值	9.40	26.40*	2.86**
	范围	7.15 ~ 11.65	22.13 ~ 30.67	2.36 ~ 3.36
	变异系数	0.19	0.13	0.14
温室草莓	平均值	9.42	32.54*	3.62**
	范围	7.08 ~ 11.76	25.85 ~ 39.23	2.19 ~ 5.05
	变异系数	0.20	0.17	0.32

注: * 表示三种栽培模式下差异显著（$P<0.05$），** 表示三种栽培模式下差异极显著（$P<0.01$）

通常情况下，施用的化肥主要是 N、P、K 肥。而以大量施用 N、P、K 肥来增加产量的同时，农田生态系统中微量元素的输出量也会增加，从而可能引起养分失衡，导致微量元素缺乏。一般情况下，微量元素输入的主要途径是施化学微肥或有机肥料。其中，施用有机肥能够提高土壤中 Fe、Mn、Cu、Zn 的含量。据调查，中国北方蔬菜温室中有机肥的施用量相对较高（Zhu et al.，2005）。大量施用有机肥和化肥，导致城市郊区蔬菜温室土壤微量元素含量远高于相邻的露地土壤，同时还可能造成土壤盐渍化和重金属积累等系列问题。有研究表明，土壤中适宜的微量元素含量可促进作物增产，但如果 Cu 和 Zn 含量过高，不仅会对作物正常的生长发育产生负面影响，而且可能会导致农产品品质下降（全智等，2011）。此外，土壤酸碱度和有机碳的含量也会对土壤微量元素含量造成影响（董国涛等，2009）。因此，对蔬菜温室土壤微量元素分布特征的研究，将有助于加强对设施栽培条件下土壤肥力的管理，促进农业生产与环境之间的相互协调。

同样，研究了山东省海阳地区温室番茄连作种植年限与土壤微量元素 Fe、Mn、Cu、Zn 含量之间的关系。土壤 Cu 和 Zn 素含量与年变化的趋势基本一致，即在种植年限为 1 ~ 10 年逐年增加，而在种植年限 11 ~ 17 年呈降低的趋势。随着温室蔬菜种植年限的增加，土壤 Mn 含量有逐年降低的趋势，Fe 元素含量变化趋势不明显。

6.1.2.2 土壤酸化

连作土壤的酸化也是导致养分失衡的重要原因，如硼、锌、铁和锰的含量随着连作年限表现出不同程度的降低（李志刚等，2017），主要是在连作过程中，连作土壤酸化引起土壤中盐基离子流失，同时作物吸收带走大量的盐基离子和微量元素，而向土壤中补充较少。多数研究认为常年连作下土壤 pH 与土壤中某些养分含量呈现负相关性，酸化也可使部分中微量元素转化为有效态，可能带来微量元素过高的毒性效应和淋洗风险，但对不同作物种类和土壤类型，连作引起的土壤酸化程度及土壤养分变化状况有所区别。酸化引起土壤中养分发生非均衡性变化，造成部分营养元素的严重缺失或过量富集，继而产生"木桶效应"，从而导致作物根系生长发育不良，对养分和水分的吸收利用率大幅度降低。

土壤酸碱度是衡量土壤性质的一个关键指标，能够影响土壤养分的有效性，进而影响作物对养分的吸收、生长发育、产量及品质等。大量研究表明，同一作物长期连作必然导致土壤的持续酸化，其深层的原因是 H^+ 和 Al^{3+} 含量增加，导致阳离子库的损耗。作物在连作条件下，因其生长周期长、忌地性强或者高度集约化、工厂化、种植结构单一及水肥供给失衡等，特别容易引起土壤酸化。有研究发现一般经过 8 ~ 10 年耕作，土壤 pH 即可下降 1 个单位以上，且大棚和露天交替耕作酸化速度会更快（张桃林等，2006；范庆锋等，2009；Shi et al.，2009；吴道铭等，2013）。过量氮肥是造成土壤酸化的主因，目前公认的化学氮肥导致土壤酸化的主要原因：①选择性吸收。施入铵态氮肥后，作物选择性吸收 NH_4^+ 及其他阳离子并随着收获带出土壤，造成土壤中盐基离子亏缺，留下酸性阴离子如 Cl^-、SO_4^{2-} 产生盐基酸度。②硝化作用。铵态氮肥和尿素等施入土壤后，在硝化细菌的作用下被氧化产生氢离子，使土壤 pH 降低。③生理代谢产酸。作物吸收 NH_4^+ 后，其转化成氨，经过代谢作用与植物体内的有机酸结合生成氨基酸进而合成蛋白质，在此过程中产生的氢离子部分逸散到土壤中（张玲玉等，2019）。④根系分泌物。连作后发病植株根际分泌的有机酸类物质可能是导致其根际 pH 下降的主要原因之一（申建波和张福锁，1999）。随着农业集约化生产的盛行，土壤酸化问题日趋严峻，主要是集约化生产通常为了追求产量和效益而大量频繁施肥。

6.1.2.3　化感物质

化感自毒作用也是导致连作障碍的主要原因。作物连作年限增加导致了根系分泌物中化感物质在土壤中的累积，抑制根系活性、诱导微生物区系变化，从而导致作物病虫害加剧及产量和品质下降。迄今为止，人们鉴定的植物化感物质超 10 万种，多为一些酚类、萜类、非蛋白质氨基酸和其他次生物质，并广泛分布于各种植物和微生物中。化感物质主要是通过乙酸或莽草酸途径合成的次生代谢物质。根据结构和成分不同，将化感物质分为 15 类（Rice，1984）。普遍认为低分子有机酸、酚类及萜类为最常见的化感物质。酚酸通常为芳香环上带有活性羧基的有机酸，主要包括苯酚类、羟基苯甲酸、肉桂酸衍生物等，是目前研究最多、活性较强的酚酸类物质，并成为当下化感自毒作用导致连作障碍的研究热点。这一类物质在土壤中积累到一定程度便会引起作物产量下降、抗逆性降低，导致作物的连作障碍。低浓度的萜类物质具有非常强的化感活性，抑制作用明显。例如，党参根和茎中的萜类物质含量较多，人参和西洋参主根周皮及须根中积累最多的是三萜皂苷类物质（张秋菊，2012）。这些萜类物质释放到根际土壤中对自身或下茬作物表现出很强的自毒作用，是引起连作障碍的重要原因。而对马铃薯连作障碍的研究也发现，连作年限越长其根系分泌物的毒性越强，进而加剧了连作障碍（张文明等，2018）。

随着番茄连作茬数的增加，番茄根系淀积物中的有机酸类物质如间羟基苯丙酸、水杨酸、百里香酚、琥珀酸、月桂酸等的相对含量不断升高（常海娜等，2020）。其中，琥珀酸对番茄青枯病有正趋化作用，这些物质在根际中随着连作茬数的增加而不断积累，间接降低了植株抵抗病虫害的能力。百里香酚作为一种天然杀菌剂对根结线虫的二龄幼虫有致死作用（Nahar et al.，2011）。根际中这些抗性物质的相对含量随着连作茬数的增加而增加，说明植株根系受到根结线虫侵染后会分泌一些特异性物质来启动自身的防御机制（Manosalva et al.，2015）。番茄连作茬数增加后，根系淀积物中化合物的种类增多，由土壤化学性质、根系淀积物和根结指数构成的网络结构的整体复杂程度略有降低，模块化程度增加（图 6-2），说明连作导致了根际土壤中化合物的不均衡累积。随着番茄连作茬数的增加，与土壤化学性质和根结指数关系密切的化合物组分相应改变，表现为网络中节点的连接度越大，与其相连组分间的关系越强。其中，月桂酸在低茬番茄中与根结指数呈正相关，在连作 8 茬时与根结指数呈负相关，而月桂酸含量随着连作茬数的增加而升高。在连作 8 茬中，根结指数还与根系淀积物中颠茄碱和麦角甾醇的含量呈正相关，说明连茬种植后根际中颠茄碱和麦角甾醇含量的增加可能对根结线虫有正趋化作用。今后进一步的研究可通过分离纯化或合成等途径揭示特定的化合物在根结线虫–宿主关系中的作用。

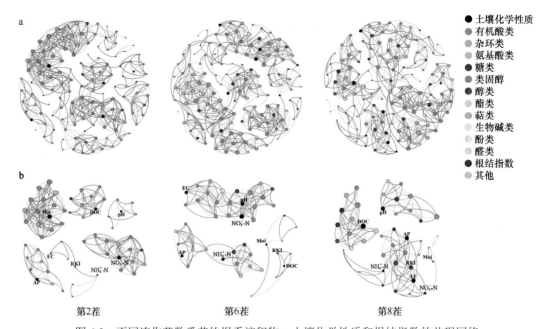

图 6-2　不同连作茬数番茄的根系淀积物、土壤化学性质和根结指数的共现网络

a. 根系淀积物中的所有化合物；b. 根系淀积物中的差异化合物，包括 D-半乳糖、L-苹果酸、草酸、葡萄糖酸、3-羟基丙酸、月桂酸、间羟基苯丙酸、颠茄碱、水杨酸、琥珀酸、麦角甾醇。连线代表相关系数大于 0.6（正相关——红线）或小于–0.6（负相关——绿线）和统计学显著性（$P<0.05$）。不同颜色的节点表示不同的化合物、土壤化学性质和根结指数，并且节点的大小与连接数（度）成正比。Moi：土壤湿度；RKI：根结指数；DOC：可溶性有机碳

6.1.3　连作障碍的土壤生物学问题

随着作物复种指数的不断提高和高效集约化生产模式的不断发展，在相对封闭的设施大棚中，通风不畅、高温高湿的环境条件更有利于病虫害的滋生蔓延（Navas-Castillo et al.，2011）。土传病虫害主要是由同种作物连续种植造成的，是我国设施农业普遍存在的连作障碍问题。作物连作导致的土壤板结、土壤养分失衡和土壤酸化，均造成土传病虫害持续流行且危害不断加剧，由于发病率高、危害性大、机制复杂且防治起来比较困难，以根部病虫害为主的连作障碍问题已成为我国农业可持续发展的主要障碍因素之一（蔡祖聪和钦绳武，2016）。

土传病害主要是指存活在土壤中的病原菌，通过侵染植物根部从而影响植株生长，引发病害的现象，其中最为典型的土传病害是瓜类和茄果类等的枯萎病、根腐病、青枯病等（刘欣红，2008）。黄瓜、西瓜等瓜类作物连续种植后，枯萎病加重，植株生长受阻，产量下降（凌宁等，2009）。大棚黄瓜连作多年以后，根系粗短，侧根少，且根系活力明显下降（吴凤芝等，2002）。根结线虫也是一类在蔬菜生产中普遍存在的植物寄生性线虫（Seid et al.，2015）。根结线虫发生速度快且能对植物根系造成严重的危害，长期单一作物连茬种植是加速根结线虫传播的重要途径之一（Daguerre et al.，2014）。由于根结线虫卵能在土壤中存活 1 年左右，且在土壤条件适宜时孵化成具有侵染性的二龄幼虫，可持续危害下茬作物的根系，因此，连作引起的根结线虫的发生随着连作年限的延长而不断加重（Zheng et al.，2012）。根结线虫的发生受土壤环境和农业管理措施等多种因素的影响，特别是土壤高量氮素和酸化利于根结线虫存活与入侵植株根系后完成其生命周期（图 6-3）。在根结线虫的生活史中，只有二龄幼虫

（J2）具有侵染性且只侵染植株的根系，根系受害部位形成的瘿瘤或根结是诊断植株感染根结线虫的主要症状（García et al.，2015）。根结线虫侵染植物后，不仅能改变根系的形态，抑制根系的生长，降低根系的活力，还能消耗植物的光合产物和养分，并阻碍植株地上部对养分的吸收利用（Oka et al.，2000），从而导致植株生长状况变弱、产量和品质下降。

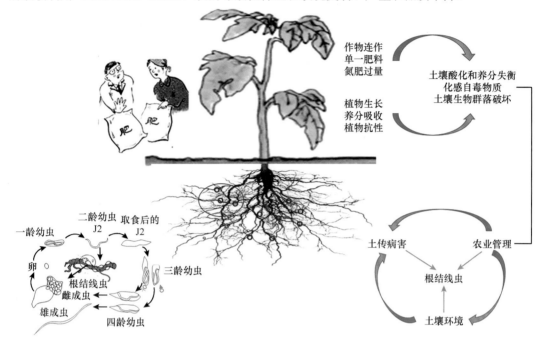

图 6-3　连作引起根结线虫病害加重及根结线虫生活史

根结线虫除了通过直接侵染对作物造成危害，还能导致植株的抗性下降，从而诱发其他病原物对植株的定植和感染（van Dam and Bouwmeester，2016），易造成枯萎病、青枯病、根腐病等多种土传病害的复合侵染（Kepenekci et al.，2018），最终导致作物不同程度的减产甚至绝收，严重影响了农民的收入和农业的健康可持续发展。

6.2　连作障碍抑制作物生长及养分吸收利用的机制

连作会导致土壤板结、土壤盐分累积、土壤酸化和次生盐渍化等土壤障碍现象的发生，不仅能影响植株的长势及其个体大小，还能致使作物的产量和品质下降。且随连作年限的延长，土壤环境的变化对植物生长发育产生的不利影响也越来越大（高新昊等，2015），如连作造成土壤中盐分的不断累积，能降低叶片的气孔导度、CO_2 的有效性及叶绿素含量，从而影响植物对光的吸收并导致其光合性能下降；同时，土壤盐分积累及土壤酸化抑制了植物对 K^+、Ca^{2+}、NO_3^- 等的吸收，而促进了 Na^+、Cl^- 等有害离子的积累（Giuffrida et al.，2013），破坏了叶绿体的结构并造成与光合作用相关的酶失活，从而抑制植物的光合作用及光合产物的合成，阻碍了植株的生长及其生物量的增加（Ashraf and Harris，2013）。

在连作过程中同种作物根系分布范围深浅大致相似，作物选择性地吸收土壤中其生长需要的某些营养元素，长期连续种植同一种作物必然造成土壤中某些养分的缺乏，而其他需求较少的养分积累较多，加速了土壤养分不均衡状况的产生，从而影响了植株对养分吸收利用的效率（闵炬等，2008）。另外，根系分泌物中化合物组分及其含量的变化还能影响根际土壤环境的变化，如根际中有机酸类物质的积累能在一定程度上降低根际土壤的 pH（赵宽等，2016），间接抑制了植株根系的生长，导致根系活力下降、吸收能力降低（王劲松等，2016）。连作还造成植物细胞内活性氧积累、膜质过氧化损伤严重及防御性酶活性降低等，从而导致植株抗性减弱、生长发育状况变差。总之，连作能通过多种途径抑制植物的生长并降低其根系对土壤养分的吸收能力，从而影响植株整体的生长发育状况。

6.2.1 连作下土壤物理障碍对作物养分吸收利用的影响

连作条件下土壤障碍主要包括土壤容重增加、孔隙度下降、田间持水量升高、饱和导水率下降及土壤结构恶化等。作物从土壤中吸收养分的过程，受到许多土壤因素的影响，也受到植物生理活动的制约及环境条件的控制。例如，连作会导致土壤容重增加，土壤紧实度变大，在紧实的土壤中植物根的伸长速度减慢（Rosolem et al.，1994）、植物的根会变短变粗（Tracy et al.，2012），总根长和不同层次根长及它们所占的比例都在减少，植物养分吸收能力下降。研究表明，随着土壤容重增加牧草总根长减少，地上部的生物量也降低（Houlbrook et al.，1997）。连作会导致养分在表层富集、下层土壤容重增加，从而影响根系下扎，而根形态的恶化会降低植物对土壤养分的吸收利用。连作会因降低土壤孔隙度，对土壤的通气性产生不良影响，进而影响根系的生长及吸收能力。柴仲平等（2008）的研究表明，连作会使大团聚体含量下降和微团聚体含量升高，不利于保护土壤结构，导致土体紧实。因此，不同粒径土壤团聚体含量的不良变化会抑制植物根系的发育，从而影响植株对养分的吸收和利用。

连作会使田间持水量增加，而土壤饱和导水率下降，从而降低土壤水分入渗，增加径流量，因而增加了侵蚀的可能，通过土壤剖面自上而下的养分移动就会减少，从而使根部对养分的吸收变得困难，减少了作物对养分的吸收利用，也降低了养分利用率。作物根系在土壤中的构型也与土壤水分环境密切相关，作物根系的分布状况反过来影响土壤养分的吸收利用。总之，土壤物理障碍主要通过制约植物根系的生长来影响作物对土壤养分的吸收利用，根系的根长、根质量和根吸收面积等与作物养分利用率具有一定的相关关系。值得注意的是，土壤物理障碍也会通过抑制土壤生物群落的活性来影响土壤中养分的转化；反之，通气性良好，微生物活性强，氮素转化率就会提高。

6.2.2 连作下土壤酸化对作物养分吸收利用的影响

连作条件下，酸化不仅影响土壤养分的变化，也严重影响作物的养分吸收效率、生长发育、产量和品质等。土壤酸化导致作物养分吸收受阻。一般来讲，多数作物适合在微酸性或中性土壤环境中生长，一旦土壤呈现强酸性（pH<5），作物根系的生理机能便遭到破坏，出现养分吸收障碍、生长发育不良、早衰甚至死亡等症状，直接影响作物的养分利用率、产量和品质。土壤酸化能够直接或间接地影响作物的养分吸收，如通过改变土壤中重金属有效态从而对作物产生毒害或者直接影响根系的健康状态。大棚连作下土壤的酸化会使一些元素转变为离子态，进而使土壤盐分的含量增加，而这些离子浓度的增加会导致土壤渗透势的加大，使得作物根系对水肥的吸收能力减弱，作物生长发育受阻，而且伴随着土壤 pH 的下降，土壤中的 Mn 和 Al 的有效性会有所增加，从而对作物进一步产生毒害作用（薛继澄等，1994）。魏全全等（2018）对连作条件下土壤酸化程度及烤烟养分吸收变化进行研究，发现连作 2 年后土壤 pH 较轮作土壤低 0.46，进一步对烤烟的根系分析发现，与稻–烟轮作相比，连作条件下

烤烟部分根系发黑，主根明显短小，细根数量较少，根系生长状态明显较差，定量分析也发现连作条件下烤烟根总表面积和总体积较小，根长较短，导致养分吸收能力下降。已有研究表明不同直径范围根系与作物对养分的吸收能力存在很大差别，一般来讲，细根（直径小于0.5mm）主要承担养分和水分的吸收，粗根（直径大于4mm）主要负责光合产物的转移、消耗及储存（Sullivan et al.，2000；Salgado et al.，2008）。细根数量较多、作物根系较长、总表面积较大，更利于根系吸收养分，主要因其扩大了与土壤溶液的接触面积，增加了养分的吸收量和吸收效率。产量的数据也与根系研究结果相呼应，与轮作相比，连作 2 年烤烟的产量下降了 27%。

6.2.3　连作下化感物质对作物养分吸收利用的影响

连作条件下，化感物质主要通过影响植物的相关代谢活动和酶活性、改变细胞膜的透性以及影响作物根系对矿质养分与水分的吸收，从而对植物产生化感作用（图 6-4）。同时，根际化感物质的累积与作物根部养分失调存在一定关系，达到一定浓度的化感物质能明显降低作物体内的有效养分含量，且超过阈值时浓度越高越明显。一般情况下，根系分泌物是化感物质的主要来源和组成部分。大量研究表明，黄瓜（王闯等，2015）、大豆（吴泉，2013）、西瓜（郑阳霞等，2011）、辣椒（韩旭等，2015）、草莓（赵绪生等，2012）等作物连续种植后，其根系分泌物在土壤中具有累积效应，能明显地引发下茬种子活力受抑、植株根系生长受阻、根系活力降低，造成养分吸收障碍、地上部生长受限、病害严重发生等不良现象，进而直接影响作物的产量和品质。杨瑞秀（2014）采用种子萌发法和幼苗生长法对甜瓜根分泌物的化感效应进行生物测定，研究发现根系分泌物在 1.0g/mL 试验处理浓度下，甜瓜根分泌物对种子萌发表现出强烈的抑制作用，发芽率、发芽势和发芽指数下降；在 2.0g/mL 试验处理浓度下，甜瓜生长势降低、生物量减少，表现出明显的自毒作用。李自博（2018）明确了水杨酸、没食子酸、苯甲酸、3-苯基丙酸和肉桂酸 5 种自毒酚酸物质是人参连作障碍中根系分泌的主要化感物质，证实了这些酚酸物质会对人参种子萌发和幼苗生长有较强的抑制作用，同时也发现这种影响取决于这几种酚酸在土壤中的浓度高低。

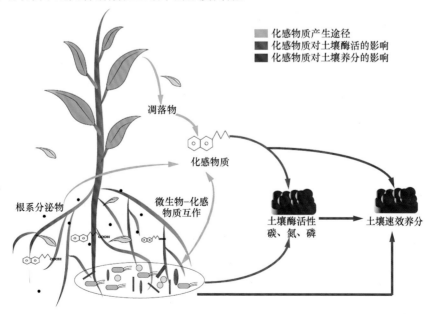

图 6-4　连作条件下化感物质对作物养分利用的影响

土壤中化感物质还与土壤地力水平息息相关。众所周知,土壤酶活性与土壤养分的转化密切相关,其活性的减弱会在一定程度上降低土壤有效养分含量(Gu et al.,2009)。因而有学者把研究目光聚焦在化感物质与土壤养分循环的关系上。例如,肉桂酸、邻苯二甲酸、对羟基苯甲酸这三种酚酸类化感物质在花生连作障碍形成过程中主要是通过其在土壤中累积达到一定浓度后,降低土壤微生物量、土壤酶活性及养分含量等指标,造成土壤微生态环境劣化,养分含量降低,根系吸收受阻,从而引发连作障碍(李庆凯等,2019)。李春龙(2018)通过外源添加香豆酸试验发现,随着香豆酸浓度的增大,降低了土壤 pH,提高了土壤酸性磷酸酶的活性,而降低了土壤脲酶、反硝化酶、纤维素酶、蛋白酶和蔗糖酶的活性,使得土壤环境条件向着不利于豌豆植株生长的方向演变,从而使豌豆根系生长不良、产量下降。

6.2.4 连作下土壤生物对作物养分吸收利用的影响

土壤生物的活动能改变养分的矿化速率及植物根际的养分与激素状况,影响植物生长发育(Philippot et al.,2013)。氮素是地上部作物生长最重要的元素之一,是作物产量形成的重要限制因子。土壤生物群落在作物氮素的供给中具有重要作用。固氮菌通过其生物固氮作用,提高土壤氮的含量。根瘤菌与植物建立的共生固氮体系不仅能提高土壤氮素的积累和作物氮素的获得,还能降低氮素的损失。除了少量的致病菌,土壤微生物主要还是表现出对植物生长具有促进作用。微生物的多样性与植物生产力正相关,Wagg 等(2011)发现提高微生物多样性较单一真菌实现增产 85%。土壤微食物网中,微型土壤动物可通过取食微生物促使它们释放氮素来刺激植物生长(Chen and Ferris,1999;陈小云等,2007),同时还能通过取食行为抑制病原微生物(Kostenko et al.,2012),有利于植物生长。Sackett 等(2010)发现土壤动物数量的增加使整个生态系统的植物生产力提高了 35%。Koller 等(2013)的实验发现微型土壤动物的作用下会加速养分矿化,提高宿主植物养分吸收效率。取食细菌的土壤动物能促进细菌的繁殖,进而加速有机质的分解和营养物质的矿化,促进植物的吸收利用而利于植物生长(Fu et al.,2005)。

除了土壤生物的分解者和互利者,在农业生态系统中,土壤中的病虫害能破坏植物内部营养物质的代谢或以根系为食,降低植物根系的吸收能力,减少植物地上部和地下部的生物量,导致植物养分利用率下降及作物减产。例如,随着根结线虫密度的增大,植株地上部的生物量不断降低,根系生物量不断增加,主要是因为根结线虫接种密度越大,根系受损伤程度越严重,导致根系的养分吸收性能降低,从而造成植株地上部长势变弱和生物量降低(Moosavi,2015)。同时,根结线虫的侵染能刺激根系上形成许多大小不等的瘤状根结,随着接种量的增加根结的数量增多、体积增大,破坏了根细胞的正常结构,使根系膨胀变粗,这可能是根系生物量不断增加的重要原因(Kayani et al.,2017)。另外,由于根际土壤是植物根系生长及吸收营养成分的主要场所,与植物间不断地进行着复杂的能量和物质交换,因此根际土壤环境的变化也是影响植物生长发育的重要因素之一。而接种根结线虫降低了土壤 pH,增加了土壤中可溶性盐浓度和土壤硝态氮的含量,不利于植株根系的生长,并阻碍了根系对水分和矿质养分的正常运输,从而抑制了植株地上部的生长发育。此外,接种根结线虫造成植株根系的总根长减小、根系的平均直径增加,同时根结线虫的接种破坏了原本以食细菌和食真菌为优势种的土壤线虫群落(申飞等,2016),造成土壤氮转化和供应过程受阻。随着根结线虫密度的增大,植株地上部全氮含量不断降低,根系全氮含量显著增加,而植株整体对氮素的利用率不断下降。一方面,根系长度的缩短限制了植株从土壤中吸收水分和矿物质养分的能力，同时根结线虫的侵染也使根系受到损伤，根系的吸水吸肥能力降低，造成地上部吸收利用的养分大大减少，从而影响了植株的生长和发育，最终导致植株生长发育不良、植株变小（Kayani et al.，2017）。另一方面，根结线虫被证明是一个代谢库，能将地上部的营养物质重新分配到根系内，为根结线虫的生存发育提供能源（Oka et al.，2000）。因此，连作障碍条件下土传病虫害能够通过直接对根系及间接对氮转化微生物的影响而抑制植物对养分的利用。

6.3　连作障碍消减技术的养分增效措施

连作条件下，土壤结构破坏导致物理性状恶化，同时土壤内部各养分失衡；土壤微生物区系遭受破坏，大量病原菌在根部积累，有益微生物逐渐丧失原有生态位；加上根际自毒物质不断分泌积聚使植株难以从土壤中获取自身生长发育的养分，从而造成养分含量降低、肥料利用率低，最终导致产量下降。肥料利用率是经济合理施肥的一个重要参数，但受"高投入高产出"的引导，我国设施农业过量施肥屡见不鲜，作物养分利用率不断降低。其中氮肥利用率较低是我国农业生产长期面对的难题，有调查表明山东省农户氮肥利用率约10%，仅为国际水稻研究所报道氮肥利用率的65.5%（张福锁等，2008）。作物养分利用率一直是我国肥料学与农业可持续发展研究的重大课题。为解决高复种指数下的土壤问题，进而提高作物的产量和品质，我们需根据土壤养分状况及作物养分吸收特点合理施肥。目前，我国为解决连作带来的问题进行了多种尝试，其中高效实用的是肥料合理施用的营养调控措施，包括化肥与有机肥的合理施用及微生物肥料和微肥补充等。越来越多的防控措施应用于设施农业中，如采取合理的栽培模式、应用嫁接技术、采用抗性品种、科学合理施肥、生物防治等。

6.3.1　土壤养分调控

氮素是植物生长所必需的重要营养元素之一，能够影响植株生长发育及生理代谢活动。氮素营养与植物病害密切相关，影响植物–微生物互作关系的建立，从而影响连作作物的病害发生（Gupta et al.，2013）。过量氮素可使作物徒长、组织柔嫩，降低糖、淀粉、纤维素、木质素等细胞壁组分的含量，从而降低作物的抗病能力。近年来，有机肥替代部分化肥或与化肥配施成为热点。化肥和有机肥的合理配施是调控连作障碍条件下作物生长发育及其产量和品质的有效措施。研究发现，将有机肥和化肥合理配施，有利于黄瓜植株均衡吸收氮、磷、钾等养分，促进了黄瓜的生长（周丹丹等，2012）。科学使用化肥也有助于植物的生长。多项针对连作花生的研究发现，单施或偏施某种化肥会加重连作障碍，但是根据土壤养分的特点及花生的养分需求规律进行合理配施常规氮、磷、钾化肥，能够显著提升花生群体干物质累积量、累积速率、光合势及荚果产量。在常规施肥量的基础上通过调整化学氮肥用于基肥和追肥的配比也能够改善连作花生的生长状况，其中基肥25%、追肥75%是最佳配比（隋世江等，2014）。袁伟等（2010）通过调节青菜肥料中的N/P发现，当N/P从4.8升到高到6.0时，青菜的产量和氮肥表观利用率也随之得到显著的增加（图6-5）。同时，当N/P为6.0时，青菜的净光合速率和根系鲜重最大，青菜的硝酸盐含量最低。这些结果表明，N、P养分的比例会影响到植物的生长及其对养分的吸收。

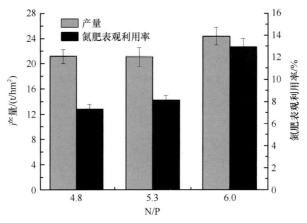

图 6-5　不同氮磷比（N/P）对青菜产量和氮肥表观利用率的影响

一般的观点认为多施氮肥会增加植物病害的发生。此外，铵态氮（NH_4^+-N）与硝态氮（NO_3^--N）是植株吸收和利用的主要无机氮素形态，对植物病害的发生具有重要作用（Huber and Watson，1974）。因植物种类、病原菌类型、氮素形态及施肥量等因素的影响，氮素在病害中发挥着不同的作用。目前的报道表明，不同形态氮素主要通过调控植物体内物质代谢（Mur et al.，2019）、诱导植物抗性响应（Fernández-Crespo et al.，2015）、抑制病原菌生长及毒素产生（López-Berges et al.，2010）等方面影响病害的发生。通过研究不同形态氮素营养对黄瓜土传枯萎病的影响，发现黄瓜植株在铵态氮营养下根系分泌物中柠檬酸含量增加，从而促进病原菌孢子的萌发，导致枯萎病发病率增加；根系分泌物在硝态氮抗枯萎病的过程中发挥着重要作用（Wang et al.，2016，2019）。病原菌侵染后铵态氮植株叶片和茎中的枯萎酸含量显著高于硝态氮植株；硝态氮植株能够选择性地吸收枯萎酸，且吸收的枯萎酸主要积累在根中，限制枯萎酸向地上部的运输，减少其对地上部的伤害；硝态氮植株对枯萎酸具有更强的耐毒性（Wang et al.，2016）。此外，硝态氮可增加根际土壤微生物的丰富度及多样性，且使群落间互作更紧密，有利于维持微生物区系的稳定性，抵御病原菌侵染（Gu et al.，2020）。综上所述，不同形态氮素可调节作物体内碳氮代谢，影响根系分泌物及化感物质组分与含量，改变根际微生物群落结构，影响土传枯萎病的发生（图 6-6）。

微量元素的匮乏也是连作障碍产生的主要原因之一，因此在常规养分施入的同时，因地制宜地施入微肥满足作物的生长需要也是一项关键调控措施。例如，黄淮海平原是我国花生的主产区，也是缺钼比较严重的地区，研究发现在合理配施氮磷钾化肥和有机肥的基础上再添加钼肥后能够增加连作花生的产量，并且能够增加粗脂肪和蛋白质的含量，进而改善花生的品质性状，主要是由于钼参与硝酸还原过程和固氮作用进而调控碳氮代谢（张翔等，2014；孙秀山等，2018）。针对连作花生的研究发现，施入一定量的锌肥不仅能够增加幼苗期花生的长势，还能够提高花生的光合速率，而且将单株荚果产量提高 17.6%。这可能是由于某种微量元素的施入弥补了连作引起的养分选择性吸收所造成的养分不平衡，从而改善了作物的生长状况并提高了产量。在合理配施化肥的基础上添加微生物肥是目前研究较多的改善作物连作障碍问题的技术。

养分调控对土壤微生物的群落组成和功能也有重要影响。连作会造成土壤微生物群落劣化，有益细菌数量减少，病原真菌数量增加。王觉等（2016）发现连作重茬导致半夏非根际土壤微生物多样性降低，不利于微生态环境的稳定，使得土壤微生态环境由细菌型向真菌型

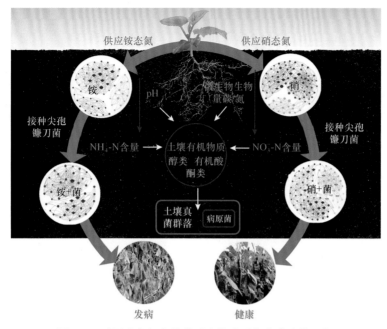

图 6-6 不同形态氮素营养对连作障碍作物病害的调控

转变，这是土壤衰竭的标志。段玉琪等（2012）对连作烤烟地块采用常规复合肥配施农家肥、有机肥处理，以比较不同肥料配施对连作烟田微生物的影响，结果发现在配施农家肥后烤烟根际土壤微生物生物量碳/氮含量及微生物呼吸强度显著增加。而尤垂淮等（2015）发现稻草还田与冬闲相比能够显著提高烤烟根际微生物多样性，是解决烤烟连作障碍问题的又一关键技术。目前利用有机肥及化肥配施的方法探究连作障碍消减策略的研究较多。通过对沙土常年连作花生田块单施化肥及有机肥配施化肥对比发现，有机肥配施化肥能增加土壤微生物生物量和酶的活性，从而提高土壤的持续生产力（王月等，2016）。有机肥与化肥配施也能有效改善连作西瓜微生物区系，能够降低导致西瓜土传病害加剧的真菌数量，提高参与土壤养分转化并分泌抑制病原菌生长的放线菌素的数量。通过有机肥配施化肥调节连作地块土壤线虫群落结构变化进而消减连作障碍也是一项实用技术，王笃超等（2018）发现有机物料配施化肥能够有效抑制黑土连作大豆根际土壤中植物寄生线虫的数量增长，其中鸡粪和黄腐酸有机肥的效果最好。因此，长期施用有机物料能够有效调控土壤微生物群落的结构和功能，消减连作障碍问题，这已经在多项研究中得到一致的结果。虽然多方研究证实了添加有机物料能够部分消减连作障碍带来的问题，但是不同有机物料的优化效果存在一定的差异，这可能与不同有机物料的养分释放周期和释放量峰值有关，也可能与作物根系分泌物与这些有机物料的响应差异有关，因此研究不同施肥情况对各种作物根系分泌物和土壤生物群落的调控机制尤为重要。

6.3.2 施用生物有机肥

生物有机肥是由植物根际促生菌（plant growth-promoting rhizobacteria，PGPR）菌剂和有机载体配伍组成。PGPR 在土壤中的有效定植对防控土传病害至关重要。然而 PGPR 对于土壤微生物而言是入侵物种，与土著微生物产生激烈的竞争，从而不利于 PGPR 的定植。生物有机肥本身含有益菌群，对土壤中土著微生物有一定的活化作用，可增强土壤对病原菌的抵抗作用，增加土壤菌群数，从而改变土壤微生物群落结构。生物有机肥的作用主要体现在两个方面：首先从物理化学角度出发，生物有机肥中含有多种营养元素，可增强土壤肥力，从而提高作物的产量和品质（孙家骏等，2016）。现有研究表明（Yuan et al.，2014；魏晓兰等，2017；曲成闯等，2018），生物有机肥具有改善土壤物理性状和生物学特性、增强植物抗逆性、提高土壤养分利用率的效果。其次，从生物角度出发，生物有机肥中含有的益生微生物群落在协助植物应对各类生物和非生物胁迫中起到关键作用，其活化根区养分、促进植物生长和抑制土传病害等微生物组的整体功能被广泛认可。

在连作土壤上施用生物有机肥能够促进黄瓜植株生长发育，株高、茎粗和雌花数量等指标明显增加。魏晓兰等（2017）研究发现，将生物有机肥与化肥混合施用，应用到小白菜的盆栽试验中，由于生物有机肥在一定时间内通过活化作用提升土壤氮、磷、钾的供给，调节水溶态和吸附态、结合态养分的比例，在减少化肥常规用量的15%～25%条件下，对土壤供肥能力不产生明显的影响，并有减少地表径流造成的土壤氮、磷、钾养分流失的可能性。田小明等（2012）研究发现，连续3年施用生物有机肥显著影响了棉株对氮、磷、钾养分的吸收与积累。在一定的施肥范围内，棉花对氮、磷、钾的养分利用率均随施肥量增加而增加，其中高有机质含量的土壤在施用生物有机肥20～30g/kg时肥料利用率最大；中等有机质含量的土壤在施用生物有机肥30g/kg时肥料利用率最大；有机质含量较低的土壤在施用生物有机肥40g/kg时肥料利用率最高。

传统农业模式中，有机肥的施用可以刺激土壤中拮抗菌的增殖，在合理配施有机肥的基础上再配施生物有机肥，对设施蔬菜等经济作物的土传病害发病率也有一定的控制作用。研究表明作物苗期根际拮抗型有益微生物的丰度显著影响作物生长中后期的病原菌的入侵率（Wei et al.，2019）。因此，将生物有机肥在作物苗期施用，提前优化植物根际微生物群落，可有效抵御病原菌的侵染。例如，定位试验结果表明，在常规施肥条件下，生物有机肥处理的产量比空白处理提高了17.90%，原因是生物有机肥补充了土壤因连作而缺少的有机质及多种养分元素。在常规施肥水平下，生物有机肥可以适当地提高土壤pH。在常规施肥水平下，生物有机肥处理的氮肥利用率为36.13%，比空白处理提高了40.04%，并且减量施肥显著提高了氮肥利用率（图6-7），这是由于生物有机肥含有多种有益微生物，可以改善土壤环境条件，促进植株根系的生长发育。土壤有效磷含量在添加生物有机肥后也有较显著的改良效果，在常规施肥水平和减肥20%水平下，生物有机肥处理比空白处理分别提高了13.87%和18.71%。总之，生物有机肥含有有机质和多种有益菌群，可改良土壤结构及理化性状，可以提高土壤微生物的活性，有利于作物根系的生长及对养分的吸收利用，从而提高了氮肥利用率和蔬菜产量。

生物有机肥显著改变了土体和根际土壤中细菌群落组成和真菌多样性。其中，连续施用生物有机肥构建的细菌群落与香蕉枯萎病的发生呈显著相关性。生物有机肥调控的根际细菌群落生态网络组成更复杂，连接更紧密；通过网络分析和随机森林模型评估得到的假单胞菌（*Pseudomonas*）、溶杆菌（*Lysobacter*）等与抑病相关的潜在关键微生物，均在长期施用生物有机肥的土体和根际土壤中富集。并且，生物有机肥调控形成的根际土壤细菌群落具有更强的Ⅱ型聚酮骨架的生物合成、倍半萜生物合成等抗生素生物合成能力，连续施用生物有机肥调控形成了抑制连作枯萎病发生的土体和根际土壤微生物区系（图6-8）。

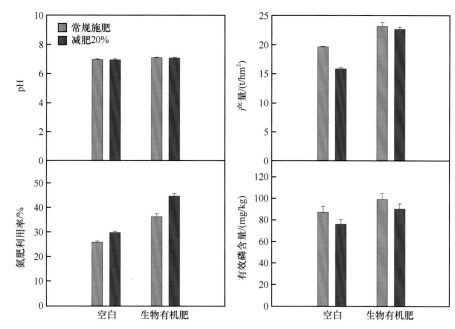

图 6-7　生物有机肥常规与减量施肥对产量、氮肥利用率、有效磷含量及 pH 的影响

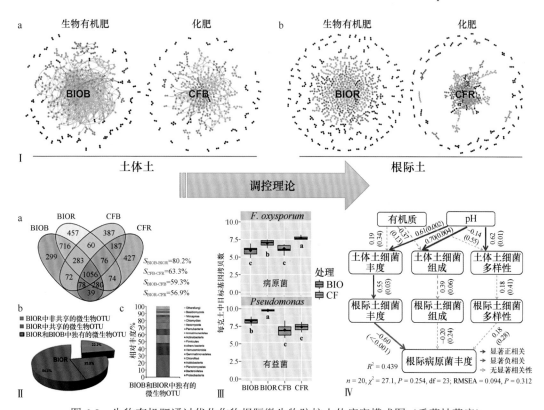

图 6-8　生物有机肥通过优化作物根际微生物防控土传病害模式图（香蕉枯萎病）

BIOB：土体土施生物有机肥处理；CFB：土体土施化肥处理；BIOR：根际土施生物有机肥处理；CFR：根际土施化肥处理。Ⅰa：BIOB 和 CFB 处理在施肥后的根际微生物网络结构图；Ⅰb：BIOR 和 CFR 处理在施肥后的根际微生物网络结构图。Ⅱa：根际土壤不同处理间群落组成的维恩图（Venn diagram）；Ⅱb：BIOB 和 BIOR 处理中共享与非共享微生物比例分析；Ⅱc：BIOB 和 BIOR 处理中独有的微生物类群组成。Ⅲ：不同处理中病原微生物（*Fusarium oxysporum*）与关键微生物（*Pseudomonas*）的相对丰度。Ⅳ：根际微生物与土传病原菌相关性的结构方程模型。根际细菌多样性与病原菌（*Fusarium oxysporum*）的根际丰度密切相关

6.3.3　施用生物炭

生物炭是有机物料在缺氧条件下经过热解得到的固态产物，其容重较低，具有较大的表面积和孔隙度，芳香化结构明显，并且含有可供植物和微生物吸收的养分元素（Noritomi et al.，2011）。生物炭一般呈碱性，碳、氢、氧和氮等为其主要的元素组成，生物炭含有丰富的供植物生长的营养元素，多孔结构及丰富的官能团可以降低土壤容重，增大土壤孔隙度，使土壤结构得到改善，可为土壤养分的吸附、保持和作物根系的生长提供有利的空间与条件，进而提高土壤微生物的活性。生物炭含有大量的含氧活性官能团，使其表面带有负电荷，因而可以吸附土壤中的养分，增加土壤酸碱缓冲能力和蓄持养分的容量。因此，生物炭具有减缓连作障碍，提高作物的产量和养分利用率的巨大潜力，已经广泛应用于农业生产领域（Derenne and Largeau，2001）。

由于绝大多数生物炭为碱性，因此生物炭施入酸性土壤可以改善土壤性质、提高产量，且效果显著。与单施化肥相比，生物炭与化肥配施可以增加蔬菜的产量和养分利用率（张万杰等，2011；Vaccari et al.，2011；张登晓等，2014）。Zhang 等（2011）研究发现，生物炭施入减少了土壤中硝态氮和铵态氮的积累，显著降低了氮损失而提高了氮素利用率，从而降低了小白菜中硝酸盐的含量。虽然施用生物炭可以显著促进作物生长，但当生物炭施用量过高时黄瓜产量出现下降的趋势（Zhang et al.，2011）。Khan 等（2008）的研究结果显示，当适量的生物炭施入土壤后，除了生物炭本身的养分会促进作物生长，土壤物理性质得到改善，为种子萌发和作物根系穿插提供了有利条件。当土壤中施入过量的生物炭后，由生物炭含碳量高，导致土壤 C/N 提高，从而降低土壤养分尤其是氮素的有效性。因此，生物炭的增产效应可能与生物炭用量、土壤肥力状况及生物炭施入土壤中的时间长短等因素有关。韩召强等（2017）的研究表明，生物炭的施用可以提高黄瓜的养分利用率，且黄瓜的养分利用率随着生物炭施用量的增加呈上升趋势。Lehmann 等（2003）发现，将生物炭施入土壤后，可以提高番茄养分利用率和产量，主要归因于生物炭改善了土壤的结构和性质，从而提高了生产力。定位试验结果表明，在常规施肥水平条件下，生物炭处理的氮肥利用率为 11.14%，土壤 pH 为 7.01，土壤有效磷含量为 134.49mg/kg，与空白处理相比分别提高了 105.16%、3.24% 和 51.85%。在减肥 20% 的条件下，这种改良效果更加显著，原因是生物炭表面含有丰富的含氧官能团，能够吸附土壤中的铵根离子，从而可提高氮肥利用率。而生物炭可以直接提高 pH，生物炭还能提高土壤的微生物活性，加速有机物质向无机矿质养分的转化，从而也有助于进一步提高土壤养分的有效性（图 6-9）。

6.3.4　施用蚯堆肥

有机废弃物经蚯蚓处理堆制后形成的有机肥通常简称蚯堆肥。施用蚯堆肥能够促进作物的生长，包括番茄（Tejada and Benítez，2015）、黄瓜（赵海涛等，2010）、草莓（Bierman，2004；张舒玄等，2016）等园艺作物。由于蚯堆肥含有丰富的生长激素（细胞分裂素和生长素等）及腐殖酸等物质，它们对植物的生长有直接的促进效果（Ravindran et al.，2016），包括促进根系分支及刺激开花等一些生理过程（Bierman，2004），同时作物产量也会增加。尹恩等（2017）发现添加蚯蚓粪后，生姜植株的茎粗、株高及分枝数都显著增加，且姜瘟发病率降低明显，这是连作生姜生长发育改善的重要体现，这种改良作用最终体现在产量上，不同配比蚯蚓粪的增产效果从 30.0% 到 85.3% 不等。蚯蚓粪对作物品质的改善也有作用，吴盼盼

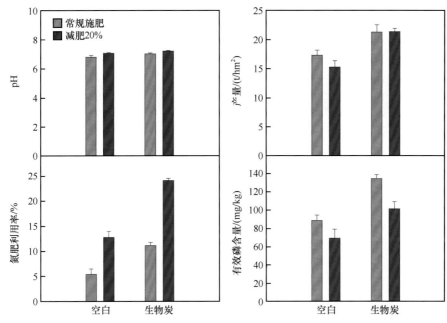

图 6-9　生物炭常规与减量施肥对 pH、产量、氮肥利用率及有效磷含量的影响

和杨丽娟（2017）发现配施一定量的蚯蚓粪后连作番茄的果实品质得到有效改善，其中维生素 C 含量、糖酸比显著提高，而硝酸盐含量及总酸度明显降低，成为蚯蚓粪增产提质的又一例证。蚓堆肥的施用在一定程度上还能降低作物病害的发生率（Simsek-Ersahin，2011），这一方面是由于蚓堆肥本身含有丰富的微生物种群，施入土壤后提高了根系微生物的活性；另一方面是由于蚓堆肥中微生物的拮抗作用及其代谢产物都能够直接抑制病原菌的生长（胡艳霞等，2003）。然而，蚓堆肥虽能促进作物生长，但过多的施用蚓堆肥后会抑制植物的生长甚至引起死亡等（Roberts et al.，2010），可能是由于其含高浓度盐而阻碍作物的生长。因此，施用适量的蚓堆肥才能发挥其最佳效果。

蚓堆肥施入土壤后，一方面能够促进作物根系的生长（Lazcano et al.，2009），另一方面也增强了土壤中养分的有效性，同时能刺激固氮菌、解磷解钾菌、激素产生菌等植物促生菌的发展（Jouquet et al.，2011），因此其有利于提高作物对养分的吸收。有研究表明植物根系的数量随着蚓堆肥施用量的增加而增加，这主要是因为蚓堆肥本身含有丰富的腐殖酸物质，将其施入土壤后改善了土壤的理化及生物学性质，为根系的生长创造了一个良好的环境，促进根系生长后进一步促进了作物对养分的吸收（Lazcano et al.，2009）。也有研究表明，蚓堆肥的施用方式还会影响作物对养分的吸收，蚓堆肥表施和中施比全土混施更能促进作物对氮磷养分的吸收（滕明姣等，2017）。它的施入还能增强作物抗病虫害的能力，不仅是由于本身生物群落复杂程度的增加而促进生物间的相互作用，还归因于堆肥过程中对病原物的抑制作用（Xiao et al.，2016），以进一步提高作物对养分的吸收利用。

目前，关于研究氮肥减量和有机替代措施对设施连作番茄肥料利用率及根结线虫病情的关系还未见报道，尤其是针对蚓堆肥在补充养分和抑制土传病害上的双重作用还研究很少。我们近期的研究表明，化肥配施蚓堆肥和氮肥减量 30% 均能显著改善土壤 pH，缓解土壤中过多硝态氮的累积，尤其是氮肥减量与蚓堆肥配施相结合，更有利于改善连作土壤的理化性质。化肥配施蚓堆肥和氮肥减量施用均能提高植株地上部对养分的吸收，还能在一定程度上减少氮素在植株根部的累积，因此可以提高植株整体对氮素的利用率。此外，化肥配施蚓堆肥或氮肥减量施用对减轻连作番茄的根结线虫病害均能起到一定作用，且两措施相结合时对根结线虫的防治效果最好（图 6-10）。

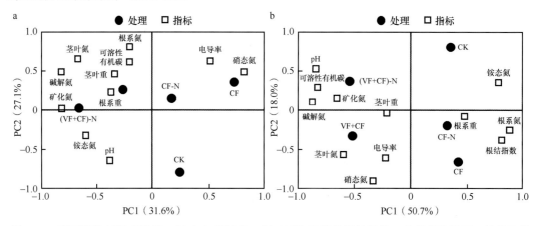

图 6-10　不同连作年限［种植 1 年（a）和连作 4 年（b）］番茄的根结指数、土壤理化性质、植株生物量及养分含量在施肥因素影响下的主成分分析

CK：对照；CF：常规量化肥；CF-N：氮肥减量 30%；VF+CF：化肥配施蚓堆肥；(VF+CF)-N：氮肥减量 30% 并配施蚓堆肥

6.3.5　连作障碍综合防控措施

综合防控技术是指综合地运用物理、化学、生物、农业等技术防除病、虫、草害。连作障碍中的综合防控是指通过集成两种或两种以上的克服连作障碍的措施，进而降低连作障碍的发生。随着研究的深入，发现连作障碍发生的原因多而复杂，采用单一措施暴露的弊端逐渐严重。具体表现：土壤消毒是减轻连作障碍最直接的措施，消毒效果较好的化学熏蒸剂溴甲烷因破坏臭氧层而被全球禁用，而使用棉隆熏蒸随着时间的延长，其抑菌效果会减弱；轮作是减轻连作障碍最有效的措施，但轮作所需时间较长，且随着连作年限的增加效果逐渐减弱；有益菌可改善连作土壤微生物状况，但有益菌的定植受土壤环境影响较大，不易在土壤中成活。因此，克服连作障碍的措施也由原来单一的翻土、轮作、熏蒸等，逐步发展到现在施用生物菌肥改良、应用抗重茬品种等多种方法的联用（李天来和杨丽，2016）。例如，徐少卓（2018）通过将棉隆熏蒸与轮作葱联用以解决苹果连茬后再植茶树的问题，证实在大田条件下，与棉隆熏蒸相比，棉隆熏蒸与轮作葱联用处理通过提高土壤酶活性、平邑甜茶幼苗叶片与根系抗氧化酶活性及叶片光合作用效率，进而使平邑甜茶幼苗株高和干物质量分别提高了 34.5% 和 46.5%。

综合防控措施处理下黄瓜植株的养分累积和产量都最高，主要是由于在优化施肥（300kg N/kg）的基础上进行综合措施（棉隆灭菌+微生物肥+硝态氮），一方面能够显著改善连作土壤环境，提高连作土壤中酶活性，并显著提高土壤速效养分含量；另一方面提高根系抗氧化酶活性和根系呼吸速率，从而提高作物根系活力，促进根系的生长；同时，能刺激光合作用效率与物质运输，进而显著提高干物质量。有研究表明微生物肥料施入后可降低 0～50cm 土壤 pH 及全盐含量，显著提高了土壤有机质及速效养分含量，为根系创造了良好的生存环境，有效促进了枸杞生长及叶片养分吸收；也有研究表明硝态氮更适宜黄瓜的生长，在病原菌侵染的条件下与铵态氮相比，其光合速率与碳水化合物合成显著较高，可溶性物质运输能力较强（王敏，2013）。综合防控措施还能增强作物的抗病能力，是由于生物有机肥的输入使得有益菌群增加；棉隆的施用让病原菌在种植前就被杀死；此外，传统氮肥尿素更换成硝态氮肥还能显著增加土壤内部生物群落的复杂性，进而增加生物间的相互作用（Gu et al.，2020）。另外，在果树连作障碍的防治中，研究人员也进行了多种尝试，如多菌灵与微生物菌肥联用（付凤云，2016）、土壤熏蒸剂棉隆与海藻菌肥联用（刘超等，2016）、短期轮作葱与木霉菌肥联用（潘凤兵，2016）等，研究表明它们对减轻苹果连作障碍均具有良好效果。因此，综合防控措施有望成为今后防控连作障碍的首选手段。

连作和土地的高强度利用引起了土壤环境劣化与作物生长发育受阻等一系列问题，为农业可持续发展带来前所未有的危机，严重影响作物的生长发育及产量和品质的提升。目前，我国设施蔬菜种植施肥量高、肥料利用率低、养分流失量大在业内已经形成共识；减少肥料投入总量、促进作物生长和提高作物养分利用率是土壤肥料工作者义不容辞的责任。在作物长期连作栽培过程中，由耕作、施肥和灌溉技术措施的长期一致性，导致土壤缓冲性能差及土壤次生盐渍化，土壤酸化和土壤板结严重，病虫害大量发生，作物生长发育不良，作物产量下降，经济效益降低，且随着连作时间的延长，作物品质和产量下降等连作障碍发生的现象就会越来越严重。因不同的作物及土壤性质会导致不同的连作问题，如土壤物理结构的退化、特定养分元素的亏缺、土壤酸碱度的变化、作物分泌物的自毒作用及土传病虫害等，针对不同连作土壤的特点和作物连作特点提出切实有效的调控措施是当前的重要任务。调控养分平衡、有机物肥或农家肥与化肥配施、添加生物炭等是缓解连作导致的土壤酸化，解决连作土壤微量元素养分亏缺、病原物增多等障碍问题的有效途径。

利用各种措施提高土壤生物群落的多样性和功能性，通过促进土壤生物的自调节、自组织能力提高资源利用效率在当前受到广泛青睐，是今后生态农业措施的重要发展趋势。植物根际微生物被认为是植物的第二基因组（Berendsen et al.，2012），在宿主的营养吸收与协助植物应对各类生物胁迫和非生物胁迫中起到关键作用，因此通过改良土壤生境、直接引入益生菌和改变作物种植方式等调控根际土壤微生物，充分发挥其益生作用，完成活化根际养分、促进根系生长、提高根系养分吸收效率及帮助植物抵御土传病原微生物的侵染、促进植物健康等目标。因此，探明连作障碍问题的源，多管齐下，才能够真正消减连作障碍问题，其中面向生物调控的综合管理措施的影响机制和优化途径是未来研究的重点。

6.4　促进蔬菜健康生长和养分利用的技术模式

连续在同一地块上栽培同种作物或近缘作物，即使在正常的管理措施下，也会引起作物产量降低、品质变劣和生育状况变差，造成土壤发生连作障碍，同时连作障碍也会导致土壤出现养分不平衡、土壤次生盐渍化、土壤酸化和土壤板结等现象（Aparicio and Costa，2007；胡伟等，2012），连作障碍严重时蔬菜生长发育不良、病虫害增多、产量下降甚至绝收（Zhao et al.，2011）。连作障碍已成为制约蔬菜种植产业发展的一个重要因素。在全球人口增加、人地矛盾日益加重和市场需求量增加等社会背景下，在同一地区高强度连续种植蔬菜和土壤发生连作障碍的状况不可避免（Wu et al.，2015）。如何改善土壤理化特性、减缓土壤连作障碍发生已成为当前农业可持续发展中急需解决的问题。

6.4.1　促进番茄健康生长和养分利用的营养调控技术

番茄是需肥较多、耐肥的茄果类蔬菜。各生育阶段对各种养分的需求均表现十分迫切。保证各时期的肥料养分均衡供给是实现蔬菜高产的关键。通过田间长期定位小区试验，研究了不同养分调控措施对连作番茄产量和氮肥料利用率的影响。试验设计 3 个处理，全 N（每亩纯氮用量 24kg）、减 N 20%、减 N 20%+养分调控（Ca+Mg+Fe+Zn+B+Mo=3.0%）。结果表明，随着连作时间的增加，番茄的长势变差，番茄青枯病的发生逐渐加重（图 6-11）。同时不同处理的产量均呈现下降的趋势，每公顷产量从第 1 季的 50 000kg 以上下降到第 5 季的 22 500kg 左右。在相同季中，与全氮处理相比，减氮 20% 处理的产量会显著下降，而减 N 20%+养分调控则会促进番茄的生长，其产量与全氮处理持平（图 6-12）。

图 6-11　番茄连作 5 季的田间生长状况

a、b 和 c 分别代表番茄种植第 1 季、第 3 季和第 5 季

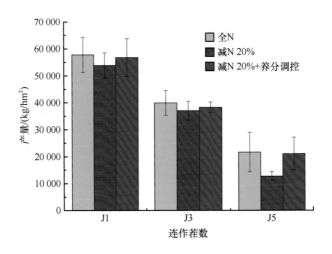

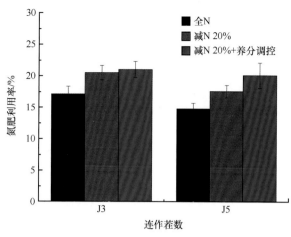

图 6-12　养分调控技术对番茄产量和氮肥利用率的作用

　　随着连作时间的延长，番茄氮肥利用率略有下降，但是不同处理之间，氮肥利用率存在差异（图 6-12）。其中以全 N 处理的氮肥利用率最低，第 3 季为 17.12%，而减 N 20% 和减 N 20%+养分调控的氮肥利用率分别为 20.52% 和 21.03%，不同处理的氮肥利用率在第 5 季均略降低。由此说明减 N 20% 处理会降低番茄产量，提高氮肥利用率；但是在减氮的基础上增加微量元素调控不仅不会降低连作番茄的产量，还会提高氮肥利用率，对促进番茄生长具有重要的作用。

　　本技术的要点是采用微量元素肥料调节土壤大量元素和微量元素的比例，平衡土壤养分，达到养分调控促进连作番茄产量和提高养分利用率的效果（图 6-13）。中、微量元素包括 Ca、Mg、Fe、Zn、B、Mo，总养分含量为 3.0%，在番茄苗移栽前与基肥一同使用，每亩用量 20kg。肥料施在 0 ～ 20cm 的土层内，实行全层施肥，使肥料与耕层土壤均匀混合，达到土肥交融。该技术可以降低氮肥投入量 20%，增加氮肥利用率 5% 左右。

图 6-13　养分调控技术田间施肥及番茄生长情况

6.4.2　促进黄瓜健康生长和养分利用的生物有机肥调控技术

　　黄瓜的市场需求量和消耗量较大，但因耕地面积减少，人地矛盾不断加剧，加上种植户过度追求经济利益，导致研究区出现在同一地块连续种植多季黄瓜的现象（张金锦等，2012）。生物有机肥主要由功能性微生物与以动植物残体（如畜禽粪便和农作物秸秆等）为来源并经无害化处理、腐熟的有机物料复合而成，兼具微生物肥料和有机肥的功效，且生物有机肥具备养分全面平衡、肥效持久和富含功能微生物等特点，已经用于培肥土壤、土壤污染修复及土壤改良等方面（曲成闯等，2019）。大量理论研究和实践表明，生物有机肥可改善土壤理化性质，提高土壤肥力水平（孙家骏等，2016）；可降低植株病害发生率，增加土壤微生物多样性（Lang et al.，2012）。生物有机肥在改良土壤、改善土壤理化性质和保障优质农产品生产方面也发挥着积极的作用（Ansari and Mahmood，2017）。

针对连作黄瓜土壤障碍消减技术，在江苏省南通市如皋市农业科学研究所（32°22′02.7″N、120°28′54.7″E）设施大棚基地建立了长期定位小区试验，从生物有机肥添加量和化肥减少量两个维度来探讨提高连作黄瓜养分利用率与产量的最佳模式。

供试土壤类型为典型的潮土，试验所用的生物有机肥由牛粪和小麦秸秆经过微生物腐熟过程制作而成，其中牛粪和小麦秸秆用量的比例为 4:1，活性功能微生物有效活菌数 $30.56×10^6$ 个/g，其化学性质如下：pH 7.96、有机质含量 387g/kg、全氮含量 22.2g/kg、全磷含量 22.2g/kg、全钾含量 9.68g/kg、腐殖酸含量 187g/kg。供试黄瓜为'博美八号'。试验采用随机区组设计，其中设置 3 个减肥模式（减肥 0%、减肥 10% 和减肥 20%），3 个生物有机肥添加量模式为（$0t/hm^2$、$10t/hm^2$ 和 $20t/hm^2$），共 9 个模式（T1～T9），将 9 个模式分为 3 个处理组：施用生物有机肥 $0t/hm^2$ 的 CK 处理组［T1（减肥 0%）、T2（减肥 10%）和 T3（减肥 20%）］、施用生物有机肥 $10t/hm^2$ 的 Y1 处理组［T4（减肥 0%）、T5（减肥 10%）和 T6（减肥 20%）］、施加生物有机肥 $20t/hm^2$ 的 Y2 处理组［T7（减肥 0%）、T8（减肥 10%）和 T9（减肥 20%）］，外加 1 个空白模式 T0 以计算黄瓜养分利用率，每个模式设置 3 次重复。试验共分为 30 个小区，按随机区组排列，每个小区面积为 $7m^2$，保护行宽 1.0m，小区间排水沟及走道宽均为 0.5m。生物有机肥于黄瓜种植前按照试验方案分别施入各小区，并经过人工翻耕与表层土（0～20cm）充分混合均匀。化肥于黄瓜种植前一次性施入，进行人工翻耕混匀，可提供黄瓜生长所需的养分。减肥 0% 模式化肥施入量为 187.5kg/hm²；减肥 10% 模式化肥施入量为 168.8kg/hm²；减肥 20% 模式化肥施入量为 150kg/hm²。在黄瓜生长的 31d，同一天移入大棚各小区内，株距 25cm，行距 50cm。在试验期间，按照大棚管理标准进行管理（图 6-14）。

图 6-14　江苏南通设施大棚潮土连作黄瓜长期定位试验

随着生物有机肥施用量的增加，土壤电导率呈下降趋势，Y1 和 Y2 处理组与 CK 处理组相比，电导率分别下降了 3.97%～10.61%，Y2 处理组与 CK 处理组相比电导率差异显著（图 6-15）。这是因为生物有机肥疏松了土壤，土壤盐分因淋溶作用而减少，从而降低了土壤电导率（Zhang et al.，2013）。随着生物有机肥施用量的增加，土壤容重呈显著下降趋势。施用生物有机肥 $20t/hm^2$ 的 Y2 处理组与施用生物有机肥 $10t/hm^2$ 的 Y1 处理组和不施用生物有机肥的 CK 处理组相比，土壤容重分别降低了 0.15 ～ 0.22g/cm³ 和 0.05 ～ 0.10g/cm³。原因是生物有机肥含有丰富的有机质，生物有机肥中的有机质进入土壤发生分解和转化作用，形成多糖和腐殖质等松软、多孔的物质，增加了土壤孔隙度，从而降低了土壤容重（Högberg et al.，2010）。

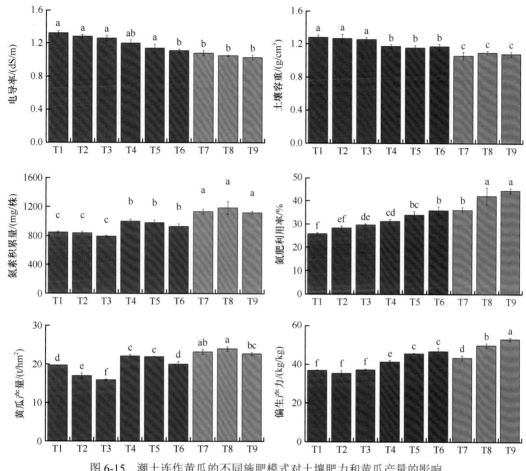

图 6-15　潮土连作黄瓜的不同施肥模式对土壤肥力和黄瓜产量的影响

不同字母表示不同处理模式间的显著差异（采用 Duncan's 法进行多重比较，$P < 0.05$）

随生物有机肥施用量的增加，氮素积累量呈上升趋势（图 6-15）。施用生物有机肥的 Y1 处理组和 Y2 处理组与不施用生物有机肥的 CK 处理组相比，氮素积累量分别提高了 9.36% ～ 25.67% 和 31.58% ～ 48.87%。随着生物有机肥施用量的增加，氮肥利用率呈上升趋势，分别提高了 1.51% ～ 10.07% 和 6.41% ～ 18.71%。这主要是因为土壤性质的改善，为微生物营造了适宜的生存环境，不仅提高了氮肥的利用率，而且减少了氮素的损失（Zhou，2002）。微生物通过将矿化养分转化为黄瓜可以吸收的有效态养分，进一步促进黄瓜对养分的吸收，从而提高了黄瓜的养分利用率。

在生物有机肥施用后，黄瓜产量也呈上升趋势。施用生物有机肥的 Y1 和 Y2 处理组与不施用生物有机肥的 CK 处理组相比，黄瓜产量分别提高了 1.48% ～ 38.88% 和 15.31% ～ 50.91%，肥料偏生产力分别提高 11.10% ～ 32.19% 和 16.83% ～ 50.20%。在 3 个处理组共 9 个模式中，Y2 组内的 T8 模式的黄瓜产量最高。

为探讨连作黄瓜产量和养分利用率最佳的施肥模式，对不同生物有机肥与化肥配施模式下的连作黄瓜产量及氮肥利用率的作用效果进行了聚类分析，通过最短距离法聚类把 9 种施肥模式分为三大类。

第一类：T1 模式、T2 模式和 T3 模式，均属于没有添加生物有机肥的 CK 处理组。黄瓜的氮肥利用率是 25.80% ~ 29.72%；黄瓜产量是 15.87 ~ 19.66t/hm²，所测各指标数值普遍较低，可为其他处理组提供基准值。

第二类：T4 模式、T5 模式、T6 模式和 T7 模式。这 4 种施肥模式黄瓜的氮肥利用率和产量与 CK 处理组相比明显提高。黄瓜的氮肥利用率是 31.23% ~ 36.13%，黄瓜产量是 19.95 ~ 23.18t/hm²。

第三类：T8 模式和 T9 模式，均属于施用 20t/hm² 生物有机肥的 Y2 处理组。与 CK 处理组相比，黄瓜的养分利用率得到显著性提高。黄瓜的氮肥利用率是 42.19% ~ 44.51%，黄瓜产量是 22.67 ~ 23.95t/hm²。这个处理组对于黄瓜的养分利用率和产量提高效果最显著。

综上所述，对不同施肥模式进行聚类分析后可知，黄瓜产量和氮肥利用率最高的是第三类，即 T8 模式（生物有机肥添加量为 20t/hm²，减肥 10%）和 T9 模式（生物有机肥添加量为 20t/hm²，减肥 20%）。

第7章　土壤–作物系统养分循环增效的微生物驱动机制与调控策略

7.1　稻田生态系统与旱作生态系统土壤微生物组特征

土壤微生物是陆地生态系统最大的生物多样性库（Falkowski et al.，2008；Martiny et al.，2011；Wagg et al.，2014），参与土壤有机质分解并介导碳、氮、硫和磷等的生物地球化学循环（Falkowski et al.，2008；Wagg et al.，2014）。过去关于生物多样性和生态系统多功能性的关联研究主要集中在植物上（Tilman et al.，1997；Maestre et al.，2012；Lefcheck et al.，2015），近来才逐渐认识到土壤生物多样性也可以促进生态系统的多功能性（Kardol and Wardle，2010；Wagg et al.，2014）。然而，由于非生物因素的空间变化，这种关系存在地理分布差异（Jing et al.，2015）。例如，在大空间尺度上，自然生态系统土壤微生物多样性与生态系统多功能性之间存在着正相关关系（Delgado-Baquerizo et al.，2016），并主要受气候因子调控（Jing et al.，2015）。农田生态系统由于长期耕作和施肥，与自然生态系统存在很大的不同，从而深刻影响土壤微生物群落的构建（Neher，1999）。然而，土壤微生物数量大、种类多，阐明其特定的生态属性与生态功能是一项巨大的挑战（Green and Bohannan，2006；Bardgett and van der Putten，2014）。毋庸置疑，养分循环是影响作物产量最重要的因素，了解影响养分循环相关的土壤微生物过程对农田生态系统管理至关重要。本节从稻田和旱地生态系统土壤微生物群落构建机制及根际土壤碳氮循环两个方面解析土壤微生物驱动养分循环的生态学机制，为进一步研究养分耦合转化与增效提供理论基础。

7.1.1　农田土壤微生物地理分布格局

农田生态系统大致可分为季节性水分饱和（如水稻田）和季节性水分非饱和（如玉米地、小麦地）两类。由灌溉和含氧量等造成的差异，稻田和旱地土壤在微生物多样性模式及群落构建机制上存在明显差异。在特定类型的生境中，有一些微生物类群广泛存在，通常被称为核心微生物类群（Shade and Handelsman，2012；Jiao et al.，2016），探索它们的组成和稳定性对了解微生物群落至关重要（Shade and Handelsman，2012）。最近，有学者建立了一个全球自然生态系统优势土壤细菌图谱，这有利于提高我们对土壤细菌空间分布及其对生态系统功能影响的认识（Green and Bohannan，2006）。因此，研究稻田和旱地生态系统中核心微生物类群的生态属性、环境偏好性及代谢能力，有助于推进我们对农田生态系统土壤微生物群落构建的理解，以期更好地调控由微生物介导的养分循环过程，为耕地地力提升与化肥养分高效利用提供理论基础。

水稻和玉米在我国均有广泛种植，通过研究水稻田和玉米地土壤微生物群落构建机制与创建大尺度空间模型，有助于阐明不同地力农田土壤中微生物参与养分循环的生态学机制。通过在我国东部地区进行大规模采样（包括125个水稻田和126个玉米地的土壤样品）与开展高通量测序分析，发现水稻田土壤细菌多样性比玉米地高。其中，玉米地呈现与自然生态系统相反的纬度–丰富性模式（Fierer et al.，2013；Liu et al.，2014），不同的灌溉管理和农业措施是造成玉米地和水稻田细菌群落结构差异的重要原因。由于土壤pH和年均温分别是影响玉米地与水稻田细菌群落组成的重要变量,因此可以将核心细菌类群的生态偏好性分为高pH、低 pH、高年均温、低年均温等 4 个生态集,每一个生态集包含多个不同的属。其中,鞘氨醇单胞菌属在玉米地与水稻田的低 pH 及高年均温和低年均温生态集中均有分布,溶杆菌属和类诺卡氏菌属在玉米地中更喜欢高 pH 的环境,而地杆菌属在水稻田的低 pH 及高年均温和低年均温生态集中均有分布。

古菌在土壤微生物群落中占有相当大的比例(Bates et al.,2011;Cao et al.,2012;Tripathi et al.,2013),揭示土壤古菌的生物地理和生态多样性模式非常必要(Eisenhauer et al.,2017)。玉米地和水稻田土壤古菌在排序空间上形成明显的聚类,水稻田中广古菌门较为丰富,而玉米地中以奇古菌门为主;广古菌门的相对丰度随铵态氮和有效硫水平的增加而增加,而奇古菌门的相对丰度随铵态氮水平的增加而降低,在水稻田中奇古菌门与总硫水平显著负相关。根据生境偏好性可将核心类群划分为旱地、水田两个生态集,其中旱地类群在北方的相对丰度大于南方,而水田类群与之正好相反。在旱地生态集中,奇古菌门的亚硝化球菌属和硝化古菌属占优势;在水田生态集中,广古菌门的甲烷胞菌属、甲烷丝菌属、甲烷细菌属、甲烷八叠球菌属和甲酸甲烷规则属较丰富。此外,来自相同生态集的节点连接更紧密,同一门内的核心古菌类群连接也更多。根据环境偏好设立了 4 个子生态集:旱地生态集中的高pH、低 pH,以及水田生态集中的高年均温和低年均温。通过构建空间图集进行分布预测,发现环境变量与相应生态集的相对丰度之间存在较强的相关性,表明这些生态集的定义具有高准确性。氨氧化古菌中亚硝化球菌属和硝化古菌属分别更喜欢高 pH 与低 pH 的环境,而产甲烷古菌则偏好于高年均温的环境。

为了探讨核心微生物类群在维持相互关系方面的生态作用,建立了土壤相关关系的共发生网络(图 7-1a)。网络显示,核心类群的度、中介中心度、接近中心度和特征向量中心度比非核心类群显著高(图 7-1b),这表明核心类群往往处在网络中心位置。通过构建子网络,发现核心类群子网络的平均度、聚类系数、网络密度比非核心类群子网络高,这表明核心类群子网络连接更多且更复杂;核心类群子网络的平均路径长度和网络直径更小,说明它们之间的连接更紧密。为了揭示核心细菌类群与土壤养分循环之间的联系,采用随机森林分析确定土壤多养分循环指数的主要微生物贡献因子(图 7-1c)。在玉米地和水稻田中,核心类群多样性对预测土壤多养分循环指数的贡献最大,说明核心微生物类群对于调控养分循环具有重要作用。

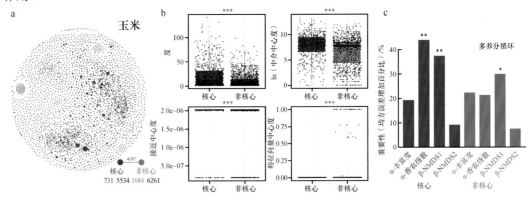

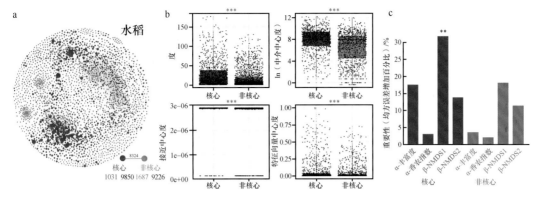

图 7-1　玉米和稻田土壤细菌群落核心微生物类群的生态作用（Jiao et al.，2019b）

a. 共发生网络；b. 节点水平拓扑结构参数；c. 随机森林分析核心和非核心类群多样性与养分循环关系

7.1.2　农田土壤微生物群落构建机制

为了更深入地理解生态系统多样性和功能，有必要揭示群落构建与物种共存之间的联系，包括探讨不同地力水平农田土壤微生物群落构建的特点和机制。通过群落生态学模型——方差分解和零模型分析发现，玉米地物种选择的相对贡献率高于水稻田，古菌、细菌和真菌群落符合中性群落模型，且在水稻田的迁移率比玉米地高，这表明在水稻田中微生物群落受扩散的限制较弱。根据相关关系推断微生物群落的共发生网络，发现水稻田富集类群和玉米地富集类群形成各自独立的模块，其中水稻田富集类群表现出更紧密的相互联系。另外，水稻田富集类群的拓扑特征值显著高于玉米地富集类群，这表明水稻田微生物群落内物种的共生频率更高。

根据秦岭–淮河分界线（纬度 ≈ 32°）将样本分为高纬度组和低纬度组，发现高纬度玉米地和低纬度水稻田土壤微生物群落受扩散的限制较弱。通过建立共发生网络发现，不同地区富集类群形成了独立模块，玉米地高纬度富集类群和水稻田低纬度富集类群表现出更多的相连性。总体而言，高纬度玉米地和低纬度水稻田土壤中微生物共现性更为频繁（图 7-2）。评估群落水平的生境生态位宽度（Bcom）可揭示物种选择和扩散限制对微生物群落构建的贡献，水稻田中古菌、细菌和真菌亚群落的平均 Bcom 值高于玉米地，而玉米地高纬度地区的平均 Bcom 值明显高于低纬度地区。然而，在水稻田中，除古菌群落外，其平均 Bcom 值与玉米地相反。

由于在不同地区都观察到玉米地和水稻田微生物群落的不同构建过程，因此需要探讨驱动群落变化的内在因素。在低纬度地区，细菌和古菌群落的差异度较高，土壤理化因子对微生物群落的差异（特别是门水平的差异）具有很强的正向预测作用。例如，细菌群落差异及酸杆菌门、厚壁菌门和广古菌门的相对丰度与铵态氮含量显著相关（图 7-3a）。与高纬度网络相比，低纬度网络构成负边的比例更高，这与低纬度地区微生物群落的更高差异性相关（图 7-3b）。

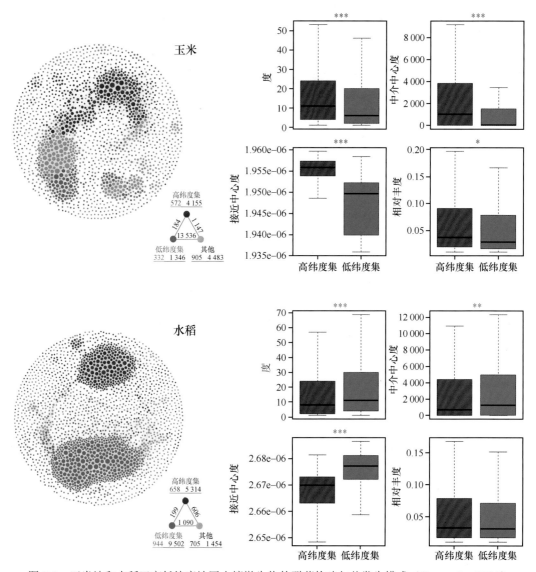

图 7-2　玉米地和水稻田高低纬度地区土壤微生物的群落构建与共发生模式（Jiao et al.，2020）

左图：玉米和水稻土壤中微生物共发生网络；右图：不同分类单元的独特节点水平拓扑特征

　　综上，可以用一个概念模型来描述大尺度下两类农业生态系统的微生物群落构建过程。首先，扩散限制在稻田生态系统微生物群落的构建上比旱作生态系统更为重要；其次，不同的过程推动了不同地区农田土壤微生物群落的构建，高纬度玉米地或低纬度水稻田中的微生物群落往往较少受到物种选择的驱动；最后，在较弱的环境选择条件下，微生物的共发生更加普遍。鉴于微生物对整个生态系统功能的重要性，了解其为响应环境变化而产生和维持多样性的机制至关重要。该研究加深了对微生物系统"当代共存理论"的理解，对解释微生物多样性产生和维持的机制至关重要，并揭示了不同生境和区域农业生态系统土壤微生物群落构建与物种共存生态策略之间的联系，可为促进农田生态系统微生物群落的定向调控提供一定的理论依据。

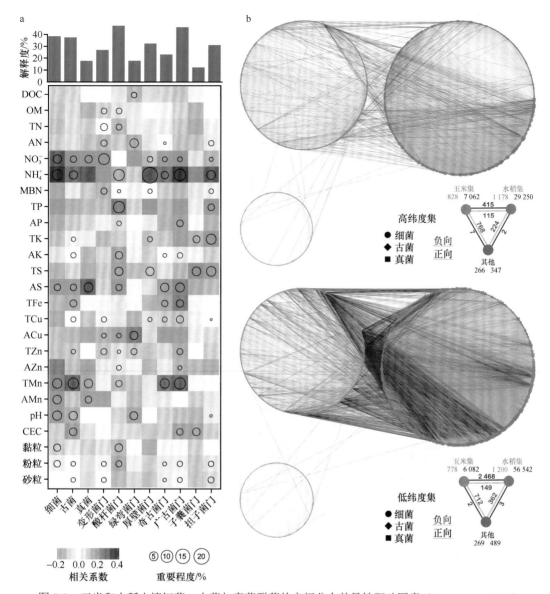

图 7-3　玉米和水稻土壤细菌、古菌与真菌群落的空间分布差异性驱动因素（Jiao et al.，2020）

a. 土壤性质对微生物群落差异和微生物门相对丰度差异的贡献；b. 高、低纬度地区土壤微生物分类群的相关网络。MBN：微生物生物量氮；TS：总硫；AS：有效硫；TFe：总铁；TCu：总铜；ACu：有效铜；TZn：总锌；AZn：有效锌；TMn：总锰；AMn：有效锰

7.1.3　水稻和小麦的根际效应

如前所述，稻田和旱地土壤微生物地理分布格局及群落构建不同的主要原因为耕作方式的差异。与旱地相比，稻田土壤在持续淹水的厌氧条件下，其理化条件和微生物特性发生很大改变（Guo and Lin，2001；Hasegawa，2003）。氮是植物生长的养分原料，而根际碳沉积是土壤有机碳的主要来源，氮和光合碳在土壤中的分配对土壤肥力的影响不容忽视。因此，研究水稻、小麦种植条件下土壤碳氮转化过程及其差异，量化根际输出的光合碳对土壤有机碳周转的影响，明确根际微生物群落组成特征及其主控因子，对于解释大尺度下稻田和旱地土

壤微生物地理分布和群落构建机制的差异，以及揭示土壤碳氮转化对维持农田生态系统稳定性和可持续性的影响均具有重大意义。

通过采集江苏常熟地区的乌栅土布置水稻和小麦盆栽试验，于出苗 40 ～ 45d 分析测定：以紧贴着根系的土壤为根际土壤，将根际 10cm 外的土壤充分混合后作为非根际土壤。结果表明，水稻和小麦根际土壤可溶性有机碳（DOC）与微生物生物量碳（MBC）含量及脱氢酶活性均显著高于非根际土壤，其中水稻根际分别提高了 1.13mg/kg、28.0mg/kg 和 1.49mg TPF/(kg·h)，而小麦根际分别提高了 3.23mg/kg、72.5mg/kg 和 2.44mg TPF/(kg·h)（图 7-4）；而作物根际土壤可溶性有机氮（DON）含量均显著低于非根际土壤，其中水稻与小麦根际分别降低了 20.4mg/kg 和 36.4mg/kg。此外，水稻根际与非根际土壤 DOC 含量显著高于小麦，水稻根际土壤 MBC 含量和脱氢酶活性均显著低于小麦根际，而小麦非根际土壤 DON 含量显著高于水稻非根际。

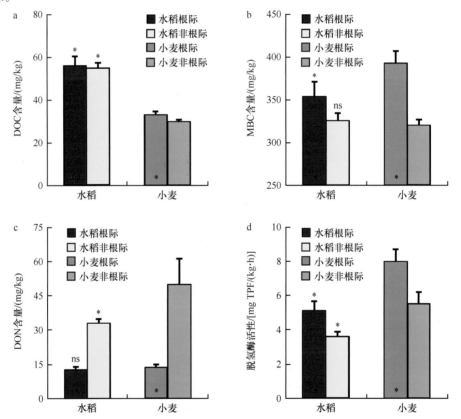

图 7-4　土壤 DOC（a）、MBC（b）和 DON（c）含量和脱氢酶活性（d）（王晓婷等，2019）
柱内星号表示同一植物根际和非根际土壤指标间的差异显著（$P<0.05$）；柱上方星号表示相应指标在不同植物（根际或非根际土壤）之间具有显著性差异（$P<0.05$）；ns 表示根际与非根际土壤之间的差异不显著

水稻、小麦根际土壤细菌群落的多样性（Chao1 指数和 Shannon 指数）均低于非根际土壤，小麦根际和非根际土壤细菌群落的多样性均显著低于水稻（表 7-1）。通过计算 DOC、MBC、脱氢酶活性、DON 和 Chao1 指数的根际效应，发现水稻分别为 2.07%、8.61%、41.11%、61.07% 和 7.62%，而小麦分别为 13.37%、22.62%、44.48%、71.43% 和 16.59%（图 7-5）。总体来说，小麦各指标根际效应的绝对值均大于水稻，其中 MBC、DON 和 Chao1 指数的根际效应差异显著。这表明水稻根际与非根际土壤之间的差异小于小麦，或者说水稻根际对非根际的影响程度强于小麦，因为灌溉条件下物质在根际与非根际之间的转运更容易，减小了根际与非根际之间的差异。

表 7-1　水稻、小麦根际和非根际土壤细菌的 α 多样性比较（王晓婷等，2019）

指标	水稻		小麦	
	根际	非根际	根际	非根际
Chao1 指数	4940c	5350d	3404a	4084b
Shannon 指数	9.7c	9.9d	8.5a	9.1b

注：同列数字后不同小写字母表示显著性差异（$P < 0.05$）

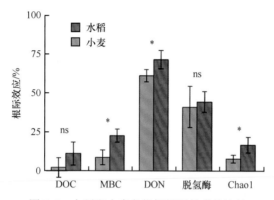

图 7-5　水稻和小麦各指标根际效应的比较

* 表示水稻和小麦之间具有显著性差异（$P < 0.05$）；ns 表示差异不显著

由上可知，水稻根际和非根际土壤之间各项指标的差异均小于小麦，这说明试验中人为设定的水稻根际作用范围比实际的根际要小。与之相反，旱地土壤的根际激发效应显著高于淹水土壤，根际有机碳的矿化作用更强，这可能与小麦根际滞留了更多的有机碳有关：一方面，旱地土壤通气状况好于淹水土壤，微生物呼吸作用较强，微生物生物量和活性均高于淹水土壤（Bulgarelli et al.，2013），根际较高的微生物活性和呼吸不利于小麦根际土壤有机碳的长期累积；另一方面，由于旱地土壤水分含量较低，可溶性物质的流动性较小，小麦根系分泌物大量滞留在根系附近的区域，促进了土壤微生物的增殖，产生了较高的活性微生物生物量，进一步加强了根际效应，不利于土壤有机质的转运和累积。以上两点可能是水稻土有机质含量高于旱地土壤的一个原因。此外，小麦根际和非根际土壤之间 DON 浓度差显著高于水稻，说明旱作小麦土壤中非根际氮无法及时转运至根际，对根际氮亏缺的补偿效应低于水稻土，这极可能会导致旱作土壤中氮肥利用率降低。

7.1.4　水稻和小麦根际碳淀积与微生物群落的微尺度空间分布

通过 $^{13}C-CO_2$ 气体连续标记技术和分层根箱法，进一步比较根际碳分布模式在旱地土壤和水稻土之间的差异。总的来说，土壤碳组分（SOC、DOC 和 MBC）在根际距离梯度上的分布模式不同：植稻土壤呈现渐变的分布模式，而植麦土壤则在近根层具有突变（图 7-6）。植稻土壤 S_0 至 S_4 层（每层 2cm）DOC 含量均高于植麦土壤，而 SOC 和 MBC 的含量相差不大。植麦土壤 SOC、DOC 和 MBC 含量的最大值均在 S_0 层，分别为（20.5±0.1）g/kg、（37.1±1.3）mg/kg 和（392.5±16.7）mg/kg，同时这三种组分含量在 S_1 层有一个明显的下降。植稻土壤 S_0 和

S_1 层之间 SOC、DOC 和 MBC 含量基本上没有变化，而且 S_1 至 S_4 层之间没有显著性差异（$P<0.05$）。与 S_0 层相比，植麦土壤 S_1 层 SOC、DOC 和 MBC 的含量分别下降了 3.8%、35.5% 和 18.6%，两者间均具有显著性差异（$P<0.05$）。而植稻土壤中相对应的 3 种组分分别下降了 0.6%、−1.7% 和 6.3%，与 S_0 层没有显著性差异。

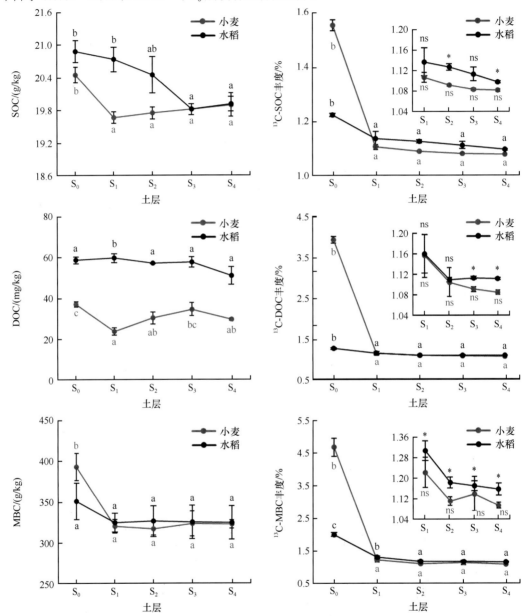

图 7-6　水稻、小麦的 SOC、DOC、MBC 含量及其 ^{13}C 丰度在不同土层的分布（Wang et al.，2018）

黑色线和黑色字母代表植稻土壤；红色线和红色字母代表植麦土壤；不同小写字母表征不同土层之间差异显著（$P<0.05$）。内置图是主图的局部放大。内置图内星号表征每个土层与未标记土壤 ^{13}C 丰度之间的显著性差异（* 表示 $P<0.05$，ns 表示不显著，t 检验）

S_0 层 SOC 和 DOC 的 ^{13}C 丰度在植稻土壤与植麦土壤中均显著高于其他 4 层（S_1、S_2、S_3 和 S_4），并且后 4 层之间没有显著性差异（$P>0.05$）。MBC 的 ^{13}C 丰度在植麦土壤中的变化趋势与 SOC 和 DOC 保持一致，但植稻土壤 S_1 层 MBC 的 ^{13}C 丰度显著低于 S_0 层而显著高于其他 3 层。小麦土壤 S_1 层 SOC、DOC 和 MBC 的 ^{13}C 丰度与其他 4 层的差异均大于植稻土壤（表 7-2）。植麦土壤 S_0 层的 SOC、DOC 和 MBC 的 ^{13}C 丰度均显著高于植稻土壤，而在 S_1 至 S_4 层则相差不大。与原土中 ^{13}C 丰度相比，植稻土壤 SOC、DOC 和 MBC 在 S_4 层的 ^{13}C 丰度显著高于未标记土壤，而植麦土壤 S_1 至 S_4 层 ^{13}C 丰度与未标记土壤均无显著性差异。标记过程中小麦和水稻的 ^{13}C 累积量没有显著性差异。但是 71.4% 的 ^{13}C 累积量被运移到水稻的非根际土壤中（S_1、S_2、S_3 和 S_4 层的总量），仅 16.5% 的 ^{13}C 累积量被运移到小麦的非根际土壤中，因此小麦根际层滞留的 ^{13}C 累积量显著高于水稻。不仅如此，与植稻土壤相比，植麦土壤很大一部分的 ^{13}C 累积量被同化到 S_0 层的微生物生物量中（11.5%＞3.5%，$P＜0.05$）。

表 7-2　^{13}C-DOC、^{13}C-MBC 和 ^{13}C-SOC 含量在水稻、小麦根际层（S_0）和非根际层（S_1、S_2、S_3 和 S_4 的总和）的比较（Wang et al.，2018）

土层	作物	^{13}C 累积量/（mg/盆）			^{13}C 累积比例 /%
		^{13}C-DOC	^{13}C-MBC	^{13}C-SOC	
S_0	水稻	0.023	0.61	5.9	28.6%
	小麦	0.181	2.90	21.0	83.5%
	Sig.	**	**	**	
$S_1 \sim S_4$	水稻	0.048	0.73	14.8	71.4%
	小麦	0.016	0.35	4.2	16.5%
	Sig.	*	ns	**	

注：* 表示在 0.05 水平差异显著，** 表示在 0.01 水平差异显著

细菌群落的非度量多维尺度分析（nonmetric multidimensional scale analysis，NMDS）表明，尽管起始时采用的同一种土壤，但种植水稻和小麦后，土壤细菌群落结构发生明显的分异（$P＜0.001$，图 7-7）。两种土壤的 S_0 层与其他 4 层之间也具有明显的分异。两种体系最明显的不同在于 S_1 层的分异：对于植稻土壤来说，S_1 层与 S_0 层的细菌群落距离很近并且与其他层（S_2、S_3 和 S_4 层）均有显著性差异；对于植麦土壤，S_1 层与 S_2、S_3 和 S_4 层之间没有显著性差异。此外，小麦细菌群落中 S_0 层与 S_1 层的平均距离显著高于水稻。因此，植稻土壤 S_1 层可以视为土壤细菌群落从根际到非根际变异的过渡层；而植麦土壤细菌群落结构从根际到非根际的变异非常明显，不存在细菌群落的过渡区域。

土壤微生物生物量和细菌群落组成对根际分泌物与根际碳流动有着敏锐的响应（Poret-Peterson et al.，2007；Gong et al.，2009），因此细菌群落组成的分布和优势微生物同样可以反映根际碳的运移（Lu et al.，2004）。与植麦土壤相比，植稻土壤 S_1 层土壤细菌群落、MBC 的 ^{13}C 丰度和根际层优势微生物均表现为从根际到非根际层之间的一个过渡层，该结果与 ^{13}C 运移的趋势一致。这个过渡层的存在从另一个角度上也反映了相比于植麦土壤，植稻土壤的根际范围更广。水稻根际存在一个特殊的泌氧层（通常在 0.4mm 以内），可能是影响水稻细菌群落结构（Revsbech et al.，1999）并造成 S_0 层与 S_1 层分异的一个原因。然而 S_1 层和其他层之间的分异可能是碳运移、氧气和营养元素等多种因素综合作用的结果（Butler et al.，2003；Dennis et al.，2010；Ladygina and Hedlund，2010）。

根际碳流动及其转运是由植物种类、管理方式和微生物活性综合作用的结果（Bais et al.，

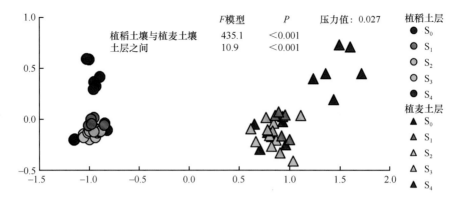

土层间配对检验	F模型		R²		P	
	植稻土壤	植麦土壤	植稻土壤	植麦土壤	植稻土壤	植麦土壤
S₀–S₁	17.0	16.9	0.629	0.628	0.002	0.002
S₀–S₂	30.6	18.0	0.754	0.643	0.002	0.002
S₀–S₃	29.2	23.6	0.745	0.702	0.002	0.002
S₀–S₄	25.3	23.2	0.717	0.699	0.002	0.002
S₁–S₂	2.4	0.8	0.191	0.077	0.020	0.540
S₁–S₃	3.2	2.2	0.245	0.179	0.002	0.041
S₁–S₄	2.9	1.5	0.224	0.132	0.024	0.117
S₂–S₃	1.8	0.9	0.150	0.085	0.039	0.497
S₂–S₄	1.6	0.7	0.135	0.064	0.177	0.791
S₃–S₄	0.7	0.9	0.067	0.080	0.646	0.541

图 7-7　基于欧式距离的非度量多维尺度分析（Wang et al.，2018）

圆形代表植稻土壤，三角形代表植麦土壤；不同颜色代表 5 个不同土层。附表中用 PERMANOVA 检验群落结构的差异显著性

2006）。根际碳转运随着距根际距离的增加而呈现递减的趋势（Sauer et al.，2006）。水稻和小麦在根际水平距离内具有两种不同的根际碳转运模式（图 7-8），与植稻土壤相比，小麦的根际碳梯度更加陡峭。这是由不同的植物类型和水分条件造成的：植物决定了碳的总富集量，而水分促进了碳的扩散和转运。在与根系紧密相连的区域，植物种类和水分条件对 ¹³C 丰度与微生物的活性均产生影响。然而在这个小范围之外，主要由水分条件影响碳的转运过程。在

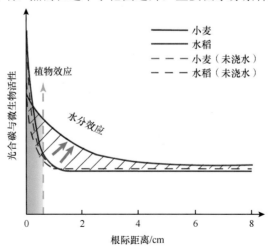

图 7-8　根际水平距离内光合碳和微生物活性分配的模式图（Wang et al.，2018）

红色曲线：植麦土壤；蓝色曲线：植稻土壤；实线：植物和水的作用；虚线：植物的影响；阴影区域：水的影响

持续淹水条件下，水稻土中小分子有机碳可以在水分子作用下随着浓度梯度向非根际土壤转运（Noll et al.，2005）。该结果也证实了 21.0mg/盆的 ^{13}C 根际分泌物留存在小麦根际，而只有 5.9mg/盆的 ^{13}C 根际分泌物留存在水稻根际。

土壤微生物生物量和活性的分布主要是由植物根系主导的碳流动决定的，同时也导致了根际碳的减少。与植稻土壤相比，植麦土壤中微生物的数量明显要高，并且进入根际的碳很大一部分被微生物同化后矿化代谢（13.9% ～ 10.3%，$P<0.05$）。根际沉积碳被同化进微生物生物量中然后被矿化（Iqbal et al.，2010）。与植稻土壤相比，植麦土壤细菌 α 多样性较低，根际优势微生物种类少并且丰度较高。水稻土中的微生物主要以兼性厌氧型为主，在缺氧条件下需要更高的微生物多样性来利用除氧气以外的电子受体（Lovley and Phillips，1988）。与水稻相比，小麦根际土壤中充足的氧气和根际分泌物导致了细菌的高生长率，从而导致了更高的微生物生长速率（Qiu et al.，2017）。考虑到微生物生长速率与生长产量之间存在的负相关关系，可以推测出小麦根际土壤细菌的高生长速率导致较低的碳源利用率。也就是说，在小麦根际土壤中微生物消耗更多的碳并最终作为 CO_2 损失出去（Jing et al.，2017），这也是小麦根际碳在距离梯度内急剧减少的一部分原因。

综上所述，无论水稻还是小麦，其根际和非根际土壤理化性质、微生物群落均存在显著差异；水稻、小麦两种种植体系下，根际效应表现为小麦大于水稻。从根际和非根际土壤相互作用的角度，水稻根际土壤与非根际土壤的差异较小，体现出水稻根际有更广的延伸，根际作用范围较广。本研究从新的角度解释了根际土壤养分分布与根际效应之间的联系，这对于将来研究中深入探讨淹水土壤和旱作土壤有机碳的累积差异，解释水田、旱地土壤肥力演变规律，以及实际生产中土壤生产力可持续性的维持方面具有重要意义。

7.2　稻田生态系统有机质分解与养分耦合转化作用

水稻是我国最重要的粮食作物之一，目前我国水稻年种植面积约占全国耕地总面积的 25%，水稻年产量占全国粮食总产的 40%。半个多世纪以来，我国以杂交水稻为代表在农业科学领域取得了举世瞩目的成就，使我国在种植面积不足全球 18% 的情况下，生产了全球 30% 以上的稻米，为解决粮食安全问题做出了贡献（Deng et al.，2019）。水稻农业的可持续发展不仅依赖于高产优质新品种的培育，而且取决于对农田生态系统的综合管理尤其是农田地力功能的管理。另外，由氮、磷等肥料的过度施用造成的农业面源污染已经成为我国内陆水体富营养化的主要原因。因此，深入认知稻田养分循环过程并提出科学施肥措施，对我国的粮食安全及生态环境保护都具有重要意义。本节从水稻土有机质降解及稻田生物膜介导的磷素循环两个方面解析土壤养分耦合循环增效的微生物驱动机制，以期为实现减肥增效的目标提供理论基础。

7.2.1　水稻土有机质厌氧降解机制及其调控因子

微生物是地球元素循环的引擎，参与了稻田养分转化和循环等过程，在土壤肥力形成中具有决定性作用。微生物和作物的生长发育同时涉及多种元素的循环与转化。微生物介导的稻田碳、氮、磷等元素循环过程具有耦合性和整体性，单一元素的变化往往制约特定或者多个元素的循环方向及速率。另外，单一的元素转化由多种环境微生物的分工合作完成，同时还涉及微生物种群间的竞争和捕食等相互关系（Crowther et al.，2019；van den Hoogen et al.，

2019）。因此，从土壤微生物介导的养分耦合转化这一新视角出发，有助于全面了解稻田养分循环过程，更好地服务于农田地力提升。土壤有机质是农田地力最基本和最重要的构成要素。农田土壤有机物质来源包括动物粪便、工业残渣、堆肥和城市垃圾等外源有机物，以及根系和秸秆残留物等作物残体（即内源有机物）。在微生物的驱动下土壤有机质始终处于积累与降解的动态平衡之中，土壤有机质周转耦合驱动土壤氮、磷、铁、硫等生源要素的生物地球化学循环（Crowther et al.，2019）。因此，理解稻田土壤有机质分解与周转的微生物学机制，可为发展农田地力提升管理技术、促进水稻农业可持续发展提供理论基础。

稻田有机物质厌氧降解依赖于由不同功能微生物组成的食物链网络，其分解过程一般可分为以下 3 个主要步骤：首先是水解过程，复杂大分子有机物质在初级发酵菌的作用下被降解为单糖、氨基酸、核苷酸等单体，紧接着单体物质被发酵为短链脂肪酸、醇类和 H_2 等小分子物质；其次为产酸过程，水解过程所产生的短链脂肪酸和醇类物质在次级发酵菌的作用下降解为乙酸、CO_2、H_2、甲酸等产甲烷前体物质，同型产乙酸菌也可以利用 H_2、甲酸和 CO_2 生成乙酸；最后乙酸型产甲烷菌通过乙酸裂解产生 CH_4 和 CO_2，而氢型产甲烷菌利用 H_2、甲酸等还原 CO_2 生成 CH_4（Schink，1997；McInerney et al.，2009；Stams and Plugge，2009）。由此可见，有机质厌氧降解是通过复杂的厌氧食物链协同发生的。在降解第二阶段形成了一系列中间产物，包括丁酸、丙酸、乙酸和乙醇等，这些产物的厌氧氧化为放热反应，微生物对其代谢利用存在很高的热力学能量壁垒（Schink，1997）。因此，次级发酵菌即互营菌必须依靠与末端的产甲烷菌紧密协作，形成互营关系，由产甲烷菌消耗其产物至最低浓度，才能克服热力学能量壁垒，推动互营菌和产甲烷菌的协同生长（张杰和陆雅海，2015）。因此，微生物互营作用是有机质厌氧降解的核心环节，在整个厌氧降解食物链中起承上启下的作用。为理解有机质厌氧降解中间产物的分解机制，我们开展了以下三方面研究：①进行了不同地力水平稻田土壤微生物组成特征的基础调研；②通过实验室模拟研究，分析了不同地力水平有机质降解特征与微生物群落演替的关系；③研究了土壤导电性材料特别是黏粒矿物对中间产物互营分解的促进机制。

为阐明不同地力水平稻田土壤微生物群落的差异，在全国尺度上从南到北采集了 14 个水稻土样品，通过高通量 16S rRNA 基因测序分析，发现我国稻田土壤优势细菌门包括变形菌门、酸杆菌门、绿弯菌门、放线菌门，而古菌主要由奇古菌门和广古菌门组成（Hao et al.，2019）。这些优势菌门普遍存在于稻田土壤中，其中变形细菌相对丰度最高，相对丰度为 16% ~ 51%。在属分类水平，相对丰度较高的优势菌群依次为硝化螺菌属、地杆菌属、甲烷八叠球菌属、甲烷丝状菌属、甲烷杆菌属、厌氧黏细菌属和硫杆菌属。结合土壤理化参数和地理气候数据，发现土壤微生物多样性与全氮、全磷含量显著负相关，其中有机碳、全磷含量和 pH 是影响微生物群落构建的重要因素（图 7-9a）。基于微生物群落共发生网络分析发现，互营细菌和硫酸盐还原菌及产甲烷古菌间存在紧密耦合关系（图 7-9b），这些关键微生物在水稻土有机质降解、硫循环方面发挥着重要作用。

为深入揭示不同地力水稻土有机质降解潜力的差异，选取上述 14 个水稻土样品，以葡萄糖作为底物，在实验室条件下模拟研究了不同地力水稻土有机质厌氧降解过程及微生物群落动态变化。结果表明，葡萄糖分解转化为甲烷的总量在不同地区土壤间并不存在显著差异，但糖酵解、产酸产甲烷过程的延滞期呈现明显的地理分布格局。在葡萄糖厌氧降解过程中，乙酸的瞬时积累浓度最高，可以达到 15 ~ 20mmol/L。这一结果与 Krumböck 和 Conrad（1991）的试验结果相似，即在欧洲水稻土和湖泊沉积物中，乙酸是葡萄糖厌氧降解过程最

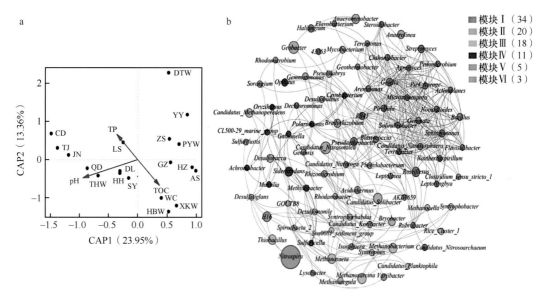

图 7-9　不同区域水稻土有机质厌氧降解的主要影响因子（a）及微生物网络关系（b）

a 图中 14 个水稻土样品分别采自黑河（HH）、武昌（WC）、沈阳（SY）、天津（TJ）、济宁（JN）、启东（QD）、杭州（HZ）、赣州（GZ）、中山（ZS）、陵水（LS）、宜阳（YY）、成都（CD）、安顺（AS）、大理（DL），5 个湿地样品分别采自兴凯湖（XKW）、太湖（THW）、鄱阳湖（PYW）、洞庭湖（DTW）、海北湖（HBW）；a 图中箭头所指系 3 个重要土壤因子，即土壤pH、总磷含量（TP）和总有机碳含量（TOC）

主要的中间产物，而剩余的丙酸、丁酸、乙醇、琥珀酸和乳酸的总量则为 1%～8%。14 个土壤样品中延滞期最短的是中国北方的水稻土，仅为 4d，而延滞期最长的水稻土来自中国南方，达 32d。土壤理化性质分析表明，分解过程可能与土壤氧化态物质含量有关。在所有土壤中，NO_3^- 最先被还原，Fe（Ⅲ）离子和 SO_4^{2-} 完全耗尽所需要的时间则相对较长。通过回归分析发现，Fe（Ⅲ）离子和 SO_4^{2-} 完全耗尽所需要的时间与糖酵解产甲烷延滞期存在显著正相关关系。

　　然而，尽管产甲烷古菌与铁离子还原菌和硫酸盐还原菌之间可能存在底物竞争关系，但低水平产甲烷过程在厌氧培养起始阶段就已发生，因此竞争作用难以解释三者之间的相关性。研究分析表明糖酵解产甲烷延滞期与 Fe（Ⅲ）离子和 SO_4^{2-} 完全耗尽所需时间呈现一致的地理分布格局，即南方土壤延滞期均大于北方土壤。温度是影响土壤微生物群落结构和功能的重要因素。前人研究表明，稻田有机质降解产甲烷的速率会随着环境温度的升高而增加（Peng et al.，2008；Ding et al.，2010）。在我们的采样地中，年平均温度的变化范围是从北方的–1.2℃到南方的 25.0℃（Zhang et al.，2018），理论上南方土壤中的延滞期应该短于北方土壤。然而，我们所获得的试验结果与该推测正好相反。对所有环境因子比较分析表明，土壤 pH 是影响糖酵解产甲烷过程地理分布特征的最重要的因素，在土壤 pH 低于 5.5 的情况下，延迟期出现明显增加的趋势（图 7-10）。这一发现与许多大尺度土壤生物地理研究一致，这些研究表明土壤 pH 是影响微生物群落组成和生物多样性的关键因素（Fierer and Jackson，2006；Thompson et al.，2017；Delgado-Baquerizo et al.，2018）。土壤 pH 不仅影响土壤中营养元素的有效性，同时还可以调控微生物的代谢过程（Delgado-Baquerizo et al.，2018）。我们的研究表明，不同区域水稻土的有机质分解过程与土壤 pH 变化紧密相关。

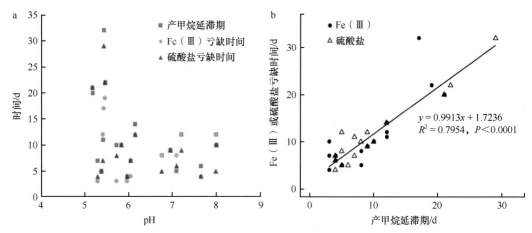

图 7-10　不同区域水稻土有机质厌氧降解产甲烷延滞期与土壤 pH（a）和土壤硫酸盐及
Fe（Ⅲ）还原所需时间的关系（b）

7.2.2　水稻土磁铁矿与生物炭颗粒对有机质降解的影响

铁氧化物矿物在稻田土壤中广泛存在，其中磁铁矿具有导电性。土壤中天然的导电纳米矿物可以显著加速丙酸和丁酸的互营分解，推测有机质厌氧降解过程中可能发生直接种间电子传递机制。基于植物残体厌氧降解经常发生短链脂肪酸积累，我们假定磁铁矿和生物炭等导电性纳米粒子可能对稻田植物残体分解具有促进作用（Li et al.，2015）。为此，选择采自贵州安顺的水稻土，研究生物炭和纳米 Fe_3O_4 对水稻土中秸秆残体厌氧降解与产甲烷过程的影响（Huang et al.，2020），发现它们对秸秆的分解和 CH_4 的产生都有很大的促进作用（图 7-11），主要菌群由拟杆菌、梭状芽孢杆菌、变形细菌、放线菌和厌氧丝线菌组成，产甲烷菌以甲烷八叠球菌和甲烷杆菌为主。在生物炭处理过程中拟杆菌相对富集，而纳米 Fe_3O_4 对变形细菌和厌氧丝线菌有利。典型互营菌的相对丰度，如互营单胞菌、互营杆菌和斯密氏菌的相对丰度，与短链脂肪酸的降解呈正相关。值得注意的是，随着培养时间增加，地杆菌的相对丰度超过所有互营菌丰度加和的 10 倍。地杆菌、甲烷八叠球菌和甲烷鬃菌的丰度优势表明，生物炭和

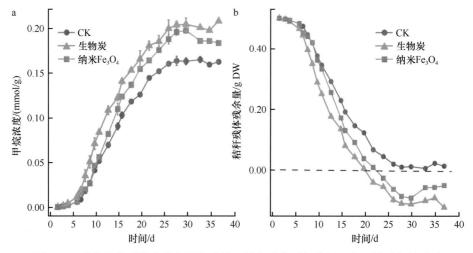

图 7-11　生物炭和磁铁矿纳米颗粒对稻田秸秆残体厌氧降解及产甲烷过程的影响
甲烷产生量（a）和秸秆残体残留量（b）随时间的变化

磁铁矿纳米粒子对秸秆分解与产甲烷过程的促进作用，可能与中间代谢产物互营分解的直接种间电子转移有关。

有机质厌氧降解过程中，中间产物的氧化分解都存在热力学能量壁垒，但壁垒强度有所不同，其中丙酸互营氧化的壁垒最为严重。为探讨丙酸互营微生物的适应机制，构建了稻田土壤中广泛存在的丙酸互营菌（泥居肠杆菌属 *Pelotomaculum*）和产甲烷菌（甲烷胞菌属 *Methanocella*）的共培养体系，并对该体系进行了详细的生理和转录组学研究（Liu and Lu, 2018）。过去的研究表明，甲烷胞菌并不利用甲酸，而泥居肠杆菌也并不与利用甲酸的产甲烷菌形成互营关系。通过 H_2 和甲酸的交互试验，并结合稳定同位素示踪技术，研究表明所建立的共培养物主要发生种间甲酸转移，而种间氢转移相对较弱。采用转录组学研究表明，丙酸互营菌表达三种能量代谢策略以应对热力学能量壁垒。首先，丙酸互营菌在下调生物合成代谢的同时，显著上调能量代谢，以此增强对有限能量的捕获，并节省生物合成成本；其次，丙酸互营菌显著上调甲酸代谢通路，这与生理研究相吻合，表明在互营氧化过程中，丙酸互营菌专门启动了甲酸传递途径，充分调用了甲酸途径的动力学优势；最后，丙酸互营菌和产甲烷菌同时上调了基于核黄素的电子歧化通路，该通路最近被证明是厌氧微生物突破能量壁垒的重要机制，我们的研究首次表明丙酸互营体系能在互营条件下显著激发该通路。图 7-12 总结了这些研究发现。

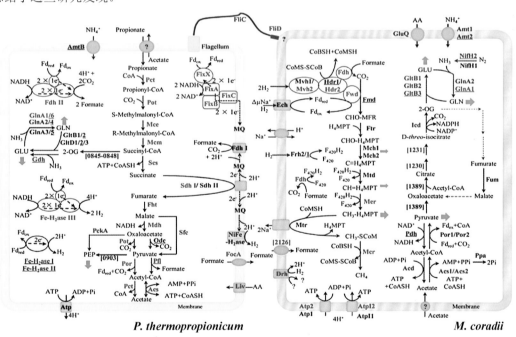

图 7-12　丙酸互营菌（*Pelotomaculum*）和产甲烷菌（*Methanocella*）共培养体系代谢模型

红色和蓝色分别表示显著上调与下调的基因或通路。Propionate：丙酸盐；Acetate：乙酸盐；Propionyl-CoA：丙酰辅酶 A；S-Methylmalonyl-CoA：S-甲基丙二酰；R-Methylmalonyl-CoA：R-甲基丙二酰；Succinyl-CoA：琥珀酰辅酶 A；Succinate 琥珀酸盐；Fumarate：延胡索酸盐；Malate：苹果酸盐；Oxaloacetate：草酰乙酸盐；Pyruvate：丙酮酸盐；Acetyl-CoA：乙酰辅酶 A；Formate：甲酸盐；Flagellum：鞭毛；Membrane：细胞膜；Citrate：柠檬酸盐；D-*threo*-isocitrate：D-异柠檬酸盐

7.2.3　稻田生物膜对磷素的响应

自然环境中的微生物很少单独存在于环境当中，一般会聚集在各种界面当中并形成生物

膜结构（Flemming and Wingender，2010）。生物膜是微生物聚集在环境界面并被自身产生的胞外多聚物（EPS）包裹形成的细胞聚合体（Harrison et al.，2007）。在自然环境中生物膜组成包括藻类、细菌、真菌、无机矿物质及微生物分泌的胞外多聚物。生物膜广泛分布在自然环境当中，几乎能在任何基质表面附着、生长和繁殖。在一些湖泊学研究中，研究者通常将这类附着物称为周丛生物。水稻田大部分时间处于淹水的状态，在淹水层与土壤层的界面（土–水界面）自发地形成一层肉眼可见的膜状结构，称为稻田生物膜（图 7-13）。

图 7-13　稻田生物膜

　　生物膜具有独特的生物学意义，如为微生物提供相对稳定的生存空间，同时加强微生物对温度、pH 及抗生素等外部不利因素的抗性。生物膜由多种微生物群落构成，生物膜内部的种群间发生合作、竞争和演替等相互作用。同时，生物膜也会与周围环境发生相互作用。研究表明，自然环境中的生物膜具有对营养元素的吸收、转化及存储功能，在地球元素的循环中具有重要作用（Beveridge et al.，1997）。例如，自然生物膜能够产生各种酶，如磷酸酶、蛋白酶、脲酶等，会直接或间接地影响土壤中氮素或者磷素的循环。自然生物膜具有营养元素的"缓冲器"功能（Wu et al.，2018）。之前的研究表明，当环境中氮含量降低时，生物膜中的蓝细菌成为优势种群并进行固氮作用，增加系统中的氮含量；当氮磷含量较高的时候，自然生物膜通过提高自身生物量的形式存储环境中多余的氮磷元素，最后生物膜死亡后将氮磷归还到环境中（Mandal et al.，1999；Lu et al.，2016）。

　　磷是植物生长的必需元素。由于作物对磷的需求量大且土壤中有效磷含量不足，磷成为限制作物产量与品质的因子之一。因此在常规的农业管理中，一般要施用磷肥以补充作物对土壤有效磷的消耗。磷肥施用后，随着时间的推移水稻土会经历有效磷含量由高到低的变化过程。刚施用磷肥的时候，磷肥溶解释放，水稻田的有效磷含量迅速达到峰值。通过施肥而进入土壤的磷，一方面被植物吸收，另一方面有效磷被矿物吸附、沉淀、微生物固持及随着稻田灌溉水流失，土壤中的有效磷含量会逐渐降低。随着时间的推移，水稻田中的有效磷含量达到最低。磷在土–水界面上的行为是影响磷素生物有效性及影响其他耦合元素循环的主要途径。稻田生物膜作为土–水界面自发产生的微生物聚合体，同样会经历磷含量由高到低的变化过程。只有清楚地解析稻田生物膜对环境磷浓度变化的响应，才能深入阐明稻田生物膜在驱动磷素耦合转化及稻田磷素增效的微生物学机制。

　　恒养分连续培养系统（Chemostats）包括培养基储存系统、细胞培养系统和培养基收集系统，最大的好处是保证系统中养分恒定，可将磷设为唯一变量。该系统设置了照明装置，24h光照培养。培养室底部铺设载玻片，利于稻田生物膜的附着及生物膜样品的采集。本试验设置高（15.5mg/L）、中（1.55mg/L）、低（0.155mg/L）三个磷（HPO_4^{2-}）浓度梯度。稻田生物膜采集于广东省农业科学院水稻实验基地，实验室预培养后接种到系统中进行培养。经过 25d 的培养，不同磷水平处理稻田生物膜从外观上显现出明显的差异（图 7-14）。低磷处理培养液较为澄清，底部附着的稻田微生物膜厚度最小，微生物在个别地方聚集形成球状凸起；高磷与中磷处理的培养液较为浑浊，且高磷处理的生物膜最为厚实，甚至出现漂浮的生物膜。绝对定量 PCR 结果显示（表 7-3），每平方米细菌及真菌的拷贝数随着施磷量的增加而增加，其中高磷处理的平均拷贝数分别是低磷处理的 1.8 倍和 27 倍。由此可知，相较于细菌，真菌对磷素浓度的响应更为敏感。一般认为藻类具有叶绿素并能进行光合作用，用叶绿素含量表征藻类的生物量可以发现，高磷处理藻类生物量是低磷处理的 2.3 倍，是中磷处理的 1.55 倍。

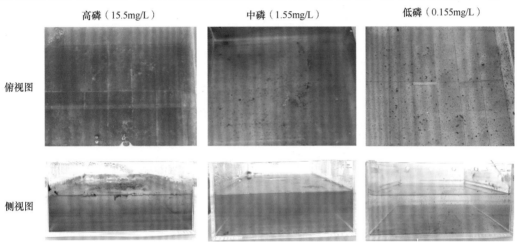

图 7-14　不同磷水平下稻田生物膜的生长情况

表 7-3　不同磷浓度处理下每平方米稻田生物膜细菌和真菌的平均拷贝数及叶绿素含量

处理	细菌/（×10^9/m^2）	真菌/（×10^6/m^2）	叶绿素含量/（μg/m^2）
低磷	5.44±0.98a	2.46±0.98a	7.23±0.63a
中磷	7.68±1.64ab	3.16±1.02a	10.75±0.13b
高磷	9.70±1.33b	65.41±1.45b	16.61±1.13c

注：表中数据为平均值±标准偏差

通过扫描电子显微镜（scanning electron microscope，SEM）及共聚焦激光扫描显微镜（confocal laser scanning microscopy，CLSM）观察不同磷水平下生物膜的细胞形貌结构，发现不同磷浓度处理下生物膜的形貌发生了很大变化（图 7-15）。高磷与中磷处理生物膜以长丝状细胞为主，以长丝状细胞为主要骨架形成网状结构，其余球状和短杆状细胞填充在网状结构中。低磷处理生物膜主要以球状细胞为主，存在少量的长丝状细胞。高、中磷处理中存在着大小不同（2～5μm）的球状细胞，其中小的球状和杆状细胞粘附在长丝状细胞上。通过细胞染色–共聚焦激光扫描显微镜技术能够通过 CLSM 的分层扫描功能，最终形成生物膜的三维图像（图 7-16）。CLSM 的观察结果与 SEM 的结果一致，即低磷处理的生物膜主要以球状细胞为主，细胞形状单一，生物膜结构质密。而高、中磷处理的生物膜细胞组成更为多样，由长丝状、小球状、大圆球状及杆状等细胞组成，其中不同形状的细胞相互缠绕掺杂聚集，细胞膜存在一定的空隙。

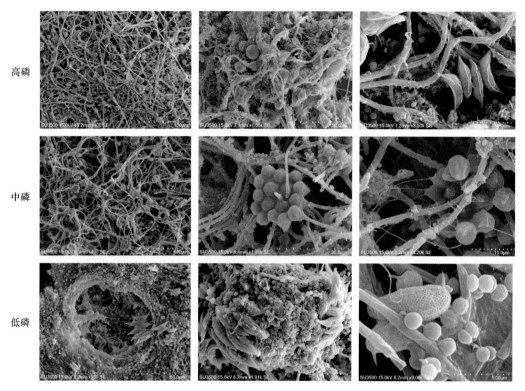

图 7-15　不同磷水平下稻田生物膜的扫描电子显微镜形貌观测照片

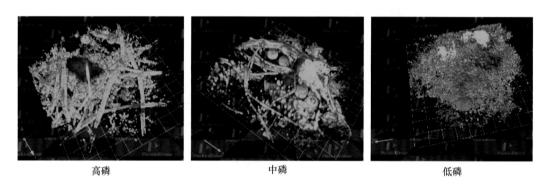

图 7-16　细胞染色–共聚焦激光扫描显微镜下不同磷浓度稻田生物膜的三维结构分析

　　基于真核藻类 18S rRNA 基因的高通量测序数据表明（图 7-17a），具有吞噬细菌及藻类功能的兼性营养型藻棕鞭藻属（*Ochromonas*）和金藻属（*Poterioochromonas*）主要出现在低磷处理，二者的总相对丰度能达到 20% ~ 30%。之前的研究表明，该兼性营养型藻主要以吞噬细菌与微藻等其他微生物获得能量及养分，在吞噬其他微生物后会排放出多余的氮、磷等养分（Sanders et al., 2001）。因此可以推测，兼性营养型藻在低磷环境中的富集能够为生物膜系统提供磷素等养分，利于其他微生物的生长。兼性营养型藻的富集成为稻田生物膜应对低磷环境的一种重要响应机制。另外，中磷及高磷处理的衣藻属（*Chlamydomonas*）相对丰度高于低磷处理。

　　细菌 16S rRNA 基因的高通量测序数据（图 7-17b）表明，中磷（31% ~ 37%）和高磷（17% ~ 20%）处理中长丝状的细鞘丝藻属（*Leptolyngbya*）相对丰度高于低磷（3% ~ 4%）

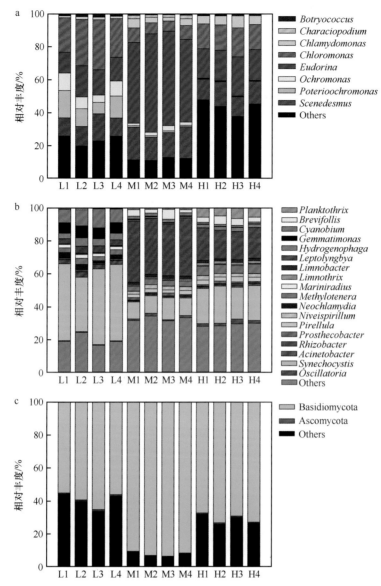

图 7-17　不同磷水平下稻田生物膜的真核藻类（a）、细菌（b）及真菌（c）的群落组成

L 为低磷；M 为中磷；H 为高磷处理；细菌和真核藻类为属水平，真菌为门水平；Others 是无法鉴定及相对丰度低于 0.1% 的种群

处理；高磷处理（4% ～ 6%）的浮丝藻属（*Planktothrix*）相对丰度高于其他处理（0.2% ～ 1.0%）。浮游蓝丝藻属（*Planktothrix*）是水华蓝藻的重要类群，在本研究同样也主要出现在高磷处理中。低磷处理（33% ～ 46%）球状的集胞藻属（*Synechocystis*）相对丰度高于中磷（10% ～ 13%）及高磷处理（19% ～ 21%）。这一结果符合 SEM 及 CLSM 的图像观察的结论，低磷处理主要以球状细胞为主。我们可以发现对磷有较高亲和力的芽单胞菌属（*Gemmatimonas*）主要出现在低磷环境，其相对丰度能达到 5%。*Gemmatimonas* 是多聚磷酸盐富集细菌（polyphosphate-accumulating bacteria），被应用于增强生物除磷工艺（enhanced biological phosphorus removal）当中，对无机磷有较高的亲和力并将环境中的有效磷转化为多聚磷酸盐储存在细胞里（Zhang et al.，2003）。该结果表明生物膜在低磷的情况下增强了体系对磷的吸收能力。基于真菌 ITS rRNA 基因的高通量测序结果表明（图 7-17c），稻田生物膜主

要由担子菌门的真菌构成。

总的来看，高磷与中磷处理的微生物群落组成较为接近，而低磷处理微生物群落组成变化较大。从 Shannon 多样性指数分析可以得知，低磷处理的细菌多样性低于其他处理。对于真菌及真核藻类来说，中磷处理的多样性指数是最低的，低磷及高磷处理都能够增强真菌及真核藻类的多样性。综上可知，稻田生物膜在低磷情况下的微生物多样性并不是最低的。与其他处理相比，虽然低磷的时候生物膜处于胁迫状态，整体的生物量较低，但是由于生物膜中的特殊微生物（如 *Ochromonas*、*Poterioochromonas*、*Gemmatimonas* 等）成为优势种群并发挥关键性作用，改变了摄取磷素的方式及提高了对有效磷的亲和力，使生物膜仍保有较高的多样性。

本研究表明稻田生物膜面对环境中不同的磷浓度，从生物膜的生物量、形貌、空间结构及微生物群落组成等方面做出响应。刚施肥时，稻田生物膜吸收大量的有效磷并快速生长，把磷素营养存储在细胞当中以细胞生物量的形式保留下来，避免被土壤矿物固定或者随灌溉水流失。稻田生物膜在生长的过程中能够进行光合固碳，释放各种有机物以增加土壤中活性物质，促进作物生长，另外稻田生物膜还能释放各种酶以活化土壤中的养分。当土壤中有效磷浓度降低到一定程度的时候，稻田生物膜为了自身的生存，提高了生物膜系统对磷的亲和力及增强了土壤磷的活化能力（Lu et al.，2016；Wu et al.，2016）。相比而言，土壤中有效磷浓度不足的时候，稻田生物膜对磷的竞争能力比水稻强，此时不利于水稻获取磷素营养。

总体而言，稻田生物膜是很好的磷素"缓冲器"。但是稻田生物膜需要结合相应的稻田管理措施才能较好地发挥磷素"缓冲器"的作用。适当地晒田能够把稻田生物膜中储存的磷素再度释放出来，同时减少稻田生物膜与水稻竞争磷素，形成水稻需肥与稻田生物膜调节磷素供给相耦合。另外，通过适当地秸秆还田，调节水体中的 C/N，增加稻田生物膜的附着基质，可以进一步地提升稻田生物膜的形成与生长。

7.3 旱作生态系统养分蓄供与协同增效

土壤是生命之本，直接或间接地提供了地球生命活动所需的绝大部分物质和能源（van Horn et al.，2013）。不同粒级颗粒的不同排列形成土壤基质中水、气、固三态各异的多种复杂界面，这些数量庞大的小生境，为种类和数量多样的土壤微生物的生长提供了所需的养分、水分并维持其生长的环境条件。农田经常保持一定水层的称为水田，如稻田；凡不经常保持水层的称为旱地，如玉米地和小麦地。旱作农业生态系统由于水分方面的原因，与稻田存在很大的差异。与此同时，由于土壤结构与土壤水分分布等对养分存贮、运输的制约作用，这些特性对化肥养分的利用率会有巨大的影响。另外，与稻田一样，根际微生物的作用也是提高养分利用率的关键。本节从土壤孔隙结构与微生物协同养分蓄供及作物根际过程与磷素增效这两个方面解析旱作土壤养分蓄供与协同增效的微生物驱动机制，为实现减肥增效的目标提供理论基础。

7.3.1 土壤孔隙结构及微生物分布在养分蓄供中的作用

土壤水分、养分、空间、生物等的异质性和复杂性分布为定量化研究其特性及其相互作用带来难度（Young et al.，2004）。然而，应用原位观测技术探究多孔基质内部理化环境与生物之间的物质流、能量流和信息流，有利于认识复杂的土壤生物自组织过程及功能、探究微孔尺度下土壤微生物在养分蓄供中的作用，为优化农田水肥管理模式、改造土壤生态系统提供理论依据；同时，对微孔尺度下土壤理化特征及其与生物之间的界面互作机制的研究可应用于其他复杂生境，也是近年来生态学和环境学领域的研究热点与前沿（Young et al.，2004）。

土壤孔隙分布除与由土壤本身矿物组成不同导致的质地差异相关外，水分含量、根系分布、生物种类等因素均会对土壤孔隙数量、大小及分布产生影响。2∶1 型膨胀性矿物含量高的土壤膨胀性大，有利于水分储藏，其可塑性、吸湿性都高于以非膨胀性高岭石为主要黏土矿物类型的土壤。不同类型土壤中孔隙的水、气比例不同，且一直处于动态变化中，通常在 <2μm 的土壤孔隙中水分主要吸附在土粒表面，以膜状水的形式存在；在 2 ~ 20μm 的孔隙中毛管水是土壤水的主要组分，水可以自由移动。土壤水的存在形式影响其养分分布，如可溶性养分随土壤自由水的移动而迁移。其中，速效养分的分布往往影响土壤微生物活动、农作物根系分布及农田产量。土壤微生物广泛分布于土壤各级孔隙中，鞭毛的有无、是否具有运动性及是否为土著微生物等自身特性，与微生物所在的其他生长环境（包括微孔溶液的连通性、pH、温度、营养类型）共同构成了土壤微生物的多样性及其复杂的生态功能系统（Nemergut et al.，2013）。

土壤团聚体是土壤结构的基本单元。於修龄（2015）用同步辐射显微 CT 技术研究发现，在 >2mm 的团聚体中大孔隙和中孔隙主要分布在团聚体外层，而在小粒级团聚体中孔隙主要以孤立且短直的微孔隙为主。Wolf 等（2013）通过统计发现，53 ~ 106μm 团聚体中 ≤6μm 的孔隙占主要地位，6 ~ 15μm 的孔隙次之；106 ~ 212μm 团聚体中 15 ~ 30μm 的孔隙比例较高，但大多孔隙分布集中在 6 ~ 60μm。不同粒级土壤团聚体中水、气比例不仅影响着土壤通气状况，同时也影响着土壤中的养分分布和生物活性。Skopp 等（1990）使用理论模型解释了土壤体积（孔隙）含水量与好氧微生物活性的关系，提出了土壤孔隙中水、气比例对微生物活动与多样性的重要性，以及土壤孔隙特征与微生物互作对养分蓄供过程的调控作用。土壤孔隙和水分、养分及微生物之间的界面互作机制，是当前土壤学研究的国际前沿与热点之一。

为了研究土壤孔隙中微生物与土壤物理、化学环境因子的互作机制，不少研究应用冷冻切片技术原位研究微米尺度下土壤中有机质及矿物分布，但由于土壤本身的复杂性及不透明性，微生物的群落统计、空间分布、三维重构依然存在变异性高、随机性强、难以定量计算等困难，同时模型模拟结果又缺乏试验数据支撑和生物学意义。Dechesne 等（2010）应用多孔粗糙陶瓷代替土壤物理孔隙特性，并结合室内试验证明其内部连通的 1 ~ 2μm 微孔能够有效表征土壤内部孔隙，为原位研究孔隙尺度微生物分布及孔隙中水、气、养分分布与互作提供基础。我们应用三维扫描显微镜观测多孔介质表面粗糙度，发现多孔陶瓷的界面粗糙度在 17.1 ~ 49.1μm，整体分布相对平整。根据 Wolf 等（2013）的研究结果，在干燥条件下（水势值–50kPa），只有小于 6μm 的孔隙才能达到水饱和状态；在中等水分条件下（水势值–20kPa），小于 15μm 的孔隙都会充满水；而在湿润条件下（水势值–10kPa），所有小于 30μm 的孔隙都达到水饱和状态。通过共聚焦激光扫描显微镜实时研究不同水势下多孔介质表面的孔隙形貌发现，多孔介质表面的表观孔隙随水势由干燥到水饱和的过程逐渐被水填充（图 7-18a）。不同水势控制下多孔介质表面水力连通性不同，并形成逐渐增多的水通道，到饱和条件时，多孔介质表面的水力连通性最高，肉眼可见其表面各个孔隙相互连通形成密集的水网。这些水通道为养分扩散、土壤微生物迁移定植和菌落拓殖提供了便利路径。利用马氏瓶系统调节多孔介质表面的水基质势由 0kPa 降到–3.5kPa，我们发现，随着多孔介质表面水通道的减少，具有运动功能的微生物的运动能力逐渐受限。微生物的运动机制由水通道连通时鞭毛主导的泳动，变为菌毛介导的蹭动和微生物个体之间的推挤运动。因此，微生物菌落的扩增面积随连通性水通道的减小而逐渐降低。而当水势值低于–2.0kPa 左右时，微生物的扩增由于受水分和表面孔隙的空间分布等的限制近乎停止。应用计算机仿真模拟试验表明，微生物在粗糙界面的运动主要受毛管力和介质表面的水膜厚度限制，即当粗糙界面的有效水膜厚度小于微生物细胞的尺度时（约为 1μm），细胞的主观能动性由于毛细管力的作用而近乎完全受限（Wang and Or，2010）。

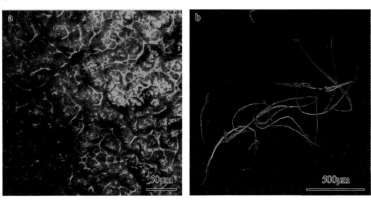

图 7-18　不同水势下粗糙界面的水分分布（a）和土壤微生物分布（b，绿色为活菌，红色为死菌）

　　通过研究不同水分连通条件下拓殖到无菌多孔介质表面的微生物的生物学特性发现，土壤水分连通状况较低时（体积含水量为 7%），多孔介质表面有大量细菌和真菌富集，死菌（红色）、活菌（绿色）及真菌菌丝清晰可见，而土壤水分连通性提高导致拓殖到多孔界面的真菌菌丝减少，细菌数量增加（图 7-18b）。该结果说明水分条件对真菌和细菌在土壤团聚体粗糙界面的拓殖过程有重要影响。真菌多分布在团聚体之间的大孔隙中，其水分含量较低，并且渗水条件较好，这可能是不同水分连通条件下拓殖到无菌多孔界面的真菌数量差异的主要因素。同一水分条件下，土壤微生物拓殖到新鲜粗糙界面的数量先升高（3～10d）再降低（10～20d），其降低原因可能与界面的寡养分条件及微生物自身的功能有关。土壤微生物在中等水分条件下比其在低水分和高水分条件下的拓殖速度更快，这主要是由于高水分或低水分条件都不利于土壤中微生物在新生界面的定植，前者虽然水分通道有利于土壤微生物迁移，但水分含量过高反而不利于微生物的定植，而后者的低拓殖量则可能与土壤的低水分通道限制微生物迁移有关。研究表明，由于受养分的驱动作用，向孔隙分布不均一的土层中添加一定量的葡萄糖能够驱动一定范围内的微生物分布，但微生物的分布形态受孔隙结构及对应的养分扩散梯度限制（Nunan et al.，2003），同时受切片法观测手段的限制，微生物数量的统计及三维重构存在很大误差且对土壤中功能微生物的研究有所疏漏。

　　为了研究土壤微观孔隙结构特征影响养分的分布与扩散传输，进而影响功能微生物拓殖到新鲜界面的过程，对不同培养时间段率先拓殖到模拟土壤粗糙界面（陶土片）上的微生物进行了收集和多样性检测。试验结果表明，受养分和水分条件差异的影响，从土壤中率先拓殖到粗糙界面的功能微生物种类不一，而养分梯度对同一类功能微生物的拓殖过程的影响作用显著（图 7-19）。率先拓殖到粗糙界面的微生物多与微生物氮素循环和代谢过程相关。相比土壤本底对照样本，从土壤拓殖到粗糙界面的微生物中化能异养型（chemoheterotrophy）菌株和好氧条件下化能异养型（aerobic chemoheterotrophy）菌株的相对丰度明显提高；而氨氧化过程（aerobic ammonia oxidation）和硝化过程（nitrification）相关功能菌株的相对丰度明显下降。随着水分含量由低到高，化能异养型（chemoheterotrophy）菌株和好氧条件下化能异养型（aerobic chemoheterotrophy）菌株相对丰度逐渐增加。与中等水分（25%，*v/v*）和高水分（50%，*v/v*）条件相比，低水分条件（7%，*v/v*）保持了较高的菌株均匀度。总体来说，低水分条件刺激了多种代谢功能菌株的活性，但养分的添加增加了化能菌株的多样性。

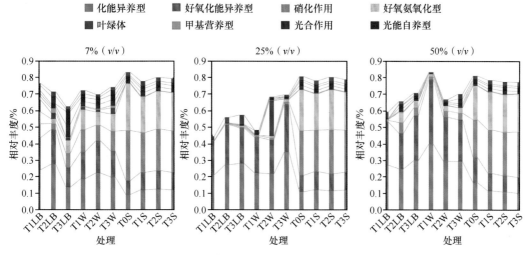

图 7-19　水分和养分条件影响土壤微生物拓殖菌群的群落结构

S 为对照，W 为无养分，LB 为提供养分；T1、T2、T3 分别代表 3d、10d、20d 的样本

7.3.2　土壤水分分布和微生物活动调控氮磷养分蓄供

微生物活动受到土壤高度异质的不饱和孔隙结构的影响，其中包括个体微生物细胞的运动性受到孔隙限制，土壤养分蓄供、扩散也均受到孔隙特征的抑制从而影响微生物营养摄取，这些因素不仅从微生物个体细胞水平而且从群落水平都极大地影响了微生物互作过程。土壤孔隙结构和水相构型限制了养分输送，是土壤养分供应的关键机制，而养分梯度和土壤微孔网络结构内微生物的运动是诱导不同呼吸代谢细菌种群的空间自组织与稳定共存的必要条件（Borer et al.，2018）。Wang 和 Or（2013）通过原位试验观测和计算机仿真模拟，从个体细胞和微观孔隙尺度揭示了微生物群落的空间自组织及其种群的互作机制，提高了人们对微观生物多样性的认识。

具有解磷功能的微生物能提高土壤中有效磷的含量，促进作物生长和增产。因此，了解微生物对植物磷营养的贡献，以及操纵特定微生物以提高土壤中磷利用率在农业研究中具有重要的应用价值（Richardson and Simpson，2011）。土壤中营养相互作用过程维持了微生物的多样性，最大化地诱导了微生物功能的发挥，使群落能够在复杂和动态的土壤环境中维持稳定生存。在之前的研究中，通常用纯培养的微生物，在均质的实验室环境研究其如何通过产生胞外分泌物将难溶性无效态磷矿化形成作物能吸收利用的可溶性有效磷，提高土壤有效磷含量的程度，是否能够促进植物对土壤磷的利用效率。土壤多孔结构和水文过程对解磷微生物的生长、运移和生物互作，以及有效磷的释放过程都有一定程度的影响。利用琼脂模拟微观尺度下的土壤界面，探究互作距离如何驱动解磷微生物自组织模式的产生，并通过有效磷的扩散作用影响解磷微生物对环境养分贡献率的作用机制。

利用从农田土壤中筛选和分离培养出的两株基于磷营养协同共生的菌株，芽孢杆菌（*Bacillus* sp. N）和贪噬菌（*Variovorax* sp. N4），探究农田土壤中细菌磷营养互作机制。研究发现，土壤微观孔隙水分条件和空间距离显著影响细菌所分泌的有机酸及其释放出的有效磷的扩散速率。其中，细菌和磷矿物之间的空间距离显著影响解磷细菌释放有效磷，而 *Variovorax* sp. N4 的参与有助于延长临界互作距离，在一定程度上增加了有效磷的释放量（图 7-20）。应用平面光极原位观测技术实时动态监测微生物菌落 *Bacillus* sp. N 在微尺度下对环境 pH 的影响过程。结果显示，解磷细菌显著影响环境酸碱度，随着细菌释放出的有机酸的扩散，逐步调节培养基至酸性（pH≈5），进而溶解难溶性的磷酸盐，为自身或环境中其他生物提供磷素。解磷细菌与难溶性磷酸钙之间的空间距离是影响解磷细菌功能效率的主要原因之一，进一步根据反应扩散理论对微生物的生长运移和可溶性养分扩散的模拟计算表明，在0.5% 的琼脂表面，解磷细菌与难溶性磷酸钙的临界互作距离为 14mm，这与试验观测的结果相吻合。另外，为研究空间互作距离差异对土壤解磷细菌环境贡献效果的影响，从培养皿中心沿半径方向测定并拟合培养皿内有效磷浓度，结果显示，空间距离导致有效磷浓度分布出现差异（图 7-20a）。空间距离愈远，诱导有效磷释放所需要的有机酸的扩散时间愈长，有机酸总量愈多，释放效率愈高，这可能是有效磷浓度分布差异出现的主要原因。

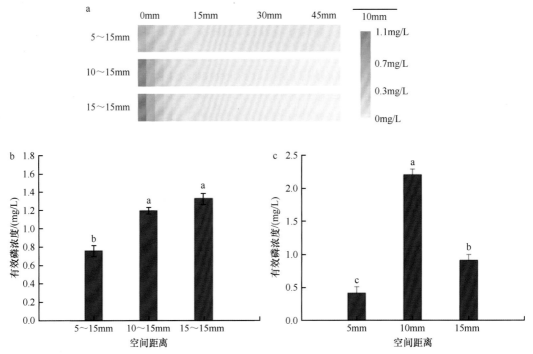

图 7-20　解磷细菌（*Bacillus* sp. N）与贪噬菌（*Variovorax* sp. N4）互作下磷酸钙空间距离差异对有效磷的分布（a）、总浓度（b）的影响及没有贪噬菌互作时空间距离对有效磷浓度的影响（c）

磷酸钙被置于培养皿中心，菌株沿培养皿直径分别接种在磷酸钙两侧；空间距离表示互作菌株与磷酸钙的距离（浪纹线前为 *Bacillus* sp. N，后为 *Variovorax* sp. N4）（a 和 b），或解磷细菌与磷酸钙的距离（c）

此外，营养互作菌株的协同作用在解磷细菌释放有效磷过程中发挥显著作用。*Bacillus* sp. N 与 *Variovorax* sp. N4 互作情况下，环境中释放的有效磷含量与空间距离成正比，且超过临界互作距离时环境中有效磷的释放量持续增加（图 7-20b）。对照组有效磷释放量为10mm＞15mm＞5mm（图 7-20c）。*Bacillus* sp. N 在缺磷条件下发挥解磷作用，依据解磷机制，*Bacillus* sp. N 分泌有机酸（如柠檬酸）溶解难溶性磷盐，临界互作距离内有效磷释放量与空间距离成正比，当环境磷素足以支持解磷细菌生命代谢活动时 *Bacillus* sp. N 产酸通路的基因表达量降低。营养互作菌株 *Variovorax* sp. N4 无解磷能力，需依附解磷细菌释放出的有效磷完成生命活动，*Bacillus* sp. N 与 *Variovorax* sp. N4 共存有助于刺激前者持续分泌有机酸，释放有效磷，增加环境可利用磷的含量，延长临界互作距离。

7.3.3 丛枝菌根真菌的综合促磷效应

丛枝菌根（arbuscular mycorrhizal，AM）真菌作为自然生态系统的重要有益组分，能与 80% 以上的陆生植物形成共生关系，并主要通过增强对土壤矿质营养（尤其是磷）的吸收来促进植物生长，而宿主植物则将部分光合产物碳反馈给 AM 真菌作为回报，因而其与土壤有机碳及碳循环过程有着密切联系。荷兰学者 Kiers 等（2011）在 *Science* 上刊文指出，土壤 AM 真菌与宿主植物通过"地下生物市场"进行互惠协作和双向交易，但交易模式不是一成不变的：植物会察觉、辨识和延揽最具合作诚意的 AM 真菌伙伴，AM 真菌则只与愿意提供更多碳水化合物的植物保持长期合作，往往最合作的 AM 真菌获得最多的碳，而最合作的植物获得最多的磷。因此，AM 真菌对植物生长的效应大小主要取决于植物–真菌碳磷支付与收益补偿的平衡。

针对现代集约化作物生产体系，人们一直试图通过接种 AM 真菌来提高作物产量或减少磷肥投入，但遇到的最大问题就是效果不稳定，接种无效甚至抑制作物生长的现象并不少见。即使是同一生境，也有研究发现 64 种不同植物对 AM 真菌侵染的生长响应为–45% ～ 45%，其中有近半数植物呈负效应（Klironomos，2003）。事实上，仅从宿主植物生长的表观变化来判断 AM 真菌是否发挥作用，很可能将两者的互作关系简单化了。通过盆栽试验发现，不施肥条件下接种 AM 真菌在 4 周时可明显提高玉米植株磷吸收量和地上部磷浓度，且与施肥处理效果接近；但到 8 周时对地上部磷浓度的促进效应消失，且土壤速效磷含量也显著低于不接种对照，表明 AM 真菌在短期内大幅促进植物根系对土壤磷的吸收，但会造成土壤速效磷的瞬间耗竭，因为其对土壤碱性磷酸酶活性的提高明显滞后于对根系磷吸收能力的提高（图 7-21）。

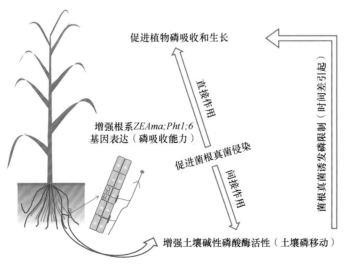

图 7-21   丛枝菌根真菌对玉米磷吸收与土壤磷活化的不同步效应（Hu et al.，2019）

对于上述发现的"菌根诱发的二次缺磷"现象，利用土壤中的其他微生物甚至动物来协同促进土壤磷活化、共同保障植物磷吸收受到学者的关注。例如，磷细菌可通过其分泌物促进土壤中难溶性磷的溶解或矿化，而蚯蚓的活动也会对土壤中磷的有效性产生直接或间接的影响，所以理论上磷细菌与蚯蚓均可提高土壤的供磷水平。通过田间微区试验发现（图 7-22），接种磷细菌（B）或蚯蚓（E）均促进了 AM 真菌对玉米根系的侵染，土壤碱性磷酸酶活性、速效磷含量与植株磷吸收量均趋于升高；与对照相比，同时接种磷细菌与蚯蚓处理玉米根系 AM 真菌侵染率也趋于升高，土壤碱性磷酸酶活性、速效磷含量与植株磷吸收量均显著升高，玉米平均产量也可提高 11.2%。与单接种处理相比，双接种处理玉米根系 AM 真菌侵染率趋于降低，表明两者产生了交互作用，这可能与土壤速效磷含量大幅升高导致玉米对 AM 真菌的依赖性相对降低有关。结果表明，同时接种磷细菌和蚯蚓能显著提高土壤供磷水平并促进 AM 真菌对磷的吸收转运，从而显著改善玉米磷营养，在实际生产上具有"减磷增效"的潜力。

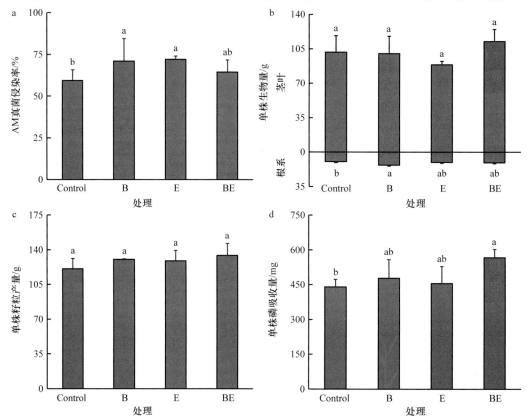

图 7-22　接种磷细菌和蚯蚓对丛枝菌根真菌促磷效应的影响（Liu et al.，2021）

Control：不接种；B：接种磷细菌；E：接种蚯蚓；BE：同时接种磷细菌和蚯蚓

7.3.4　免耕与秸秆还田条件下土壤的碳磷互动效应

20 世纪中叶，世界各国的科技工作者在寻求提高劳动生产率、降低粮食生产成本的有效措施中，对农业生产上耗能最大的土壤耕作问题进行了大量研究和探讨，免耕技术应运而生。免耕结合秸秆还田具有省工节本、保护土壤等优势，在国内外得到了广泛关注。然而，免耕是一套综合技术体系，需要多个领域的参与和配合，进行可行性和系统性攻关（陈军胜等，2005）。位于我国河南封丘的小麦−玉米轮作免耕与秸秆还田定位试验平台，设有翻耕和免耕两种耕作方式及秸秆全量、半量、零量等 3 种还田模式，共 6 个处理。通过研究发现，与翻耕处理相比，免耕条件下相同量秸秆还田处理土壤＞250μm 粒级团聚体占比显著增加，而其他粒级团聚体占比没有显著变化（图 7-23a）。大团聚体比例增加，说明免耕条件下秸秆还田可以增强土壤团聚体的稳定性，土壤结构朝着良好的方向发展。从图 7-23b 可以看出，与翻耕处理相比，免耕处理 50 ～ 250μm 和＜2μm 粒级团聚体有机碳含量均显著增加，而＞250μm 粒级团聚体有机碳含量仅在秸秆还田条件下显著增加。总体而言，免耕对大粒级团聚体的保护作用使得土壤有机碳周转速度慢于翻耕处理，这一方面有利于土壤有机碳在大粒级团聚体中积累，另一方面也为土壤碱性磷酸酶和速效磷的扩容增效创造了更有利的条件（Dai et al.，2015; Hu et al.，2015）。

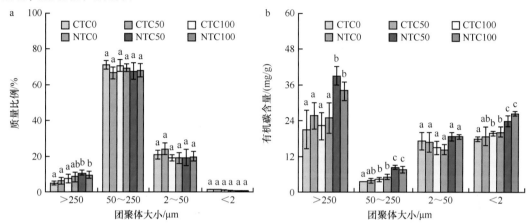

图 7-23　不同处理不同粒级团聚体分布及其有机碳含量比较（Dai et al.，2017）

CT: 翻耕; NT: 免耕; C0: 秸秆零量还田; C50: 秸秆半量还田; C100: 秸秆全量还田。下同

球囊霉素是 AM 真菌菌丝分泌产生的一类糖蛋白，可密封根外菌丝以保护其免受其他微生物的侵袭，从而保证水分和营养物质在菌丝体内运输；当菌丝不再转运营养物质时，又可随菌丝降解进入土壤，对改善土壤结构和土壤性质具有重要作用（Rillig，2004）。从图 7-24 可以看出，随着团聚体粒级由小到大，球囊霉素相关土壤蛋白（glomalin-related soil protein，GRSP）含量呈"V"型分布，这与有机碳的分布规律十分相似。翻耕条件下，秸秆还田对各粒级团聚体 GRSP 含量几无影响，仅秸秆全量还田处理＜2μm 粒级团聚体总 GRSP 含量显著升高；免耕条件下，秸秆还田促使各粒级团聚体 GRSP 含量均显著提高。球囊霉素是土壤稳定性有机碳库的重要组分，可通过其"超级胶水"般的功能将土壤小颗粒黏结在一起形成微

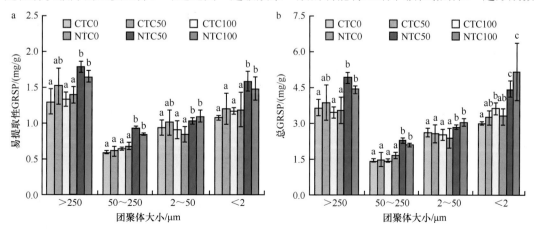

图 7-24　不同处理不同粒级团聚体易浸提和总球囊霉素含量比较（Dai et al.，2017）

聚体和小团聚体，并进一步形成稳定的大团聚体，故在免耕条件下对维持土壤团聚体稳定性和有机碳平衡具有重要作用。

　　土壤脱氢酶属于氧化还原酶系，它自一定的基质中析出氢或氢的供体而进行氧化作用，反映了土壤微生物新陈代谢的整体活性（郑洪元和张德生，1982）。土壤转化酶对土壤中碳的循环有重要作用，它与土壤有机碳和氮磷含量、微生物数量及土壤呼吸强度等有关，而其酶促产物葡萄糖是植物、微生物的营养源（闫颖等，2004）。从图 7-25a 可以看出，翻耕条件下秸秆还田处理各粒级团聚体脱氢酶活性均略有提高，其中秸秆全量还田处理 50～250μm 和 2～50μm 粒级团聚体显著升高；免耕条件下秸秆全量还田处理仅 50～250μm 和 2～50μm 粒级团聚体显著升高，而秸秆半量还田处理各粒级团聚体均显著升高。从图 7-25b 可以看出，翻耕条件下，秸秆还田处理转化酶活性提高不显著；免耕条件下，秸秆还田处理＞250μm、50～250μm 和 2～50μm 粒级团聚体转化酶活性均显著升高。综合而言，免耕条件下秸秆半量还田处理各粒级团聚体脱氢酶和转化酶活性不低于甚至高于秸秆全量还田处理，这表明秸秆全量还田会导致土壤微生物代谢活性趋于下降。秸秆还田须与耕作方式相匹配，就提高团聚体有机碳含量和微生物代谢活性而言，翻耕条件下可实行秸秆全量还田，而免耕条件下更宜推行秸秆半量还田。

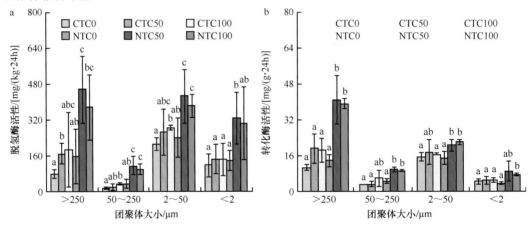

图 7-25　不同处理不同粒级团聚体脱氢酶与转化酶活性比较（Dai et al.，2017）

第8章 不同气候带旱地土壤微生物群落演替及功能基因组响应机制

8.1 不同气候带典型旱地土壤微生物群落结构及演替特征

土壤微生物驱动着碳、氮、磷、硫等重要元素的生物地球化学循环（Falkowski et al.，2008；Wagg et al.，2014），对于培肥土壤、提高农业生产力与维持土壤环境质量具有重要意义（Horz et al.，2004；Luo，2007；Gruber and Galloway，2008）。土壤微生物稳定性和功能受环境因素（气候与土壤性质）和人为因素（耕作管理）的综合影响。在全球生态环境变化背景下，认识和预测土壤微生物群落稳定性及功能响应机制是保障生态系统可持续发展的重要基础科学问题（Thomas et al.，2004；Fussmann et al.，2014）。在野外不同气候条件下建立土壤移置试验（soil reciprocal transplant experiment，SRTE），可以模拟研究气候对植物和微生物的影响（Balser and Firestone，2005；de Frenne et al.，2011；Vanhala et al.，2011），揭示不同水热梯度下土壤微生物群落演替过程与功能响应机制（Petchey et al.，1999；Rinnan et al.，2007；Zhou et al.，2012；Liang et al.，2015），对未来进一步调控不同气候带典型农田土壤微生物核心种群的多功能性，提高土壤肥力与土壤健康具有重要意义。

8.1.1 不同气候带土壤微生物群落演替机制的研究方法

土壤微生物组成复杂、类群繁多、数量巨大、功能多样，构成了地球上最丰富的生物资源库，也是最重要的基因资源库和代谢产物库（贺纪正等，2012）。农田土壤微生物的组成与多样性、生物地理学分布格局及重要元素循环的功能过程受到了广泛的关注。基于不同空间尺度上对农田土壤微生物群落分布的主要驱动因子的研究表明，气候条件（如温度、降雨）是影响土壤微生物的地理空间分布的重要因素（de Frenne et al.，2011；Jing et al.，2015；Zhou et al.，2016）。气候条件的改变，会显著影响农田土壤微生物的生物量、群落组成和结构、演替速率及氮转化关键基因丰度（Sun et al.，2014；Zhao et al.，2014；Liang et al.，2015）。

原位模拟的方法通常被用于研究气候条件变化下生态系统的响应机制，如通过红外线增温、提高 CO_2 浓度等研究气候变化对土壤微生物及生态功能的影响（Shen and Harte，2000）。增温1.5年试验发现温度改变显著增加了草原生态系统中微生物降解易分解碳的功能基因丰度，但对难分解碳功能基因组没有显著影响（Xue et al.，2016）。土壤移置试验是另一种研究气候条件对生态系统影响的方法，将土壤移置到目标地理位置，在土壤类型及植被条件一致的情况下，比较不同气候条件对微生物群落的影响。土壤移置试验的优势在于利用自然水热梯度模拟气候的综合变化，反映了温度、水分、光照等气候因子的协同作用。研究发现农田土壤移置到温暖地区2年后，微生物群落结构发生显著改变，温度是主要影响因子（Vanhala et al.，2011）。但也有研究发现气候变化导致的土壤含水量及土壤温度的共同变化是影响土壤微生物群落及其功能的主要因子（Waldrop and Firestone，2006）。沿着土壤湿度和温度梯度的3个地点土壤移置试验表明，土壤水分是微生物活性的重要限制因子，且将寒冷地区的土壤移置到温暖地区，微生物群落结构变化更敏感，物种周转速率变快（Zumsteg et al.，2013）。将森林土壤与草地土壤互置两年，土壤真菌与细菌群落结构均显著改变（Bottomley et al.，

2006）。土壤类型、试验条件、水热强度、移置时间等因素，都会影响到微生物对生态系统中
环境变化的响应，特别需要基于长期定位试验，研究农田土壤微生物的长期演替规律及重要
生态功能的响应。

　　基于在中国东部南北样带（North-South Transect of Eastern China，NSTEC）中国科学院
海伦、封丘、鹰潭农田生态系统国家野外科学观测研究站建立的土壤移置试验（2005 年至
今），成为研究不同气候带农田土壤微生物群落结构与功能演变的重要平台（表 8-1）。海伦
农业生态试验站（47°26′N、126°38′E）位于黑龙江省海伦市，海拔 24m，属于半湿润的中温
带大陆性季风气候，年均温 3.0℃，年均降水量 530mm，主要集中在 5～9 月；年日照时数
2600～2800h，无霜期 130d 左右；站区土壤主要为松嫩平原典型黑土，有机质含量较高。封
丘农业生态试验站（35°00′N、114°24′E）位于河南省新乡市封丘县潘店镇，海拔 67.5m，属半
干旱、半湿润的暖温带季风气候，年均温 13.9℃，年均降水量 605mm，主要集中在 6～9 月，
年日照时数 2300～2500h，无霜期 220d 左右；站区土壤主要为黄河沉积物发育的潮土，并
伴有部分盐土、碱土、沙土和沼泽土的插花分布。鹰潭红壤生态试验站（28°15′N、116°55′E）
位于江西省鹰潭市余江区刘家站，海拔 45.5m，属于中亚热带湿润季风气候，年均温 17.6℃，
年均降水量 1795mm，50% 左右的降水分布在 4～6 月，无霜期 261d 左右；站区土壤主要为
第四纪红黏土发育的红壤。

表 8-1　中国东部南北样带海伦、封丘、鹰潭国家野外科学观测研究站建立的移置试验基本信息
（2005 年至今）

观测研究站	海伦站	封丘站	鹰潭站
经纬度	47°26′N，126°38′E	35°00′N，114°24′E	28°15′N，116°55′E
年均温	3.0℃	13.9℃	17.6℃
年均降水量	530mm	605mm	1795mm
土壤类型	黑土	潮土	红壤

　　土壤移置试验（SRTE）跨越中温带（海伦）、暖温带（封丘）和中亚热带（鹰潭）3 个
气候带，移置了 3 个气候带的典型农田土壤：东北松嫩平原黄土母质发育而成的黑土（black
soil）、黄淮海平原黄河沉积物发育的潮土（fluvo-aquic soil）和南方丘陵区第四纪红黏土发
育的红壤（red soil），我国黑土、潮土和红壤类总面积分别为 $7.35×10^4km^2$、$2.57×10^5km^2$ 和
$5.69×10^5km^2$。土壤移置试验采用的黑土、潮土和红壤 pH 分别为 6.3、7.7 和 4.0，有机质含量
分别为 48.6g/kg、9.5g/kg 和 9.9g/kg。移置前 3 种土壤均为长期旱作土壤，耕作历史 20 年以上，
移置后均种植单季玉米。2005 年 10 月，分层（每层 20cm）采集 3 种土壤的剖面（1.2m 宽 ×
1.4m 长 ×1m 深），将每层土壤混匀后装袋运输到海伦、封丘和鹰潭试验站，按原有土层顺序
填装到试验小区的砖砌水泥池中（小区隔墙厚 20cm，露出地表 20cm，底部铺石英砂，内壁
覆盖防水布）。试验设置 3 个处理（每个处理 3 次重复）：①种植+施肥处理，从 2006 年开始
每年种植一季玉米，品种为'海单 6 号'（海伦），'郑单 958'（封丘）和'登海 11 号'（鹰
潭），施肥量为 N 150kg/hm²、P_2O_5 75kg/hm²、K_2O 60kg/hm²，肥料分别为尿素、$(NH_4)_2HPO_4$
和 KCl，采用雨养，不灌溉，人工定期除草，种植前条施底肥（1/2 氮肥、全部磷肥和钾肥），
玉米大喇叭口期追施尿素（1/2 氮肥）；②种植+不施肥，不施用任何肥料，其他同种植+施肥
处理；③裸地处理，不种植、不施肥且定期除草。

土壤移置试验跨越中温带–暖温带–中亚热带，原位土壤向南移置模拟气候变暖条件，向北移置模拟气候变冷条件，研究气候条件变化对农田土壤微生物群落结构和功能演变的影响。本章基于该土壤移置试验，结合功能基因芯片（GeoChip）和高通量测序等技术开展了以下研究：①不同气候带典型旱地土壤微生物群落结构及演替特征；②不同气候带典型旱地土壤微生物碳转化功能组；③不同气候带典型旱地土壤微生物氮转化功能组；④核心微生物组与地上部作物的关系。

8.1.2　不同气候带典型旱地土壤移置对土壤肥力和作物产量的影响

土壤微生物一方面对环境条件极为敏感，气象因素（如温度、降水量）会显著影响农田土壤微生物群落结构（Zeng et al.，2018）；另一方面，土壤微生物组成和功能的改变会影响生态系统对气候条件的反馈（Zhou et al.，2012；Liang et al.，2015）。研究不同气候带典型旱地土壤微生物群落组成和结构及稀有与丰富分类群的演替特征，有助于推进我们对农田旱地生态系统土壤微生物群落对不同气候响应的理解，以期更好地调控由微生物介导的农田土壤生态过程。本节基于长期定位置换平台从农田土壤微生物群落结构及演替特征两个方面解析土壤微生物对不同气候的响应。

气候条件、作物品种对地上部秸秆生物量和玉米产量有显著影响（图 8-1）。与移置气候变暖或变冷条件相比，黑土和潮土在原位气候条件下玉米产量最高。海伦黑土南移后，平均

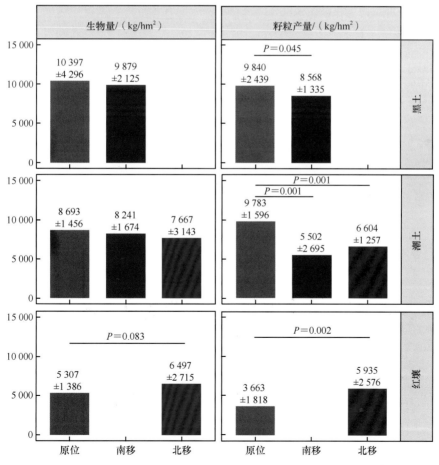

图 8-1　土壤移置对作物地上部秸秆生物量及籽粒产量的影响

产量从 9840kg/hm² 下降到 8568kg/hm²（$P=0.04$）；潮土南移或北移后，平均产量从 9783kg/hm² 分别下降到 5502kg/hm²（$P=0.001$）和 6604kg/hm²（$P=0.001$）。通过计算产量变化系数的倒数来评估气候改变下玉米产量的稳定性（图 8-2）。相比气候变冷，气候变暖条件下，产量的稳定性更低。土壤移置也改变了养分利用率，增温显著降低了氮素利用率（$P<0.05$）（图 8-3）。

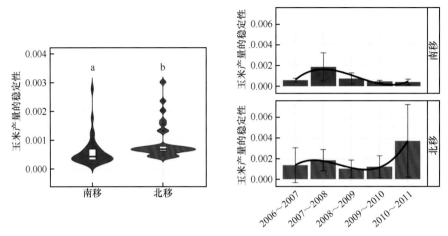

图 8-2　土壤移置对玉米产量的稳定性的影响

图中 a 和 b 表示差异显著（$P<0.05$），其中 a 对应的值较小

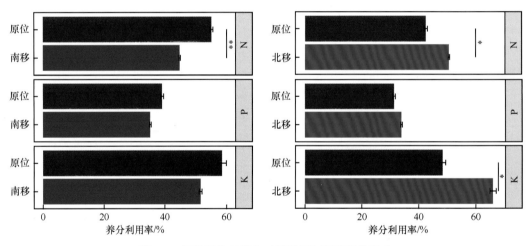

图 8-3　气候变化对养分（氮磷钾）利用率的影响

* 表示 $P<0.05$，** 表示 $P<0.01$

　　移置后土壤的一些肥力性质发生显著变化（图 8-4、图 8-5）。如土壤南移后，黑土有机质含量（SOM）显著降低（$P<0.01$）；相比降温对红壤和潮土 SOM 无显著影响。研究结果还发现黑土南移显著降低了 NH_4^+-N，和 NO_3^--N 的含量，而红壤北移显著增加了 NH_4^+-N，和 NO_3^--N 的含量。

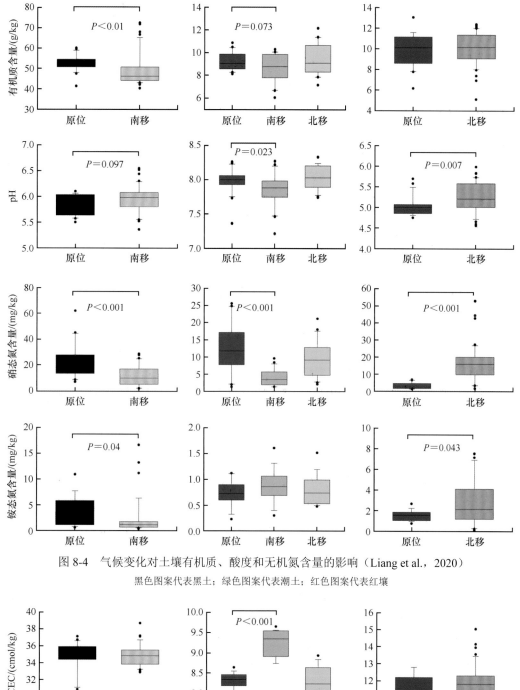

图 8-4　气候变化对土壤有机质、酸度和无机氮含量的影响（Liang et al.，2020）

黑色图案代表黑土；绿色图案代表潮土；红色图案代表红壤

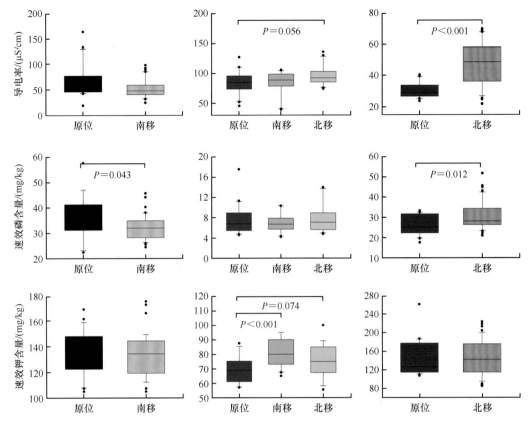

图 8-5　气候变化对阳离子交换量（CEC）、电导率、速效磷和速效钾含量的影响（Liang et al.，2020）

黑色图案代表黑土；绿色图案代表潮土；红色图案代表红壤

8.1.3　不同气候带典型旱地土壤微生物群落组成与多样性变化

8.1.3.1　不同气候带旱地土壤微生物群落组成的变化

基于黑土、潮土、红壤长期移置试验，研究了土壤微生物群落组成对不同气候条件的响应（图 8-6）。将海伦黑土南移封丘和南移鹰潭后，气候变暖显著增加了疣微菌门（Verrucomicobia）的相对丰度。此外，将鹰潭红壤北移封丘和北移海伦后，气候变冷增加了放线菌门（Actinobacteria）的相对丰度，减少了酸杆菌门（Acidobacteria）的相对丰度。而将封丘潮土南移鹰潭后，Acidobacteria 的相对丰度上升，变形菌门（Proteobacteria）的相对丰度下降。土壤移置后，气候变化显著影响了土壤微生物群落组成变化。

8.1.3.2　不同气候带旱地土壤微生物多样性特征

分类多样性（taxonomic diversity）和系统发育多样性（phylogenetic diversity）是生物多样性中最重要的两个方面（Zhou et al.，2016）。土壤在原位条件下，海伦黑土和封丘潮土的微生物分类丰富度分别比鹰潭红壤高 20.9% 和 18.5%（图 8-7）。增温显著降低海伦黑土微生物分类丰富度 12.3%。置换 6 年后，相比于气候变冷，微生物多样性的稳定性受气候变暖的影响更大。

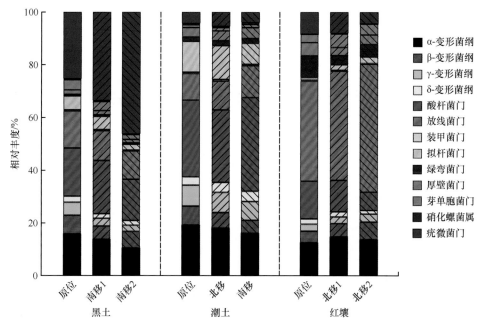

图 8-6 不同气候带旱地土壤微生物群落组成的变化

原位海伦黑土（原位）南移封丘（南移 1）和鹰潭（南移 2）；原位封丘潮土（原位）北移海伦（北移）和南移鹰潭（南移）；
原位鹰潭红壤（原位）北移封丘（北移 1）和北移海伦（北移 2）

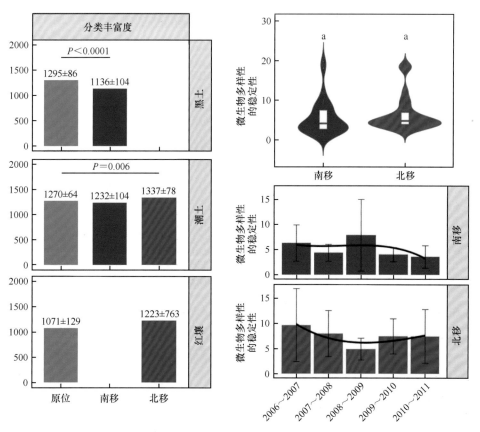

图 8-7 不同气候对土壤微生物群落的影响（Liang et al.，2020）

相同的字母 a 表示"南移"与"北移"之间无显著差异（P＞0.05）

随着全球气候变暖的加剧，移置试验中土壤微生物群落对气候变暖的响应更敏感，以黑土南移（气候变暖）为例，土壤微生物的分类多样性及系统发育多样性均会显著降低（图 8-8），且在移置第二年就显著降低。尤其在移置到水热条件更丰富的鹰潭，分类多样性降低的更为显著。系统发育多样性只有当土壤移置到鹰潭才显著降低。系统发育多样性可能受到相关物种之间的相互关系及群落中的物种丰富度的影响（Costello et al.，2009）。土壤移置到两种气候带下，微生物系统发育多样性面对环境压力的不同响应规律也表明当地的物种丰富度在影响系统发育多样性形成中的作用。此外，气候变化导致的土壤微生物多样性的损失在 6 年的时间尺度上似乎是不可逆转的。对于气候变化导致的农田土壤微生物群落是否可恢复还需要更长期的观测，并同时通过移回试验研究土壤微生物对气候变化的抗性和恢复力。

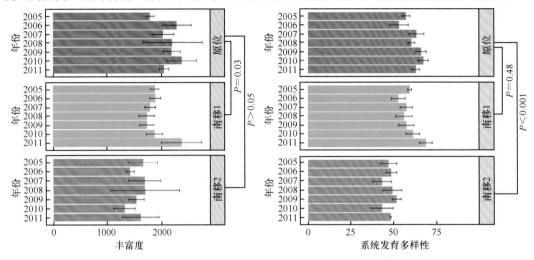

图 8-8　气候变暖 6 年下黑土微生物多样性变化特征

原位：海伦黑土；南移 1：南移封丘；南移 2：南移鹰潭

基于土壤移置试验，气候条件显著改变了土壤微生物群落的多样性。与以往的研究一致，气象因素（如温度、降水量）是影响土壤微生物群落分布格局的主要因素（Jing et al.，2015；Delgado-Baquerizo et al.，2016）。气候变化导致的微生物生物量的损失及微生物丰度和群落结构变化，同时对气候变暖产生正反馈（Vanhala et al.，2011；DeAngelis et al.，2015）。气象因素会对微生物的生理产生强烈影响，包括代谢速率、生命史策略、个体生长、甚至分子进化中核苷酸替代率（Woodward et al.，2010）。此外，物种间相互作用的改变对整个群落的组成也有很大贡献（Datta et al.，2016）。

8.1.4　不同气候带典型旱地土壤微生物群落演替特征

通过对物种演替的研究，即单位时间内被淘汰和替换的物种数量（MacArthur and Wilson，1967；Magurran，2004；Hatosy et al.，2013），可以更全面地了解土壤微生物群落组成和结构的变化。目前，对气候变化下植物和动物群落的演替已有较多研究，但对微生物长时间的演替研究还不够充分，只有少数研究基于相对较短时间尺度（从几分钟到几个月），从基因时间–衰减关系来研究微生物群落的组装和演替速率（Oliver et al.，2012；Shade et al.，2013）。因此，基于土壤移置试验来研究不同气候带农田土壤微生物群落组成和结构的演替特征，有助于我们全面理解土壤微生物群落对不同气候的响应机制，指导农田生态系统的管理调控。

8.1.4.1　土壤微生物演替的总体格局

本研究团队进一步研究了黑土、潮土、红壤原位及移置下微生物群落结构演替。6 年移置后，三种土壤微生物群落结构仍然差异显著（图 8-9a）。将海伦黑土分别南移封丘和南移鹰潭后，气候变暖显著改变了土壤微生物的群落结构（图 8-9b）。在潮土北移海伦和南移鹰潭的试验中，本研究发现气候变冷和变暖分别影响着土壤微生物群落结构（图 8-9c）。同样，在红壤北移封丘和北移海伦的试验中也发现了气候变冷显著改变了土壤微生物群落结构（图 8-9d）。多项研究表明，气象因素（温度、降水量）是影响微生物群落结构演替的重要因素（Zhao et al.，2014；Wang et al.，2018；Liang et al.，2020）。

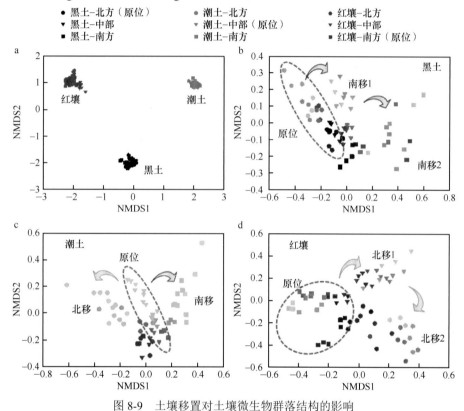

图 8-9　土壤移置对土壤微生物群落结构的影响

进一步通过微生物演替的时间–衰减关系（time-decay relationship，TDR），定量研究了潮土南移北移，即水热增加和减少下微生物群落的时间周转速率（图 8-10a）。原位条件下，微生物群落表现出显著的 TDR，但时间周转率较低（$w=0.046$，$P<0.001$）。与原位土壤相比，北移和南移都显著提高了周转速率，其中南移为 $w=0.094$（$P<0.001$）；北移为 $w=0.058$（$P<0.001$），南移的 TDR 中斜率更陡。图 8-10b 显示了微生物时间周转率与温度之间的关系，北移气温变化较大，平均下降 11.9℃，南移气温平均上升 4.3℃，然而，气候变暖显著提高了向南移置的微生物群落时间周转率，其波动性较大。为了全面了解微生物群落在不同时间段的时间周转率变化，从 2005 年开始本研究每年对微生物群落的演替进行估计（图 8-10c）。南移对微生物群落演替的影响大于北移。在门分类水平上，所有微生物群落时间周转率和丰度

之间都存在显著相关性（$P<0.05$）（图 8-10d）。变形菌门、拟杆菌门和疣微菌门的周转率与其丰度呈负相关（$R^2=0.18\sim0.40$，$P<0.05$）。相比之下，酸杆菌门、放线菌门、厚壁菌门和浮霉菌门的周转率与其丰度呈正相关（$R^2=0.12\sim0.28$，$P<0.05$）。

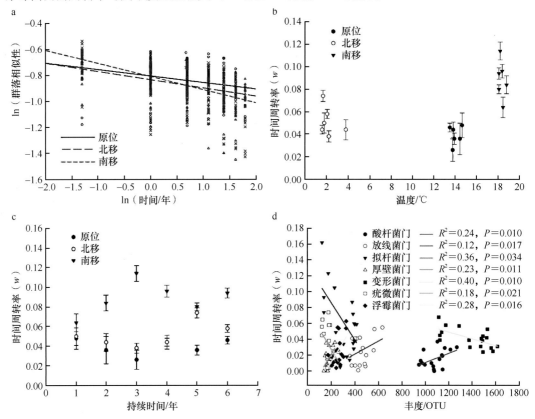

图 8-10　潮土微生物群落的时间–衰减关系曲线（a）及时间周转率（时间–衰减关系曲线的斜率）与温度（b）、持续时间（c）和丰度（d）的关系（Liang et al.，2015）

　　TDR 是生物群落演替动态的重要指标。在 6 年土壤移置试验中，尽管 w 值很低，但本研究仍然观察到，原位样品和南北移置的微生物群落相似性随时间显著下降。研究结果有力地支持了群落相似性随时间衰减的理论，这种衰减关系在生物学上似乎是普遍的（Korhonen et al.，2010；Shade et al.，2013）。本研究得到的微生物时间周转率（$0.026\sim0.114$）与其他微生物相关研究（$0\sim0.3$）相近（Oliver et al.，2012；Hatosy et al.，2013；Shade et al.，2013）。目前对微生物演替相关的研究，是在不同的时间尺度上进行的，研究的技术手段也不尽相同。一般来说，与动植物相比，微生物群落的时间周转率较低（Shade et al.，2013）。这种现象可能是由于微生物独特的生物学特性，如种群规模大、扩散率高和繁殖快等。其次，我们观察到南移比北移对微生物演替的影响更显著。也有研究发现土壤中的微生物群落结构从寒冷地点转移到温暖地点，微生物活性更高，物种更替比反向转移更快，因此导致了较高的变化率（Zumsteg et al.，2013）。土壤南移导致土壤温度显著升高，这是加速微生物时间周转速率最重要的因素。根据生态学中的代谢理论（Brown et al.，2004），较高的温度会加速底物的消耗（Kirschbaum，2004；Rousk et al.，2012），进而可能会增加微生物的内部竞争。随着气候变暖，竞争加剧可能导致更高的时间周转率。为了阐明水热梯度影响微生物群落演替的机制，还需要进一步的时间序列上分子水平的实验。

在所有的原位和移置土壤中，仅检测到了 78 个运算分类单元（operational taxonomic unit，OTU），以酸杆菌 Gp4 和 Gp6（*Acidobacteria* Gp4，Gp6）及节杆菌（*Arthrobacter* sp.）、铁还原阿魏菌（*Fervidicoccus* sp.）、硝化螺菌（*Nitrospira* sp.）、鞘氨醇单胞菌（*Sphingomonas* sp.）、解异源肽鞘氨醇胞菌（*Sphingosinicella* sp.）、类固醇杆菌（*Steroidobacter* sp.）和土生单胞菌（*Terrimonas* sp.）等为主。使用 MEGA 5 构建了这些细菌的系统发育树，细菌的相对丰度用柱状图表示（图 8-11）。

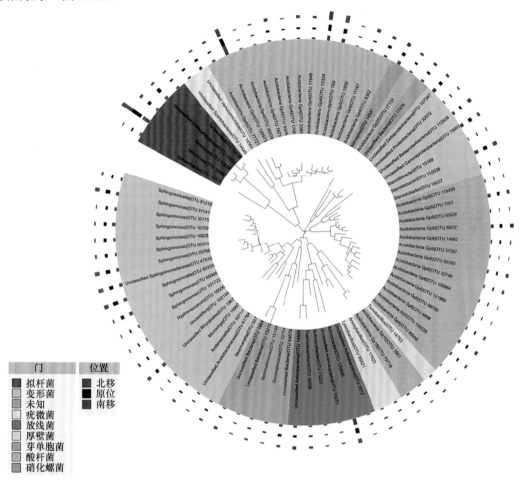

图 8-11　基于 OTU 代表性的细菌序列的圆形最大似然系统发育树（Liang et al.，2015）

在所有样品（包括原位及向南和向南北移置）中检测到具有 OTU 代表性的细菌序列

土壤移置导致了不同程度的微生物丰富度的变化，这种变化主要表现为南移减少，北移增加。有研究表明，移置到温暖地区的土壤微生物生物量降低（Vanhala et al.，2011）。一定程度上可以用捕食者–猎物与温度的关系解释（Fussmann et al.，2014）。低温可能会减少土壤团聚体中捕食性动物的数量，从而增加一些土壤细菌物种的数量，反之亦然。另外，与北移相比，南移对微生物类群组成的影响更为显著，表明持续气候变暖干扰后微生物群落组成的生态稳定性更低。在南移土壤中，变形菌门（Proteobacteria）和拟杆菌门（Bacteroidetes）的相对丰度降低，而酸杆菌门（Acidobacteria）和放线菌门（Actinobacteria）的相对丰度增加。Luo 等（2014）研究也发现增温改变了土壤中放线菌门、变形菌门、酸杆菌门、浮霉菌门

（Planctomycetes）和拟杆菌门的群落结构。气候变暖导致微生物群落的均匀性显著降低，这与放线菌门的优势度显著增加、芽单胞菌科（Gcmmatimonadaccac）和变形菌门的优势度显著减少有关（Deslippe et al.，2012）。此外，中国南方地区经常发生酸性降水（Wang and Wang，1995），导致土壤 pH（Krug and Frink，1983）、阳离子交换（McFee et al.，1977）和土壤化学成分（Likens et al.，1996）的波动。所有这些变化都可以作为环境过滤器，改变微生物生存策略（Fierer et al.，2007）。

8.1.4.2　稀有类群和丰富类群的演替

传统土壤微生物的研究主要集中在群落的丰富物种上，人们普遍认为它们在生物地球化学循环中最为活跃和重要（Cottrell and Kirchman，2003）。然而，丰富的物种只占微生物种群的小部分（Pedrós-Alió，2012）。最近的研究越来越强调稀有类群的生态重要性，在具有相似大小的群落下，稀有类群比丰富类群在代谢上更活跃（Lynch and Neufeld，2015；Xue et al.，2018）。尽管土壤微生物（尤其是最具多样化的稀有类群）在维持群落多样性和多功能性方面发挥着重要作用，但不同气候条件如何改变稀有微生物群落的稳定性和功能仍然未知。

为了了解稀有和丰富分类单元的群落演替，我们将所有运算分类单元（OTU）分为 6 类（Dai et al.，2016；Xue et al.，2018）（表 8-2）。总是丰富类群（AAT）和条件丰富类群（CAT）统称为丰富类群，总是稀有类群（ART）和条件稀有类群（CRT）统称为稀有类群。在整个群落中，有一小部分被归类为丰富类群（22 ～ 42 个 OTU），几乎占土壤微生物群落丰度的一半。然而，总是或条件稀有类群的 OTU 占了总土壤微生物群落丰度的很大比例（4388 ～ 4879 个 OTU），占总丰度的 35.22% ～ 42.46%。在这 3 个土壤类型中，气候条件对稀有和丰富类群的群落结构都有显著影响。随着时间的推移，增温和降温导致微生物群落结构不断变化（$P<0.05$）（图 8-12a，表 8-3）。利用 TDR 斜率，进一步估算了气候变化条件下稀有和丰富类群的时间周转率（演替速率波动），发现在升温和降温条件下稀有类群（时间周转率为 0.053 和 0.073）比丰富类群（时间周转率为 0.108 和 0.103）更稳定（图 8-13）。稀有类群对土壤移置引起的微生物群落总体差异的贡献大于丰富类群（表 8-4）。稀有类群占微生物群落变异

表 8-2　在 97% 相似水平下对丰富类群和稀有类群 OTU 的详细描述（Liang et al.，2020）

微生物群落	黑土		潮土		红壤	
	OTU 数量	相对丰度/%	OTU 数量	相对丰度/%	OTU 数量	相对丰度/%
总是丰富类群	3（0.06%）	30.61	0	0	0	0
条件丰富类群	19（0.38%）	15.95	32（0.68%）	32.46	42（0.93%）	46.81
总是稀有类群	1161（23.17%）	0.47	926（19.65%）	0.35	1178（26.11%）	0.36
条件稀有类群	3718（74.20%）	34.75	3605（76.49%）	42.11	3210（71.14%）	36.90
中间类群	100（2.00%）	16.55	126（2.67%）	20.63	61（1.35%）	11.72
条件稀有和丰富类群	10（0.20%）	1.68	24（0.51%）	4.45	21（0.47%）	4.21

注：总是丰富类群（AAT）被定义为所有样品中相对丰度≥1% 的 OTU；条件丰富类群（CAT）被定义为在某些样品中相对丰度≥1%，但在任何样品中均不罕见（<0.01%）；总是稀有类群（ART）被定义为在所有样本中相对丰度<0.01% 的 OTU；条件稀有类群（CRT）被定义为在某些样品中相对丰度<0.01%，但在任何样品中均不丰富（≥1%）；中间类群（MT）被定义为 OTU 的相对丰度在 0.01% ～ 1%；条件稀有和丰富类群（CRAT）被定义为相对丰度从稀有（<0.01%）到丰富（>1%）不等的 OTU

的 22.8% ～ 32.3%，丰富类群占 7.0% ～ 17.4%。通过计算移置条件下的微生物 α 多样性指数（Shannon 指数）与原位条件下相比的抗性（图 8-12b 和 c），发现土壤微生物群落中的稀有类群在增温和降温条件下均比丰富类群更能抵抗气候变化（$n=42$，$F_{1,82}=28.17$，$P<0.001$）。土壤移置 6 年，稀有类群比丰富类群更稳定（$n=124$，$F_{1,122}=9.26$，$P=0.003$）。

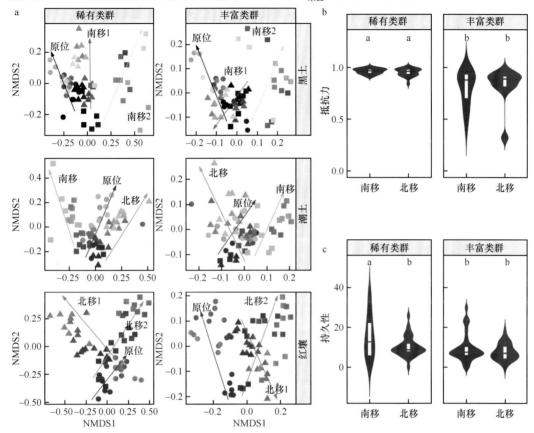

图 8-12　土壤移置条件下稀有、丰富微生物群落结构的变化（Liang et al.，2020）

a 图中，基于 Bray-Curtis 距离的非度量多维尺度分析（nonmetric multidimensional scale analysis，NMDS）排序，颜色从深到浅依次表示从 2005 年到 2011 年的动态变化。b 图和 c 图中，同一小图中不同小写字母表示差异显著

表 8-3　通过 ANOSIM 分析土壤移置对微生物群落结构影响及组间差异性检验（Liang et al.，2020）

微生物群落	模型结果	原位和北移		原位和南移	
		黑土	潮土	潮土	红壤
全部类群	R^2	0.282	0.176	0.165	0.398
	P	0.001	0.001	0.002	0.001
稀有类群	R^2	0.152	0.193	0.171	0.348
	P	0.011	0.001	0.001	0.001
丰富类群	R^2	0.274	0.135	0.140	0.415
	P	0.002	0.002	0.001	0.001

注：$P<0.05$ 表示差异显著

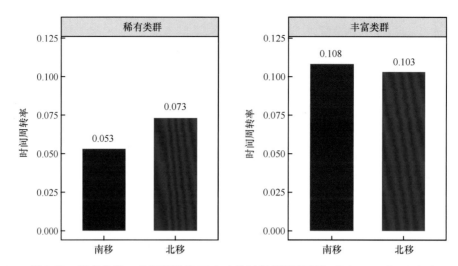

图 8-13　稀有类群、丰富类群在 TDR 中的时间周转率变化（Liang et al.，2020）

表 8-4　稀有类群和丰富类群对微生物群落组间差异的贡献率（Liang et al.，2020）

微生物群落	原位和北移		原位和南移	
	黑土	潮土	潮土	红壤
稀有类群	22.8	31.6	29.4	32.3
丰富类群	17.4	7.9	7.0	15.5

　　进一步利用结构方程模型研究了年均温（MAT）、年均降水量（MAP）与土壤属性（pH、OM）对稀有和丰富类群多样性的直接及间接影响（图 8-14）。在气候变暖的背景下，MAP 对稀有和丰富类群的多样性（稀有类群，相关系数为–0.66，$P<0.001$；丰富类群，相关系数为–0.51，$P<0.001$）都有显著的直接负面影响。MAT 对丰富类群的多样性也有显著的负面影响（相关系数为–0.36，$P<0.05$）。根据标准化的总效应，土壤南移，MAP 的变化是影响稀有、丰富类群多样性的主要因素。土壤北移，MAT 和 MAP 对稀有类群的多样性有显著的直接影响（MAT：相关系数为 0.92，$P<0.001$；MAP：相关系数为–0.52，$P<0.001$）。

　　气候变暖下，MAP 和 MAT 的显著变化对土壤中稀有、丰富类群多样性造成了负面影响，这表明在面临环境胁迫或干扰时，微生物群落多样性会显著减少（Atlas et al.，1991；Maestre et al.，2015）。群落中的稀有类群与丰富类群具有相似的分布模式（Logares et al.，2014）。物种形成、灭绝、扩散等过程会影响到这两类物种的群落构建（Galand et al.，2009）。无论是在增温还是降温条件下，丰富类群的演变均高于稀有类群，说明在环境压力下稀有类群较为稳定。稀有类群较高的抗性和稳定性进一步支持了这一结论。类群的改变是非生物因素（如气象因素和土壤理化性质）与生物因素（如微生物间相互作用）共同作用的结果（Hastings，2010）。有研究表明较稳定的稀有类群有助于提高整个群落应对环境改变的能力（Shade et al.，2013）。

　　随着时间的推移，气候变化可以导致稀有和丰富类群的连续演替，但稀有类群在微生物多样性和群落组成方面更加稳定。本研究进一步分析了稀有和丰富类群与作物产量的关系，结果表明，在预测玉米产量稳定性时增加稀有微生物多样性（AUC=0.66）或丰度（AUC=0.51）比增加丰富微生物多样性（AUC=0.46）或丰度（AUC=0.40）更能提高模型的特异性和敏感性（图 8-15）。这些结果表明，在气候变化的情况下，稀有类群在调节作物产量方面具有巨大潜力。

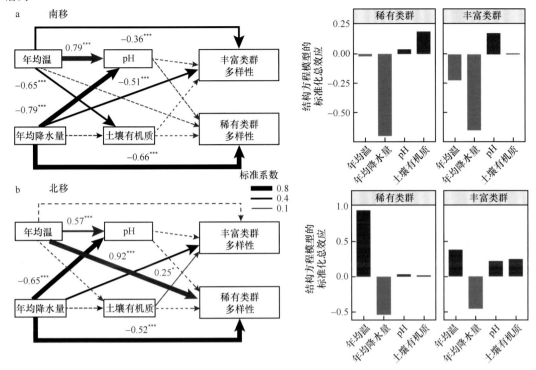

图 8-14　结构方程模型揭示了气候与土壤性质对不同气候条件下稀有、丰富类群多样性的直接和间接影响（Liang et al.，2020）

红色和黑色箭头分别表示显著的正路径和负路径（P<0.05）；虚线箭头表示非显著路径（P>0.05）；
箭头旁边数字表示重要的标准化路径系数。路径宽度与路径系数成比例缩放

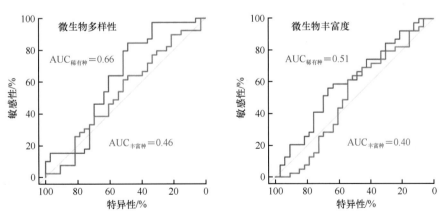

图 8-15　微生物多样性和丰度对玉米产量稳定性的贡献

AUC 表示曲线下面积（area under curve）

综上所述，土壤微生物群落在碳、氮循环中发挥着重要作用，并且它们与各种生态系统功能之间存在着密切的联系。长期土壤移置试验，揭示了田间气候对土壤微生物群落结构的显著影响。土壤南移对微生物群落演替的影响更为显著。随着时间的推移，气候变化会导致稀有和丰富群落的连续改变，但稀有类群在微生物多样性和群落组成方面通常更加稳定。此

外，因为稀有类群可能增加群落的功能冗余性，从而增强土壤微生物群落抵御环境干扰的能力（Jiao et al.，2017）。需要进一步在碳氮转化功能层面，揭示气候条件对土壤微生态系统的影响过程与机制。

8.2 不同气候带典型旱地土壤微生物养分转化功能组

土壤有机碳是农田土壤肥力的核心，是农作物高产稳产和农业可持续发展的基础（Pan et al.，2009）。气候变化会直接影响植被对土壤的碳输入及土壤微生物碳循环过程，从而影响到土壤碳库的稳定性（Feng et al.，2008）。此外，氮素是植物生长必需的养分元素（Gutierrez，2012），农田土壤氮素循环过程影响了作物的产量。近年来，高通量测序和功能基因芯片技术的发展为更好地揭示环境变化下功能微生物的响应提供了途径（Yue et al.，2015）。本节基于长期土壤移置试验，研究不同气候条件对土壤微生物碳氮转化功能基因组的影响，有利于更全面地认识农田土壤微生物介导的碳氮循环的生态过程，为调节土壤碳库的稳定性和农田施肥管理提供依据。

8.2.1 典型土壤微生物碳转化功能组对不同气候条件的响应

8.2.1.1 真菌和细菌对不同气候条件的响应

土壤真菌和细菌是农田生态系统中碳循环的重要驱动者（Andresen et al.，2014）。真菌是强大的木质素纤维素分解者，而细菌通常依赖于可溶基质的可用性（McGuire and Treseder，2010）。但也有越来越多的研究表明细菌在凋落物分解中的作用比以前的认识更为重要（Glassman et al.，2018；Wilhelm et al.，2019）。与真菌相比，细菌组成的变化对草地凋落物分解速率的影响更大，而细菌或者真菌丰度的变化似乎不影响凋落物分解（Glassman et al.，2018）。探究农田土壤细菌和真菌群落的变化如何影响土壤碳稳定性具有重要意义（Kyaschenko et al.，2017）。

将封丘潮土分别向北移置到海伦和向南移置到鹰潭，6 年后细菌和真菌的生物量变化如表 8-5 所示。未种植作物土壤真菌生物量由海伦原位的 3.3nmol/g、南移封丘下降至 0.9nmol/g、南移鹰潭下降至 1.6nmol/g（$P<0.05$）。细菌生物量由海伦原位的 12.0nmol/g、下降至南移封丘的 4.5nmol/g 和南移鹰潭的 3.9nmol/g（$P<0.05$）。土壤南移并种植玉米后，真菌和细菌生物量的降低幅度较小。相比之下，未种植作物土壤从封丘原位北移海伦，真菌生物量从 0.7nmol/g 增加到 2.2nmol/g，细菌生物量从 2.1nmol/g 增加到 7.2nmol/g（$P<0.05$）。

表 8-5 土壤移置试验 6 年后微生物生物量的变化

样品名	微生物生物量/（nmol/g 干重）		
	真菌	细菌	总微生物
海伦原位	3.3±1ab	12.0±1.0a	42.2±8.6ab
南移封丘	0.9±0.3efg	4.5±1.2cd	18.7±6efghi
南移鹰潭	1.6±0.4cdefg	3.9±0.3de	18.9±3.6defghi
封丘原位	0.7±0.1g	2.1±0.5ef	9.6±0.6i

样品名	微生物生物量/（nmol/g 干重）		
	真菌	细菌	总微生物
南移鹰潭	1.1±0.4efg	1.5±0.2f	11.8±2.3hi
北移海伦	2.2±0.8c	7.2±3.5b	27.5±9.9cde
鹰潭原位	1.8±0.5cdef	3.4±0.4def	21.3±4.8defgh
北移封丘	0.7±0.2g	3.1±0.7def	11.8±2.2hi
北移海伦	1.2±0.2defg	3.9±0.2de	19.4±2.4defghi
海伦原位（种植玉米）	3.5±1.2a	11.4±1.7a	43.1±12.7a
南移封丘（种植玉米）	3.5±0.8a	6.3±0.6bc	28.7±3.6cd
南移鹰潭（种植玉米）	2.3±0.7bc	4.8±0.3cd	24.2±3.7cdef
封丘原位（种植玉米）	2.2±0.9cd	4.1±1.7de	18.1±4.4efghi
南移鹰潭（种植玉米）	1.4±0.6cdefg	2.8±1.3def	16.2±7.3fghi
北移海伦（种植玉米）	1.6±0.5cdefg	4.8±1cd	22.3±8.1defg
鹰潭原位（种植玉米）	1.5±0.2cdefg	3.8±0.5de	16.6±0.3fghi
北移封丘（种植玉米）	0.8±0.3fg	2.9±0.9def	13.1±3.5ghi
北移海伦（种植玉米）	1.8±0.3cde	4.8±1.8cd	32.9±4.9bc

注：不同小写字母表示在 0.05 水平差异显著

8.2.1.2　不同气候条件对土壤微生物碳分解基因的影响

基于黑土、潮土及红壤移置试验，我们发现将封丘潮土南移鹰潭后，气候变暖显著降低了柠檬烯水解酶（limonenehydrolase）的功能基因数量（图 8-16a）。而将红壤北移封丘和海伦后，气候变冷增加了木聚糖酶（xylanase）、内切葡聚糖酶（endoglucanase）、柠檬烯水解酶（limonenehydrolase）、乙酰葡糖胺糖苷酶（acetylglucosaminidase）及锰过氧化物酶（manganese peroxidase）的功能基因数量（图 8-16b）。研究结果表明，气候变化是影响土壤微生物碳功能基因数量的重要因素。对草地生态系统的研究表明，气候变暖能够显著增加不稳定碳的分解基因丰度，对顽固碳的分解基因没有显著影响（Xue et al.，2016）。不同生态系统、增温方式及试验周期差异，可能会导致微生物碳转化功能基因不同的响应。

基于气候变暖的显著影响，进一步揭示了原位条件下施肥对土壤微生物碳氮转化功能基因丰度的影响（图 8-17）。在海伦，施肥降低了与碳降解相关的大部分功能基因的丰度：淀粉降解相关的功能基因的相对丰度降低 12% ～ 24%，与角质降解相关且源自真菌的基因相对丰度降低 40%，与萜烯降解相关的基因相对丰度降低 44%，与半纤维素、纤维素降解相关的基因 xylA、内切葡聚糖酶（endoglucanase）基因相对丰度分别升高 17%、10%。在鹰潭，施肥使得大部分与碳降解相关的功能基因相对丰度升高 10% ～ 40%。研究结果表明细菌和真菌对施肥的响应是不同的。当从植物输入的新鲜土壤碳可用时，养分输入很可能通过激发效应使真菌降解顽固性碳（Fontaine et al.，2007，2011），因为真菌可以参与聚合物难降解碳分解的主要微生物（Moore-Kucera and Dick，2008；Schneider et al.，2012）。

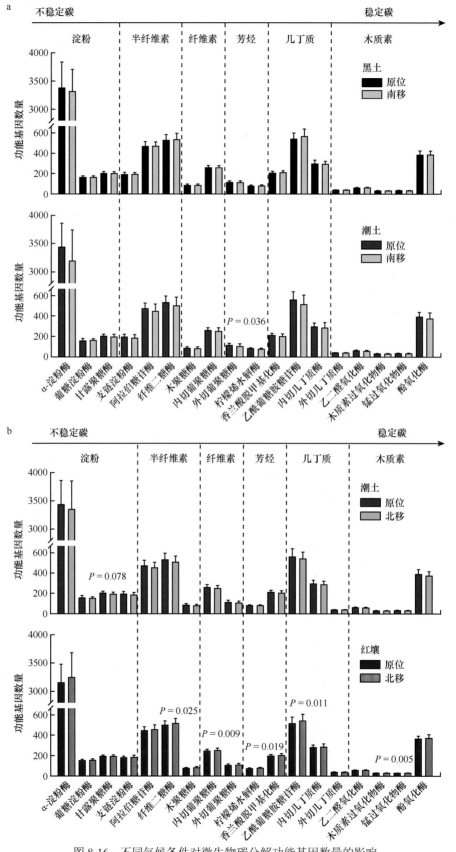

图 8-16　不同气候条件对微生物碳分解功能基因数量的影响

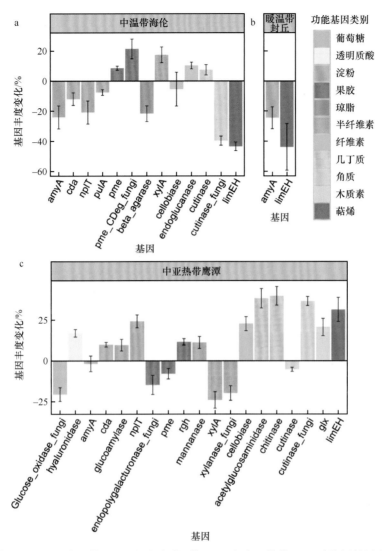

图 8-17　施肥对黑土从中温带（a）移置到暖温带（b）和中亚热带（c）碳降解基因丰度的影响

该图展示了原位条件下施肥引起的与碳降解相关功能基因丰度的变化。图中柱状图为施肥处理与未施肥处理功能基因丰度的差值，图 b 仅显示了两个显著改变的功能基因（$P<0.05$）

　　针对黑土南移水热增加和施肥条件，综合分析提出了黑土碳氮转化功能基因的作用模型（图 8-18）。施肥对黑土微生物生长具有促进作用，使得与易降解有机碳和难降解有机碳分解相关的基因相对丰度均升高。由于气候变暖可以加快土壤有机碳、氮的降解和转化，所以在中亚热带施肥更有利于碳、氮的协同转化，从而增强了施肥的激发效应。养分添加可以通过抑制土壤有机碳分解来增加土壤有机质的稳定性，特别是对于更难降解的土壤碳（Cusack et al.，2010；Ramirez et al.，2012；Frey et al.，2014）。

　　基于以上研究，阐明了气候变化如何影响土壤微生物群落，进而影响生态系统功能所必需的土壤碳储存。本研究对微生物群落的分析揭示了土壤有机质变化的分子机制。研究发现真菌生物量和群落组成适应了移置后的新环境。真菌的分布主要由年平均气温和降水量决定。编码碳分解酶的真菌基因比来自细菌的基因显著增加。通过深入揭示真菌和细菌对模拟气候变化的响应之间的不同特征，发现真菌对气候变化具有更高的敏感性。

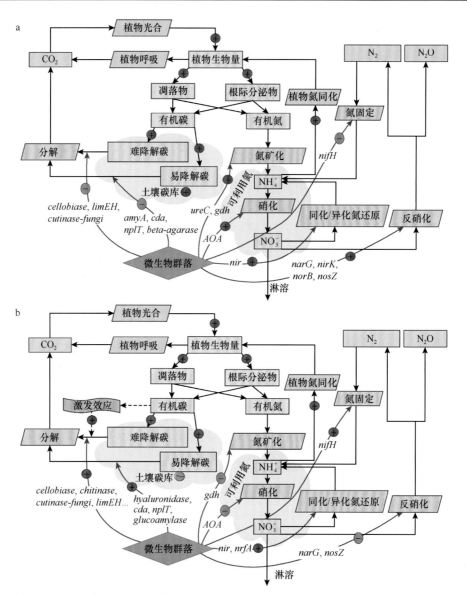

图 8-18　施肥对中温带黑土移置到暖温带（a）和中亚热带（b）碳氮转化基因的影响

粉色：微生物参与的过程；绿色：植物参与过程；紫色：激发效应。黑色箭头：物质流；红色箭头：微生物作用；

虚线箭头：激发效应对碳降解的作用。圆圈中的"＋""－""～"分别代表正效应、负效应、无效应

8.2.2　典型土壤微生物氮转化功能组对不同气候条件的响应

尽管土壤微生物在推动生物地球化学循环中起着关键作用，但移置土壤中的功能微生物群落受长期移置影响的机制并不清楚，尤其是与农田生态系统密切相关的氮转化微生物。氮素循环是生态系统中重要的地球化学循环，包含着多种氮库（如 N_2、NH_4^+、NO_3^-、NO_2^- 和 NO 等）和生态过程（硝化、反硝化、固氮等），这些生态过程大部分是由土壤中的功能微生物调控的（Falkowski et al.，2008）。在陆地生态系统中，氮是限制植物生长的关键元素，然而对化学氮肥的不合理利用导致了诸如水体污染和温室效应等一系列的环境问题（Liu et al.，2013；Zhang et al.，2013）。在大的空间尺度下针对氮转化微生物功能群决定因子的研究非常有限

（Luke et al.，2010）。本节基于土壤移置试验，探求农田生态系统中土壤氮转化微生物对不同气候条件的响应，以期为气候变化背景下更好地通过生物途径调控氮素循环，最终为农业的可持续发展提供理论依据。

8.2.2.1　土壤移置对微生物氮转化功能基因的影响

基于土壤移置试验平台，研究了将海伦黑土（原位）分别南移封丘和南移鹰潭 3 年后，通过功能基因芯片分析了土壤微生物氮转化功能基因组的丰度变化。有研究表明，温度升高会显著改变微生物氮循环基因的总丰度（Szukics et al.，2010）。与此研究一致，本研究发现将黑土南移微生物氮循环基因的相对丰度增加（图 8-19），参与硝化作用的 *amoA* 基因南移后的总丰度是原来的 2.7 倍，而参与反硝化作用的 *narG*、*nirS/K*、*norB* 和 *nosZ* 基因，以及参与厌氧氨氧化的 *hzo* 基因和 *napA*、*nasA* 基因的总丰度增加了 2.7 倍，参与氮同化还原的 *nrfA* 和 *nir* 基因丰度低于原位的 90%。因此，移置对参与氮循环的不同功能基因产生了一系列的影响。大多数固氮或反硝化基因来自未知细菌，少数是产甲烷古菌中氢营养型甲烷球菌（*Methanococcus maripaludis*）、嗜酸产甲烷古菌（*Methanoregula boonei*）、巴氏甲烷八叠球菌（*Methanosarcina barkeri*）的 *nifH* 基因。这些古菌的最适生长温度为 37℃（Leigh，2000）。

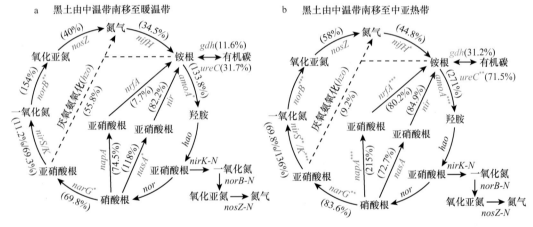

图 8-19　黑土由中温带南移至暖温带（a）和中亚热带（b）3 年后土壤氮素循环基因丰度的相对变化

括号中的百分比是黑土移置后各基因丰度相比原位的变化。红色基因代表移置后丰度显著增加，绿色代表移置后丰度显著降低；显著性差异由星号表示：* 表示 $P<0.10$，** 表示 $P<0.05$，*** 表示 $P<0.01$

进一步研究了黑土南移 6 年后氮转化功能基因的丰度变化（图 8-20）。土壤南移封丘增加了氨化基因 *gdh*（编码谷氨酸脱氢酶）和 *ureC*（编码尿素酶），氨氧化古菌中的 *amoA*（编码氨单加氧酶）和氮固定基因 *nifH*（编码固氮铁蛋白还原酶）的相对丰度，但几乎没有改变反硝化基因的丰度。南移鹰潭后增加了氨化基因 *gdh*、氨氧化古菌中的 *amoA* 基因、反硝化基因 *nirS*（编码细胞色素 cd1 亚硝酸盐还原酶）和 *nosZ*（编码氧化亚氮还原酶）的相对丰度，但是微弱降低了 *ureC*（0.1%）及氮固定基因 *nifH* 的相对丰度（图 8-20b）。以上结果说明，土壤移置模拟气候变暖可以增强硝化过程，此结果与一项 Meta 分析中发现增温可以增加净硝化速率的结论一致（Dalias et al.，2002）。这一过程可能是因为氨氧化古菌的增加引起的，而非氨氧化细菌。在移置到鹰潭的土壤中硝化基因和反硝化基因的丰度升高，表明升温增强了土壤氮循环（Szukics et al.，2010），土壤铵态氮或硝态氮转换为气态 N_2O 或 N_2 的过程被增强，从而加大了土壤氮损失。

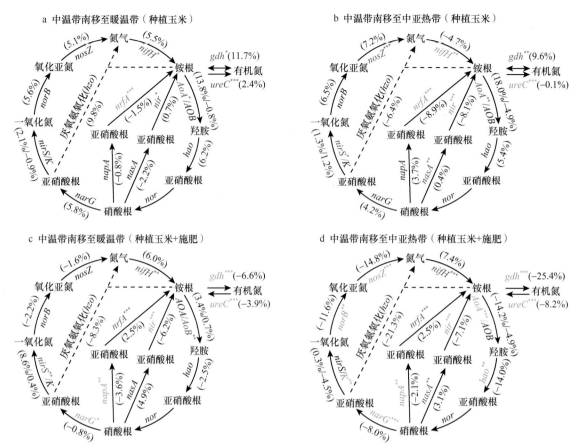

图 8-20　黑土由中温带南移至暖温带和中亚热带 6 年后对氮素循环功能基因的影响

括号中的百分数代表黑土移置后的总基因丰度相比于原位的总基因丰度的变化百分比。红色基因代表移置后丰度显著增加，绿色代表移置后丰度显著降低，灰色基因代表未检测出；显著性差异由星号表示：* 表示 $P<0.10$，** 表示 $P<0.05$，*** 表示 $P<0.001$

　　土壤移置 6 年的试验表明，不同气候带下施肥影响了黑土微生物氮转化功能基因的丰度。在暖温带，施肥降低了多个氮循环功能基因的相对丰度，*gdh*、*ureC*、*narG*、*norB*、*nosZ*、*napA*、*nir*、*hao*、*hzo* 相对丰度降低 0.8% ～ 8.3%。仅有氮固定基因 *nifH* 相对丰度升高 6.0%。在中亚热带，施肥使得多个氮循环功能基因相对丰度降低 3% ～ 20%，而两个参与同化和异化氮还原过程的功能基因相对丰度升高：*nrfA*（编码甲酸依赖型细胞色素 c 亚硝酸还原酶）相对丰度升高 2.5%，*nir*［编码亚硝酸还原酶 NAD(P)H 或铁氧还蛋白–亚硝酸盐还原酶］相对丰度降低 7.1%。

　　已有的研究表明增温可进一步加剧氮素添加引起的 N_2O 排放（Bijoor et al.，2008），因为增温可促进氮素循环（Dawes et al.，2017）。本研究中，当土壤暴露在鹰潭温暖气候条件下时，同化和异化氮还原基因增加，表明亚硝酸盐可能通过同化和异化氮还原转化为氨氮，而不是通过反硝化转化为气态氮。由于植物对微生物的竞争，微生物对土壤铵的需要可能是由于矿质氮从土壤重新分配到地上引起的（Wang and Bakken，1997）。这一发现为南移鹰潭的土壤激发效应提供了进一步的证据，因为微生物掘氮的一个重要机制是矿化有机物以获得有效氮（Kuzyakov，2010）。为了进一步更全面地了解气候变化条件下微生物氮转化，本研究研究了稀有和丰富类群所携带的与氮循环有关的关键功能基因的变化（图8-21）。一些氮循环基因，包括 *amoA*、*napA*、*nifH*、*nirK*、*nirS*、*norB* 和 *nrfA*，仅在稀有类群中检测到。气候变化显著降低了稀有类群携带的几个功能基因，特别是反硝化过程（*narG*、*nirS*、*nirK* 和 *nosZ*）和异化氮还原（*napA*）的功能基因（$P < 0.05$）。玉米是一种喜欢利用硝酸盐营养源的作物（Engels et al.，1992）。因此，减少稀有类群携带的反硝化基因可能有利于植物生长，减少氮素流失。此外，寒冷的气候条件也导致稀有和丰富类群的氨化功能过程显著降低。

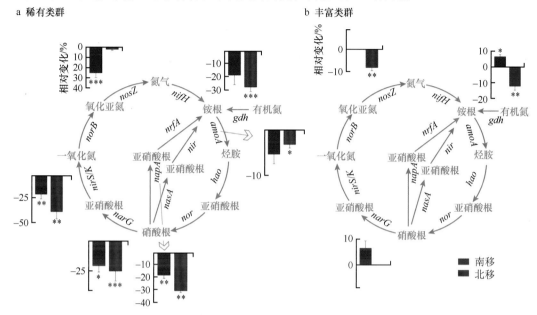

图 8-21　不同气候带稀有类群（a）和丰富类群（b）氮循环基因的变化

nifH 编码固氮铁蛋白还原酶；*amoA* 编码氨单加氧酶；*hao* 编码羟酸氧化酶；*narG* 编码硝酸盐还原酶；*nirS* 和 *nirK*（图中简写作 *nirS/K*）及 *nir* 编码亚硝酸盐还原酶；*norB* 编码一氧化氮还原酶；*nosZ* 编码氧化亚氮还原酶；*napA* 和 *nasA* 编码硝酸还原酶；*nrfA* 编码细胞色素 c 亚硝酸还原酶

　　稀有类群的氮循环功能基因比丰富类群的成员更为多样。一些氮循环基因仅由少数成员携带，包括 *amoA*、*napA*、*nifH*、*nirK*、*nirS*、*norB* 和 *nrfA*。稀有种可能为催化复杂的氮循环过程提供了所需的基因库，如固氮细菌（LaRoche and Breitbarth，2005）、氨氧化细菌（Hermansson and Lindgren，2001；Leininger et al.，2006）和一些反硝化细菌（Philippot et al.，2013），它们是相对丰度极低的稀有成员。不同气候条件下稀有类群功能基因数的变化对植物产量有着积极的影响，随着降温，稀有类群反硝化基因数减少，土壤硝酸盐含量增加，养分利用效率提高。由于一个群落的大多数分类和功能多样性是由稀有种组成的，本研究表明，稀有种的稳定性对整个群落的氮转化功能稳定性有重要的意义，进一步暗示了稀有成员在维持生态功能方面潜在的重要作用。

8.2.2.2　环境因子对微生物氮基因的影响

　　pH 被证明是在全球范围内影响土壤微生物群落形成的主要因素（Fierer and Jackson，2006），并影响某些氮转化功能基因，如参与硝化作用的基因（Bru et al.，2011）。皮尔逊检验（Pearson test）表明，共有 9 个与氮循环相关的氮功能基因与土壤 pH 具有显著相关性（相关系数为 0.59 ～ 0.70，$P < 0.01$）（表 8-6）。其中，β-内酰胺酶基因来源于海分枝杆菌

（*Mycobacterium marinum*）、深红红螺菌（*Rhodospirillum rubrum*）和一些未培养细菌，*copA* 基因来源于金色古球菌（*Archaeoglobus fulgidus*）、产甲烷球菌（*Methanococcus aeolicus*）、劳氏甲烷球菌（*Methanocorpusculum labreanum*）和星箭头菌（*Sagittula stellate*）。与 Lejon 等（2007）的研究结果一致，发现 pH 会显著影响 *copA* 基因。基于 pH 对氨氧化古菌和氨氧化细菌的影响（Bru et al.，2011），进一步分析了 pH 与 *amoA/amoB* 的关系（图 8-22），两者之间呈负相关（相关系数为–0.68，$P<0.01$），表明 pH 对氨氧化细菌和氨氧化古菌的相对比例有影响。

表 8-6　土壤中与 pH 显著相关的氮功能基因（$P<0.01$）

基因 ID	基因/酶类	基因亚类	微生物	相关系数	P 值
13625840	*gdh*	氨化	非培养细菌	0.60	0.010
39650578	*ureC*	氨化	沼泽红假单胞菌（*Rhodopseudomonas palustris*）	0.64	0.010
116804624	*nasA*	氮同化还原	非培养细菌	0.62	0.007
68164680	*nirS*	反硝化	非培养细菌	0.60	0.008
1854553	*nifH*	固氮	非培养古菌	0.67	0.005
29293410	*nifH*	固氮	非培养细菌	0.58	0.011
62149172	*nifH*	固氮	非培养细菌	0.66	0.009
78102285	*nifH*	固氮	非培养细菌	0.70	0.003
116812205	*nifH*	固氮	非培养细菌	0.59	0.009

注：相关系数采用皮尔逊检验，P 值采用 Excel 中的 TDIST 检验

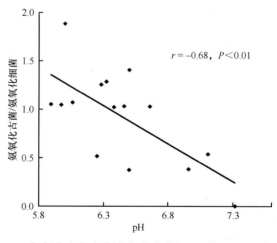

图 8-22　氨氧化古菌/氨氧化细菌丰度与 pH 的 Pearson 相关性

　　为了进一步揭示微生物氮转化基因与土壤硝化过程（Grundmann et al.，1995）的关系，本研究研究了所有土壤样品中氮基因丰度与硝化作用之间的相关性。土壤中氮循环基因丰度的增加可能部分解释了硝化能力的增加（图 8-23）。共有 26 个氮循环基因与硝化势显著相关（相关系数为–0.79 ～ 0.83，$P<0.01$）（表 8-7）。其中包括一些与固氮和反硝化有关的基因，如一些 *narG* 基因来自 *Chromobacterium violaceum* 和未培养细菌。这些结果支持硝化作用与固氮和反硝化作用的耦合（Wrage et al.，2001）。研究结果表明微生物基因丰度与温室气体排放之间可能具有相关性，为利用基因丰度来指示土壤功能过程提供了可能。目前，人们普遍认为，

微生物群落 DNA 表征代谢潜能，只有信使 RNA 或蛋白质代表功能活性。然而，从田间样品中检测土壤信使 RNA 存在许多挑战，包括核糖体 RNA 和转移 RNA 的干扰、严格的运输和储存要求、快速的周转和不稳定性（Sessitsch et al.，2002），使得信使 RNA 的分析和定量非常困难，相比之下，DNA 分析和定量是非常可靠的，因此，DNA 的变化可以用来初步估计基因的潜在功能活性。研究表明 nirS-nosZ 基因的 DNA 丰度与土壤中 N_2O 的排放有关，这表明这些功能基因可能可以作为判断温室气体（N_2O）排放的生物学指标（Morales et al.，2010）。

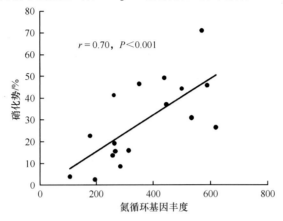

图 8-23　土壤硝化势与氮循环基因丰度的关系

表 8-7　与硝化势显著相关的氮循环基因

基因 ID	基因/酶类	基因亚类	微生物	相关系数	P 值
118618420	ureC	氨化	溃疡分枝杆菌（Mycobacterium ulcerans）	0.73	0.013
150029098	ureC	氨化	苜蓿中华根瘤菌（Sinorhizobium medicae）	0.83	<0.001
113725650	ureC	氨化	苜蓿中华根瘤菌（Sinorhizobium medicae）	0.69	0.002
166363013	nirA	氮同化还原	非培养细菌	0.72	0.003
119961669	NirB	氮同化还原	金黄节杆菌（Arthrobacter aurescens）	0.69	0.007
209874150	NirB	氮同化还原	食羧寡氧菌（Oligotropha carboxidovorans）	0.68	0.006
109457402	NirB	氮同化还原	脱氮玫瑰杆菌（Roseobacter denitrificans）	0.57	0.013
38427030	narG	反硝化	非培养细菌	0.74	<0.001
62003537	narG	反硝化	非培养细菌	0.83	0.001
94471203	narG	反硝化	非培养细菌	0.68	0.003
124488241	narG	反硝化	非培养细菌	0.58	0.011
34332835	narG	反硝化	紫色色杆菌（Chromobacterium violaceum）	0.71	0.011
57335474	nirS	反硝化	非培养细菌	0.76	0.003
29466066	norB	反硝化	非培养细菌	0.64	0.008
4454060	norB	反硝化	非培养细菌	0.64	0.004
154151622	nifH	固氮	非培养细菌	0.82	<0.001
148342406	nifH	固氮	非培养细菌	0.75	<0.001
19070155	nifH	固氮	非培养细菌	0.71	0.001
37925835	nifH	固氮	非培养细菌	0.72	0.001

基因 ID	基因/酶类	基因亚类	微生物	相关系数	P 值
62149262	*nifH*	固氮	非培养细菌	0.83	0.001
94470881	*nifH*	固氮	非培养细菌	0.82	0.001
110931976	*nifH*	固氮	非培养细菌	0.75	0.002
37548730	*nifH*	固氮	非培养细菌	−0.79	0.005
73534169	*nifH*	固氮	非培养细菌	0.78	0.006
125601752	*nifH*	固氮	非培养细菌	0.59	0.010
2897667	*nifH*	固氮	非培养细菌	0.59	0.012

综上所述，基于长期田间土壤移置试验，揭示了气候条件和施肥对土壤微生物碳氮转化功能基因组数量和丰度的影响，为更好地理解不同气候条件下土壤碳氮转化功能变化提供了微生物学机理。进一步需要在更长的时间尺度上，确定微生物功能基因对土壤功能过程的指征作用，以期更好地将微生物功能群落纳入温室气体控制模型。

8.3　典型旱地土壤核心微生物组及其与地上部作物的关系

土壤移置试验解析了不同气候条件对农田土壤微生物群落潜在功能的影响。在陆地生态系统中，地上植物强烈影响地下微生物群落（Hines et al.，2006），不同植被类型、植物多样性和生物量均被证实显著影响地下微生物群落（van der Heijden et al.，2008；Philippot et al.，2013）。植物通过根系分泌物、植物凋落物等因素影响土壤微生物群落（Denef et al.，2009）。在农田生态系统中，长期种植与休耕裸地相比土壤微生物群落存在显著差异（Wang et al.，2009）。同时，土壤微生物群落也受到多种非生物特性（Waldrop and Firestone，2006）、施肥措施（Sul et al.，2013）和气候条件（Zhou et al.，2012）等因素的综合影响。目前为止，这些影响因子的分离还很困难，其相对重要性还未明确。休耕是一种常见的农业管理措施，其目的是增加土壤肥力和改善土壤结构，有利于农业土地资源的可持续发展（Tonitto et al.，2006）。在原位试验中，休耕裸地处理可以作为对照，能较好地解析植物或施肥对土壤微生物群落结构和功能的影响（Wang et al.，2009）。本节基于土壤移置试验平台，从原位条件和不同气候条件下阐述微生物与地上部作物的关系，为调控农田土壤微生物生态功能提供理论基础。

8.3.1　核心微生物组与地上部作物的关系

微生物的潜在功能对农田生产力具有关键作用。核心微生物一般定义为不同生境中存在的相同微生物群集合（Shade and Handelsman，2012），这些成员出现在与特定生境相关的微生物群落中，因此核心微生物的功能对生态系统生产力至关重要。此外，微生物群落的生物多样性不仅包括物种的数量及其丰富度（Zhou et al.，2010；Zhou et al.，2011），而且还包括不同物种之间的复杂相互作用（如拮抗、竞争和互惠）（Montoya et al.，2006；Fuhrman，2009）。与物种多样性相比，复杂物种/种群相互作用形成的网络结构对于生态系统的过程和功能可能更为重要（Montoya et al.，2006；Raes and Bork，2008；Zhou et al.，2010）。因此，在农田生态系统中确定种植作物是否改变了不同微生物功能群之间的相互作用并影响其生态多功能性，对于提高土壤健康功能十分重要。

8.3.1.1 种植对核心微生物功能基因的影响

以土壤移置试验平台中 3 个站点的原位土壤,即中温带海伦黑土、暖温带封丘潮土和中亚热带鹰潭红壤为研究对象(不涉及土壤移置土壤),利用功能基因芯片技术和分子生态网络[基于随机矩阵理论(RMT)的方法](He et al., 2010; Zhou et al., 2010)分析了种植玉米对不受气候和土壤影响的土壤微生物功能基因及其分子生态网络的影响。利用功能基因芯片对 259 个基因家族的 8870 个基因进行了数据归一化和处理,发现 3 种土壤微生物功能基因 α 多样性指数(包括香农指数和辛普森指数),在种植玉米条件下均比不种植裸地条件显著提高($P<0.05$)(图 8-24)。趋势对应分析(DCA)表明,土壤微生物功能基因主要是基于种植而不是它们的地理位置分组的(图 8-26)。其中,在封丘和鹰潭,种植玉米土壤和不种植裸地土壤的微生物功能基因比在海伦有更大的差异。种植驱动的土壤微生物功能基因的变化导致土壤碳转化功能的变化。与不种植裸地处理相比,种植玉米处理下潮土和红壤 CO_2 排放通量分别增加了 88% 和 222%,潮土和黑土硝化作用强度分别增加了 5 倍和 10 倍(图 8-25)。CO_2 通量与玉米地上生物量($R^2=0.597$, $P<0.01$)和玉米叶片叶绿素相对含量(SPAD 值)($R^2=0.737$, $P<0.01$)显著相关,土壤硝化强度与土壤 pH($R^2=0.758$, $P<0.01$)、速效磷和速效钾显著相关。

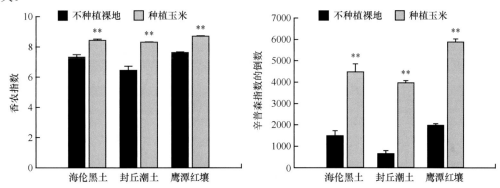

图 8-24　基于基因芯片(GeoChip3.0)分析 3 种土壤在不种植裸地和种植玉米处理下土壤微生物功能基因香农指数和辛普森指数的倒数

所有数据均以平均值 ± 标准偏差表示;** 表示在 0.01 水平差异显著。下同

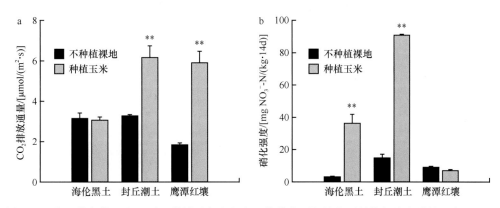

图 8-25　中温带海伦黑土、暖温带封丘潮土和中亚热带鹰潭红壤在不种植裸地和种植玉米处理下土壤 CO_2 排放通量和土壤硝化强度

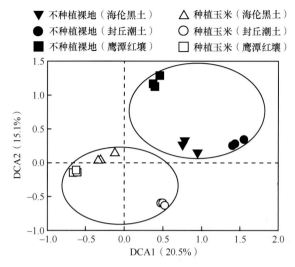

图 8-26　不种植裸地和种植玉米处理下 3 种土壤微生物功能基因的趋势对应分析

　　核心基因（core gene）是 3 种土壤中共同存在的微生物功能基因，在不种植的裸地土壤中只有 612 个核心基因（占总数的 19%），而在种植玉米土壤中有 2829 个核心基因（占总数的 33%）（图 8-27），其中包括 597 个不种植裸地土壤的核心基因，种植玉米导致增加了 2232 个核心功能基因。核心功能基因中包含对淀粉、半纤维素、纤维素和简单芳香族化合物等易降解碳和木质素等难降解碳的降解基因，表明种植玉米影响了所有碳组分的降解过程。值得注意的是，*aceA* 和 *aceB* 是参与乙酸酯代谢的两个基因，其丰度在核心碳循环基因中所占的比例（21.9%）高于总检测基因库（17.5%），说明种植植物（尤其是植物的中间代谢产物）的碳输入刺激了微生物的功能潜能。此外，在所有种植玉米的土壤中都检测到 *pulA*，其编码的支链淀粉酶来源于苜蓿中华根瘤菌（*Sinorhizobium meliloti* 1021），但在不种植裸地土壤中没有发现。*Sinorhizobium meliloti* 是一种 α-变形菌，在土壤或根际自由生活阶段和寄主植物细胞内共生阶段之间交替（Becker et al.，2004）。

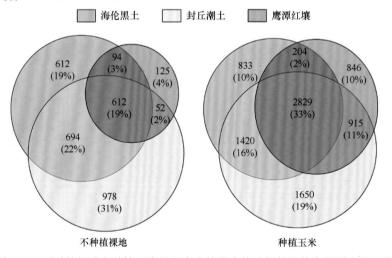

图 8-27　不种植裸地和种植玉米处理中土壤微生物功能基因的韦恩图显示 3 种
土壤间的基因分布和重叠

括号内的数据表示每个部分检测到的基因数所占土壤总检测基因百分比；不同土壤中基因数与总基因数的比值

功能基因芯片包含 16 个参与氮循环的基因家族。在核心基因中共发现 241 个氮循环功能基因，分布在 15 个氮循环基因家族（hao 除外）中。富集的氮循环功能基因包括参与反硝化的 narG 基因、参与氨化的 ureC 基因和参与 N_2 固定的 nifH 基因。降低的功能基因组为参与硝化的 amoA 和参与反硝化的 nirK、nirS。许多核心氮循环基因与植物病原菌和植物共生微生物有关，如自由生活和共生固氮微生物的 nifH 基因，包括变形杆菌门（Proteobacteria）、厚壁菌门（Firmicutes）、古菌（Archaea）、绿菌门（Chlorobi）和蓝藻门（Cyanobacteria）。根瘤菌（即苜蓿中华根瘤菌和沼泽红假单胞菌）和假单胞菌（即荧光假单胞菌）与植物密切相关，具有促进植物生长的功能（Silby et al.，2009）。

所有检测到的基因中核心基因的百分比从不种植裸地土壤的 19% 增加到种植玉米土壤的 33%，表明种植玉米扩大了核心功能微生物群落。植物可以通过增加土壤理化性质的非均质性，产生新的生态位，支持更多类型土壤微生物的生长（Young and Crawford，2004；Philippot et al.，2013）。种植植物增加的土壤核心基因参与了多种生物地球化学过程，提高了土壤的生态多功能性（Shade and Handelsman，2012）。

8.3.1.2　种植对微生物网络相互作用的影响

为了进一步了解种植植物是否影响不同微生物功能群之间的生态相互作用，采用基于随机矩阵理论（random matrix theory，RMT）的方法，构建了种植玉米和不种植裸地处理下具有全基因、碳循环功能基因和氮循环功能基因的 6 个不同微生物群落的功能分子生态网络（functional molecular ecological networks，fMENs）（表 8-8）。种植玉米处理下全基因 fMENs 节点数（网络大小）和总连接数显著高于不种植裸地处理。值得注意的是，种植玉米和裸地处理下的 fMENs 仅共享其 22.1%（241）的节点，并且两个处理下关键功能基因的网络大小存在显著差异。与不种植裸地处理相比，种植玉米的 fMENs 具有较高的平均连接度（avgK）和模块度（表 8-8），碳降解节点（aceB、amyA、bcsG、bgl 和 chi）和反硝化节点（nirS）的平均连接度显著提高，网络复杂度普遍提高（图 8-28），说明种植玉米显著改善了土壤微生物功能基因群之间的网络结构。

表 8-8　不种植裸地和种植玉米条件下土壤微生物群落功能分子生态网络的主要拓扑性质

微生物群落	基因数 （Ng）	相似性阈值 （St）	网络大小 （Ns）	总连接数 （Total links）	平均连接度 （avgK）	模块度 （Modularity）
裸地（全基因）	612	0.95	348	671	3.86	0.83（53）
种植玉米（全基因）	2829	0.96	1834	7585	8.27	0.89（169）
裸地（全基因）	100	0.88	58	56	1.93	0.80（16）
种植玉米（碳循环功能基因）	470	0.89	354	911	5.15	0.83（25）
裸地（全基因）	78	0.86	45	82	3.64	0.39（8）
种植玉米（氮循环功能基因）	318	0.86	272	634	4.66	0.79（28）

Ng（number of original gene）：用于构建功能性分子生态网络的基因总数；St（similarity threshold）：相似性阈值；Ns（network size）：功能分子生态网络中的节点总数；avgK（average connectivity）：平均连接度；Modularity（number of module）：模块度

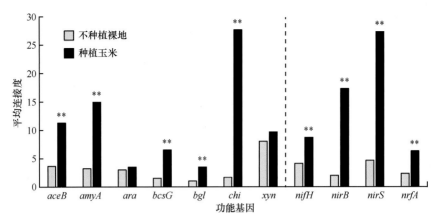

图 8-28　不种植裸地和种植玉米处理下土壤微生物群落功能分子生态网络中主要功能基因的平均连接度
列出的碳和氮循环功能基因包括 *aceB*（苹果酸合成酶）、*amyA*（α-淀粉酶）、*ara*（阿拉伯呋喃糖苷酶）、*bcsG*（内切葡聚糖酶）、*bgl*（纤维二糖酶）、*chi*（内切酶）、*xyn*（木聚糖酶）、*nifH*（固氮酶还原酶）、*nirB*（亚硝酸盐还原酶）、*nirS*（亚硝酸盐还原酶）和 *nrfA*（细胞色素 c 亚硝酸还原酶）

8.3.1.3　不同气候条件下种植和施肥对土壤伯克霍尔德氏菌群落的影响

　　栖息于植物根、茎或叶的伯克霍尔德氏菌目属于变形菌门下的 β-变形菌纲，是一类革兰氏阴性细菌，其生理特征主要表现为严格需氧、兼性厌氧和专性厌氧化能异养型，主要类群包括伯克氏菌科、草酸杆菌科、产碱菌科（Alcaligenaceae）和丛毛单胞菌科。其中多数是具有固氮、结瘤、溶磷和产生植物激素等功能的植物促生菌，是土壤中的重要微生物类群。基于土壤移置试验，本研究进一步研究了不同气候和土壤条件下，种植玉米和施肥对土壤伯克霍尔德氏菌群落结构和组成的影响。土壤移置试验表明，在黑土、潮土及红壤 3 种原位土中，草酸杆菌科是伯克霍尔德氏菌群落内的优势菌（图 8-29b），在 3 种土中均发现了丰富的马赛菌（图 8-29b 和 c），是黑土、潮土和红壤的典型核心物种。已有研究表明在根际土壤的草酸杆菌科下的马赛菌属是一种重要的功能菌（杨恩东等，2019），该菌属中的多数成员具有溶磷（Zheng et al.，2017）、降解菲（Lou et al.，2016）及提高作物对盐的耐受力的功能（Krishnamoorthy et al.，2016）。然而，只有在潮土中马赛菌（主要是 *Massilia* sp. WG5 和 *Massilia* spp.）的相对丰度对施肥有显著响应，这可能与该菌的生存策略有关。本研究中施肥显著降低了红壤的 pH，从而增加了马赛菌（主要是 *Massilia* spp.）的相对丰度（图 8-29），这意味着马赛菌更适合生活在偏酸性的土壤中。

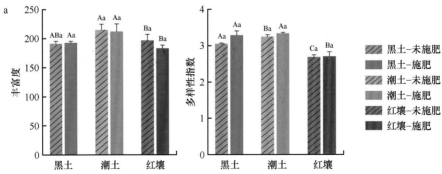

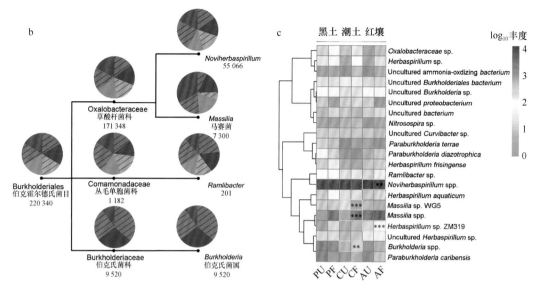

图 8-29　同种土壤类型下施肥对伯克霍尔德氏菌群落的影响

a. 伯克霍尔德氏菌的丰富度和多样性，其中小写字母代表同种土壤施肥与不施肥之间的比较，大写字母代表同一处理（施肥或不施肥）下不同土壤之间的比较，不同字母表示存在显著差异；b. 同一微生物分类等级下，不同处理土壤中微生物的相对丰度，其中数字代表测序得到的序列数，其中在属水平下只展示了相对丰度在该属中大于 1% 的物种；c. 种水平下伯克霍尔德氏菌的热图分析，P 代表黑土（phaeozem），C 代表潮土（chao soil），A 代表红壤（red soil），U 代表未施肥（unfertilized），F 代表施肥（fertilized），如 PU 代表黑土未施肥；黄色方框代表在同一种土壤下施肥与未施肥之间的比较；* 代表显著性水平 $P<0.05$，** 代表 $P<0.01$，*** 代表 $P<0.001$

研究结果表明在弱碱性和有机质含量较低的潮土中，马赛菌属相对丰度的增加可能是提高玉米地上部生物量和产量的一个潜在生物途径（图 8-30、图 8-31）。首先，大量的研究证明马赛菌属是一类具有溶磷能力的菌属（Silva et al.，2017；Zheng et al.，2017；Cardinale et al.，2019；Samaddar et al.，2019），在过去的研究中无论是在磷缺乏的土壤中（Samaddar et al.，2019）还是在长期施加磷矿石的土壤中，均有发现丰富的马赛菌（Silva et al.，2017）。

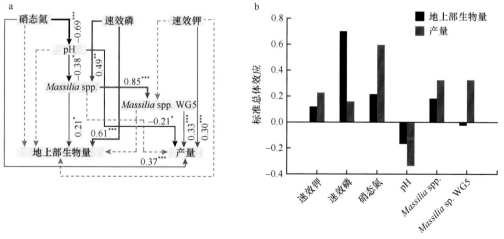

图 8-30　土壤理化性质、伯克霍尔德氏菌相对丰度与地上部生物量和产量之间的结构方程模型

a 为结构方程模型，$\chi^2=7.051$，$P=0.632$，df=9；Bootstrap $P=0.806$；GFI=0.931；RMSEA=0.000，$P=0.662$，灰色带箭头的虚线代表没有显著相关，红色带箭头的实线代表显著正相关，黑色带箭头的实线代表显著负相关。b 为结构方程模型中各指标对地上部生物量和产量的总影响

相关研究还表明马赛菌的丰度与磷酸酶的活性显著正相关（Cardinale et al.，2019）。因此，潮土中马赛菌相对丰度的增加能够为玉米提供更多的有效磷。在本研究中，Mantel 检测也证明了在潮土中该菌属相对丰度的变化显著影响玉米地上部生物量和产量（表 8-9）。其次，Silva 等（2017）研究发现马赛菌属有利于提高玉米对磷的吸收能力。在本研究中，施肥土壤中玉米地上部生物量和产量的变化分别是黑土中增加了 68.30% 和 39.41%；潮土中增加了 196.26% 和 67.32%；红壤中增加了 155.14% 和 34.86%（表 8-10），潮土中玉米地上生物量和产量的增加相比于黑土与红壤来说更高。施肥是提高玉米地上部生物量和产量的重要因素，潮土中马赛菌属群落结构的变化可能也是提高玉米地上部生物量和产量的重要潜在生物因素。

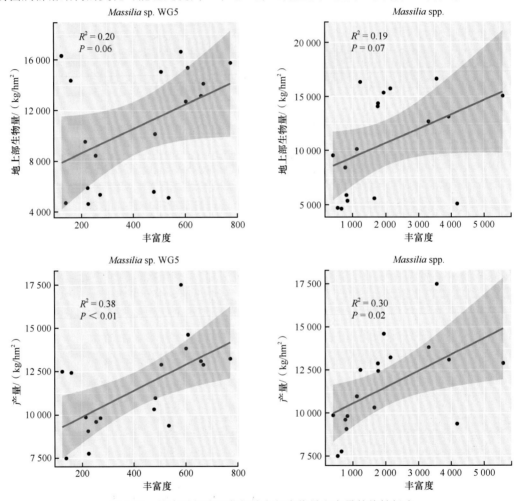

图 8-31　伯克霍尔德氏菌与地上部生物量和产量的线性拟合

表 8-9　不同土壤类型下两种马赛菌对地上部分生物量和作物产量的 Mantel 检测

| 指标 | 黑土 | | | | 潮土 | | | | 红壤 | | | |
| | *Massilia* spp. | | *Massilia* sp. WG5 | | *Massilia* spp. | | *Massilia* sp.WG5 | | *Massilia* spp. | | *Massilia* sp. WG5 | |
	R^2	P	R^2	P	R^2	P	R^2	P	R^2	P	R^2	P
地上部生物量	0.01	0.11	0.01	0.43	0.41	**0.02**	0.56	**0.04**	0.22	**<0.01**	0.02	0.65
产量	0.27	0.1	0.27	0.08	0.41	**0.01**	0.46	0.06	0.01	0.58	0.01	0.54

表8-10　同种土壤类型下施肥对土壤理化性质、玉米地上部生物量和产量的影响（2016年）

处理		含水量/(g/kg)	pH	有机质/(g/kg)	全氮/(g/kg)	全磷/(g/kg)	全钾/(g/kg)	硝态氮/(mg/kg)	铵态氮/(mg/kg)
黑土	未施肥	260.10±5.40	7.01±0.04	46.75±1.89	2.06±0.05	0.86±0.05	17.87±1.19	4.96±2.50	6.44±2.36
	施肥	272.90±2.90	6.94±0.07	50.09±0.18	2.12±0.03	1.02±0.03	19.79±0.53	10.52±3.18	5.66±0.80
	P	0.02	0.19	0.04	0.13	<0.01	0.06	0.08	0.62
潮土	未施肥	170.90±6.70	8.63±0.02	9.22±0.21	0.61±0.03	0.73±0.05	17.38±0.34	4.13±0.73	4.7±1.35
	施肥	162.10±3.10	8.59±0.06	10.63±0.34	0.63±0.01	0.85±0.02	17.48±0.20	10.07±3.74	6.15±1.77
	P	0.11	0.34	<0.01	0.32	0.02	0.69	0.06	0.34
红壤	未施肥	170.10±3.90	6.91±0.09	12.45±1.16	0.82±0.09	0.49±0.01	9.84±0.41	1.56±0.01	5.57±1.29
	施肥	163.60±9.80	6.70±0.07	13.72±1.82	0.83±0.01	0.59±0.03	9.71±0.33	4.80±0.99	4.50±2.20
	P	0.35	0.04	0.36	0.85	0.01	0.69	<0.01	0.51

处理		碱解氮/(mg/kg)	有效磷/(mg/kg)	速效钾/(mg/kg)	地上部生物量/(×10³kg/hm²)	产量/(×10³kg/hm²)	原位地上部生物量/(×10³kg/hm²)	原位产量/(×10³kg/hm²)
黑土	未施肥	210.70±22.45	23.75±1.11	180.83±14.65	9.37±0.86	10.15±0.72	7.62±0.26	3.34±0.63
	施肥	200.90±22.45	42.72±2.97	270.83±19.09	15.77±1.22	14.15±2.90	16.79±0.89	10.02±0.91
	P	0.62	<0.001	<0.01	0.01	0.08	<0.001	<0.001
潮土	未施肥	55.13±19.45	1.71±0.07	101.67±10.10	5.08±0.70	8.11±0.83	—	—
	施肥	50.23±8.49	5.11±0.36	115.00±12.50	15.05±0.86	13.57±0.92	—	—
	P	0.71	<0.001	0.22	<0.001	0.01	—	—
红壤	未施肥	50.23±5.61	15.17±0.24	250.00±2.50	5.35±0.24	9.84±0.47	1.56±0.16	0.37±0.05
	施肥	55.13±9.23	32.97±1.91	283.33±28.87	13.63±1.25	13.27±0.50	1.50±0.01	1.18±0.11
	P	0.49	<0.001	0.21	<0.001	0.001	0.51	0.001

施氮磷钾肥显著增加潮土中 *Burkholderia* spp.、*Massilia* spp. 和 *Massilia* sp. WG5 的相对丰度；增加红壤中 *Herbaspirillum* sp. ZM319 的相对丰度，降低红壤中 *Noviherbaspirillum* spp. 的相对丰度（$P<0.05$）；黑土中所有检测到的伯克霍尔德氏菌的相对丰度均无显著差异。基于统计学分析，本研究发现马赛菌属相对丰度的变化可能是改变玉米地上部生物量和产量的潜在生物途径。由于该结果是基于统计学分析得到的，未来需要增加试验对其进一步验证。

8.3.2　气候条件变化下微生物与地上部作物的关系

土壤微生物的不同类群在不同气候条件下演替过程不同，发挥了不同的农田生态功能（Liang et al.，2020）。为了更全面地阐明不同气候条件下土壤微生物群落对农田生态系统生产力的贡献，基于土壤移置试验平台，我们以丰富类群和稀有类群为例，进一步研究不同气候条件下微生物群落与作物产量的关系。

随机森林模型用于预测稀有类群和丰富类群的作物产量；在该模型中，通过将变量从模型中移除并量化模型的均方误差（MSE）来确定变量的重要性（图 8-32）。结果表明，在气候变冷条件下，微生物群落对作物产量的影响可能比增温条件下更大，分别占 45.71% 和 12.34%（$P=0.01$）。有趣的是，尽管相对丰度较低，但总是稀有类群（ART）和条件稀有类群（CRT）对作物产量的贡献大于丰富类群。值得注意的是，在气候变冷的条件下，稀有类群对作物产量的影响可能更大，去除 ART 和 CRT 后，MSE 在预测作物产量方面提高了 30.5%。酸杆菌（10.9%）和类杆菌（8.0%）的稀有成员可能对气候变冷下的作物产量贡献最大。此外，还发现了一些丰富类群对玉米产量有潜在的影响，如在升温条件下丰富的放线菌（13.4%）和在降温条件下丰富的疣状菌（10.9%）。

基于黑土南移试验，通过单细胞 Raman-D$_2$O 同位素标记技术研究了黑土中活菌的碳代谢活性（Ni et al.，2021）。在基质代谢中使用 D$_2$O 的细菌培养物在 2040 ~ 2300cm^{-1} 范围表现出明显的 C-D 拉曼谱带（图 8-33）。在中温带黑土（海伦）南移到暖温带（封丘）和中亚热带（鹰潭）12 年后，黑土中活菌使淀粉碳源代谢的 C-D/（C-D+C-H）显著提高，单细胞活菌的代谢活性提高 10%；在碳源充足时，活菌快速周转，微生物残体积累增加了 2 倍。

不同气候条件下稀有类群功能基因数的变化对植物产量有着积极的影响，随着降温，稀有类群反硝化基因数减少，土壤硝酸盐含量增加，养分利用率提高。由于一个群落的大多数分类和功能多样性是由稀有物种组成的，我们的研究表明，稀有物种的稳定性对整个群落的稳定性具有重要意义，进一步暗示了稀有物种在维持生态功能方面的潜在重要作用。最近的一项研究表明，土壤细菌和真菌 α 多样性在全球范围内与植物生产力正相关，与土壤 pH、气候与空间预测因子、纬度和海拔一样重要，是生态系统多功能性变化的驱动力（Delgado-Baquerizo et al.，2016）。稀有类群和丰富类群构成了一个对生态系统功能至关重要的活跃群落（Galand et al.，2009）。我们的研究发现在气候条件变化的情况下，稀有类群对玉米产量的影响可能更为重要。这可能归因于以下因素。第一，气候条件变化可能会促进一些低丰度或休眠成员变得活跃（Jones and Lennon，2010），这可能对维持生态系统功能很重要。第二，稳定的稀有类群可能提供多种功能，因为先前的研究表明，大量代谢活跃的谱系被发现属于稀有类群（Logares et al.，2014）。稀有类群也被发现与气候变化下玉米产量的时间稳定性密切相关。先前的研究表明，稀有类群可能提供互补或独特的代谢途径，以支持生态系统功能（Jousset et al.，2017），如稀有类群分泌其他生物体或植物所需的某些维生素或氨基酸。由于稀有类群的多样性，稀有类群可能会提高作物的抵抗力，对抗环境干扰，从而增加作物产量。

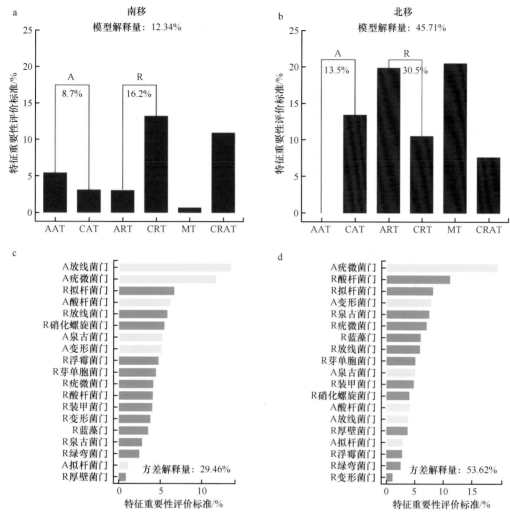

图 8-32 南移气候变暖（a、c）和北移气候变冷（b、d）下土壤丰富类群和稀有类群相对丰度对产量的贡献

基于随机森林模型分析计算贡献率（增加的均方误差百分比）。AAT：总是丰富类群；CAT：条件丰富类群；ART：总是稀有类群；CRT：条件稀有类群；MT：中等类群；CRAT：条件稀有和丰富类群。A：丰富类群；R：稀有类群。黄色代表丰富类群，绿色代表稀有类群

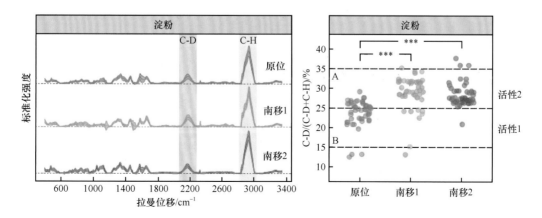

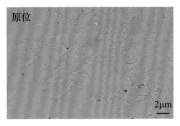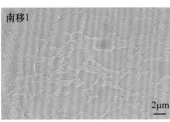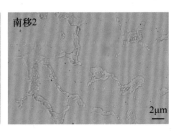

图 8-33　中温带黑土（原位）南移到暖温带（南移 1）和中亚热带（南移 2）12 年后单细胞活菌的拉曼
光谱及其代谢活性变化

土壤微生物承担着地球化学元素循环的重任，是碳、氮、硫、磷等地球化学元素的驱动者，被称为生物地球化学循环的引擎。农田土壤中微生物既是土壤有机碳的重要组成部分，又是土壤有机碳转化的主要驱动力，因此作为土壤肥力核心的土壤微生物对于维持农业生产力与环境的可持续发展有着重要的意义。然而由于微生物自身的特点，对外界环境条件极为敏感。本章针对我国主要农田土壤类型（黑土、潮土、红壤），利用不同气候带上（中温带、暖温带和中亚热带）设置的长期土壤移置试验，结合 Illumina 高通量测序技术、GeoChip 高通量基因芯片及 CoNet 网络构建方法，研究了气候、土壤、种植等条件对农田土壤微生物群落的影响，揭示了农田土壤微生物群落及其功能多样性对不同气候条件的响应机制，分析了种植作物与功能微生物群落的关系。

土壤移置到不同气候带 6 年后，土壤微生物群落结构发生显著变化，温度、降雨和有机质是微生物群落演变的主要影响因子。南移显著降低了土壤微生物群落的多样性，气候变化导致的土壤微生物多样性的损失在 6 年的时间尺度上似乎是不可逆转的。此外，北移和南移的时间更替速率都比较快，而南移暖化对微生物演替的影响更为显著，从原位（时间周转率 $w=0.046$，$P<0.001$）向南增加（$w=0.094$，$P<0.001$）。随着时间的推移，气候变化可以导致稀有和丰富群落的连续演替，但稀有类群在微生物多样性和群落组成方面通常更加稳定。

土壤移置 6 年后，南移导致微生物总生物量由 42.3nmol/g 降至 18.8nmol/g。编码碳分解酶的真菌基因比来自细菌的基因显著增加。真菌的分布主要由年气候变化决定（平均气温和降水量），细菌的分布则更多地与土壤条件有关（土壤 pH、SOM、TN、TP、TK 等）。此外，土壤硝化作用增加了 3 ～ 8 倍，微生物氮的功能转化基因丰度有所增加，具体表现为参与硝化作用的 amoA 基因在 NS 位点的总丰度是原来的 2.7 倍，而参与反硝化作用的 narG、nirS、nirK、norB 和 nosZ 基因，以及参与厌氧氨氧化（anammox）的 hzo 和 napA、nasA 基因的总丰度增加了 2.7 倍。

中温带黑土、暖温带潮土和中亚热带红壤的原位试验表明，与不种植作物处理相比，种植玉米处理显著改变了土壤微生物群落功能结构和网络相互作用。种植玉米增加了土壤功能基因多样性与功能分子生态网络复杂性。潮土向南北移置 6 年后，北移气候变冷条件下微生物群落对作物产量的影响可能比南移增温条件下更大，分别占 45.71% 和 12.34%（$P=0.01$）。进一步研究表明，北移气候变冷下稀有类群对作物产量的影响可能更大，去除稀有类群后，MSE 在预测作物产量方面提高了 30.5%。

土壤移置试验为在不同气候条件下研究土壤生态过程对温度、降水等因素变化的响应提供了一个平台，通过研究土壤微生物群落演替过程的特征对移置后气候条件变化的响应，发现土壤微生物功能多样性的演变显著影响了土壤碳氮循环过程和作物产量。利用土壤移置试验，可以在长期时间尺度上，确定土壤微生物关键功能类群及其活性与农田土壤养分转化功能之间的定量关系，建立土壤微生物群落多样性响应气候变化的预测模型，为调控农田土壤微生物群落的生态功能提供理论依据。

　　未来基于土壤移置试验，需要结合宏基因组学和单细胞分析技术的发展，深入研究野外原位条件下土壤生物网络结构和功能协同变化机制与调控技术。在微生物单细胞尺度上，联合应用纳米二次离子质谱技术（NanoSIMS）与同位素示踪技术、荧光原位杂交（FISH）、扫描电子显微镜（SEM）、流式细胞仪（FCM）、拉曼单细胞精准分选技术等方法，高分辨率识别土壤微生物物种组成及测定单细胞生理代谢活性。在微生物群落尺度上，不断发展微生物系统发育/功能分子生态网络分析方法，深入研究土壤微生物网络结构对气候和环境条件变化的响应机制，阐明土壤微生物组装对养分转化功能的影响。针对我国不同区域耕作管理和耕地质量建设措施，加强植物根系–土壤–微生物互作对养分转化过程的影响机制研究，建立不同区域农田土壤根际微生物组装和功能调控技术。

第9章　中东部集约化农田养分高效利用的沃土培育原理与途径

我国是一个人口大国，保障粮食生产是维护国家战略安全的重要基础。集约化耕作和化学肥料的高投入已广泛应用于我国农业生产，以满足日益增长的粮食需求。然而，近几十年来，集约化农业生态系统中有限的有机物料输入导致土壤有机质含量下降（Lal et al.，2019）。全球粮食安全在很大程度上取决于土壤质量，而土壤有机质对土壤肥力和土壤功能具有重要影响，对粮食生产至关重要。土壤有机质有助于维持土壤的长期健康与结构稳定，可以为作物提供养分，调节土壤通气状况、土壤持水量，从而提高养分利用效率及养分保持能力等（Srivastava et al.，2017）。因此，调控土壤有机质的转化过程，提升有机质的积累是沃土培肥的关键环节。

土壤有机质被认为是土壤团聚体形成的重要黏合剂（Six et al.，2002），其数量和质量是土壤结构形成和稳定的重要基础。土壤有机质含量与土壤团聚体稳定性呈正相关，有机质含量的降低会导致土壤中大团聚体的水稳定性下降。传统的土壤有机质收支失衡的农田管理方式会破坏土壤团聚体的结构，削弱对土壤有机碳的物理保护，从而加速土壤有机质的分解和有机碳的矿化，降低土壤养分固持能力。而外源有机物料和有机肥的输入有利于土壤团聚体的形成及增强对土壤中有机碳的保护功能，因此，农田沃土培肥必须结合作物残体管理及有机肥的施用。有机物料输入可以改善土壤环境，促进大团聚体的形成，有助于维持和提高土壤养分积累，维持土壤生产力（Six et al.，2004）。然而，有机物料输入虽然能够改善土壤结构、提高养分的保持能力和稳定性及增加养分库容，但其调控过程仍受气候、土壤和农田管理等因素的影响。此外，土壤微生物在土壤有机碳和养分循环中起着至关重要的作用，它们既为作物的生长提供养分来源，又是植物源养分的归宿，其活性影响土壤有机质的短期动态和长期稳定（Doran，1987）。在农田生态系统中，微生物通常受到有机碳的限制，土壤微生物对农田管理方式和其他干扰引起的有机碳数量和质量的变化较为敏感，微生物组成和结构的改变会影响土壤微生物酶分泌、呼吸代谢等功能，进而影响与土壤有机碳和养分循环密切相关的生态循环过程（Schimel and Schaeffer，2012）。有机物料的输入在改善土壤环境的同时，还可以为微生物提供可利用的碳源、能源和养分，影响微生物的多样性和组成（Zhang et al.，2018；Li et al.，2019），改善养分的生物转化过程，促进微生物对土壤碳氮积累的贡献（Wang et al.，2017），增强微生物对土壤养分的截获和高效利用。因此，一个健康良好的微生物群落结构和代谢功能是维持土壤养分周转的关键和前提。总之，我国集约化农田土壤生态系统具有物质循环高通量的特点，在高强度农田利用、高化肥投入下，农田土壤功能高度依赖于有机物料的持续输入，否则农田土壤生态系统物质循环难以维持平衡，土壤退化将成为必然。

9.1　中东部集约化农田土壤肥力培育原理与调控

中东部种植区是我国粮食主产区，农田利用强度高。由于多年传统耕作下的掠夺式经营，农田管理只重视化学肥料的投入，有机肥料投入严重不足，导致土壤生产力显著下降。为了维持高产，肥水资源投入不断加大导致投入和产出处于严重失调的恶性循环中，其后果不仅是资源利用率低、生产成本加大、环境问题加剧，更严重的是降低了土壤可持续生产的能力，严重威胁我国长期的粮食安全。因此，解决中东部农田可持续利用的根本是土壤肥力的培育。中东部种植区范围广、气候差异大、土壤状况迥异，加之作物系统及管理的不同，在区域类型及农田利用方面（东北旱作、华北旱作和南方双季稻），土壤肥力的培育原理及土壤功能的调控手段既有区域特性，也有跨区域的共性。因此，系统研究和总结中东部地区农田土壤肥力培育原理及高效管理措施，是实现中东部农田高强度集约利用下投入和产出良性循环、促进区域农业可持续发展的重要理论和实践基础。

9.1.1　东北集约化农田土壤肥力培育原理与调控

9.1.1.1　东北旱地土壤退化原因

东北粮食主产区耕地面积 4.5 亿亩，占全国耕地总面积的 22.2%，是我国最大的商品粮基地，东北粮仓是保障我国粮食安全的"稳压器"。东北集约化农业发达、土壤肥沃、有机质含量高，是我国粮食生产的核心产区。东北旱作农田以玉米种植为主，其玉米的种植面积和产量在我国占有很大比重（约 1/3）。但集约经营制度下长期的高强度利用和翻耕，大量化学肥料的施用及地上部生物量的去除，造成有机物料投入十分有限，土壤有机质矿化量大于积累量，原本肥沃的黑土有机质含量持续下降（Zhang et al.，2018）。研究发现，集约经营下连续耕作 40 年的黑土有机质含量下降约 50%，中国科学院战略性先导专项"应对气候变化的碳收支认证及相关问题"的研究结果表明，东北农田土壤有机质仍在以年均 5‰ 的速率下降，黑土退化问题十分严峻。黑土区开垦的历史仅有 100 多年，但是土壤退化的严重程度远远超过了具有 3000 多年开垦历史的中原地区。中低产黑土面积不断加大，土壤潜在生产力和生态功能下降，"捏把黑土冒油花"的高肥力耕地比例锐减，部分黑土区已经丧失了农业生产能力。

东北黑土退化最为严重的是旱作农业区，尤其是玉米种植带，传统耕作制度下的玉米连作是土壤退化的根本原因。由于经营者只注重短期利益，缺乏土地保护意识，几十年来玉米生产一直采取掠夺式种植方式，土地处于"超负荷"利用状态。土地重用轻养，有机物料（秸秆）和有机肥料投入严重缺乏，导致土壤有机质消耗；地表裸露无覆盖造成严重的土壤侵蚀和养分流失；频繁耕作导致土壤对降雨的截获能力及保水能力严重下降，干旱加剧；秸秆焚烧不仅浪费了大量养分资源，由此产生的环境约束造成土壤的养分调控能力下降，肥料利用率大幅度降低，养分大量损失。土壤综合功能下降导致的一系列生产和生态环境问题，已成为制约东北农业可持续发展及"藏粮于地"战略实施的主要因素。

高强度和掠夺式的传统耕作是土壤退化的根本原因，革新耕作制度是遏制东北黑土退化、恢复和重建黑土高产高效功能的根本途径。在实践上，减少田间耕作、增加作物（玉米）秸秆还田是农业可持续的重要发展方向。在模式上，建立以免耕秸秆覆盖还田为核心的耕作制度是提升黑土生产力、发展东北地区绿色农业的有效手段。恢复土壤高产功能，重点是解决土壤退化导致的土壤对养分和水分的调控能力下降、土壤养分和水分循环过程受阻的问题，提高土壤肥力，提升土壤生产力及环境功能。

9.1.1.2　秸秆覆盖还田（免耕）对土壤有机质积累的促进作用

自 2007 年起在东北黑土区建立了不同数量玉米秸秆覆盖还田长期定位试验，以免耕为基础，研究秸秆覆盖还田对土壤有机质积累的作用。在每年玉米收获后采集土壤样品，通过分析不同数量有机碳输入条件下有机质总量、微生物的响应、植物残留组分（木质素酚）和微生物残留组分（氨基糖）的变化、团聚体组成及碳分配的变化，阐明有机物料管理对东北地区农田土壤有机碳截获途径和稳定过程的影响及控制因素，揭示土壤有机质提升和保持的多元控制机制。

　　长期定位研究结果表明，免耕无秸秆还田处理下土壤有机质无显著变化，而玉米秸秆还田则促进了耕层（0～20cm）土壤有机质的积累，表明秸秆覆盖还田是促进黑土有机质提升的关键因素。土壤有机质积累的效果随着秸秆还田量增大而增大，秸秆全量覆盖还田在短时间

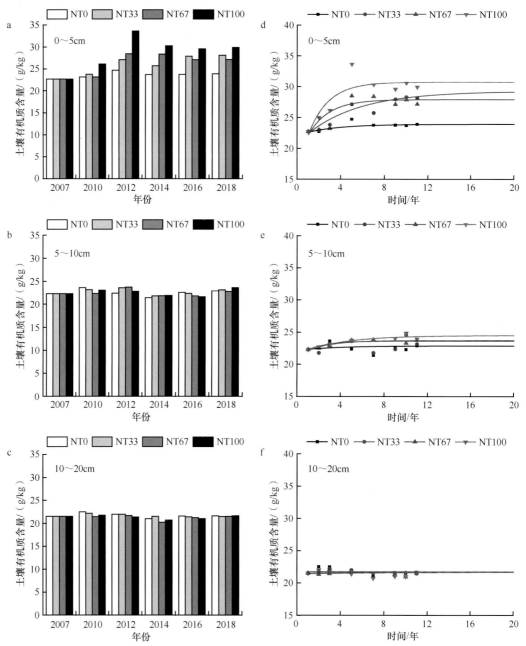

图 9-1　玉米秸秆覆盖还田免耕处理下土壤有机质积累动态

NT0 表示无秸秆还田；NT33 和 NT67 分别表示平均秸秆年产量的 1/3 和 2/3 覆盖还田；

NT100 表示当季秸秆全量还田（约 7500kg/hm²）。下同

显现出促进有机质积累的效果，1/3 秸秆产量还田处理 4 年后也具有明显的促进作用（图 9-1）。由于秸秆在地表覆盖，对土壤有机质积累的影响是自上而下的，土壤表层（0～5cm）的有机质积累最为明显，土壤有机质含量从 2007 年的 22.7g/kg 增加到 2018 年的 29.9g/kg，增加比例达 32%。相比之下，秸秆覆盖对深层土壤有机质积累无显著影响。通过对土壤有机质积累的动态模拟发现，秸秆全量覆盖还田后，表层土壤有机质经 8～12 年即接近平衡点阈值，减量秸秆覆盖处理会推迟平衡点阈值的出现时间。因而，在秸秆覆盖还田免耕技术的实践中，适时进行深翻可将表层培肥后的土壤深埋，进而提高有机质在土体中的固存容量。因此，减少土壤扰动并为土壤提供外源植物残体的保护性耕作是提升农田土壤碳储量、改善土壤退化的有效方法。从黑土有机质积累和肥力提升的角度推荐秸秆全量覆盖还田，但如果在秸秆资源受限的条件下，至少应归还秸秆产量的 1/3，以维持有机质的平衡，提升土壤综合功能。

9.1.1.3　土壤有机碳积累的微生物机制

土壤微生物群落的动态与土壤有机碳的周转过程密切相关。一方面，土壤微生物作为分解者可以转化外源植物残体进入土壤并影响土壤有机质的矿化过程；另一方面，土壤微生物源碳的形成和积累在很大程度上有利于土壤有机碳的形成和稳定（Schmidt et al.，2011；Cotrufo et al.，2013；Lehmann and Kleber，2015；Kallenbach et al.，2016）。通过对比不同还田模式发现，与无秸秆还田（NT0）相比，全量秸秆还田（NT100）显著提高了表层原核微生物和真菌群落的丰富度（Chao1），而部分还田（NT33 和 NT67）对土壤微生物群落丰富度没有显著影响（图 9-2）。事实上，群落多样性的提高有利于增强微生物对秸秆的分解能力（Baumann et al.，2013），因此，全量覆盖还田处理下的微生物群落可能是通过多样性的提高来增强对外源玉米秸秆的分解利用。

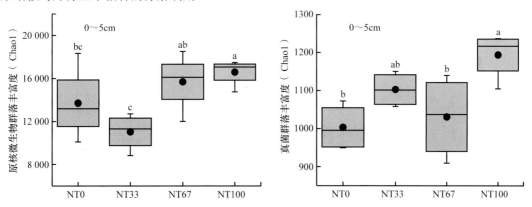

图 9-2　玉米秸秆还田量对免耕土壤表层原核微生物（a）和真菌（b）群落丰富度（Chao1）的影响

不同小写字母表示差异显著（$P < 0.05$）

细菌门水平的差异分析进一步显示，在高频率秸秆还田处理下富营养菌的相对丰度更高，如 α- 变形菌纲（Alphaproteobacteria）、拟杆菌门（Bacteroidetes）；而低频率秸秆还田处理下寡营养菌的相对丰度更高，如酸杆菌门（Acidobacteria）、芽单胞菌门（Gemmatimonadetes）（图 9-3）。该研究结果表明高频率的秸秆还田更有利于可利用性碳源的增加，进而更有利于富营养菌的生长，而低频率的秸秆还田更有利于能够利用难分解有机物的寡营养菌的生长。

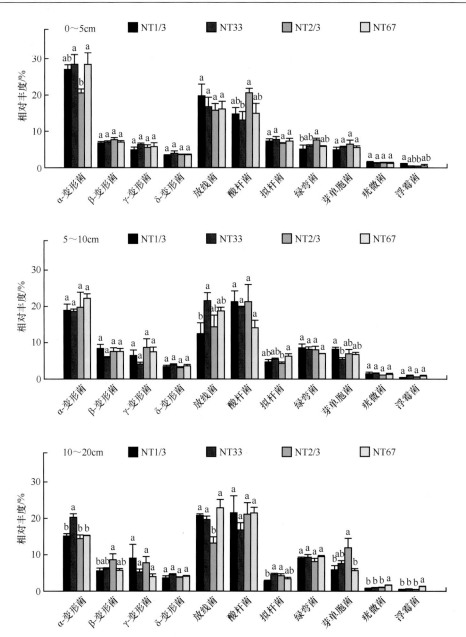

图 9-3　玉米秸秆还田量及频率对土壤细菌主要门类的影响

NT1/3 和 NT2/3 分别表示收获的秸秆每 3 年归还一次或每 3 年归还两次，其他时间秸秆移出地表。

不同小写字母表示差异显著（$P<0.05$）

9.1.1.4　物理保护作用对土壤有机碳稳定化过程的影响

土壤团聚体的物理保护对土壤有机质的固持与稳定具有重要意义。秸秆还田有助于土壤有机质含量的提升，但是这种提升在不同粒径土壤团聚体中具有不同特征。通过对秸秆覆盖还田长期定位试验中第 1 年、第 5 年、第 9 年和第 13 年的土样进行团聚体分级和土壤有机碳分析发现，未进行团聚体分组的全土中的有机碳含量在单施氮肥处理（CK）中基本保持稳定，而在秸秆还田处理中稳步升高，但是两处理之间并没有显著的统计学差异（图 9-4）。在团聚体之间，大团聚体中有机碳含量最高，且有机碳含量随着团聚体粒径的减小而降低。秸秆还田对有机碳含量的提升主要源自大团聚体和微团聚体，对粉黏粒组分的影响较小。

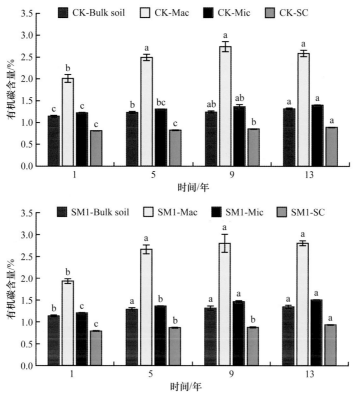

图 9-4　土壤团聚体中有机碳含量动态

CK 和 SM1 分别代表单施氮肥处理和氮肥配施秸秆还田处理。Bulk soil 表示未进行团聚体分组的全土；Mac 表示大团聚体（250～2000μm）；Mic 表示微团聚体（53～250μm）；SC 表示粉黏粒组分（<53μm）。不同小写字母代表相同粒径团聚体在不同时间阶段的有机碳含量差异显著（$P<0.05$）

从有机碳储量的角度看（图 9-5），微团聚体的有机碳储量最高，其次是粉黏粒组分，储量最低的是大团聚体。随着试验进行，大团聚体中有机碳储量的提升高于其他组分。秸秆还田在一定程度上降低粉黏粒组分中有机碳储量的同时，提升了大团聚体和微团聚体中的有机碳储量，并且这种提升随着秸秆归还年限增加效果更为显著。

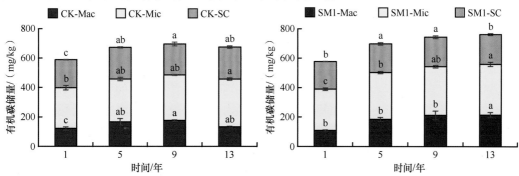

图 9-5　土壤团聚体中有机碳储量分布

不同小写字母代表相同粒径团聚体在不同时间阶段的有机碳储量差异显著（$P<0.05$）

综上所述，大团聚体含有最高水平的有机碳含量，但受制于相对较低的质量比例，其有机碳储量在 3 个粒组中最低。微团聚体的有机碳储量明显高于其他粒组，这对于有机碳的固持与稳定至关重要。长期秸秆还田显著提高了大团聚体和微团聚体组分中有机碳含量，同时也提高了组分内有机碳的储量。

9.1.1.5　土壤有机碳积累过程中微生物和植物残体的贡献

1. 秸秆覆盖还田条件下微生物和植物残体对土壤有机碳积累的贡献

有机肥料（粪肥等）施入和有机物料（秸秆等）还田是集约化农田土壤有机碳高效管理的关键措施（Liu et al.，2019）。外源有机物料的输入作为土壤碳循环的控制泵，经过底物–微生物的相互作用形成土壤有机质。因此，有机碳是微生物和植物来源聚合物及其降解产物的复杂混合物。秸秆还田促进土壤有机质积累是由微生物和植物组分共同贡献的，但不同来源的组分具有不同的周转特征和功能。木质素酚和氨基糖含量之间的消长关系决定了植物残体的分解和腐殖化程度（刘宁等，2011），因而可用作评价植物和微生物残留组分对有机碳积累贡献的动态指标。

如图 9-6 所示，长期不同秸秆还田处理下，氨基糖和木质素酚均随还田年限的延长呈非线性增长趋势。在秸秆还田前 6 年（2013 年前）氨基糖快速积累，增长率较高；6 年后氨基糖增长率降低，积累曲线逐渐趋于平缓。木质素酚同样在前 6 年增长率较高，但 6 年后其增长率仍无放缓趋势。土壤中氨基糖含量和木质素酚含量始终表现为 SM2＞SM1＞CK，秸秆还田12 年，CK 处理土壤中氨基糖和木质素酚含量分别增加 20.9% 和 90.2%；SM1 处理分别增加39.6% 和 354.0%；SM2 处理分别增加 45.0% 和 472.1%。

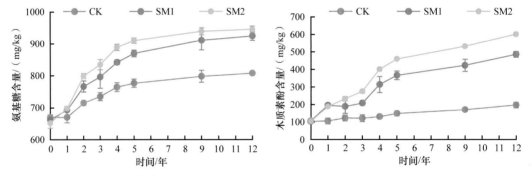

图 9-6　氨基糖含量和木质素酚含量的动态变化（2007 ～ 2019 年）
CK：单施氮肥处理；SM1、SM2 分别表示氮肥配施 1/2、全量秸秆还田处理

由图 9-7 可以看出，随着秸秆还田年限的增加，3 个处理的氨基糖与木质素酚含量的比值均呈下降趋势，秸秆还田 SM1 和 SM2 处理分别由 6.2 下降至 1.9 和 1.6，下降幅度显著大于无秸秆归还（CK）处理（$P＜0.05$）。进一步说明随着秸秆还田年限的增加，木质素酚含量的增加幅度大于氨基糖，并随着秸秆还田量的增加，两者含量相差幅度增大。秸秆作为外源有机碳输入土壤后，可显著促进土壤微生物的周转，加速增殖和死亡，增加微生物死亡残体（氨基糖）含量（Liu et al.，2019），并作为微生物源组分贡献土壤有机碳库。连年的秸秆还田不仅带入大量易分解物质，也带入大量抗分解物质，如木质素酚等，在土壤碳源充足的条件下，微生物不易利用此类物质，从而导致木质素酚以物理迁移等方式直接进入土壤中（Cotrufo et al.，2015），作为植物源组分贡献土壤有机碳库。

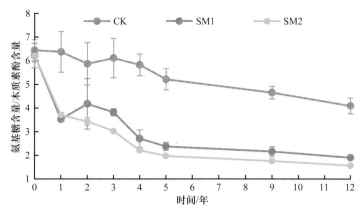

图 9-7　氨基糖含量与木质素酚含量比值的动态变化（2007～2019 年）

利用一级动力方程拟合秸秆还田年限与氨基糖来源碳（C_{AS}）在土壤有机碳中相对积累、木质素酚来源碳（C_{VSC}）在土壤有机碳中相对积累的关系。如图 9-8 所示，12 年秸秆还田后，氨基糖来源碳和木质素酚来源碳在土壤有机碳中的相对积累均呈指数型增长。C_{AS} 的相对增长率为 8.7%～12.2%，C_{VSC} 的相对增长率为 72.8%～328.8%。通过方程拟合得出，C_{AS} 在还田 8～14 年达到稳态，而 C_{VSC} 为 20～34 年。由此可以得出，在秸秆还田前期，微生物源组分和植物源组分共同贡献土壤有机碳库。随着还田年限的增加，土壤生态系统具有的有限的微生物承载容量（Liang et al.，2011），使微生物源组分积累对土壤有机碳的贡献趋于饱和；当微生物源组分对土壤有机碳的贡献受限时，植物源组分仍可继续贡献土壤有机碳。表 9-1 显示，氨基糖和木质素酚含量受到秸秆还田量和秸秆还田年限的交互影响，进一步说明土壤有机碳的积累途径和稳定状态主要受外界环境条件的影响。综上所述，长期免耕秸秆还田可显著提升土壤有机碳的固存和保持，不同秸秆还田量可影响微生物和植物组分的残留，进而调控土壤有机碳的截获过程。长期秸秆还田条件下微生物组分贡献土壤有机碳库具有饱和效应（阈值），而植物组分可延长对土壤有机碳库的贡献，可起到接续作用。

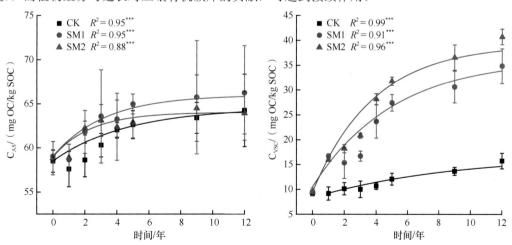

图 9-8　2007～2019 年氨基糖来源碳和木质素酚来源碳在土壤有机碳中相对积累的动态变化

表 9-1　氨基糖和木质素酚的变异分析

因子	DF	P 值	
		氨基糖	木质素酚
处理（T）	2	＜0.01	＜0.01
还田时间（S）	6	＜0.01	＜0.01
T×S	12	＜0.01	＜0.01

注：处理（T）分别为 CK、SM1 和 SM2；还田时间（S）为 2007～2019 年；T×S 表示 3 个处理与还田时间的交互作用。*P*＜0.01 代表主效应显著或存在交互作用

2. 有机肥（厩肥）施用条件下微生物和植物残体对土壤有机碳积累的贡献

不同的施肥管理控制土壤微生物群落结构和代谢过程，从而影响微生物组分和植物组分保留与周转的分异过程。不同施肥处理下土壤氨基糖和木质素酚含量有所不同（图 9-9）。土壤中氨基糖含量表现为有机无机肥配施＞单施有机肥＞单施无机肥＞对照处理。与对照相比，单施无机肥对土壤中木质素酚含量无显著影响，有机肥施入可显著增加木质素酚含量；与单施有机肥处理相比，有机无机肥配施处理对木质素酚含量无显著影响。总体来说，施肥后土壤氨基糖含量的增长率低于木质素酚含量的增长率。与对照相比，无机肥的施用显著提高氨基糖含量与木质素酚含量的比值，而各有机肥处理均显著降低了两者的比值。

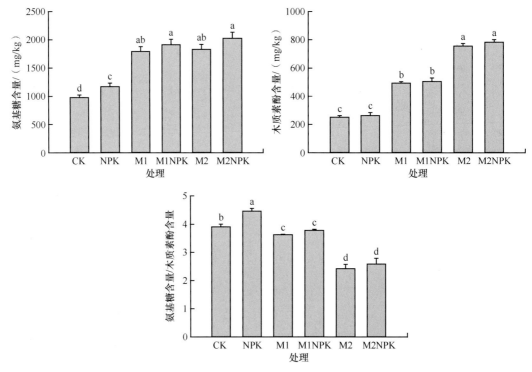

图 9-9　长期施肥对黑土中氨基糖和木质素酚含量的影响

CK：无氮肥施用；NPK：无机肥施用；M1 和 M2：30t 和 60t 有机肥施用；M1NPK 和 M2NPK：有机肥和无机肥配施

由于每年秋季收获后玉米地上部分全部移走，因此作物根茬和有机肥料的输入是土壤中木质素酚的主要来源。作物根茬每年输入耕层土壤的木质素酚为 23.6～65.2mg/kg。施用有机肥每年可输入的木质素酚为 388.7mg/kg。与对照相比，增加根系输入后，木质素酚在土壤中

的净积累比例为 0.13% ～ 0.93%；有机肥投入后，土壤木质素酚净积累比例为 3.43% ～ 4.04%。

在不同施肥处理下，氨基糖来源碳（C_{AS}）占有机碳的比例变化范围为 52.8 ～ 73.9mg OC/kg SOC（图 9-10），与对照相比，各施肥处理均增加了 C_{AS}（增幅 2% ～ 14%）。木质素酚来源碳（C_{VSC}）占土壤有机碳的比例变化范围为 13.8 ～ 25.5mg OC/kg SOC，与对照相比，无机肥处理对 C_{VSC} 无显著影响，但各有机肥处理（无论是否与无机肥配施），均能显著增加 C_{VSC}（增幅 33.4% ～ 46.3%）。

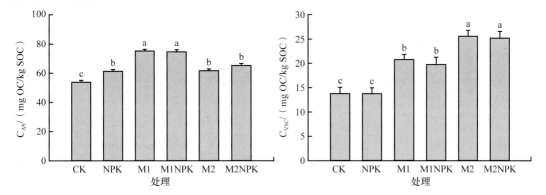

图 9-10　长期施肥下黑土中氨基糖来源碳（C_{AS}）和木质素酚来源碳（C_{VSC}）占土壤有机碳的比例

CK：无氮肥施用；NPK：无机肥施用；M1 和 M2：30t 和 60t 有机肥施用；M1NPK 和 M2NPK：有机肥和无机肥配施

作为重要的农业管理措施之一，施肥对土壤有机碳的动态具有显著影响。长期施肥不仅影响土壤有机碳含量，也会不同程度地影响土壤有机碳各组分的积累。微生物活性因土壤养分条件而异，因而氨基糖等微生物残体组分也受到土壤养分状况的影响。与对照处理相比，无机肥施用提高了土壤微生物生物量碳和氨基糖的积累，主要是由于 NPK 平衡施肥能够提高作物产量，增加作物根系归还土壤的比例，从而促进微生物的生长及微生物残体的积累（Ding et al.，2015）。然而，与不施肥处理相比，无机肥施用并未对土壤中木质素酚含量产生显著影响，主要是由于无机肥施用后增加了土壤中木质素酚的含量（作物根茬带入），同时也提升了微生物生物量，加快了木质素酚在耕层的周转及分解，形成新的输入-输出平衡，从而导致木质素酚含量基本稳定。对于有机无机肥配施处理，木质素酚输入量不同，但木质素酚在土壤中均未积累，说明木质素酚输入得越多，周转速度越快。尽管木质素酚一般被认为是抗分解组分难以被微生物利用，但在复杂底物（如根系）分解过程中，具有一定稳定性的木质素酚可通过共代谢作用加速其分解（Heim and Schmidt，2007）。

与无机肥处理相比，有机肥施入并未影响作物生长和根系碳输入量，但显著提高了土壤微生物量（自身作为碳源和其他有效养分），促进微生物残留物在土壤中的积累。长期施用有机肥也带入了大量木质素酚，使木质素酚在土壤中的积累显著高于无机肥处理。通过比较木质素酚总输入量与土壤中木质素酚积累量可知，有机肥处理中增加的木质素酚含量仅占近 30 年玉米作物根茬和有机肥输入的总木质素酚含量的 3.9%，尽管比例较低，但仍显著高于无机肥处理。证明有机肥施用后大量木质素酚被微生物分解代谢，但微生物优先利用活性底物供自身生长需要，使相对稳定的木质素酚共代谢程度较低，导致木质素酚在土壤中的选择性积累。

与单施有机肥处理相比，有机无机肥配施进一步提高了土壤中氨基糖的积累，增幅达 28% ～ 39%。氨基糖是含氮化合物，可在土壤氮素缺乏时发生分解以部分满足微生物的氮素需求。有机无机肥配施后，对土壤微生物量无显著影响，可能未影响氨基糖的形成过程；但土壤中氮素可利用性的提高可降低氨基糖的分解，从而利于氨基糖的积累。与单施有机肥处理相比，有机无机肥配施并未显著改变土壤微生物量及木质素酚的分解，说明无机肥的加入并未影响木质素酚含量，而有机肥的施用是影响黑土中木质素酚含量的主要因素。

通过对微生物残留物和植物残体积累特征的研究发现，微生物代谢周转和植物组分存留两个途径共同控制着有机碳的截获过程。与对照相比，长期施用无机肥并不能促进土壤有机碳的积累，但可提升氨基糖在有机碳中的比例，对木质素酚在有机碳中的比例没有显著影响。这一结果说明化肥施用增加了微生物残体对土壤有机碳积累的贡献，但木质素酚的转化速率与土壤有机碳的转化速率基本相同。说明木质素酚也能够被微生物同化和代谢，并以微生物残留物的形式参与土壤腐殖化过程（Kiem and Kögel-Knabner, 2003）。相比之下，有机肥施用显著提高了土壤有机碳的积累，这与微生物残留物积累和植物残体的保留有关（Liang et al., 2011）。有机肥施用后显著增加土壤有机碳中木质素酚的比例及木质素酚与氨基糖的比例，提升木质素酚对土壤有机碳积累的贡献程度。说明外源碳输入虽然促进了微生物同化代谢，但是微生物残留物对有机碳积累的相对贡献可能具有饱和性（Liu et al., 2019）。虽然微生物是有机碳形成的驱动者，但是土壤生态系统微生物承载容量是有限的，在土壤有机碳周转过程中，土壤微生物更倾向于优先利用较易分解的底物（有机肥带入的）供自身生长和代谢的需求（He et al., 2011）。因此，有机肥施用有利于木质素酚在土壤中的选择性积累和稳定存在，植物残留组分的保留有利于有机碳的长期积累。

在长期不同施肥管理条件下，植物源和微生物源残留组分积累程度的差异体现了不同来源组分在有机碳周转中的不同作用与功能。在有机质腐殖化过程中，微生物和木质素酚均不同程度地参与土壤碳循环。当土壤处于"碳饥饿"状态时，单施无机肥对土壤有机碳的积累无显著影响，但可通过微生物转化和木质素酚共代谢提高植物源残留组分的分解和腐殖化程度。当有新鲜易分解碳源供给时，如有机肥施用，有利于土壤有机碳的截获和稳定。增加易分解碳源的输入可促进相对稳定的木质素酚选择性积累，从而增加了稳定性植物源组分对土壤有机碳积累的贡献。

9.1.2　华北集约化农田土壤肥力培育原理与调控

9.1.2.1　华北土壤肥力特征及影响因素

华北平原由黄河、淮河、海河冲积而成，是我国东部大平原的重要组成部分，热量资源较丰富，可种植作物多为一年两熟作物，主要粮食种植体系为冬小麦（*Triticum aestivum*）-夏玉米（*Zea mays*）轮作。华北平原主要耕作土壤为潮土和褐土，耕性良好，矿物养分丰富，利用改良潜力很大。华北平原作为我国粮食主产区之一，耕地面积占全国耕地总面积的25%（吴泽新，2007），生产了全国76%的小麦和29%的玉米（国家统计局，2016），依靠大量水（＞667mm/年）和肥料（年均500 ~ 600kg N/hm²）投入来保障粮食产量是该地区农业的生产特点，由此造成了水肥资源利用率低下、肥料损失严重、环境负担加重等问题。因此，如何通过培肥地力提升肥料利用效率来实现高产高效、环境友好是该区域农业可持续发展所面临的挑战。

华北集约化旱作农田培肥地力的关键是提升土壤有机质含量，而土壤有机碳的含量和质量反映了土壤有机质的含量水平及其稳定性，也常被认为是评价农田土壤质量的重要指标。

影响土壤有机碳库的因素众多，除土壤属性和气候等自然因素外，人类活动特别是农业管理措施对土壤有机碳变化有显著影响，可以通过改善农业管理措施来调控农田生态系统碳循环过程，从而加剧、减缓或补偿自然因素对土壤有机碳的影响。

气候条件和土壤自然属性是影响土壤碳贮存能力和土壤有机质含量水平的重要因素。据调查，华北地区土壤有机质含量为 7.0 ~ 21.9g/kg，平均值为 14.0g/kg，明显低于同纬度黄土高原区土壤有机质平均含量（18.9g/kg），与国内其他区域相比，华北地区土壤有机质平均含量基本处于最低水平（郑昊楠等，2019）。究其原因，主要是该区域气候干燥，土壤含水量低、透气性好，有机质的分解速率相对较高，土壤储碳能力弱。此外，华北平原土壤有机质含量贫乏、质地较粗，属于碱性富钙的石灰性土壤，表层土壤 pH 中值高达 8.18，碱性富钙土壤环境有利于次生碳酸盐的形成，加快了土壤有机质分解，不利于有机质积累（沈善敏，1998）。这也是尽管多年实施秸秆还田措施，本区域土壤有机质含量还持续维持在较低水平的主要原因。

土壤碳氮比（C/N）在有机质的分解中具有重要作用，研究表明，微生物对有机质正常分解的 C/N 为 25：1，C/N 大的有机物分解矿化比较困难或速度缓慢，土壤 C/N 增加有助于有机碳存储。资料表明，华北平原土壤有机碳与氮比值为 4.2 ~ 14.3，均值为 8.6（郑昊楠等，2019），低于全国均值 10.21（全国土壤普查办公室，1998）。一般，土壤 C/N 低会促进土壤微生物活性，使得有机质分解速度提高，华北平原有机质含量偏低可能与 C/N 低有一定关系。另外，较低的土壤 C/N 也可能反映了这一地区施用无机氮肥较多。因此，减少氮素化肥投入、增施有机肥、推行秸秆还田是提高土壤 C/N、促进碳循环过程向累积方向发展的有效途径。

9.1.2.2　秸秆还田对土壤有机碳积累的影响

由于肥料施用量的不断增加，秸秆还田措施的实施增加了农田有机质循环，改善了土壤养分循环过程，促进了土壤有机质增加，增强了农田土壤作为碳汇的功能。栾文楼等（2011）分时段分析了 20 世纪 80 年代全国第二次土壤普查以来，华北地区典型集约化管理农田土壤有机质含量变化趋势及其与化肥投入和秸秆还田间的关系，结果表明，土壤有机碳含量呈升高趋势，且增速在加大。1979 ~ 1993 年表层土壤有机碳含量增加了 0.09%，1993 ~ 2004 年增加了 0.1%。第一时段土壤有机质含量的增加主要归因于化肥投入量的持续增加；第二时段土壤有机质含量的增加既有化肥投入量增加的贡献，更主要的是秸秆还田的贡献。Wang 等（2015）分析了华北平原冬小麦–夏玉米轮作农田 1978 ~ 2008 年 0 ~ 20cm 土层有机碳储量，结果表明，1978 ~ 2002 年土壤有机碳从 2.5kg C/m^2 迅速增加到 4.0kg C/m^2，但 2003 ~ 2008 年，土壤有机碳储量略有下降且最终稳定在 3.7kg C/m^2。这表明，虽然华北冬小麦–夏玉米轮作农田生态系统中实施秸秆全量还田使土壤有机碳含量增加，但在土壤有机碳储量达到临界值后，长期的集约化高水肥管理模式可能会造成温室气体排放增加，进而导致整个生态系统处于碳损失状态。鉴于此，Wang 等（2015）进一步评估了华北平原冬小麦–夏玉米轮作农田生态系统的碳平衡，结果表明该系统的碳正以 77g C/(m^2·a) 的速度丢失。

改进秸秆还田方式是遏制农田生态系统碳丢失、促进土壤有机碳提升的重要举措。秸秆还田情况下实施免耕和少耕等保护性耕作措施减少了对土壤的扰动，降低了土壤微生物对有机碳的分解，可有效控制土壤有机碳的损失，从而显著提高表层土壤有机碳含量。但是，华北地区冬小麦–夏玉米轮作农田长期实施秸秆还田少免耕技术已造成土壤养分过度表聚、犁底层上移加厚、耕层土壤结构变差等一系列问题，如何在秸秆还田条件下通过改进耕作制度，有效促进外源性秸秆碳在土壤中的积累并在全耕层均匀分布、提高有机碳在土壤中的稳定性是华北地区冬小麦–夏玉米轮作农田培肥地力需要解决的关键问题。为探明秸秆还田情况下耕作措施对有机碳在耕层土壤中垂向分布的影响，中国科学院栾城农业生态系统试验站自 2002 年起开展了耕作制度定位试验，主要处理包括秸秆深翻耕还田（F）、秸秆少免耕还田（M）、秸秆旋耕还田（X）和无秸秆还田深翻耕（CK），15 年的监测结果表明，与秸秆深翻耕还田（F）相比，秸秆少免耕还田（M）和秸秆旋耕还田（X）显著增加了 0～5cm 表层土壤中有机碳含量，而 5～10cm 土层中不同耕作方式间土壤有机碳含量差异不显著，随着耕层深度向下延伸，深翻耕耦合秸秆还田措施显著促进了有机碳在 10～30cm 土层的积累（图 9-11）。这表明耕作方式影响了秸秆还田的深度，致使外源性秸秆腐解以后形成的新有机碳在耕层土壤中的积累与分布存在差异。

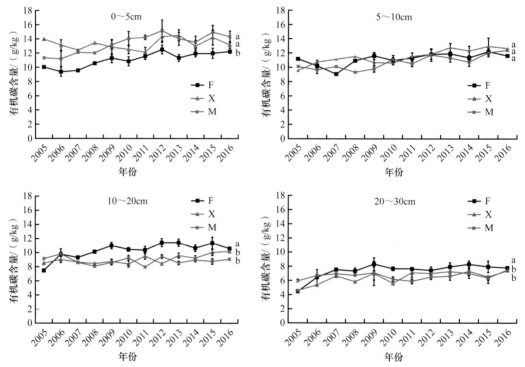

图 9-11　秸秆还田耦合不同耕作方式对不同耕层土壤有机碳含量的影响

F：秸秆深翻耕还田；X：秸秆旋耕还田；M：秸秆少免耕还田。不同小写字母表示不同处理间差异显著（$P < 0.05$）

9.1.2.3　团聚体对土壤有机碳的保护作用

土壤有机碳在土壤中的固定与积累很大程度上取决于团聚体的物理保护作用，土壤有机碳存在的位置决定其自身的稳定性（Jastrow，1996）。不同粒径团聚体相比，大团聚体中的有机碳更容易受到耕作制度、秸秆还田、施肥等农业管理措施的影响；包裹在大团聚体内部的微团聚体结合的有机碳因与微生物相对比较隔绝并受到微团聚体较强的表面吸附作用而比较稳定，成为土壤固碳的重要组成部分。冬小麦–夏玉米轮作农田由于实施了两季秸秆全量还田，增加了土壤中外源有机物的含量，使得各团聚体中有机碳含量均有所提高，2017 年各粒级团聚体有机碳含量均表现为 F＞X＞CK（图 9-12）。2009～2017 年，大于 2000μm 的大团聚体中有机碳含量增量明显低于其他粒级团聚体，随着团聚体粒径的减小，有机碳含量增量逐渐增大,这表明,因秸秆还田输入而增加的土壤有机碳会逐渐从大团聚体向小团聚体迁移,存在于微团聚体中的碳不易被微生物利用,这样使得保存在土壤中的碳更为稳定,提高了土壤对碳的封存能力(赵力莹,2018)。有机碳的这一流转过程与团聚体等级学说的观点相吻合,即秸秆还田提供的外源性有机物质一般作为团聚体聚合成较大粒级团聚体的暂时性胶结物质,从而更多地积累在这些粒级的团聚体中,但由于土壤生物对有机碳的利用及有机质腐殖化过程,这些较大粒级团聚体会破碎成小团聚体及微团聚体,随着这些过程的进行,有机碳也会向小粒级团聚体中流转,而秸秆在土壤中分解后的产物在不同粒级土粒单元中的累积与流转在一定程度上对土壤中有机碳储量的增加做出贡献。

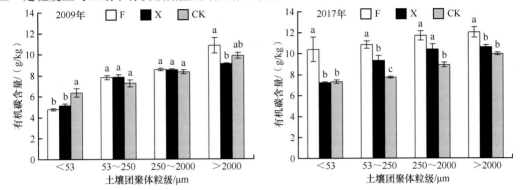

图 9-12　不同耕作方式下各粒级土壤团聚体中的有机碳含量(赵力莹,2018)

F:秸秆深翻耕还田;X:秸秆旋耕还田;CK:无秸秆还田,深翻耕。

不同小写字母表示同一粒级团聚体中不同处理间差异显著($P<0.05$)

各粒级团聚体对土壤有机碳积累的相对贡献大小取决于团聚体的质量及其有机碳含量。由于受到土壤团聚体组成和不同粒级团聚体有机碳含量的共同影响,无论是何种耕作方式,土壤有机碳大多分布在粒径>250μm的大团聚体中,大团聚体中有机碳含量占总团聚体有机碳含量的比例达75.78%～83.83%,且250～2000μm团聚体所占比例最大(图9-13)。随着试验年限的延长,秸秆还田情况下进行深翻耕(F)和旋耕(X)均显著提升了>2000μm团聚体对土壤有机碳积累的贡献,与2009年相比,2017年F和X处理的>2000μm团聚体有机碳含量在总团聚体有机碳含量中所占比例分别增加了8.17%和4.35%,而250～2000μm粒级团聚体有机碳含量所占比例均有所降低,X处理<250μm团聚体中和F处理<53μm团聚

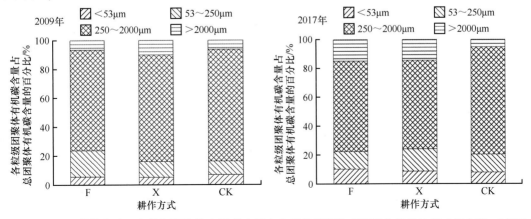

图 9-13　不同耕作方式下各粒级团聚体有机碳含量占土壤总团聚体有机碳含量的比例(赵力莹,2018)

体中有机碳含量在土壤总有机碳含量中所占份额有所增加。这一变化趋势除了受到不同团聚体中有机碳含量变化的影响外,更主要的是受团聚体构成改变的影响,还田秸秆降解过程中为不同粒级团聚体提供了胶结物质,提高了土壤的团聚化程度,促进了大团聚体的形成,从而提高了大团聚体胶结的有机碳对土壤有机碳累积的贡献。而对于无秸秆还田深翻耕对照处理(CK),由于受到土壤频繁扰动且无外源秸秆有机物质输入的双重影响,结合在超大团聚体(>2000μm)中的有机碳一方面不断随着大团聚体的破碎而迁移流转到粒径较小的团聚体中,另一方面不断进行降解矿化而损失掉,致使该粒级团聚体中有机碳含量在总团聚体有机碳含量中所占比例显著降低(图9-13),相对而言,增加了<2000μm粒级团聚体中有机碳含量在总有机碳含量中的所占份额,表明该耕作模式下土壤有机碳的损失主要源自超大团聚体中有机碳的降解矿化。

综上所述,保护性耕作技术和传统的深翻耕技术在土壤培肥固碳与环境效应方面各自存在优劣势。基于秸秆还田与少免耕的保护性耕作技术在土壤保肥和固碳方面具有积极的作用,且具有田间作业能耗低、对土壤扰动小进而减少温室气体排放等优势,但是,经过长期的浅旋耕已造成土壤养分过度表聚、耕层变浅、犁底层加厚、耕层结构变差等一系列问题。而对于传统的深翻耕而言,尽管能更为有效地将外源性秸秆有机碳固持在亚耕层土壤中,促进亚耕层土壤团聚化,改善耕层土壤结构,但是,其田间作业耗能多,频繁的扰动土壤,使表层土壤中易氧化有机碳因不断矿化而损失,与保护性耕作措施相比,其温室效应潜势显著增加(闫翠萍等,2016)。因此,优化耕作制度、平衡地力培育效应和温室气体减排效应是促进农业绿色可持续发展的必然需求,建议华北平原冬小麦–夏玉米轮作农田在耕作制度上采用秸秆还田配套土壤深耕–少免耕轮耕技术,打破犁底层、扩增耕层深度、提高亚耕层土壤有机质含量、实现全耕层培肥、提升地力,促进土壤养分供应与作物养分需求相耦合,达到作物高产稳产和减施减排增效的目的。

9.1.3 长江中下游集约化农田土壤肥力培育原理与调控

9.1.3.1 长江中下游集约化红壤双季稻田土壤肥力培育原理

我国红壤双季稻区地处热带亚热带区域,属典型的大陆性季风气候,具有高温、高湿和频繁降雨的气候特征。在这种气候条件下,红壤双季稻田土壤中的有机碳长期处于淹水还原状态,加之土壤黏闭和大量施用化肥、有机肥及秸秆还田等人为管理措施的影响,红壤双季稻田土壤有机碳积累较快,其含量大多在12.6～20.0g/kg,明显高于同母质的旱地土壤(5.0～15.0g/kg)(Wu,2011)。在过去的30年,红壤双季稻田土壤有机碳含量总体呈持续增加趋势,增幅达60%左右,年均固碳速率约为0.28t/hm^2,具有较强的固碳效应与潜力(Wu,2011)。红壤双季稻田土壤微生物生物量碳的周转速率相对较高,为旱地土壤的1.5～3.0倍,但其有机碳矿化速率明显低于旱地土壤,对新鲜有机物料的矿化无明显"激发效应"(Wu et al.,2012)。此外,水稻光合同化碳的输入可抑制稻田土壤原有有机碳的矿化,表现出明显的负"激发效应"(Ge et al.,2012)。红壤双季稻田土壤还具有可观的微生物碳同化能力,据估算,稻田土壤微生物的年碳同化量为100～450kg/hm^2,其对碳循环的年贡献率为0.9%～4.1%(Yuan et al.,2012)。红壤双季稻田土壤的这些特性均有利于有机碳的有效积累。红壤双季稻田特有的长期淹水环境,为CH_4产生提供了适宜的还原条件。同时,稻田土壤较高的有机碳含量可降低土壤氧化还原电位,为产甲烷菌的生长活动创造了适宜条件,为CH_4生成提供直接碳源,进一步促进了CH_4排放,使其成为重要的CH_4排放源。

与单施化肥相比，长期秸秆还田和秸秆替代均明显促进了红壤双季稻田土壤全氮的积累，且随着秸秆还田量的提高，全氮含量也呈现快速上升趋势，并与土壤有机质含量呈显著正相关关系。红壤双季稻田长期施用化肥没有恶化土壤物理性质，秸秆有机物料的投入能显著改善土壤物理性质。1990～2014 年稻田土壤容重一直处于下降趋势，年平均降低幅度为 24.9%，其中秸秆还田处理年降低幅度最大（平均为 27.1%），且在开始试验的 5 年后明显降低（降低幅度平均为 11.8%），而单施化肥处理土壤容重在 9 年后显著降低。容重变化主要受有机碳含量的影响，两者呈极显著的负相关关系（$R^2=0.889$，$n=28$，$P<0.01$）（张佳宝，2019）。以稻田土壤有机质为主要因子，结合其他土壤肥力指标，计算出土壤综合肥力指数（IFI），结果显示，长期秸秆还田和秸秆替代均显著提高了红壤双季稻田土壤综合肥力，达到了高肥力水平。较高的土壤肥力预示着高水平的土壤生产力，早稻和晚稻产量均随着 IFI 的增加呈线性增加趋势，秸秆还田和秸秆替代处理间水稻产量差异不显著，说明通过长期秸秆投入，可以使红壤双季稻田土壤肥力和水稻产量协同达到较高水平。综合考虑稻田土壤肥力、水稻产量和化学肥料的投入，在秸秆还田条件下，减少 30% 氮肥和磷肥，可以作为一种提升红壤双季稻田土壤肥力与生产力的措施。

近年来水稻机收在双季稻生产中得到推广，伴随机收稻田秸秆高留茬还田也得到推进，红壤双季稻田土壤有机碳有较大提升。但秸秆直接还田也存在分解速度慢、与作物竞争肥料养分、导致植物病害等不足，进而降低养分利用效率，导致水稻减产。将秸秆开发成秸秆生物炭在一定程度上可以改善秸秆直接还田产生的不足。生物炭具有碳含量高（一般可达 40% 以上）、热稳定性强和生物化学的抗分解性（Lehmann et al.，2003；潘根兴等，2010；陈温福等，2011），施入土壤中后可将植物同化的大气二氧化碳中的那部分碳长久保存在土壤中，实现土壤增碳。此外，生物炭比表面积大、含大量有机官能团（如—COO—、—OH）、吸附能力较强，能够减少土壤中养分流失，其多孔、质轻的特性使其能增强土壤通透性、降低土壤容重，从而使生物炭施入土壤后可提高养分效率、增加作物产量。

9.1.3.2　长江中下游集约化红壤双季稻田土壤有机培肥过程

针对我国长江中下游集约化双季稻区长期施用化肥、较少施用有机肥造成的土壤有机质含量低、养分利用率不高等现象，本研究团队于 2012 年在湖南省长沙县金井镇结合深耕（20cm 深）开展了秸秆还田、施用秸秆生物炭、猪粪化肥配施等稻田肥力培育试验，具体处理设置见表 9-2。通过近 6 年（2012～2017 年）的定位研究，分析了水稻秸秆和生物炭改善与提高稻田地力的效果。

表 9-2　稻田地力提升定位试验处理设置

处理	处理内容
CK	对照（NPK），无稻草还田
LS	NPK+每季稻草还田 3t/hm²
HS	NPK+每季稻草还田 6t/hm²
LB	NPK+一次性施用麦秸生物炭 24t/hm²
HB	NPK+一次性施用麦秸生物炭 48t/hm²

注：双季稻系统，早稻施氮量 120kg N/hm²，晚稻施氮量 150kg N/hm²；磷肥施用量在 2016 年早稻季及之前均为 40kg P_2O_5/hm²，之后增加至 75kg P_2O_5/hm²；钾肥每季施用量为 100kg K_2O/hm²

研究结果表明，秸秆还田和生物炭施用均显著提高了土壤有机碳含量。生物炭施用后较对照处理显著提高土壤有机碳含量，生物炭处理在施用当年提升幅度分别达 5.72g C/kg（LB）、9.42g C/kg（HB）（图 9-14）。秸秆还田后土壤有机碳含量处于缓慢上升趋势，且在施用后第 3 年显著高于对照处理。2017 年 LB 和 HS 处理土壤有机碳分别较对照提高 1.95g C/kg 和 3.32g C/kg。虽然 2012～2017 年 HS 和 LB 处理的秸秆投入量相同，但 LB 处理有机碳含量仍显著高于 HS 处理，表明秸秆生物炭施用较秸秆还田显著提升土壤有机碳含量。从 2012～2017 年土壤有机碳含量的变化趋势来看，各处理土壤有机碳含量均缓慢上升，土壤有机碳含量年提升量在 0.23～0.71g C/kg，表明红壤双季稻田具有固碳功能，是重要的碳汇区域。

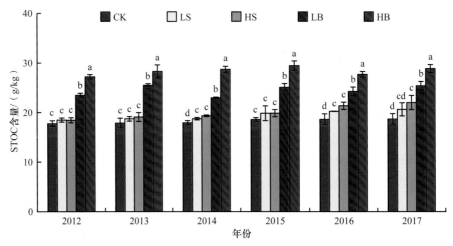

图 9-14　2012～2017 年各处理有机碳（STOC）含量变化

土壤 pH 是土壤肥力的重要表征参数。在长期偏施氮肥条件下，南方双季稻田已经出现较严重的酸化状况，部分稻田土壤 pH 已经在 5.0 以下。土壤 pH 是土壤养分有效性的重要调节因子，对土壤氮磷的转化过程有重要影响。秸秆还田条件下，土壤 pH 均有较大提升，6 年间秸秆还田处理 pH 较对照平均提高 0.13～0.16 个单位（图 9-15）。而生物炭在施用的当年显著提高了土壤 pH，LB 和 HB 处理分别较对照提高 0.52 和 1.03 个单位。随着生物炭的老化，生

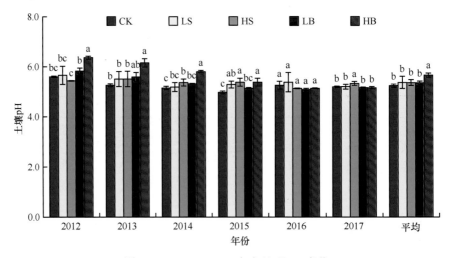

图 9-15　2012～2017 年各处理 pH 变化

物炭提升土壤 pH 的效果下降，施用后第 5 年，生物炭处理的土壤 pH 与对照已经没有显著差别。这可能是因为生物炭施用带入了丰富的 Ca^{2+}、K^+、Mg^{2+} 等阳离子，有利于调节土壤酸度，提高 pH。作物收获导致阳离子损失，以及径流流失和淋洗等作用，生物炭处理的第 5 年土壤阳离子量较对照已经无显著差别，从而使得 pH 与对照无显著差别。

在 2012～2017 年试验期间，稻田土壤微生物生物量碳含量的年均变化为 721～858mg/kg。与对照处理相比，低量秸秆还田处理（LS）和高量秸秆还田处理（HS）有提高土壤微生物生物量碳含量的效果，但仅在部分年份较对照有显著差异；添加低量秸秆生物炭处理（LB）和高量秸秆生物炭处理（HB）仅在施用当年（2012 年）显著提高了土壤微生物生物量碳含量，HB 处理在 2017 年降低了土壤微生物生物量碳含量（图 9-16），这说明添加高量秸秆生物炭抑制了微生物对土壤碳的固持作用。

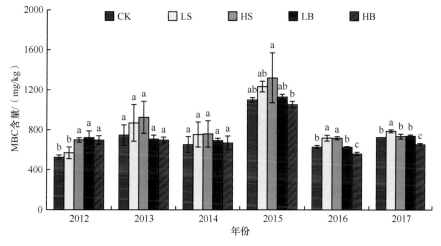

图 9-16　2012～2017 年各处理土壤微生物生物量碳（MBC）含量变化

稻田土壤微生物生物量氮含量的年均变化范围为 32.2～105mg/kg。与对照相比，LB 处理和 HB 处理仅在 2012 年显著提高了土壤微生物生物量氮含量，而 HS 处理、LS 处理（除 2016 年外）没有显著增加各年土壤微生物生物量氮含量（图 9-17）。2015 年各处理稻田土壤微生物生物量氮含量显著高于其他年份，2017 年各处理稻田土壤微生物生物量氮含量最低。

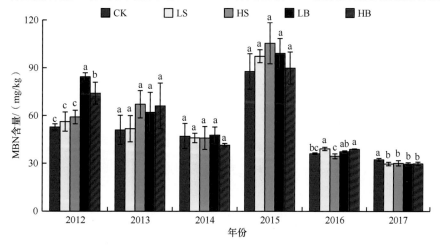

图 9-17　2012～2017 年各处理土壤微生物生物量氮（MBN）含量变化

　　长期秸秆投入提高稻田土壤有机质含量的同时，也为土壤微生物生长和繁衍提供了丰富的碳源和能源，并为微生物活动提供了更多的生态位。通过对土壤微生物群落结构的分析发现，长期秸秆还田显著提高了土壤微生物种群多样性和数量，改变了微生物群落结构。生物炭对稻田微生物活性也产生了显著影响。在生物炭施用后第 3 年（2014 年）和第 4 年（2015年），稻田细菌和古菌 16S rRNA 基因拷贝数和真菌 18S rRNA 基因拷贝数结果表明，生物炭施用提高了细菌拷贝数，LB 和 HB 处理分别较对照提高 11.6%～101.8% 和 4.2%～53.9%（休闲期 HB 处理除外），但仅在早稻季、晚稻季的部分水稻生育期有显著差异（图 9-18）。除晚稻季水稻扬花期外，生物炭施用对古菌基因拷贝数的影响较对照没有显著差异。生物炭施用对真菌基因拷贝数的影响受水稻生育期影响，与对照相比，LB 和 HB 处理均显著提高灌浆期真菌基因拷贝数。

　　秸秆和秸秆生物炭对不同处理土壤团聚体分布比例具有显著影响（表 9-3）。与对照相比，添加低量秸秆生物炭处理（LB）>2mm 粒级团聚体含量无显著差异，而低量秸秆还田和高量秸秆还田处理（LS 和 HS）、添加高量秸秆生物炭处理（HB）显著增加该粒级团聚体比例，分别增加 24.8%、57.1% 和 37.6%。与对照相比，秸秆还田处理（LS 和 HS）和添加秸秆生物炭处理（LB 和 HB）显著降低了 1～2mm 粒级团聚体的分布比例，且秸秆还田处理显著降低了 0.053～0.25mm 和 <0.053mm 粒级团聚体的分布比例。与对照相比，高量秸秆还田处理（HS）

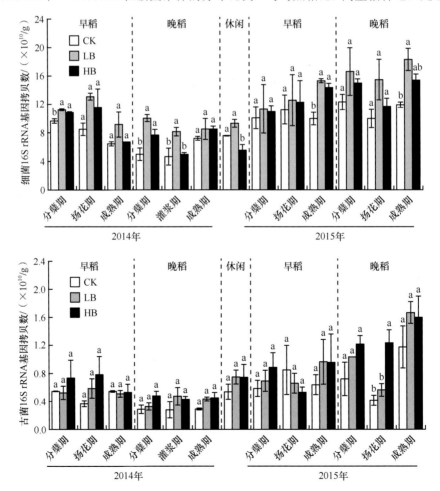

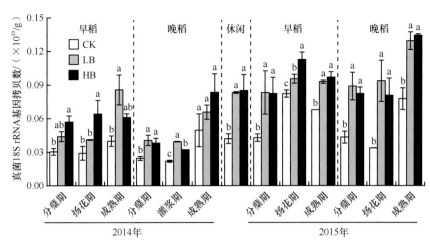

图 9-18　生物炭施用对稻田细菌、古菌和真菌基因拷贝数的影响

和添加高量秸秆生物炭处理（HB）并未显著增加 0.25～1mm 粒级团聚体的分布比例，而低量秸秆还田处理（LS）和添加低量秸秆生物炭处理（LB）显著增加了该粒级团聚体的分布比例，分别增加 26.5% 和 26.1%。

表 9-3　不同处理的土壤水稳性团聚体分布

处理	各粒级团聚体的分布比例/%				
	＞2mm	1～2mm	0.25～1mm	0.053～0.25mm	＜0.053mm
CK	22.6±1.0d	24.1±0.3a	29.1±0.9b	14.0±0.9a	10.2±1.6a
LS	28.2±0.7bc	20.8±1.0b	36.8±0.9a	8.9±1.8b	5.3±0.4bc
HS	35.5±3.5a	18.6±0.8bc	32.9±2.1ab	9.0±1.1b	4.1±1.5c
LB	25.6±1.4cd	17.4±2.3c	36.7±3.2a	11.7±4.2ab	8.6±2.1ab
HB	31.1±2.9b	16.3±1.2c	33.5±4.0ab	12.1±1.9ab	7.0±2.3abc

注：同列不同小写字母表示处理间在 0.05 水平差异显著，下同

$R_{0.25}$ 表示＞0.25mm 团聚体质量百分比，其值越高，表明团聚体越稳定。秸秆和秸秆生物炭对不同处理土壤团聚体稳定性指标 $R_{0.25}$ 具有显著影响（表 9-4）。与对照相比，添加低量秸秆生物炭处理（LB）并未影响 $R_{0.25}$，而秸秆还田处理（LS 和 HS）和添加高量秸秆生物炭处理（HB）的 $R_{0.25}$ 显著增加，表明秸秆还田和高量秸秆生物炭添加能够增强土壤团聚体的稳定性。相比较而言，低量和高量秸秆还田处理（LS 和 HS）$R_{0.25}$ 无显著差异，且添加低量和高量秸秆生物炭处理（LB 和 HB）$R_{0.25}$ 也无显著差异，表明在秸秆还田背景下，高量施入并不能改变土壤团聚体的稳定性。

表 9-4　不同处理土壤团聚体稳定性

处理	$R_{0.25}$/mm	MWD/mm	GMD/mm	D
CK	75.77±1.3c	1.02±0.0c	0.64±0.0d	2.40±0.0a
LS	85.79±2.1a	1.12±0.0b	0.81±0.0ab	2.38±0.0a
HS	86.89±0.6a	1.21±0.0a	0.88±0.1a	2.24±0.1b
LB	79.74±2.3bc	1.03±0.0c	0.67±0.0cd	2.37±0.1a
HB	80.90±4.0b	1.10±.01b	0.74±0.1c	2.27±0.0b

平均质量直径（MWD）和平均几何直径（GMD）可以反映土壤团聚体的大小分布状况。大团聚体的百分含量越高，MWD 值越大，说明团聚体的平均粒径团聚程度越高，团聚体越稳定；GMD 值越大，稳定性和抗侵蚀能力越强。秸秆和秸秆生物炭对不同处理土壤团聚体稳定性指标 MWD 和 GMD 具有显著影响（表 9-4）。与对照相比，除添加低量秸秆生物炭处理（LB）外，其余处理 MWD 和 GMD 显著增加，表明秸秆还田和添加高量秸秆生物炭可显著增加土壤团聚体稳定性。

分形维数（D）能较好地描述土壤团聚体数量组成，D 值越小说明土壤结构稳定性越好。由表 9-4 可知，与对照相比，低量秸秆还田处理（LS）和添加低量秸秆生物炭处理（LB）分形维数（D）无显著差异，高量秸秆还田处理（HS）和添加高量秸秆生物炭处理（HB）分形维数（D）显著降低，表明高量秸秆还田和添加高量秸秆生物炭可显著提高土壤团聚体稳定性。

9.2　中东部集约化农田土壤养分循环过程与调控

生态系统的养分循环过程主要包括作物从土壤中吸收养分、作物残体归还土壤、微生物分解生物残体释放养分、养分再次被作物吸收等过程。在多年频繁的耕作、施肥、灌溉、种植与收获农作物等人为措施的影响下，集约化农田生态系统形成了不同于原有自然生态系统的养分循环特点。集约化农田生态系统养分循环有较高的养分输出率和输入率，有效态养分投入量多，通过无机养分输入和有机养分库的分解与消耗，形成了较大的有效养分库，整个土壤养分库周转较快，但是养分供求同步机制尚需深入研究。由于植被及地面有机物覆盖不充分，有机养分输入较低，农田生态系统有机养分库容小，对养分保持能力较弱，大量有效养分不能在系统内被及时吸收利用，流失率较高。因此，如何提高养分利用效率，实现肥料高效管理是集约化农田可持续发展的核心问题。

9.2.1　东北集约化农田土壤养分循环过程及调控

9.2.1.1　秸秆覆盖免耕对土壤养分积累和供应能力的影响

作为重要的养分资源，秸秆全量还田每年向土壤输入氮、磷、钾的量分别为 60kg/hm²、40kg/hm²、150kg/hm²，分别相当于当地化肥施用量的 25%、30% 和 200%。秸秆中的养分具有较高的稳定性、不易损失，因此，秸秆还田显著提高了氮、磷、钾养分在耕层的积累。在全量秸秆覆盖还田条件下，耕层土壤全氮含量由 2007 年的 1.21g/kg 增加到 2018 年的 1.37g/kg，年平均增幅为 1.2%（图 9-19a）。土壤全磷含量从试验前的 0.38g/kg 增加到 0.46g/kg，年平均增幅为 1.9%（图 9-19b）。土壤全钾含量由 20.9g/kg 增加到 23.8g/kg，年平均增幅为 1.3%

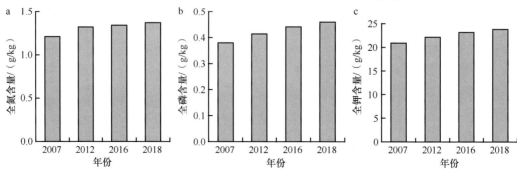

图 9-19　全量秸秆覆盖还田处理下土壤氮、磷、钾含量变化

（图9-19c）。氮、磷、钾养分在耕层的显著积累表明全量秸秆覆盖还田可增加土壤各养分库容量和养分供应潜力，为实现化肥减施的目标提供了重要的保障。

　　土壤碱解氮、有效磷和速效钾含量能够反映氮、磷、钾养分的活性和当季有效性。研究结果表明，2007～2018年，全量秸秆覆盖还田显著提高了土壤碱解氮含量，耕层土壤碱解氮含量由104mg/kg增至112mg/kg（图9-20a），表明秸秆还田能够增加氮的有效性。但是，土壤碱解氮并非呈现持续积累趋势，说明秸秆输入对土壤氮素的积累和供应具有调控作用，既可以满足作物对氮素的需求，又可以避免无机氮过度积累增加损失风险。耕层土壤有效磷含量从8.5mg/kg增加到20.9mg/kg（图9-20b），说明秸秆输入能够活化土壤磷素，可显著增加土壤磷的有效性，从而消除了土壤磷素活性低对作物生长的抑制作用。土壤耕层速效钾含量从2007年的149mg/kg增加到2018年的191mg/kg（图9-20c），表明秸秆输入可以提高土壤钾素活性，增强土壤钾的供给能力。由此可见，秸秆覆盖归还不仅增加了各养分库的容量，同时也提高了养分的活性，增强了土壤养分供应的能力。秸秆还田对养分的有效调控是提高化肥利用率、实现化肥减量施用的基础。

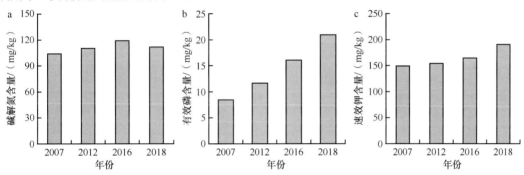

图9-20　全量秸秆覆盖还田处理下耕层土壤碱解氮、有效磷及速效钾含量的动态变化

9.2.1.2　秸秆覆盖还田对肥料氮素循环过程的影响

1. 肥料氮素在土壤–植物系统中的去向、分布及损失

依托于辽宁沈阳农田生态系统国家野外科学观测研究站的长期^{15}N同位素示踪试验样地（始于2008年），本研究团队设置单施氮肥和氮肥+50%秸秆还田两个处理（标记氮肥均只在第一年施用），共采集了10个生长季（2008～2017年）收获期的植物和土壤样品，以此分析肥料氮素在土壤–植物系统中的分布及损失情况。经过一个生长季后，单施氮肥处理中约有39.8%、34.5%和25.7%的肥料氮素分别被植物吸收利用、残留到土壤及发生损失进入环境中（图9-21）。土壤中残留肥料氮素在后续生长季中整体上呈指数下降趋势，其在第二和第三个生长季中的释放速率快于后续的7个生长季。在整个观测期间，地上植物对残留肥料氮素的利用率仅为53.3%～71.8%（表9-5），表明有相当部分的残留肥料氮素在周转供肥过程中发生了损失。这可能是由于残留肥料氮素在矿化释放过程中所形成的NH_4^+会被硝化为NO_3^-发生淋溶损失，或者转化为气体损失（Sebilo et al.，2013；Yan et al.，2014）。实际上土壤氮素循环本身是一个充满着各种漏洞的系统，会存在一部分的肥料氮素为了维持土壤氮素循环系统的正常运行而发生损失，因此采取合理措施削弱系统氮素损失过程是优化农田土壤氮素管理的重要内容。在本研究中，秸秆覆盖还田虽未显著影响地上植物对肥料氮素的吸收，但却在一定程度上降低了残留肥料氮素的释放过程，特别是在后期慢速释放阶段（表9-5）。这可能是

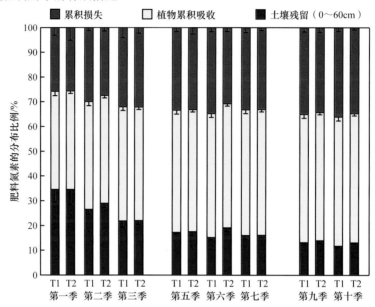

因为连续还田的秸秆能够提供大量的碳源和能源，增强微生物在作物不需肥时期对土壤环境中肥料来源 NH_4^+ 和 NO_3^- 的竞争固持，即提高土壤供氮与植物需氮之间的同步性，进而提高植物对氮素的利用效率。这一结果表明在长期农田氮肥管理过程中，有机秸秆还田是减少氮素损失、提高氮肥利用率的有效措施。

图 9-21　肥料氮素在土壤–植物系统中的年际分布及损失情况

未在第四季和第八季进行土壤样品采集和测定，故无相关数据。T1：单施氮肥；T2：氮肥+50% 秸秆覆盖还田。下同

表 9-5　残留肥料氮素在土壤中的释放及其被植物吸收的情况

观测期	处理	残留肥料氮素释放量/（kg/hm²）	作物吸收量/（kg/hm²）	作物利用率/%
快速释放期	T1	24.4±8.2a	12.8±0.7a	53.3±11.4a
	T2	25.1±11.1a	12.0±0.4a	53.5±16.0a
慢速释放期	T1	21.3±2.1a	12.5±0.1a	57.6±4.9b
	T2	17.9±1.0b	12.7±0.3a	71.8±5.6a

注：快速释放期包含第二和第三生长季；慢速释放期包含后续的 7 个生长季

2. 肥料氮素在土壤中周转稳定的生物和非生物调控机制

依托于辽宁沈阳农田生态系统国家野外科学观测研究站的长期 ^{15}N 同位素示踪试验样地，通过分析不同秸秆添加条件下肥料氮素在土壤微生物残留氮（microbial residue N，MRN）和固定态铵（fixed ammonium，FA）中的年际动态变化，探讨肥料氮素周转稳定的生物和非生物机制及其对秸秆添加的响应机制。结果表明，施用的矿质氮肥会通过微生物的固持作用及黏土矿物的固定作用而保留到土壤中（Lu et al.，2010；Said-Pullicino et al.，2014；Yu et al.，2016），但两者对肥料氮素保留的贡献截然不同（图 9-22）。在施肥区域（0 ~ 10cm 土层），固定态铵对残留肥料氮素的固定贡献逐渐降低，而微生物对肥料氮素的固持贡献则是逐渐增强。这可能是因为相比于稳定的微生物残体氮（Liang et al.，2017），固定态铵具有更快的周转速率（Nieder et al.，2011）。而在下层土壤中，微生物残留氮对肥料氮素的固持贡献达到88% ~ 106%，远高于固定态铵，说明下层土壤对肥料氮素的固持截获过程主要是受微

生物控制的。这可能是因为微生物通过硝化作用将 NH_4^+ 转化为 NO_3^-（Sebilo et al.，2013；Ju，2014），减弱了下层土壤黏土矿物对肥料氮素的固定作用。因此，微生物将肥料氮素转化为微生物残留氮的过程是肥料氮素在土壤中长期稳定的重要机制。此外，通过对比两个处理可以看出，秸秆覆盖还田能够显著降低表层土壤中肥料氮素在固定态铵中的分布比例，但却能提高其在微生物残体中的分布比例（图 9-23）。这主要是由于作为微生物的碳源和能源，秸秆的添加能够提高微生物的活性，增强微生物对无机肥料氮素的竞争固持作用（Said-Pullicino et al.，2014；Liu et al.，2016；Hu et al.，2020），降低黏土矿物对肥料氮素的固定（Ma et al.，2016；Yu et al.，2016），促进更多的肥料氮素向微生物残体氮库的转化。因此，秸秆覆盖还田

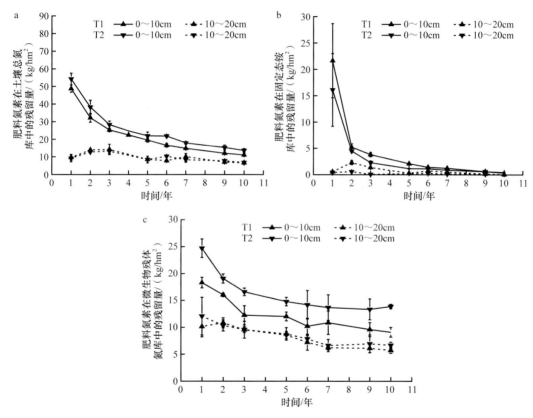

图 9-22　肥料氮素在土壤总氮库（a）、固定态铵库（b）和微生物残体氮库（c）中的残留量变化

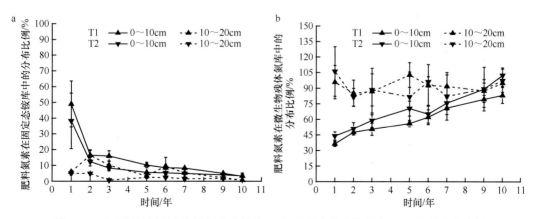

图 9-23　残留肥料氮素在土壤固定态铵库（a）及微生物残体氮库（b）中的分布比例

能够调控更多的肥料氮素向微生物残体氮转化，增强肥料氮素的稳定性，进而提高土壤对肥料氮素的固持能力，减少氮素损失，提高土壤肥力。

　　土壤中固定态铵的释放过程及微生物残体氮的矿化过程是肥料氮素在土壤中供肥的主要体现。残留肥料氮素在土壤中的释放分为两个阶段，在快速阶段（第二和第三生长季），肥料氮素的释放主要表现在 0～10cm 表层土壤，且其在固定态铵中的释放量大于微生物残体氮的矿化量（表 9-6）。说明在此期间，固定态铵对土壤供肥的贡献强于微生物残体氮（表 9-7）。这主要是因为固定态铵的有效性高于微生物残体氮（Nieder et al., 2011），其能够迅速被植物或微生物吸收利用进而提高释放速率。但是在慢速阶段（后续 7 个生长季），肥料氮素在微生物残体氮中的矿化量显著高于固定态铵的释放。这可能是肥料来源的固定态铵在前期的大量释放导致后期残留肥料氮素主要是以微生物残体氮的形态存在（图 9-22）。另外微生物残体氮可能会成为固定态铵的氮源，前者的矿化会补充后者，因此肥料来源固定态铵在后期的周转变化可能更多取决于微生物残体氮的矿化。这说明在长期耕作管理中，肥料氮素的供肥能力会从固定态铵为主导向微生物残体氮为主导演变。另外与单施氮肥相比，秸秆覆盖添加虽未显著影响土壤中残留肥料氮素的释放量，但却能够在一定程度上增加肥料氮素在微生物残体氮库中的矿化量，减少其在固定态铵库中的释放量（表 9-6）。说明秸秆覆盖添加能够调控土壤内在的供肥机制，即提高微生物在供肥过程中的作用，降低固定态铵的供肥能力。

表 9-6　肥料氮素在土壤不同氮库中的损失量

观测期	土层/cm	总氮（TN，kg/hm^2）		微生物残体氮（MRN，kg/hm^2）		固定态铵（FA，kg/hm^2）	
		T1	T2	T1	T2	T1	T2
快速释放期	0～10	20.2±10.3a	15.0±11.1a	3.0±0.8b	8.9±4.0a	16.4±6.8a	11.6±7.1a
	10～20	−4.2±2.2b	−2.5±0.9a	−0.4±2.7a	1.3±3.4a	−1.7±0.4b	−0.1±0.1a
慢速释放期	0～10	21.1±2.1a	22.6±7.3a	6.0±1.3a	6.9±2.2a	4.9±0.6a	3.5±0.3b
	10～20	8.3±0.2a	4.6±1.3b	5.3±1.6a	3.6±0.3b	2.3±0.4a	0.5±0.1b

表 9-7　肥料来源微生物残体氮的矿化量和固定态铵释放量占总残留肥料氮素损失的比例

观测期	土层/cm	微生物残体氮矿化量占总残留肥料氮素损失的比例（MRN/TN，%）		固定态铵释放量占总残留肥料氮素损失的比例（FA/TN，%）	
		T1	T2	T1	T2
快速释放期	0～10	16.8±4.3b	40.6±10.5a	89.4±39.7a	73.8±16.0a
	10～20	\	\	\	\
慢速释放期	0～10	30.7±7.5ab	36.7±4.6a	24.6±3.2a	20.7±5.1a
	10～20	65.1±21.1a	75.3±17.3a	27.2±4.4a	11.9±1.2b

　　注：快速释放期包含第二和第三生长季；慢速释放期包含后续的 7 个生长季；"\"表示在这个阶段肥料氮素主要以净固持为主，不存在净矿化和释放

3. 微生物在肥料氮素稳定过程中的作用

　　考虑到不同微生物在土壤中的生存策略及其相应残体的周转变化情况不同，土壤真菌和细菌在肥料氮素周转稳定过程中的作用可能会存在差异。经过一个生长季后，肥料氮素在表层土壤真菌残体中的残留量略高于细菌残体（图 9-24），这表明在微生物同化的初期，表层土壤中真菌和细菌对肥料氮素的固持竞争比较激烈。但是肥料氮素在真菌和细菌残体中的稳

定性不同。在观测期间，残留肥料氮素在真菌残体氮库中的矿化弱于细菌残体（图 9-24 和表 9-8），表明真菌残体氮的稳定性要强于细菌残体。此外真菌对土壤难降解有机氮组分的分解利用能力强于细菌（Potthoff et al., 2006），因此在肥料氮素周转稳定过程中细菌残体氮可能会被真菌不断分解利用进而转化为真菌残体氮，导致真菌残体对残留肥料氮素的贡献逐渐增强，而细菌残体的贡献则逐渐减弱（10 ～ 20cm 土层）（图 9-25、图 9-26）。因此，土壤微生物在调控肥料氮素稳定的过程中存在接替效应，即由前期细菌残体为主导逐渐向后期真菌残体为主导演变。另外，表层（0 ～ 10cm）土壤中肥料来源真菌残体氮与细菌残体氮比值高于下层（10 ～ 20cm）。这可能主要是因为与表层土壤相比，底层土壤的孔隙度和氧气浓度相对较低（Ekelund et al., 2001），细菌对这些条件的耐受性要强于真菌（Moritz et al., 2009），因此真菌残体氮的产生和积累在一定程度上弱于细菌残体氮。

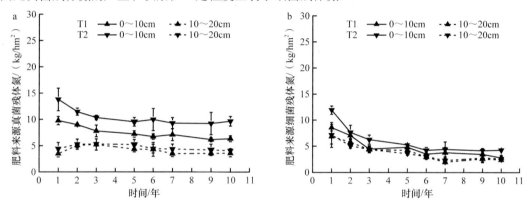

图 9-24　肥料氮素在土壤真菌残体氮库（a）和细菌残体氮库（b）中的残留量变化

表 9-8　在 2008 ～ 2017 年残留肥料氮素在真菌和细菌残体氮库中的矿化量及比例

土层	处理	矿化量/（kg/hm²）		矿化比例/%	
		真菌残体氮（FRN）	细菌残体氮（BRN）	真菌残体氮（FRN）	细菌残体氮（BRN）
0 ～ 10cm	T1	3.3±0.6a	5.7±1.3a	33.6±3.4a	66.0±8.0a
	T2	4.2±1.3a	7.6±1.0a	30.3±3.5a	65.5±4.1a
10 ～ 20cm	T1	1.6±1.1a	3.6±0.5a	23.5±9.2a	67.0±6.4a
	T2	1.0±0.7a	4.3±2.0a	18.0±9.9a	58.3±7.2a

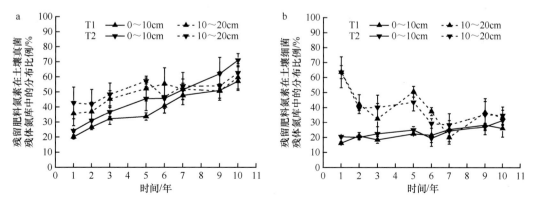

图 9-25　残留肥料氮素在土壤真菌残体氮库（a）和细菌残体氮库（b）中的分布比例

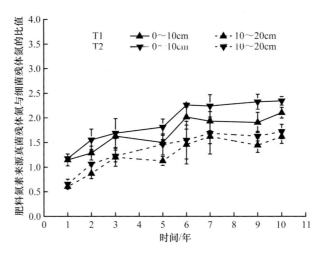

图 9-26 肥料氮素来源真菌残体氮与细菌残体氮比值的变化

通过对比两个处理可以看出，秸秆覆盖还田添加增强了表层（0～10cm）土壤中真菌和细菌对肥料氮素的固持贡献，但未改变其在下层（10～20cm）土壤中的分布（图 9-24、图 9-25）。尽管初期覆盖还田的秸秆并未显著改变真菌和细菌对肥料氮素的竞争固持能力，但后续长期的覆盖添加显著提高了真菌对肥料氮素的同化能力（图 9-25、图 9-26），这可能是由于长期的秸秆覆盖添加能够为表层土壤输入大量的低质量的（高 C/N）植物残体，这些能够诱导土壤微生物向以真菌为主导的群落结构转化，进而提高真菌对肥料氮素的固持贡献（Ding et al.，2013；Liu et al.，2019）。因此，秸秆覆盖还田能够调控真菌残体在肥料氮素周转稳定过程的相对积累，有利于提高肥料氮素在耕层土壤中的稳定性，减少氮肥损失，提高土壤肥力。

4. 肥料氮素在土壤不同粒级库中的周转稳定机制

土壤是由不同大小矿物颗粒结合形态各异的有机质所形成的一个在时间和空间上具有高度异质性的环境（Clemente et al.，2011；Bingham and Cotrufo，2016）。土壤质地是影响土壤保肥供肥的重要因素，由于不同矿物颗粒中参与有机质转化的生物、化学和物理过程存在差异，对养分的固持能力也不同，进而影响肥料氮素在时间和空间上的分布周转（Yu et al.，2013；Feng et al.，2014；Kleber et al.，2015）。秸秆等有机物料还田能够在一定程度上改变土壤微环境的养分状态（Plaza et al.，2013），调节不同颗粒中微生物群落结构和代谢过程（Sessitsch et al.，2001），进而影响肥料氮素的空间分布。但是，目前关于肥料氮素在土壤不同粒级库中的周转特征，以及长期秸秆还田对其调控的过程还不清晰。因此，依托于辽宁沈阳农田生态系统国家野外科学观测研究站长期 ^{15}N 同位素示踪试验，采集单施氮肥和氮肥+50%秸秆还田两处理中第一、二、三、五、七、十个收获季表层（0～10cm）施肥区域土壤，通过分析肥料氮素在土壤不同粒级库中的年际分布变化，探讨肥料氮素在土壤粒级库中的周转稳定机制及其对秸秆还田调控的响应机制。

肥料氮素可通过土壤微环境中的微生物固持和矿物固定等生物化学过程进入到不同粒级库中。如图 9-27 和图 9-28 所示，土壤不同粒级库中肥料氮素的分布强度和富集因子均表现为砂粒＞黏粒＞粉粒。这可能与土壤粒级库中颗粒的比表面积及其矿物和有机质结构组成有关。砂粒中含有大量新鲜和半分解的植物残体，能够为微生物提供碳源和能源，进而形成微生物固氮的热点（Gerzabek et al.，2001；Fernández-Ugalde et al.，2016），导致砂粒中有较高肥料氮素的富集。黏粒多由具有较大比表面积的富含有机质的铁铝氧化物和次生层状铝硅酸盐矿物组成,可为微生物固氮提供活性位点（Vogel et al.，2015；Bingham and Cotrufo，2016），同时 2∶1 型黏土矿物也能够固定相当量的肥料氮素（Nieder et al.，2011），有助于肥料氮素在该粒级库中的富集保持；而粉粒中的矿物组成多为石英,对微生物固定的肥料氮素吸附结合能力弱（Nicolás et al.，2012），导致肥料氮素难以在该粒级库中富集保持,因此存在于粉粒中的肥料氮素易于被作物吸收利用或者向其他粒级转移。氮肥+50% 秸秆覆盖还田（T2）并未影响肥料氮素在砂粒和粉粒级库中的分布强度,但却增强了其在黏粒级库中的分布强度（图 9-27）。同时,秸秆还田下肥料氮素在砂粒级库中的富集因子整体下降,但却在黏粒级库中增加（图 9-28）。猜测可能是因为秸秆分解后进入土壤中的易利用性养分可作为耦合碳源和

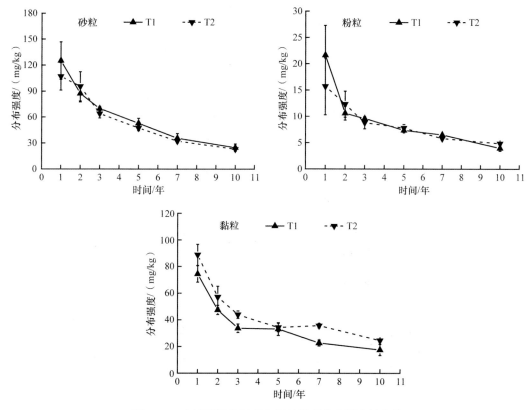

图 9-27　土壤不同粒级库中肥料氮素分布强度的变化

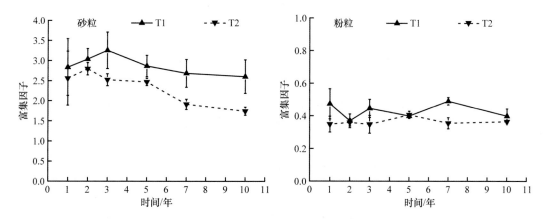

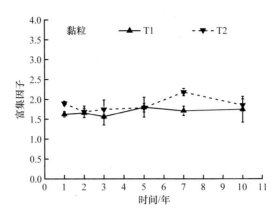

图 9-28　土壤不同粒级库中肥料氮素富集因子的变化

能源直接被黏粒级库中微生物吸收利用，进而增强了黏粒级库中微生物对肥料氮素的固持转化能力，提高了黏粒级库对肥料氮素的富集能力。

　　在无秸秆覆盖还田处理下，肥料氮素在砂粒中的库容分布比例在第二季达到最大（45.7%），而在黏粒中达到最小（30.6%）（图 9-29）。这可能是因为，一方面第一季被标记的植物根系残体进入到砂粒中，另一方面是黏粒中新形成的固定态铵在第二季被迅速释放出来（Lu et al.，2010），导致肥料氮素在砂粒中富集相对增强，而在黏粒中富集相对减弱。在后续的生长季中，肥料氮素在砂粒中库容分布比例逐渐下降，但在黏粒中逐渐增加，表明残留于砂粒中的肥料氮素易于被周转利用，最后选择性地积累到黏粒中。而肥料氮素在粉粒中的库容比保持不变，猜测粉粒在不同粒级肥料氮素周转稳定过程中可能起着过渡通道的作用。与单施氮肥处理相比，秸秆覆盖还田能够显著提高肥料氮素在黏粒中的库容量及比例，但却在一定程度上降低其在砂粒中的分布比例（图 9-29、图 9-30）。这表明秸秆覆盖还田能够调控肥料氮素从快速周转的砂粒级库中向相对稳定的黏粒级库迁移，提高肥料氮素的稳定性。

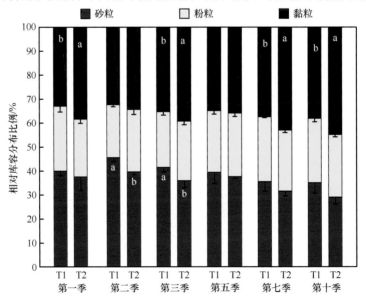

图 9-29　肥料氮素在土壤不同粒级库中相对库容分布比例

不同小写字母代表单个生长季中两个处理之间存在显著差异（$P < 0.05$），
未标注字母表示两个处理之间无显著差异（$P > 0.05$）

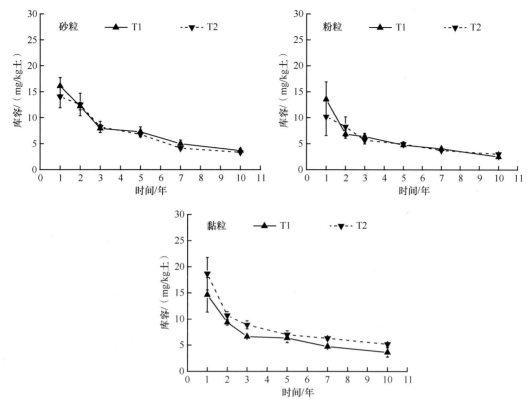

图 9-30　土壤不同粒级库中肥料氮素库容的变化

9.2.2　华北集约化农田土壤养分循环过程及调控

9.2.2.1　长期施肥对土壤养分特性的影响

华北平原作为我国重要的粮食主产区之一，承载着国家粮食安全与供应、农业资源高效利用与生态经济可持续发展的功能，在 2020 年国家粮食增产规划中承担了 50% 的增产任务。农民为了追求高产，"大水大肥"现象普遍存在，粮食生产过度依赖化肥的问题日益凸显，由此引发了资源浪费、水肥利用效率低下、环境风险提升和土壤退化等问题（张玉铭等，2006）。培肥地力是实现化肥减量控失、养分高效利用的基础。充分发挥有机粪肥和作物秸秆的培肥作用，揭示添加不同外源有机物料情况下土壤养分转化与固持机制，挖掘有机养分的增产潜力是减少化肥用量、遏制环境污染、持续提升粮食产量和资源效率的关键。

作为有机肥源，粪肥和作物秸秆不仅对作物产量提升起到了重要作用，还会通过改变土壤物理、化学和生物学性质来影响养分在土壤库中的转化与保蓄，对土壤地力提升起到积极作用。依托中国科学院栾城农业生态系统试验站有机养分循环再利用长期定位试验，研究了长期秸秆还田与施用有机粪肥对农田土壤肥力的影响。结果表明，经过 15 年不同有机无机肥配合施用后土壤养分状况发生了显著改变（表 9-9），有机无机肥料配合施用较单独施用有机肥或单独施用化肥更有利于提高土壤养分含量，更有利于改善土壤肥力状况。粪肥与化肥配合（MNPK）施用的培肥效果优于秸秆还田与化肥的配合（SNPK）施用，与不施肥（CK）处理相比，MNPK 使土壤有机碳增加了 46.1%（表 9-9）、全氮增加了 46.4%（图 9-31），土壤库中碳氮储量分别增加了 9.1t C/hm² 和 1.0t N/hm²。SNPK 使土壤有机碳增加了 25.8%、全氮增加了 27.3%，土壤库中碳氮储量分别增加了 5.1t C/hm² 和 0.6t N/hm²。

表 9-9　15 年不同有机无机肥配施对土壤养分的影响

处理	有机碳/（g/kg）	碱解氮/（mg/kg）	有效磷/（mg/kg）	速效钾/（mg/kg）	C/N
不施肥（CK）	8.76	80.6	2.2	91.7	8.91
不施肥+秸秆（SCK）	9.83	100.2	4.1	92.3	9.44
粪肥（M）	10.21	98.7	47.6	86.6	9.22
化肥（NPK）	9.66	86.7	14.1	98.3	8.69
粪肥+化肥（MNPK）	12.80	114.2	94.9	100.3	8.89
秸秆+化肥（SNPK）	11.02	99.0	17.2	107.9	8.81

CK：不施用任何肥料；SCK：不施化肥，秸秆粉碎直接还田；M：不施化肥，地上部 80% 的籽粒和秸秆饲喂猪进行过腹还田；NPK：施用化肥；MNPK：施化肥，地上部 80% 的籽粒和秸秆饲喂猪进行过腹还田；SNPK：施化肥，秸秆粉碎直接还田。下同

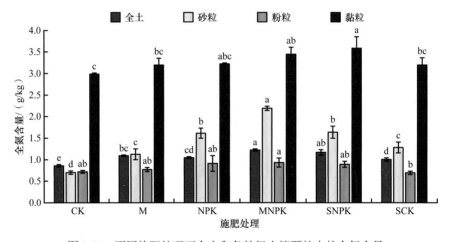

图 9-31　不同施肥处理下全土和各粒级土壤颗粒中的全氮含量

经过 15 年的不同施肥处理，全土中全氮含量由高到低依次为 MNPK＞SNPK＞M＞NPK＞SCK＞CK（图 9-31）。粪肥与化肥配合（MNPK）的全土中全氮含量最高，达到了 1.22g/kg，除与化肥配施秸秆（SNPK）未达到统计学上的显著性差异外，显著高于其他各处理，与全氮含量最低的不施肥处理（CK）相比提高了 42.31%。比较 NPK、MNPK 和 SNPK 不难看出，在施用化肥基础上实施养分过腹还田和秸秆粉碎直接还田均能显著提高全土中氮素含量，MNPK 处理全氮含量增加高于秸秆直接还田（SNPK）处理。同样，在不施用化肥基础上，施用粪肥（M）全土中全氮增加显著高于秸秆还田（SCK）。这说明，以 80% 农产品饲喂猪后过腹还田实施养分循环再利用对于促进土壤氮素的提升能力显著高于秸秆粉碎直接还田。

9.2.2.2　土壤矿物对养分的稳定作用

土壤粒级分布直接影响土壤保肥供肥能力。不同粒级土壤颗粒的矿质组成和理化性质有很大差异，对养分的固持作用也不同，影响着土壤氮素的分布。粒径越小的土壤颗粒，其比表面积越大，暴露在外的正电荷越多，从而提高了土壤颗粒的吸附力和黏着性，具有更强的吸附能力。如图 9-31 所示，无论哪种施肥处理，不同粒级土壤颗粒氮素含量由高到低的顺序

均为黏粒＞砂粒＞粉粒，各粒级土壤全氮含量的变化范围：砂粒级0.70～2.19g/kg、粉粒级0.70～1.61g/kg、黏粒级2.99～3.58g/kg。因为不同粒级土壤对氮素的固持能力不仅与土壤颗粒的比表面积有关，还与其矿物组成有关。黏粒含有铁铝氧化物和次生层状铝硅酸盐，除具有较大的比表面积外还含有大量的可通过配位基和多价阳离子键桥与有机质相结合的位点；粉粒中主要含有石英颗粒，对土壤有机质的吸附结合能力很低；而土壤中的有机残体非常容易结合到大颗粒中，导致砂粒级中含有较高的氮素。不同外源有机物料对各粒级土壤的影响程度不同（吕慧捷，2012），砂粒级中土壤全氮含量变幅最大，表明添加外源有机物料对砂粒级土壤氮素影响最大。施用化肥情况下，添加粪肥作为有机物料（MNPK）显著提高了砂粒级土壤中全氮含量，而对粉粒级和黏粒级土壤全氮含量无显著性影响；添加秸秆作为有机物料（SNPK）则更有利于提高黏粒级土壤中氮素含量（图9-31）。通常认为，固持在砂粒级土壤颗粒中的有机质更容易被微生物降解而将养分释放出来供作物吸收利用，固持在黏粒级土壤中的有机质由于受到黏土矿物的吸附很难将养分释放出来而对土壤有机碳和养分积累做出贡献，这表明施用有机粪肥可提升土壤的供肥能力，而实施秸秆还田则更利于提升土壤的保肥能力。

土壤养分的积累与供应是一个动态过程，富集因子的大小表征土壤养分在某一粒级中积累/保持与向外迁移/损失的相对强弱，能反映氮素在各粒级土壤中的积累与转移情况，可以用于解析不同粒级土壤在氮素动态转化过程中发挥的作用。富集因子大于1，表明氮素在该粒级土壤中发生了富集；反之，则表明氮素在该粒级土壤中有损失。表9-10显示所有处理的不同粒级土壤颗粒全氮富集因子均为黏粒＞砂粒＞粉粒。黏粒级土壤的富集因子最高，表明保存在该粒级土壤中的氮素的积累/保持过程强于迁移/损失过程，这部分氮素不容易被作物吸收利用；粉粒级土壤的富集因子最低，表明保存在该粒级中的氮素的迁移/损失过程强于积累/保持过程，这部分氮素易于被作物吸收利用及向其他粒级转移；砂粒级土壤富集因子除了CK处理外均大于1，但低于黏粒级土壤颗粒中的富集因子，这表明，添加外源物质促进了养分在大粒级土壤颗粒中的积累，尽管累积于该粒级中的氮素极易被作物吸收利用，但其累积强度大于迁移/损失强度，造成了养分在该粒级中的富集。

表9-10　不同施肥处理下各粒级土壤颗粒中的全氮富集因子

土壤粒级	处理					
	CK	M	NPK	MNPK	SNPK	SCK
砂粒	0.8±0.0d	1.0±0.2d	1.5±0.2b	1.8±0.1a	1.4±0.1c	1.2±0.1c
粉粒	0.8±0.1a	0.7±0.0a	0.9±0.2a	0.8±0.1a	0.8±0.0a	0.7±0.0a
黏粒	3.5±0.1a	2.9±0.2bc	3.1±0.1bc	2.8±0.2c	3.1±0.1bc	3.2±0.2ab

砂粒级中，MNPK的全氮富集因子显著高于其他处理，CK和M的全氮富集因子显著低于其他处理，只有CK的全氮富集因子小于1，说明长期添加外源物质促进了氮素在土壤砂粒中的富集，而长期不施肥导致砂粒中的氮素向外迁移。而在粉粒级中，各处理富集因子均小于1，各处理间无显著差异，主要是由于粉粒级土粒对于养分的吸持能力较弱，该粒级的土壤养分易于转移至其他粒级（闫颖等，2008；吕慧捷，2012），即该粒级土壤中氮素是损失的，且施肥对此粒级土壤中氮素无显著影响。黏粒级中，各处理富集因子均大于1，其中MNPK处理的全氮富集因子最低，CK最高。黏粒级土壤颗粒结合的土壤有机质存在"阈值"（Hassink，1997），土壤中的有机碳的增加会增加黏粒级土壤有机质，当有机碳含量接近饱

（Carter et al.，2003），土壤中的碳会在砂粒级中储存，从而使砂粒级的有机碳富集因子提高。由于土壤中碳氮耦合，细粒级土壤氮素库容或许也存在一个极限值，经过长期的化肥配施粪肥处理，细粒级土壤氮含量接近饱和，多余土壤氮素易于向粗粒级富集，所以化肥配施粪肥处理下砂粒级的全氮富集因子显著高于其他处理。

综上所述，施用有机粪肥可提升土壤的供肥能力，而实施秸秆还田可提升土壤保肥能力，鉴于此，华北地区小麦–玉米轮作农田推行两季秸秆全量还田，在此基础上，提倡有机粪肥替代部分化肥。

9.2.3　长江中下游集约化农田土壤养分循环过程及调控

9.2.3.1　秸秆还田对土壤养分循环的调控作用

湖南桃源红壤双季稻田长期施肥定位试验结果表明，长期秸秆有机物料的投入更有利于稻田土壤氮素库容的提升。秸秆还田和秸秆替代部分化肥处理的土壤全氮含量均显著高于单施化肥处理。长期秸秆还田对土壤有效氮库容的影响随水稻生育期进程而变化，在分蘖期，秸秆还田显著提高了土壤铵态氮和硝态氮含量，但在成熟期影响不显著，这可能与秸秆还田后分蘖期有机氮矿化速率较高有关。长期秸秆有机物料的投入对土壤活性有机氮（微生物量氮+可溶性有机氮）的积累作用明显高于单施化肥处理，且与土壤全氮的积累速率呈极显著正相关。长期秸秆还田还明显提升了土壤磷素养分库容，与单施化肥相比提高了11%。秸秆还田对土壤速效磷和微生物量磷的影响程度较全磷显著，与单施化肥相比分别提高了45%和65%，说明秸秆还田有助于土壤微生物活化土壤中难以利用的磷，进而提升土壤有效磷库。由于长期秸秆有机物料的投入提升了稻田土壤肥力，长期秸秆还田早晚稻生物量和籽粒产量均高于单施化肥，作物地上部吸氮量显著高于单施化肥处理。无论是早稻还是晚稻，秸秆替代部分化肥和单施化肥处理均可获得等量的生物量和产量，但秸秆替代部分化肥处理的作物氮吸收量比单施化肥处理高出10.1%，说明秸秆还田有助于促进早晚稻对氮素的吸收，进而提高氮素的利用效率。通过氮素表观平衡计算发现，长期秸秆还田和秸秆替代处理的土壤氮素呈盈余状态，而单施化肥仅能维持氮素平衡，说明秸秆的投入对提升稻田土壤氮库起着非常重要的作用。

长期秸秆有机物料的投入向土壤中归还了大量的有机氮素，这些有机氮通过微生物的分解转化为矿质态氮，其中一部分被作物吸收利用，另一部分继续被微生物同化为土壤有机氮，增加有机氮库容，既提高了水稻生产力，也有利于土壤肥力的维持与提升。氨挥发是红壤双季稻田氮素损失的重要途径，研究显示，单施化肥处理的早晚稻氨挥发分别占施氮量的23.6%和20.3%，而长期秸秆还田处理的占33.1%和27.6%，秸秆替代处理的占30.4%和21.6%。可见，长期秸秆投入促进了红壤双季稻田氮素的氨挥发损失，可能由于秸秆等有机物的施用提高了土壤脲酶活性，较高的脲酶活性可以促进尿素水解，进而增加了氨挥发损失。但与秸秆还田相比，秸秆替代降低了氨挥发损失率，这可能与化学氮肥用量的减少可以降低稻田水层的 NH_4^+ 浓度有关。双季稻田特有的干湿交替水分管理措施为硝化–反硝化过程创造了有利条件，进而导致了 N_2O 的产生排放。结果表明，红壤双季稻田 N_2O 年排放量在 1.80～2.95kg N_2O-N/hm^2，占施氮量的 0.43%～2.19%。与单施化肥相比，长期秸秆还田和秸秆替代处理的稻田 N_2O 年均排放量分别提高了 63.9% 和 48.9%，可见秸秆的投入促进了土壤氮素的微生物转化过程，加速了稻田土壤氮素的 N_2O 气态损失。

综合上述分析，长期秸秆还田有助于土壤氮磷养分库容的提升，对维持和提升土壤肥力与生产力起着重要的作用。但长期秸秆有机物料的投入，为土壤微生物的生长和繁衍提供了大量的碳源和能源，促进了土壤氮素的微生物转化过程，进而加剧了稻田氮素的氨挥发和N_2O气态损失，而秸秆替代部分化肥处理可以在维持和提升土壤养分库容的同时，相对减少了稻田氮素的气态损失。因此，依据本试验结果，在常规施肥的基础上，采用秸秆还田等量替代 30% 的氮肥和磷肥用量，可以作为红壤双季稻田土壤养分培育的一种重要调控措施。

9.2.3.2　不同管理措施对土壤养分影响的对比研究

稻田秸秆还田可通过不同方式进行。通过长期定位试验，我们比较了秸秆原位还田和秸秆炭化还田对土壤养分的影响。由图 9-32 可知，各处理在 2012 ~ 2017 年晚稻成熟期稻田土壤全氮含量的变化趋势基本一致，年均变化范围为 1.9 ~ 2.1g/kg，且各处理随着时间推移土壤全氮含量变化不大，稻田土壤全氮含量稳定。与对照相比，低量秸秆还田处理（LS）、高量秸秆还田处理（HS）、添加低量秸秆生物炭处理（LB）和添加高量秸秆生物炭处理（HB）基本增加了土壤全氮含量，增加幅度 6 年平均分别为 4.3%、4.5%、8.1% 和 9.7%。

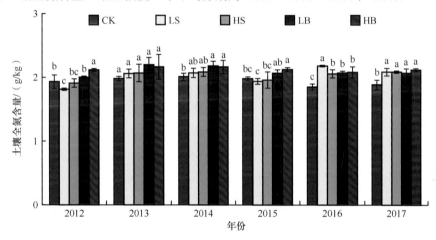

图 9-32　2012 ~ 2017 年晚稻成熟期各处理土壤全氮（STN）含量变化

由图 9-33 可知，各处理在 2012 ~ 2017 年晚稻成熟期稻田土壤全磷含量的变化趋势基本一致，年均变化范围为 0.56 ~ 0.63g/kg，且各处理随着时间推移土壤全磷含量变化不大，稻田土壤全磷含量稳定。与对照相比，低量秸秆还田处理（LS）和高量秸秆还田处理（HS）年均土壤全磷含量无显著提高，添加低量秸秆生物炭处理（LB）和添加高量秸秆生物炭处理（HB）显著增加了年均土壤全磷含量，增加幅度 6 年平均分别为 8.3% 和 9.2%，各处理全磷含量在 2013 ~ 2017 年变化趋势为添加秸秆生物炭处理土壤全磷含量显著高于其他处理，而高量和低量生物炭添加处理间土壤全磷含量无显著差异。从 2016 年晚稻成熟期开始各处理土壤全磷含量明显增加，主要原因可能是从 2016 年晚稻季开始施入稻田的磷肥由每生长季的 17.5kg/hm² 增加到 32.7kg/hm²。

由图 9-34 可知，各处理在 2013 ~ 2017 年晚稻成熟期稻田土壤有效磷含量的变化趋势基本一致，年均变化范围为 8.8 ~ 11.6mg/kg。与对照相比，高量秸秆还田处理（HS）年均土壤有效磷含量显著提高，添加低量秸秆生物炭处理（LB）和添加高量秸秆生物炭处理（HB）显著提高了年均土壤有效磷含量，提高幅度分别为 24.5% 和 25.1%。各处理土壤有效磷含量与土壤全磷变化趋势基本一致，添加秸秆生物炭处理土壤有效磷含量均高于对照处理和秸秆还田处理。

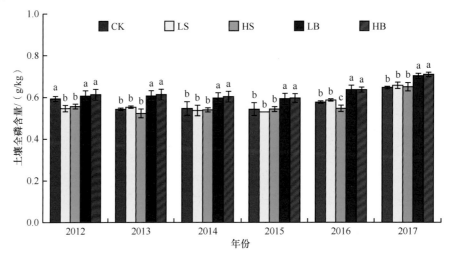

图 9-33　2012 ～ 2017 年晚稻成熟期各处理土壤全磷（STP）含量变化

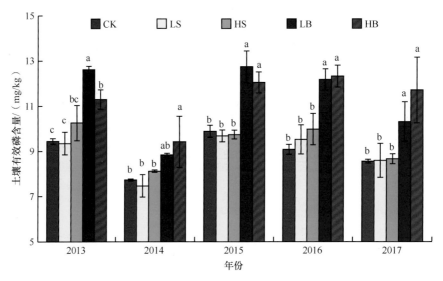

图 9-34　2013 ～ 2017 年晚稻成熟期各处理土壤有效磷（SAP）含量变化

9.3　中东部集约化农田养分高效管理与减肥增效

过量矿质肥料输入尤其是合成氮肥的施用不仅会导致肥料的利用率低下，而且会影响土壤和环境健康。有研究表明，在全球范围内施入土壤的氮肥仅有 47% 进入作物系统（Lassaletta et al.，2014），剩余的大部分则以活性氮形式损失，如硝态氮淋失、氧化亚氮排放等（Huang et al.，2017；Wang et al.，2018）。因此，当前的农田施肥管理策略应该更多地集中在采取适当的措施改善土壤功能、提高土壤生产力，从而达到减肥增效的目的。

9.3.1　东北集约化玉米连作农田养分高效管理与减肥增效

9.3.1.1　氮素养分高效管理与减施增效

1. 氮肥减量施用条件下秸秆不同还田量对土壤微生物残体氮库的影响

秸秆还田作为一种环境友好型的生物质处理方式，不仅可以改善土壤的物理结构，而且有利于增加土壤有机质和养分含量，提高土壤肥力（Kahlon et al.，2013；Xu et al.，2019）。秸秆还田通过增加微生物可利用资源影响微生物的生长和活性（Lu et al.，2015；Wang et al.，2017），从而改变微生物参与的氮转化等养分循环过程。微生物同化过程会快速地将肥料氮素转化为微生物生物量氮最终以微生物残体（如微生物细胞壁组分氨基糖）的形式被保留下来（Liu et al.，2016）。另外，微生物残体作为潜在的可矿化有机氮组分，在土壤氮素受限或缺乏时，会被降解以满足微生物和作物生长对氮素的需求（Chen et al.，2014）。在这一过程中，微生物作为氮素的暂存库或中转库在土壤氮素固持和转化方面发挥重要作用。因此，采取合理的农田管理方式促进肥料氮素的微生物固持有助于减少氮素损失，提高氮肥利用率。本研究以东北黑土区玉米种植系统为例，通过分析有效氮素含量、功能酶活性和氨基糖变化，探讨氮肥减量条件下秸秆还田对微生物残体在土壤中累积规律的影响。以中国科学院沈阳应用生态研究所保护性耕作研发基地为依托，2007～2015 年采用免耕全量秸秆覆盖还田管理方式，2016 年春布置氮肥减量试验。根据玉米秸秆的最大产量 7500kg/hm²，设置 3 种秸秆还田量作为主区：免耕+秸秆移除（S0）、免耕+33% 秸秆还田（S33）、免耕+100% 秸秆还田（S100）；基于当地常规氮肥施用量 240kg N/hm²，设置 4 种氮肥施用量作为副区：0kg N/hm²（N0）、135kg N/hm²（N135）、190kg N/hm²（N190）、240kg N/hm²（N240）。2018 年秋，经过 3 个试验周期后在玉米收获期采样测定，以明确微生物残体在维持土壤肥力及作物和微生物氮素需求方面的作用。

研究发现，氮肥减量和秸秆还田对土壤氨基糖含量的影响不存在交互作用，总体上，氮肥减量对总氨基糖含量的影响较小（图 9-35）。这与 Zhao 等（2014）报道的以磷脂脂肪酸估算的总微生物生物量不受施氮量的影响一致，这种现象很可能与试验开始前长期的秸秆和氮肥周期性输入有关。考虑到秸秆还田有利于促进氮素通过生物和非生物过程固持在土壤中，肥沃的土壤养分库可能缓冲了短期氮肥减量下土壤–作物系统对有效氮素的需求，从而降低了土壤中稳定有机氮的降解，并且在无肥处理中通过降低作物的产量减少了土壤氮素的输出。

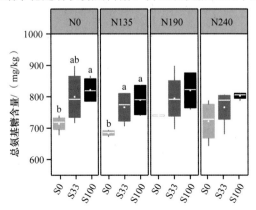
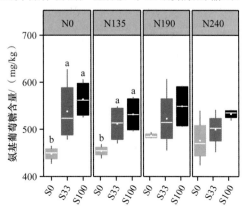

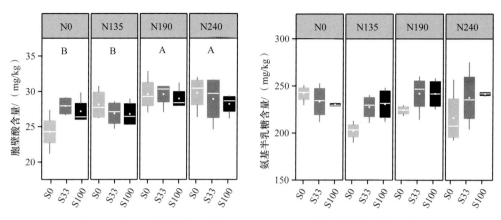

图 9-35　氮肥减量条件下秸秆不同还田量对土壤氨基糖含量的影响

不同小写字母表示同一施肥处理下不同秸秆还田量处理间差异显著（$P<0.05$），不同大写字母表示氮肥主效应间差异显著（$P<0.05$），无字母标注的表示处理间差异不显著（$P>0.05$）。下同

　　与秸秆不还田相比，秸秆还田保持了较高的总氨基糖含量，表现为 S0＜S33＜S100（图 9-35），这是由于秸秆的输入为微生物提供了更容易获取的养分和能源，从而增强了微生物对土壤和肥料来源氮的固持（Liu et al.，2019）。此外，添加的秸秆氮素矿化后转化为微生物生物量氮，随后被固持在微生物残体中。这两个方面共同贡献了微生物来源氮在土壤中的积累。本质上，微生物氮代谢受到合成代谢（如微生物生长和微生物生物量形成）和分解代谢（无机氮的释放）的双向调控（Mooshammer et al.，2014）。秸秆处理对土壤总氮含量的影响较小（图 9-36），以及微生物残体在秸秆输入后的积累，证实了微生物将获得的氮素更

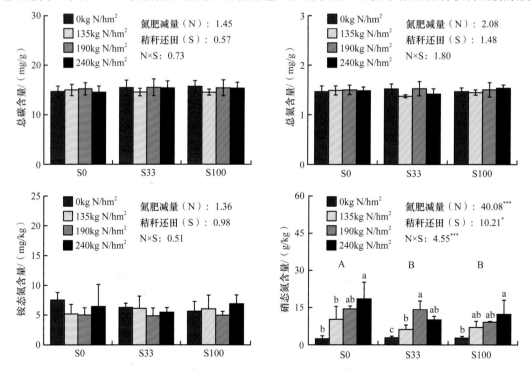

图 9-36　氮肥减量条件下秸秆不同还田量对土壤碳氮含量的影响

不同小写字母表示同一秸秆处理不同施肥量处理间差异显著（$P<0.05$），不同大写字母表示秸秆主效应间差异显著（$P<0.05$），未标注字母表示处理间差异不显著（$P>0.05$）；* 表示 $P<0.05$，** 表示 $P<0.01$，*** 表示 $P<0.001$。下同

多地用于合成代谢而不是分解代谢。秸秆输入对微生物合成代谢的刺激作用增强，导致总氨基糖含量在施肥量为 135kg N/hm² 和 0kg N/hm² 时秸秆还田与不还田之间差异达到显著水平（图 9-35），有利于维持或提高土壤氮库的稳定（Zhang et al.，2019）。

尽管总氨基糖含量保持相对恒定，但是氨基葡萄糖（GluN）和胞壁酸（MurA）对氮肥减量的不同响应导致 GluN/MurA 值的变化（图 9-37）说明真菌和细菌微生物残体的可降解性不同。鉴于真菌残体比细菌残体具有较高的稳定性（He et al.，2011），与施肥处理相比，N0处理中 GluN/MurA 值增加（图 9-37），这说明细菌残体可能在氮素缺乏时被优先分解。另外，在有效氮素受限条件下真菌和细菌对氮素竞争激烈，真菌可以通过外部菌丝的扩展从土壤中获得更多的养分，但大多数细菌以单细胞形式存在，仅能从周围有限的区域获得养分（Strickland and Rousk，2010）。这意味着当氮素受限时，真菌对氮素的利用具有竞争优势。另外，细菌的生物量 C/N 值较低，对氮素的需求较高，而真菌群落是寡营养型，营养需求和代谢活动较低，因此，细菌的生长比真菌更易受到氮素限制（Zhang et al.，2016）。所以，当氮素受限或缺乏时，微生物固持的氮更多的是以真菌残体的形式保存在土壤中，而不是细菌残体。并且当真菌利用细菌源残体氮时，可能导致氮素由细菌残体向真菌残体转化（Ding et al.，2010）。这些因素可能导致了真菌残体的代谢受氮肥减量影响较小。反之，当氮素充足时则是更多地以细菌残体的形式固持在土壤中。在施肥处理间尽管 GluN/MurA 值有降低趋势但变化不显著（图 9-37），说明土壤–作物系统的氮素供应与土壤稳定有机氮库的氮素转化关系较小，可能更多地来自易利用氮组分和土壤非生物过程固持的无机氮（如固定态铵）的释放。同时这反映了在氮素输入下不同微生物群体间的动态平衡。

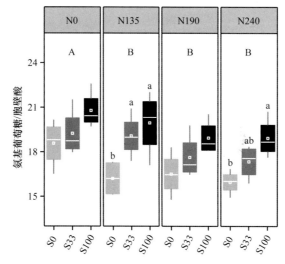

图 9-37　氮肥减量条件下秸秆不同还田量对氨基葡萄糖与胞壁酸比值的影响

氨基葡萄糖和胞壁酸在肥料氮梯度上的差异反映出秸秆的输入会影响真菌和细菌残体的累积和代谢动态。至于 N190 和 N240 施肥处理下秸秆不同还田量之间氨基葡萄糖和胞壁酸含量未发生显著变化（图 9-35），说明了微生物残体在土壤中的稳定性。输入的肥料氮会通过生物过程和非生物过程固持在土壤中，在氮肥水平较高的环境下，非生物过程对肥料氮的固持增强甚至超过生物过程，并且这一过程会受到秸秆还田的促进。因此，笔者推测在高量施肥处理中土壤–作物系统对氮素的需求可能主要来自非生物过程固持的氮素的释放，从而导致真菌和细菌残体在土壤中的含量变化较小。胞壁酸含量受氮肥减量的影响，整体上随着施氮量减少逐渐降低，并在施肥量≤135kg N/hm^{2}时秸秆不同还田量间差异显著（图 9-35）。而在 N0处理中，与无秸秆输入相比，秸秆还田后碳源、养分和能源的释放刺激了细菌的生长和代谢，促进了秸秆和/或土壤氮素在细菌残体中的积累（Ding et al.，2011），从而维持了胞壁酸在 N0处理中的代谢平衡；总体上，在不考虑施肥的情况下，S33 和 S100 处理氨基葡萄糖平均含量比 S0 处理分别高 11.90% 和 15.72%（$P<0.065$），并且在 N0 和 N135 施肥处理中，秸秆输入后氨基葡萄糖含量显著升高（图 9-35）说明秸秆的输入促进了真菌的生长和繁殖，贡献了真菌残体在土壤中的积累，但随着施氮量的增加这一影响逐渐减弱。

氨基半乳糖含量不受氮肥减量和秸秆还田及其交互作用的影响（图 9-35）。同时，本研究团队通过氨基葡萄糖和胞壁酸的含量计算了真菌和细菌来源微生物残体氮在土壤总氮中的比例，发现微生物残体氮占土壤总氮的比例在 50.79% ~ 62.46%，整体上微生物残体氮对土壤氮库的贡献与氨基糖单体含量的变化相似。

2. 氮肥减量施用条件下秸秆不同还田量对土壤碳氮转化酶活性的影响

氮肥减量和秸秆还田处理对土壤总碳、总氮及铵态氮含量没有显著影响。硝态氮含量受氮肥减量和秸秆还田处理影响显著，秸秆还田量相同时，除 S33N240 处理外，随着施氮量的降低，硝态氮含量逐渐下降，而且与无秸秆还田相比，秸秆的输入尤其是全量秸秆还田降低了硝态氮含量（$P=0.065$）（图 9-36），说明秸秆还田有助于氮素在土壤中的固持，降低淋失风险。氮肥减量显著影响土壤碳氮水解酶活性，与施肥处理相比，未施肥处理显著提高 β-葡萄糖苷酶、纤维二糖酶、几丁质酶和蛋白酶活性，而施肥处理间碳氮水解酶活性变化较小（图 9-38）。通过分析铵态氮、硝态氮含量与土壤功能酶活性的相关性，发现硝态氮与碳氮水

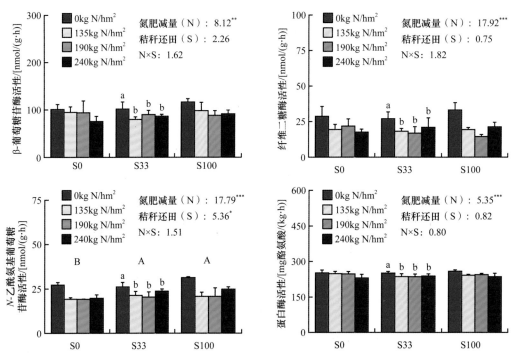

图 9-38　氮肥减量条件下秸秆不同还田量对酶活性的影响

不同小写字母表示施肥主效应间差异显著（$P<0.05$），不同大写字母表示秸秆主效应间差异显著（$P<0.05$），无字母标注的表示处理间差异不显著（$P>0.05$）

解酶活性显著负相关，说明土壤有效氮素的缺乏可能对氮素的矿化存在负反馈效应。秸秆还田对功能酶活性影响较小，仅促进 N-乙酰氨基葡萄糖苷酶活性增强。

针对东北黑土区地力下降、肥料投入过量和养分循环受阻等问题，本研究团队在秸秆覆盖还田配合肥料减量化技术条件下，开展了土壤氮素供应的酶学调控和微生物残体对土壤有机氮库贡献的研究。秸秆覆盖还田配合氮肥适当减量 20% 可以维持作物对土壤有效氮的需求，并获得最佳的经济效益。在此过程中土壤有机氮的矿化在碳氮耦合作用下受到碳氮水解酶协同调控，并且土壤硝态氮的缺乏对功能酶活性存在负反馈调节。氮肥减量在短期内不会影响肥沃土壤中总微生物残体的积累，但会诱导细菌残体降低，改变真菌与细菌残体在土壤中的比例。秸秆覆盖还田对高氮肥输入情况下土壤微生物残体的影响较小，但却有助于降低土壤硝态氮含量，降低氮素淋失风险；而当土壤有效氮素缺乏时，作物秸秆的输入可以通过维持细菌群落的代谢平衡和促进真菌残体的积累提高土壤对氮素的固持和稳定作用，维持土壤肥力。

9.3.1.2　磷素养分高效管理与减施增效

1. 秸秆还田对玉米产量、土壤 pH 和酸性磷酸酶活性的影响

基于 5 年的田间试验，结果显示与不施肥处理相比，所有施肥处理均显著增加了玉米籽粒产量（表 9-11），但玉米籽粒产量在所有施肥处理之间无显著差异，表明在东北棕壤区经过 5 年的秸秆还田与磷肥减施 20% 处理不会导致玉米籽粒产量的降低。

表 9-11　东北棕壤玉米带不同施肥处理下玉米籽粒产量、土壤 pH 和酸性磷酸酶活性

处理	玉米籽粒产量/（kg/hm²）	pH	土壤酸性磷酸酶活性/[mg 对硝基苯酚/(kg·h)]
P0	804±131b	6.8±0.1a	292.3±36.7b
P75	5732±144a	6.4±0.1b	327.8±20.3ab
SP75	5726±49a	6.2±0c	366.3±12.4a
SP60	5519±342a	6.4±0.1b	340.3±9.6a

P0：不施肥；P75：农民习惯施肥；SP75：农民习惯施肥并配施秸秆还田；SP60：磷肥减施 20% 并配施秸秆还田。同一列不同小写字母代表不同处理之间存在显著性差异（$P<0.05$，n=3）。表 9-12 同

与不施肥处理相比，所有施肥处理均显著降低了土壤 pH（表 9-11）。在各施肥处理中，农民习惯施肥并配施秸秆还田处理相对于磷肥减施 20% 并配施秸秆还田处理和农民习惯施肥处理有着更低的土壤 pH，土壤 pH 在磷肥减施 20% 并配施秸秆还田处理和农民习惯施肥处理之间无显著差异（表 9-11）。土壤 pH 在农民习惯施肥并配施秸秆还田处理下显著低于磷肥减施 20% 并配施秸秆还田处理下的原因可能与农民习惯施肥并配施秸秆还田处理有更多的肥料添加有关，农民习惯施肥并配施秸秆还田处理下土壤 pH 显著低于农民习惯施肥处理下的原因可能与秸秆分解有关，秸秆在分解过程中可以产生乙酸和丙酸等酸性物质，从而酸化土壤，导致土壤 pH 的降低（Sun et al.，2015）。

此外，酸性磷酸酶作为在酸性土壤中占优势、可以催化有机磷水解生成无机磷的一类酶（Turner and Haygarth，2005），在本研究中表现为在农民习惯施肥并配施秸秆还田处理和磷肥减施 20% 并配施秸秆还田处理下活性较高（表 9-11），这可能与这两个处理因为添加了秸秆而导致酸性磷酸酶底物的增加有关。

2. 秸秆还田对不同形态磷组分含量和形态转化的影响

与不施肥处理相比，农民习惯施肥处理显著增加了土壤活性无机磷组分（Resin-Pi、NaHCO₃-Pi）、中等活性无机磷组分（NaOH I-Pi）和中等稳定态无机磷组分（HCl-Pi）含量，高稳定态无机磷组分（NaOH II-Pi）和所有有机磷组分含量在两个处理之间无显著差异（图 9-39，图 9-40）。这表明矿物肥料带入的磷主要是增加了土壤中活性相对较强的 Resin-Pi、NaHCO₃-Pi、NaOH I-Pi 以及 HCl-Pi 等无机磷组分含量，对高稳定态无机磷组分和有机磷组分含量影响不大。

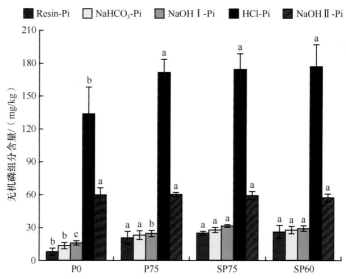

图 9-39　东北棕壤区玉米带不同施肥处理下土壤无机磷组分含量

P0：不施肥；P75：农民习惯施肥；SP75：农民习惯施肥并配施秸秆还田；SP60：磷肥减施 20% 并配施秸秆还田。

不同小写字母表示不同处理间存在显著性差异（P＜0.05，n=3），下同

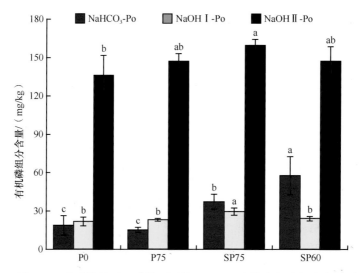

图 9-40　东北棕壤区玉米带不同施肥处理下土壤有机磷组分含量

与农民习惯施肥处理相比，农民习惯施肥并配施秸秆还田处理显著增加了土壤活性有机磷组分（$NaHCO_3$-Po）和中等活性有机磷组分（NaOH I-Po）含量（图 9-40）。农民习惯施肥并配施秸秆还田处理相对于农民习惯施肥处理增加的 $NaHCO_3$-Po 和 NaOH I-Po 含量与秸秆的添加有关，因为有机磷组分 $NaHCO_3$-Po 和 NaOH I-Po 在只有矿物磷肥添加时含量不会发生变化，这也表明在矿物磷肥添加量一样的情况下秸秆在东北棕壤区的添加可以增加土壤活性有机磷和中等活性有机磷组分含量。

此前研究发现当添加的秸秆磷含量低于 3mg/g 时，因为秸秆中的磷不能满足增殖的微生物对磷的需要，从而会促进微生物对土壤中活性无机磷组分的固持（Nziguheba et al.，2000；Wu et al.，2007；Damon et al.，2014）。本研究中所用秸秆磷含量较低（1.89mg/g），所以理论上农民习惯施肥并配施秸秆还田处理下添加的秸秆会导致微生物对磷的固持，从而降低土壤活性无机磷组分含量。但在本研究中与农民习惯施肥处理相比，农民习惯施肥并配施秸秆还田处理非但没有降低土壤活性无机磷组分含量，还显著增加了中等活性无机磷组分 NaOH I-Pi 的含量（图 9-39）。NaOH I-Pi 含量的增加可能归因为以下两方面：一是与农民习惯施肥并配施秸秆还田处理下增加的中等活性有机磷组分 NaOH I-Po 的水解有关，因为 NaOH I-Po 的水解可以在秸秆添加到土壤后被刺激，尤其是添加的秸秆碳磷比较高时，从而产生较多的中等活性无机磷组分（Waldrip et al.，2011；Damon et al.，2014），本研究发现的 NaOH I-Pi 与 NaOH I-Po 之间显著的正相关关系也支持了这一解释；二是可能与农民习惯施肥并配施秸秆还田处理相对于农民习惯施肥处理显著降低的土壤 pH 有关，NaOH I-Pi 组分被认为是通过化学作用吸附到铁、铝化合物上的磷组分，而土壤 pH 的降低可以增加土壤中铁、铝离子的可溶性，这也许使得施肥和秸秆矿化而增加的无机磷组分更多地被铁、铝离子吸附而导致了 NaOH I-Pi 含量的显著增加。本研究中发现的 NaOH I-Pi 与土壤 pH 之间显著的负相关关系也支持了这一解释。

磷肥减施 20% 并配施秸秆还田处理下 NaOH I-Po 含量相对于农民习惯施肥处理没有显著增加，并且 NaOH I-Po 含量在磷肥减施 20% 并配施秸秆还田处理下显著低于农民习惯施肥并配施秸秆还田处理（图 9-40），这表明矿物磷肥减施 20% 会消耗因秸秆添加而增加的中等活性有机磷组分 NaOH I-Po。磷肥减施 20% 并配施秸秆还田处理相对于农民习惯施肥并配施秸秆还田处理 NaOH I-Po 含量的降低可能与磷肥减施 20% 并配施秸秆还田处理下为满足作物对无机磷的需要而发生水解生成了无机磷有关，因为虽然磷肥减施 20% 并配施秸秆还田处理相对于农民习惯施肥并配施秸秆还田处理减施了 20% 的矿物磷肥，但所有无机磷组分在两个处理之间没有表现出显著差异（图 9-39）。

此外，尽管磷肥减施 20% 并配施秸秆还田处理减施了 20% 的矿物磷肥，并且因为秸秆添加增加了微生物对土壤中活性无机磷的固持，但与农民习惯施肥并配施秸秆还田处理一样，磷肥减施 20% 并配施秸秆还田处理和农民习惯施肥处理相比也是非但没有降低土壤活性无机磷组分的含量，还显著增加了中等活性无机磷组分 NaOH I-Pi 的含量（图 9-39）。因为两个处理之间土壤 pH 没有显著差异（表 9-11），所以磷肥减施 20% 并配施秸秆还田处理下增加的 NaOH I-Pi 也许主要归因于本处理下更多的 NaOH I-Po 水解，而活性无机磷组分在两个处理之间没有显著差异的原因可能归因于有机磷水解而增加的中等活性无机磷组分向活性无机磷的转化，因为中等活性无机磷组分 NaOH I-Pi 作为化学吸附在土壤铁、铝离子上的无机磷，当土壤活性无机磷被消耗时，为满足作物需要，被吸附的 NaOH I-Pi 会通过解吸作用发生可逆的转变（Beck and Sanchez，1994；Zhang and MacKenzie，1997；Hou et al.，2016）。

3. 磷肥减施增效机理

结构方程模型可以被用来分析土壤中磷组分的变化和明确土壤磷组分之间的转化（Beck and Sanchez, 1994; Zhang and MacKenzie, 1997; Hou et al., 2016）。本研究基于 Resin-Pi 与 NaHCO₃-Pi、NaOH I-Pi 和 HCl-Pi 的显著相关关系及磷酸酶和有机磷、无机磷组分的显著相关关系构建了结构方程模型，用来分析土壤磷组分之间的转化及磷酸酶在磷组分转化过程中的作用（图 9-41）。结果发现 NaOH I-Po 对 NaOH I-Pi 有显著直接的正向作用，并且 NaOH I-Pi 可以通过对 NaHCO₃-Pi 显著直接的正向作用间接作用于 Resin-Pi，这表明由中等活性有机磷组分水解生成的中等活性无机磷组分可以贡献土壤活性无机磷组分，这也证明了我们此前的推测，即活性无机磷组分含量在磷肥减施 20% 并配施秸秆还田处理和农民习惯施肥处理之间没有显著差异的原因，可能与有机磷水解而增加的中等活性无机磷组分向活性无机磷组分的转化有关。此外，本研究还发现 HCl-Pi 对 NaOH I-Pi 也有显著的直接正向作用，这表明钙离子吸附的这部分中等稳定态无机磷也许也通过 NaOH I-Pi 的中间媒介作用间接贡献了土壤活性无机磷组分。

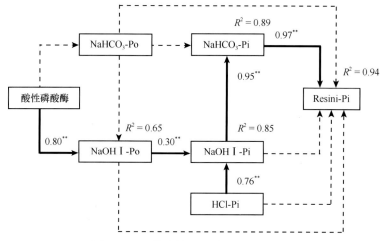

图 9-41　土壤磷转化关系结构方程模型

箭头数字表示标准化通径系数；R^2 表示解释的变异量；箭头粗细表示通径系数的大小；

虚线代表路径不显著；** 表示显著性水平 $P < 0.01$

此外，结构方程模型还发现 NaOH I-Pi 也受到了 NaOH I-Po 的显著直接作用，而 NaOH I-Po 受到了土壤酸性磷酸酶（AcP）的显著直接作用（图 9-41）。土壤酸性磷酸酶对 NaOH I-Po 的直接作用与 NaOH I 浸提的有机磷主要是单酯有机磷有关（Negassa and Leinweber, 2009），其在磷酸单酯酶的作用下可以水解生成无机正磷酸盐以供作物利用。相关性分析表明酸性磷酸酶也与 NaOH I-Pi、NaHCO₃-Pi 和 Resin-Pi 具有显著的正相关关系，这表明在土壤 pH 呈酸性的东北棕壤区，酸性磷酸酶对 NaOH I-Po 的水解和磷肥减施 20% 后中等活性无机磷和活性无机磷组分含量的增加或保持也许也起到了重要的作用。磷肥减施 20% 并配施秸秆还田处理相对于农民习惯施肥处理土壤中有较高的 NaOH I-Pi 含量，以及 Resin-Pi、NaHCO₃-Pi 和 HCl-Pi 在两个处理之间没有显著差异，这可能是玉米籽粒产量在这两个处理之间没有显著差异的原因，因为相关性分析发现玉米籽粒产量与 Resin-Pi、NaHCO₃-Pi、NaOH I-Pi 和 HCl-Pi 含量具有显著的正相关关系。此外，玉米籽粒产量也与土壤酸性磷酸酶活性表现出显著的正相关关系，这进一步强调了酸性磷酸单酯酶在东北棕壤区对玉米作物生长的重要性。

　　总的来说，本研究发现所有施肥处理均显著增加了作物产量，但作物产量在所有施肥处理之间没有显著差异，表明经过 5 年的田间试验，在秸秆还田条件下矿物磷肥减施 20% 不会影响玉米作物产量。此外，所有施肥处理均显著增加了土壤磷的含量。其中，农民习惯施肥处理和不施肥处理相比显著增加了 Resin-Pi、NaHCO$_3$-Pi、NaOH I-Pi 和 HCl-Pi 的含量，对 NaOH II-Pi 和所有有机磷组分含量没有显著影响。与农民习惯施肥处理相比，当矿物磷肥添加量一致的时候，秸秆的添加可以显著增加土壤活性有机磷 NaHCO$_3$-Po 和中等活性有机磷 NaOH I-Po 及中等活性无机磷 NaOH I-Pi 含量。但是，当秸秆添加量一致的时候，矿物磷肥减施 20% 会促进中等活性有机磷 NaOH I-Po 的矿化，增加中等活性无机磷 NaOH I-Pi 的含量，并促进土壤无机磷组分之间从中等活性无机磷 NaOH I-Pi 到植物更容易利用的活性无机磷的转化，从而保持土壤活性无机磷组分 NaHCO$_3$-Pi 和 Resin-Pi 在减施 20% 矿物磷肥处理下含量仍不降低，继而保证作物产量。除此之外，本研究发现 NaOH I-Po 与酸性磷酸酶有显著正相关关系，并且酸性磷酸酶与 NaOH I-Pi 和 NaHCO$_3$-Pi、Resin-Pi 也有显著的正相关关系，又因为玉米作物产量与 Resin-Pi、NaHCO$_3$-Pi 和 NaOH I-Pi 含量及酸性磷酸酶活性具有显著的正相关关系，表明在土壤 pH 呈酸性的东北棕壤区，酸性磷酸酶对 NaOH I-Po 的水解和无机磷组分含量的增加及作物产量的保持也许也起到了重要的作用。基于以上结果，笔者提出磷肥减施 20% 并配施秸秆还田处理下 NaOH I 浸提的有机磷组分的水解和随后增加的中等活性无机磷组分向活性无机磷组分的转化，也许是保持东北棕壤区土壤磷有效性和作物产量的重要机制，其中酸性磷酸酶在调控土壤磷的循环及保持作物产量方面也许起到了重要的作用。因此，在东北棕壤区，秸秆的添加可以在保证作物产量的前提下达到矿物磷肥减施 20% 的目的，可以作为东北棕壤区的适宜施肥模式，但这仅是 5 年间的田间定位试验结果，长期效应还需进行持续的观测。

　　基于 5 年的田间试验发现，与不施肥相比，所有施肥处理均显著增加了玉米地上磷吸收量（表 9-12）。在各施肥处理之间，玉米地上磷吸收量没有表现出显著差异，但是磷肥减施 20% 并配施秸秆还田处理相对于农民习惯施肥处理显著提高了磷肥吸收利用率。这表明在东北棕壤区经过 5 年的磷肥减施 20% 并配施秸秆还田处理不仅不会导致玉米地上磷吸收量的降低，还可以有效提高磷肥吸收利用效率，因此可以作为东北棕壤区适宜的施肥管理模式。

表 9-12　东北棕壤区玉米带不同施肥处理下玉米地上磷吸收量及磷肥吸收利用率

处理	施磷量/（kg/hm^2）	地上磷吸收量/（kg/hm^2）	磷肥吸收利用率/%
P0	0	21.4b	
P75	75	32.5a	14.8b
SP75	75	36.9a	20.6b
SP60	60	37.1a	26.1a

9.3.2　华北集约化冬小麦–夏玉米农田养分高效管理与减肥增效

9.3.2.1　作物养分吸收利用的高效管理

　　实现作物持续高产、养分高效吸收利用与环境保护相协调的有效措施就是尽可能培肥地力，发挥土壤的"蓄水池"作用，提高其保肥与供肥能力，使土壤养分供应与作物高产的养分需求在时间上同步、在空间上耦合，将作物主要根系层养分调控在既能满足作物高产的养分需求，又不至于造成速效性养分过量累积而向环境中迁移的范围内。鉴于此，适宜肥料用量的确定显得尤为重要，为此，本研究组在中国科学院栾城农业生态系统试验站布设了冬小麦–夏玉米轮作农田不同氮磷梯度的肥料长期定位试验，建立了基于多年产量的施肥量与产量的定量关系，结果表明，作物年产量随着氮磷用量的增加呈抛物线式变化，当氮肥用量低于371kg N/(hm²·a)、磷肥用量低于48kg P/(hm²·a) 时，产量随肥料用量增加而提高，超过此肥料用量后，产量不再增加（图9-42）。为了在保证作物产量的同时，进一步提升地力，允许农田生态系统养分有适度盈余，建议本区域氮肥年用量371～400kg N/hm²、磷肥年用量48～65kg P/hm²，比当前农民传统氮肥用量减少20%～25.8%。

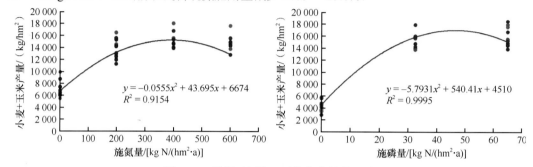

图9-42　长期不同施肥对作物产量的影响

在传统水肥管理模式（大水大肥）下，造成大量硝态氮随水迁移出作物主要根系层，提高了氮素环境风险。不同氮素梯度定位试验结果表明，随着施氮量的增加，作物对氮素的吸收利用呈抛物线式变化趋势。在每年施用300kg N/hm²（N300）低量施氮情况下，作物吸氮量为215kg N/hm²，显著低于每年施用400kg N/hm²（N400）和600kg N/hm²（N600）处理，N400和N600处理间无显著性差异，表明施氮量超过400kg N/(hm²·a) 继续增施氮肥并没有显著促进作物对氮素的吸收利用（图9-43）。

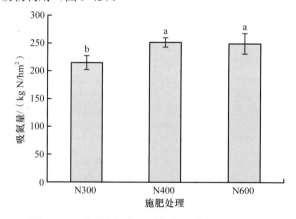

图9-43　不同施氮水平对作物吸收氮素的影响

N300表示每年施用300kg N/hm²；N400表示每年施用400kg N/hm²；N600表示每年施用600kg N/hm²；不同小写字母表示处理间存在显著差异（$P < 0.05$）。下同

当季施入土壤内的肥料氮素，随着施氮量的增加作物对肥料氮的吸收利用呈增加趋势，当施肥量超过400kg N/(hm²·a) 后，继续增加施肥量，作物对肥料氮的吸收利用增长趋势变缓（图9-44）。N400和N600处理作物对肥料氮的吸收量显著高于N300，尽管N600处理下作物吸氮量最高，达到了88kg N/hm²，但与N400无显著性差异。肥料利用率变化趋势与吸氮量不

尽相同,N300 和 N400 处理的肥料氮有 41.4% ～ 42.1% 被当季作物吸收,而 N600 处理只有不到 30% 的肥料氮被作物吸收。由此可见,适宜的肥料用量不仅能保证作物的高产稳产,还能有效地提高肥料利用率。

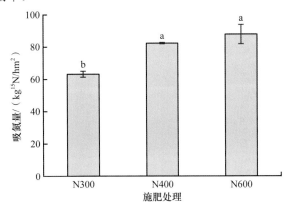

图 9-44　不同施氮水平对作物吸收肥料氮素的影响

9.3.2.2　土壤养分库的高效管理

施肥的目的不仅是为作物提供营养,还要为维持和提高土壤肥力提供保障。施入土壤中的肥料氮首先被转化为无机氮,然后在微生物的作用下转化固持为各种形态的有机氮和微生物氮,保存于土壤中,对提高土壤氮素库容和减少氮素损失起到了积极作用。经过 15 年不同施氮处理后,土壤全氮含量随着施氮量的增加而呈增加的趋势,但不同处理间土壤全氮含量(硝态氮除外)未达到统计学上的显著性差异(图 9-45),这说明长期大量施肥并不能显著提高土壤氮素含量。由于受到土壤自然属性的影响,华北地区石灰性土壤中无机氮以硝态氮为主,N600 与其他施氮处理间硝态氮含量存在显著性差异。过量施氮显著提高了土壤硝态氮含量,N600 处理耕层土壤硝态氮含量高达 51.8mg N/kg,比 N300 和 N400 处理分别提高 89.8% 和 147.4%;N300 略高于 N400,但二者之间无显著性差异。从土壤中硝态氮和铵态氮含量来看,3 个处理中均以 N400 处理下含量最低,说明适宜施氮量在保证作物生长对氮素需求的同时,可降低土壤无机氮含量,减弱氮素向环境输出的风险。^{15}N 标记肥料的微区试验结果表明,肥料氮当季在土壤中的残留量随施氮量的变化并无一定的规律性,N300、N400 和 N600 各处理肥料氮(全氮)当季残留量依次为 53.7g N/kg、40.9g N/kg 和 96.6g N/kg(图 9-46),其中,以无机态氮(硝态氮+铵态氮)形式保留在土壤中的量依次为 23.0mg N/kg、5.6mg N/kg

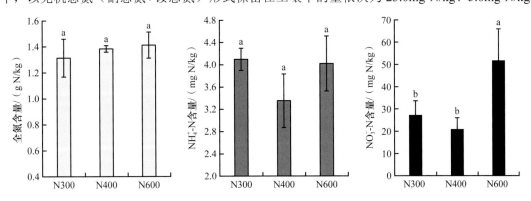

图 9-45　经过 15 年不同施氮处理后土壤全氮与无机氮含量

和 52.4mg N/kg，残留的肥料氮中硝态氮和铵态氮占总残留氮的百分比分别为 42.8%、13.7% 和 54.2%。这进一步说明，不合理施肥导致肥料残留氮中无机氮所占的比例增加，提高了其氮素损失的风险，这也是长期过量施氮肥后土壤全氮含量无显著增加的主要原因之一。

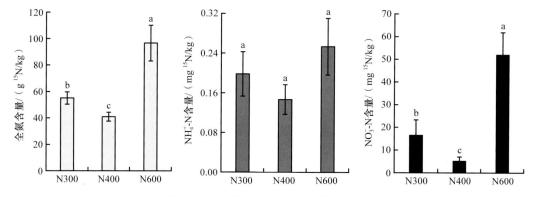

图 9-46　肥料氮在当季土壤中的残留量

在土壤不同粒级氮库中，氮素分布强度从大到小为黏粒级＞砂粒级＞粉粒级（图 9-47）。这表明华北潮土区黏粒级土壤对氮素的保有能力最强，而粉粒级土壤持氮能力最弱。同一土壤粒级库中 3 个施氮水平的氮素分布强度呈现出随施氮量增加而增加的趋势（黏粒级库除外），但各处理间无显著性差异，即长期的不同施肥水平并未对氮素在土壤各粒级库中的分布强度产生显著影响。这说明，华北平原冬小麦–夏玉米轮作农田每年施用 300kg N/hm² 以上的氮肥后，化肥施用量增加已不能进一步提升土壤对氮素的持有能力和供应能力，需要通过添加外源性有机物料来提升土壤的保肥和供肥能力。

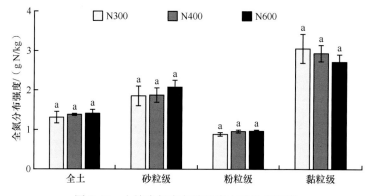

图 9-47　土壤全氮在各粒级库中的分布强度

土壤养分的库容可用以反映某粒级土壤固持养分形成土壤养分库的容量。库容不仅与该粒级土壤矿物的固持能力有关，还与该粒级在土壤中的含量比重有关。图 9-48 表明，华北地区冬小麦–夏玉米轮作农田不同施氮水平下土壤氮素的粒级库容从大到小均为粉粒级＞黏粒级＞砂粒级，粉粒级库容占土壤氮库的 60%～70%、黏粒级占 30%～40%、砂粒级占 20%～30%，这说明粉粒级库是土壤中最主要的氮素储存库。在砂粒级和粉粒级两个粒级库中氮素的库容呈现出随施氮量增加而增加的趋势，而黏粒级库则相反；但 3 个施氮水平间无显著性差异，这说明，过多地增施氮肥并不能显著增加土壤粒级库的氮素库容。

残留在土壤中的肥料氮通过生物化学过程转化成不同形态的氮被保存在不同粒级土壤库

中，^{15}N 同位素示踪研究结果表明，当季施用的肥料氮在粒级库中分布强度（图 9-49）及其库容（图 9-50）显著受到施氮量的影响。当季肥料来源全氮在 N600 处理组的分布强度显著高于 N300 和 N400 处理，N300 和 N400 处理间全氮分布强度无显著性差异（图 9-49），这表明过量施肥后短期内会对土壤氮库有一定的补充。在不同粒级氮库间，砂粒级土壤库中当季肥料来源全氮分布强度最高，其次为黏粒级，粉粒级土壤库当季肥料来源的全氮分布强度最低。

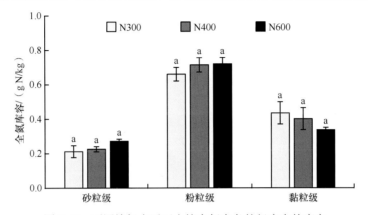

图 9-48　不同施氮水平下土壤全氮在各粒级库中的库容

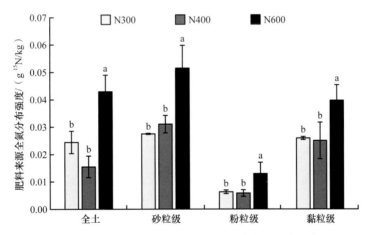

图 9-49　当季肥料来源全氮在各粒级库中的分布强度

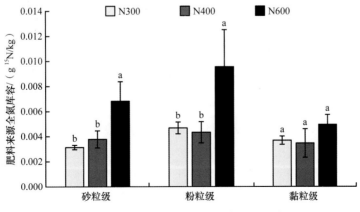

图 9-50　当季肥料来源全氮的各粒级库容

比较图 9-49 和图 9-47 不难看出，当季土壤中肥料来源全氮在不同粒级中的分布强度变化趋势不同于土壤全氮，肥料来源的全氮首先进入较粗粒级的砂粒级土壤（图 9-49），伴随时间的推移，逐渐向细粒级土壤库迁移，最终表现为黏粒级土壤库中氮素分布强度最高（图 9-47）。

各粒级土壤氮库中当季肥料来源全氮库容明显受施氮量的影响，各粒级库中当季肥料来源的氮库容均以 N600 处理最高，N300 和 N400 处理间无显著差异。不同粒级库之间，除 N600 粉粒级源于当季肥料氮的库容高于砂粒级和黏粒级库容外，其他两个施氮处理的各粒级土壤库之间源于当季肥料氮的库容差异并不明显，这一趋势有别于土壤原有氮素在各粒级库中的库容分布特征。这说明当季肥料氮素进入土壤后，基本是均等分配入 3 个粒级库。不同施氮处理下各粒级库中肥料来源的氮素富集因子均为粉粒级最低（图 9-51），在 0.3 ～ 0.4，这说明在粉粒级库中当季肥料氮素是向外迁移的。在不同施氮量之间，N400 处理的肥料氮素在各粒级库的富集因子均高于 N300 和 N600 处理，这说明适宜施氮水平促进了肥料氮素在各粒级库的积累。

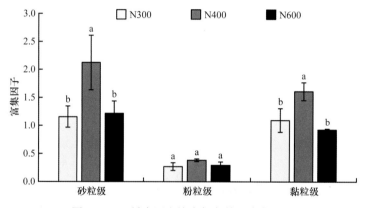

图 9-51　肥料来源土壤全氮各粒级富集因子

输入农田的氮素除了被作物吸收利用外还会通过氨挥发过程、硝化–反硝化过程及硝态氮在土体中的淋溶迁移进入环境，对环境造成危害。氨挥发和硝态氮淋溶损失是华北地区农田氮素损失的主要途径，是氮肥利用率低的重要原因。每年因氨挥发而造成的氮素损失达 60.1kg N/hm²，占施入肥料氮的 15%。硝态氮淋溶氮素损失量为 47.0 ～ 65.5kg N/hm²，占肥料氮的 11.8% ～ 16.4%。每年因硝化–反硝化过程造成的肥料氮损失量为 5.0 ～ 8.7kg N/hm²，占肥料氮的 1.3% ～ 2.2%，虽然硝化–反硝化过程不是氮素损失的重要途径，但其引起的 N_2O 排放对环境的温室效应不容忽视。

保证粮食高产的同时保护生态环境是我国现阶段发展可持续农业的必然要求，提升土壤基础地力、改善耕地质量、减少肥料损失、提高肥料利用效率是满足这一要求的必然选择。华北地区秸秆资源丰富，实施秸秆还田和有机粪肥部分替代化肥，可补充、更新和提高土壤有机质，实现生物氮、磷、钾肥源的循环再利用。根据本区耕种习惯，夏收时，小麦秸秆实施表层覆盖，起到保墒节水作用；秋收时，玉米秸秆粉碎进行旋耕或少免耕还田，每 3 ～ 4 年进行一次深翻耕，以扩增耕层深度、改善耕层土壤结构，促进全耕层土壤地力培育，提高土壤的保肥和供肥能力，减少肥料损失，协调土壤氮素转化与运移，减少氮素向环境的迁移，提高肥料利用效率。

9.3.3　长江中下游集约化双季稻农田养分高效管理与减肥增效

9.3.3.1　水稻地上部养分吸收的高效管理

1. 水稻地上部氮素吸收

水稻地上部（籽粒+秸秆）氮素吸收量在早稻季为 63.6 ～ 77.6kg N/hm²，2012 ～ 2017 年各处理平均氮肥利用率在 24.3% ～ 35.4%（图 9-52），相对较低。在 2012 ～ 2014 年，生物炭 LB 和 HB 处理较对照平均氮肥利用率分别提高 50.3% 和 43.8%，这主要与生物炭提高了水稻产量及氮素输入量有关。而低量和高量秸秆还田较对照平均氮肥利用率分别降低 21.4% 和 19.6%，这主要与早稻季秸秆还田分解慢、养分释放少，导致微生物与作物竞争肥料养分，从而导致水稻减产，氮肥利用率低。而在 2015 ～ 2017 年，由于长期秸秆还田，土壤有机碳、有机氮含量提高，土壤有机质矿化量增加，氮素供应对水稻生长的影响减小；而生物炭由于老化，其自身对有效养分（如有效氮、Ca^{2+} 和 Mg^{2+} 等）的供应较对照没有显著差异，从而使得秸秆还田、生物炭施用和对照处理间的氮肥利用率差异不显著（除 2015 年 LB 和 HS 处理、2017 年 HB 和 LS 处理外）。

水稻地上部（籽粒+秸秆）氮素吸收量在晚稻季为 99.3 ～ 114kg N/hm²，2012 ～ 2017 年各处理平均氮肥利用率在 36.6% ～ 44.5%（图 9-53），较早稻季高。在 2012 ～ 2014 年，各处理间氮肥利用率没有显著差异（但 2013 年 CK 与 HS 处理差异显著）。而在 2015 ～ 2017 年，由于长期秸秆还田，土壤有机碳、有机氮含量提高，土壤有机质矿化量增加，低量和高量秸秆还田处理平均氮肥利用率分别较对照提高 22.3% 和 39.8%。而生物炭处理氮肥利用率与对照没有显著差异（除 2015 年外）。

综合来看，长期秸秆还田通过提升土壤有机碳、有机氮含量，提高土壤微生物活性，可以有效提高氮肥利用率，且秸秆还田使秸秆氮素替代了 13% ～ 34% 的无机氮肥。秸秆还田后，化学氮肥利用率较对照有大幅提升，且秸秆还田大幅减少了化学氮肥施用量，因此稻田秸秆还田是一种提高稻田氮肥利用率的有效措施。但如何减少秸秆还田对早稻季水稻产量的不利影响还需要深入研究。

2. 水稻地上部磷素吸收

在 2012 ～ 2017 年的 6 年间，对照处理（CK）、秸秆还田处理（LS 和 HS）及添加秸秆生物炭处理（LB 和 HB）双季水稻地上部磷素吸收量分别为 43.4 ～ 57.1kg/hm²、41.5 ～ 56.6kg/hm²、38.8 ～ 63.4kg/hm²、42.7 ～ 65.8kg/hm² 及 38.7 ～ 59.7kg/hm²（图 9-54）。在秸秆还田条件下，磷素吸收量较对照表现为先减少后增加的趋势；而生物炭施用条件下，磷素吸收量较对照表现为先增加后减少的趋势。

综合来看，长期秸秆还田通过提升土壤有机碳、有效磷含量，提高土壤微生物活性，可以有效提高磷肥利用率。且秸秆还田使秸秆磷素替代了 24% ～ 48% 的化肥磷肥。因此，秸秆还田后，化学磷肥利用率较对照实际上有大幅提升，且秸秆还田大幅减少了化学磷肥施用量，因此稻田秸秆还田是一种提高稻田磷肥利用率的有效措施。生物炭施用能够提高土壤总磷、有效磷和微生物量磷含量，有利于提高土壤磷素有效性。但后期由于生物炭老化，生物炭处理的磷素吸收量出现下降，相关机制需要进一步深入研究。

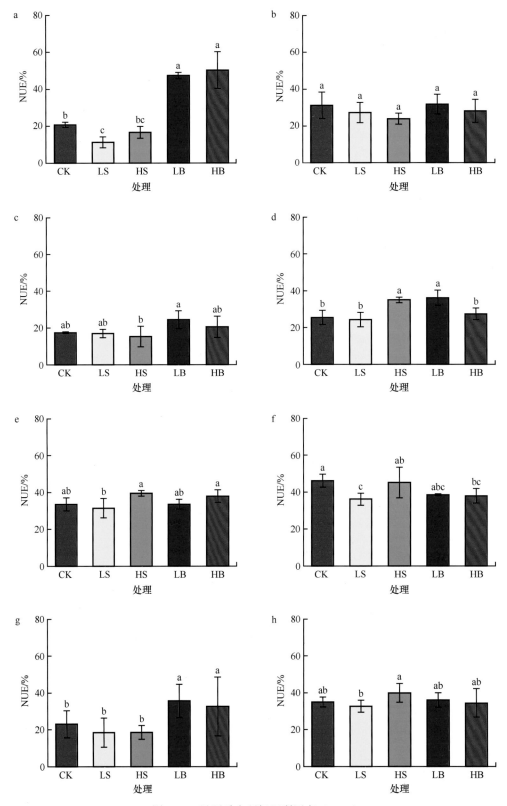

图 9-52　早稻季水稻氮肥利用率（NUE）

a ～ f、g、h 分别指 2012 ～ 2017 年、2012 ～ 2014 年平均、2015 ～ 2017 年平均。根据最小显著性差异法检验差异性，误差棒表示均值 ± 标准偏差，不同小写字母表示处理间在 0.05 水平差异显著。下同

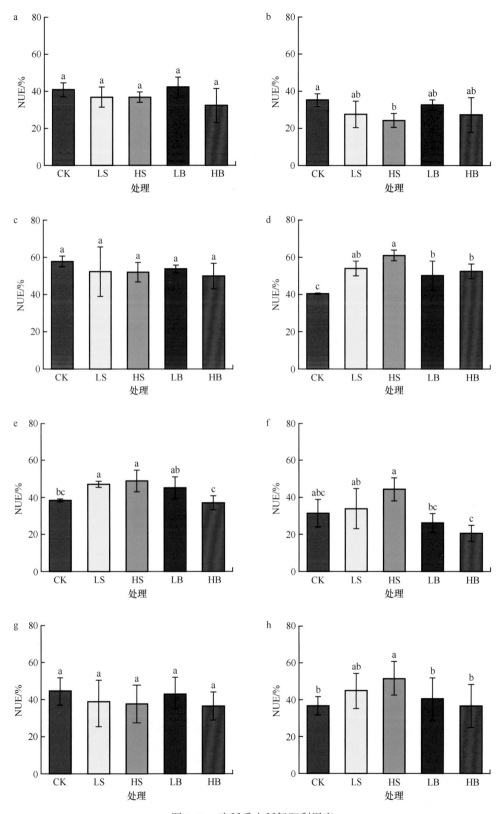

图 9-53　晚稻季水稻氮肥利用率

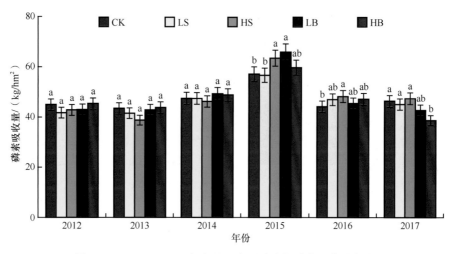

图 9-54　2012～2017 年各处理水稻地上部磷素吸收量变化

9.3.3.2　不同培肥措施下稻田土壤性质对水稻磷素高效利用的对比分析

秸秆还田和水肥管理对水稻籽粒和秸秆磷素吸收量的影响在早晚稻成熟期表现出不同的趋势（图 9-55）。早稻季秸秆还田处理的籽粒磷素吸收量显著低于相对应的单施化肥处理，且长期淹水条件下秸秆还田处理最低，但是晚稻季秸秆还田处理籽粒磷素吸收量显著高于相对应的仅施化肥处理。随着氮肥施用量的增加，早晚稻中秸秆和籽粒中磷素吸收量均显著增加；

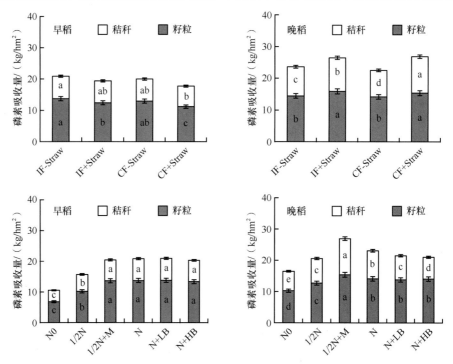

图 9-55　秸秆还田、不同氮肥及生物炭施用对早稻和晚稻秸秆、籽粒磷素吸收的影响

IF-Straw：间歇灌溉，秸秆不还田；IF+Straw：间歇灌溉，秸秆还田；CF-Straw：长期淹水，秸秆不还田；CF+Straw：长期淹水，秸秆还田；N0：不施氮肥；1/2N：施用常规用量一半的氮肥；1/2N+M：有机肥无机配施，猪粪替代 50% 化学氮肥；N：常规氮肥；N+LB：常规氮肥，一次性配施秸秆生物炭 24t/hm²；N+HB：常规氮肥，一次性配施秸秆生物炭 48t/hm²；氮磷钾肥常规用量同表 9-2。下同

与常规氮肥处理（N）相比，早稻季添加猪粪、生物炭处理秸秆和籽粒磷吸收量没有显著差异，而在晚稻季生物炭处理秸秆磷吸收量显著降低，尤其是添加2%（48t/hm²）的生物炭处理秸秆磷素吸收量最低。

与常规氮肥处理（IF-Straw或者N）相比，秸秆还田使早稻季水稻产量显著减少，晚稻季小幅增加。添加生物炭处理使水稻产量有小幅增加，但与常规氮肥处理相比不显著（图9-56）。从磷素的输入和输出平衡来看（表9-13），双季稻田磷素的年输出量在27.0～47.7kg P/hm²，秸秆还田处理磷肥利用率（磷素年输出量/磷肥年投入量）均较相应的秸秆不还田处理有显著增加，且磷肥输出量超过了磷素投入量，表明秸秆还田可有效活化稻田土壤原有土壤有效磷。考虑到秸秆还田还替代了部分化学磷肥，因此秸秆还田稻田化学磷肥的年偏生产力（籽粒产量/化学磷肥投入量）要显著低于其他处理，可以作为双季稻体系有效提高磷肥利用率的有效措施。此外，稻田不施氮肥或者施氮不够导致产量下降，以及过量使用磷肥（如猪粪还田处理）将导致土壤磷素累积，可能会增加土壤磷素淋失风险。生物炭施用处理土壤磷素输入输出基本处于平衡，磷肥利用率与常规氮肥处理相比没有显著差异，考虑到生物炭施用提高了土壤磷素的有效性，且低量（24t/hm²）施用提高了水稻产量，因此生物炭施用可以作为一种稻田磷素高效利用的措施。

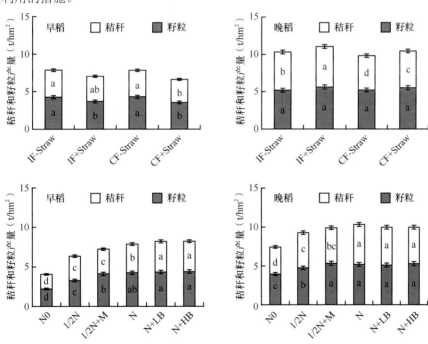

图9-56　秸秆还田、不同氮肥及生物炭施用对早稻和晚稻秸秆、籽粒产量的影响

表9-13　各处理磷素输入与输出平衡及磷肥利用率（2016～2017年）

处理	ATPI/〔kg P/(hm²·a)〕	APO/〔kg P/(hm²·a)〕	APAB/〔kg P/(hm²·a)〕	PUE/%
IF-Straw	42.6	43.8±1.1cd	−1.2±1.2ef	103.26±1.93bc
IF+Straw	42.6	45.6±0.9b	−3.0±0.9g	107.58±2.88a
CF-Straw	42.6	42.7±1.5de	−0.1±0.1de	99.79±2.89cd
CF+Straw	42.6	44.6±1.6bc	−2.0±1.6fg	104.64±3.80ab

续表

处理	ATPI/ [kg P/(hm²·a)]	APO/ [kg P/(hm²·a)]	APAB/ [kg P/(hm²·a)]	PUE/%
N0	42.6	27.0±1.0g	15.6±1.0b	63.39±2.28f
1/2N	42.6	36.4±0.7f	8.2±0.7c	85.16±0.93e
1/2N+M	232.1	47.7±0.8a	184.4±0.8a	20.44±0.21g
N	42.6	43.8±1.1cd	−1.2±1.1ef	103.26±1.93bc
N+LB	42.6	42.5±0.8de	−0.1±0.8de	99.71±1.84cd
N+HB	42.6	41.3±0.6e	1.3±0.6d	97.05±1.51cd

　　ATPI：磷素年投入量；APO：年磷素年输出量；APAB：磷素的年偏生产力；PUE：磷素利用率（磷肥年输出量/磷肥年投入量）

　　通过冗余分析表明（图 9-57），氮肥用量（等同于土壤有效氮素含量）显著影响水稻产量、磷吸收量及植物磷含量，其次具有重要影响的土壤肥力因子是微生物生物量磷和速效磷。剔除氮肥影响后进行冗余分析，主要影响水稻产量、磷吸收量及磷含量的因子是速效磷和微生物量磷。土壤有机碳含量显著影响水稻产量，而水稻产量与磷素吸收量呈正相关。

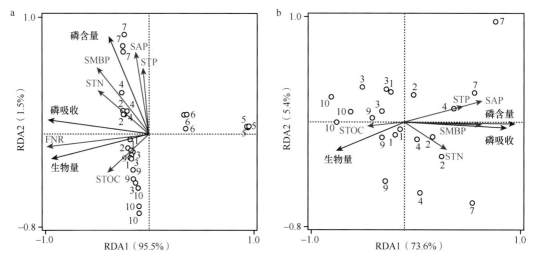

图 9-57　基于冗余分析的各处理（a）和相同施肥量处理（b）的土壤肥力特性对水稻产量、磷吸收的影响（2016 ～ 2017 年）

1. 未施秸秆且间歇灌溉（IF-Straw）；2. 秸秆还田且间歇灌溉（IF+Straw）；3. 未施秸秆且连续淹水（CF-Straw）；4. 秸秆还田且连续淹水（CF+Straw）；5. 未施氮肥处理（N0）；6. 50% 氮肥处理（1/2N）；7. 猪粪替代 50% 氮肥处理（1/2N+M）；9. 100% 氮肥和低碳配施处理（N+LB）；10. 100% 氮肥和高碳配施处理（N+HB）。FNR 为氮肥施用量；STOC 为土壤有机碳；STN 为土壤全氮；STP 为土壤全磷；SAP 为土壤有效磷；SMBP 为土壤微生物生物量磷

9.3.4　中东部集约化农田养分高效利用的区域管理特征

　　土壤有机质对土壤质量和土壤健康具有重要影响，土壤有机碳的数量和质量反映了土壤有机质的水平及其稳定性。长期的高强度集约化农田管理措施导致我国东北旱作区中土壤有机碳含量不断下降，华北冬小麦–夏玉米轮作区土壤有机碳含量长期处于低水平，并且南方双季稻区土壤也出现由于单施化肥而有机碳含量下降的现象。以有机物料（秸秆和有机肥）的输入为基础的培肥管理促进了不同农区典型种植体系土壤有机碳的提升。一方面有机物料输入通过促进土壤微生物的周转提高了土壤有机碳的积累和稳定性，并且活性碳源的输入可促

进相对稳定的木质素酚选择性积累,增加稳定性植物组分对有机碳积累的贡献;另一方面有利于土壤团聚体化,改善土壤结构,促进有机碳在土壤团聚体中的积累,并且因有机物输入而增加的土壤有机碳会逐渐从大团聚体向小团聚体迁移,使得保存在土壤中的碳更为稳定,提高了土壤对碳的封存能力。另外,在管理实践中针对旱作农田适时进行深翻可改善土壤养分过度表聚,提高有机质在土体中的固存容量。

有机物料输入可促进土壤氮、磷等养分在土壤中的积累,改善土壤肥力状况,但是调控机制因增肥措施而异。在华北区有机肥的输入主要通过提高氮素在砂粒级库中的积累提升土壤的供肥能力;而秸秆还田在华北和东北区则是通过增碳调控肥料氮素从快速周转的砂粒级土壤向相对稳定的黏粒级土壤迁移,促进肥料氮素在黏粒级中的分布和富集,提高肥料氮素在土壤中的稳定性,提升土壤的保肥能力。并且,在一定程度上秸秆还田会减少肥料氮素在固定态铵中的释放量;同时,通过秸秆还田调控肥料氮素在真菌残体中相对积累,提高肥料氮素在耕层土壤中的稳定性,减少氮肥损失,进而提高土壤肥力。因此,针对各区域的肥力水平可采取不同的调控手段。对东北区而言,主要通过秸秆还田维持土壤肥力;而在华北区小麦–玉米轮作农田在推行两季秸秆全量还田的基础上,可进行有机粪肥替代部分化肥提高土壤供肥能力。对于南方双季稻种植区,尽管秸秆还田能够明显提升土壤氮磷养分库容和有效性,但同时也增加了氮素的气态损失。秸秆替代部分化肥可以在维持和提升土壤养分库容的同时,相对减少稻田氮素的气态损失,因此可作为双季稻土壤养分培育的一种有效调控措施。

不同农区典型种植系统内,在培肥基础上的优化施肥管理能够保持稳定的作物产量,并且维持土壤氮库稳定,提高土壤磷的有效性。综合考虑土壤肥力、作物产量和化学肥料的投入,在有机物料输入条件下,在各区域常规施肥的基础上肥料减量20%可以维持农田系统稳定。因此,以有机物料输入为基础的培肥管理是提升土壤有机质的关键,通过作物残体管理、有机和无机施肥管理调控土壤养分循环过程,明确有机物料输入与土壤氮磷养分的耦合如何协调养分的保持和供应,才能建立起农田氮磷养分高效利用的可持续管理培肥模式,为肥料减量提供理论基础和实践管理途径。

集约化农田系统的特征是在高产高效农田管理目标下的物质高通量循环。系统输出通量巨大,如果只靠无机物料(肥料、水分等)输入维持高产出,系统的物质循环难以保持平衡,因此,有机物料的输入或高效管理是维持系统功能及可持续性的关键。有机肥的施用是非常有效的管理措施,对有机质的积累和养分的供应都具有显著的促进作用。但由于我国种植业和养殖业的分离及有机肥资源的限制,加之现有经营体制下有机肥施用成本问题,有机肥还不能广泛应用于集约化农田系统。相比之下,有机物料(作物秸秆和废弃物等)资源广泛,直接还田利用成本低,有机物料输入或原位再循环利用是更好的选择。从本章的研究结果可以看出,作物有机物料的直接输入可实现作物残体碳和养分的原位再循环,具有补充高强度集约化农田土壤系统有机质和养分的消耗、更新土壤有机质,提升土壤微生物功能及土壤生态系统功能的作用。系统功能的提升,可促进土壤物质循环,提高水肥资源利用效率。因此,作物有机物料的原位再循环利用是高强度集约化农田高效管理的必然选择。

第10章 西北旱区主要粮作体系有机培肥的地力提升机制

我国西北旱区范围涉及山西、陕西、甘肃、宁夏、青海、新疆及内蒙古7个省区。该地区土地面积396万km²，约占全国的41%；耕地面积3.67亿亩，占全国的18.1%，其中旱作耕地占耕地面积的一半，约1.7亿亩。这一区域属于干旱区或半干旱区，大部分区域年均降水在400mm以下，且时空分布不均。

小麦单作、玉米单作一年一熟制及玉米–小麦轮作一年二熟制等种植制度是目前西部旱区的主要粮食生产体系。这些体系便于实行全程机械化操作，以高投入换取高产出的集约化生产方式在提升作物产量方面发挥着积极作用。但是，最大问题是过度依赖化石能源的使用，尤其是普遍存在化肥过量施用情况，而有机物料投入量大都不足，造成土壤肥力退化、温室气体大量排放、生物多样性丧失等一系列问题，对农田生态及环境的负面影响逐渐显现，对粮食生产的可持续性造成极大威胁。

土壤碳库是地球上最大的碳库，固持的碳量达3500～4800Pg，分别是大气碳库和植被碳库的4倍和8倍（Wiesmeier et al., 2019）。土壤碳库中土壤有机碳（SOC）、土壤无机碳（SIC）分别约占62%、38%，两者对全球碳循环均具有重要影响（Lal, 2004）。受到耕作、作物残体管理等人为因素的强烈影响，SOC含量和储量决定着土壤肥力（Yang et al., 2017）；在干旱半干旱地区，SIC储量通常是SOC储量的2～10倍，在固碳和减缓气候变暖方面SIC具有巨大潜力，但相比于SOC，对SIC的研究较少（Chen et al., 2004；Batjes, 2006；An et al., 2019；Hussain et al., 2019）。因此，研究土壤碳固持时有理由同时考虑SOC和SIC两种碳库。

秸秆还田、有机肥施用和豆科作物肥田等措施是维持并逐步提升土壤肥力水平的重要手段，也是农田SOC的主要来源（Xu et al., 2011；Tian et al., 2015；Wiesmeier et al., 2019）。揭示不同粮食生产体系中SOC总量变化与有机物料投入模式之间的关系，并且关注SOC总量及组分、土壤微生物群落及酶活性等对农田管理措施的响应，有助于从土壤肥力演变角度客观评价这些措施的优劣（Zhu et al., 2015；Chen et al., 2016；Liu et al., 2017；Zhao et al., 2019）。

土壤有机碳状况取决于一定时间内原SOC矿化损失量与新形成SOC量之间的盈亏平衡（Kuzyakov, 2010；Ding et al., 2012；Li et al., 2016；Jia et al., 2017）。秸秆等有机物料除含有大量有机碳外，还含有较丰富的钾、磷、氮及中微量元素等养分，所以有机物料的施用，无疑对于补充有机碳来源、促进土壤微生物活性和其功能发挥、保持农田尤其是粮田土壤养分平衡及提升土壤质量具有重要意义（Kumar and Goh, 1999）。秸秆等有机物料进入土壤后既通过激发效应（priming effect，PE）对原SOC矿化产生显著影响，同时秸秆自身矿化降解时也会形成一部分新SOC。因此，这些有机物料投入农田的数量及其降解过程中的碳去向，会决定SOC固持方向和程度（Silveira and Sollenberger, 2013）。

我国农田由于种植历史长、秸秆还田率低（用作燃料、动物饲料及在田间被焚烧）等原因，SOC含量相对较低，且长期以来化肥施用量居高不下，过度使用化肥和不够重视秸秆还田问题同时存在，土壤质量提升面临严重挑战，对农业可持续发展造成了潜在负面影响。

黄土高原地区作为我国西北旱区最重要的粮食产区，探讨该地区粮食生产体系中不同地力提升方式对SOC的固持效应及影响机理，尤其是不同作物秸秆还田模式、有机肥施用、夏闲期套种绿肥和豆科作物肥田等技术对SOC固存、土壤肥力、作物产量及化肥养分利用率等的影响，可为实现高产稳产、地力提升、环境友好、成本降低等多重目标提供科学依据，对于保障该地区实现减肥增效、环境友好的农业可持续发展具有重要的科学及实践意义。

10.1　小麦单作体系绿肥及有机肥的培肥效应

10.1.1　黄土高原旱塬区有机培肥对小麦产量及土壤有机碳固持的影响

黄土高原旱塬区位于关中平原与陕北黄土高原之间，该区域土层深厚，是黄土高原地区重要的优质小麦产区，但该区热量和水分条件仅能满足小麦一年一熟，故夏季一般存在近 3 个月的休闲期。在当地，有机肥大多被投入到经济效益较高的果园，而投入到小麦田的数量极少，对麦田土壤肥力维持造成严重威胁；小麦休闲期的光热条件适合插播生长期较短的豆科绿肥作物，这是一种传统种植模式，休闲期播种豆科绿肥作物既能充分利用光热资源，又有利于土壤肥力提升。绿肥作为填闲作物既可以提高土壤氮素养分库容，也可以以氮促碳，促进土壤有机碳固持。目前关于旱塬区豆科作物残体与禾本科作物秸秆、有机肥配合还田对促进土壤有机碳固持和碳库增容的机理尚不清楚，因此揭示不同措施的效应及科学机制具有重要意义。

为了揭示豆科作物肥田、秸秆还田、有机肥施用三种培肥措施对麦田土壤的地力提升及增产效应，在位于黄土高原旱塬黑垆土地区的西北农林科技大学长武试验站进行了田间定位试验，试验始于 2016 年 7 月，分别在冬小麦-夏休闲（G0）、冬小麦-绿肥（秋怀豆）轮作（G）2 个种植制度下，设置小麦季的 5 种培肥方式：不施基肥（B0）、施化肥（NPK）作基肥（B）、基肥配合小麦秸秆还田（B+S）、基肥配施有机肥（B+M）及基肥配施有机肥和小麦秸秆还田（B+S+M）。在田间进行裂区设计，绿肥翻压与小麦收获时均采集绿肥、小麦地上部及根部样品，用于计算作物地上部生物量、产量及有机碳还田量。小麦收获后，分 3 个土层（0～10cm、10～20cm 和 20～40cm）采集土样，测定土壤总有机碳含量和土壤容重，同时计算土壤有机碳储量、固碳量和固碳速率。

从小麦产量看（图 10-1），由于 2018 年 4 月发生冻害，小麦产量和生物量均明显低于 2017 年。冬小麦-绿肥轮作（G）相比于冬小麦-夏休闲（G0），2017 年小麦产量降低 9.4%，然而对 2018 年小麦产量及两年小麦生物量影响均不显著。而不同培肥方式对 2017 年小麦产量和生物量无规律性影响。但相比于不施基肥（B0），2018 年小麦产量和生物量在施肥后均

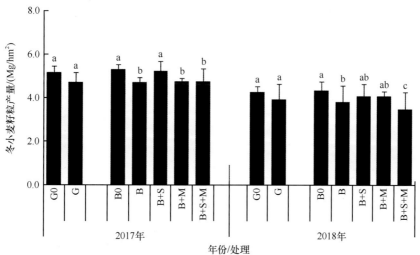

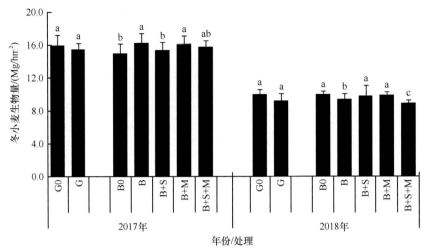

图 10-1　旱塬区麦田中种植绿肥与培肥方式对冬小麦产量和地上部生物量的影响

G：冬小麦–绿肥轮作；G0：冬小麦–夏休闲；B0：不施基肥；B：施基肥（NPK 化肥）；S：小麦秸秆还田；M：施有机肥。用二因素方差分析（two-way ANOVA）统计小麦产量和生物量的差异显著性，不同小写字母分别表示不同年份 2 个种植方式间和 5 个培肥方式间差异显著（$P<0.05$）

有降低趋势，且在施化肥（NPK）作基肥（B）和化肥、秸秆、有机肥三者结合（B+S+M）处理中下降显著。

　　从 SOC 含量和储量看（表 10-1），与不施基肥（B0）相比，冬小麦–绿肥轮作（G）、施有机肥（M）及小麦秸秆还田（S）对提高 SOC 含量及储量的作用均表现在表层土壤（0～20cm）中。施有机肥（M）对提高 SOC 储量作用最大，在 0～10cm 和 10～20cm 土层中分别提高 20.7% 和 15.8%；秸秆还田（S）对 0～10cm 和 10～20cm 土层中 SOC 储量分别提高 6.8% 和 6.2%；翻压绿肥（G）对 0～10cm 和 10～20cm 土层中 SOC 储量分别提高 4.7% 和 6.6%。

表 10-1　种植绿肥、秸秆还田与施有机肥对土壤有机碳含量和储量的影响

水平	SOC 含量/（g/kg）			SOC 储量/（Mg/hm²）		
	0～10cm	10～20cm	20～40cm	0～10cm	10～20cm	20～40cm
绿肥种植						
G0	9.41a	7.66a	6.13a	12.05b	10.55b	17.87a
G	9.65a	8.00a	6.30a	12.62a	11.25a	18.00a
有机肥施用						
M0	8.60b	7.30b	6.11a	11.18b	10.10b	17.67a
M	10.46a	8.35a	6.32a	13.49a	11.70a	18.20a
秸秆还田						
S0	9.21b	7.58a	6.14a	11.93b	10.57b	17.70a
S	9.84a	8.08a	6.28a	12.74a	11.23a	18.17a

　　注：试验开始于 2016 年 7 月，数据为 2018 年 7 月采样测得。G0：冬小麦–夏休闲；G：冬小麦–绿肥轮作；M0：不施有机肥；M：施有机肥；S0：小麦秸秆不还田；S：小麦秸秆还田。选择 3 因素完全组合的 8 个处理，用三因素方差分析（three-way ANOVA）计算。由于交互作用均不显著，故表中仅展示各因素的主效应。不同小写字母表示各因素中两水平间差异显著（$P<0.05$）

从 SOC 固持量看（图 10-2），经过两个完整生长季（2016～2017 年、2017～2018 年），不论是何种有机物料来源，0～20cm 土层中 SOC 固持量均随着外源有机碳累积投入量增加而增加。在冬小麦–绿肥轮作体系下，两年期间有机碳累积投入量只有达 7.18Mg/hm^2 [即 3.59Mg/(hm^2·a)] 时，SOC 才能维持最初水平（20.6Mg/hm^2）；而在冬小麦–夏休闲种植体系下，两年中向土壤中累积投入的有机碳达 3.97Mg/hm^2，即 1.98Mg/(hm^2·a)，SOC 就能维持最初水平。

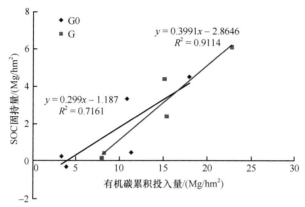

图 10-2　旱塬区麦田土壤有机碳累积投入量与 0～20cm 土层中 SOC 固持量之间的关系

数据为 2016 年 7 月至 2018 年 7 月累积结果。G0：冬小麦–夏休闲；G：冬小麦–绿肥轮作

不同外源有机物料在 0～20cm 土层的表观固碳效率差异明显（图 10-3）。其中，有机肥源有机碳在土壤中的表观固碳效率最高，平均达 55.9%；而绿肥源有机碳、小麦秸秆源有机碳的表观固碳效率均显著低于有机肥，分别为 27.7%、19.3%。

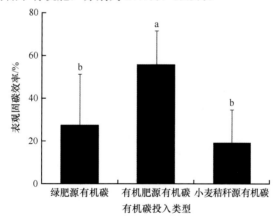

图 10-3　旱塬区不同来源有机碳在麦田表层土壤（0～20cm）中的表观固碳效率

土壤样品采集于 2018 年 7 月。不同小写字母表示不同来源有机碳的固碳效率差异显著（$P<0.05$）

在施用氮磷钾肥基础上的 3 种有机培肥方式（冬小麦–绿肥轮作、小麦秸秆还田、施用有机肥）在短期内对小麦未显示出显著增产效应，但有效促进了 SOC 固持，其培肥效果顺序为施用有机肥＞小麦秸秆还田＞冬小麦–绿肥轮作。不同有机物料在 0～20cm 土层中表观固碳效率为有机肥＞绿肥＞小麦秸秆，3 种培肥方式结合可以快速提高 0～20cm 土层中 SOC 储量及肥力。

10.1.2 黄土高原平原区秸秆还田和施用有机肥对小麦产量和土壤有机碳固持的影响

针对黄土高原平原区冬小麦–夏休闲模式，利用长期定位试验探讨了秸秆还田和施用有机肥对麦田土壤碳氮储量的影响及其增产效应。2016～2019 年在西北农林科技大学中国旱区节水农业研究院试验基地进行了田间试验，设置 5 种有机物料还田处理：无有机物料投入；低量有机肥（30 000kg/hm²）；高量有机肥（45 000kg/hm²）；低量秸秆还田（7500kg/hm²）；高量秸秆还田（15 000kg/hm²）。3 种施氮量为 0kg N/hm²、120kg N/hm² 和 240kg N/hm²（分别用 N0、N120、N240 表示）。共设置 15 个处理，每个处理重复 4 次。小麦收获后测定小麦产量和 SOC 含量。

从小麦产量看，2017、2018 两年中有机物料施用与施氮量交互作用对小麦产量无显著影响，而 2019 年不同有机物料主效应及其与施氮量交互效应对小麦产量有显著影响（表 10-2），2017～2019 年中相比于不施氮，施氮均会显著提高小麦产量，2017 年，低量有机肥配施中氮（N120）小麦产量可达 6231kg/hm²，与单施低量有机肥相比，提高幅度为 91.7%。2018 年，与高量有机肥相比，高量有机肥配施高氮（N240）和高量有机肥配施中氮（N120）显著提高了小麦产量。2019 年，无有机物料投入时配施高氮（N240）小麦产量最高，可达 5083kg/hm²。

表 10-2　平原区小麦单作体系有机物料还田配合不同施氮量对小麦产量的影响

有机物料	施氮量	年份		
		2017	2018	2019
无有机物料投入	N0	3544b	1701b	1792g
	N120	5294a	3944a	4958ab
	N240	5463a	3360a	5083a
低量秸秆还田	N0	3094b	2203b	1708g
	N120	5488a	3713a	3958de
	N240	5600a	3741a	3917de
高量秸秆还田	N0	2819b	1938b	1625g
	N120	5606a	3911a	3250f
	N240	5100a	4116a	3792e
低量有机肥	N0	3250b	1841b	1875g
	N120	6231a	4101a	4292cd
	N240	5406a	3283a	4958ab
高量有机肥	N0	3838b	2184b	2167g
	N120	5500a	4159a	4417bcd
	N240	4350a	4393a	4625abc

注：数据是平均值（$n=4$），2017 年和 2018 年中不同的小写字母表示 3 种施氮量之间差异显著（$P<0.05$），2019 年中不同的小写字母表示各处理差异显著（$P<0.05$）

从不同土层（0～10cm、10～20cm 和 20～40cm）SOC 含量看（图 10-4），SOC 含量受有机物料与施氮量之间的交互效应不显著。在各土层中，与常规施肥相比，不施氮肥处理中低量有机肥和低量秸秆还田均显著增加了 SOC 含量，分别增加 50%、33%、22% 和 15%、10%、25%。在 0～10cm 土层中，施用氮肥处理中 SOC 含量的大小依次为 MN＞SN＞CN，而在 20～40cm 土层中 CN、MN、SN 的差异不显著。

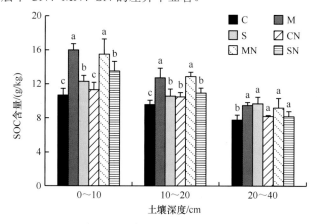

图 10-4　平原区小麦单作体系有机物料还田配合不同施氮量对 SOC 含量的影响

C：常规施肥（不添加有机肥，秸秆不还田）；M：低量有机肥；S：低量秸秆还田；CN：常规施肥配施氮肥；MN：低量有机肥配施氮肥；SN：低量秸秆还田配施氮肥；施氮量均为 120kg N/hm²。不同小写字母表示 3 种不同有机物料处理之间差异显著（$P＜0.05$）。下同

　　从土壤全氮含量看（图 10-5），与 C 处理相比，20～40cm 土层 SN 处理差异不显著，除此之外，施用有机肥和秸秆还田均显著增加了 0～10cm、10～20cm 及 20～40cm 土层土壤全氮含量（CN 处理除外）。不施氮肥条件下，在 0～10cm 土层中，低量有机肥、低量秸秆还田的土壤全氮含量相比于常规施肥分别提高了 33.65%、11.75%；在 10～20cm 土层中，土壤全氮含量大小排序为 M＞S＞C；而在 20～40cm 土层中，低量有机肥和低量秸秆还田的土壤全氮含量无显著差异。施用氮肥条件下，相比于 CN，MN 显著提高了 3 个土层中土壤全氮含量，幅度分别为 30.54%、23.79%、8.94%。施氮主要影响了 0～10cm、10～20cm 土层土壤全氮含量。

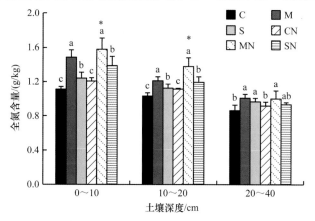

图 10-5　平原区小麦单作体系有机物料还田配合不同施氮量对土壤全氮含量的影响

＊表示 3 个土层中土壤全氮含量差异显著（$P＜0.05$）

　　从有机物料投入配施不同施氮量对土壤碳、氮储量的影响看（表 10-3），与常规施肥相比，低量有机肥显著增加了各土层中 SOC 储量、氮储量，SOC 储量分别增加 41.08%、34.70%、

23.92%，土壤全氮储量分别增加 25.18%、19.40%、18.14%。在施用氮肥条件下，0 ~ 20cm 土层中，MN 的 SOC、全氮储量显著高于 CN，SN 仅在 0 ~ 10cm 土层中 SOC、全氮储量显著高于 CN，分别增加 14.40%、9.93%，而 10 ~ 20cm 土层中无显著差异。施入氮肥对 SOC 储量无明显影响，而显著增加了 0 ~ 10cm 和 10 ~ 20cm 土层土壤全氮储量。

表 10-3　小麦单作体系有机物料还田配合不同施氮量对土壤有机碳、全氮储量的影响

（单位：Mg/hm^2）

项目	处理	土壤深度		
		0 ~ 10cm	10 ~ 20cm	20 ~ 40cm
SOC 储量	C	13.34c	12.48b	21.28b
	M	18.82a	16.81a	26.37a
	S	15.13b	13.44b	26.22a
	CN	14.17c	13.71b	22.81a
	MN	18.83a	16.20a	24.99a
	SN	16.21b	14.00b	22.79a
全氮储量	C	1.39c	1.34b	2.37b
	M	1.74a	1.60a	2.80a
	S	1.53b	1.43b	2.67a
	CN	1.51c	1.46b	2.55a
	MN	1.92a	1.73a	2.72a
	SN	1.66b	1.53b	2.60a

注：施氮量为 120kg N/hm^2。不同的小写字母表示 3 种不同有机物料处理之间差异显著（$P < 0.05$）

与常规施肥相比，连续 3 年投入有机肥和秸秆还田均提高了各土层 SOC 含量、全氮含量及储量，且导致 SOC 和全氮显著表聚和层化。施用低量有机肥和低量秸秆还田均能因增加 SOC 的投入而提高 SOC 的固持、增加 SOC 储量，且施用低量有机肥和低量秸秆还田配施氮肥也增加了全氮储量，减少了由传统耕作引起的碳氮损失。不同有机物料配施氮肥均会显著提高小麦产量。在该体系中，随着时间推移，有机肥和秸秆还田配合施氮是有效促进土壤有机碳及氮固持的施肥管理方式。

10.1.3　添加钙源对秸秆在土壤中腐解和有机碳固持的影响及其作用机制

SOC 的固持受很多因素影响，其中土壤性质尤其是原 SOC 含量高低可能会起重要作用，SOC 固持能力可能随着原 SOC 含量增加而增加（Keith et al.，2015）；而有研究也发现原 SOC 含量越高，导致原 SOC 的激发效应越强烈，SOC 固持效率越低（Kirkby et al.，2014）。同时农田土壤中 SOC 与 SIC 在一定条件下可以相互作用与转化：SOC→CO_2→HCO_3^-（aq）→$CaCO_3$（s）（陈宗定等，2019），具体表现为 SOC 通过矿化释放出的 CO_2 能转化成 SIC 被固存下来；反之，含钙物质，如生石灰（CaO）、石灰石（$CaCO_3$）、白云石 [$CaMg(CO_3)_2$] 等的投入在提高 SIC 含量的同时，可能会通过对土壤 pH、微生物活性的影响，最终对 SOC 含量起到增加或减少的作用（Aye et al.，2016）。由于在有关 SOC 固持与原 SOC 含量之间关系的研究中添加的外源物料及土壤本身性质的不同，造成结果产生很大差异，迄今关于原 SOC 含量与 SOC 固持之间的内在关系仍然有待揭示。因此，有必要采用原 SOC 含量不同的同一类型土壤来探讨秸秆添加对其 SOC 固持潜力的影响。同时，目前大多数研究为了提高土壤固碳潜力，往往通过长期秸秆还田配施矿质肥料来实现（Wu et al.，2019），但是关注点往往仅在 SOC 固持方面，对 SIC 含量变化及其与 SOC 固持的关系关注不够。因此，有必要在相关研究中对 SIC 做更多了解。

10.1.3.1　外源钙添加试验研究方法

为了揭示秸秆与外源含钙物质配合添加对土壤原 SOC 矿化产生的影响，并量化对新形成 SOC 及 SIC 的影响，本研究供试土壤经多年不同作物残体还田和氮素管理。假设在秸秆还田条件下，添加外源含钙物质会降低土壤 CO_2 的释放速率，同时促进 SIC 形成和提高 SOC 含量，本研究采用室内恒温培养试验来揭示秸秆和石灰的添加对土壤 CO_2 释放、SOC 和 SIC 含量的影响机制，以期为农田土壤固碳减排提供科学依据。

试验设置 3 个研究因素，分别为肥力不同土壤（S_0N_0 土壤，S_1N_1 土壤）、玉米秸秆（M_0：不添加玉米秸秆，M_1：添加玉米秸秆）和石灰（L_0：不添加石灰，L_1：添加石灰），共构成 8 个处理，每个处理重复 3 次。玉米秸秆添加量为 12g/kg 土，石灰用量为 3g/kg 土。所有处理另外添加等量的氮磷养分，N、P_2O_5 用量分别为 88mg/kg 土、113mg/kg 土，分别由尿素 [$CO(NH_2)_2$] 和磷酸氢二铵 [$(NH_4)_2HPO_4$] 提供，以补充秸秆腐解过程中所需的 N、P 养分，使秸秆的腐解达到理想的状态。

本研究中使用的两种供试土壤样品采自西北农林科技大学农作一站的长期定位试验中 2 个有机物料和氮肥管理不同的处理，土壤类型为土垫旱耕人为土，采用冬小麦–夏休闲的种植制度。试验始于 2002 年，供试土壤包括 S_0N_0 土壤和 S_1N_1 土壤 2 种（基本性质见表 10-4）。S_0N_0 土壤的田间处理为常规+N_0，具体为小麦收获后移除地上秸秆，同时在 2002～2017 年均不额外投入小麦秸秆和化学氮肥；S_1N_1 土壤的田间处理为秸秆高量还田+N_{240}，具体操作为小麦收获后移除地上秸秆，在种植小麦前额外投入小麦秸秆和化学氮肥；2002～2016 年进行小麦秸秆覆盖还田，每年覆盖还田量为 4500kg/hm²；2016～2017 年进行小麦秸秆高量还田，每年秸秆还田量约为 15 000kg/hm²；2002～2017 年每年施氮量均为 240kg/hm²。

在 2018 年夏休闲时期，从上述两个田间处理的 0～20cm 耕层采集供试土壤样品，采集后分为两部分，一部分用于测定土壤基本理化性质；剩下的部分自然风干，除去肉眼可见的石块和植物残体，研磨过 2mm 筛后用于室内培养试验。

室内培养试验所用的玉米秸秆采自西北农林科技大学斗口试验站，玉米植株成熟后采用"S"形多点采样法，将整株采回，使用不包括穗部的地上茎叶部分，在 75℃下烘干粉碎至约 2mm 长，备用。由于玉米秸秆的 $\delta^{13}C$ 值和两种供试土壤有机碳的 $\delta^{13}C$ 值（表 10-4）差异很大，因此可以区分碳的来源。本试验采用的石灰为实验室分析用剂氧化钙（CaO 含量≥97%）。

表 10-4　室内恒温培养前两种土壤和秸秆的基本理化性质

供试材料	SOC/ （g/kg）	DOC/ （mg/kg）	MBC/ （mg/kg）	pH	CaCO₃/ （g/kg）	TN/ （g/kg）	NO₃⁻-N/ （mg/kg）	NH₄⁺-N/ （mg/kg）	$\delta^{13}C$/‰
S_0N_0 土壤	7.98	7.49	177.8	8.21	68.6	0.77	6.86	0.45	−24.514
S_1N_1 土壤	12.61	195.7	447.0	7.99	65.5	1.05	28.59	1.38	−25.132
秸秆	533					5.6			−14.088

采用室内恒温培养方法，将 250g 土壤（烘干重）置于容积为 1L 的培养罐中进行培养，在 25℃恒温的黑暗条件中培养 120d。为了收集土壤 CO_2 的释放量，在第 2 天、第 3 天、第 4 天、第 7 天、第 8 天、第 9 天、第 12 天、第 16 天、第 21 天、第 26 天、第 37 天、第 48 天、第 64 天、第 84 天、第 104 天和第 120 天，取下悬挂于培养罐中装有的已吸收 CO_2 的 20mL 1mol/L NaOH 溶液的小塑料瓶，用 20mL 的 0.5mol/L 的 $BaCl_2$ 对吸收了 CO_2 的 NaOH 溶液进行沉淀，将酚酞作为指示剂，用 0.5mol/L 的 HCl 进行反滴定，测定土壤 CO_2 的释放量。每次测定 CO_2 释放量时，打开培养罐通气 30min 以保证气体交换。每次 CO_2 测定结束后，更换 NaOH 溶液并进入下一个培养时期；同时对每个处理采用称重法补充损失的水分。培养试验结束后，将培养罐中的土壤分为两部分，一部分储存于 4℃的条件下用于测定土壤微生物生物量碳（MBC）和可溶性有机碳（DOC），另一部分风干用于测定其他指标。

10.1.3.2　土壤 CO_2 释放速率及累积释放量的变化

在培养期间，添加秸秆后的 S_0N_0 土壤和 S_1N_1 土壤的 CO_2 释放速率均高于不添加秸秆。在培养的第 2 天，未添加石灰的处理均达到土壤 CO_2 释放速率的高峰，之后随着培养时间的延长释放速率开始降低。添加秸秆时，S_1N_1 土壤 CO_2 释放速率始终高于 S_0N_0 土壤。未添加秸秆时，加入石灰使 CO_2 释放速率降低，S_0N_0 土壤培养到第 3 天达到 CO_2 释放速率的顶峰，而 S_1N_1 土壤则在第 16 天达到 CO_2 释放速率的最大值。然而，同时添加秸秆和石灰时 S_0N_0 土壤 CO_2 释放速率的顶峰晚于 S_1N_1 土壤 2d。与单独添加秸秆相比，秸秆与石灰配施使 S_0N_0 土壤和 S_1N_1 土壤的 CO_2 释放速率分别降低了 18% 和 20%。因此，无论添加秸秆与否，石灰的加入均降低了土壤 CO_2 释放速率（图 10-6a）。

在不添加秸秆时，S_1N_1 土壤 CO_2 累积释放量始终高于 S_0N_0 土壤；添加秸秆增加了 S_0N_0 土壤和 S_1N_1 土壤的 CO_2 累积释放量，同时 S_1N_1 土壤的 CO_2 累积释放量仍高于 S_0N_0 土壤，并且均随着培养时间的延长而增加。不管添加秸秆与否，石灰的加入均显著降低了土壤 CO_2 累积释放量，使 S_0N_0 土壤和 S_1N_1 土壤 CO_2 累积释放量分别平均降低了 19.9% 和 18.2%（图 10-6b）。

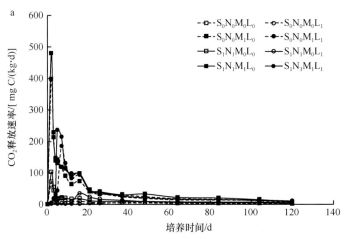

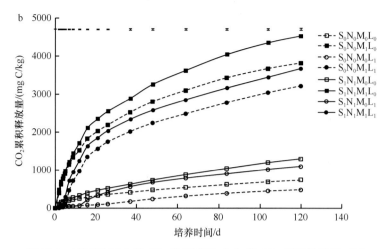

图 10-6　不同处理土壤 CO_2 释放速率（a）和 CO_2 累积释放量（b）

$S_0N_0M_0L_0$：S_0N_0 土壤；$S_0N_0M_0L_1$：S_0N_0 土壤+石灰；$S_0N_0M_1L_0$：S_0N_0 土壤+秸秆；$S_0N_0M_1L_1$：S_0N_0 土壤+秸秆+石灰；$S_1N_1M_0L_0$：S_1N_1 土壤；$S_1N_1M_0L_1$：S_1N_1 土壤+石灰；$S_1N_1M_1L_0$：S_1N_1 土壤+秸秆；$S_1N_1M_1L_1$：S_1N_1 土壤+秸秆+石灰。曲线外的误差棒代表各处理间 5% 水平的 LSD 值

10.1.3.3　新形成秸秆源 SOC、SOC 净固持量及无机碳含量

本研究中，SOC 含量受到土壤碳氮水平、秸秆及石灰添加的交互效应的显著影响。在不添加任何外源物料的情况下，S_1N_1 土壤的 SOC 含量高于 S_0N_0 土壤的 69.7%（图 10-7）。在不添加石灰的情况下，与不添加秸秆相比，添加秸秆使 S_0N_0 土壤和 S_1N_1 土壤的 SOC 含量分别提高了 2.95g/kg 和 3.19g/kg；同时，S_1N_1 土壤在添加秸秆后 SOC 含量仍高于 S_0N_0 土壤。但是，石灰的加入对土壤 SOC 含量的影响甚微，在秸秆还田条件下，添加石灰与不添加石灰相比使 S_1N_1 土壤 SOC 含量显著降低了 8.71%；而对 S_0N_0 土壤 SOC 含量影响不显著。

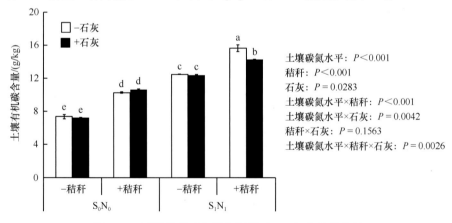

土壤碳氮水平：$P < 0.001$
秸秆：$P < 0.001$
石灰：$P = 0.0283$
土壤碳氮水平×秸秆：$P < 0.001$
土壤碳氮水平×石灰：$P = 0.0042$
秸秆×石灰：$P = 0.1563$
土壤碳氮水平×秸秆×石灰：$P = 0.0026$

图 10-7　不同处理下土壤有机碳（SOC）含量的差异

误差棒代表平均值的标准误差；不同小写字母表示处理间在 0.05 水平差异显著

从 SOC 的 $\delta^{13}C$ 值（表 10-5）可以看出，在不添加任何外源物料情况下，S_0N_0 土壤有机碳的 $\delta^{13}C$ 值高于 S_1N_1 土壤 6.9%。当添加 C_4 玉米秸秆后，S_0N_0 土壤和 S_1N_1 土壤有机碳的 $\delta^{13}C$ 值均有增加的趋势。通过 ^{13}C 质量守恒定律计算可得土壤原 SOC 和秸秆碳在分解期间对总 SOC 的贡献比例及贡献量的变化情况，添加秸秆促进了两种土壤新 SOC 的形成；同时，S_0N_0

土壤形成的新 SOC 含量高于 S_1N_1 土壤；在添加秸秆时，加入石灰对 S_0N_0 土壤和 S_1N_1 土壤的新 SOC 的形成无显著影响。

表 10-5　不同处理下总 SOC 中秸秆源新 SOC 及原 SOC 所占比例及数量

处理		$\delta^{13}C$ 值/‰	总 SOC/(g/kg)	秸秆源新 SOC 的比例/%	秸秆源新 SOC 数量/(g/kg)	原 SOC 占总 SOC 比例/%	总 SOC 中原 SOC 数量/(g/kg)
S_0N_0	L_0　M_0	−23.54	7.35e	0	0	100	7.35b
	L_0　M_1	−21.61	10.30d	28.9	2.98a	71.1	7.32b
	L_1　M_0	−23.52	7.22e	0	0	100	7.22b
	L_1　M_1	−21.49	10.66d	32.4	3.45a	67.6	7.21b
S_1N_1	L_0　M_0	−25.28	12.48c	0	0	100	12.48a
	L_0　M_1	−23.48	14.67a	15.1	2.21b	84.9	12.46a
	L_1　M_0	−25.42	12.40c	0	0	100	12.40a
	L_1　M_1	−23.46	14.20b	15.2	2.15b	84.8	12.04a

L_0：不添加石灰；L_1：添加石灰；M_0：不添加秸秆；M_1：添加秸秆。不同小写字母表示处理间在 0.05 水平差异显著

本研究中，添加秸秆使 S_0N_0 土壤和 S_1N_1 土壤的 SOC 平均净固持量分别增加了 3066.3mg/kg 和 2480.5mg/kg，有利于 SOC 的固持。无论添加秸秆与否，在 S_0N_0 土壤中，石灰的加入对 SOC 净固持量无显著影响；但是在 S_1N_1 土壤中添加秸秆时，石灰的加入则使 SOC 净固持量显著降低了 55%（图 10-8）。

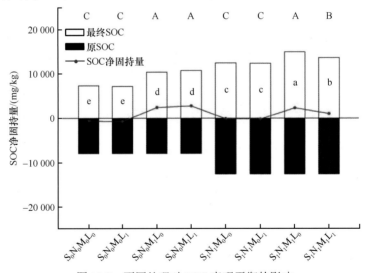

图 10-8　不同处理对 SOC 表观平衡的影响

初始 SOC 含量分别为 S_0N_0：7.98g/kg，S_1N_1：12.61g/kg。$S_0N_0M_0L_0$：S_0N_0 土壤；$S_0N_0M_0L_1$：S_0N_0 土壤+石灰；$S_0N_0M_1L_0$：S_0N_0 土壤+秸秆；$S_0N_0M_1L_1$：S_0N_0 土壤+秸秆+石灰；$S_1N_1M_0L_0$：S_1N_1 土壤；$S_1N_1M_0L_1$：S_1N_1 土壤+石灰；$S_1N_1M_1L_0$：S_1N_1 土壤+秸秆；$S_1N_1M_1L_1$：S_1N_1 土壤+秸秆+石灰。不同小写字母表示最终 SOC 在不同处理间差异显著（$P<0.05$）；大写字母表示 SOC 表观平衡在不同处理间差异显著（$P<0.05$）

对于土壤无机碳（SIC），培养试验结束后，土壤碳氮水平和石灰的主效应对 SIC 含量影响显著。S_1N_1 土壤的平均 SIC 含量低于 S_0N_0 土壤的 7.3%。添加秸秆对土壤 SIC 含量在 S_0N_0 土壤和 S_1N_1 土壤中均无显著影响（图 10-9，表 10-6）。与单独添加秸秆相比，秸秆和石灰添

加分别使 S_0N_0 土壤和 S_1N_1 土壤 SIC 含量增加了 7.4% 和 7.6%（图 10-9）。

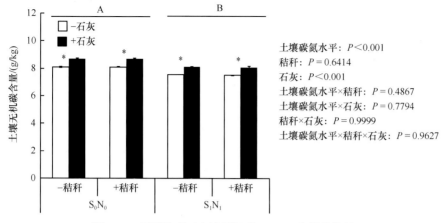

图 10-9　不同处理下土壤无机碳（SIC）含量的差异

误差线代表标准误差；大写字母表示两种肥力土壤处理间差异显著（$P<0.05$）；
*表示添加石灰与不添加石灰处理间差异显著（$P<0.05$）

表 10-6　秸秆和石灰的添加对 CO_2、SOC 和 SIC 的影响

处理		CO_2/（mg/kg）		SOC/（mg/kg）		SIC		
		释放量	增加量	含量	增加量	含量/（mg/kg）	增加量/（mg/kg）	增加速率/%
S_0N_0	M_0	600b		7280b		8380a		
	M_1	3564a	2964	10480a	3200	8390a	10	0.12
S_1N_1	M_0	1193b		12440b		7823a		
	M_1	4027a	2833	14435a	1995	7783a	−40	−0.51
S_0N_0	L_0	2316a		8825a		8160b		
	L_1	1847b	−469	8940a	115	8610a	443	5.51
S_1N_1	L_0	2912a		13575a		7520b		
	L_1	2383b	−529	13300b	−275	8086a	566	7.53

L_0：不添加石灰；L_1：添加石灰；M_0：不添加秸秆；M_1：添加秸秆。不同小写字母表示处理间在 0.05 水平差异显著

10.1.3.4　土壤活性有机碳组分的变化

土壤微生物生物量碳（MBC）分别受到土壤碳氮水平、秸秆和石灰的主效应及土壤碳氮水平×秸秆的交互效应的显著影响。在不添加任何外源物料的情况下，S_1N_1 土壤的 MBC 含量低于 S_0N_0 土壤的 48.6%。与不添加秸秆相比，添加秸秆提高了 S_0N_0 土壤和 S_1N_1 土壤的 MBC 含量，其中添加石灰 S_1N_1 土壤的 MBC 含量显著低于 S_0N_0 土壤的 33.8%（图 10-10）。无论添加秸秆与否，石灰的加入均会使 S_0N_0 土壤和 S_1N_1 土壤 MBC 的含量显著降低（只有当不添加秸秆时，石灰的加入使 S_0N_0 土壤中 MBC 含量上升）（图 10-10，图 10-12）。

培养结束后，土壤钙结合态有机质（Ca-Hs）碳含量受到秸秆和石灰的主效应及秸秆×石灰的交互效应的显著影响。在不添加秸秆时，加入石灰对土壤 Ca-Hs 碳含量无显著影响；而秸秆和石灰添加显著增加了土壤 Ca-Hs 碳含量；上述规律在 S_0N_0 土壤和 S_1N_1 土壤中是相似的（图 10-11）。

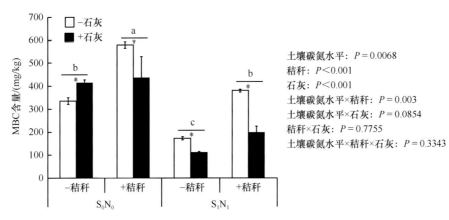

图 10-10　不同处理下土壤微生物生物量碳（MBC）含量的差异

误差线代表标准误差；不同小写字母表示 S_0N_0 土壤和 S_1N_1 土壤在不同秸秆处理间差异显著（$P<0.05$）；
＊表示添加石灰与不添加石灰处理间差异显著（$P<0.05$）

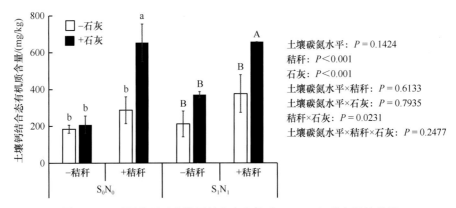

图 10-11　不同处理下土壤钙结合态有机质（Ca-Hs）碳含量的差异

误差线代表标准误差；不同小写字母表示 S_0N_0 土壤在不同处理间差异显著（$P<0.05$）；
不同大写字母表示 S_1N_1 土壤在不同处理间差异显著（$P<0.05$）

10.1.3.5　土壤可溶性有机碳和土壤 pH 的变化

在无任何外源物料添加时，S_0N_0 土壤和 S_1N_1 土壤的 DOC 含量差异不显著。在不添加石灰的情况下，与不添加秸秆相比，添加秸秆显著提高了 S_0N_0 土壤和 S_1N_1 土壤的 DOC 含量（图 10-12，图 10-13），分别平均增加了 47.7% 和 34.9%。与只添加秸秆相比，秸秆和石灰同时添加显著增加了 S_0N_0 土壤和 S_1N_1 土壤的 DOC 含量（图 10-12）。

S_1N_1 土壤的 pH 显著低于 S_0N_0 土壤。不管土壤碳氮水平的高低，秸秆的添加均会显著降低土壤 pH。石灰的加入会显著提高土壤 pH（图 10-12，图 10-13）；在无外源物料添加的情况下，加入石灰均提高了 S_0N_0 土壤和 S_1N_1 土壤的 pH，增幅分别为 3.6% 和 3.7%；而在秸秆还田条件下，添加石灰使 S_0N_0 土壤和 S_1N_1 土壤的 pH 分别提高 2.4% 和 1.9%（图 10-12）。

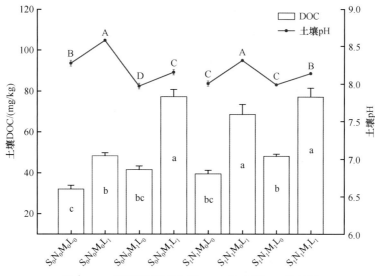

图 10-12　不同处理下土壤 DOC 和土壤 pH 的差异

误差棒代表平均值的标准误差；不同小写字母表示土壤 DOC 的不同处理间在 0.05 水平差异显著；
不同大写字母表示土壤 pH 的不同处理间在 0.05 水平差异显著

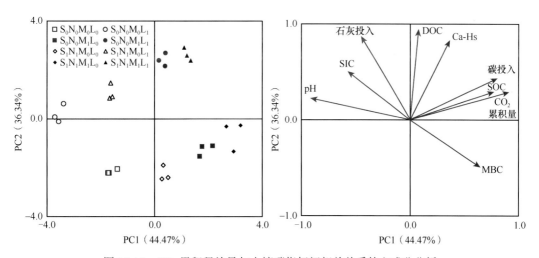

图 10-13　CO_2 累积释放量与土壤碳指标间相关关系的主成分分析

10.1.3.6　外源钙添加对土壤有机碳、无机碳及秸秆源 SOC 形成的影响

1. 秸秆和石灰添加对不同土壤 CO_2 释放量的影响

本研究表明，未添加任何外源物料时，S_1N_1 土壤与 S_0N_0 土壤的 CO_2 累积释放量之间存在显著差异，前者比后者高出 42.9%（图 10-6），说明土壤基础呼吸的强弱高度依赖于初始 SOC 含量，因为 S_1N_1 土壤能够为微生物提供满足生长代谢所需的碳氮等养分，土壤微生物活性更高，此前众多研究也有类似结论（李顺姬等，2010；Keith et al.，2015；Schmatz et al.，2017）。

当土壤中添加等量秸秆之后，与对照土壤相比，S_0N_0 土壤和 S_1N_1 土壤的 CO_2 释放速率和累积释放量均显著增加，而且 S_0N_0 土壤 CO_2 累积释放量的增加幅度高于 S_1N_1 土壤（图 10-6）。这说明相对于 S_1N_1 土壤，添加的秸秆对初始 SOC 含量低的土壤的原 SOC 的矿化影响更大。主要原因可能是，无论对于哪种土壤，添加秸秆均会促进土壤微生物生长及酶活性增加，从而"激发"原 SOC 的分解，即发生正激发效应，一般来说，惰性有机碳成分含量低的秸秆等外源物料均表现为正激发效应（Kuzyakov et al.，2000）。本研究中 S_0N_0 土壤与 S_1N_1 土壤的表观激发效应分别为 3192mg/kg、3088mg/kg，二者相差很小，但是 S_0N_0 土壤产生了相对更高的 PE 值，这可能与"化学计量分解（stoichiometric decomposition）"策略和"微生物氮挖掘（microbial N-mining）"策略有关，即由于土壤微生物的生长本身存在固定的碳氮养分需求，如果土壤环境中的碳氮能够满足微生物生长代谢养分所需时，微生物的活性最高，对外源有机物料的分解速率最大，相反，在氮的有效性较低的情况下，微生物则会通过分解惰性有机质来获取需要的氮源（Chen et al.，2014）。本研究中由于 S_0N_0 土壤本身能被微生物利用的养分数量较少，同时 S_0N_0 土壤中未额外添加外源氮素等养分，土壤本身养分会以较快速率耗竭，此时土壤微生物中 k-策略菌起主导作用，添加秸秆则会刺激 k-策略菌更倾向于去分解利用更为惰性的原 SOC 中的养分，来满足自身生长，从而加速原 SOC 的矿化，产生更大的正激发效应（Falchini et al.，2003；戚瑞敏等，2016）。而 S_1N_1 土壤中的碳氮养分充足，能够满足微生物生长所需，此时土壤中 r-策略菌起主导作用，添加秸秆后该类微生物优先利用外源投入的秸秆，对其进行分解利用（Craine et al.，2007；Schmatz et al.，2017；Shahbaz et al.，2017），而减少对原 SOC 的分解。因此添加秸秆后，初始 SOC 含量低的土壤会产生更高的 PE。

在土壤中仅添加石灰而不添加秸秆时，会导致土壤 CO_2 累积释放量的降低，在 S_0N_0 土壤和 S_1N_1 土壤中的降幅分别是 35% 和 15.4%；同时与单独添加秸秆相比，秸秆与石灰配施时，S_0N_0 土壤和 S_1N_1 土壤的 CO_2 累积释放量也分别降低了 15.7% 和 18.9%（图 10-6）。以上表明无论添加秸秆与否，外源钙添加均能降低土壤 CO_2 累积释放量。

2. 秸秆和石灰添加对新 SOC 形成的影响

就添加秸秆对新 SOC 形成的影响而言，在两个供试土壤中，与不添加秸秆的空白土壤相比，添加秸秆后均能促使新 SOC 形成，且 S_0N_0 土壤、S_1N_1 土壤中新形成的 SOC 含量分别提高了 28.9%、15.1%（表 10-5），这可能是因为 S_1N_1 土壤含有丰富的碳源，微生物活性相对较高，添加秸秆后，微生物会快速分解新鲜秸秆，加速秸秆碳的周转，故残留的秸秆碳相对较低（Shahbaz et al.，2017）。Kirkby 等（2014）在对 4 种初始 SOC 含量不同的耕地土壤添加秸秆后，也发现土壤初始 SOC 含量越低，新形成的有机碳含量越高，这与本研究的研究结果是一致的。

同时，与不加秸秆与石灰相比，石灰与秸秆同时添加分别使 S_1N_1 土壤和 S_0N_0 土壤的 SOC 含量显著增加了 31% 和 72%；但是与单独添加秸秆相比，秸秆和石灰添加显著降低了 S_1N_1 土壤的 SOC 含量的 3.2%，对 S_0N_0 土壤无显著影响（图 10-8）。该结果首先证实了石灰对 SOC 的影响与土壤性质和农田管理措施有关（Kowalenko and Ihnat，2013；Zhao et al.，2018），石灰与秸秆配施仍然会增加土壤中新形成 SOC（表 10-6），其新形成的 SOC 含量与单独添加秸秆时大致相当，说明了添加石灰对秸秆在土壤中的腐解过程不会造成明显影响。其次说明了土壤 MBC 是形成 SOC 的主体（Wu et al.，2019）。由于石灰的添加引起土壤 pH 升高（图 10-10、图 10-13），形成的过碱环境对土壤微生物活性及微生物群落产生了影响，造成土壤 MBC 含量的降低（Blagodatskaya et al.，2011；Creamer et al.，2015），MBC 的降低也可能是引起 SOC 含量变化的主要原因。

3. 秸秆和石灰添加对 SOC 净固持量的影响

本研究条件下，添加秸秆后 S_0N_0 土壤和 S_1N_1 土壤的 SOC 平均净固持量分别提高了 3066.3mg/kg 和 2480.53mg/kg（图 10-8），这是因为土壤中添加等量秸秆后，有机碳的矿化量主要来源 SOC 自身被微生物矿化、秸秆腐解及秸秆添加对土壤原 SOC 引起 PE 等三者产生的 CO_2（Shahbaz et al.，2018）。同时，秸秆分解后有一些秸秆碳转化成"新"有机碳固持于土壤中。本研究中 SOC 净固持量的增加说明了新形成的 SOC 含量抵消甚至超过了原 SOC 的矿化量。虽然 S_0N_0 土壤和 S_1N_1 土壤的 SOC 净固持量的增加幅度相差不大，但是 S_0N_0 土壤的 SOC 净固持量数值更高，其可能原因：与 S_1N_1 土壤相比，S_0N_0 土壤的初始 SOC 含量距离碳饱和水平相对较远，因此更利于 SOC 固持（Stewart et al.，2008）。以上结果表明，在同一质地的土壤中，初始 SOC 含量越低的土壤越利于 SOC 固持。

在不添加秸秆的情况下，SOC 的净固持量即为 SOC 矿化量。与不添加外源物料的土壤相比，单独添加石灰使 S_0N_0 土壤和 S_1N_1 土壤的 SOC 净固持量没有发生显著变化，但是这与土壤 CO_2 累积释放量的现象相矛盾，添加石灰显著降低了土壤 CO_2 累积释放量，这可能是因为石灰的存在使 SOC 矿化的 CO_2 中一部分通过其他途径吸收或反应，最终引起土壤 CO_2 累积释放量的降低。但是在添加秸秆后，SOC 的净固持量是 SOC 的矿化量和新 SOC 的形成量之间的平衡，与单独添加秸秆相比，同时添加秸秆和石灰使 S_1N_1 土壤的 SOC 净固持量呈现下降趋势，而对 S_0N_0 土壤的 SOC 净固持量无显著影响，这可能归因于石灰和秸秆影响了 S_0N_0 土壤和 S_1N_1 土壤的微生物活性，进而对 SOC 的固持能力产生了影响，但对微生物群落和活性的影响机制还有待于进一步研究。

4. 石灰降低土壤 CO_2 释放量的可能机制

无论添加秸秆与否，加入石灰均降低了土壤 CO_2 释放量，难道是石灰的存在影响了有机碳的矿化作用吗？本研究结果显示没有影响。添加石灰后引起 S_0N_0 土壤和 S_1N_1 土壤 CO_2 的减少量分别为 469mg/kg 和 529mg/kg，同时土壤 SIC 含量分别提高了 443mg/kg 和 566mg/kg。这一现象说明添加石灰对土壤 CO_2 释放量的影响机制是，CaO 首先与土壤中的水反应生成 $Ca(OH)_2$，再与土壤 CO_2 反应，最终形成 $CaCO_3$ 固持于土壤中（Lim and Choi，2014；Zhao et al.，2017）。这种现象在两个供试土壤及添加或不添加秸秆时均出现，表明含钙物质与土壤 CO_2 的反应与土壤性质和有机物料的添加无关，也进一步说明了石灰对土壤 CO_2 释放量降低的影响只是含钙物质吸收土壤 CO_2 后通过化学反应生成 $CaCO_3$ 所造成的，对有机碳的矿化过程没有产生影响。另外，有研究在酸性土壤加入石灰和有机物料进行土壤改良时发现土壤 CO_2 释放量也存在降低现象（Aye et al.，2017），这说明石灰对土壤 CO_2 的吸收作用可能与土壤初始 pH 无关。同时，土壤 pH 是影响土壤 SIC 的重要因素，与土壤 SIC 含量之间存在正相关关系（图 10-13），由于秸秆腐解和长期矿质肥料的使用会引起土壤中 H^+ 含量增加，造成 SIC 溶解（Li et al.，2018），添加石灰后能够通过降低土壤交换性 H^+ 含量来增加土壤 pH，进而提高土壤 SIC 含量（鲁艳红等，2016）。

综上，添加等量秸秆后 S_0N_0 土壤产生的 PE 略高于 S_1N_1 土壤，说明秸秆的添加对初始 SOC 含量低的土壤原 SOC 矿化影响更大。无论是否添加秸秆，添加石灰显著降低了土壤 CO_2 累积释放量。添加秸秆后，S_0N_0 土壤中新形成的 SOC 含量高于 S_1N_1 土壤，而石灰的加入对新形成 SOC 的数量没有明显影响。添加秸秆均促进了 S_0N_0 土壤和 S_1N_1 土壤的 SOC 净固持量，同时初始 SOC 含量低的土壤净固持量更大；但是石灰和秸秆配施则降低了 S_1N_1 土壤 SOC 净固持量。加入石灰使土壤 CO_2 释放量的减少量与 SIC 的增加量大致相等，因此推测石灰对土壤 CO_2 释放量的影响机制可能是钙源吸收部分土壤 CO_2 生成了 SIC。由此可见，初始 SOC 含量低的土壤具有更高的固碳潜力；添加钙源能够与土壤 CO_2 进行化学反应，从而实现土壤固碳减排的目标。

10.2　小麦–玉米轮作体系下秸秆还田模式对土壤培肥和产量效应的影响

10.2.1　麦玉轮作体系下秸秆还田模式对小麦产量的影响

小麦或玉米秸秆粉碎旋耕还田曾成为关中平原麦玉轮作体系中土壤肥力维持和提升的一项最主要的管理措施（Liu et al.，2014）。但近年来的研究发现，小麦粉碎旋耕还田会降低下季玉米出苗率和土壤储水量，且成本高耗时长，而小麦秸秆留茬后还田方式能减少土壤扰动，提高玉米发芽率，能更有效提高土壤保水性、团聚体稳定性且节水省工（Li et al.，2013；Dai et al.，2016；Hao et al.，2019；Liu et al.，2019）。

揭示麦玉轮作体系中 SOC 总量变化与作物秸秆还田模式的关系，并且关注土壤细菌群落及酶活性、土壤不稳定有机碳组分（LFSOC），包括微生物生物量碳（MBC）、可溶性有机碳（DOC）、活性有机碳（LOC）、热水溶性有机碳（HWC）、易氧化有机碳（EOC）和颗粒有机碳（POC）等及碳库管理指数对农艺措施的响应，通过查明维持 SOC 平衡的有机碳投入量阈值，有助于优化麦玉轮作体系中小麦与玉米秸秆不同组合还田模式，为维持土壤肥力与秸秆资源高效利用提供科学依据。

目前对小麦–玉米轮作体系中小麦秸秆高留茬与玉米秸秆不同组合还田模式下土壤有机碳的固存效应和机制仍不清楚，特别是对大型机械化秸秆还田措施下土壤肥力的长期演变过程缺乏定量化研究。为此，本研究采用了机械化还田条件下的长期定位大区试验方法，探讨小麦秸秆粉碎还田改成高留茬还田模式后对粮田土壤 SOC 固存和碳库管理指数（CPMI）的影响，为制定该地区作物秸秆最佳还田方式提供科学依据。

试验地位于西北农林科技大学斗口试验站秸秆还田长期定位试验基地（34°36′N、108°52′E，海拔 427m），该区属于暖温带半湿润大陆性季风气候，年均降水量约 530mm，7～9月降水量占全年的 70% 左右，年均气温 12.9℃，年均日照时数 2096h，无霜期 220d。土壤类型为黄土母质发育的土垫旱耕人为土。定位试验始于 2008 年 6 月夏玉米季，采用冬小麦–夏玉米一年两熟轮作制，至 2017 年 6 月冬小麦收获已连续种植 9 年 18 季作物。

小麦秸秆和玉米秸秆各自设有 3 种还田模式：小麦秸秆粉碎还田（WC）、小麦秸秆高留茬还田（WH）、小麦秸秆不还田（WN）；玉米秸秆粉碎直接还田（MC）、玉米秸秆深松还田（MM）和玉米秸秆不还田（MN）。因此，在一个完整生长期内麦玉秸秆共有 9 种还田模式，每种模式重复 4 次，随机区组排列，为了适应机械化田间作业要求，本试验中采用大区试验方法，小区面积为 $700m^2$（56m×12.5m）。

试验期间，于小麦、玉米收获时随机采集小麦、玉米地上部分秸秆、根茬和籽粒，用于测定地上部作物秸秆生物量、还田量和作物产量，并计算可持续产量指数。于 2016 年 6 月小麦收获后，采集表层（0～20cm）土样，测定土壤总有机碳、土壤容重，采用湿筛法分级土壤团聚体，计算土壤有机碳储量、固存量、固存速率及各碳库管理指数。利用秸秆生物量与残茬和根系生物量的比值计算出源自作物残体的生物量及碳投入量。已有研究表明小麦、玉米根系生物量与秸秆生物量的比值分别是 23% 和 22%（Kong et al.，2005），小麦和玉米残体含碳量约为 40%（Johnson et al.，2006），小麦、玉米的根系分泌物含碳量与其根系含碳量一致（Bolinder et al.，1999）。本研究基于长期试验计算的小麦和玉米残茬生物量与秸秆生物量的比值约为 10% 和 20%，据此估算出源自作物残体（秸秆、根茬、根系和根系分泌物）的生物量和碳投入量。

选择 9 种秸秆还田模式中的 4 种主要模式，即小麦玉米秸秆均不还田（WN-MN）、小麦玉米秸秆均粉碎还田（WC-MC）、小麦秸秆高留茬+玉米秸秆不还田（WH-MN）、小麦秸秆高留茬+玉米秸秆粉碎还田（WH-MC），对比两个完整生长季的产量表明（表 10-7），在 2015～2016 生长季，WC-MC 和 WH-MC 的周年作物产量分别比 WN-MN 提高 35.9% 和 21.2%，其中，2015 年夏玉米产量分别提高 59.5% 和 30.9%，2016 年冬小麦产量无显著性差异。在 2016～2017 生长季，WH-MC 的周年作物产量平均比其他处理提高 11.1%，其中，2016 年夏玉米产量较 WC-MC 增幅达 24.3%，2017 年冬小麦产量显著高于 WH-MN 和 WN-MN，增幅分别为 17.5% 和 20.1%。

表 10-7　麦玉轮作体系不同秸秆还田模式对作物产量的影响　　　　　　（单位：t/hm²）

处理	夏玉米产量		冬小麦产量		周年产量	
	2015	2016	2016	2017	2015～2016	2016～2017
WN-MN	5.79c	5.40a	4.53a	4.81b	10.32c	10.21b
WC-MC	9.24a	4.70b	4.78a	5.89a	14.02a	10.59b
WH-MN	6.68bc	5.66a	3.84b	4.92b	10.52c	10.58b
WH-MC	7.58b	5.84a	4.93a	5.78a	12.51b	11.62a

WN-MN：小麦玉米秸秆均不还田；WC-MC：小麦玉米秸秆均粉碎还田；WH-MN：小麦秸秆高留茬+玉米秸秆不还田；WH-MC：小麦秸秆高留茬+玉米秸秆粉碎还田。同一列中不同小写字母表示不同处理间在 0.05 水平差异显著。下同

可见，小麦秸秆高留茬+玉米秸秆粉碎还田（WH-MC）和小麦玉米秸秆均粉碎还田（WC-MC）模式可以显著提高作物产量。小麦秸秆高留茬+玉米秸秆粉碎还田模式可能通过减少土壤水分损失和促进玉米发芽及生长来增加作物产量，两种模式对土壤结构和作物产量的改善效果相同；其次，相比于单施秸秆模式，可显著提高经济效益和可持续性指数。相对于其他措施，两季秸秆均还田模式可显著提高作物产量，但在每年的 6～8 月干旱季节，小麦秸秆高留茬措施能抗旱保墒，有利于玉米产量的增加。

10.2.2　麦玉轮作体系下秸秆还田模式对土壤细菌群落及酶活性的影响

比较麦玉轮作体系中不同秸秆处理下土壤酶活性发现，WC-MC 和 WH-MC 处理的 β-1,4-葡萄糖苷酶活性分别比 WH-MN 和 WN-MN 两种处理高 90% 和 166%；β-1,4-木糖苷酶分别高 293% 和 130%；转化酶的活性分别高出 30% 和 15%（图 10-14a、b、d），但以上三种土壤酶在 WH-MN 处理与 WN-MN 处理之间无显著差异。WC-MC、WH-MC 及 WH-MN 三种秸秆还田处理显著提高了纤维二糖水解酶活性（图 10-14c），但多酚氧化酶活性均低于 WN-MN 处理（图 10-14e）。

土壤酶活性与 C 投入（carbon input）、SOC、DOC、POC、总 N（TN）、EOC 呈显著正相关。

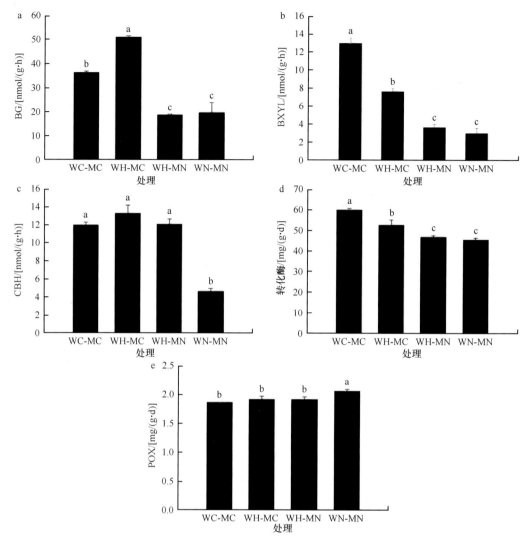

图 10-14　麦玉轮作体系中不同秸秆处理对土壤酶活性的影响

BG：β-1,4-葡萄糖苷酶；BXYL：β-1,4-木糖苷酶；CBH：纤维二糖水解酶；POX：多酚氧化酶。
处理间不同小写字母表示差异显著（$P<0.05$）

对土壤细菌群落与土壤有机碳组分、碳投入之间相关性的冗余分析（RDA）表明（图 10-15b），在 WC-MC、WH-MC、WH-MN 处理中发现的细菌群落均单独形成一组，并沿第一个坐标轴与 WN-MN 处理分离（图 10-15b）。Alphaproteobacteria（α-变形菌纲）与总 N、SOC、DOC、POC、C 投入呈显著正相关。Gammaproteobacteria（γ-变形菌纲）与 SOC、DOC、EOC、POC、C 投入呈显著正相关；Acidobacteria（酸杆菌门）和 Planctomycetes（浮霉菌门）与 C 投入无相关关系；而 Gemmatimonadetes（芽单胞菌门）和 Verrucomicrobia（疣微菌门）与 DOC 和 POC 呈负相关关系。RDA1（81%）显示了细菌群落与土壤酶活性之间的关系（图 10-15c）。在秸秆还田以后，β-1,4-木糖苷酶和转化酶的活性与 Alphaproteobacteria（α-变形菌纲）和 Gammaproteobacteria（γ-变形菌纲）呈显著正相关。纤维二糖水解酶和 β-1,4-葡萄糖苷酶与 Alphaproteobacteria（α-变形菌纲）和 Gammaproteobacteria（γ-变形菌纲）的相关性很小。多酚氧化酶与 Alphaproteobacteria（α-变形菌纲）和 Gammaproteobacteria（γ-变形菌纲）呈负相关关系（图 10-15c）。

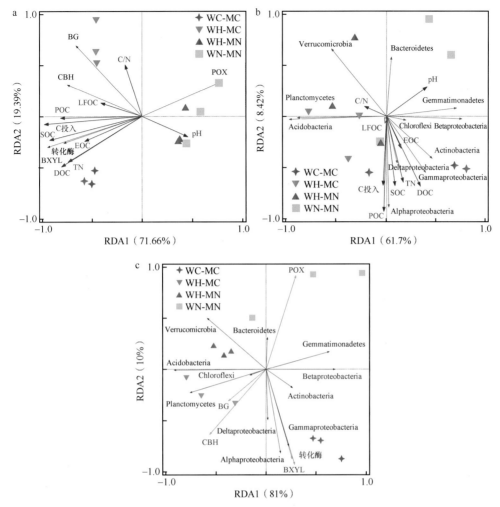

图 10-15　麦玉轮作体系中不同秸秆还田处理土壤冗余分析（RDA）

通过冗余分析（RDA）确定的土壤酶活性与 SOC 分数的相关性（a）；RDA 测定的 SOC 分数与优势菌门组成（相对丰度＞1%）的相关性（b）；RDA 测定的土壤酶活性与优势菌门组成（相对丰度＞1%）的相关性（c）。图例四角星（WC-MC）：小麦玉米秸秆均粉碎还田；倒三角形（WH-MC）：小麦秸秆高留茬+玉米秸秆粉碎还田；三角形（WH-MN）：小麦秸秆高留茬+玉米秸秆不还田；正方形（WN-MN）：小麦玉米秸秆均不还田。箭头的方向表示变量中最大的增量，长度表示相对于其他变量的优势

　　从土壤细菌群落丰富度看，WN-MN 处理最低。秸秆还田提高了细菌群落的丰富度，但 3 个还田处理之间差异不显著。另外，秸秆多年还田并未对细菌群落多样性造成影响（表 10-8）。

表 10-8　麦玉轮作体系中 4 种秸秆还田模式对细菌群落多样性的影响

处理	OTU 数量	丰富度		多样性	
		Ace	Chao1	Shannon	Simpson
WC-MC	2352±89.2a	2731±262ab	2689±212ab	9.21±0.20a	0.9927±0.00a
WH-MC	2431±69.8a	3141±75a	3065±71a	9.38±0.09a	0.9957±0.00a
WH-MN	2468±55.4a	3176±100a	3084±124a	9.39±0.02a	0.9960±0.00a
WN-MN	2142±40.3b	2569±112b	2502±103b	9.06±0.11a	0.9917±0.00a

　　注：不同秸秆还田模式的 OTU 数量、细菌群落丰富度（Ace 和 Chao1）、Shannon 和 Simpson 多样性指数，表中数值为平均值 ± 标准偏差（$n=3$）。OTU：运算分类单元（相似度 97%）。采用 LSD 法进行多重比较（$P=5\%$）

细菌群落中有 8 个门相对丰度大于 1%，变形菌门（Proteobacteria）是最丰富的门，酸杆菌门（Acidobacteria）是第二丰富的门，其次是拟杆菌门（Bacteroidetes）、芽单胞菌门（Gemmatimonadetes）、放线菌门（Actinobacteria）、疣微菌门（Verrucomicrobia）、浮霉菌门（Planctomycetes）和绿弯菌门（Chloroflexi）（图 10-16）。

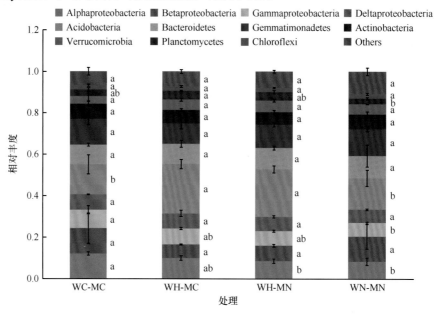

图 10-16　麦玉轮作体系中不同秸秆还田处理土壤细菌 16S rRNA 序列分类在门水平上的平均分布

其他（Others）包括未分类的微生物和其他不太丰富的类群

在门分类水平，4 种处理之间的细菌群落组成相似，但是主要门的相对丰度随秸秆还田方式的不同而变化。具体来说，与 WN-MN 处理相比，小麦秸秆高留茬处理（WH-MC、WH-MN）显著增加了酸杆菌门（Acidobacteria）的丰度。与 WN-MN 相比，WH-MC 的浮霉菌门（Planctomycetes）的丰度较高；与 WN-MN 相比，WC-MC 处理下 α-变形菌纲（Alphaproteobacteria）和 γ-变形菌纲（Gammaproteobacteria）丰度较高，但是，WC-MC 和 WH-MC 之间差异不显著。秸秆还田处理显著增加了 *Altererythrobacter*（交替赤杆菌属）、*Phenylobacterium*（苯基杆菌属）、*Reyranella*（莱朗河菌属）和 *Lysobacter*（溶杆菌属）的丰度。在 WC-MC 处理和 WH-MC 处理之间这些属的丰度没有显著差异（表 10-9）。

表 10-9　麦玉轮作体系中不同秸秆还田方式下系统发育科属的相对丰度（%）

门	纲	目–科–属	处理			
			WC-MC	WH-MC	WH-MN	WN-MN
Proteobacteria	Alphaproteobacteria	Sphingomonadales 目 Erythrobacteraceae 科 *Altererythrobacter* 属	0.62a	0.42ab	0.26b	0.29b
	Alphaproteobacteria	Caulobacterales 目 Caulobacteraceae 科 *Phenylobacterium* 属	0.13a	0.15a	0.13a	0.04b
	Alphaproteobacteria	Rhodospirillales 目 unidentified_Rhodospirillales 科 *Reyranella* 属	0.16a	0.13ab	0.09ab	0.07b

续表

门	纲	目–科–属	处理			
			WC-MC	WH-MC	WH-MN	WN-MN
Proteobacteria	Gammaproteobacteria	Xanthomonadales 目 Xanthomonadaceae 科 *Lysobacter* 属	0.75a	0.54ab	0.46ab	0.42b
	Gammaproteobacteria	Xanthomonadales 目 Solimonadaceae 科 *Polycyclovorans* 属	0.18b	0.19b	0.22b	0.38a
Acidobacteria	unidentified_Acidobacteria	Subgroup_4 目 unidentified_Acidobacteria 科 *Blastocatella* 属	0.71c	2.64a	1.80ab	0.99bc
	unidentified_Acidobacteria	Subgroup_3 目 unidentified_Acidobacteria 科 *Bryobacter* 属	0.5b	0.54b	0.54b	0.72a

注：此表仅列出不同秸秆还田方式下有显著差异（$P<0.05$）的系统发育科属的相对丰度（相对丰度>0.1%）

秸秆还田还显著提高了水解酶活性而降低了氧化酶活性；在小麦玉米秸秆均粉碎还田模式（WC-MC）中，酸杆菌和 γ-变形杆菌处于优势地位，而小麦秸秆高留茬+玉米秸秆粉碎还田模式（WH-MC）中，则以酸杆菌门和 γ-变形杆菌门为主导。两种小麦秸秆高留茬模式导致细菌丰富度显著增加，冗余度分析表明，碳投入量和有机碳含量是决定细菌群落结构的最主要因素。相比于 WC-MC 模式，WH-MC 模式观察到的细菌群落变化可以归因于该模式的秸秆数量和在小麦生长期添加的复杂成分。总之，采用 WH-MC 模式足以维持有机碳水平并改善土壤微环境。

10.2.3 麦玉轮作体系下秸秆还田模式对土壤碳固存的影响

不同秸秆还田模式对作物年平均碳投入量影响很大。从试验开始至 2017 年 6 月，与秸秆不还田模式（WN-MN）相比，3 种秸秆还田模式（WC-MC、WH-MN、WH-MC）的残体碳累计投入量高出 87%～246%。WN-MN 的年平均碳投入量主要来自作物根系和根茬，而 WC-MC 和 WH-MC 处理来源于秸秆的碳投入量超过了 50%；因此，WN-MN 处理的残体碳投入量最低，来自根系、根系分泌物和根茬的碳量分别占 38.12%、38.12% 和 23.76%。WC-MC 处理的碳投入量最高，来自秸秆、根系、根系分泌物和根茬的碳投入量分别占 62.74%、14.16%、14.16% 和 8.98%。WC-MC 和 WH-MC 的年平均残体碳投入量分别较其他两个处理（WH-MN、WN-MN）显著增加 84.76% 和 262.8%（表 10-10）。

表 10-10 麦玉轮作体系中作物残体碳投入量与残体不同部位碳投入贡献比例

还田模式	年平均残体碳投入量/ [Mg/(hm²·a)]	不同部位碳投入贡献/%			
		秸秆	根系	根茬	根系分泌物
WN-MN	2.87c	0.00	38.12a	23.76a	38.12a
WC-MC	9.94a	62.74a	14.16c	8.98c	14.16c
WH-MN	5.38b	40.53b	22.65b	16.15b	22.65b
WH-MC	9.83a	62.80a	14.17c	8.94c	14.17c

注：同列数据后不同小写字母表示处理间差异显著（$P<0.05$）

　　长期秸秆连续还田增加了土壤有机碳储量和碳固存（图10-17a）。秸秆连续还田9年后，与秸秆不还田相比，小麦玉米均粉碎还田和小麦秸秆高留茬+玉米秸秆粉碎还田处理的碳储量分别增加24.23%和16.05%；相对于试验开始前的土壤有机碳储量，9年后4种秸秆还田模式的土壤有机碳固存量变化在-0.83～6.14Mg/hm²。土壤固存有机碳（秸秆碳进入到土壤中的表观数量）、未固存有机碳（秸秆碳未进入到土壤中的表观数量）都与累积碳投入呈显著正相关性，表明了高量秸秆还田更有利于碳固存。并且，当有机碳储量变化量为0时，维持土壤初始碳储量水平的最小碳投入量约为4.0Mg/(hm²·a)（图10-17b）。

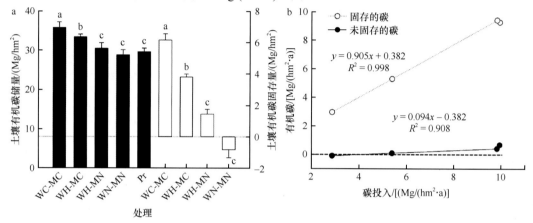

图10-17　麦玉轮作体系中不同秸秆还田模式对土壤有机碳固存的影响

Pr：试验前土壤有机碳储量；柱上不同小写字母表示处理间差异显著（$P<0.05$）。

不同秸秆还田模式对土壤有机碳固存的影响（a）和碳投入与固存、未固存有机碳（b）的线性相关

　　土壤不稳定碳组分含量均随土层深度增加而降低，且受到不同秸秆还田模式的显著影响。与对照WN-MN相比，连续18季秸秆还田均可显著提高0～20cm土层土壤不稳定碳组分。其中WC-MC处理的活性有机碳（LOC）、可溶性有机碳（DOC）、微生物生物量碳（MBC）、热水溶性有机碳（HWC）和颗粒有机碳（POC）含量最高，其次为WH-MC处理，WH-MN处理的LOC、DOC、MBC、HWC和POC含量较对照分别增加了35.7%、21.4%、34.1%、24.2%和36.8%。在20～40cm的土层，WC-MC处理的DOC、HWC、POC和LOC含量最高。在40～60cm的土层，WC-MC和WH-MC的DOC和HWC含量较高（表10-11）。

表10-11　麦玉轮作体系中四种秸秆还田模式对土壤活性碳的影响

处理	活性有机碳（LOC，mg/kg）			可溶性有机碳（DOC，mg/kg）		
	0～20cm	20～40cm	40～60cm	0～20cm	20～40cm	40～60cm
WN-MN	1.99d	1.59c	0.65b	135.8d	79.1c	69.8c
WC-MC	3.27a	2.15a	0.88a	210.9a	95.9a	78.7a
WH-MN	2.70c	1.91b	0.70b	164.8c	91.3b	68.1c
WH-MC	3.05b	1.98b	0.78a	192.7b	89.6b	75.6b
处理	微生物生物量碳（MBC，mg/kg）			热水溶性有机碳（HWC，mg/kg）		
	0～20cm	20～40cm	40～60cm	0～20cm	20～40cm	40～60cm
WN-MN	215.2d	83.0c	43.0b	581.9d	299.9b	165.2b
WC-MC	341.7a	93.3b	55.5a	860.1a	330.7a	204.3a

处理	微生物生物量碳（MBC，mg/kg）			热水溶性有机碳（HWC，mg/kg）		
	0～20cm	20～40cm	40～60cm	0～20cm	20～40cm	40～60cm
WH-MN	288.5c	95.9ab	56.4a	722.9c	319.4a	186.2ab
WH-MC	305.9b	101.1a	55.1a	841.9b	321.3a	196.2a

处理	颗粒有机碳（POC，mg/kg）		
	0～20cm	20～40cm	40～60cm
WN-MN	3.59d	0.99b	0.46b
WC-MC	6.77a	1.53a	1.06a
WH-MN	4.91c	1.18ab	1.02a
WH-MC	5.63b	1.37ab	0.95a

注：不同小写字母表示相同土层不同秸秆还田模式间差异显著（$P<0.05$）

比较有机碳组分对不同处理的敏感性指数发现，LOC、DOC、MBC、HWC 和 POC 变化范围分别为 35.5%～64.3%、21.4%～55.3%、34.1%～58.7%、22.7%～42.9% 和 36.7%～60.7%。另外，不同处理有机碳组分敏感性指数同样存在差异，其中 WC-MC 和 WH-MC 各有机碳组分敏感指数均与 WN-MN 处理存在显著性差异（表 10-12）。

表 10-12　麦玉轮作体系中 4 种秸秆还田模式对表土活性碳敏感性指数的影响

处理	LOC	DOC	MBC	HWC	POC
WN-MN	0	0	0	0	0
WC-MC	64.3a	55.3a	58.7a	40.9a	60.7a
WH-MN	35.5c	21.4c	34.1c	22.7b	36.7b
WH-MC	53.1b	41.9b	42.1b	42.9a	56.8a

注：同列数据后不同小写字母表示处理间差异显著（$P<0.05$）

碳库指数（CPI）、碳库活度（L）、活度指数（LI）及碳库管理指数（CPMI）是一组相互关联的指标，土壤碳库管理指数与土壤活性有机碳含量变化规律一致，在各土层中均表现为 WC-MC＞WH-MC＞WH-MN＞WN-MN。以 WN-MN 各土层土壤分别作为参考土壤，在 0～20cm、20～40cm 和 40～60cm 土层 WC-MC 的碳库管理指数较 WN-MN 增幅分别为 76.9%、31.7% 和 37.9%；其次为 WH-MC 和 WH-MN，且在 20～40cm 土层无显著差异（表 10-13）。

表 10-13　麦玉轮作体系中 4 种秸秆还田模式下的碳库指数、碳库活度、活度指数、碳库管理指数

土层深度/cm	处理	非活性有机碳（NLOC）	碳库指数（CPI）	碳库活度（L）	活度指数（LI）	碳库管理指数（CPMI）
0～20	WN-MN	8.60b	1.00c	0.23b	1.00b	100.00d
	WC-MC	10.08a	1.26a	0.32a	1.40a	176.95a
	WH-MN	8.31b	1.04c	0.33a	1.42a	146.92c
	WH-MC	9.35a	1.17b	0.33a	1.40a	164.93b

土层深度/cm	处理	非活性有机碳 （NLOC）	碳库指数 （CPI）	碳库活度 （L）	活度指数 （LI）	碳库管理指数 （CPMI）
20～40	WN-MN	3.93b	1.00b	0.42a	1.00a	100.00b
	WC-MC	4.82a	1.22a	0.45a	1.10a	131.69a
	WH-MN	4.84a	1.23a	0.40a	0.96a	118.43ab
	WH-MC	4.55ab	1.18a	0.41a	1.00a	118.49ab
40～60	WN-MN	3.95ab	1.00b	0.16c	1.00c	100.00d
	WC-MC	2.97b	1.00b	0.33a	1.34a	137.88a
	WH-MN	4.36a	1.10a	0.16c	0.98c	108.01c
	WH-MC	4.38a	1.12a	0.18b	1.09b	122.03b

连续 9 年试验期间，两季秸秆均还田模式（WC-MC、WH-MC）显著增加了 0～20cm 土层有机碳储量和活性有机碳组分含量，表明高量秸秆还田对提高土壤有机质储量和活性有机碳组分都有一定的效果，这表明把两者，即有机碳储量和活性有机碳组分结合，都能反映秸秆还田措施下土壤有机碳数量和质量变化。对于 WH-MN、WN-MN 处理，玉米秸秆均不还田只是小麦秸秆还田方式不同，在土壤有机质含量无显著差异的情况下，WH-MN 活性有机碳组分和碳库管理指数均高于 WN-MN，表明低量秸秆还田对提高土壤有机质活性组分有一定的效果，对提高有机碳效果不明显，这也说明活性有机碳敏感地反映了秸秆还田措施下土壤质量的变化。与 WN-MN 相比，不同秸秆还田模式下土壤 DOC、MBC、HWC、POC 和 LOC 含量均增加。这是因为外源有机物的投入，可为微生物提供充足的碳源，提高土壤微生物活性，而微生物分解作物残体过程中养分和可溶性有机质的矿化与释放是活性有机碳组分的主要来源（张璐等，2009），这与 Guo 等（2015）的研究结果一致。施用化学肥料，会提高难氧化有机质含量，增加土壤有机碳的氧化稳定性，使 MBC、DOC、HWC、POC 和 LOC 的含量显著下降（Kalambukattu et al.，2013）。张璐等（2009）的研究表明秸秆不还田处理下，土壤 DOC、MBC 和 EOC 含量均比试验前降低，这是由于秸秆被移除，相当于单施化肥，从而增加非活性有机碳的含量。本研究也证明，单施化肥且秸秆不还田的不稳定碳组分最低，这种降低可以通过秸秆还田缓解，尤其是两季秸秆还田处理（WC-MC 和 WH-MC）。

本研究中土壤 POC 和 LOC 的敏感性指数远高于 MBC、DOC、HWC，说明 POC 和 LOC 对土壤和作物管理措施变化的响应更为敏感，这与 Yan 等（2007）的研究结果一致。另外，两季秸秆还田处理（WC-MC 和 WH-MC）各有机碳组分敏感性指数均高于不还田处理，表明 WC-MC 和 WH-MC 能有效提高土壤有机碳活性。

碳库管理指数（CPMI）是系统敏感反映和监测 SOC 变化的指标，能够反映土壤质量下降或更新的程度（Xu et al.，2011）。如果一个管理方式 CPMI 值大于 100，则该管理方式被认为是可持续的。王改玲等（2017）的研究表明秸秆覆盖还田显著增加了土壤总有机质和不同活性组分有机质含量，并显著提高了不同活性有机质的碳库管理指数，与本研究结果一致，说明秸秆还田不仅能显著提高土壤有机质含量，也能明显改善土壤有机质的活性和质量。本研究结果显示，在 0～20cm 土层中，不同处理之间 CPMI 值差异较大，整体表现为 WC-MC＞WH-MC＞WH-MN＞WN-MN，这与 0～20cm 土层不稳定碳含量的增加趋势一致。原因可能是更多作物残体的投入使秸秆腐解加快，从而提高 SOC 的活性并改变了活性有机碳的不稳定性。

10.2.4　麦玉轮作体系下小麦秸秆高留茬还田模式促进土壤碳固存和产量效应

农田 SOC 的固存主要取决于外源有机物料投入与原有 SOC 的矿化损失之间的动态平衡。在缺乏有机肥投入的麦玉轮作体系中，还田残体种类、还田量和还田方式对土壤有机碳固存的影响较为明显（Srinivasarao et al.，2012a；Fan et al.，2014；张雅蓉等，2016）。在本研究中，作物残体的投入主要包括作物秸秆、根茬、根系和根系分泌物（表 10-10），残体碳投入量与土壤碳固持呈显著正相关关系，持续 9 年秸秆还田，小麦玉米秸秆均粉碎还田处理土壤有机碳仍然处于上升阶段，表明关中平原农田土壤有机碳尚未达到饱和。维持麦玉轮作体系土壤初始碳储量水平的最小碳投入量约为 4Mg/(hm²·a)，此有机碳平衡值较 Srinivasarao 等（2012b）的 1.12Mg/(hm²·a) 和 Fan 等（2014）的 2.04Mg/(hm²·a) 的研究结果高。一方面是本研究中农田土壤初始 SOC 含量较上述两个研究（分别为 2.6g/kg 和 4.48g/kg）高导致土壤矿化产生差异；另一方面，本研究中每年两次作物残体投入土壤产生的激发效应，促使更多原有 SOC 的矿化。已有研究表明土壤有机碳平衡量与有机物料投入呈极显著正相关关系，这是因为外源有机物料输入提供大量的不稳定碳，增加微生物活性，加速土壤原有有机碳的分解，具有正激发效应（Villamil et al.，2015；Qiu et al.，2016；王富华等，2019）。可见，维持 SOC 平衡所需的有机物料投入受土壤性质、种植制度等的影响。

在小麦–玉米轮作体系中，秸秆还田处理土壤有机碳均处于正平衡，而不还田处理处于负平衡。这是因为不还田处理的地上部作物残体被移出了农田，仅有根茬、根系和根系分泌物投入，其新形成的有机碳不能抵消原土壤有机碳的矿化损失和正激发效应损失的碳。WC-MC 和 WH-MC 对 SOC 固存的提升效果较好，这是因为两个处理有更多的残体碳投入，即年平均残体碳投入量都远大于最小有机碳投入量（秸秆碳投入占比达到了 50% 以上），其新形成的有机碳远超过土壤有机碳矿化量；WC-MC 和 WH-MC 的年均残体碳投入量相当，但 WC-MC 处理固存的有机碳远高于 WH-MC 处理，可能是因为在玉米生长季，覆盖在地表的小麦秸秆高留茬部分暴露在空气中 4 个月经过风吹日晒易分解组分被矿化分解了 60% 左右，玉米收获后，剩下难矿化的小麦高留茬秸秆被翻耕进入土壤表层难以进一步腐解。从以上结果可知，WH-MC 在固碳方面仅次于 WC-MC 处理，且能够较高增加土壤有机碳储量，但没有多余玉米秸秆移出农田；而小麦玉米秸秆均粉碎还田（WC-MC）则有降低秸秆的利用率、影响后茬作物的发芽、出苗率等一系列弊端；一季秸秆还田（WH-MN）处理移出的玉米秸秆可进一步促进作物秸秆的商业用途，但只能使土壤有机碳含量持平。此外，累积有机碳输入和非固存碳两者之间存在显著的线性关系，回归线的斜率远高于累积有机碳输入和固存碳的回归线的斜率。这表明了当累积植物残体碳还田后，只有一小部分残体碳固存在土壤中，未固存的碳可能被土壤微生物降解或迁移到深层土壤中（Villamil et al.，2015）。因此，针对小麦玉米的秸秆还田模式仍需进一步研究提高秸秆碳固存效率的技术。

秸秆还田可增加土壤有机质含量、改善土壤理化性质、增强土壤微生物活性、提高土壤肥力、进而增加作物产量（Xu et al.，2011）。本研究结果显示，两季秸秆均还田（WC-MC、WH-MC）较其他两个处理（WH-MN 和 WN-MN）显著提高了 2015 ～ 2016 年和 2016 ～ 2017 年期间的年产量，WC-MC 较 WH-MC 显著提高了 2015 年玉米产量，且在 2015 ～ 2016 年的年产量最高；而 WH-MC 较 WC-MC 显著提高了 2016 年玉米产量，且在 2016 ～ 2017 年的年产量最高，原因是秸秆粉碎翻耕还田使土壤疏松，在干旱少雨时期加速了水分蒸发（Rahman et al.，2005），导致出苗成活率降低，然而小麦秸秆高留茬免耕硬茬播种玉米不需要耕作，降低了土壤干扰和水分的无效蒸发，有利于抗旱及玉米良好的发芽（Swella et al.，2015）。此外，小麦秸秆高留茬降低了田间机械操作的次数和消耗的燃料，节省了劳力和投入。由此可见，小麦玉米秸秆均粉碎还田（WC-MC）对玉米的增产效应取决于降水量，小麦秸秆高留茬还田可以有效利用前茬小麦秸秆和提高后茬玉米产量。

小麦秸秆"高留茬还田方式"是指收获小麦时秸秆留茬30～40cm，不进行旋耕而硬茬播种玉米，留茬秸秆在玉米季经历约110d露天"腐解"，直至小麦播种前被旋耕入土；小麦秸秆"粉碎还田方式"指收获后使用还田机粉碎秸秆并旋耕入土，之后播种玉米。故"小麦秸秆高留茬+玉米秸秆粉碎还田"模式（WH-MC）实质上是"半腐解"小麦秸秆与"新鲜"玉米秸秆于10月一次性混合还田；而传统的"小麦玉米秸秆均粉碎还田"模式（WC-MC）则是秸秆以新鲜状态于6月、10月分两次还田。可见，WH-MC模式比WC-MC模式少一次机械粉碎及旋耕环节。

在关中平原麦玉轮作体系中，不同秸秆还田模式下秸秆碳转化为SOC的表观固持率表现为两季秸秆还田＞玉米秸秆还田＞小麦秸秆还田＞两季不还田（固持净增长率为负）；维持SOC盈亏平衡的残体碳（秸秆、根茬、根系及根系分泌物）投入量临界值约为$4.07t/hm^2$（Li et al.，2016），而两季秸秆还田与任一季作物秸秆还田每年输入土壤的残体碳总量大于该临界值，故每年只要保持一季秸秆还田就能使SOC维持增长态势。3种秸秆还田模式都不同程度地提高了土壤不稳定碳组分的含量，且随土层增加而降低。两季秸秆均还田（WC-MC）的各不稳定有机碳组分敏感指数均高于仅高留茬还田（WH-MC、WH-MN），表明前者能有效提高SOC活性。各秸秆还田措施下的碳库管理指数差异较为明显，秸秆还田能增加各土层土壤的碳库管理指数。相对于其他处理，两季秸秆均还田作物产量也较高，在每年的6～8月遇到干旱季节，小麦高留茬处理能抗旱保墒，有利于玉米产量的增加。

小麦秸秆高留茬-玉米秸秆粉碎还田与小麦玉米秸秆均粉碎还田模式显著提高了SOC含量、储量、总氮含量；同时增加了粗大团聚体的质量比，并减少了粉黏粒组分的比例。小麦秸秆高留茬还田后玉米秸秆粉碎直接还田模式显著增加了粗大团聚体和细大团聚体内部颗粒有机物（iPOM）重组分中的SOC含量，而小麦玉米秸秆均粉碎还田模式增加了粗大团聚体和细大团聚体中粗粒iPOM、细粒iPOM和矿物结合态有机质（mSOM）重组分中的SOC含量；此外，两个模式均提高了细大团聚体中粗粒iPOM和细粒iPOM的总氮含量（Zhao et al.，2018）。

小麦玉米秸秆均粉碎还田（WC-MC）在土壤固碳、作物产量等方面提高幅度最大，然而，粉碎秸秆使土壤变得疏松，土壤空隙增大，种子与土壤难以紧密接触，影响种子发芽出苗，导致缺苗断垄现象，不利于作物可持续性生产。在高度集约化麦玉轮作制度下，小麦秸秆高留茬处理（WH-MC和WH-MN）在有效增加土壤有机质积累、提高土壤营养元素含量、改善土壤结构、提高作物产量的同时也有保墒防旱、抑制田间杂草、节省田间管理用工、降低碳排放和维持适当土壤pH的作用（赵惠丽等，2021）。持续9年秸秆还田，WH-MC在改善土壤有机碳储量、活性和作物产量方面具有较好的效果，但没有多余的玉米秸秆移出农田，WH-MN处理有多余的玉米秸秆可以移出农田，提高了秸秆利用率，但只能基本维持土壤原有有机碳的水平。随着土壤有机碳含量的增加，维持土壤有机碳平衡需要投入的有机物料也将有所增加（Li et al.，2016；Li et al.，2018；赵惠丽等，2021），将来WH-MN能否继续维持土壤有机碳提升有待进一步研究。因此，可以考虑每隔2或3年还田一次玉米秸秆，以达到既有明显培肥效应又保证有多余玉米秸秆用于其他方面。

小麦秸秆高留茬还田后玉米秸秆粉碎直接还田模式具有改善土壤结构、维持有机碳水平的功能，并且在集约化小麦-玉米轮作制度中提供了可持续的作物生产方法，从减少时间和劳动力的角度来看，此模式是最佳的作物秸秆管理模式。由于"小麦秸秆高留茬+玉米秸秆粉碎还田"模式兼顾高产、节水（直立秸秆可遮阴减少蒸发）和降低机械使用成本等优点，同时小麦秸秆高留茬-玉米秸秆粉碎还田管理模式在北方麦玉轮作区较易推广应用，可以提高土壤碳固存、不稳定有机碳组分含量、碳库管理指数，改善土壤质量，降低环境污染及农业机械的运营成本，对于促进北方旱地农业可持续发展具有重要意义，目前被认为是全量还田的最佳模式。

10.3　玉米‖大豆间作体系对产量和土壤微生物的影响

10.3.1　玉米与大豆间作对作物生长的促进作用

与单一作物种植体系相比，间套作体系通过两种或两种以上的作物共同生长和互惠互作，优化了农田生态系统的结构，通过物种间互作提高了单位面积作物产出量和稳定性。间作体系提升生产力的一个重要机制是通过生态位互补效应优化资源配置和增加资源可利用性，从而提高农田养分利用率。这种资源优化既包括植株间地上部对光照、温度和空间的调配，也包括植物之间地下部、植物与其他生物和环境因子之间的互作（Li et al.，2013），特别是在水分和氮、磷养分分配和利用方面（Brooker et al.，2015；李隆，2016），种间间作显著促进了植物的养分高效吸收和生产力的提升（Zhang and Li，2003；Chen et al.，2017）。研究表明间作可以协同提高水肥可利用性和利用率（Morris and Garrity，1993；Xu et al.，2008），其作用机制包括：①不同作物根系在土壤空间中的互补作用（Shackel and Hall，1984），如玉米‖大豆间作体系在不同的水分条件下能通过改变根系构型和吸水区域调整田间水分分配，满足自身的吸水需求（高阳等，2009）；②不同作物水分需求在时间上的分离，如豌豆和玉米间作时最大需水期不同保证了两者对水分的合理分配（Mao et al.，2012）；③不同作物根系特征差异所产生的提水作用优化了水资源的空间分布（Sekiya et al.，2011）。其中提水作用被认为能在干旱环境中增强微生物的活性，从而提高土壤营养元素的可给性。

在众多间套作模式中，玉米和豆科作物的间套作是我国广泛应用的模式，玉米与其他作物间套作占我国玉米面积的 2/3 以上，占各类农作物间套作面积近 1/2。在旱区农业中建立合理的玉米间套作种植制度必须考虑区域限制性水资源条件，要实现"减肥增效"，需要在充分阐明水肥互作影响养分利用率机制的基础上，选择和构建能优化水资源配置，在减少化肥投入的条件下能提高土壤养分利用率，保证作物稳产增产的耕作管理模式。因此，针对西北旱区玉米‖大豆间作体系，本研究开展了田间定位试验，研究水肥双重胁迫条件下间作体系提升养分利用率的能力和机制，探讨豆科肥田作用在促进作物生长和提升地力方面的作用。

试验设置于中国科学院长武黄土高原农业生态试验站，该试验站位于黄土高原中南部，陕西省长武县洪家镇（35°12′N、107°41′E，海拔 1200m），属暖温带半湿润大陆性季风气候，年均气温 9.1℃，无霜期 171d，属于典型的旱作农业区。该地区年均降水量为 580mm，有 70%～80% 的降水发生在 5～9 月（图 10-18），年均蒸发量在 1500mm 以上，年均温度为 9.1℃，5～9 月平均温度为 19.0℃。试验选择地带性土壤黑垆土，土壤 pH 为 8.25，土壤有机质含量 16.7g/kg，全氮含量 0.97g N/kg，全磷含量 1.69g P/kg，有效氮含量 50.9mg N/kg，有效磷含量 26.4mg P/kg，有效钾含量 372.9mg K/kg。

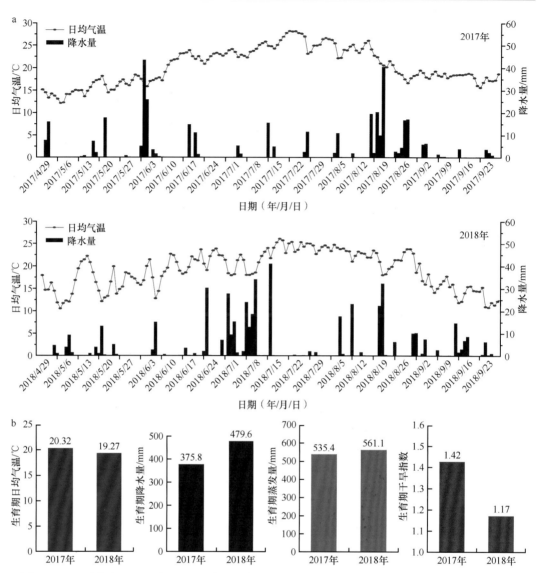

图 10-18　研究期间（2017 年和 2018 年）玉米生育期降水量与日均气温（a）及生育期日均气温、降水量、蒸发量和干旱指数（b）

试验采用裂区设置 4 个区组共 8 个处理，主处理为 4 种耕作模式（CT+MC：常规耕作–单作玉米；CT+IC：常规耕作–玉米‖大豆；RF+MC：垄覆沟播–单作玉米；RF+IC：垄覆沟播–玉米‖大豆），副处理为 2 种施氮处理（N0：不施氮，0kg/hm²；N180：常规施氮，180kg/hm²）。4 种耕作模式涉及两种耕作制度（常规耕作和垄覆沟播）、两种种植方式（单作玉米和玉米‖大豆），是耕作制度和种植方式的完全交叉组合。试验期为 2017 年 4 月至 2018 年 10 月。玉米‖大豆的种植密度为玉米（'郑单 958'）2870 株/亩、大豆（'中黄 13'）2400 株/亩，单作玉米种植密度为 4100 株/亩。在不同施肥处理中，磷钾肥用量一致（120kg P₂O₅/hm²，100kg K₂O/hm²），作为基肥一次性施入。

从生育期、施氮处理和耕作模式对玉米生长的影响看（表 10-14），生育期显著影响了玉米生长。不同生育年间玉米株高和植株干重存在差异。从玉米生育期气象数据看，不同年份年际蒸发量差异较小，但 2018 年玉米生育期的降水量比 2017 年增加了 103.8mm（27.6%），干旱指数下降（图 10-18），这可能是玉米增产的主要原因。

表 10-14　玉米植株生物量的多元方差分析

因素		生物量			多元方差分析
		株高/cm	鲜重/（g/株）	干重/（g/株）	
生育期	Y2017	197.13a	620.48a	127.95a	＜0.001
	Y2018	206.29a	650.10a	166.74b	
	Y2019	227.41b	684.84a	174.69b	
P		＜0.001	0.299	＜0.001	
施氮处理	N0	179.48a	514.13a	128.19a	＜0.001
	N180	239.93b	789.00b	187.67b	
P		＜0.001	＜0.001	＜0.001	
耕作模式	CT+MC	179.59a	478.21a	123.68a	＜0.001
	CT+IC	218.30bc	731.43c	184.75c	
	RF+MC	207.55b	624.64b	149.82b	
	RF+IC	233.38c	771.98c	173.46bc	
P		＜0.001	＜0.001	＜0.001	

注：数据表示为平均值；不同小写字母表示在 0.05 水平差异显著；最后一列为多元方差分析结果

从耕作模式的影响看，RF+IC 比 CT+MC 显著增加了玉米植株的株高、鲜重、干重，其中株高增加 53.79cm、增幅 29.95%，鲜重增加 293.77g/株、增幅 61.43%，干重增加 49.78g/株、增幅 40.25%（表 10-14）。从氮肥的影响看，与不施氮处理相比，施氮处理显著影响玉米株高、植株鲜重和植株干重（$P < 0.001$），其中玉米株高增加 60.45cm，增高幅度为 33.68%，植株鲜重和干重分别增加 274.87g/株和 59.48g/株，增加幅度分别为 53.46% 和 46.40%（表 10-14）。此外，根据籽粒产量统计结果，施氮处理组的玉米籽粒产量为 3.22kg/10 株，远大于不施氮处理的 1.42kg/10 株。由此可见，耕作制度和氮肥投入在西北旱区对玉米生产十分重要。

与玉米单作相比，玉米‖大豆提高了水分利用率。在 2018 年播种前和各采样时期测定了玉米水分利用率，发现在常规耕作模式下，相比于玉米单作水分利用率的 40.7kg/（hm²·mm），间作大豆能将水分利用率提升至 53.4kg/（hm²·mm），提升了 31.2%；在垄覆沟播模式下，间作相较于单作水分利用率由 51.9kg/（hm²·mm）提升到 57.9kg/（hm²·mm），提升了 11.5%。可见，在玉米的生长阶段，间作大豆可以提升农田水分的利用率，特别是对于可利用水分较少的常规耕作效果尤为明显。此外，施氮处理显著增加了玉米对水分的利用，不施氮组的水分利用率为 38.6kg/（hm²·mm），施氮处理组的水分利用率为 63.3kg/（hm²·mm），增加了 64.0%，说明水肥利用之间确实存在互作关系。

在不同水分供应条件下，间作体系显著促进了玉米的生长（表 10-14）。相较于水分保持和供应较好的垄覆沟播模式（间作相对于单作玉米株高、鲜重和干重的提升分别为 12.4%、23.6%、15.8%），水分更为缺乏的平作模式中间作对玉米生长的提升作用更为明显（间作相对于单作玉米株高、鲜重和干重的提升分别为 21.6%、53.0%、49.4%）。可见在水分胁迫的条件下，间作相较于单作促进玉米生长的效果更强，这可能与其能提高水分利用率有关。

豆科作物间作除了提高水分利用率，还可以增加土壤氮素供给，提高土壤有机质含量。通过对玉米‖大豆和玉米单作条件下根围土的检测发现，在不施氮条件下，间作模式玉米根区土壤有机碳均高于单作模式，其中平作条件下可溶性有机碳含量由 42.64mg/kg 提升至 66.66mg/kg，升高了 56.3%，垄覆沟播模式下可溶性有机碳含量由 47.91mg/kg 提升至 69.13mg/kg，升高了 44.3%。这一结果说明间作大豆能促进玉米根区土壤可溶性有机碳的积累，有助于提升土壤肥力。

在缺水缺肥条件下间作对玉米的增产效应更显著（图 10-19）。无论是否有氮肥投入和起垄覆膜保水，间作大豆相对于单作都促进了玉米生物量的积累。相对而言，在无氮肥投入和常规耕作处理条件下，间作大豆促进玉米生长的效果更为明显，这可能是因为低水和低氮环境更能突显间作的"提水作用"与豆科作物解除"氮阻遏"的作用（Salvagiotti et al.，2008）。应力梯度假说也表明，在养分资源匮乏的高环境压力下，物种间能产生更多的正向作用（Maestre et al.，2009）。

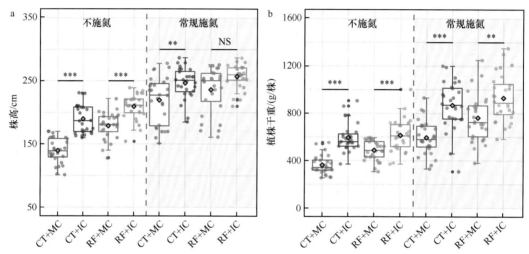

图 10-19　不同施氮条件下耕作模式对玉米株高（a）和植株干重（b）的影响

采用单因素方差分析进行检验，** 表示相同施氮条件、相同耕作制度下不同种植方式之间在 0.01 水平差异显著，*** 表示相同施氮条件、相同耕作制度下不同种植方式之间在 0.001 水平差异显著，NS 表示差异不显著

在不施肥条件下间作显著增加了玉米籽粒产量（图 10-20）。在施氮处理下，间作模式虽提高了玉米籽粒的产量，但不显著。在不施氮的条件下，双年（2017 年和 2018 年）间作模式收获的玉米籽粒产量均显著高于单作模式（$P<0.01$），其中间作模式下平均玉米籽粒产量为 1.73kg/10 株和 1.62kg/10 株，相比于单作玉米的平均玉米籽粒产量 1.17kg/10 株和 1.14kg/10 株分别增加了 47.86% 和 42.10%。之前有研究显示，在甘肃玉米‖蚕豆间作系统中，两种作物的吸氮量均比单作增加了约 20%（Li et al.，2003），与本研究结果一致。

综上所述，在西部旱区水分和氮素供给决定了玉米的产量，其中水分的影响尤为关键。玉米‖大豆间作种植体系可以提升土壤肥力，提高水分利用率，特别是在水分和氮素供给量较少的条件下，间作体系的优势更为显著。在西北旱区推动化肥减施时，玉米‖大豆间作种植体系相对于玉米单作体系能更好地利用有限的资源，实现增产增效的目标。

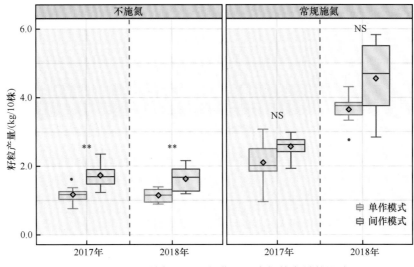

图 10-20　不同施氮处理下间作对玉米籽粒产量的影响

** 表示同一年份、相同施氮条件下不同种植模式之间在 0.01 水平差异显著，NS 表示差异不显著（$P > 0.05$）

10.3.2　玉米与大豆间作对土壤微生物群落结构和功能的影响

间作条件下，不同植物的根系直接接触相互影响，而且根系周围的微生物受到影响，微生物是土壤功能的主要执行者之一，其群落组成和结构的变化直接影响土壤营养物质的转化与利用过程。因此，我们推测干旱和氮素胁迫条件下，间作促进作物生长的作用可能是通过其对土壤微生物群落的调节实现的。为阐明水肥胁迫条件下土壤微生物群落在间作体系提升农田生产力过程中发挥的作用，本研究分析了间作体系对微生物群落结构和功能的影响。

10.3.2.1　间作对土壤微生物组成和结构的影响

本研究比较了不同耕作模式下玉米根区微生物的组成和结构。通过对群落 α 多样性进行方差分析发现，施氮处理对玉米根区土壤微生物群落的 α 多样性未产生显著影响（$P > 0.05$），而不同的耕作模式（垄覆沟播+间作）能显著改变玉米根区土壤微生物群落的丰富度（$P < 0.05$）（图 10-21b）和 Fisher 指数（$P < 0.05$）（图 10-21a），但对香农指数的影响不显著（图 10-21c）。在不同种植模式的对比中，间作模式玉米根区细菌群落的丰富度和多样性（Fisher 指数和香农指数）均显著高于单作模式。其中，垄覆沟播制度下的间作模式获得了最高的丰富度和多样性。从以上结果可以看出，间作可以为玉米根区土壤带来更丰富和多样的微生物群落。

为了进一步探究不同耕作模式对玉米根区土壤微生物群落的影响，分析了基于 UniFrac 距离的群落 β 多样性（图 10-22）。PERMANOVA 分析结果表明，施氮处理显著影响了玉米根区土壤细菌微生物群落结构（$R^2 = 0.057$，$P = 0.013$）（图 10-22a）。同时，使用主坐标分析（principal co-ordinates analysis，PCoA）施氮和种植模式的交互处理对玉米根区土壤微生物群落的影响，发现不同处理对玉米根区土壤细菌 β 多样性的影响也是显著的（$R^2 = 0.148$，$P < 0.001$）（图 10-22b）。为更好地揭示不同耕作模式对玉米根区土壤细菌群落结构的影响，进一步按不

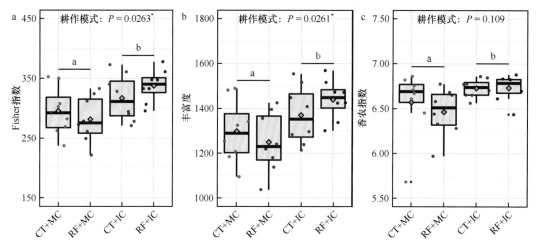

图 10-21　不同处理下玉米根区微生物群落的 α 多样性

a 为 Fisher 指数，b 为丰富度，c 为香农指数；不同小写字母表示单作处理与间作处理有显著的组间差异（$P<0.05$）；

CT 表示常规耕作，RF 表示垄覆沟播耕作，MC 表示玉米单作，IC 表示玉米‖大豆

同施氮处理对土壤细菌群落 β 多样性进行分析，基于 UniFrac 距离进行 PERMANOVA 检验。结果表明，在不施氮处理组，玉米根区土壤细菌群落结构在不同耕作模式间未表现出显著差异（R^2=0.232，P=0.137）；CAP 分析结果也表明在不施氮处理组细菌群落结构比较相似，差异不显著（图 10-22c）。在施氮处理组，玉米根区土壤细菌群落结构在不同耕作模式间表现出显著差异（R^2=0.313，P=0.003）；同时，CAP 分析结果表明常规施氮处理组间细菌群落结构差异显著（图 10-22d）。这些结果说明间作能改变玉米根区的土壤微生物群落结构，并有可能进一步影响其生态功能。

玉米与大豆间作通过改变作物根区的土壤理化性质，如增加土壤水分、提高溶解性有机碳和速效氮含量等，影响了土壤微生物群落的组成。间作增加了微生物数量、提高了群落组成的多样性，说明间作作物根系招募了更多不同种类的微生物，并参与了碳氮磷转化和供应，促进了作物的生长，提高了产量。

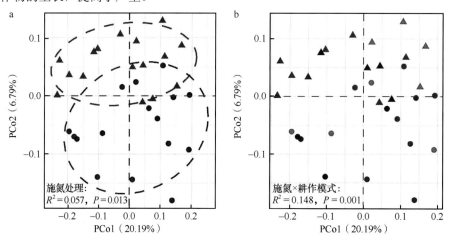

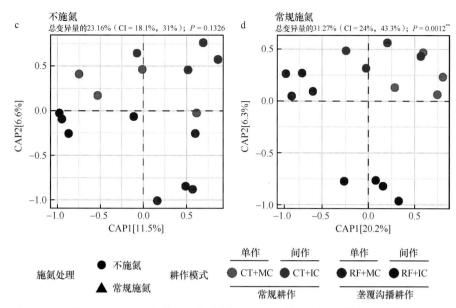

图 10-22 基于 UniFrac 距离的主坐标分析（PCoA）的玉米根区微生物群落 β 多样性

a 为不同施氮处理；b 为施肥处理和耕作模式交叉；c 为不施氮肥处理下的不同耕作模式；d 为常规氮肥处理下的不同耕作模式

10.3.2.2 间作对土壤微生物蛋白表达的影响

间作不仅改变了土壤微生物群落的结构，也影响了微生物群落蛋白质水平的表达。蛋白质是微生物生理功能的最终执行者，土壤宏蛋白质组学可以从土壤微生物群落功能角度解析种间间作培肥对微生物群落的影响。试验采用盆栽试验，设置大豆单作、玉米单作和玉米‖大豆间作 3 个处理。取根际土壤，采用改进的土壤蛋白质提取方法（Qian and Hettich，2017），尽量去除土壤提取液中的有机质等杂质。纯化的蛋白质采用色氨酸荧光法测定浓度，再采用基于非标记（Label-free）的液相色谱串联质谱（liquid chromatography tandem mass spectrometry，LC-MS/MS）结合生物信息学分析解析土壤微生物的蛋白质功能信息和微生物来源。试验从根际土壤中一共鉴定出一万多种土壤微生物蛋白质，比较发现，玉米单作、大豆单作和玉米‖大豆条件下土壤微生物蛋白质种类存在显著差异。三种处理下的根际土壤中有 13 672 种蛋白质是共有的，而玉米和大豆单作处理下分别有 455 种和 1299 种蛋白质特异表达，间作条件下有 782 种蛋白质特异表达。与玉米单作相比，间作条件下有 1910 种蛋白质的丰度具有显著差异，其中，1070 种蛋白质丰度显著上调，840 种蛋白质丰度显著下调（图 10-23a）。与大豆单作相比，间作条件下有 1583 种蛋白质的丰度具有显著差异，其中，690 种蛋白质丰度显著上调，893 种蛋白质丰度显著下调（图 10-23b）。

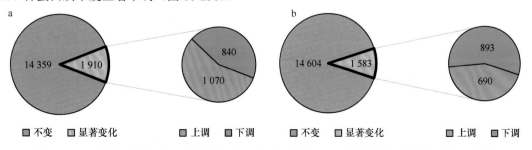

图 10-23 大豆‖玉米分别与玉米单作（a）和大豆单作（b）相比根际土壤蛋白质丰度变化

　　进一步对差异蛋白质参与的生物学过程进行富集分析，研究发现间作与玉米单作、大豆单作相比，大部分差异蛋白质参与转运和代谢过程（图10-24a、b）。差异蛋白的微生物来源和对应的生物学过程构建的网络也表明，大量微生物的差异蛋白质参与转运和代谢过程，这两个生物学过程是微生物网络的重要节点（图10-24c、d）。此外，差异蛋白质还参与刺激响应、生物学过程调控、细胞分化等过程。特别是，间作与玉米单作相比，大量参与生物学过程调控的差异蛋白质显著下调；而间作与大豆单作相比，大量参与细胞分化的差异蛋白质显著下调。这种差异可能受间作模式下大豆和玉米根系、根系分泌物等多种因素共同影响。

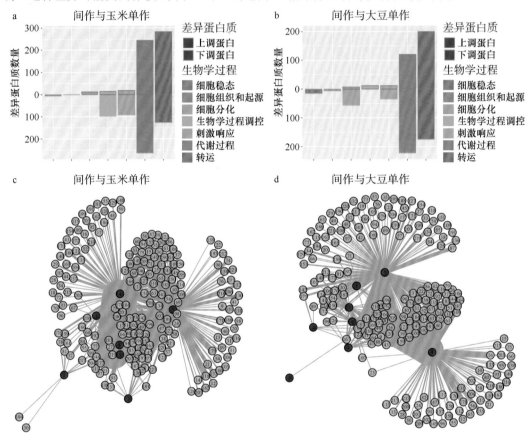

图 10-24　大豆‖玉米与玉米单作（a，c）、大豆单作（b，d）相比差异蛋白质参与的生物学过程及对应网络分析

a、b 为差异蛋白质主要参与的生物学过程；c、d 为差异蛋白质来源微生物的属和对应的生物学过程的网络分析，其中每一个红色节点表示差异蛋白质对应的代谢过程，每一个灰色节点表示在属水平差异蛋白质的微生物来源

　　间作与玉米单作、大豆单作相比，在门水平，蛋白质丰度显著增加的微生物主要来源于变形菌门（Proteobacteria）、酸杆菌门（Acidobacteria）、厚壁菌门（Firmicutes）、放线菌门（Actinobacteria）等（图10-25）。但是在属水平，两者存在一定的差异。间作与玉米单作相比，除了一些未分类的微生物，丰度增加最多的蛋白质主要来源于芽孢杆菌属（*Bacillus*）、伯克氏菌属（*Burkholderia*）、根瘤菌属（*Rhizobium*）、*Paraburkholderia*、中慢生根瘤菌属（*Mesorhizobium*）、德沃斯氏菌属（*Devosia*）和链霉菌属（*Streptomyces*）。间作和大豆单作相比，丰度增加最多的蛋白质主要来自厚壁菌门和变形菌门的芽孢杆菌属（*Bacillus*）、类芽孢杆菌属（*Paenibacillus*）、异常球菌属（*Deinococcus*）、中慢生根瘤菌属（*Mesorhizobium*）、根瘤

菌属（*Rhizobium*）等。特别值得注意的是，根瘤菌属和中慢生根瘤菌属的微生物能够侵入豆科植物根系形成根瘤，通过共生固氮提高土壤氮素含量。因此，可以推测大豆‖玉米间作模式通过对部分微生物功能蛋白表达产生影响，特别是显著提高固氮微生物的丰度和活力，进而提高土壤–根系系统的氮代谢水平，来促进作物的养分吸收和生长发育。

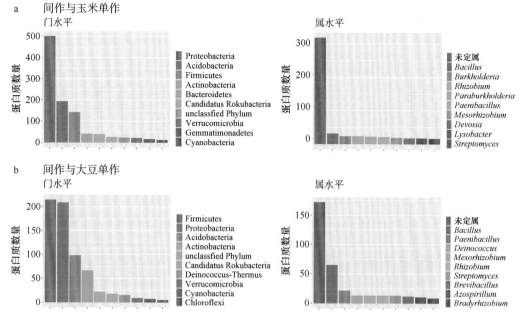

图 10-25　大豆‖玉米与玉米单作（a）、大豆单作（b）相比，蛋白质丰度显著上调的前 10 个土壤微生物来源

10.4　我国北方小麦和玉米系统秸秆还田的有机碳固持与增产效应

10.4.1　秸秆还田对小麦和玉米产量的影响

我国农作物秸秆年产量在 2015 年约为 10.4 亿 t，约占全球产量的 1/3（Li et al.，2017）。研究表明，秸秆还田对 SOC 的固持效应随生态条件、田间管理方法和土壤类型而变化。与秸秆不还田相比，我国农田中玉米、小麦和水稻秸秆还田可使 SOC 储量平均增加 12%（Zhao et al.，2015）。秸秆持续还田 10 年后促进 SOC 积累的作用减弱，也有研究发现秸秆还田在前 3 年增加 SOC 固持量，但在随后的 15 年中效果不明显（Liu et al.，2014）。

不同种植制度影响了作物残体还田量和 SOC 矿化损失量，通过影响有机碳的盈亏影响了 SOC 固持量（Huang et al.，2012）。当秸秆不能粉碎还田和充分腐解时会影响后茬作物的生产，目前除了粉碎直接还田方式，还出现了秸秆留茬滞后还田等方式（Li et al.，2018）。此外，在生产实际中秸秆还田通常与施用化肥相结合（Lu et al.，2009）。长达 33 年的田间秸秆还田长期定位试验发现，一年二熟轮作系统中秸秆还田与 NPK 施用配合措施下，SOC 储量比仅施用 NPK 肥提高 5.7%；然而，在玉米单作体系中，NPK+S 处理的 SOC 储量与仅施用 NPK 肥处理无显著差异（Wang et al.，2018）。

已有的研究在评价我国农田 SOC 储量的变化时，主要集中在单一肥料施用、特定作物、单一种植制度、特定时期或某种土壤类型上（Tian et al.，2015；Zha et al.，2015；Ji et al.，2016）。因此，仍然需要采用 Meta 分析，从空间大尺度上综合评价耕作时期、土壤类型、耕作制度和初始有机质含量等因子对秸秆还田促进土壤有机碳固持的效应和机制。针对我国北方粮食生产主体的小麦和玉米系统，采用 Meta 分析手段（Guo and Gifford，2002），从宏观角度揭示在不同耕作制度、土壤类型和种植年限下，长期秸秆还田对土壤 SOC 固持和作物产量的影响：一是量化不同施肥处理和秸秆还田条件下，耕层土壤（0～20cm）在不同耕作年限、土壤类型和耕作制度下 SOC 储量的变化；二是比较长期施肥和秸秆还田处理的作物产量效应；三是揭示土壤有机碳固持率与初始 SOC 储量和年度秸秆投入量之间的关系，从而为提升我国北方小麦和玉米旱作系统中土壤有机质含量提供理论依据。

研究采用 Meta 分析手段（Guo and Gifford，2002），使用与不同化肥施用和秸秆还田农田 SOC 含量或储量相关的关键词，搜索研究论文数据库（http://www.sciencedirect.com；https://link.springer.com/；http://apps.webofknowledge.com）。论文选择的标准：①提供研究开始和结束时 SOC 含量的起始值、最终值或特定时期的 SOC 储量；②发表在实行同行评议的出版物上；③田间试验；④土壤取样深度必须为 0～20cm（仅有少量研究的取样深度为 0～30cm）；⑤试验至少包括处理中的一种，对照（不施肥，CK）、施用 NP 肥或 NPK 肥、施用 NP 肥或 NPK 肥并进行秸秆还田（NP+S 或 NPK+S）、NPK 与有机肥配施（NPK+M）。该分析仅包括在我国北方旱地采用传统耕作方法进行的长期定位试验研究。

符合上述标准的论文共有 58 篇，从中获得试验地点、SOC 含量或储量、土壤容重（BD）、土壤采样深度、种植年限、耕作制度、土壤类型和施肥方案、产量等数据。某些数据采用 GetData Graph Digitizer Version 2.26（S Federov）从论文图表提取。收集的数据均来自田间定位试验，共涉及 3 种土壤类型：黑土（淋溶土）、潮土（石灰性始成土）和黄土（石灰性土壤）；试验年限分为 1～5 年、6～10 年、11～20 年、>20 年共 4 个区间，其中最短和最长年份分别为 1 年和 33 年。种植制度涉及一年二熟麦玉轮作体系（DC）、玉米单作体系（SM）及小麦单作体系（SW）三种体系，旨在定量探讨 SOC 固持量和作物产量对施用化肥与秸秆还田配合或施用有机肥配合措施的响应。

从产量看（图 10-26），在 SM 体系中，NP、NPK+S、NP+S 和 NPK 处理的玉米年均产量随时间的变化差异不显著（P>0.05）。除 NP 处理外，各施肥处理的产量均显著高于不施肥处理（CK）（P<0.05）。在 SW 体系中，NPK 处理和 NPK+S 处理的小麦年均产量之间没有差异。在 SM 体系中，CK 的玉米产量低于其他处理，但在 NP+S、NPK 和 NPK+S 处理之间玉米产量差异不显著。在 DC 体系中，NPK、NP+S 和 NPK+S 处理小麦产量差异不显著，但显著高于 NP 和 CK。总的来说，无论施肥处理如何，DC 体系的作物年均产量均高于 SM 体系，而在 SM 体系中，NPK 和 NPK+S 处理的作物年均产量也高于 SW 体系。

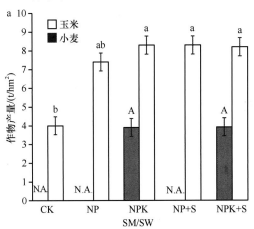
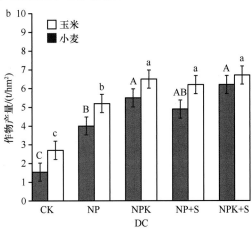

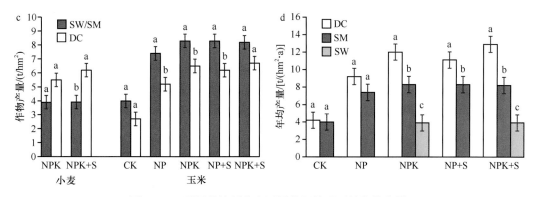

图 10-26　不同种植制度和不同施肥处理下的作物产量

a 为玉米单作（SM）和小麦单作（SW）的不同施肥处理；b 为麦玉轮作（DC）小麦和玉米的不同施肥处理；c 为对不同种植
制度下不同作物的特定处理进行比较；d 为比较每一种种植制度在特定处理下的年均产量。CK：不施肥；NP：氮磷；NPK：
氮磷钾；NP+S：氮磷+秸秆；NPK+S：氮磷钾+秸秆。条形图间不同字母（大写字母对应小麦、小写字母对应玉米）表示平均
值在 0.05 水平差异显著；N.A. 表示没有可用的数据；误差线表示标准误差

10.4.2　秸秆还田对小麦和玉米系统土壤有机碳储量的影响

从不同肥料处理对 SOC 储量的长期影响看（图 10-27），在长期试验的开始和结束期间，不施肥对照和氮磷处理的 SOC 储量变化率没有显著差异。与初始 SOC 储量相比，试验结束时 NP+S、NPK、NPK+S 及 NPK+M 处理的 SOC 储量均显著增加。NPK+M、NPK+S 处理的 SOC 储量均显著高于其他处理（$P<0.05$）。而 NP+S 与 NPK 处理的 SOC 储量之间差异不显著（$P>0.05$）。NP 处理相比于其他处理是最低的，而 CK 则表现为无响应。

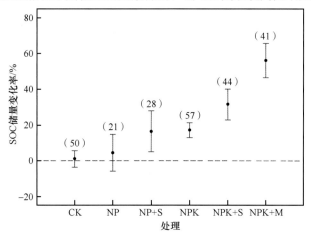

图 10-27　不同施肥处理下试验开始到结束期间 SOC 储量的变化

NPK+M：氮磷钾+有机肥；括号内数字表示输入数据点的个数；误差线表示 95% 置信区间

从土壤类型对 SOC 储量的影响看（图 10-28），与初始水平相比，除 CK 外，黑土中所有施肥处理下 SOC 储量均有显著变化，其中增幅最大的是 NPK+S 处理，其次是 NPK 处理。对于潮土，NP 和 NP+S 处理下 SOC 储量的响应均不显著；但是与初始 SOC 水平相比，NPK 和 NPK+S 处理的 SOC 储量明显更高。在黄土中，相对于初始水平，NPK+S 处理的 SOC 储量的提高显著高于 NP 和 CK，但与 NPK 和 NP+S 处理之间无显著差异（$P>0.05$）。

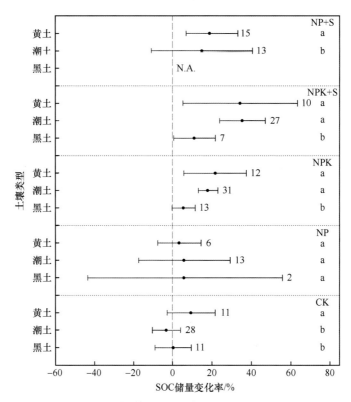

图 10-28　不同土壤类型下不同施肥处理 SOC 储量的变化

由于数据有限，没有使用黑土中 NP+S 处理的数据。误差线表示 95% 置信区间；误差线右侧数值表示每种土壤类型的样本量。
不同小写字母表示同一施肥处理下不同土壤类型间差异显著（P＜0.05）

　　从不同种植体系对 SOC 储量的影响看（图 10-29），对于不施肥对照和氮磷处理，在麦玉轮作体系（DC）和春玉米单作体系（SM）中均未观察到 SOC 储量的显著变化（置信区间重叠为零）。对于 NPK 处理，冬小麦单作体系（SW）和麦玉轮作体系（DC）的变化率相比于其初始水平均显著提高。但是，SW 体系中 SOC 储量变化不显著（置信区间重叠为零），SW 和 DC 系统的 SOC 储量增加都明显大于 SM 种植体系（P＜0.05）。但这些种植体系之间没有显著差异（P＞0.05）。

　　从秸秆还田试验年限对 SOC 储量的影响看（图 10-30），在不施肥对照、氮磷和氮磷+秸秆处理中，大多持续时间显示 SOC 储量无显著增加，但这些处理 SOC 的增加明显大于初始水平。氮磷钾和氮磷钾+秸秆处理中 SOC 储量的变化率在所有种植时间内均显著增加，氮磷钾处理中所有种植年限的变化率均显著提高。在氮磷钾+秸秆处理 6～10 年，11～20 年和超过 20 年的 SOC 储量变化率均显著高于其初始水平。在调查的耕作期间，氮磷钾和氮磷钾+秸秆处理均未观察到土壤碳饱和趋势，因此在研究中，持续时间最长（超过 20 年）的农田可能发生了碳固持。但是，在氮磷和氮磷+秸秆中，在 11～20 年种植年限组中 SOC 储量的变化率增加，而在超过 20 年种植年限组中减少。

　　从秸秆碳年投入量对 SOC 年固持量的影响看（图 10-31），在长期秸秆还田处理中，NP+S 处理（P＜0.05）和 NPK+S 处理（P＜0.01）均观察到 SOC 年固持率与每年投入的秸秆碳之间呈显著线性正相关。

　　研究发现，长期均衡施用化肥且与有机肥配施（NP+S、NPK、NPK+S 和 NPK+M 处理）

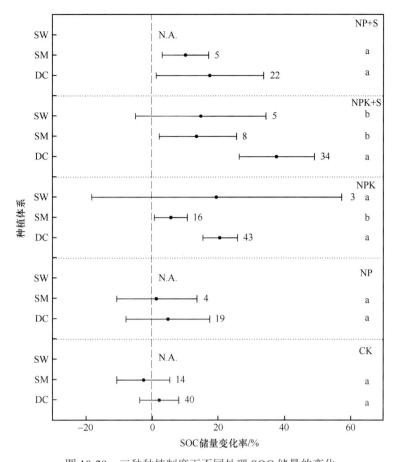

图 10-29　三种种植制度下不同处理 SOC 储量的变化

N.A. 表示没有可用的数据；误差线表示 95% 置信区间；误差线右侧数值表示每个种植体系的样本量。
不同小写字母表示同一施肥处理下不同种植制度间差异显著（$P<0.05$）

比仅施用化肥（NP）更有利于 SOC 固持。而且，可能施用钾肥比不添加钾肥可使更多作物残体碳归还至土壤中，因此，上述配施 K 肥的处理中 SOC 含量增加幅度大于相应的未施 K 肥的处理。SOC 固持增加最多的处理为 NPK+S（31%）（图 10-28）。一项针对全球农田土壤进行的 Meta 分析也表明，平衡施用化肥并与有机肥或秸秆配合，比单独施用化肥能产生更大的 SOC 储量（Han et al.，2016）。事实上，秸秆或有机肥与矿物肥料均衡配合施用对于维持或提高所有农业生态系统中 SOC 储量具有巨大作用，而且比单纯施用化肥能更有效地提高 SOC 含量（Zeng et al.，2017）。尤其是有机肥与化肥配合施用（NPK+M）时，有机肥可缓解土壤酸化并降低了单一施用化肥导致的盐分离子过高的不利影响。

　　作物长期连作但不施肥时，土壤养分含量会逐渐降低，进而影响 SOC 的含量和稳定性（Zhang et al.，2010）。本研究发现，我国北方长期不施肥（CK）和施用 NP 的两个处理下，SOC 储量并未发生显著改变（图 10-28）。此外，长期施用化肥且秸秆还田，SOC 储量增加显著超过单独施用化肥。由于化肥只能通过增加根系及地上部少量残茬的生物量投入来补充有机碳的输入，而秸秆本身会直接向土壤中投入大量有机碳，从而促进了土壤微生物量和活性，进而增加了 SOC 储量（Lal et al.，2007）。因此，秸秆还田并配合施用化肥显然比单独施用化肥能产生更大的 SOC 储量。

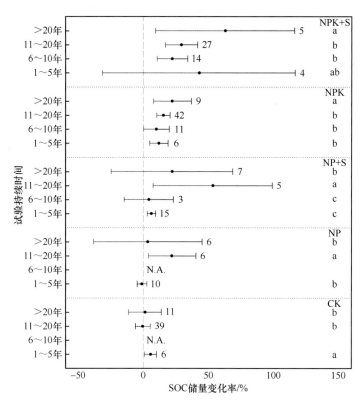

图 10-30　不同试验时期下不同施肥处理 SOC 储量的变化

N.A. 表示没有可用的数据；误差线表示 95% 置信区间；接近误差线的数值代表每个持续时间范围的样本量。
不同小写字母表示同一施肥处理下不同试验时期间差异显著（$P<0.05$）

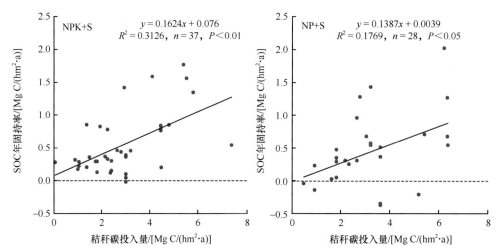

图 10-31　秸秆与化肥配施下秸秆碳年投入量与 SOC 年固持率的关系

n 代表不同作物类型和研究的数据点的数量

　　影响 SOC 储量变化的因素包括作物轮作、秸秆还田持续时间、土壤类型、初始 SOC 含量和气候条件等。SOC 储量变化可能取决于其在农田的初始水平（Stewart et al.，2007）。本研究发现，凡是具有较大初始 SOC 储量的农田土壤，无论土壤类型如何，其 SOC 储量对长期培肥的响应程度都比较低。例如，黑土的初始 SOC 储量最高，其 SOC 储量响应程度比其他土壤类型都低，而潮土和黄土中的响应程度较高（图 10-28），可能归因于它们的初始 SOC 存量水平（分别为 22.5Mg C/hm² 和 26.2Mg C/hm²）均低于黑土（35.1Mg C/hm²）。因为初始 SOC 含量越低，距离有机 C 饱和水平越远（Stewart et al.，2007）。

秸秆还田量对于提高 SOC 储量至关重要。本研究中，与 CK 和 NP 处理相比，NPK、NP+S 和 NPK+S 处理下的所有种植系统中都产生了更大的 SOC 固存（图 10-29），主要是在施用足够肥料和秸秆还田的农田中，较高的作物生产力导致了更大的 C 投入。这表明，无论从肥料还是从肥料和秸秆配施中获得足够养分的土壤，其有机碳含量都会增加。这些投入来源于作物残茬和根系相关碳，以及由于 NPK、NP+S 和 NPK+S 处理比 CK 和 NP 处理更高的作物生产力所带来的作物秸秆添加。

相比之下，与初始水平相比，使用 NPK 和 NPK+S 处理时，两季轮作体系的 SOC 变化率显著高于单作体系，在 NPK 处理下，麦玉轮作体系（DC）的 SOC 变化率分别为 21% 和 6%（P=0.001），在 NPK+S 处理下，麦玉轮作体系（DC）的 SOC 变化率分别为 38% 和 14%（P=0.027）。这可以部分地解释为，在单一种植制度下，全年作物生产力较低，植物源碳输入较少（Huang et al.，2012）。NPK 处理下，冬小麦单作体系（SW）的 SOC 变化响应显著高于春玉米单作体系（SM），这表明，与其他耕作制度相比，SM 耕作制度对土壤 SOC 的响应较小。这意味着，农田和旱地土壤有机碳储量对耕作制度的响应取决于全年提供给土壤的碳输入量。此外，Mandal 等（2007）建议，在碳含量高于碳损失临界值的种植制度中，可提高有机碳储量。另外，与冬小麦单作体系（SW）相比，春玉米单作体系（SM）表现出较低的有机碳储量增加，这可能是小麦和玉米残渣的分解速率因不同的气候条件而不同，玉米生长季的高温使玉米根系产生的有机物质的分解速度快于较冷小麦生长季的分解速度，从而导致玉米生长季的 SOC 固持率低于小麦生长季（Zheng et al.，2009）。

从不同施肥处理和种植制度下的粮食产量看，在施用 NPK、NP+S 或 NPK+S 的 DC 系统中，小麦和玉米的产量都高于施用 NP 肥与不施肥的作物（CK）（图 10-26）。在 Meta 分析中肥料或还田秸秆的数量范围很大，本研究没有考虑每个处理中施用的养分总量。因此，在这些处理中施用的总养分可能是相似的，并可能导致类似的粮食产量。同时，对种植制度而言，施用 NPK（P<0.05）和 NP+S（P<0.01）的处理，春玉米单作体系（SM）的玉米产量显著高于麦玉轮作体系（DC）。其可能原因：每年两次分蘖造成的水分损失，以及麦玉轮作体系集约种植和养分消耗高，生产力低于单季体系。NPK+S 处理的小麦单作体系（SW）年均产量（3.92t/hm²）显著低于麦玉轮作体系（DC）（6.2t/hm²），可能是由于麦玉轮作体系肥料和土壤养分供应水平较高。

综上，本研究采用 Meta 分析对中国北方种植小麦和玉米地区长期秸秆还田与施用肥料的 SOC 储量进行研究。结果表明，与单独施用矿质肥料相比，秸秆与矿质肥料配合施用能提高 SOC 储量。当施用氮磷钾肥、氮磷钾肥与秸秆配合施用时，初始 SOC 储量越高，土壤 SOC 固持量的净增加量越低。施用氮磷钾肥、秸秆与氮磷钾肥配合施用时，在种植年限超过 20 年的土壤中 SOC 储量仍处于增加趋势；而施用氮磷肥、氮磷肥与秸秆配合施用时，SOC 储量的增加仅限于 11 ～ 20 年的种植年限。土壤有机碳年固持率的增加取决于每年秸秆的投入量。因此，在中国北方地区 3 种作物种植体系中，秸秆还田、有机肥及矿质肥料施用相结合的长期培肥措施不仅能维持作物产量，并且能提高土壤有机碳含量，是持续提高耕地地力的有效措施。

第11章 耕地化肥养分增效的综合地力培育理论

11.1 耕地地力调控化肥养分利用的"双核驱动"理论

11.1.1 土壤团聚体与土壤养分库容

土壤团聚体是土壤有机质和养分蓄积与转化的重要微域，同时土壤团聚体中存在生物网络，包括原生动物（变形虫、纤毛虫、鞭毛虫）、后生动物（线虫、螨虫）、细菌、真菌、古菌等，其交互作用也影响了土壤结构体中养分的蓄积和转化（图11-1）。团聚体形成可以促进有机质的积累，一方面，团聚体中的孔隙和土壤性质影响了水分含量、氧气浓度与微生物及其酶活性，从而影响不同结构有机物的分解；另一方面，易分解有机物通过共价键或静电键吸附在土壤矿物表面或腐殖质的疏水结构域中，影响了有机质的积累（Davidson and Janssens，2006；Davinic et al.，2012）。

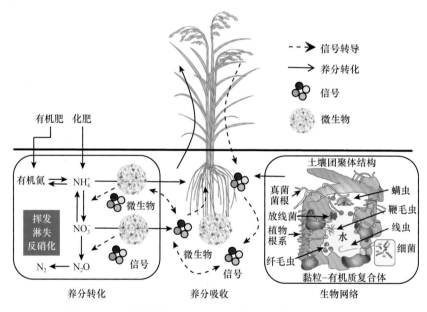

图 11-1　土壤结构体和土壤根际对养分转化与吸收的影响

施用有机肥是协同提高土壤养分库容、改良土壤结构的重要措施。农田秸秆、畜禽粪便、各种有机废弃物及其堆制肥料是有机肥的主要来源。2015年我国农作物秸秆总量约7.19亿t，其中水稻、小麦和玉米分别占29.0%、19.9%和37.5%，秸秆全量还田相当于施入54.4kg N/hm²、15.5kg P_2O_5/hm² 和88.1kg K_2O/hm²，分别占化肥用量的38.4%（N）、18.9%（P_2O_5）和85.5%（K_2O）（宋大利等，2018）。在旱地土壤中，玉米和小麦秸秆在腐解过程中释放氮磷钾养分，其释放速率顺序为K＞P≈N，在寒温带到中亚热带典型旱地土壤中腐解3年后秸秆碳残留率在20%左右，秸秆钾素基本释放完全，但秸秆中氮素和磷素仍然有较高残留；其中，玉米、小麦秸秆腐解后的秸秆平均残留率分别为21.0%、22.5%，秸秆钾素平均残留率分别为3.5%、3.8%，秸秆氮素平均残留率分别为46.1%、51.1%，秸秆磷素平均残留率分别为43.5%、58.5%（李昌明等，2017）。总体上，秸秆还田可以增加土壤有机碳和养分含量、调节土壤酸度、改良土壤结构、促进土壤大团聚体（＞0.25mm）形成、持续提升土壤肥力（姜灿烂等，2010；陈文超等，2014；Yu et al.，2015；付鑫等，2016；李艳等，2019）。

提高土壤有机质含量可以促进土壤保蓄和供应氮素的能力。长期试验表明，通过施用猪粪培肥红壤旱地，10 年后有机质含量从 10g/kg 提高到 15g/kg，显著提高了土壤有机氮矿化为 NH_4^+ 的速率和土壤自养硝化速率，同时 NH_4^+ 固定速率显著提高，但对 NO_3^- 异化还原为 NH_4^+ 和 NO_3^- 的固定速率影响不大，总体上提升了红壤供应 NO_3^--N 的能力和保存 NH_4^+-N 的能力（图 11-2），提高了作物的产量和全氮利用率（Wang et al.，2017）。土壤氮素利用与培肥过程中微生物群落的演变密切相关，长期施用有机肥可以提高土壤微生物多样性（Sun et al.，2015），改变不同土壤中影响养分转化的微生物群落的关键物种组成，如在碱性潮土中显著提高了氨氧化细菌和菌根真菌的丰度（Shen et al.，2008；Lin et al.，2012），在红壤旱地中显著提高了具有碳磷和氮磷协同转化功能的解磷微生物丰度（与噬几丁质菌 *Chitinophaga pinensis* 和亚硝基螺菌 *Nitrospira moscoviensis* 相关）（Chen et al.，2018；Chen et al.，2020）。

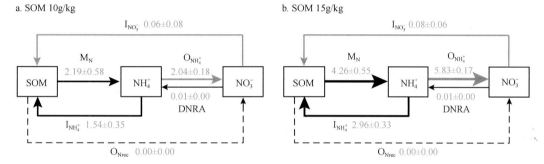

图 11-2　长期施用有机肥提高旱地红壤有机氮的矿化、硝化和生物固定速率

M_N：难降解有机氮和活性有机氮矿化为 NH_4^+；$I_{NH_4^+}$：NH_4^+ 固定为活性有机氮和难降解有机氮；$O_{NH_4^+}$：自养硝化，NH_4^+ 氧化为 NO_3^-；DNRA：NO_3^- 异化还原为 NH_4^+；O_{Nrec}：异养硝化，有机氮氧化为 NO_3^-；$I_{NO_3^-}$：NO_3^- 同化固定为难降解有机氮

11.1.2　土壤–根系–微生物交互作用与土壤养分转化

根际是作物吸收土壤养分的门户，根际土壤微生物是维系土壤–作物系统相互作用的核心，是土壤–根系间养分转化和转运的调节器（图 11-1）。根系通过吸收和分泌作用改变了根际土壤 pH、氧分压、碳源等环境条件，同时释放信号，如茉莉酸、水杨酸、乙烯、黄酮、氢醌、黑麦草内酯等，从而影响根际微生物组成及其对养分的转化；同样，根际微生物也可通过信号促进或者抑制作物的生长和对养分的吸收。

土壤–微生物–植物系统中 C、N、P 养分的循环存在耦合关系，在气候、土壤和耕作施肥管理条件下，土壤养分供应与微生物及植物生长需求之间存在供需错配，从而调节了养分循环过程，驱动了 C∶N∶P 生态化学计量学（ecological stoichiometry）的时空变化（Allen and Gillooly，2009；Sinsabaugh and Follstad Shah，2012）。我国表层（0～10cm）富含有机质土壤的 C∶N∶P 约为 134∶9∶1（Tian et al.，2010），低于全球表层土壤 C∶N∶P（186∶13∶1）（Cleveland and Liptzin，2007）。土壤养分和施肥影响了微生物的生态化学计量学关系及其功能，在亚热带水稻土中 C∶N∶P 为 80∶7.9∶1，而土壤微生物生物量 C∶N∶P 为 70.2∶6∶1（Li et al.，2012）；在缺磷的水稻土中施磷提高了土壤微生物生物量碳和磷，微生物生物量 C∶N∶P 随水稻生长而增加，促进了水稻生长和氮素的吸收（Yuan et al.，2019）。

11.1.3　耕地地力与养分高效利用

耕地基础地力是指在特定的气候、立地条件、土壤剖面性状和农田基础设施水平下，无水肥投入时的土壤生产能力。耕地立地条件主要包括海拔、地貌、地形、坡度、坡向、土壤侵蚀、成土母质等自然环境情况。耕地剖面性状主要包括剖面构型、障碍因子、耕作层土壤物理、化学和生物学性质等。农田基础设施包括土地整理、水利设施、道路交通、电力设施、林网配套等条件。

提高农田作物养分利用率的原则是在作物生长过程中匹配作物养分需求曲线和土壤养分供应曲线。一方面，通过培肥深厚耕层土壤，提高土壤养分库容，提升作物生育期中土壤养分的总体供应水平；另一方面，通过提高土壤微生物转化和蓄积养分的功能，在作物早期营养生长过程中降低化肥养分的损失，提高养分蓄积，并在中后期生殖生长过程中增加对作物养分的供应，从而实现养分的适时充足供应和高效利用，增加作物产量（图11-3）。

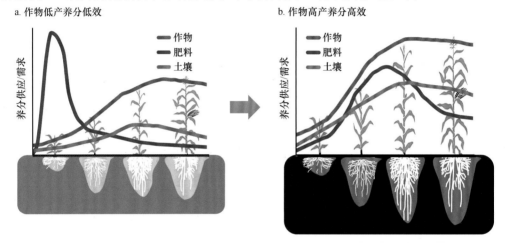

图11-3　提高土壤养分基础供应水平和调节化肥养分供应能力实现作物养分需求和供应的匹配

耕地基础地力影响了土壤蓄积养分的库容和土壤转化供应养分的功能，从而影响了化肥养分的利用率。因此，可以从养分蓄积和养分供应两个途径提升耕地基础地力、促进养分高效利用。一是基于土壤障碍消减和肥沃耕层构建，打破土壤障碍（盐碱、酸化、板黏、砂性）对养分蓄积转化的制约，培育良好的土壤剖面构型和团聚体结构，提高土壤对化肥养分的蓄积能力，建立"扩增土壤蓄纳养分功能"驱动核；二是基于合理的轮作培肥措施，调控根系-土壤-微生物互作促进养分转化和吸收的效能，挖掘土壤多级生物网络（细菌-真菌-线虫）促进养分耦合循环的增效潜力，实现固碳扩氮促磷，建立"提升生物养分转化功能"驱动核；双向并举，创建面向化肥养分减施增效的"双核驱动"地力综合调控理论。在此基础上，集成消减酸化、打破犁底层、改良砂性和增厚土层等消障提效技术，以及轮作、有机培肥、间歇深耕、少免耕和沃土生物网络组装等培肥增效技术，构建化肥减施增效的地力综合管理模式（图11-4）。

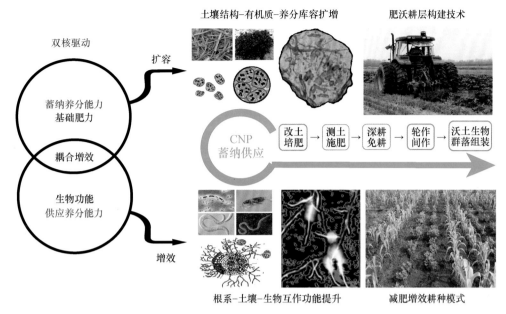

图 11-4　扩增土壤蓄纳养分功能–提升生物养分转化功能的"双核驱动"地力综合调控理论

11.2　红壤地力因子影响生物群落结构演变的机制

我国热带和亚热带地区广泛分布着各种红色和黄色的土壤，统归于红壤系列。这类土壤在高温高湿条件下，矿物遭受强烈的化学分解和盐基淋失过程，导致二氧化硅淋失和铁、铝氧化物富集，形成 pH 4.5～5.5 的铁铝土。虽然红壤区域光、热、水资源丰富，但红壤酸性强、养分贫瘠，影响了土壤养分转化微生物的群落结构及其功能，导致红壤养分资源利用效率低下。因此，需要基于红壤地力因子与生物群落演替之间的关系，建立提升土壤生物群落转化养分功能的措施，提高养分利用率，促进红壤生产潜力的发挥。

11.2.1　红壤和紫色土地力因子变化对生物群落演替的影响

土壤微生物和动物的多样性及其分布受气候、植被和土壤条件的影响，土壤 pH 影响了微生物的营养、繁殖、胞外酶的产生和分泌，显著影响了土壤微生物的分布及其功能（Bahram et al.，2018；George et al.，2019）。在农田生态系统中，轮作和施肥等措施通过影响土壤养分和 pH 影响了微生物群落的组成及其功能（Shi et al.，2018）。在区域尺度上，土壤类型的变化往往掩盖了耕作管理过程中土壤肥力因子变化对微生物群落的影响，通过设置土壤移置试验可以识别出土壤类型和土壤条件的相对影响。

针对中亚热带典型第四纪红黏土发育的红壤和紫色土，在中亚热带湿润气候区和暖温带半干旱半湿润气候区（中国科学院鹰潭红壤生态实验站和封丘农业生态实验站）设置 20 年的土壤移置试验，分析了长期耕作后土壤地力因子变化对土壤微生物群落演替的影响。种植的旱地作物采用当地农户常用的轮作系统（鹰潭：花生–油菜，封丘：玉米–小麦），化肥用量与当地农户平均施肥水平相当（鹰潭：N 120kg/hm²、P 75kg/hm²、K 60kg/hm²，封丘：N 250kg/hm²、P 75kg/hm²、K 60kg/hm²）。

11.2.1.1　土壤矿物、pH 和养分含量的变化

中亚热带红壤和紫色土移置到暖温带 20 年后，由土壤母质决定的土壤矿物组成没有发生显著改变，但土壤 pH 和养分含量有显著变化。红壤和紫色土黏粒含量变幅分别为 41%～43%、22%～27%，土壤黏粒含量变化不显著。黏土矿物 X 射线衍射（X-ray diffraction）分析表明，土壤黏粒矿质成分相似，最丰富的黏土矿物类型在红壤中为高岭石（64%～65%），紫色土中为水云母（50%～57%），暖温带封丘当地潮土中为蒙脱石（39%）（表 11-1）。红壤和紫色土 pH 在移置 20 年后发生显著上升，呈现弱碱化特征（表 11-2）。红壤、紫色土在置换试验初始时的 pH 分别为 5.15、7.16，在中亚热带（原位）20 年后分别下降为 4.99、5.80，呈现酸化特征；在移置到暖温带 20 年后，红壤和紫色土 pH 分别增加到 7.56、7.40，呈现弱碱化特征。暖温带当地的潮土 pH 呈碱性（pH=8.02），中亚热带土壤酸化与降雨导致盐基淋失有关，暖温带弱碱化与碱性地下水有关。中亚热带红壤和紫色土移置到暖温带 20 年后，全磷含量增加，有机质和全氮含量在红壤中下降，在紫色土中增加。

表 11-1　中亚热带红壤和紫色土移置到暖温带 20 年后土壤黏土矿物的 X 衍射分析

土壤样品	蒙脱石	蛭石	水云母	高岭石	石英
YT-Purple	22%	—	57%	15%	6%
YT-Red	—	26%	6%	65%	2%
FQ-Purple	40%	—	50%	4%	5%
FQ-Red	—	22%	9%	64%	4%
FQ-Chao	39%	6%	33%	15%	7%

YT：鹰潭（中亚热带），FQ：封丘（暖温带），Purple：紫色土，Red：红壤，Chao：潮土。"—"表示微量或低于检测限。下同

表 11-2　中亚热带红壤和紫色土移置到暖温带 20 年后土壤理化性质的变化

土壤理化性质	YT-Purple	YT-Red	FQ-Purple	FQ-Red	FQ-Chao
pH	5.80±0.41c	4.99±0.03d	7.40±0.06b	7.56±0.54ab	8.02±0.23a
有机质/（g/kg）	6.39±0.31c	9.91±0.13a	8.00±0.17b	8.08±0.07b	6.23±0.13c
全氮/（g/kg）	0.79±0.03c	1.03±0.06a	0.96±0.04ab	0.82±0.09bc	0.61±0.01d
全磷/（g/kg）	0.62±0.03c	0.83±0.02bc	1.12±0.07a	1.10±0.08ab	0.90±0.17abc
全钾/（g/kg）	16.4±1.00b	9.1±0.14c	18.2±0.53a	9.7±0.04c	18.4±0.40a
含水量/%	18.4±0.5a	19.6±0.4a	14.7±0.2b	14.8±0.4b	11.6±0.6c

注：同一行中不同小写字母表示差异显著（$P<0.05$）；土壤移置试验开始时红壤的 pH、有机质和全氮含量分别为 5.15、7.27g/kg 和 0.79g/kg，紫色土分别为 7.16、6.02g/kg 和 0.79g/kg

11.2.1.2　土壤细菌、真菌、藻类、线虫和原生生物群落结构的变化

454 高通量焦磷酸测序结果表明，中亚热带红壤和紫色土移置到暖温带 20 年后，土壤中细菌、真菌、藻类、线虫、原生生物的类群主要按地理位置而非按土壤类型聚类，红壤和紫色土的生物群落结构向暖温带当地潮土类型的生物群落结构演替，这与土壤肥力因子的变化，特别是 pH 由酸性到弱碱性的变化相关（图 11-5、图 11-6）。

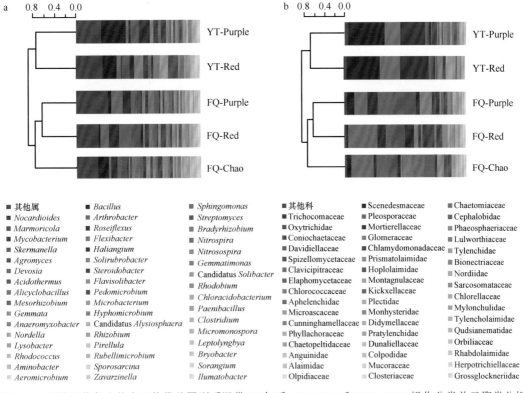

图 11-5　红壤和紫色土从中亚热带移置到暖温带 20 年后 16S rDNA 和 18S rDNA 操作分类单元聚类分析

a 图为 16S rDNA；b 图为 18S rDNA。序列按照 97% 的相似性进行聚类

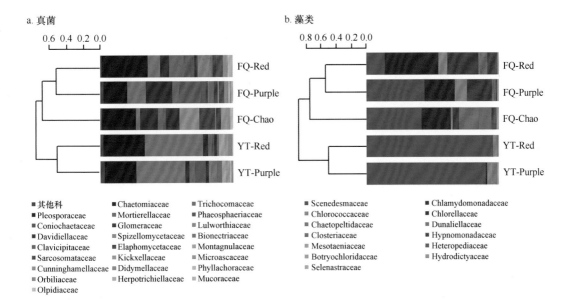

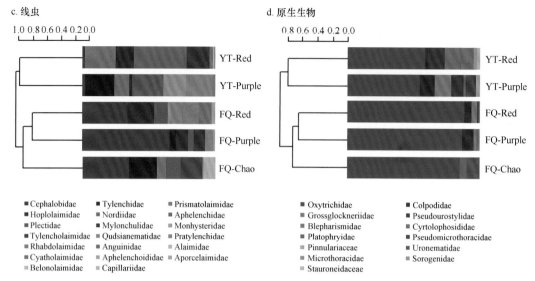

图 11-6　红壤和紫色土从中亚热带移置到暖温带 20 年后真菌、藻类、线虫和原生生物 OTU 聚类分析

红壤和紫色土从中亚热带移置到暖温带 20 年后，丰度下降的细菌类群包括优势种芽孢杆菌属（*Bacillus*）和热酸菌属（*Acidothermus*）；丰度升高的细菌类群主要为鞘氨醇单胞菌属（*Sphingomonas*）、类诺卡氏菌属（*Nocardioides*）、节细菌属（*Arthrobacter*）和大理石雕菌属（*Marmoricola*）；丰度变化不大的细菌类群包括链霉菌属（*Streptomyces*）和慢生根瘤菌属（*Bradyrhizobium*）。

对于红壤，在从中亚热带移置到暖温带 20 年后，出现了分布于斯科曼氏球菌属（*Skermanella*）、壤霉菌属（*Agromyces*）、大理石雕菌属（*Marmoricola*）和中慢生根瘤菌属（*Mesorhizobium*）的细菌类群，以及分布于小壶菌科（Spizellomycetaceae）和肉盘菌科（Sarcosomataceae）的真菌类群；而细菌嗜酸栖热菌属（*Acidothermus*）和真菌蒙塔腔菌属（*Montagnulaceae*）类群消失。

中亚热带红壤和紫色土移置到暖温带 20 年后，对于土壤真菌丰度，优势种毛壳菌科（Chaetomiaceae）在红壤中增加，在紫色土中下降；发菌科（Trichocomaceae）均显著下降；而部分真菌如路霉科（Lulworthiaceae）仅出现在暖温带土壤中。尖毛虫科（Oxytrichidae）原生动物和头叶科（Cephalobidae）线虫在移置到暖温带后丰度增加，但分布在栅藻科（Scenedesmaceae）中的藻类和棱咽科（Prismatolaimidae）中的线虫在移置到暖温带后丰度显著下降（图 11-6）。

11.2.1.3　土壤氮循环微生物群落结构的变化

中亚热带红壤和紫色土移置到暖温带 20 年后，土壤中参与氮素循环的氨氧化古菌 AOA（archaeal *amoA*）、氨氧化细菌 AOB（bacterial *amoA*）、固氮菌和反硝化细菌群落结构趋于一致，其中反硝化细菌的相似性较低，与暖温带当地潮土的氮转化微生物群落相比仍然有较大差异。基于土壤氮循环微生物 DNA 序列的系统进化树分析表明（图 11-7），大多数基因型按气候带（地点）聚集在一起，也有一些基因型（如氨氧化古菌 *amoA* 基因中与 CAT-95 最近的一个 OTU）普遍存在（图 11-7a）。暖温带土壤样品中的氨氧化古菌序列大多与 54d9 聚集在一支上（Treusch et al.，2005），归属于全球分布类群 group 1.1b（Ochsenreiter et al.，2003）；

而中亚热带土壤古菌与 CAT-95 和 AOA-R22 聚集在一起（Ying et al.，2010；Navarrete et al.，2011）。所有的细菌 *amoA* 序列均属于硝化螺菌属（*Nitrosospira*），中亚热带土壤中以第 10 簇（*Nitrosospira* sp. 24C）和第 12 簇（Njamo82）为主，而暖温带土壤以第 3 簇（*Nitrosospira briensis* 和 *Nitrosospira multiformis*）为主（图 11-7b）。长期施肥土壤中第 3 簇常成为优势类群，其硝化活性较高（He et al.，2007）。在从中亚热带移置到暖温带 20 年后，随着土壤硝化螺菌属转变为以第 3 簇为主，红壤的硝化势从 4.32mg NO_3^--N/(kg·d) 提高到 24.7mg NO_3^--N/(kg·d)，紫色土的硝化势从 4.27mg NO_3^--N/(kg·d) 提高到 13.9mg NO_3^--N/(kg·d)。

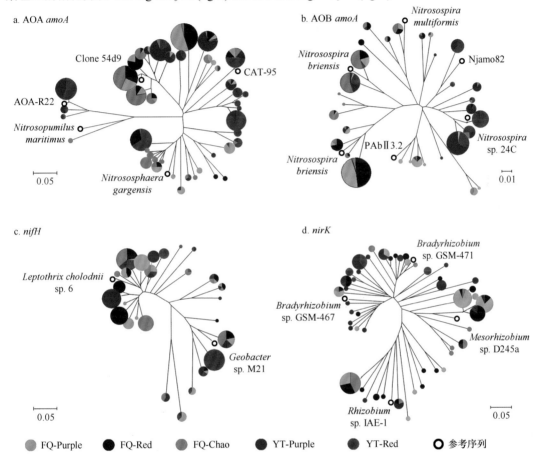

图 11-7　红壤和紫色土从中亚热带移置到暖温带 20 年后氨氧化古菌 *amoA*（a）、氨氧化细菌 *amoA*（b）、反硝化细菌 *nifH*（c）和反硝化细菌 *nirK*（d）基因的 DNA 序列的系统发育树

圆圈的不同颜色表示不同地点的土壤样品，圆圈的大小表示代表性克隆 DNA 测序的相对丰度。参考序列来自 GenBank 数据库（括号中为登录号）：Clone 54d9（AJ627422），AOA-R22（FJ517351），*Nitrosopumilus maritimus*（DQ085098），*Nitrosophaera gargensis*（EU281321），CAT-95（GQ481089），*Nitrosospira multiformis*（X9082），*Nitrosospira briensis*（AY123821），*Nitrosospira briensis*（U76553），PAbII3.2（AJ388582），*Nitrosospira* sp. 24C（AJ298685），Njamo82（AF356515），*Leptothrix cholodnii* sp. 6（CP001013），*Geobacter* sp. M21（CP001661），*Bradyrhizobium* sp. GSM-467（FN600568），*Rhizobium* sp. IAE-1（HM060300），*Mesorhizobium* sp. D245a（AB480470），*Bradyrhizobium* sp. GSM-471（FN600571）

反硝化细菌 *nirK* 序列的进化树大致分为 3 个主要类群（图 11-7d）。慢生根瘤菌属（*Bradyrhizobium*）为中亚热带土壤反硝化细菌的主要类群，而中慢生根瘤菌属（*Mesorhizobium*）和根瘤菌属（*Rhizobium*）为暖温带土壤主要类群。绝大部分的 *nifH* 序列归属于变形菌门的 β-变

形菌纲（Betaproteobacteria 的 *Leptothrix cholodnii* sp. 6）和 δ-变形菌纲（Deltaproteobacteria 的 *Geobacter* sp. M21），只有少量的 *nifH* 序列归为绿菌纲（Chlorobia）和梭菌纲（Clostridia），*nifH* 序列并没有表现出如 *amoA* 和 *nirK* 序列的按地点归类的特征（图 11-7c）。

　　温度、降水、施肥和土壤性质影响了氮转化微生物功能群的变化，如长期施用有机肥和氮肥提高了暖温带潮土硝化螺菌属第 3 簇的丰度（Chu et al.，2007），但降低了暖温带砂姜黑土中关键固氮菌——地杆菌（*Geobacter* spp.）的丰度（Fan et al.，2019）。基于典范对应分析（canonical correspondence analysis，CCA）表明，红壤和紫色土从中亚热带移置到暖温带后气候和土壤性质显著影响了土壤氮循环微生物的群落结构（图 11-8）。前两个排序轴的环境因子对 AOA、AOB、固氮菌及反硝化细菌群落变异的解释量分别达到了 73%、74%、68% 和 56%。基于 CANOCO 软件的典范对应分析（CCA）和蒙特卡罗置换检验（Monte Carlo Permutation test，MCP）表明，土壤 pH（*P*=0.010）和含水量（*P*=0.014）显著影响了 AOA，土壤全磷（*P*=0.024）和年均降水量（*P*=0.038）显著影响了 AOB，土壤全钾（*P*=0.046）显著影响了固氮菌，土壤 pH（*P*=0.040）和含水量（*P*=0.030）显著影响了反硝化细菌。

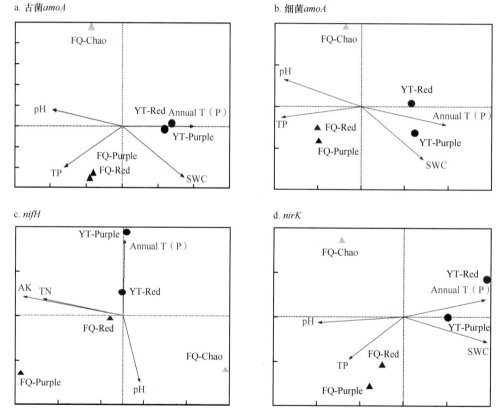

图 11-8　红壤和紫色土从中亚热带移置到暖温带 20 年后氮循环微生物群落与环境因子的典范对应分析
Annual T：年均温；Annual P：年均降水量；SWC：土壤含水量；TP：全磷；TN：全氮；AK：速效钾

11.2.2　有机培肥改良红壤酸度的机制

　　红壤酸度是影响氮转化微生物群落演替的重要因子，因此调控红壤酸度是提高红壤氮素养分转化功能的重要措施。土壤酸化是在自然酸沉降和大量施用氮肥条件下，输入的氢质子

（H^+）与土壤胶体表面吸附的盐基离子进行交换，促进了交换性盐基离子淋失，同时溶解矿物晶格结构中的铝转化为交换性铝，导致土壤活性酸和潜性酸增加。施用石灰是改良红壤酸度的重要措施，但长期大量施用石灰将引起土壤板结和阳离子不平衡，且在热带、亚热带高温高湿气候条件下红壤复酸化作用明显。施用碱性有机肥可中和土壤中的氢质子、提高 pH，同时输入大量盐基离子增强了土壤溶液的离子强度和阳离子交换量、抑制酸化。有机肥中的有机物质在分解过程中产生有机酸（如草酸、柠檬酸、苹果酸），这些富含羧基、苯酚等官能团的有机酸在脱羧释放 CO_2 过程中消耗氢质子（H^+），并与土壤中羟基铝、铁水合氧化物发生配位体交换，降低土壤酸度。因此，合理施用有机肥（如木屑木灰、炉渣污泥、秸秆、畜禽粪便等）是协同改良土壤有机质、养分库容和酸度的长效措施。

长期施用高量有机肥（猪粪 pH 7.1～8.5，K、Ca、Mg、Na 浓度分别为 15.6g/kg、29.5g/kg、7.1g/kg、2.9g/kg），可以显著增加交换性盐基（图 11-9），提高土壤 pH（图 11-10）。相关分析表明，在高量有机肥和高量有机肥+石灰的处理中，土壤 pH 和土壤 Ca、Mg、Na 的浓度显著相关（$r > 0.60$，$P < 0.01$），其中与 Ca、Mg 的相关性较高（$r > 0.68$，$P < 0.01$）。从平衡量计算和土壤盐基离子变化可明显看出（表 11-3），K 残留量低，Ca、Mg 残留量高，是盐基总量增加的主要贡献者。

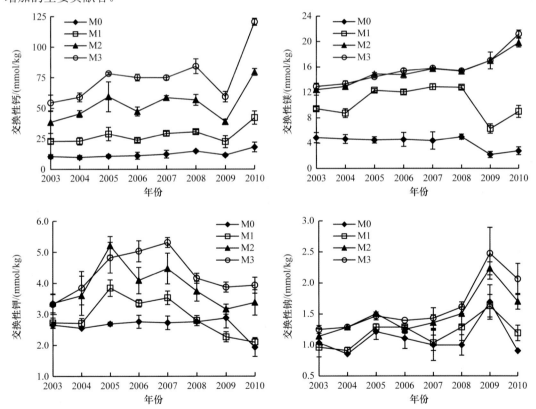

图 11-9　长期施用有机肥对红壤旱地玉米单作系统中土壤交换性钙、镁、钾、钠的影响

M0：不施肥；M1：低量有机肥，150kg N/(hm²·a)；M2：高量有机肥，600kg N/(hm²·a)；

M3：高量有机肥+石灰，600kg N/(hm²·a)+石灰 3000kg/(hm²·3a)。下同

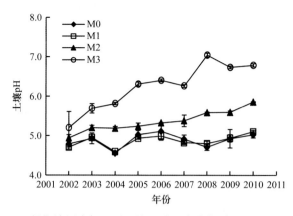

图 11-10　长期施用有机肥对红壤旱地玉米单作系统土壤 pH 的影响

表 11-3　长期施用有机肥对红壤旱地玉米单作系统中 Ca、Mg、K 平衡的影响

收支平衡	Ca/（kg/hm²）				Mg/（kg/hm²）				K/（kg/hm²）			
	M0	M1	M2	M3	M0	M1	M2	M3	M0	M1	M2	M3
输入	0	139	557	942	0	33.4	134	139	0	59.3	237	237
作物吸收	1.7	19	39	40	1.1	15	30	31	5.9	69	180	170
渗漏淋失	127	117	243	216	2.4	4.2	9.2	22	17	13	17	19
平衡	−129	3.24	276	686	−3.5	15	94	87	−24	−23	39	48

　　施用有机肥可以提高土壤有机质，形成铝–有机复合体，从而降低红壤交换性铝的含量。红壤旱地玉米系统中土壤交换性铝＞4.8cmol/kg 时对玉米产生毒害（秦瑞君和陈福兴，1999）。施用低量有机肥时 [150kg N/(hm²·a)]，连续施肥 4 年后可解除铝毒；施用高量有机肥时 [600kg N/(hm²·a)]，施肥 1 年即可解除铝毒，施肥 4 年后交换性铝浓度低于 7mmol/kg，完全消除了铝毒危害（图 11-11）。在红壤旱地施用有机肥改良土壤酸度，实现盐基累积和土壤 pH 稳定，需要的有机肥最低投入量为 162kg Ca/hm²，由此带入的 181kg N/hm²、77kg P/hm²、111kg K/hm² 可以满足大多数旱作作物的丰产需求。然而，在高量施用有机肥 4 年后，土壤深层（130cm）渗漏水硝酸盐浓度达到 15mg/L 左右，导致硝酸盐淋失的环境风险增加。因此，需要合理配施石灰类物质与有机肥，实现土壤酸度的长效改良，减少土壤板结和环境风险。

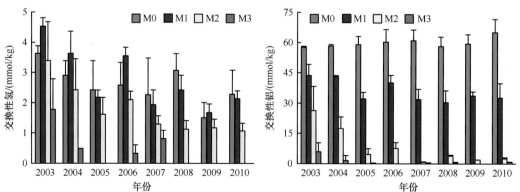

图 11-11　长期施用有机肥对红壤旱地玉米单作系统中土壤交换性氢、铝的影响

11.3　培育红壤大团聚体促进碳氮磷转化的生物学机制

11.3.1　土壤团聚体与生物网络构建

线虫是土壤中种类丰富且分布广泛的无脊椎动物类群之一，其捕食特性影响微生物群落的结构和功能。食细菌线虫是土壤中最丰富的线虫类群，线虫捕食行为对细菌丰度和群落组成起到自上而下的调控作用，对土壤养分循环过程产生重要影响。在不同的养分资源供应水平下，线虫选择性捕食对微生物的数量、群落结构和功能表现出正负不同的反馈效应。一方面，线虫捕食微生物可以降低微生物的数量与功能；另一方面，线虫的选择性捕食可以刺激土壤中某些细菌的生长，使其保持在一种高活性水平上，从而加速了养分的循环。土壤团聚体作为土壤结构的基本单元，为线虫与微生物提供了生活空间和相互作用的场所。大团聚体的空隙大，水分和氧气充足；小团聚体有机质的密度更高，为土壤生物提供了躲避捕食的场所。在农田土壤中，不同的培肥措施通过改变土壤孔隙结构、有机质和养分含量，影响了线虫对微生物捕食作用的强度与效应，从而调控微生物对土壤养分的转化功能和农田养分的利用效率（图 11-12）。

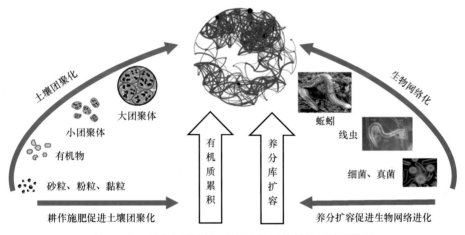

图 11-12　红壤大团聚体–多级生物网络的协同培育途径

11.3.2　红壤线虫–微生物互作促进碳转化机制

针对瘠薄红壤旱地，基于第四纪红黏土发育的红壤长期培肥试验，研究了不同有机肥用量对土壤团聚体的形成及其线虫–微生物交互作用的影响。设置单作玉米的 4 个有机肥用量处理：① M0，不施肥；② M1，低量有机肥，150kg N/(hm²·a)；③ M2，高量有机肥，600kg N/(hm²·a)；④ M3，高量有机肥+石灰，600kg N/(hm²·a)+石灰 3000kg/(hm²·3a)。

添加易分解有机物可以显著改善土壤结构，提高大团聚体比例，增加团聚体有机碳（SOC）储量。在酸性红壤中，施用有机肥可以增加表层土壤中 SOC 含量，到第 7 年达到稳定水平。基于团聚体干筛分级分析，发现在高量有机肥处理下（M2 和 M3）大团聚体（>2mm，LA）显著增加了 39.6%，而中团聚体（0.25 ~ 2mm，MA）显著降低了 34.2%（$P<0.05$）。土壤中铁铝氧化物可以直接作为大团聚体的交联剂，这类团聚体致密且机械稳定性高，但水稳性较差；有机质也是团聚体发育的重要交联剂，随着施肥量增加，有机碳在团聚体中的交联作用增强，团聚体水稳性也随之提升。

随着施肥量增加，红壤团聚体中活性 SOC 库（C_a）和慢性 SOC 库（C_s）库容显著增加，但不同粒径团聚体中增幅不同（图 11-13）。红壤团聚体中活性 SOC 和慢性 SOC 分别占总 SOC 库的 3.3% ～ 6.4% 和 14.4% ～ 32.2%。与对照处理 M0 相比，施肥显著增加了 3 个 SOC 库，小团聚体中 C_a 和 C_s 比大团聚体与中团聚体更高（$P < 0.05$）。土壤团聚体中大团聚体（> 2mm）的比例为 46.6% ～ 66.8%，小团聚体（< 0.25mm, SA）为 22.4% ～ 36.3%，中团聚体（0.25 ～ 2mm）为 10.8% ～ 17.1%。大团聚体中铁铝矿物对小团聚体的胶结作用及矿物表面对 SOC 的吸附作用，促进了大团聚体中 SOC 库容的增加。

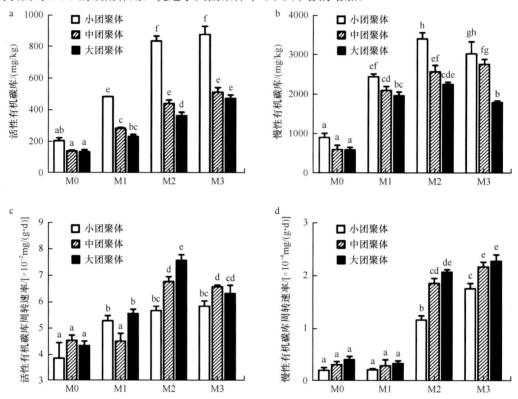

图 11-13　长期施用有机肥对红壤团聚体中活性和慢性有机碳库容量（a，b）与周转速率（c，d）的影响

随着施肥量增加，红壤团聚体中 SOC 库的周转速率显著增加（$P < 0.05$），其中活性 SOC 库的周转速率（K_a）显著高于慢性 SOC 库（K_s）。K_a 和 K_s 随着团聚体粒径的增大而增加，不同施肥处理下小团聚体中活性和慢性 SOC 库平均周转速率 [5.15×10^{-2}mg/(g·d) 和 0.84×10^{-4}mg/(g·d)] 显著低于中团聚体 [5.59×10^{-2}mg/(g·d) 和 1.16×10^{-4}mg/(g·d)] 和大团聚体 [5.94×10^{-2}mg/(g·d) 和 1.28×10^{-4}mg/(g·d)]（Jiang et al.，2018），这与小团聚体中生物分解活性较低和 SOC 物理性保护作用更强有关（John et al.，2005）。高量有机肥配施石灰（M3 处理）导致大团聚体中 K_a 较 M2 显著降低（$P < 0.05$），说明施用石灰抑制了大团聚体中活性有机碳的分解。通过稀土氧化物结合 ^{13}C 示踪标记的研究表明，新输入的 SOC 优先进入大团聚体中，导致大团聚体中积累的活性 SOC 增多，因此比小团聚体中的 SOC 周转更快（Davinic et al.，2012）。

施肥影响了团聚体中微生物不同功能类群的组成，微生物通过对不同底物的偏好性影响 SOC 的分解，通过其自身死亡残体影响 SOC 的积累，起到微生物碳泵作用（Liang et al.，2017）。长期施用有机肥显著改变了红壤团聚体中特定微生物（cy19:0，$P < 0.001$）的丰度，

在大团聚体中丛枝菌根真菌（AMF）生物量最高，而小团聚体中腐生菌或外生菌根真菌、厌氧菌和甲烷氧化菌的生物量较高。AMF 偏好在具有高孔隙度的土壤中生长，通常定植于大团聚体孔隙中，通过外源菌丝和菌丝分泌物促进了大团聚体的形成和 SOC 积累。

随着施肥量增加，红壤团聚体中细菌和真菌比值（B/F）显著增加，但革兰氏阳性细菌和革兰氏阴性细菌比值（GP/GN）下降，不同团聚体中分异显著（$P<0.01$）。B/F 和 GP/GN 值随团聚体粒径增加而下降，B/F 的大小顺序：小团聚体（2.17±0.05）>中团聚体（2.06±0.06）>大团聚体（1.98±0.09），GP/GN 的大小顺序：小团聚体（1.95±0.09）>中团聚体（1.89±0.07）>大团聚体（1.59±0.08）。B/F 值主要受细菌生物量的影响，在小团聚体中微生物群落以细菌占优势，特别是革兰氏阳性细菌。革兰氏阳性细菌和放线菌可以调控 SOC库容和周转速率（Smith et al.，2014），与革兰氏阳性细菌相比，革兰氏阴性细菌通常生长更快，需要较高的营养水平，导致 SOC 库被大量消耗，但对 SOC 的利用效率较低（Beardmore et al.，2011）。通常，革兰氏阴性细菌优先利用新鲜有机肥中的易分解碳源，而革兰氏阳性细菌更偏好利用难分解碳源，因此，小团聚体中占优势的革兰氏阳性细菌促进了 SOC 的固存，这是 B/F 和 GP/GN 与 SOC 库容和周转速率相关的原因（图 11-14）。

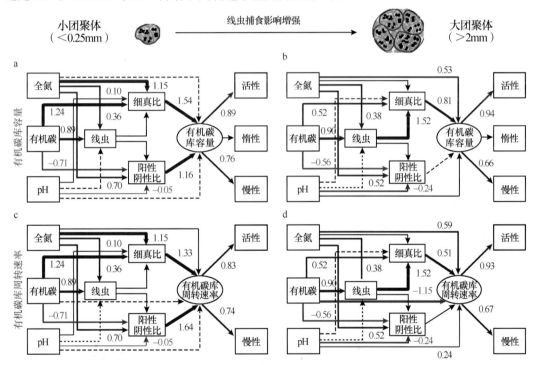

图 11-14　长期施用有机肥后红壤团聚体中线虫和微生物的相互作用影响有机碳库容量（a，b）
与周转速率（c，d）的结构方程模型
细真比：细菌和真菌比值；阳性阴性比：革兰氏阳性细菌和革兰氏阴性细菌比值

土壤食物网中线虫占据中心位置，通过捕食影响微生物群落结构及其代谢功能，从而影响 SOC 的转化。食细菌线虫是土壤中最丰富的线虫类群，对细菌丰度和群落组成起到自上而下的调控作用（Rønn et al.，2012）。食细菌线虫和细菌之间的联系构成了 SOC 的细菌降解途径，确保能量通过细菌能量通道流向更高的营养级（Bonkowski et al.，2009）。长期施用有机肥显著增加线虫总数，其中食细菌线虫（46.6%）最为丰富，其优势种群为原杆属

（*Protorhabditis*，占 31.5%）和小杆属（*Rhabditis*，占 5.6%）（Jiang et al.，2013）。食细菌线虫选择性捕食特性可能导致微生物群落组成的变化，这主要取决于线虫取食器官的物理限制和对细菌化学信号的反应。不同细菌受线虫捕食的影响差异明显，细菌可以通过物理保护（如细菌形状和生物膜）（Bjørnlund et al.，2012）和化学保护（如色素、多糖）来抵抗线虫的捕食作用（Jousset et al.，2009）。头叶属线虫（*Cephalobus*）显示出对革兰氏阴性细菌的特殊偏好性，食细菌线虫通常偏好捕食革兰氏阴性细菌（如假单胞菌）而非革兰氏阳性细菌，因为革兰氏阴性细菌较薄的细胞壁更容易被线虫消化（Rønn et al.，2002）。

红壤大团聚体中食细菌线虫丰度显著增加，其优势类群原杆属数量显著高于中团聚体和小团聚体（$P<0.05$）。线虫依赖于土壤孔隙中的水膜生存，其身体直径为 30～90μm，可在适宜的土壤孔径中自由移动（Quénéhervé and Chotte，1996）。长期施用有机肥增加了大团聚体的比例，其内部的孔隙空间更有利于食细菌线虫的生存和对微生物的捕食作用。微生物生物量中碳的固定随着食细菌线虫丰度增加而增加，表明线虫对微生物的捕食促进了微生物来源 C 的固定。食细菌线虫对细菌的选择性捕食会降低土壤代谢熵，促进大团聚体中 SOC 积累（Jiang et al.，2013）。与小团聚体相比，大团聚体中高丰度的食细菌线虫促进了高度复杂的线虫–细菌网络结构的形成，食细菌线虫的捕食通过改变微生物群落结构（B/F 值）显著影响了SOC 库容和周转速率（Jiang et al.，2018）。

11.3.3　红壤线虫–微生物互作促进氮转化的机制

氨氧化细菌（AOB）和氨氧化古菌（AOA）是驱动土壤硝化过程的重要微生物。施用有机肥显著增加了红壤中 AOA 和 AOB 的丰度，AOA 的 *amoA* 基因拷贝数由对照处理（M0）的 $(1.26\pm0.14)\times10^8$/g 干土增加到高量有机肥配施石灰处理（M3）的 $(4.00\pm0.41)\times10^8$/g 干土，AOB 的 *amoA* 基因拷贝数则表现为高量有机肥配施石灰（M3 处理，$(1.29\pm0.18)\times10^8$/g 干土）＞高量有机肥［M2 处理，$(6.21\pm0.13)\times10^7$/g 干土］和低量有机肥［M1 处理，$(3.54\pm0.12)\times10^7$/g 干土］＞对照［M0 处理，$(4.96\pm0.11)\times10^6$/g 干土］（图 11-15）。就团聚体而言，小团聚体中 AOA 丰度最高，其 *amoA* 基因拷贝数比中团聚体和大团聚体分别增加了1.8 倍和 2.0 倍（Jiang et al.，2014）。

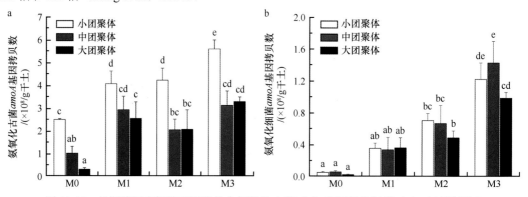

图 11-15　长期施用有机肥对团聚体中氨氧化古菌（a）和氨氧化细菌（b）丰度的影响

聚类分析表明，AOA 丰度主要受 SOC 影响（32.5%），而 AOB 丰度主要受 pH 影响（37.9%）。AOA 具有混合营养或异养生长的多种生存策略（Walker et al.，2010），配施厩肥–秸秆通过提高 SOC 刺激 AOA 群落的生长（Ai et al.，2013），小团聚体中 SOC 含量较高，促进了 AOA 的生长。红壤中 AOA 和 AOB 的 *amoA* 基因拷贝数的比值为 2.3 ~ 44.6，说明酸性土壤中 AOA 丰度更高。随着有机肥施用量的增加，受 AOB 丰度增加影响，AOA/AOB 值呈下降趋势，AOA/AOB 值的下降与土壤 pH 的增加相关，反映了氨氧化古菌和氨氧化细菌对利用氨浓度的偏好性及与 pH 相关的生理和代谢差异（de Boer and Kowalchuk，2001）。

高通量测序结果表明，红壤旱地 AOA 群落的优势类群（相对丰度＞1%）以亚硝化球菌属（*Nitrososphaera*）和亚硝化细杆菌属（*Nitrosotalea*）为主，AOB 群落优势类群（相对丰度＞1%）全部属于亚硝化螺菌属（*Nitrosospira*），包括第 3a 簇、第 3b 簇、第 4 簇、第 9 簇和第 10 簇 5 个簇，未检出亚硝化单胞菌属，表明长期施用猪粪促进了亚硝化螺菌属的生长（Jiang et al.，2014）。在不施肥时（M0 处理），*Nitrosospira* 第 4 簇的相对丰度最高。*Nitrosospira* 第 4 簇常在温带土壤中检出，低温限制其生长，在亚热带水稻土中也有检出，说明其生态多样性很广（Wu et al.，2011）。红壤旱地亚硝化螺菌属以农田土壤中常检出的第 3 簇和第 10 簇为主，其相对丰度在大团聚体中显著高于中、小团聚体（$P < 0.05$）。

土壤硝化潜势与 AOB 显著正相关，与 AOA 丰度相关性较弱，尽管酸性红壤中 AOA 的丰度较高，但在长期施用有机肥的高氮环境下 AOB 主导了土壤硝化潜势。AOA 和 AOB 生长对底物氨浓度的要求不同，氨氧化古菌的自养生长以土壤矿化产生的氨作为能量来源，因此在低肥力的土壤中对硝化潜势的贡献较高。

食细菌线虫通过选择性取食特定的细菌类群，影响了不同细菌种群之间的竞争，从而改变了细菌群落的结构（Rønn et al.，2012）。土壤优势食细菌线虫可以通过特异性捕食刺激 AOB 群落丰度增加，也可以通过体表携带作用促进 AOB 在土壤中定植，从而改变土壤 AOB 的群落组成和功能。红壤旱地长期施用猪粪的试验表明，食细菌线虫的捕食作用导致氨氧化细菌增加，增强了土壤的硝化作用（图 11-16）。长期施用有机肥后红壤中食细菌线虫数量与 AOB 丰度呈显著相关，其中食细菌线虫的优势属原杆属（*Protorhabditis*）与 AOB 丰度显著正相关，说明红壤中优势食细菌线虫可能通过捕食提高了 AOB 丰度（Jiang et al.，2014），土壤添加线虫的微域试验也证明食细菌线虫的捕食改变了 AOB 群落的组成（Xiao et al.，2010）。

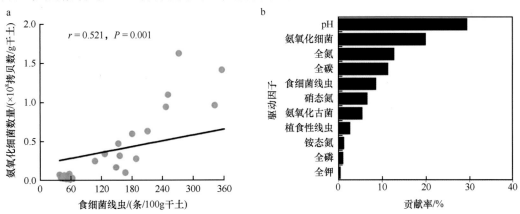

图 11-16　红壤团聚体中食细菌线虫与氨氧化细菌的关系（a）及其对土壤硝化作用（b）的影响

通过网络模型分析，发现红壤长期培肥下不同粒级团聚体中线虫-氨氧化微生物群落呈现显著的网络模块化特征，团聚体生物网络的平均聚类系数和模块系数显著高于随机网络（Jiang et al.，2015）。红壤大团聚体网络中食物网络结构复杂，其内部包含的功能节点数大于中团聚体和小团聚体网络（图 11-17）。由于大团聚体的孔隙结构空间更适合于线虫的存活，其中食细菌线虫和植食性线虫的丰度高于中、小团聚体（Neher，2001），因此红壤大团聚体促进了线虫–氨氧化微生物网络复杂结构的形成。

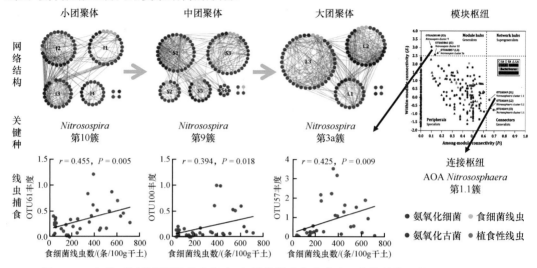

图 11-17 红壤不同粒径团聚体中线虫–氮转化微生物共发生网络的结构及其关键种的变化

网络模块并非单独存在的，而是形成模块簇，网络拓扑结构反映了网络模块之间在功能上的相互依赖性。微生物网络中模块枢纽和连接枢纽通常被推测为网络关键物种，生物网络中含有模块枢纽会形成物种间复杂的相互作用关系（Montoya et al.，2006），去除特定的关键物种通常会显著改变整个网络的结构和功能。在红壤团聚体生物网络中，模块枢纽具有较高的链接度（17～20）和聚集系数（0.33～0.51），连接枢纽具有与模块枢纽相似的较高的链接度（17～22），但其聚集系数较低（0.18～0.21）。在不同粒径的红壤团聚体中，AOA 的优势类群亚硝化球菌属第 1.1 簇（*Nitrososphaera* Cluster 1.1）起到连接枢纽的功能，而 AOB 的优势类群亚硝化螺菌属（*Nitrosospira*）的第 3a 簇、第 9 簇和第 10 簇分别在大、中、小团聚体中起到模块枢纽的功能（图 11-17）。研究发现，泉古菌门作为氨氧化微生物可能在氮循环中具有重要作用（Leininger et al.，2006），泉古菌中的 Candidatus *Nitrososphaera gargensis* 是土壤中普遍存在的微生物物种，在微生物网络中可能起到关键种的功能（Barberán et al.，2012）。食细菌线虫与关键微生物丰度显著相关，提示食细菌线虫捕食关键微生物调控了氮素的高效转化与平衡供应（Jiang et al.，2015）。总体而言，目前仍然缺乏对物种损失如何影响复杂生物群落的深入理解，并且需要对关键物种的功能进行验证。

11.3.4 红壤线虫–微生物互作促进磷转化机制

施用有机肥显著提高了红壤旱地玉米根际团聚体中产碱性磷酸酶（ALP）的解磷细菌丰度（$P<0.05$），ALP 解磷细菌丰度（phoD 拷贝数/g 干土）随有机肥（猪粪）用量的增加而增加，表现为高量有机肥配施石灰处理（M3）≈高量有机肥处理（M2）＞低量有机肥处理（M1）＞对照处理（M0）。在高量有机肥处理（M3）下，红壤小团聚体中 ALP 解磷细菌丰度显著高于大团聚体和中团聚体（图 11-18）。

红壤中食细菌线虫数量与 ALP 解磷细菌丰度和 ALP 活性呈正相关（图 11-19），说明食细菌线虫的捕食可能提高了玉米根际解磷细菌的丰度及其活性，通过添加线虫的微域试验证实了食细菌线虫捕食对 ALP 解磷细菌丰度和 ALP 活性的正反馈效应（Jiang et al.，2017）。红壤

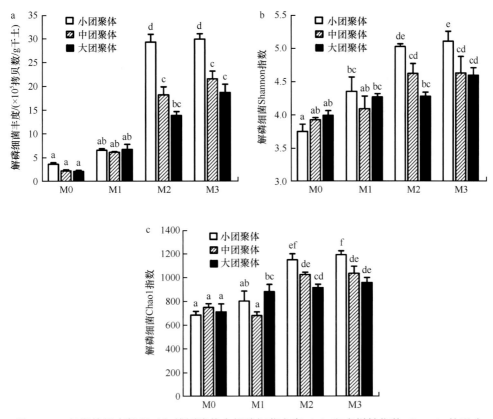

图 11-18　长期施用有机肥对红壤团聚体中解磷细菌丰度（a）和多样性指数（b、c）的影响

中优势食细菌线虫——原杆属（*Protorhabditis*）线虫数量在大团聚体中增加幅度最高，在高量有机肥处理下（M3 和 M2），大团聚体中原杆属丰度比在小团聚体中高约 25%，显著影响了 ALP 解磷细菌丰度和 ALP 活性。微域试验表明，土壤中添加食细菌线虫 14d 后，在 M2 和 M3 处理下，ALP 解磷细菌丰度分别提高了 23.1% 和 30.3%，ALP 活性分别提高了 12.3% 和 14.1%；而且相对于小团聚体，大团聚体中原杆属线虫捕食的正向效应提高了 2 ～ 3 倍。土壤酸性磷酸酶（ACP）主要来源于植物和真菌（Tabatabai，1994），碱性磷酸酶主要来自细菌。食细菌线虫的捕食作用可降低细菌丰度 17%（Trap et al.，2016），但某些特定的食细菌线虫以衰老细菌为食，可以增加细菌群落的整体活性，而且线虫也可以通过体表或消化系统的携带

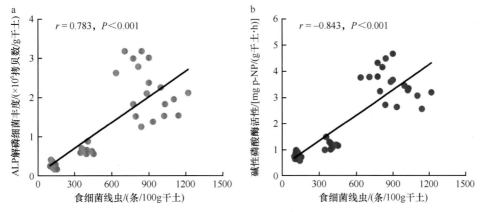

图 11-19　长期施用有机肥下红壤食细菌线虫与 ALP 解磷细菌丰度（a）和 ALP 活性的相关性（b）

作用将细菌分散到土壤异质环境中，促进细菌的有效定植（Neher，2010）。因此，食细菌线虫通过增加细菌群落的活性和分布促进土壤养分的转化。

施用有机肥显著提高了红壤旱地玉米根际团聚体中 ALP 解磷细菌的多样性，其多样性指数（Shannon 指数和 Chao1 指数）表现为 M3≈M2＞M1＞M0，同时随土壤团聚体粒径的增大而减小（图 11-18b、c）。ALP 解磷细菌群落结构中优势菌群主要为 α-变形菌纲（45.4%）、放线菌门（8.5%）、β-变形菌纲（7.5%）和 γ-变形菌纲（5.0%）。食细菌线虫数量与 ALP 解磷细菌多样性和丰富度呈正相关。线虫捕食在驱动 ALP 解磷细菌群落的动态变化中具有重要作用，食细菌线虫选择性捕食与 γ-变形菌和 β-变形菌正相关，而与放线菌没有相关性，食细菌线虫偏好捕食革兰氏阴性细菌，可能是因为它们细胞壁薄，更容易被线虫消化（Salinas et al.，2007）。此外，食细菌线虫的选择性捕食也取决于其取食器官的物理限制和特异性检测不同种群的细菌产生的化学信号（Bonkowski et al.，2009），选择性捕食有利于增强食细菌线虫自身适应性及对细菌群落动态变化的影响。

另外，食细菌线虫的捕食可以促使细菌进化出应对捕食的新策略，从而促进细菌的多样化。细菌可以采用不同的物理和化学手段防止被线虫捕食，如改变细胞形状形成丝状体，或者通过生物膜产生色素、多糖和毒素等（Jousset et al.，2009；Bjørnlund et al.，2012）。此外，细菌可以躲避到无捕食压力的空间提高其生存机会，小团聚体中孔隙小，不利于线虫进入和捕食，而在大团聚体中线虫数量多，其捕食对细菌群落结构的影响大。长期施用有机肥促进了红壤大团聚体的形成和食细菌线虫丰度的增加，与小团聚体相比，在大团聚体中食细菌线虫与 ALP 解磷细菌形成了更为复杂的共发生网络结构关系，食细菌线虫优势类群原杆属（*Protorhabditis*）与 ALP 解磷细菌的正相关性更强。网络节点属性分析表明，α-变形菌纲的中慢生根瘤菌属（*Mesorhizobium*）在大、中、小团聚体中均起到模块枢纽的功能，这些关键种充当了微生物群落生态功能的"把关者"，对生物地球化学循环有重要贡献（Lynch and Neufeld，2015）。与 ALP 解磷细菌的关键种不同，氨氧化细菌群落的关键种在 3 种团聚体中起到模块枢纽和连接枢纽 2 种功能（Jiang et al.，2015），据此推测 ALP 解磷细菌群落关键种比氨氧化微生物关键种更易受到线虫捕食的影响，特别是在大团聚体中线虫对 ALP 解磷细菌的捕食对 ALP 活性的促进作用更高（Jiang et al.，2017）（图 11-20）。

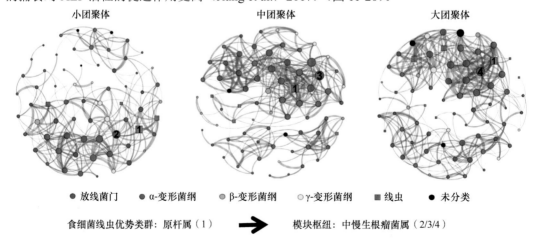

图 11-20　红壤不同粒径团聚体中线虫–ALP 解磷细菌共发生网络的结构及其关键种的变化

括注阿拉伯数字表示网络节点编号

11.4　间作作物根际互作调控养分利用的微生物信号机制

集约化农业中作物间作可有效提高耕地利用效率、增加单位面积产量，但需要发挥不同作物在光能和养分利用上的互补优势，减少作物间竞争的不利影响。不同作物根系构型不同，导致其吸收养分的时间和空间均有差异，强化间作作物的相互促进作用是提高作物养分利用率的关键。根际微生物可以拓展植物根系摄取养分的功能，建立合理的间作体系可以促进植物通过根系分泌物调控根际微生物的组成及其功能（Chagas et al.，2018）。自然环境下，植物通过调节代谢产物的组成和浓度以应对邻近植物的竞争等生物胁迫（Bais et al.，2006；Kostenko et al.，2017），但胁迫诱导型根系代谢产物对根际微生物群落结构和功能的调控机制仍不明确（Lebeis et al.，2015）。

根系分泌物中胁迫诱导型激素是一类广谱生物活性小分子，如乙烯（ET）、水杨酸（SA）和茉莉酸（JA），不仅可以精准调控植物的生理和形态反应（Pieterse et al.，2009），而且能重塑根际微生物群落（Cahill et al.，2010）。水杨酸和茉莉酸参与植物间的识别，并通过根系分泌物调节根际细菌群落组成（Lebeis et al.，2015）。乙烯易于挥发，可以在土壤和地下水孔隙中长距离扩散（Broekgaarden et al.，2015），影响豆科根瘤菌共生体的结瘤和丛枝菌根的定植，但乙烯调控根际微生物群落构建的途径仍不清楚。

种间植物共存时，分泌异源代谢物是植物间相互识别并触发反馈的主要策略（Bais et al.，2006；Kong et al.，2018）。氰化物存在于木薯、玉米、小麦等 3000 多种植物中（Jones，1998），含氰作物常与豆科植物（如花生）间作（Brooker et al.，2015）。氰化物可缩短植物胚的休眠期，诱导幼苗产生乙烯（Xu et al.，2012），因此含氰作物与豆科作物间作时可能通过化学识别，调控根际微生物群落和功能，影响作物间作系统对养分的利用。

11.4.1　木薯与花生间作下花生生理及根际养分的调控特征

针对亚热带地区典型的含氰植物木薯与豆科花生的间作系统，开展了红壤旱地花生‖木薯间作试验和乙烯添加实验，利用高通量测序、激素组分析方法，研究了种间植物（花生与木薯）地下部化学识别途径，分析了花生通过化学信号调控根际微生物群落组成的机制。植物通过调节生理特性优化对种间植物竞争胁迫的适应性（Pierik et al.，2013）。在花生‖木薯间作系统中，花生单株地上分枝数、单株结荚数和饱果率提高（$P<0.001$），花生地上部生物量显著降低（表 11-4），花生籽粒产量有增加趋势。花生单株产量决定了子代个体的生存能力，当花生与木薯间作时，花生通过减少自身生物量来增加对子代能量和养分的分配。这种植物生理调节方式是自然生态系统中矮小植物群落与其他植物的共存策略（McNickle et al.，2013）。

表 11-4　田间单作与间作体系中花生的生长参数及产量

花生生长参数	单作系统	间作系统	F 值	P 值
株高 /cm	46.67 ± 3.51	40.66 ± 2.16	33.95	<0.001
叶绿素含量（SPAD 值）	59.56 ± 0.55	60.17 ± 1.36	2.41	0.131
地上分枝数	9.72 ± 2.34	16.16 ± 4.14	15.67	0.004
地上部生物量/g	12.96 ± 0.87	11.19 ± 0.96	29.88	<0.001
地下部生物量/g	2.35 ± 0.35	1.76 ± 0.25	29.45	<0.001

续表

花生生长参数	单作系统	间作系统	F 值	P 值
地上部/地下部生物量比	4.60±0.52	5.51±0.77	15.68	<0.001
单株结荚量	15.87±3.90	21.20±2.35	41.76	<0.001
饱果率/%	70.38±6.12	86.21±5.43	58.36	<0.001
花生产量/（kg/hm²）	282.57±34.28	304.75±30.15	3.78	0.061

注：数值为平均值±标准偏差（$n=16$）

在花生‖木薯间作系统中，间作花生单株产量的提升并未过度消耗根际养分；相反，间作花生根际土理化性质（土壤有机碳、全氮、铵态氮、硝态氮、全磷、有效磷）均高于单作花生根际土（$P<0.05$）（表 11-5），说明与花生单作相比，间作系统中根际微生物群落可能发生了改变，从而影响了花生根际养分的供应。

表 11-5　田间单作和间作体系中不同植物根际和非根际土壤理化性质

处理	有机碳/（g/kg）	全氮/（g/kg）	全磷/（g/kg）	有效钾/（mg/kg）	铵态氮/（mg/kg）	硝态氮/（mg/kg）	有效磷/（mg/kg）	pH
CRi	10.01±0.57[ab]	0.89±0.01[b]	0.68±0.02[c]	219.63±19.73[a]	3.56±0.08[d]	9.14±0.20[c]	73.32±1.41[c]	4.66±0.01[a]
BSi	9.42±0.36[a]	0.95±0.01[c]	0.76±0.02[d]	221.42±15.55[a]	3.07±0.09[a]	8.85±0.10[c]	66.08±2.36[b]	4.79±0.03[d]
PRi	11.25±0.66[c]	1.04±0.01[e]	0.78±0.01[d]	224.22±14.07[a]	3.44±0.08[c]	11.50±0.70[d]	75.65±1.49[d]	4.95±0.01[e]
PRm	10.06±0.60[ab]	0.83±0.01[a]	0.58±0.02[b]	232.67±9.96[ab]	3.32±0.08[b]	5.13±0.59[b]	35.23±1.59[a]	4.77±0.01[c]
BSm	10.48±0.11[bc]	0.99±0.01[d]	0.49±0.02[a]	243.56±18.74[b]	3.64±0.08[d]	3.82±0.24[a]	33.89±1.92[a]	4.75±0.01[b]

注：数值为平均值±标准偏差（$n=16$）；CRi、BSi 和 PRi 代表木薯‖花生间作系统中木薯根际土、两作物根间土和花生根际土；PRm 和 BSm 分别代表单作花生根际土和非根际土

11.4.2　木薯与花生间作下种间植物化学信号识别与反馈机制

植物通过激素调节资源分配过程。激素组分析发现，在木薯‖花生间作系统中，花生地下部乙烯前体（1-氨基环丙烷-1-羧酸，ACC）含量显著提高（$P<0.05$）（图 11-21a），说明乙烯可能是花生调控个体养分分配的重要植物激素。

与非含氰植物相比，木薯根部的氰化物较高，平均含量可达 577mg/kg（Gallo and Sayre，2009）。氰化物可迅速穿过植物细胞膜，调控乙烯前体 ACC 合成酶和 ACC 氧化酶诱导乙烯产生（Gniazdowska et al.，2010）。虽然间作花生根际（Pi_s）的氰化物含量是单作花生根际（Pm_s）的 4 倍（图 11-21b），但花生体内氰化物含量并无显著变化（图 11-21c）。而通过添加外源氰化物至单作花生的根部，可以重现出相似的激素反应（图 11-21a），说明氰化物在根际起作用。进一步分析表明，花生‖木薯间作系统中，从木薯根际（Ci_s）到间作花生根际（Pi_s），土壤中氰化物形成由高到低的浓度梯度，伴随这一梯度变化，间作花生根系中乙烯前体 ACC 含量提高到单作花生根系的 2 倍。这说明间作木薯可以通过分泌氰化物，刺激花生根部积累 ACC，进一步释放乙烯（图 11-21d）。

为消除土壤微生物将氰化物间接转化为乙烯的干扰，进一步采用荧光定量 PCR（qRT-PCR）技术跟踪花生根中 1-氨基环丙烷-1-羧酸合酶（ACS）和 1-氨基环丙烷-1-羧酸氧化酶（ACO）的基因表达，发现与木薯间作的花生和添加氰化物的花生根部参与编码花生 ACS 和

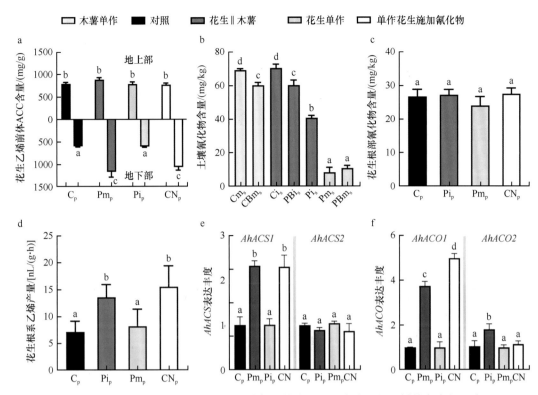

图 11-21　田间单作和间作体系中土壤氰化物含量及花生地下部乙烯的产生与释放

Cm$_s$ 和 CBm$_s$ 分别代表木薯单作系统中木薯根际和非根际土；Ci$_s$、PBi$_s$ 和 Pi$_s$ 分别代表花生‖木薯间作系统中木薯根际土、两作物根间土和花生根际土；Pm$_s$ 和 PBm$_s$ 代表单作花生根际土和非根际土。Pi$_p$ 代表间作花生植株；Pm$_p$ 代表单作花生植株；CN$_p$ 代表施加氰化物的单作花生植株；C$_p$ 代表对照处理中的花生植株。采用 Tukey's-HSD 单因素方差分析，不同字母代表处理间差异显著（$P<0.05$）。下同

ACO 蛋白的 *AhACS1*、*AhACO1* 和 *AhACO2* 转录基因表达显著提高（图 11-21e、f）。这说明在花生与木薯间作时，异源化合物氰化物成为花生识别竞争对手的化学信号，激起花生根部产生乙烯形成防御性应答。花生根部提高乙烯含量，可以促使花生在竞争胁迫下牺牲地上部生物量，对子代投入更多的养分和能量资源（Ravanbakhsh et al.，2018），而这种优化的生存策略有利于提高花生籽粒产量。

11.4.3　木薯与花生间作下乙烯调控根际微生物网络构建的信号机制

土壤微生物驱动了养分转化，而作物可以通过分泌物和信号物质影响根际微生物的多样性和组成，从而影响根际养分的生物有效性（Philippot et al.，2013）。通过 16S rRNA 高通量测序发现，间作木薯根际土（CRi）的微生物多样性指数最低，而间作花生根际土微生物多样性指数最高（$P<0.05$）（图 11-22a、b）。土壤中酸杆菌门、绿弯菌门、放线菌门、α-变形菌纲、浮霉菌门、β-变形菌纲和 γ-变形菌纲是优势菌群（平均相对丰度＞5%）（图 11-22e），其中放线菌门和酸杆菌门是引起间作花生和单作花生根际微生物组成差异的主要菌群（$P<0.001$）。通过外源乙烯添加培养试验，发现 0.1～0.2mmol/L 浓度水平的乙烯显著增加了单作花生根际细菌群落 α 多样性（图 11-22c、d），同时导致放线菌丰度增加，酸杆菌丰度降低（图 11-22f）。

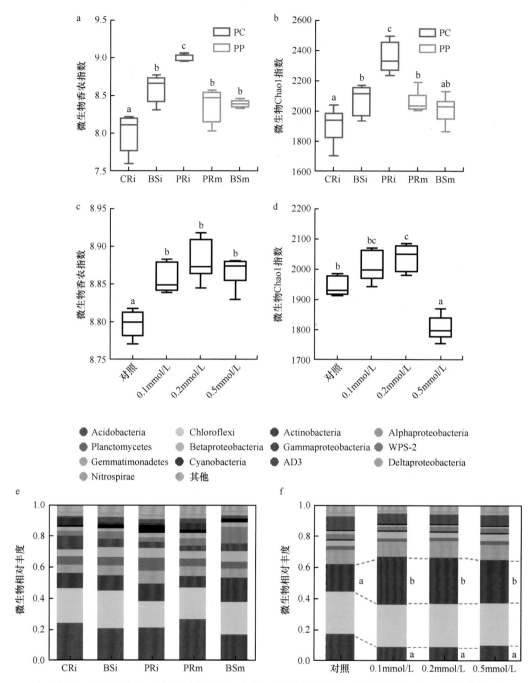

图 11-22　田间单作和间作体系及乙烯添加培养体系土壤中细菌微生物群落 α 多样性的变化

CRi、BSi 和 PRi 分别代表木薯‖花生间作系统（PC）中木薯根际土、两作物根间土和花生根际土；

PRm 和 BSm 分别代表单作花生（PP）根际土和非根际土。下同

　　基于 Bray-Curtis 距离分析根际微生物群落间 β 多样性结果显示，单作花生的根际（PRm）和非根际（BSm）差异显著（相似性分析 ANOSIM 的 $P < 0.01$）（图 11-23a），暗示植物根际效应对细菌群落的影响明显。而在间作体系下，花生非根际与根际微生物群落趋同，并与单作花生根际和木薯根际趋异（图 11-23a）。间作花生根际与单作花生根际间微生物组成的主要差异源于酸杆菌门丰度的减少（图 11-23b），这与乙烯添加实验的结果是一致（图 11-23c、d）。

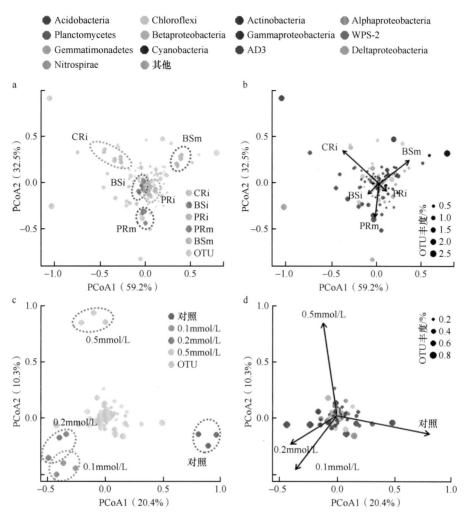

图 11-23 田间单作和间作体系以及乙烯添加培养体系中土壤微生物群落 β 多样性分析（PCoA）

微生物物种间以正向、负向或中立的交互作用方式构成复杂的网络（Faust and Raes，2012）。利用随机矩阵理论构建微生物共生网络，发现不同作物显著影响了土壤微生物网络的装配，相较于非根际土壤，根际土壤微生物网络节点减少，网络连接密度显著增加。对微生物网络中关键物种（key species）的分析表明，单作花生根际关键物种是变形菌门的 *Pseudolabrys* sp.，而间作花生根际中关键物种为放线菌门的细链孢菌（*Catenulispora* sp.），并与其他相连接物种形成负相关关系（图 11-24、表 11-3）。*Catenulispora* sp. 可产抗生素 cacibiocin A 和 cacibiocin B，抑制土壤酸杆菌门 DNA 回旋酶和 DNA 拓扑异构酶Ⅳ（Zettler et al.，2014），这可能是间作系统中花生根际酸杆菌门细菌丰度降低的原因。

通过外源乙烯添加培养实验，发现在 0.1～0.2mmol/L 的乙烯浓度下，间作花生根际的关键物种 *Catenulispora* sp. 丰度与乙烯浓度正相关（图 11-25a）。在间作系统中，花生根际 *Catenulispora* sp. 相对丰度增高，影响了根际微生物网络的交互作用，增强了土壤有机磷分解（酸性磷酸酶活性提高，$P<0.05$）和有机氮矿化的能力（脲酶和 L-谷氨酸酶活性提高，$P<0.05$），从而提高了土壤铵态氮（NH_4^+-N）和速效磷（AP）的含量（$P<0.01$）（图 11-25b～f）。

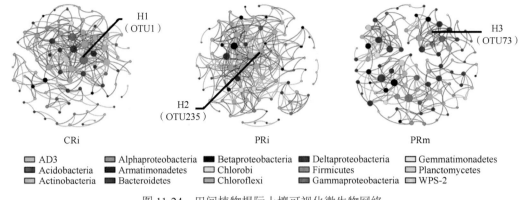

图 11-24 田间植物根际土壤可视化微生物网络

表 11-6 不同处理植物根际关键核心物种鉴定

网络	ID	节点	丰度/%	连接度	细菌门类	属名	Z_i 值	P_i 值
CRi	OTU1	Hub	6.935	22	Gammaproteobacteria	*Dokdonella*	2.601	0.430
PRi	OTU235	Hub	0.183	15	Actinobacteria	*Catenulispora*	2.582	0.124
PRm	OTU73	Hub	0.209	7	Alphaproteobacteria	*Pseudolabrys*	2.516	0.198

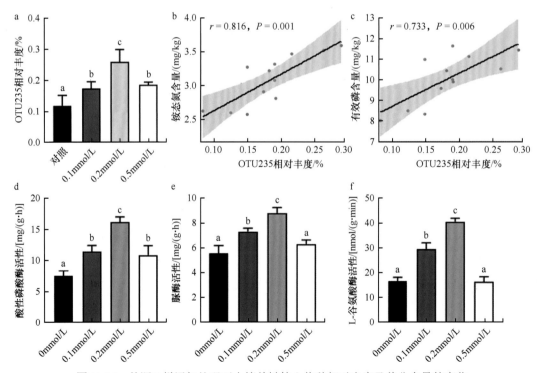

图 11-25 外源乙烯添加处理下土壤关键核心物种相对丰度及养分含量的变化

11.4.4 木薯与花生间作下种间植物互作提高花生产量的途径

随机森林模型分析表明，影响间作花生产量的主要因素为微生物网络的平均连通度、细菌群落 β 多样性、乙烯释放、网络核心物种相对丰度、土壤有机碳（SOC）、全氮（TN）、花生生物量和土壤有效磷（AP）（图 11-26a）。进一步采用结构方程模型分析，发现土壤性质、植物特性和微生物群落对花生产量有直接和间接影响（图 11-26b）。土壤理化性质、乙烯释放和花生生物量与花生产量呈正相关（$P<0.01$）。间作花生根系乙烯的释放，一方面导致花生地上部生物量略有减少，另一方面乙烯作为信号物通过调控根际关键物种的丰度来重建根际的微生物网络。新构建的微生物网络有效提高了根际有机氮磷的矿化和释放（$P<0.001$），为间作花生地下部结果提供充足的养分资源（图 11-26b）（Chen et al.，2020）。

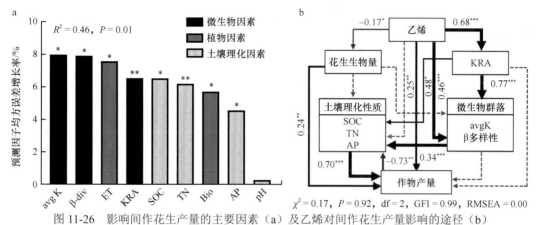

图 11-26　影响间作花生产量的主要因素（a）及乙烯对间作花生产量影响的途径（b）

avgK：细菌网络平均连通度；β-div：细菌群落 β 多样性；ET：乙烯释放；KRA：关键种相对丰度；SOC：土壤有机碳；TN：土壤全氮；Bio：花生生物量；AP：土壤有效磷。* 表示 $P<0.05$；** 表示 $P<0.01$；*** 表示 $P<0.001$

在长期植物和微生物的共进化过程中，植物进化出一系列信号调控机制，用最小的成本获取最优的抗胁迫响应（Ravanbakhsh et al.，2018）。植物和微生物之间的信号整合，一方面激发植物的生理应激，另一方面诱导植物和微生物形成一个共同体来适应特定环境（Vanden-koornhuyse et al.，2015）。花生与木薯间作试验表明，乙烯不仅参与了对种间邻居植物的识别与应答，同时作为植物–微生物间的传递信号调控根际微生物群落构建，形成植物–微生物战略共同体，提高植物在种间相互作用中的适应性。在花生‖木薯间作系统中，木薯根部氰化物作为异源化学信号物被花生识别，并引起花生根系乙烯的迸发。乙烯信号分子在改变花生养分资源分配的同时，直接激活了花生根际核心物种 *Catenulispora* sp.，通过重塑根际微生物网络，调控微生物组成及其生态功能，加强根际土壤有效养分的释放，为提高花生地下部产量提供有效养分资源（图 11-27）。

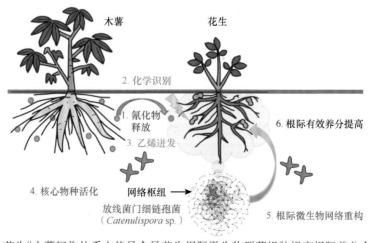

图 11-27　花生‖木薯间作体系中信号介导花生根际微生物群落组装提高根际养分含量的过程

第12章 耕地综合地力培育与化肥减施增效技术模式

12.1 黑土肥沃耕层构建与化肥减施增效模式

东北黑土区（包括东北三省和内蒙古东部）耕地总面积为 3587 万 hm^2（约合 5.38 亿亩），粮食产量约占全国总产量的 1/4。典型黑土成土母质为第三纪砂砾和黏土层、第四纪更新世砂砾和黏土层及第四纪全新世砂砾和黏土层，质地黏重，小于 0.002mm 的黏粒占 30% 以上。黑土有机质含量高，水稳性团聚体比例大，土壤结构好，水分物理性质优良。黑土在高强度利用下，由于有机物料投入少和长期水蚀、风蚀的影响，土壤有机质含量锐减，黏重的黄土母质成分增多，团粒结构破坏，土壤水分物理性状变劣，坡度＞2°的坡耕地黑土层变薄，坡度＜2°的耕地耕作层变浅、犁底层变厚，黑土的退化制约了作物高产稳产和化肥养分的高效利用（韩晓增和邹文秀，2018）。

12.1.1 黑土限制化肥高效利用的土壤障碍因子

12.1.1.1 土壤有机质

根据中国科学院海伦农业生态实验站的长期定位试验，将黑土肥力演化划分为 3 个时期，即自然肥力形成期、开垦期和稳定利用期（图 12-1）。黑土形成始于第四纪最后一个冰期后，在沉积性母质上经过大约 11 000 年的时间形成，即自然肥力形成期。黑土开垦后约 30 年进入相对稳定的利用期。黑土开垦期，表层土壤有机质含量快速下降，在开垦后前 10 年平均每年下降 2.6%。进入稳定利用期后，大约 70% 的黑土肥力退化，其表层土壤有机质以每年 0.06% ～ 0.09% 的速率下降，其余 20% 的黑土肥力维持不变，10% 的黑土肥力表现为增加。

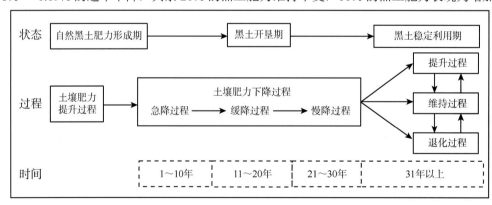

图 12-1 自然黑土土壤向农田土壤过渡的肥力变化过程

黑土的基础肥力较高，黑土氮、磷、钾养分供应量分别为 55.2 ～ 99.0kg N/hm^2、14.3 ～ 26.2kg P/hm^2、48.3 ～ 93.4kg K/hm^2，分别占黑土氮、磷、钾总量的 1.1% ～ 2.0%、0.9% ～ 1.7% 和 0.08% ～ 0.15%。禾本科作物在一年不施肥条件下，氮、磷、钾的基础肥力分别达到全肥产量的 60% ～ 70%、85% 以上和 95% 以上。

海伦站长期定位试验表明，黑土退化的关键过程是 0 ～ 35cm 土层有机质含量锐减（概率为 97%），影响作物产量的有机质含量阈值是 4.5%，黑土有机质含量从 4.5% 下降到 3.5%，耕地产能下降了 42 个百分点。东北黑土分布区内以北纬 45° 为分界线，北部表层土壤有机质含量下降至 3.0% 以下、南部下降至 2.0% 以下时黑土发生严重退化，表层土壤有机质含量每下降 1.0g/kg，粮食减产 10.0%～15.0%。秸秆还田和施用有机肥是提升黑土有机质含量的有效途径，研究表明秸秆沤制和粮食过腹还田 33 年后，黑土 0～35cm 土层有机质含量提高 9.2%～12.6%；玉米秸秆连续 13 年全量原位还田后土壤有机质含量提高 9.7%～14.1%。

12.1.1.2　土壤物理结构

犁底层是黑土的主要障碍层次，犁底层减弱了耕层和心土层之间的能量和物质流通，降低了土壤养分的有效性。一方面，犁底层可以将雨水和养分保存在耕层为作物根系吸收利用；另一方面，犁底层降低了雨水下渗和深层储水能力，导致耕层涝害，影响了根系生长和对心土层养分的利用。

深耕可以打破黑土犁底层，增加耕层厚度，提高土壤水分储存和利用能力，促进作物生长。针对典型耕作黑土开展了不同耕深试验（包括 0cm、15cm、20cm、35cm、50cm），发现在打破犁底层后，亚耕层土壤容重减小了 11.5%，＞250μm 土壤团聚体增加了 13.4%。监测表明，耕作深度 35cm 是最优的耕作深度，提高了 0～35cm 土层蓄水供水能力、播种后出苗前土壤含水量、出苗率、大气降水利用效率和玉米产量。耕深 35cm 处理下，0～35cm 土层蓄水能力比免耕提高了 5.0%，比深耕 50cm 提高了 1.6%；土壤供水能力比免耕提高了 33.2%，比深耕提高了 4.2%。从播种后出苗前土壤含水量看，耕深 35cm 比免耕提高 5.1%，比深耕 50cm 提高 5.8%。从出苗率看，耕深 35cm 最高，大豆达到了 95.9%，玉米达到了 97.9%。从大气降水利用效率看，耕深 35cm 处理最高，玉米为 13.9kg/(hm²·mm)，大豆为 5.7kg/(hm²·mm)。从连续 3 年的玉米产量看，耕深 35cm 处理最高，平均值为 8995kg/hm²，是免耕的 1.51 倍，比深耕 50cm 增产 18.7%（邹文秀等，2016）。

12.1.2　黑土肥沃耕层构建指标与增产效果

12.1.2.1　黑土肥沃耕层构建指标

根据黑土肥力演变过程中土壤有机质和结构等关键因子对化肥养分利用的制约机制，以黑土培肥和化肥高效利用为目标，创建了肥沃耕层理论，建立了肥沃耕层指标体系，研发了肥沃耕层构建的关键技术，达到了黑土地力提升的效果。首先，根据作物高产根系生长发育所需的土壤厚度和水分条件，建立了以培肥和改造 0～35cm 土层为核心的肥沃耕层构建理论，即以农田耕层土壤扩容与培肥为目的，利用深翻机械，将清洁的和经过无害化处理的农业生产有机废弃物深混于 0～35cm 土层，形成一个深厚肥沃的耕作层（图 12-2），构建水–肥–气–热相协调的土壤环境，促进作物根系生长和地上部发育，提高作物产量。其次，提出了肥沃耕层的土壤指标体系，松嫩平原中东部和三江平原土壤有机质 ≥35.0g/kg，松嫩平原西部和辽河平原土壤有机质 ≥20.0g/kg；饱和含水量 ≥210.0mm、田间持水量 ≥140.0mm、饱和导水率 0.5～1.5cm/h、水稳性团聚体（＞0.25mm）≥40.0%；阳离子交换量 ≥25.0cmol/kg，pH 在 5.5～7.5；有效磷 ≥30.0mg/kg，有效钾 ≥150.0mg/kg，缓效钾 ≥800mg/kg（韩晓增等，2019）。

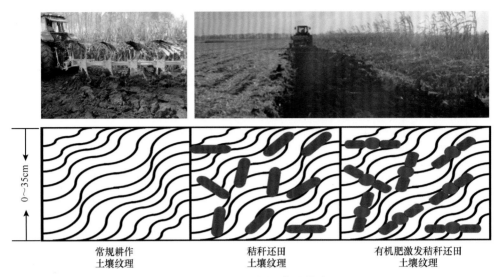

常规耕作　　　　　　　秸秆还田　　　　　　有机肥激发秸秆还田
土壤纹理　　　　　　　土壤纹理　　　　　　　土壤纹理

图 12-2　黑土肥沃耕层构建模式图

12.1.2.2　黑土肥沃耕层构建对土壤含水量及作物出苗率的影响

春季黑土表层土壤含水量对作物出苗至关重要。不同耕作深度影响了春季 0 ～ 15cm 土层含水量，表现为 D35（耕深 35cm）＞D0（耕深 0cm，免耕）＞D50（耕深 50cm）＞D20（耕深 20cm）＞D15（耕深 15cm）；与耕作相比，秸秆还田降低了表层（0 ～ 15cm）土壤含水量（表 12-1）。耕作深度通过改变土壤孔隙度和水分蒸发量，最终影响了土壤含水量。免耕处理下土壤孔隙度小，土壤水分蒸发慢，表层土壤含水量较高。与免耕处理（D0）相比，浅耕（D15 和 D20）增加了土壤孔隙和土面蒸发，降低了表层（0 ～ 15cm）土壤含水量；深耕（D35 和 D50）打破了犁底层，在土壤冻层融化期，下层土壤水分仍然可以向上传导，从而提高了表层土壤含水量。

表 12-1　不同耕作深度对出苗时土壤含水量及大豆和玉米出苗率的影响

处理	0 ～ 15cm 土壤含水量/mm	出苗率/%		处理	0 ～ 15cm 土壤含水量/mm	出苗率/%	
		大豆	玉米			大豆	玉米
D0	31.54b	94.77a	95.40ab				
D15	29.48c	95.57a	97.53a	D15+S	27.89c	82.57c	85.27c
D20	29.72c	95.80a	97.83a	D20+S	28.88b	87.73b	91.27b
D35	33.10a	95.94a	97.87a	D35+S	32.65a	94.50a	97.67a
D50	31.35b	94.90a	96.43a	D50+S	29.83b	95.17a	96.43ab

注：D0、D15、D20、D35、D50 分别表示 0cm、15cm、20cm、35cm、50cm 的耕作深度；D15+S、D20+S、D35+S、D50+S 分别表示在 0 ～ 15cm、0 ～ 20cm、0 ～ 35cm 和 0 ～ 50cm 土层中施入相同质量的秸秆；不同小写字母表示耕作处理之间差异显著（P＜0.05）。下同

不同耕作深度对玉米和大豆出苗率有一定的影响，免耕处理下大豆和玉米的出苗率均最低，而耕深 35cm 的处理下大豆和玉米的出苗率略高于其他处理（表 12-1）。不同耕作深度下秸秆还田后大豆和玉米的出苗率大多表现为下降（大豆的 D50 处理除外），t 检验显示当耕作深度＜20cm 时，秸秆还田后大豆和玉米的出苗率显著降低；而当耕作深度＞35cm 时，秸秆

还田对玉米和大豆出苗率没有显著影响。同样，在秸秆还田条件下，秸秆还田深度是影响玉米和大豆出苗率的重要因素。随着秸秆还田深度的增加，玉米和大豆的出苗率表现为增加（邹文秀等，2016）。

12.1.2.3　典型降水过程中土壤蓄供水能力的变化

从不同耕作深度对 0 ～ 35cm 土层土壤储水量的影响看（表 12-2），2011 年 6 月 11 日前累积降水量 80.2mm，与免耕处理（D0）相比，浅耕（D15 和 D20）降低了土壤储水量，而深耕增加了土壤储水量，说明增加耕层深度能够增加黑土对大气降水的蓄积能力。与仅耕作相比，浅耕（耕深≤20cm）处理下秸秆还田降低了土壤储水量，深耕（耕深≥35cm）处理下秸秆还田增加了土壤储水量，说明秸秆还田对土壤储水量的影响取决于秸秆还田深度。

表 12-2　不同耕作深度对 0 ～ 35cm 土层土壤储水和供水能力的影响（2011 年 6 月）

处理	土壤储水量/mm		土壤供水量/mm	处理	土壤储水量/mm		土壤供水量/mm
	6 月 11 日	6 月 30 日			6 月 11 日	6 月 30 日	
D0	102.50	83.79	18.71	D15+S	92.67	70.11	22.56
D15	98.98	76.81	22.17	D20+S	97.77	74.29	23.48
D20	101.16	77.89	23.27	D35+S	114.80	88.43	26.38
D35	107.63	81.70	24.93	D50+S	107.22	82.45	24.77
D50	105.88	81.94	23.94				

在 2011 年 6 月 30 日，由于前 19d 没有降水，不同耕作深度处理 0 ～ 35cm 土层土壤储水量均显著下降。在忽略水分在 35cm 土层界面的上下传导的条件下，定义损失的水分为土壤的供水量，即 0 ～ 35cm 土层中供给作物吸收利用的水分总和。监测表明，随着耕作深度的增加 0 ～ 35cm 土层土壤供水量有增加趋势，在耕深为 35cm 时土壤供水量达到了最大值；与耕作处理相比，秸秆还田增加了 0 ～ 35cm 土层土壤供水量（表 12-2）。

12.1.2.4　黑土肥沃耕层构建对作物水分利用效率的影响

从三年平均作物水分利用效率看（图 12-3），玉米水分利用效率［11.78 ～ 13.94kg/(hm^2·mm)］高于大豆［3.49 ～ 5.73kg/(hm^2·mm)］，不同耕作深度下水分利用效率的大小顺序均表现为 D35＞D50＞D20＞D15＞D0，说明耕作深度通过影响土壤供水量调控了大豆和玉米的水分利用效率（邹文秀等，2016）。

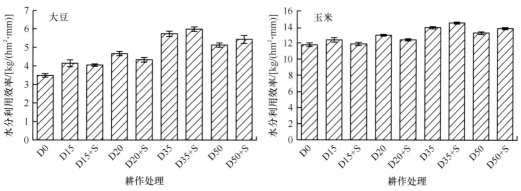

图 12-3　不同耕作深度对大豆和玉米水分利用效率的影响

　　与深耕相比,深耕配合秸秆还田对作物水分利用效率的影响取决于秸秆还田深度,当秸秆还田深度≤20cm时,秸秆还田降低了大豆和玉米的水分利用效率,降幅为2.25%～7.07%;而当秸秆还田深度≥35cm时,秸秆还田增加了大豆和玉米的水分利用效率,增幅为4.23%～6.05%。大豆和玉米的水分利用效率均表现为随着秸秆还田深度的增加而增加,在0～35cm的秸秆还田深度（D35+S）达到最大值。

12.1.2.5　黑土肥沃耕层构建对作物产量的影响

　　玉米产量对耕作深度的响应不同。免耕降低玉米产量,免耕3年玉米平均产量为5943kg/hm^2,比耕作处理显著减少了23.1%（$P<0.05$）。与免耕（D0）相比,耕作显著增加了玉米产量,D15、D20、D35和D50处理的玉米产量分别增加了12.8%、36.6%、51.4%和27.6%（$P<0.05$）。但玉米产量并没有随着耕作深度的增加而持续增加,而是在耕作深度为35cm时达到了最大值,说明0～35cm的耕作层是最有利于玉米产量形成的耕层厚度（图12-4）。

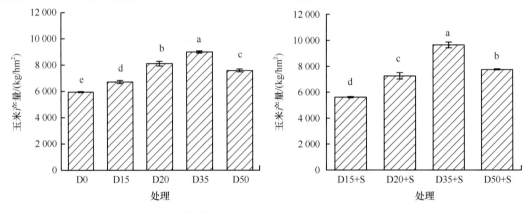

图12-4　不同耕作深度和秸秆还田对玉米产量的影响

　　大豆产量对不同耕层深度的响应与玉米一致（图12-5）。免耕降低大豆产量,免耕3年大豆平均产量为2147kg/hm^2,比耕作处理显著减少了7.29%（$P<0.05$）。耕作增加了大豆产量,但增幅低于玉米,与免耕（D0）相比,D15、D20、D35和D50处理的大豆产量分别显著增加了2.8%、7.0%、12.9%和8.5%（$P<0.05$）。大豆产量在35cm的耕作深度及0～35cm的秸秆还田深度下最高,D35+S处理中大豆产量为2689kg/hm^2,比D15+S、D20+S和D50+S分别增加了39.9%、26.4%和14.6%。当秸秆还田深度≤20cm时大豆减产,D15+S和D20+S处理

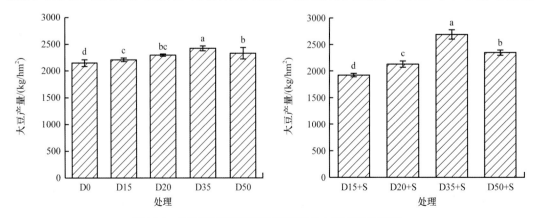

图12-5　不同耕作深度和秸秆还田对大豆产量的影响

比 D15 和 D20 处理大豆产量分别降低了 12.9% 和 7.3%（$P<0.05$）；当秸秆还田深度≥35cm 时大豆增产，D35+S 和 D50+S 处理比 D35 和 D50 处理大豆产量分别增加了 11.0% 和 0.7%。所以，在中厚层黑土上，最佳耕层深度为 0～35cm，而最佳的秸秆还田深度为 0～35cm 和 0～50cm，但是考虑到深翻机械和投入成本等方面的因素，秸秆进入 0～35cm 耕层是最佳的选择（邹文秀等，2016）。

对于东北地区的中厚层黑土耕地，实现玉米和大豆高产的最佳耕层深度为 0～35cm，最佳秸秆还田深度为 0～35cm 和 0～50cm，综合考虑农业机械耕翻成本，以秸秆还田深度 0～35cm 为最佳。因此，在东北地区以构建 35cm 厚度的肥沃耕层为增产增效目标。

12.1.3　黑土肥沃耕层构建提升地力的机制

12.1.3.1　土壤有机质

秸秆还田深度影响了不同土层的土壤水分含量、温度和通气性等，进而调控了微生物对秸秆的分解速率，影响了秸秆残留率。在等量秸秆还田第三年，不同还田深度下秸秆残留率为 17.1%～26.6%，总体上残留率随还田深度的增加而增加（图 12-6）。与 D15+S 处理相比，D20+S 处理秸秆累计残留率下降了 3.4%～10.8%，主要是由于前者土壤水分含量低，限制了秸秆分解。与 0～20cm 土壤相比，深层土壤（D35+S、D50+S）的大孔隙比例和微生物丰度下降，限制了微生物的分解作用，导致秸秆残留率增加（邹文秀等，2018）。

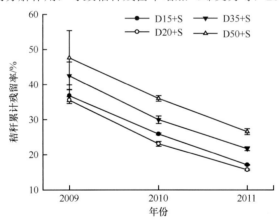

图 12-6　连续施用秸秆后的秸秆累计残留率

连续施用 10t/hm^2 秸秆 3 年后，在 0～15cm 和 0～20cm 表层秸秆还田下，土壤有机质含量从 39.3g/kg 分别增加到 42.0g/kg 和 41.3g/kg；在 0～35cm 和 0～50cm 深层秸秆还田下，土壤有机质含量分别从 37.5g/kg 和 33.1g/kg 增加到 38.9g/kg 和 33.9g/kg。在 0～15cm、0～20cm、0～35cm、0～50cm 秸秆还田深度下，单位面积土壤有机质储量分别达到 4462kg/hm^2、4329kg/hm^2、5733kg/hm^2、4884kg/hm^2。虽然土壤有机质含量的增幅随秸秆还田深度增加而减少，但土壤有机质储量在秸秆还田深度为 0～35cm 时达到最大值。

从 3 年连续秸秆还田后有机碳转化率（秸秆碳转化为有机碳的比例）看，0～35cm 深混还田下秸秆有机碳转化率最高（D35+S，19.1%），其次为 0～50cm 深混还田（D50+S，16.3%），浅混还田较低（D15+S，14.9%；D20+S，14.1%）。秸秆深混还田时，深层土壤微生物分解慢、积累多，因此秸秆有机碳转化率高。

土壤轻组有机碳（LFOC）与土壤矿质部分结合相对松散，分解速度较快。等量秸秆还田后显著增加了相应上层中 LFOC 的含量，但随着秸秆还田深度的增加，相应土层中 LFOC 含量的增量呈减小趋势（邹文秀等，2017）。与初始值相比，秸秆连续还田 3 年后，在 D15+S、D20+S、D35+S 和 D50+S 处理下，0 ～ 15cm、0 ～ 20cm、0 ～ 35cm 和 0 ～ 50cm 土层中 LFOC 含量分别增加了 29.6%、29.8%、32.8% 和 26.3%，LFOC 含量的增量分别为 0.88g/kg、0.72g/kg、0.64g/kg 和 0.31g/kg。从 LFOC 储量来看，D35+S 处理最高，与 D35+S 相比，D20+S、D15+S 和 D50+S 处理分别降低了 39.9%、34.6% 和 15.7%，说明秸秆深混入 0 ～ 35cm 土层能够显著增加该层土壤 LFOC 储量（图 12-7）。

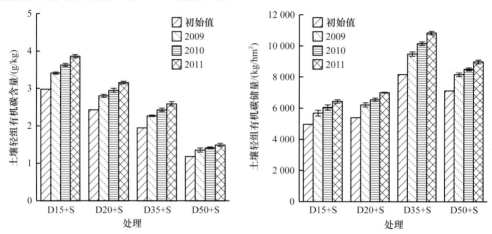

图 12-7　不同深度秸秆连续还田对土壤轻组有机碳含量和储量的影响

12.1.3.2　土壤氮、磷、钾养分

秸秆分解可以提供氮、磷和钾养分，玉米秸秆氮（N）、磷（P_2O_5）和钾（K_2O）平均含量分别为 7.10g/kg、0.70g/kg 和 8.10g/kg。由于秸秆残留量较低，3 年连续施用 10t/hm² 秸秆对黑土全量养分的影响不显著，但显著提高了速效养分含量（表 12-3）。与初始值相比，0 ～ 35cm 秸秆深还（D35+S）处理下土壤速效养分库的增量最高，碱解氮、速效磷和速效钾含量分别增加了 20.7%、38.2% 和 43.7%。

表 12-3　连续秸秆混入不同深度土层对土壤速效养分的影响

处理	碱解氮/（mg/kg）		速效磷/（mg/kg）		速效钾/（mg/kg）	
	初始值	3 年后	初始值	3 年后	初始值	3 年后
D15+S	251.0Aa	269.0Bab	39.3Aa	42.9Bab	198.0Aa	223.0Bb
D20+S	251.0Aa	275.0Ab	39.3Aa	43.5ABb	198.0Aa	248.0Bb
D35+S	231.3Ba	279.0Ab	33.0Ba	45.6Ab	188.6Ba	271.0Ab
D50+S	196.7Ca	213.0Cb	28.1Ca	33.7Cb	179.1Ca	232.0Cb

注：同一指标两列不同小写字母表示同一处理的初始值与 3 年后的值差异显著（$P < 0.05$），同一列不同大写字母表示处理间的初始值或 3 年后的值差异显著（$P < 0.05$）

12.1.3.3　土壤容重

耕作和秸秆还田可以降低表层土壤容重，但长期连续秸秆还田后对土壤容重的影响下降。对黑土在常规旋耕耕作（TT）、深耕（ST）及其配合秸秆还田（TT+S、ST+S）的对比研究表明，秸秆还田后第一年对耕层（0～20cm）土壤容重的影响最显著，显著降低了耕层容重（图 12-8a），第一个玉米种植季节后，与初始耕层土壤容重（1.14g/cm³）相比，常规耕作+秸秆还田（TT+S 处理）耕层土壤容重降低了 3.29%；与 TT、ST 和 ST+S 处理相比，TT+S 处理的表层土壤容重分别降低了 2.43%、2.65% 和 3.08%。秸秆还田 3 年后对表层土壤容重的影响减弱，与 TT、ST 和 ST+S 处理相比，TT+S 处理的表层土壤容重仅降低了 1.19%～1.32%。秸秆还田 6 年后对表层土壤容重的影响消失。

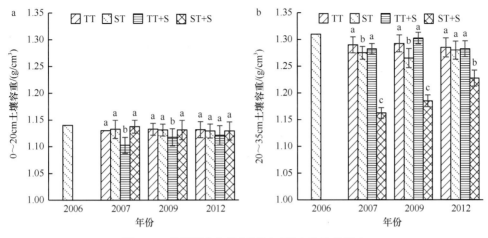

图 12-8　长期耕作和秸秆还田对黑土容重的影响

从对亚耕层土壤（20～35cm）容重的影响看，深耕（ST）可以打破犁底层，第 1 年显著降低亚耕层土壤容重，但到第 3 年影响消失，与初始亚耕层土壤容重（1.31g/cm³）相比，深耕（ST）降低了 8.78%；与 TT 和 TT+S 相比，ST 分别降低了 7.36% 和 6.82%，但略高于 ST+S 处理（图 12-8）。深耕结合秸秆还田（ST+S）对亚耕层土壤结构的改良效果最强，在秸秆施入第一年后，与初始土壤相比降低了 11.26%，与 TT、ST 和 TT+S 处理相比分别降低了 9.88%、2.72% 和 9.36%。到了试验的第 3 年，ST+S 处理对亚耕层土壤容重的影响减弱，与初始土壤相比降低了 9.54%，与 TT、ST 和 TT+S 处理相比分别降低了 8.32%、6.32% 和 2.72%。到了试验的第 6 年，ST+S 处理下亚耕层土壤容重仍然显著低于其他处理（邹文秀等，2017）。

12.1.4　黑土肥沃耕层构建提高化肥利用率的机制

一次性秸秆还田 6 年后具有提高玉米氮肥利用率的后效（表12-4），秸秆混施处理（$D_{0～20}$、$D_{0～35}$ 和 $D_{20～35}$）显著高于 CK 处理（$P < 0.05$）。秸秆深混还田（$D_{0～35}$）、亚耕层混合还田（$D_{20～35}$）处理的玉米氮肥利用率显著高于秸秆浅混还田（$D_{0～20}$）处理（$P < 0.05$），分别提高了 6.18、4.30 个百分点，说明秸秆深混还田和亚耕层混合还田施用是提高氮肥利用率的有效途径。土壤残留的化肥氮能够为下一季作物生长提供氮源，$D_{0～35}$ 和 $D_{20～35}$ 处理显著提高了肥料（^{15}N 标记尿素）的氮素残留率，与其他处理相比分别提高了 14.73～21.16 个百分点和 8.01～14.26 个百分点。

表 12-4　一次性秸秆还田 6 年后玉米植株对肥料（^{15}N 标记尿素）氮素的利用

处理	玉米氮肥利用率/%	肥料氮素残留率/%	肥料氮素损失率/%	玉米吸氮中氮肥贡献率/%
CK	28.25±1.74c	34.21±4.54bc	37.54±5.42ab	25.49±1.19b
D_0	30.28±2.29c	27.78±3.64c	41.94±3.89a	27.03±1.44ab

处理	玉米氮肥利用率/%	肥料氮素残留率/%	肥料氮素损失率/%	玉米吸氮中氮肥贡献率/%
$D_{0\sim20}$	34.28±1.03b	33.62±3.56bc	32.10±3.25b	27.84±0.56ab
$D_{0\sim35}$	40.45±1.21a	48.94±2.09a	10.61±1.09d	29.23±1.70a
$D_{20\sim35}$	38.58±1.76a	42.04±4.06a	19.38±2.12c	29.75±1.61a
D_{35}	30.53±1.02c	34.03±8.45bc	35.44±4.28ab	29.82±2.67a
D_{50}	27.78±1.02c	31.05±5.18c	41.17±5.87a	29.63±0.96a

注：同一列的不同小写字母代表差异显著（$P<0.05$）

　　肥料氮素损失率最高的处理是 D_0 和 D_{50} 处理，显著高于秸秆混合还田的 3 个处理（$P<0.05$）；且 $D_{0\sim20}$、$D_{0\sim35}$ 和 $D_{20\sim35}$ 处理之间差异显著（$P<0.05$），其中 $D_{0\sim35}$ 的 ^{15}N 肥料损失率最低，为 10.61%。氮肥贡献率对秸秆还田后效的响应表现：与 CK 相比，$D_{0\sim35}$、$D_{20\sim35}$、D_{35} 和 D_{50} 处理分别显著提高了 3.74、4.26、3.79 和 4.51 个百分点（$P<0.05$）（表 12-4）。

　　秸秆还田通过影响土壤理化性质，影响了作物对养分的利用。相关分析表明，氮肥利用率和氮肥贡献率与土壤轻组有机碳、>0.25mm 团聚体含量、饱和含水量和田间持水量呈极显著正相关关系（$P<0.01$），与土壤容重呈极显著负相关关系（$P<0.01$）；同时根重也是影响氮肥利用率和氮肥贡献率的重要因素（表 12-5）。聚合增强树（aggregated boosted trees）分析结果显示土壤容重对氮肥利用率的贡献是最大的（图 12-9），说明黑土肥沃耕层构建通过快速改善土壤容重来调控作物对肥料的吸收和利用。

表 12-5　玉米氮肥利用率与土壤理化性质和根重的相关性分析

项目	根重	轻组有机碳	>0.25mm 团聚体	土壤容重	饱和含水量	田间持水量
氮肥利用率	0.72**	0.98**	0.99**	−0.85**	0.96**	0.97**
氮肥贡献率	0.41*	0.75*	0.77**	−0.70**	0.74**	0.76**

注：** 表示极显著相关（$P<0.01$），* 表示显著相关（$P<0.05$）

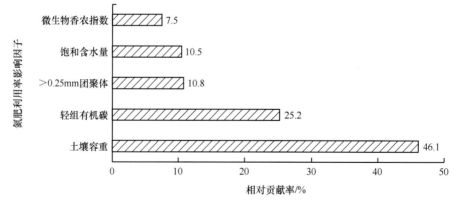

图 12-9　黑土肥沃耕层构建中氮肥利用率的影响因子

　　在长期不合理耕作下，黑土土壤结构被破坏、耕作层变薄，降低了土壤的养分库容，抑制了作物根系对养分的吸收利用，降低了化肥养分利用率。秸秆深混还田消减了黑土障碍因子，提高了黑土蓄纳和稳定养分的能力，促进了微生物活性和根系生长，进而促进了黑土-玉米系统中化肥养分的循环利用，因此秸秆深混还田后效显著提高了玉米氮肥利用率（表 12-4）。

氮肥利用率与土壤中轻组有机碳、>0.25mm 团聚体、田间持水量正相关，与土壤容重负相关（表 12-5），说明秸秆还田后通过改善土壤性质，维持和提高土壤肥力，向作物供给更多的养分，同时通过减少氮的损失来提高氮肥利用率。与秸秆浅混 0 ～ 20cm 土层相比，秸秆深混 0 ～ 35cm 土层和混入亚耕层（20 ～ 35cm）后，氮肥利用率分别显著提高了 6.17 和 4.30 个百分点，说明增加培肥的土层深度能够进一步提高氮肥利用率，因此构建深厚的肥沃耕层十分重要。

肥沃耕层定义是以农田耕层土壤扩容与培肥为目的，采用农业机械将能培肥土壤且无害化的农业生产有机废弃物深混于 0 ～ 35cm 土层，形成一个深厚肥沃的耕作层。通过构建肥沃耕层能够增加深层土壤的速效养分含量，促进养分在深层土壤的积累；更重要的是构建肥沃耕层后显著改善了土壤结构，特别是增加了亚耕层中土壤孔隙度和水稳性团聚体含量，有利于作物根系下扎，使玉米后期生长保持较高的根系活力，从而维持较高的氮素吸收能力。

构建黑土肥沃耕层可以促进玉米对土壤中氮素的吸收利用，进而提高氮肥利用率。需要注意的是，在秸秆层铺于 35cm 和 50cm 深度时，其对氮肥利用率的促进作用与农民常规耕作相比没有显著差异。这主要是因为层铺秸秆不能有效增加耕作层深度，也没有显著改善耕作层的土壤结构，对玉米根系生长没有显著的促进作用。在东北黑土区北部，免耕秸秆覆盖降低了春季的土壤温度，导致玉米生育期迟缓，籽粒灌浆受到影响，进而降低产量；同时由于免耕秸秆覆盖降低了土壤容重，增加了土壤紧实度，限制了玉米根系的生长，从而影响玉米对土壤中氮素的吸收，导致氮肥利用率较低。

12.1.5 黑土肥沃耕层构建模式和应用效果

12.1.5.1 黑土肥沃耕层构建技术

根据黑土区主要土壤类型的特点，建立相应的肥沃耕层构建技术。

（1）秸秆深混耕层扩容技术

针对中厚黑土和草甸土有机质和黏粒含量高、耕作层浅、犁底层厚、水热传导差影响根系生长的问题，研制了秸秆深混耕层扩容技术，即采用秸秆粉碎技术和玉米秸秆深混还田技术将玉米秸秆均匀深混于 0 ～ 35cm 土层，耕作层深度由 15 ～ 17cm 扩容到 35cm（图 12-10）。第一年作物增产 21.9%，水分利用效率增加 18.2%，土壤容重下降 9.4%，土壤饱和导水率增加 13.2%，土壤有机质、速效氮、速效磷、速效钾分别提高 0.23g/kg、19.0mg/kg、3.5mg/kg、8.9mg/kg；第三年作物增产 16.3%，土壤有机质含量提高 1.37g/kg（韩晓增和邹文秀，2018）。

（2）耕层亚耕层混层二元补亏增肥技术

针对薄层黑土（包括侵蚀后的薄层黑土）、棕壤、暗棕壤和黑钙土的黑土层薄、养分贫瘠、物理性状差等问题，研制了耕层亚耕层混层二元补亏增肥技术，即将耕作层与亚耕层混合，配合混入秸秆和有机肥，补充因耕作层和亚耕层混合后导致的土壤肥力下降，后效期 3 ～ 6 年（图 12-11）。当亚耕层有机质含量相当于表层土壤的 80.0% 以上时，有机肥施用量为 3000 ～ 4500kg/hm²；在 60% ～ 80% 时，有机肥施用量为 9000 ～ 15 000kg/hm²；60.0% 以下时，有机肥施用量为 15 000kg/hm² 以上（烘干基计）。培肥 3 年后，玉米增产 7.5% 以上，大豆增产 8.6% 以上；土壤有机质含量提高 9.1% 以上，土壤速效氮、速效磷和速效钾含量分别提高 18.3%、9.3% 和 13.7% 以上；水分利用效率平均提高 14.2%；土壤容重下降 8.9% ～ 10.3%。

收获　　　　　　　仿地形粉碎机粉碎秸秆　　　　　　螺旋式犁壁犁

出苗　　　　　　　　起垄待播　　　　　　　　深混还田

图 12-10　秸秆深混耕层扩容技术流程

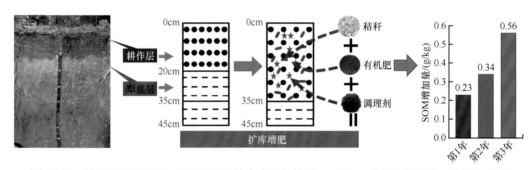

图 12-11　耕层亚耕层混层二元补亏增肥技术流程及其对 0 ～ 35cm 土层有机质含量的增加效果

（3）黑土心土混层三元补亏调盈技术

针对白浆土的白浆层，在"心土混层"技术的基础上，通过增施秸秆、有机肥和化肥三元物料一次性作业改造白浆层，即黑土心土混层三元补亏调盈技术（图 12-12）。多点 3 年示范表明，大豆增产 15.0% 以上，玉米增产 12.0% 以上，＞0.25mm 的水稳性团聚体增加 27.0%以上，土壤有机质含量提高 3.5g/kg 以上，土壤速效磷含量增加 4.3mg/kg 以上，土壤饱和含水量及田间持水量分别增加 19.0% 和 21.0% 以上。

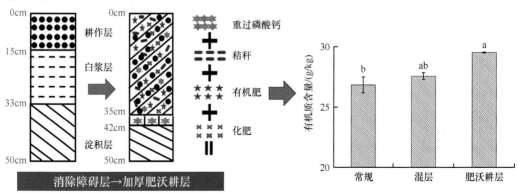

图 12-12　黑土心土混层三元补亏调盈技术流程及其对土壤有机质含量的增加效果

12.1.5.2　黑土肥沃耕层构建模式及应用效果

针对东北黑土耕地耕作层薄、犁底层厚、化肥利用效率低等问题，以秸秆深混耕层扩容技术、耕层亚耕层混层二元补亏增肥技术和黑土心土混层三元补亏调盈技术等为核心技术，建立适合黑龙江省黑土区 3 个不同生态类型区和不同土壤类型的"翻、免"耕作、玉米秸秆"深混、覆盖"还田、玉米大豆"轮作、连作"技术与精准施肥系列技术，按东北黑土区 3 种主要的轮作方式（玉米连作、玉米–大豆轮作、玉米–大豆–大豆轮作），集成 3 个黑土玉米和大豆轮作与"翻、免、浅"耕作组合模式（图 12-13），试验示范取得了显著的增产增效成果（韩晓增等，2019）。

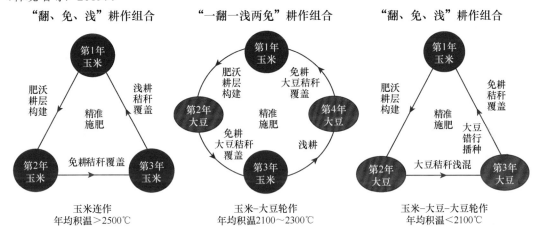

图 12-13　玉米和大豆轮作与"翻、免、浅"耕作组合的黑土肥沃耕层构建模式

在黑土区南部，针对玉米连作系统，应用秸秆深混耕层扩容技术、耕层亚耕层混层二元补亏增肥技术及黑土心土混层三元补亏调盈技术，集成了"翻、免、浅"耕作组合的黑土肥沃耕层构建技术模式。模式以 3 年为一个生产周期，第一年秋季采用上述 3 个培肥关键技术，后两年配套免耕和秸秆覆盖、条耕和秸秆覆盖及苗带轮耕休闲，提升地力，促进玉米高产高效。示范效果表明，耕层深度达 33cm 以上，增产 975kg/hm² 以上，土壤有机质含量提高 9.1%以上，土壤速效磷和速效钾含量分别提高 9.3%和 13.7%以上，3 年平均节本增效 2745 元/hm²。

在黑土区中部，针对玉米–大豆轮作系统，应用秸秆深混耕层扩容技术、耕层亚耕层混层二元补亏增肥技术和黑土心土混层三元补亏调盈技术，集成了"一翻一浅两免"耕作组合的黑土肥沃耕层构建技术模式。模式以 2 年为一个生产周期，第一年种植玉米，秋季采用上述 3 个培肥关键技术，第二年种植大豆，秋季大豆秸秆覆盖免耕，玉米和大豆均实行测土配方施肥技术。示范效果表明，耕层深度达 35cm 以上，容重降低 15.0%以上，土壤有机质含量增加 9.3%左右，增产 7.6%以上，两年平均节本增效 1200 元/hm²。

在黑土区北部，针对玉米–大豆–大豆轮作系统，应用秸秆深混耕层扩容技术、耕层亚耕层混层二元补亏增肥技术及黑土心土混层三元补亏调盈技术，构建"翻、免、浅"耕作组合的黑土肥沃耕层构建技术模式。模式以 3 年为一个生产周期，第一年种植玉米，秋季采用上述 3 个培肥关键技术，第二年实行大豆秸秆浅混，第三年实行大豆错行播种，秋季免耕秸秆覆盖和精准施肥技术。示范效果表明，耕层深度达 35cm 以上，土壤有机质含量提高 3.5g/kg左右，玉米、大豆平均单产分别提高 825kg/hm² 和 270kg/hm²，3 年平均节本增效 1125 元/hm²。

12.2　华北平原潮土地力培育与化肥高效利用模式

华北平原耕地面积占全国耕地总面积的 30.8%，贡献了全国 76.3% 的小麦和 29.3% 的玉米产量。华北平原区土壤有机碳含量低，平均含量仅 6.40g C/kg，显著低于我国旱地（9.60g C/kg）和水田（15.0g C/kg）土壤的平均含量（Xie et al.，2007）。华北平原区以小麦-玉米轮作为主，农户为追求高产施用大量氮肥，在一些高肥区小麦季氮肥用量达到 325kg N/hm^2，玉米季达到 263kg N/hm^2（Ju et al.，2009），显著高于过去 10 年的平均施氮水平［400kg N/(hm^2·a)］（Chen et al.，2010）。然而，农田地力低下导致过量氮肥远超作物的吸收利用能力和土壤固持能力，土壤积累大量盈余的氮素，氮肥损失增加，温室气体（如 NO 和 N$_2$O）排放增高（Guardia et al.，2017），农田氮肥利用效率下降，玉米和小麦的氮肥利用率仅分别为 26.1% 和 28.2%（Miao et al.，2011）。

华北平原区广泛实施了秸秆还田措施，长期秸秆还田可以提高土壤质量、促进作物生长、改善土壤固碳减排能力，但不合理的秸秆还田也会导致出苗率下降、病虫草害增加等减产效应，因此仍需优化秸秆综合利用技术体系，协同提高土壤有机碳含量和改良土壤结构、促进作物增产、养分增效与环境安全。生物炭通过高温热解产生，主要由大部分难于被生物所降解的芳香化合物组成（Baldock and Smernic，2002）。由于生物炭的相对惰性，施用生物炭有利于增大土壤难分解有机碳库（Marris，2006）。与秸秆还田有机碳在短期内快速矿化相比，施用生物炭是一个有效提高土壤有机碳水平的替代措施（Bruun et al.，2011）。施用生物炭通过调控土壤中生物和非生物过程，影响了农田碳氮循环过程和作物产量（Spokas et al.，2009；Jones et al.，2011；Zimmerman et al.，2011），建立生物炭培肥增效技术需要综合考虑生物炭制备、土壤耕作管理和气候等条件。

12.2.1　生物炭对潮土有机碳积累的影响机制

12.2.1.1　生物炭影响潮土有机碳分解的机制

在河南省封丘县鲁岗镇（35°00′N、114°24′E）选择典型潮土农田，采集表层土壤样品（0～20cm），通过培育试验研究施用生物炭和/或无机氮对土壤有机碳分解［CO$_2$ 通量、可溶性有机碳（DOC）及其 δ^{13}C］的影响。农田轮作系统为冬小麦（*Triticum aestivum*）和夏甜薯（*Ipomoea batatas*）轮作（C$_3$ 植物，持续了 50 年以上）。

培养试验（培养温度为 25℃、含水量为 80% 的土壤充水孔隙度）表明，单施生物炭及其与无机氮配施不影响土壤 CO$_2$ 通量的动态变化（图 12-14a），但显著（$P<0.05$）降低了培养前期（168h）来自土壤本身的 CO$_2$ 通量（图 12-14c）。在整个培养期间，对照（CK）与单施生物炭（BC）处理下累积 CO$_2$ 排放量没有显著差异，分别为 101mg C/kg 和 110mg C/kg，但显著低于单施无机氮（IN）和配施（BN）处理。根据 CO$_2$ 的 δ^{13}C 计算，BC 和 BN 处理中来自土壤的 CO$_2$ 排放量分别是 31.7mg C/kg 和 33.5mg C/kg，比对照（CK）处理低 64.9%～68.6%（$P<0.05$）。这表明在单施生物炭时抑制了土壤有机碳的分解，抵消了生物炭矿化产生的 CO$_2$ 排放；单施无机氮显著提高了土壤有机碳的分解（35.6%）；生物炭与无机氮配施增加了生物炭而非土壤有机碳的分解（Lu et al.，2014）。

在整个培养期间，施用生物炭（BC）、无机氮（IN）及其配施（BN）降低了土壤可溶性有机碳（DOC）的平均含量，但不同处理间差异不显著（图 12-14b）。与对照（CK）相比，

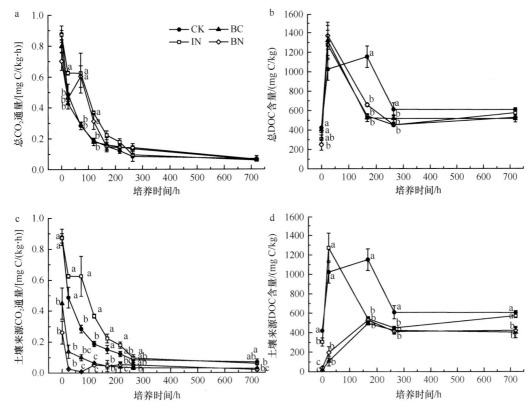

图 12-14 添加生物炭和无机氮对土壤总 CO_2 通量（a）、总 DOC 含量（b）、来源于土壤原有有机碳分解的 CO_2 通量（c）和 DOC 含量（d）的影响

CK：对照无添加；BC：单施生物炭 5.0g/kg（生物炭由玉米秸秆在 200～500℃的单施氮肥慢速裂解过程中制备）；
IN：单施无机氮（硫酸铵）100g/kg；BN：配施生物炭和无机氮

单施生物炭（BC）及其与无机氮配施（BN）显著降低了来源于土壤有机质分解的 DOC 含量（图 12-14d）。培养的前 24h 内，BC 和 BN 处理中，生物炭来源的 DOC 占总 DOC 含量的比例为 79.8%～93.9%，从 168h 开始降低至 10.4%～22.1%，表明生物炭来源的 DOC 主要在培养的 168h 内被微生物所同化。尽管在培养前期（第 168h 和第 264h），单施无机氮处理同样具有相似的影响，与 CK 相比，IN 整个培养期间并未显著降低来自土壤本身的 DOC 含量。

在华北平原潮土施用无机氮肥显著增加了土壤有机碳的分解，主要与微生物生物量尤其是革兰氏阳性细菌（G^+）的增加有关（Lu et al.，2014）。单独施用生物炭或者与氮肥配施则抑制了土壤有机碳的分解，降低来源于土壤有机质分解的 DOC 含量，这可能与生物炭对 DOC 的吸附有关（Liang et al.，2010）。总之，施用生物炭在短期内有利于土壤有机碳的积累，是提高该地区土壤有机碳含量的有效措施。

12.2.1.2 生物炭影响潮土土壤呼吸和有机碳截存的机制

土壤呼吸包括植物根系的自养呼吸和有机质分解过程中土壤微生物、动物的异养呼吸（Kuzyakov and Larionova，2005）。其中，土壤自养呼吸占土壤总呼吸的 50%～60%（Hanson et al.，2000）。区分自养呼吸和异养呼吸对土壤总呼吸的贡献，可以更加精确地评估环境条件变化对土壤碳截存的影响。

在华北平原中国科学院封丘农业生态实验站（35°00′N、114°24′E）开展生物炭配施化肥田间试验，研究冬小麦–夏玉米轮作下，砂性潮土施用生物炭提高有机碳截存的效应。研究区属半干旱半湿润的暖温带季风气候，年均气温为13.9℃，其中7月均温为27.2℃，1月均温为–1.0℃。年平均降水量为615mm，其中2/3的降水出现在6～9月。

试验设置8个处理：①施用3t/hm²生物炭（B3）；②施用6t/hm²生物炭（B6）；③施用12t/hm²生物炭（B12）；④施用化学氮磷钾肥（F）；⑤化肥+3t/hm²生物炭（FB3）；⑥化肥+6t/hm²生物炭（FB6）；⑦化肥+12t/hm²生物炭（FB12）；⑧对照（CK）。采用随机区组设计，每个处理3个重复，小区面积为3m×6m。供试生物炭为玉米秸秆炭，购于河南省商丘市三利新能源公司，热裂解炭化温度为450℃，施入土壤前过2mm筛。在每个试验小区内，分别设置种植作物和不种作物的区域，采用静态箱–气相色谱法测定小麦季和玉米季土壤CO_2排放。

在玉米季，对照（CK）处理土壤自养呼吸（作物根系呼吸和根系分泌物的微生物呼吸，碳源来自当季作物）的累积排放量为178g C/m²，单施生物炭处理为162～203g C/m²，各处理间差异不显著，而单施氮肥（F）处理为289g C/m²，显著（$P<0.05$）高于氮肥与生物炭配施（FB6和FB12）处理（图12-15）。从土壤自养呼吸/总呼吸的值看，F处理达到最高（52.6%），而FB3下降到46.7%，FB6和FB12处理较F处理分别显著（$P<0.05$）降低至31.7%和34.4%（图12-15）。田间施用生物炭对潮土异养呼吸没有显著影响，与一些旱作和果园田间试验结果相同（Ventura et al.，2014；Wang et al.，2014；He et al.，2016）。

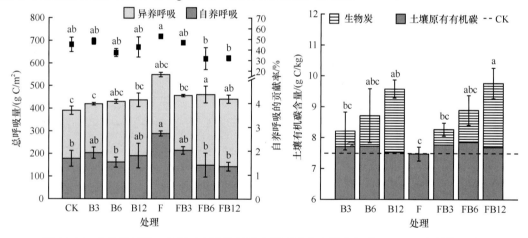

图12-15　生物炭施用一年后对玉米生长季土壤呼吸和土壤有机碳（SOC）含量的影响

施用生物炭一年后，土壤有机碳含量随生物炭用量增加而提高（图12-15）。B3、B6和B12处理土壤有机碳含量从对照的7.43g C/kg分别增高到8.22g C/kg、8.71g C/kg和9.58g C/kg；FB3、FB6和FB12处理则从F处理的7.48g C/kg分别增高到8.27g C/kg、8.90g C/kg和9.77g C/kg。与对照（CK）相比，B12和FB12处理显著（$P<0.05$）增高土壤有机碳含量，增幅分别为28.9%和31.5%。田间试验表明，施用生物炭通过自身带入有机碳和抑制土壤原有有机碳分解，可以显著提高土壤有机碳的固存。

生物炭是由多环芳香和杂环结构的高度难降解碳（>95%）和易降解碳（<5%）组成（Kuzyakov et al.，2009）。尽管生物炭施用带入了一部分活性有机碳，但对土壤CO_2排放量无显著影响，主要原因是生物炭的分解与其抑制土壤原有有机碳的分解相抵消（Lu et al.，

2014）。总体上潮土施用生物炭不会促进土壤原有有机碳的分解，可能的机制是生物炭提供的活性有机碳量小于其固定的土壤活性有机碳量，同时生物炭抑制了微生物尤其是 K-策略型微生物（偏好利用难分解有机碳）的生长，从而减少了土壤原有有机碳的分解。与施氮肥处理相比，施用生物炭降低了土壤总呼吸量，可能是由于生物炭提高了土壤固氮潜力，减少了植物地上部向地下部提供的同化产物比例，从而降低了土壤自养呼吸。

12.2.2　生物炭促进潮土氮素转化与化肥高效利用的机制及模式

12.2.2.1　生物炭对潮土氮素转化的影响机制

土壤氮素转化过程包括有机氮的矿化、无机氮的微生物同化和非生物固定、硝化作用和硝态氮异化还原成铵等过程。土壤中的氮绝大部分以有机态存在，占全氮量的 95% 以上，但有机态氮不能被植物直接吸收利用，必须通过土壤微生物的矿化作用转化为可以被植物吸收、利用的无机氮形态。矿化过程分为氨基化和氨化两个阶段，第一阶段是各种复杂的含氮化合物，如蛋白质、核酸、氨基糖及多聚体等，在微生物酶的作用下分解形成氨基化合物；第二阶段是各种简单的氨基化合物在微生物作用下分解为氨。无机氮的生物同化和有机氮的矿化是土壤中同时进行的两个方向相反的过程。土壤中无机氮的固持主要有微生物同化和非生物固定两个过程。微生物同化主要是无机氮被微生物同化转变为微生物组织中有机氮的过程；非生物固定主要是土壤黏粒和有机质对无机氮的化学固定。有机氮的矿化和无机氮的微生物同化的相对强弱受能源物质的种类和数量的影响，当易分解的能源物质大量存在时，无机氮的生物同化作用就大于有机氮的矿化作用，从而表现为无机氮的净生物同化作用，反之则为净矿化作用。好氧区域中微生物将铵（氨）氧化为硝酸根、亚硝酸根或者氧化态氮的过程称为硝化作用。硝化作用是土壤中普遍存在的重要的微生物过程，它联系着矿化–生物固持等作用及氮素损失，因而是土壤氮素转化中的一个重要环节。根据微生物利用的能量来源（碳源）不同，土壤硝化作用可分为自养硝化和异养硝化。硝态氮异化还原为铵的过程主要分为两个阶段，首先在硝酸盐还原酶的催化下将 NO_3^- 还原成 NO_2^-，其次在亚硝酸还原酶存在时将 NO_2^- 转化为 NH_4^+。一般认为，硝态氮异化还原为铵需要在严格的厌氧环境、高 pH 及大量的易氧化态有机物存在的条件下才能进行。

基于封丘农业生态实验站建立的生物炭配施氮肥田间试验，在施用生物炭第三年小麦收获后，选择常规氮肥（NB0）及其配施 $12t/hm^2$ 生物炭处理（NB12），采集田间表层新鲜土壤样品（0 ～ 20cm）（表 12-6），采用 $^{15}NH_4NO_3$ 和 $NH_4{}^{15}NO_3$ 双标记法进行室内培养（培养温度为 25°C、含水量为 60% 的土壤充水孔隙度），应用马尔可夫链–蒙特卡洛随机采样方法（Markov Chain Monte Carlo，MCMC，Müller et al.，2007）模拟土壤氮素初级转化速率。与常规施肥相比，施用生物炭显著降低土壤有机氮矿化速率，增加 NH_4^+ 的吸附和微生物同化（图 12-16），降低 NH_4^+ 有效性。生物炭表面官能团可以通过非库仑力结合胞外酶，如 β-糖苷酶和脱氢酶，降低胞外酶的活性，从而抑制有机氮矿化（Lammirato et al.，2011）。

表 12-6　施用生物炭第 3 年小麦收获后表层潮土（0 ～ 20cm）基本理化性质

土壤性质	氮肥（NB0）	氮肥+12t/hm² 生物炭（NB12）
pH	8.09±0.02a	8.17±0.05a
容重（BD，g/cm³）	1.47±0.03a	1.41±0.02b

续表

土壤性质	氮肥（NB0）	氮肥+12t/hm² 生物炭（NB12）
土壤有机碳（SOC，g C/kg）	7.75±0.29b	9.36±0.39a
全氮（TN，g N/kg）	0.78±0.04a	0.83±0.06a
C/N	9.92±0.87a	11.34±0.72a
NH_4^+-N/（mg N/kg）	1.70±0.44b	2.66±0.54a
NO_3^--N/（mg N/kg）	10.55±0.23a	9.40±0.14b
溶解有机碳（DOC，mg C/kg）	40.09±2.25a	39.19±2.19a
活性有机碳（LOC，mg C/kg）	71.09±1.24a	36.85±2.89b

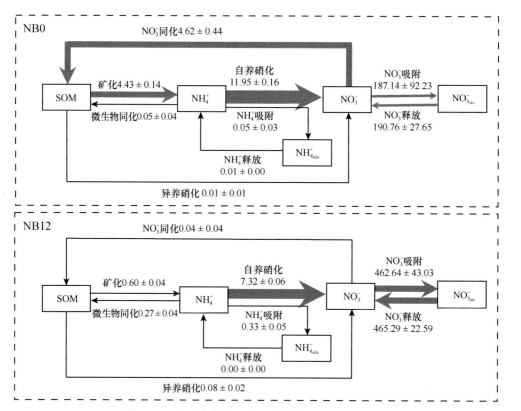

图 12-16 施用生物炭对潮土氮素初级转化率的影响

SOM：土壤有机质库；NH_4^+：铵态氮库；NO_3^-：硝态氮库；NH_{4ads}^+：吸附的铵态氮库；NO_{3sto}^-：吸附的硝态氮库。
数值为平均值±标准偏差，单位 mg N/(kg·d)，箭头宽度表示速率大小

施用生物炭对土壤溶解有机碳（DOC）含量无显著影响，但显著降低活性有机碳（LOC）含量达 48.2%（表 12-6）。活性有机碳要么进入到生物炭孔隙内，要么吸附在生物炭表面。随着生物炭老化过程的进行，生物炭颗粒表面会形成大量官能团，使其表面带负电，可以结合肽和氨基酸等活性有机氮。同时，生物炭因其表面含有大量带负电的官能团，孔隙度高，表面积大等特点，能有效吸附 NH_4^+。田间试验表明施用生物炭对土壤中初级 NH_4^+ 吸附速率很高，但是吸附的 NH_4^+ 释放速率极低，说明 NH_4^+ 与生物炭紧密结合在一起。此外，施用生物炭增加了土壤 C/N，从而促进了 NH_4^+ 的微生物同化。

与对照土壤（NB0）相比，施用生物炭降低了自养硝化速率，增加了异养硝化速率

（图 12-16）。但是与自养硝化相比，异养硝化速率非常低，所以，异养硝化对 NO_3^- 浓度的影响可以忽略不计。如表 12-6 所示，施用生物炭显著降低可提取 NO_3^- 浓度 10.9%，说明生物炭施用能降低土壤 NO_3^- 淋溶。同时，施用生物炭土壤中 NO_3^- 的吸附和释放速率分别比对照土壤增加了 147.2% 和 143.9%，且生物炭处理的净释放速率低于对照土壤，表明 NO_3^- 被大量吸附在生物炭–土壤混合物上。土壤中 NO_3^- 可以通过阳离子桥键或氢键与生物炭表面含氧官能团相连接，且生物炭表面和土壤矿物相互作用会在生物炭内外表面形成有机矿物层，阻塞其孔隙，使得部分 NO_3^- 被封闭在生物炭中。综上所述，施用生物炭降低潮土中 NO_3^- 浓度主要是 NH_4^+ 有效性降低导致的自养硝化速率降低，以及生物炭–土壤混合相互作用引起的 NO_3^- 吸附增加。

12.2.2.2 生物炭对作物产量和氮素吸收的影响

在封丘农业生态实验站建立生物炭配施氮肥的田间试验，分为不施用氮肥和生物炭处理（CK），施用生物炭 $3t/hm^2$、$6t/hm^2$、$12t/hm^2$ 处理（B3、B6 和 B12），常规氮肥处理（NB0），氮肥配施生物炭 $3t/hm^2$、$6t/hm^2$、$12t/hm^2$ 处理（NB3、NB6 和 NB12）。生物炭于 2014 年 6 月玉米种植前与基肥一次性施入，施氮处理中每年在玉米季和小麦季分别施用尿素 $200kg\ N/hm^2$，在生物炭施用后的第一年，单施生物炭玉米产量无显著影响，但是显著（$P<0.05$）增加了小麦产量（B6 和 B12），增幅为 16.6% ～ 25.9%。与不施肥处理相比，单施生物炭明显增加了玉米和小麦籽粒氮素吸收，增幅分别为 5.1% ～ 17.1% 和 25.6% ～ 41.8%（图 12-17）。

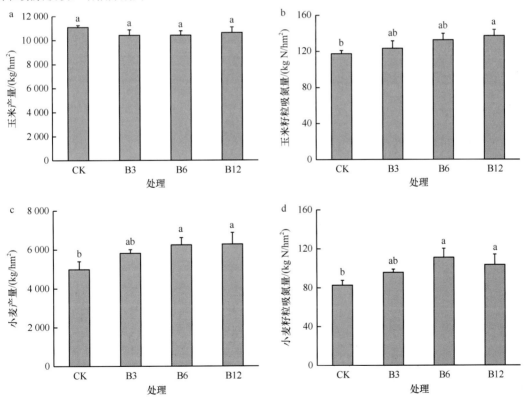

图 12-17 潮土单施生物炭第一年对玉米（a，b）和小麦（c，d）产量和吸氮量的影响

潮土基础供氮潜力较高，与不施氮肥的对照（CK）相比，常规施氮 $200kg/hm^2$（NB0）处理其第一季玉米产量仅提高 5.5%；与 NB0 相比，在潮土配施氮肥和生物炭的 4 年期间对玉米

产量影响不显著（图 12-18），这可能是由于潮土基础供氮潜力较高，生物炭对潮土供氮水平的改变无法显著影响玉米产量。Güereña 等（2013）发现在北美洲高肥力土壤中施用生物炭不影响玉米产量。Major 等（2010）发现在酸性土壤中施用氮肥与 8 ～ 20t/hm² 木质生物炭不影响第一年的玉米产量，但显著增加后 3 年的玉米产量，这可能是由于生物炭提高了土壤 pH，增加了 Ca 和 Mg 的有效性和植物吸收，从而促进了玉米生长。Jones 等（2012）也报道了生物炭施用第一年对玉米产量无影响，但是后续两年显著增加了浅根系植物的生长，可能是由于玉米主根系扎根较深，施用在表层的生物炭中吸附的养分不能有效提供给玉米根系。

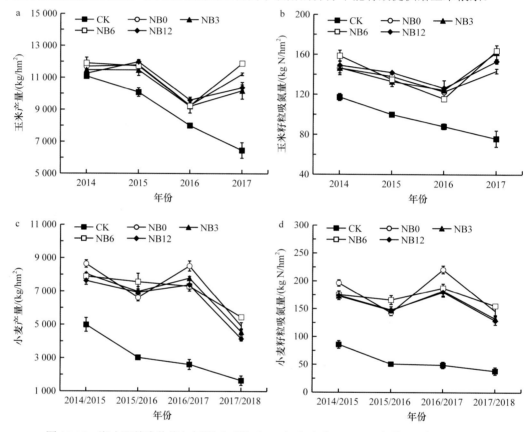

图 12-18　潮土配施生物炭与氮肥对玉米（a，b）和小麦（c，d）产量和吸氮量的影响

潮土中施用生物炭虽然没有显著的增产效应，但显著增加了第一年和第四年玉米籽粒吸氮量，与 NB0 处理相比，施用生物炭处理下玉米氮肥利用率分别增至 29.0% ～ 39.5% 和 20.0% ～ 26.1%（图 12-19）。施用的生物炭提供了一定数量的氮素养分，但带入氮的有效性增加持续时间不会超过一年，因此提高了第一年的玉米吸氮量，而对第二年和第三年的玉米吸氮量没有显著影响。生物炭可以强烈吸附 NH_4^+ 和 NO_3^- 并向土壤缓慢释放，可能增加了第四年土壤中 NO_3^- 含量，从而促进了第四年玉米吸氮量。综上所述，生物炭对玉米产量的影响效应需从土壤肥力、生物炭用量、农田管理措施和土壤性质等多方面综合评价，在具有较高肥力的中性或碱性土壤中，施用生物炭对土壤 pH 和供氮水平影响不显著，虽然具有提高玉米吸氮量和氮肥利用率的潜能，但对玉米的增产效应不显著。

对于小麦，与常规施用氮肥（NB0）相比，施用 12t/hm² 生物炭显著降低了第一、第三和第四年的小麦产量，降幅分别为 11.7%、13.2% 和 15.5%（图 12-18）。小麦分蘖期和籽粒

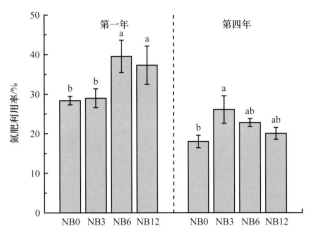

图 12-19　潮土配施生物炭与氮肥对第一年和第四年玉米氮肥利用率的影响

灌浆期需要大量养分，生物炭可能通过调控土壤 NH_4^+ 和 NO_3^- 的有效性影响小麦生长。与单施生物炭相比，生物炭配施氮肥显著增加了土壤中 NH_4^+ 和 NO_3^- 含量，进一步促进了生物炭对 NH_4^+ 和 NO_3^- 的吸附，从而降低了土壤活性氮的有效性。室内 ^{15}N 示踪试验也表明添加生物炭降低了土壤有机氮的矿化，增加了 NH_4^+ 的吸附和微生物同化，从而降低了 NH_4^+ 的有效性。另外，生物炭还降低了自养硝化速率，增加了 NO_3^- 的吸附，进一步降低了土壤中 NO_3^- 的浓度。Kameyama 等（2012）认为生物炭能增加 NO_3^- 以吸附态形式停留在土壤中的时间，净吸附能力随停留时间的增加而增强，从而延迟或降低了氮肥有效性。由于生物炭降低了土壤可利用氮的有效性，小麦产量和吸氮量也随之降低。因此，对于华北平原潮土，过量施用生物炭可能会降低小麦产量和氮肥利用率。

12.2.2.3　潮土区地力培育与化肥减施技术模式

针对华北平原潮土玉米–小麦轮作区，构建了化肥和生物炭优化配施模式，在一次施入 $6t/hm^2$ 生物炭的基础上配合减施氮磷化肥 20%，协同提升耕地地力和化肥利用率。在模式验证区内（100 亩），设有常规化肥（RNP）、氮磷化肥减施 20%（NP–20%）、生物炭（$6t/hm^2$）配合氮磷减施 20%（B+NP–20%）3 个处理。经过一个小麦–玉米轮作期，与施用常规化肥（RNP）相比，生物炭配合氮磷减施 20% 处理下（B+NP–20%）下，土壤容重减少了 4.97%，土壤 DOC 含量无显著变化，而土壤有机碳含量和土壤有效磷含量分别增加了 34.3% 和 35.2%（图 12-20），小麦和玉米产量分别增加了 5.50% 和 5.45%，全年氮肥和磷肥利用率分别提高了 18.7% 和 12.7%。

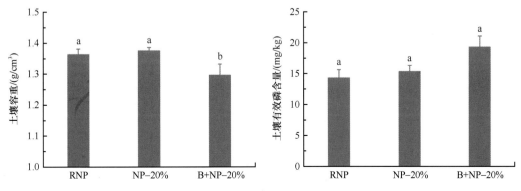

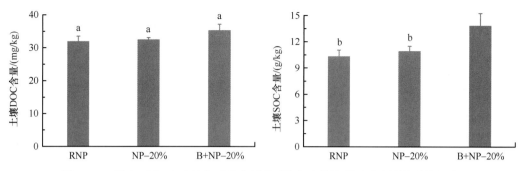

图 12-20　潮土玉米–小麦轮作系统中氮磷减施与生物炭联用对土壤性质的影响

12.3　紫色土坡地地力培育与化肥高效利用模式

12.3.1　紫色土区坡地地力现状与土壤障碍因子

四川省紫色土面积约 16 万 km², 集中分布在四川盆地丘陵区和海拔 800m 以下的低山区, 占全省耕地总面积的 68.7%, 是粮、蔗、棉、油、桑和水果的生产基地。紫色土是在亚热带和热带气候条件下由紫色砂页岩形成的一种岩性土, 紫色土生产力的主要限制因子是土层薄、有机质含量低、团聚性差、持水能力弱、可溶性养分易流失。四川省约 73% 的紫色土坡耕地土层厚度为 20 ～ 60cm, 土层越薄, 作物株高、生物量和产量越低, 生产力越低。紫色土有机质含量较低, 缺乏氮素, 但磷、钾养分较为丰富（朱波等, 2000; 何毓蓉等, 2003）。紫色砂页岩母质易于风化, 风化两年后可以释放 19.4% ～ 46.9% 的钾素, 满足大部分作物生长需求（Zhu et al., 2008）。由于大部分紫色土下伏基岩, 土层较浅薄、发育较浅、通透性好, 有利于矿化微生物和硝化细菌生长, 因此紫色土有机质易分解, 铵态氮肥易于转化为硝酸盐, NH_4^+-N 在硝化细菌作用下迅速氧化为 NO_3^--N, 随后在反硝化菌作用下形成 N_2O（Wang et al., 2015; Dong et al., 2015, 2018）。紫色土坡耕地在集约化耕作与过量施用氮肥的条件下, 硝酸盐淋溶现象十分显著, 降低了氮肥利用率, 增加了水环境风险（Zhu et al., 2009）。此外, 紫色土坡耕地分布区具有亚热带季风气候, 雨热同季, 成土快、发育浅, 水土流失严重, 加上季节性干旱频发, 造成紫色土坡耕地土层浅薄化、土壤养分贫瘠化、土壤结构劣化和干旱化等退化问题（朱波等, 2002）。

12.3.2　紫色土区坡地地力提升与养分高效利用机制

紫色土坡耕地土壤团聚结构差、持水能力弱、水土流失严重, 采用有效的坡面水土保持措施即可保持较为稳定的紫色土耕作层厚度、降低可溶性养分流失、提高土壤储水能力、减轻季节性干旱的危害。田间试验表明, 紫色土有效土层厚度超过 60cm 时, 小麦、玉米的株高、生物量及根重差异不显著, 土壤储水量可抵御紫色丘陵区连续 20d 的夏旱（图 12-21）。据此判断, 肥沃紫色土的临界土层厚度为 60cm, 土层厚度大于 60cm 的紫色土可维持稳定的生产力水平（朱波等, 2009）。紫色土有效土层增厚可通过提高土体水储量、减少养分流失量提高化肥利用率, 土层厚度的影响在玉米季尤为突出（图 12-22）。基于 ^{137}Cs 的研究表明, 土壤有机碳、氮流失与水土流失过程紧密相关（Zhang et al., 2014）。水土保持措施可有效控制紫色土坡地水分和养分流失, 紫色土坡地设置地埂可以阻止坡面流的形成和发展, 使得地埂上部土壤物质无分选沉积, 从而保持土壤肥力（Zhang et al., 2015）。

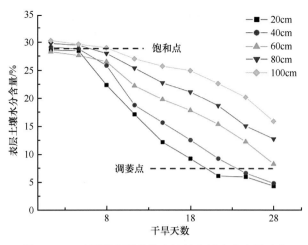

图 12-21　干旱期典型紫色土坡地土壤水分含量动态

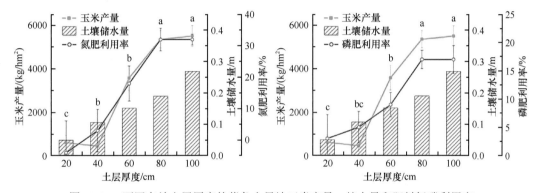

图 12-22　不同有效土层厚度的紫色土旱地玉米产量、储水量和肥料氮磷利用率

　　基于侯光炯院士提出的土壤肥力生物热力学理论，朱波等（2002）发展了紫色土生产力稳定提升的技术路线：增厚土层 → 改善土壤结构以保持水土 → 增强抗旱能力和保持养分 → 提高土壤肥力。通过合理集成水土保持型耕作措施和培肥措施（如聚土免耕、秸秆还田、有机无机肥配施等），可持续提高紫色土肥力水平（朱波等，2002；花可可等，2014）。

　　采用聚土免耕措施，可以促进小粒径微团聚体逐渐转变成大团聚体，改善紫色土的土壤结构，从而促进土壤微生物活性。采用有机无机肥配施措施可以显著增加大于 2mm 和 0.25 ～ 2mm 大团聚体质量百分数，促进紫色土中有机碳向大团聚体富集，特别是促进大团聚体中粉黏结合态有机碳储量的提高，从而促进土壤有机碳的固定和累积。秸秆还田和化肥配施下土壤微生物多样性与丰度均最高（Dong et al.，2018），同时显著提高了土壤动物数量和多样性（Zhu and Zhu，2015），其提升有机质的效果优于猪厩肥和化肥配施（花可可等，2014）。与施用氮、磷、钾化肥相比，在替代 40% 氮肥条件下，配施猪粪和化肥（OM+NPK）可提高氮肥利用率 6.8 个百分点，配施秸秆和化肥（RSD+NPK）可提高磷肥利用率 3.5 个百分点（表 12-7）。总体上看，采用水保型耕作措施结合有机无机肥配施，可促进紫色土旱坡地大团聚体形成，减少田间化肥损失，扩展土壤有效氮、磷库容，提高氮、磷利用率，实现增产。

表 12-7　长期施用有机肥和化肥对土壤肥力与氮、磷养分利用率的影响

处理	小麦产量/（kg/亩）	氮肥利用率/%	磷肥利用率/%	SOC/（g/kg）	全氮/（g/kg）	C/N	全磷/（g/kg）	速效磷/（mg/kg）
CK	52.19			4.47	0.65	6.89	0.61	2.48
NPK	255.85	40.52	31.67	5.75	0.85	6.77	1.15	21.89
OM	238.93	46.90	34.10	7.36	1.07	6.78	0.98	28.39
OM+NPK	243.48	47.32	31.17	6.51	0.95	6.78	1.28	28.45
RSD	93.51	28.96	50.36	7.05	0.92	7.57	0.74	5.93
RSD+NPK	289.22	45.02	35.16	7.80	1.03	7.39	1.11	19.15
BC+NPK	250.89	46.64	31.02	21.69	0.96	22.58	1.12	17.29

注：CK 为无肥对照；NPK 为常规施肥；OM 为单施猪粪；OM+NPK 为猪粪替代 40% 氮肥；RSD 为单添加秸秆还田（112kg N/hm^2）；RSD+NPK 为秸秆替代 40% 氮肥；BC+NPK 为生物炭。氮输入量相同（280kg N/hm^2），氮肥利用率考虑所有输入项进行计算

　　紫色土旱坡地的长期定位试验（17 年）表明，在长期有机无机肥配施条件下，通过提升紫色土有机碳和全氮含量，改善土壤结构和微生物群落多样性，促进了紫色土对有效态氮、磷养分的保持，提高了作物对氮、磷的利用率（Wang et al.，2015）。当土层厚度大于 60cm 时，结构方程模型分析结果（图 12-23）表明，土壤全氮含量对提高氮肥利用率贡献最大，土壤结构（团聚体平均重量直径，MWD）的改善可能通过提高微生物多样性进而提高氮肥利用率；土壤全磷含量对提高磷肥利用率贡献最大，土壤有机碳对土壤结构和微生物多样性有明显的促进作用，进而对磷肥利用率有正向激发作用。

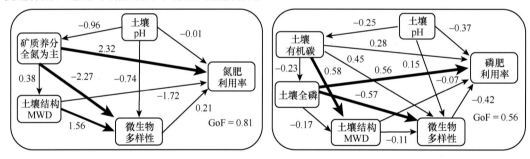

图 12-23　长期有机无机肥配施培肥紫色土旱坡地提高化肥氮磷利用率途径的结构方程模型

　　通过土地整理工程可以消减四川紫色土区坡耕地的土壤障碍因素，一方面土地整理可以通过增厚土层、加快紫色土母岩的风化过程有效提升肥力；另一方面，土地整理可以通过增大平整田块的规模效应，减少化肥损失，提高养分利用效率，使低产紫色土坡耕地的综合地力提升 1 ～ 2 个等级（Tang et al.，2019）。研究结果表明，在我国家庭联产承包责任制所导致的长期分散经营模式下，化肥损失途径多，破碎地块间发生的壤中流造成较多硝态氮随坡面排水系统流失（Zhu et al.，2009）。通过增加耕地地块规模，可在不减少产量的情况下减少化肥使用量 30% ～ 50%，显著提高肥料利用率（Wu et al.，2018）。四川省盐亭县紫色土坡耕地的改造试验表明，紫色土土层增厚与综合培肥技术模式可以在保障粮食产量稳中有升的同时，减少 23% 的化肥用量，大幅度降低生产成本，采用地力提升综合管理模式后氮肥利用率提高 6.3 个百分点，磷肥利用率提高 9.2 个百分点。

12.3.3　紫色土区坡地综合地力培育技术模式

针对紫色土坡耕地水土流失严重、土层浅薄、粗骨化、养分贫瘠、地块小而破碎不利于机械化等问题，通过集成机械改土增厚与规模整地技术、路带沟与灌木型地埂边坡改造技术、秸秆还田与生物带状培肥技术，形成便于机械化作业的瘠薄紫色土增厚与快速熟化技术体系，建立四川盆地北部低山丘陵区紫色土坡耕地土层增厚与快速培肥技术模式。这项模式适用于水蚀严重、地块破碎且高差 5～15m、土层浅薄、有机质含量低的南方低山丘陵区紫色土坡耕地。

12.3.3.1　瘠薄紫色土增厚与规模整地

爆破与机械改土：剥离坡耕地表层熟土，并留存被剥离的熟土，在海拔较高的台地进行爆破或机械破碎，并将机械破碎获得的岩石碎屑和土壤母质向坡下部台地搬移，先用岩石碎屑铺在底部，后填充土壤母质，再回填熟土，构成大于 60cm 的土层，使坡耕地形成坡度低于 6° 的单一平整地块，单一地块规模达到 10 亩左右（图 12-24）。

图 12-24　瘠薄紫色土增厚改造，扩大地块规模

路带沟：在坡地内侧易受上坡径流冲刷处，通过机械构筑排水沟，排水沟宽 1m、深度 80cm，再毗邻修筑便于农业机械通行的机耕道，机耕道宽 3.5m，间隔 400m 增加错车道。

灌木型地埂边坡：在坡地坡下部构筑生物炭截水墙与灌木型地埂边坡，形成具有水土保持与养分蓄积功能的防护带。生物炭以 20g/kg 的添加量与土壤混合，填埋入坡下末端横沟中，沟深 100cm，沟宽 40cm。生物炭截水墙外侧设置灌木型地埂，地埂宽 100cm，选择金银花（正名忍冬，*Lonicera japonica*）、连翘（*Forsythia suspensa*）等中药材，利用其地上部覆盖地表、根系固结地埂及边坡。

通过集成组装机械改土增厚与整地技术，路带沟、灌木型地埂边坡改造，形成便于机械化作业的瘠薄紫色土增厚成片改造模式（图 12-25）。

图 12-25　坡地内侧路带沟/外侧生物炭截水墙+灌木型地埂边坡的生态模式

12.3.3.2　紫色土快速培肥

秸秆还田：前茬作物收获后，用秸秆粉碎机把秸秆就地粉碎，均匀覆盖在地表，结合旋耕机或大型机械耕翻混匀还田（图 12-26）。

图 12-26　作物秸秆粉碎覆盖还田（左为玉米，右为小麦）

蚯蚓粪有机肥制备：选择距离施肥地点较近的地边进行蚯蚓粪肥堆沤，将粉碎的秸秆和畜禽粪便按 6∶4 混合，每平方米投放 500 头蚯蚓，浇足水分（保持 60% ～ 70% 含水量），保证秸秆能充分发酵（夏天 2 个月，冬天 3 ～ 4 个月），充分腐熟后运输至地边，待每年 5 月或 10 月初耕翻整地时混施入地块，每亩施用 1m³ 有机肥（图 12-27）。

图 12-27　蚯蚓粪肥沤制与施用

间作豆科作物或绿肥作物：在坡地适当推广带状间作绿肥作物或大豆，增加土壤固氮速率，并通过残茬还田提高土壤有机质，形成坡地根瘤固氮与快速生物培肥体系（图 12-28）。

图 12-28　玉米带状间作田菁（左）和间作苎麻（右）模式

12.3.3.3　实施瘠薄紫色土机械化增厚成片改造模式的成本和效益

对紫色土坡耕地进行成片规模化改造，将破碎地块整合为连片的较大地块，便于实施玉米/小麦机播机收、机械化秸秆粉碎还田、有机肥成片施用等田间耕作管理措施，提高化肥利用效率，明显减少化肥损失，快速提升综合地力，使坡耕地综合生产效率明显提高。

投入成本：进行爆破取土和机械改土成本约 27 000 元/hm^2，路带沟成本 140 元/m，灌木型地埂边坡成本 250 元/m，增施有机肥成本 4500 元/hm^2，蚯蚓粪肥堆沤还田成本 3750 元/hm^2，秸秆旋耕还田成本 1650 元/hm^2，玉米小麦轮作化肥、农药和田间管理成本 4500 元/hm^2。其中一次性投入 41 100 元/hm^2，此后每年投入 6150 元/hm^2。

经济效益：根据 2017 ～ 2018 年的测产结果，坡耕地玉米平均增产 1200kg/hm^2，增收 1920 元/hm^2，小麦平均增产 1080kg/hm^2，增收 1198 元/hm^2，平均减少机械成本或劳务成本 600 元/hm^2。

生态效益：通过实施该技术模式，平均减少土壤侵蚀 184.5kg/hm^2，结合土壤培肥措施，土壤有机质平均由 8.7g/kg 提升到 9.6g/kg，平均减少化肥用量 94.5kg/hm^2，土壤大团聚体含量增加，农田持水能力提高，且通过增加连片地块规模减少了水土流失导致的养分损失，监测结果表明氮素养分地表流失和淋溶损失累计可减少 9.0kg/hm^2。

12.4　红壤水田和旱地地力培育与化肥高效利用模式

12.4.1　红壤水田和旱地限制化肥利用的土壤因子

我国亚热带东南丘陵区（云贵川以东和长江以南）面积约 113 万 km^2，水热资源丰富，年均温 15 ～ 28℃，年均降水量 1200 ～ 1500mm，农业生产潜力很大。这个地区广泛分布着铁铝土纲土壤，包括砖红壤（3.9%）、赤红壤（17.5%）、红壤（55.8%）、黄壤（22.8%）等土类。红壤的主要成土过程是脱硅富铝化过程和生物富集过程，根据原生矿物的风化程度（<1mm 黏粒的 SiO_2：Al_2O_3 率），富铝化过程可以分为准铁铝（2.2 ～ 2.5）、铁铝（2.0 左右）和富铝（<1.7）3 个阶段，黏粒部分矿物从以高岭石和水云母为主，变为以高岭石和三水铝矿为主。

东南丘陵区红壤酸化和地力退化导致农田生产力低下。过量施用氮肥加剧了土壤酸化，农田土壤平均 pH 已由 20 世纪 80 年代的 5.37 下降至 5.14（粮食作物）（Guo et al.，2010），目前农田土壤中 pH<5.5 的耕地面积约占 48%。东南丘陵区中、低肥力土壤的面积比例分别为 40.8% 和 33.3%；林旱地土壤中 53.2% 的有机质和 62.7% 全氮处于中度贫瘠化水平，77.8%

的速效磷处于严重贫瘠化水平（何园球和孙波，2008）。

水田水热条件好、干湿交替明显，有机质周转速率快（江春玉等，2014；陈晓芬等，2019），水稻土 C/N 和 pH 条件适宜土壤碳库的转化（Qian et al.，2013），因此有机碳库亏损仍是目前限制水稻增产和化肥养分增效的首要障碍。此外，红壤稻田存在大、中、微量元素不足，土壤质地黏重、耕层浅薄的制约（郑圣先等，2011）。江西省鹰潭市余江区的调查表明，早稻产量（83 个田块）变幅为 2523 ~ 7952kg/hm^2，产量小于 6000kg/hm^2 的中低产田面积占 67.5%，平均产量为 5676kg/hm^2。对江西省鹰潭市余江区稻田养分的平衡分析表明，提高秸秆还田率和种植绿肥才能保证有机质库容的有效提升（Zhang et al.，2015），稻田总体上氮、磷盈余，而 77.1% 的田块钾素亏缺。早稻产量主要受土壤有机质和全氮影响，早稻产量（Y，kg/hm^2）与有机质（SOM，g/kg）和全氮（TN，g/kg）的回归方程为 Y=4107.6+64.6SOM（R^2=0.481**），Y=4790.3+755.8TN（R^2=0.386**）。

在中国科学院鹰潭红壤生态实验站的田间试验发现，红壤水田有机质含量和旱地速效磷含量是制约化肥养分利用率和高产的主要因子。对红砂岩、红黏土发育的水稻土和红壤的研究表明，早稻和油菜产量与有机质、土壤速效磷和氮肥用量的相关模型为

$$Y1=8.27N+523.2OM+3471.7 \quad (n=90，调整 R^2=0.462) \tag{12-1}$$

$$Y2=266.1AP+2.87N+393.3 \quad (n=60，调整 R^2=0.419) \tag{12-2}$$

式中，Y1 和 Y2 分别为早稻和油菜的产量（kg/hm^2）；N 为氮肥用量（kg/hm^2）；OM 为土壤有机质分类变量（有机质含量 >30g/kg 时 OM 取 1，20g/kg < 有机质含量 <30g/kg 时 OM 取 0）；AP 为土壤速效磷分类变量（速效磷含量 <10mg/kg 时 AP 取 1，20mg/kg > 速效磷含量 >10mg/kg 时 AP 取 2，速效磷含量 >20mg/kg 时 AP 取 3）。水稻磷肥（P$_2$O$_5$）用量为 60kg/hm^2，钾肥（K$_2$O）用量为 150kg/hm^2；旱地磷肥（P$_2$O$_5$）用量为 135kg/hm^2，钾肥（K$_2$O）用量为 225kg/hm^2（孙波等，2006，2007）。

12.4.2　红壤水田地力提升和氮肥减施技术模式

12.4.2.1　红壤性水稻土长期地力提升措施

基于江西鹰潭农田生态系统国家野外科学观测研究站双季稻长期施肥试验，配合 ^{15}N 田间微区试验研究发现，长期合理配施化肥与秸秆可以提高水稻土有机养分库容，从而促进氮肥的高效利用。长期定位试验（1989 年建立）针对第四纪红黏土发育的红壤性水稻土，设置 7 个施肥处理：①对照（不施肥，CK）；②氮肥（N）；③氮磷钾化肥（NPK）；④有机肥（OM）；⑤氮肥+有机肥（NOM）；⑥氮磷钾化肥+有机肥（NPKOM）；⑦氮磷钾化肥+1/2 秸秆还田（NPKS）。1989 ~ 1998 年每季施肥量为 230kg N/hm^2、68kg P$_2$O$_5$/hm^2、84kg K$_2$O/hm^2；1998 年后每季施肥量为 115kg N/hm^2、68kg P$_2$O$_5$/hm^2、42kg K$_2$O/hm^2。其中氮肥为尿素，磷肥为钙镁磷肥，钾肥为氯化钾。磷肥和钾肥以基肥形式施入，尿素分基肥和追肥按 8 : 7 两次施入。有机肥处理中秸秆全部还田，另外每季施入 833.3kg/hm^2（干重计）猪粪以补充收获籽粒所移出的养分。试验采用早稻–晚稻轮作制，早稻每年 4 月底 5 月初移栽，7 月底收获；晚稻 7 月底 8 月初移栽，11 月初收获。2017 年早稻季，在各施肥小区开展 ^{15}N 标记化肥的田间微区盆栽试验，研究双季稻田长期施肥下形成的不同地力水平对化肥养分利用率的影响。

研究表明，施肥 28 年后可以提高土壤有机质含量（图 12-29a），其中施用化肥处理（N、NPK）有机质含量提升了 16.9% ~ 36.1%，而施用有机肥的处理（OM、NOM、NPKOM、

NPKRS）有机质含量提升更多，为 40.5% ~ 53.8%。结果表明长期施肥，尤其是长期施用有机肥显著提高了土壤有机质含量，扩大了土壤养分库容，从而提高了水稻产量（图 12-29b），其中平衡施用化肥（NPK）和有机无机平衡配施（NPKOM，NPKRS）处理的产量较高，但施用有机肥（OM）和有机肥配施氮肥（NOM）处理的产量较平衡施肥处理有显著降低，但仍显著高于不施肥处理（CK）和单施氮肥处理（N）。

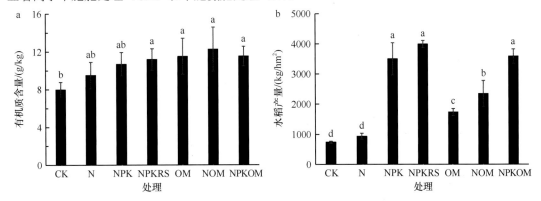

图 12-29　不同施肥措施对红壤性水稻土有机质含量和水稻产量的影响

在上述红壤性水稻土长期施肥试验小区中，设置施用等量 ^{15}N 标记尿素的微区盆栽试验。研究结果表明，长期施用不同有机肥和化肥显著改变了水稻土基础生产力和水稻产量，施用有机肥和化肥处理的水稻产量显著高于不施肥（CK）和单施氮肥（N）处理（图 12-30a）。对于氮素利用率，单施有机肥及其与化肥配施处理（OM、NOM、NPKOM、NPKRS）显著高于长期不施肥（CK）和长期施用化肥的处理（N、NPK）（图 12-30b）。

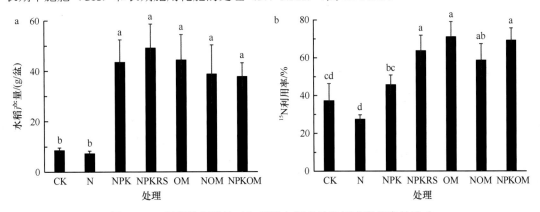

图 12-30　不同施肥措施对红壤性水稻产量和氮素利用率的影响

相关分析表明，土壤有机质、氮磷养分和微生物生物量等肥力因子均与水稻产量和氮素利用率呈显著正相关关系（表 12-8）。进一步分析这些肥力因子的相对贡献率表明（图 12-31），土壤有机碳含量（SOC）对氮素利用率（^{15}NUE）影响最大，土壤全磷（TP）对微区水稻产量（土壤生产力）的影响最大。可见，在基础地力低下的红壤性水稻土中，长期施用有机肥（猪粪、秸秆）有利于培肥土壤，通过改变有机碳和全磷含量，进而提高氮素利用率和土壤生产力水平。

表 12-8　长期施用有机肥和化肥后红壤性水稻土中肥力因子与水稻产量及氮素利用率的相关性

肥力因子	水稻产量	^{15}NUE	肥力因子	水稻产量	^{15}NUE
SOC	0.627**	0.553**	AN	0.573**	0.603**
pH	0.371	0.375	AP	0.650**	0.541*
CEC	0.289	0.386	AK	−0.327	−0.228
TN	0.708**	0.585**	MBC	0.837**	0.704**
TP	0.792**	0.581*	AWCD	0.489*	0.329*
TK	−0.097	−0.160	Shannon	0.606*	0.449*

　　^{15}NUE: ^{15}N 标记化肥氮素利用率; SOC: 土壤有机碳; CEC: 阳离子交换量; TN: 全氮; TP: 全磷; TK: 全钾; AN: 碱解氮; AP: 速效磷; AK: 速效钾; MBC: 土壤微生物生物量碳; AWCD: 微生物碳源代谢能力; Shannon: 微生物香农指数。
* 表示显著相关 ($P<0.05$), ** 表示极显著相关 ($P<0.01$)

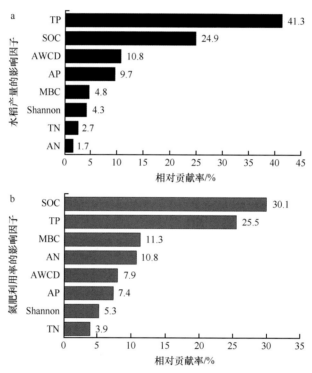

图 12-31　长期施用有机肥和化肥后红壤性水稻土中肥力因子对水稻产量和氮素利用率的相对贡献率

　　水稻土有机碳结构也影响了水稻的产量和氮素利用率。对土壤腐殖酸的三维荧光光谱分析表明,红壤性水稻土中腐殖酸的化学组成可以分成三类荧光组分: C1 (陆地源的富里酸类化合物)、C2 (陆地源的胡敏酸类化合物) 和 C3 (海洋源的胡敏酸类化合物) (图 12-32a ~ c)。基于各组分荧光强度和相对含量的 PCA 分析表明 (图 12-32d), 与对照和化肥处理 (CK、N、NPK) 相比, 施用有机肥处理显著改变了腐殖酸的化学组成 ($P<0.001$)。

　　基于腐殖酸的荧光光谱可以计算 3 个荧光指数: 腐殖化指数 (HIX)、生物指数 (BIX) 和 McKnight 指数 (FI370), 分别用于表征土壤腐殖酸化程度、微生物活性强度尤其是转化有机质为可溶性有机质的能力、腐殖酸的来源 (包括微生物来源、陆地性来源)。相关性分析表明荧光组分 C2、C3 和 BIX 与水稻产量显著相关, 而 C2、C3、BIX 和 FI370 指数与氮素利用率显著相关 (表 12-9)。进一步分析了其相对贡献率发现, BIX 的影响最大, 说明土壤微生物活性强度越大，转化能力越强，对水稻产量和氮素利用率越有利（图 12-33）。

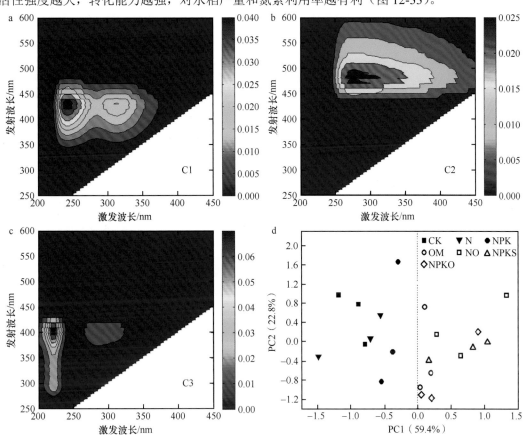

图 12-32　长期施用有机肥和化肥后红壤性水稻土中腐殖酸三维荧光光谱（a～c）
及荧光组分的 PCA 图（d）

表 12-9　红壤性水稻土中腐殖酸荧光组分和荧光指数与水稻产量及氮素利用率的相关性

指标	C1	C2	C3	HIX	BIX	FI370
水稻产量	0.375	0.667**	−0.592**	−0.144	0.732**	−0.331
^{15}NUE	0.362	0.613**	−0.553*	−0.053	0.733**	−0.447*

C1：陆地源的富里酸类化合物；C2：陆地源的胡敏酸类化合物；C3：海洋源的胡敏酸类化合物

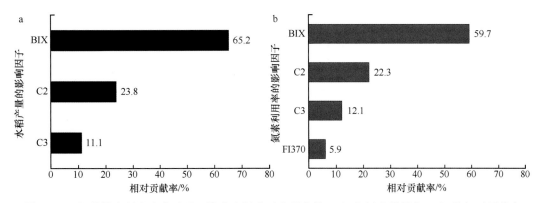

图 12-33　红壤性水稻土中腐殖酸三维荧光组分对水稻产量（a）和氮素利用率（b）的相对贡献率

长期试验表明通过长期施用猪粪、秸秆等有机肥可以提升红壤性水稻土地力水平和氮肥利用率，然而快速提升地力需要通过加速有机质的腐殖化、添加腐殖酸等措施促进土壤腐殖质的快速积累。基于上述红壤性水稻土的长期培肥试验，设置了3种地力提升模式：有机替代、添加商品腐殖酸和添加自制腐殖酸钙模式，同时设置不施肥（CK）对照和常规施用化肥氮磷钾（NPK）的处理。其中有机替代模式（NPK+RS+PM）下，氮磷肥减施20%，早稻秸秆全部还田，秸秆猪粪用量比为4∶1（相当于调节投入 C/N 为 35∶1），晚稻施用相同用量猪粪。添加商品腐殖酸（NPK+HS）和添加自制腐殖酸钙（NPK+HSCa）模式下，化肥用量和NPK处理相同，再施用 25kg/亩 的腐殖酸和腐殖酸钙。结果表明有机替代相比于 NPK 处理早稻产量提高了29%，晚稻提高了11%；添加商品腐殖酸早稻产量提高了14%，晚稻提高了6%；而添加自制腐殖酸钙早稻产量持平，晚稻产量提高了9%。氮肥利用率（NUE）变化趋势与产量一致，有机替代模式对氮肥利用率的提升最为明显，早稻提高了30个百分点，晚稻提高了11个百分点。以上研究表明，在红壤性水稻土上，短期（1年）秸秆还田配合猪粪可以显著提高水稻产量和氮肥利用率，长期（3年）有机替代模式的增产效果稳定。

长期定位试验和新布置的田间培肥试验研究结果表明，培肥红壤双季稻田必须要施加有机肥，最好是配合施用猪粪和秸秆还田。据此提出红壤性水稻土"稻-稻-肥"秸秆高效还田氮肥减施技术模式，具体措施：晚稻收割后秸秆全部覆盖还田，等来年早稻插秧前，进行淹水翻耕，实现秸秆还田，同时配施腐熟猪粪（秸秆猪粪比例为4∶1），在插秧前施用化肥（减氮20%）；在早稻收获后立即种植晚稻时，秸秆不进行还田，化肥配施猪粪（用量与早稻季相同）即可。

12.4.2.2　红壤双季稻田紫云英配施鲜猪粪结合秸秆还田培肥增效技术模式

1. 技术原理

我国南方稻区轮作方式主要包括单季稻或水稻-小麦（油菜）（≥10℃积温＜5300℃）、早稻-晚稻（≥10℃积温为 5300～7000℃）、三季稻（≥10℃积温在 7000℃以上），其中以双季稻（早稻-晚稻）种植面积最大。双季稻栽培体系下，在保证秸秆还田的基础上，合理配置紫云英和畜禽粪便，可以优化有机肥的碳氮比、促进有机碳的累积、控制稻田土壤酸化，促进双季稻增产增效。

水稻秸秆、紫云英、畜禽粪便是南方稻田最主要的有机肥源。从氮（N）、磷（P_2O_5）、钾（K_2O）养分含量看，水稻秸秆平均分别为0.83%、0.27% 和 2.06%，紫云英为 0.31%～0.39%、0.10%～0.16% 和 0.30%～0.32%，猪粪为 0.5%～0.6%、0.45%～0.5% 和 0.35%～0.45%。

双季稻与紫云英轮作结合畜禽粪便激发式秸秆还田模式的主要技术原理包括：①采用收获、秸秆粉碎与喷撒一体机收获早稻，并通过调氮、促腐和耕作优化等方式实现双季稻秸秆的快速腐解与全量高效还田；②充分利用双季稻田的冬闲期，通过优化晚稻和紫云英套播时期、水分管理和晚稻留茬高度等措施，提高紫云英鲜草产量，支撑化肥减施行动；③适当施用腐熟猪粪等畜禽粪便，激发秸秆和紫云英的腐解，调节活性有机质和惰性有机质累积比例，提高土壤腐殖质的品质，稳定提升土壤肥力；④针对强酸性水稻土（pH＜5.5）施用石灰物质进行土壤酸化治理，以提升土壤 pH 至 5.5 为目标，对于弱酸性的水稻土（pH＞5.5）施用有机肥长期控制土壤酸化，以提升土壤酸缓冲容量（长效抗酸化能力）为目标。本模式以中低肥力红壤稻田的地力提升为目标，水稻田须有基本的排灌条件，无明显土壤障碍因子。适用早稻-晚稻轮作的双季稻区，特别是采用机械化管理的双季稻区。

根据气候、土壤条件因地制宜选择以双季稻（早稻–晚稻）秸秆全量为基础，配合冬种紫云英早稻季翻压还田，以及腐熟猪粪早稻季或晚稻季还田，快速提升中、低产稻田土壤肥力。主要模式：①冬种紫云英翻压还田（早稻季）+早稻秸秆–腐熟猪粪配施还田（晚稻季）+晚稻秸秆全量冬盖还田；②冬种紫云英翻压还田（早稻季）+早稻秸秆全量还田（晚稻季）+晚稻秸秆全量冬盖还田；③冬闲–腐熟猪粪还田（早稻季）+早稻秸秆全量还田（晚稻季）+晚稻秸秆全量冬盖还田；④冬闲–不施有机肥（早稻季）+早稻秸秆–腐熟猪粪配施还田（晚稻季）+晚稻秸秆全量冬盖还田；⑤冬闲–不施有机肥（早稻季）+早稻秸秆全量还田（晚稻季）+晚稻秸秆全量冬盖还田。

2. 技术要点

（1）红壤双季稻田土壤酸化治理

根据农业行业标准《石灰质物质改良酸化土壤技术规范》，土壤酸化治理采用符合农用质量要求的石灰质物质，如生石灰（氧化钙）、熟石灰（氢氧化钙）、石灰石（碳酸钙）、白云石（碳酸钙和碳酸镁复盐）等，也可以采用碱渣及生物源（牡蛎壳）等含碳酸钙类物质。以施用碳酸钙的缓效性石灰质物质为主，减少生石灰等速效性石灰质物质对田间操作人员的灼伤。土壤酸化治理主要针对强酸性水稻土（pH<5.5），以提升土壤 pH 至 5.5 为目标。石灰质物质施用量根据土壤有机质和质地条件确定（表 12-10），当土壤 pH 调节值大于或小于一个单位时，农用石灰质物质施用量应当按比例调整，碱渣及生物源（牡蛎壳等）的用量也可以依据此标准进行测算。石灰质物质应于早稻栽插前 15 日以上均匀撒施于田内，然后及时耕翻，与田内绿肥、秸秆等充分混匀，以提升酸化治理效果，促进有机物料分解（图 12-34）。

表 12-10　不同有机质、质地土壤提高 1 个 pH 单位值农用石灰质物质施用量（单位：t/hm²）

有机质含量 (SOM, g/kg)	生石灰粉		熟石灰		白云石粉		石灰石粉	
	砂土/壤土	黏土	砂土/壤土	黏土	砂土/壤土	黏土	砂土/壤土	黏土
SOM<20	2.8	3.5	3.8	3.9	6.8	7.4	5.8	6.5
20≤SOM<50	3.0	3.8	4.1	4.4	8.7	9.3	7.1	8.0
SOM≥50	3.3	4.3	4.7	5.1	11.8	12.4	9.1	10.7

图 12-34　红壤稻田石灰质物质机械化撒施治理酸化和早稻秸秆粉碎还田配施石灰质物质促进秸秆腐解

（2）紫云英的种植与还田

在晚稻收割前 10 ～ 25d 播种紫云英，播种量 22.5 ～ 37.5kg/hm²。播前保持田间土壤湿润，可以适当灌水，但紫云英扎根出芽后需排干田面水，便于晚稻机收。晚稻收获后根据田块大小，以开沟机每隔 5 ~ 8m 开十字沟、"井"字沟和环田沟，沟宽和沟深均为 20cm，满足紫云英生长期排灌需求。针对缺磷的稻田土壤，可采用钙镁磷肥 75 ~ 150kg/hm² 拌种；多年未种紫云英的稻田，可接种符合《根瘤菌肥料》（NY 410—2000）要求的紫云英根瘤菌。

在 3 月下旬至 4 月上旬紫云英盛花期翻压，在早稻插秧前留出充分的腐解时间。人工移栽田提前 7d 左右翻压，抛秧稻田提前 9d 左右翻压，直播稻田提前 12d 左右翻压。紫云英翻压量为 22.5 ~ 37.5t/hm²。翻压前可以配合施用含碳酸钙类石灰质物质（石灰石粉、碱渣）600kg/hm²，机械翻压至 15cm 左右深度，晒 2d 左右灌浅水 3 ~ 5cm，促进紫云英分解，提高有机物质的腐熟度（图 12-35）。

图 12-35　红壤稻田晚稻高留茬秸秆覆盖还田和紫云英盛花期翻压还田

（3）早稻移栽前猪粪安全施用

腐熟猪粪通过干湿分离、堆沤发酵等方式制备，含水量低于 50%。在早稻移栽前 7 ~ 10d 施用腐熟猪粪，施用量为鲜重 15t/hm²（含水率 60% ~ 70%）。猪粪以机械翻压至 15cm 左右深度，可以配合施用含碳酸钙类石灰质物质（石灰石粉、碱渣）600kg/hm²。施用猪粪时应提前堵塞稻田池埂缺口，防止因降雨或耕作时田面水外溢污染水体。

（4）早稻秸秆全量还田和施肥管理

采用收获、秸秆粉碎与抛撒一体化农机收获早稻秸秆，粉碎后均匀覆盖田间，留茬高度 5cm 左右。然后在秸秆上洒施尿素 75kg/hm² 左右，调整秸秆碳氮比、促进秸秆腐解。同时配施含碳酸钙类石灰质物质（石灰石粉、碱渣）600kg/hm² 左右，消减秸秆腐解产生的酚酸对秧苗的毒害作用。配施氮肥和石灰质物质后尽快灌水，以机械翻压至 15cm 左右深度为宜，在第一遍翻耕整地时建议不要单独使用旋耕机，防止稻草聚集在土壤表面影响晚稻生长。

根据紫云英还田量和稻田土壤的肥力水平，适当减少早稻氮肥施用量 20% ~ 30%，或按每 1000kg 紫云英减少 1 ~ 2kg 纯氮用量计算。配施猪粪下早稻施肥可以减少纯氮用量 30 ~ 60kg/hm²，P₂O₅ 用量 30 ~ 45kg/hm²。根据土壤肥力情况，早稻 N、P₂O₅、K₂O 施用量分别为 90 ~ 150kg/hm²、30 ~ 45kg/hm²、60 ~ 90kg/hm²，肥力高的田块适当减少化肥施用量；磷肥全部做基肥，钾肥 50% 作基肥、50% 作穗肥；氮肥分基肥、分蘖肥、穗肥 3 次施用，比例为 4∶4∶2，基肥于移栽前的最后一次整地时施用。

（5）晚稻秸秆冬盖还田

晚稻季可在晚稻勾头后排水晒田，以利于晚稻机收。对于采用晚稻套种紫云英的模式，在紫云英扎根出芽后排干田面水，确保机械收割时土壤田间持水量在 50% 以下，增强土壤的机械支撑强度，减少机收对紫云英的机械损伤。晚稻机收时控制留茬高度为 20 ~ 30cm（图 12-35），稻草粉碎撒施覆盖还田，促进紫云英的生长，在第二年早稻种植前将覆盖的晚稻秸秆与紫云英一并翻压还田。对于采用冬闲的模式，晚稻收获时稻草有充足的腐解时间，可不加粉碎，直接覆盖还田，留茬高度也没有特殊要求。

早稻秸秆全量还田下，晚稻基肥可以增施纯氮 15～30kg/hm² 或氮肥施用适当前移，K_2O 用量每亩减少 30～45kg/hm²。N、P_2O_5、K_2O 施用量分别为 120～180kg/hm²、75～120kg/hm²、90～120kg/hm²；磷肥全部做基肥，钾肥 50% 作基肥、50% 作穗肥；氮肥分基肥、分蘖肥、穗肥 3 次施用，比例为 5：3：2，晚稻基肥提前至早稻秸秆翻压还田以前施用。

除了腐熟猪粪，也可以采用其他畜禽粪便有机肥，并根据其氮磷钾含量计算化肥养分的替代量，恰当减施化肥。例如，牛粪的 N、P_2O_5、K_2O 含量分别为 1.6%、1.5%、2.0%，鸭粪分别为 1.0%、1.4%、0.62%，鸡粪分别为 2.3%、2.1%、1.9%。对于单季稻–绿肥、水稻–小麦或油菜轮作系统，可以在小麦（油菜）秸秆还田基础上，结合冬种紫云英还田和施用腐熟猪粪等技术，进行地力培育。

12.4.2.3　红壤性水稻田施用固氮蓝藻培肥地力减施化肥的技术模式

1. 固氮蓝藻的筛选、培养和大田应用

固氮蓝藻通过自身异形胞将大气中游离氮转化为氮素化合物，具有显著的固氮能力，是生态系统中氮素循环的重要参与者（Vaishampayan et al.，2001）。固氮蓝藻是没有细胞器的原核生物，但是细胞内却具有与真核植物类似可以进行光合作用的色素，是光合自养型生物，在代谢过程中可以分泌氨基酸、多肽、胞外多糖、促生长激素等有机物质（Fleming and Hase，1973）。

我国在稻田中应用固氮蓝藻始于 20 世纪 50 年代，中国科学院水生生物研究所从稻田中分离出 4 种具有较高固氮能力的固氮蓝藻，在盆栽和田间接种可以增产水稻 20% 左右（黎尚豪等，1959）。在双季稻田中大面积试验发现增产效果明显，蓝藻生长速度较快，放养蓝藻稻田比不放养稻田水稻平均增产 7.5%，100kg 鲜藻平均可以增产稻谷 8.3kg（中国科学院水生生物研究所第五室藻类实验生态学组，1978）。稻田施加固氮蓝藻可以改善土壤肥力，藻类可以增加土壤有机质、改善土壤结构和通气状况、刺激土壤微生物活动，促进无机盐转化，减少矿物质流失，藻类可以通过中和异养微生物分泌的酸性物质提高土壤 pH（陈敦佩和韩福山，1964；Irisarri et al.，2007）。藻类在田间水面生长，可以遮光减少杂草生长。稻田丝状藻类在快速生长期吸收肥料养分，与作物竞争养分，但在水稻秧苗返青时配合中耕将藻体翻入土中，通过腐解为水稻提供氮素和其他养分（Subrahmanyan et al.，1965），总体上藻体的肥效远超过藻类生长时吸收的肥料养分（韩福山等，1991；Saadatnia and Riahi，2009）。

稻田施用固氮蓝藻技术主要包括 4 个步骤：①在实验室筛选、培养、收集藻种；②在实验基地利用塑料方箱进行藻种一级培养；③在田间修建土池进行藻种二级扩繁；④在稻田施用固氮蓝藻。首先，基于中国科学院淡水藻种库（Freshwater Algae Culture Collection at the Institute of Hydrobiology，FACHB），根据不同 pH 培养条件下比生长速率、OD、叶绿素 a 等指标，初选固氮鱼腥藻（*Anabaena azotica*，FACHB-119）、多变鱼腥藻（*Anabaena variabilis*，FACHB-176）、鱼腥藻（*Anabaena* sp.1105，FACHB-179）作为酸性红壤应用藻种。

在水稻田实施区域选择适合的实验基地，利用筛选的适宜藻种，使用塑料方箱进行藻种一级培养，使固氮蓝藻恢复活力，培养基为 BG110。然后在水稻田间选择有水源供应的适宜区域修建土池，进行二级扩繁，土池一般深 0.5m、长 8m、宽 7m，土池上方搭建简易塑料大棚，用于在下雨天气时遮挡雨水，防止水满使固氮蓝藻溢出土池造成损失。在方箱中恢复培

养两天后，将固氮蓝藻放养在土池中，土池培养过程中使用的是改良简易培养基，即每升水中添加 1.05g 钙镁磷肥和 0.015g 氯化钾，充分溶解后接入藻种。在天气晴好的状态下，在土池中培养的固氮蓝藻在第 9 天叶绿素含量达到最高，固氮蓝藻叶绿素含量较第 1 天增加 9.3 倍（图 12-36a）。

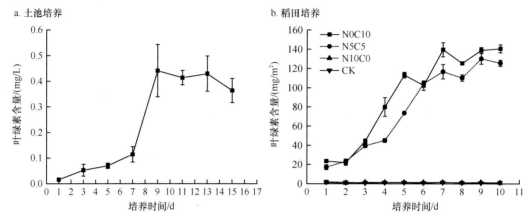

图 12-36　土池培养（a）和稻田培养（b）条件下固氮蓝藻的生长曲线

最后在田间通过试验确定合理的固氮蓝藻施用量和氮肥用量，施用固氮蓝藻培肥地力。基于固氮蓝藻的高含氮量（76.92g N/kg 干藻），试验对比了不施氮肥和减半施用氮肥条件下固氮蓝藻的生长效果。在中国科学院鹰潭红壤生态实验站设置了 4 个处理：① CK，不施氮肥+不施固氮蓝藻；② N10C0，常规施氮 150kg N/hm² +不施固氮蓝藻；③ N5C5，减半施氮75kg N/hm² +减半施固氮蓝藻（干藻）150kg/hm²；④ N0C10，不施氮肥+全量施固氮蓝藻（干藻）300kg/hm²。施肥分为基肥、蘖肥和穗肥。稻田施加不同比例固氮蓝藻后，N5C5 处理组和 N0C10 处理组叶绿素平均含量分别增加 7.35 倍和 5.96 倍。CK 和 N10C0 处理组叶绿素含量很低（图 12-36b）。

2. 施用固氮蓝藻对土壤肥力、氮素淋失和水稻产量的影响

针对第四纪红黏土发育的红壤性水稻土，与不施肥（CK）相比，施加固氮蓝藻［包括施用 50% 氮肥+50% 藻（N5C5）和全量施藻（N0C10）］显著增加了水稻土有机质和全氮含量，提高了土壤铵态氮和硝态氮的含量，增加了土壤酶活性，其中全量施加固氮蓝藻土壤有机质和全氮含量增幅最大，但与施用全氮（N10C0）处理之间的差异不显著（表 12-11）。

表 12-11　红壤性水稻土中施加固氮蓝藻对土壤理化性质的影响

处理	有机质/（g/kg）	全氮/（g/kg）	全磷/（g/kg）	NH_4^+-N/（mg/kg）	NO_3^--N/（mg/kg）	脲酶活性/［NH_4^+-N mg/(g·24h)］	酸性磷酸酶活性/［Phenol mg/(g·24h)］
CK	24.85b	1.10b	0.47b	5.96a	0.45b	36.95b	2.32b
N10C0	26.14a	1.13a	0.53a	8.03a	0.59ab	43.93a	2.80a
N5C5	27.19a	1.15a	0.52ab	8.51a	0.60a	46.94a	2.56a
N0C10	28.37a	1.21a	0.55a	8.48a	0.64a	42.21ab	2.70a

稻田氮素的淋失、氨挥发、反硝化等过程导致氮肥损失（Yasukazu，2007）。水稻生长季无法全部吸收化肥氮素，在淹水条件下硝态氮随水迁移到根系活动层以下，形成氮淋失（Shan et al.，2015），用有机肥替代部分氮肥可以减少氮肥用量及其淋溶损失（Tian et al.，2007；Qiao et al.，2013）。基于稻田土壤 60cm 深度渗滤液采样器的测定表明，铵态氮是主要的淋失氮形态，与全量氮肥处理相比，施加固氮蓝藻显著降低了全氮、铵态氮和硝态氮的淋失总量（表 12-12）。在全量施氮处理（N10C0）中，第一年和第二年硝态氮淋失量分别占氮肥用量的8.3% 和 10.3%，施加固氮蓝藻替代 50% 氮肥（N5C5）后，硝态氮淋失占比在第一年和第二年分别减少了 60.1% 和 59.6%。

表 12-12　红壤性水稻土中施加固氮蓝藻对不同形态氮素淋失总量的影响

处理	第一年氮淋失总量/（kg N/hm²）			第二年氮淋失总量/（kg N/hm²）		
	NO_3^--N	NH_4^+-N	TN	NO_3^--N	NH_4^+-N	TN
CK	0.74±0.21b	1.86±0.11c	6.09±0.34c	0.19±0.01c	3.35±0.33bc	9.7±1.38c
N10C0	2.91±0.08a	14.54±1.36a	24.8±1.05a	7.06±0.8a	16.16±1.6a	30.78±1.65a
N5C5	1.16±0.08ab	9.16±1.1b	15.85±1.13b	2.85±0.29b	9.51±0.86b	19.4±1.3b
N0C10	0.89±0.06b	3.82±0.24c	9.22±0.69c	0.88±0.15c	6.13±0.78b	12.7±0.59c

注：平均渗滤率为 4.2mm/d

试验表明，与 CK 相比，施加固氮蓝藻（N0C10）可以显著促进水稻稻谷总氮含量（$P<0.05$）；与全量化肥（N10C0）相比，施加固氮蓝藻处理（N5C5、N0C10）可以保持稻谷总氮含量，说明固氮蓝藻产生的氮被水稻吸收。与 CK 相比，施加固氮蓝藻显著提高了水稻的产量（图 12-37）。

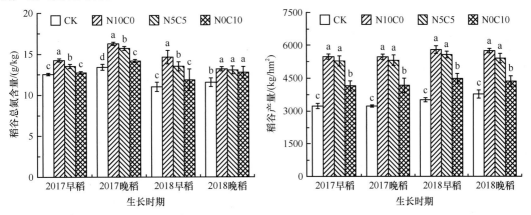

图 12-37　红壤性水稻土中施加固氮蓝藻对稻谷总氮含量和产量的影响

结构方程模型分析结果表明，红壤性水稻田施用固氮蓝藻可以显著增加表层土有机质含量、改良土壤性质、改善土壤微生物网络结构和减少表层土的氮淋失量，氮淋失量的减少显著增加了水稻氮肥利用率，进而增加水稻产量；同时，土壤微生物网络结构的改善对于水稻产量的提高具有积极的意义（图 12-38）。

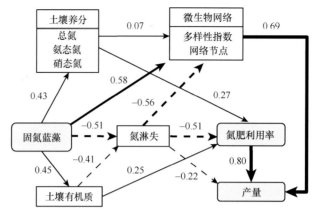

CHI/DF=2.800；GFI=0.572；RMSEA=0.076

图 12-38　红壤性水稻田施用固氮蓝藻影响水稻氮素利用率和产量的结构方程模型

3. 固氮蓝藻替代氮肥的培肥增效技术模式

稻田施用固氮蓝藻的技术模式包括 4 个步骤：①藻种收集和筛选培养；②在实验基地利用塑料方箱进行藻种一级扩繁；③在田间修建土池进行藻种二级扩繁和收获；④在稻田施用固氮蓝藻（图 12-39）。

图 12-39　红壤性水稻田施用固氮蓝藻规模化低成本扩繁与施用模式

（1）固氮蓝藻菌株筛选

种质资源库固氮蓝藻菌株筛选：中国科学院淡水藻种库（Freshwater Algae Culture Collection at the Institute of Hydrobiology，FACHB）现有固氮蓝藻 200 余株，研究表明适用于

中低产水稻田的固氮蓝藻种类主要有固氮鱼腥藻（*Anabaena azotica*，FACHB-119）、小单歧藻（*Tolypothrix tenuis*，FACHB-129）、念珠藻（*Nostoc* sp.，FACHB-148）、鱼腥藻（*Anabaena* sp.1042，FACHB-173）、多变鱼腥藻（*Anabaena variabilis*，FACHB-176）、鱼腥藻（*Anabaena* sp.1105，FACHB-179）、球孢鱼腥藻（*Anabaena sphaerica*，FACHB-182）。

田间原位固氮蓝藻菌株筛选：于中低产水稻田中采集 5L 水倒入聚乙烯瓶中，保持瓶盖打开，在黑暗中自然沉降 24h，然后去上清浓缩为 50mL，转移至 100mL 聚乙烯瓶中镜检，若藻细胞在显微镜视野下重叠较多，则取 1mL 到离心管中加无菌水稀释到显微镜单个视野下仅有 5～8 个藻细胞或 3～5 根藻丝。按照毛细管分离方法，将巴斯德吸管在酒精灯下拉制成前端带钩的毛细管，在显微镜下用毛细管吸取单个体的蓝藻，在无菌水中清洗 3～4 次，最后放入每孔盛有 2mL 培养基（BG110 培养基）的 24 孔板中进行培养。将 24 孔板置于光照培养箱，于低光强（冷白荧光，光照强度为 800～1000lx）、光暗周期比 12h：12h、温度 25℃条件下培养。每隔 10d 取样镜检一次，将分离成功的固氮蓝藻转移至 50mL 玻璃三角瓶中，每 3 周更换一次新鲜培养基以保持其对数生长。

固氮蓝藻菌株生长速率评价：采集中低产水稻田的土壤，自然风干后剔除植物残体、石块等，装入不透水花盆中，注入去离子水至液面高度为 3～5cm，沉淀 24h 备用。将待筛选的新鲜固氮蓝藻接入花盆，并将花盆置于温室中进行盆栽实验。温室光照强度为 1500～2000lx，光暗周期比 12h：12h、温度 25℃。通过定期监测盆栽实验中固氮蓝藻的生长曲线、生物量和光合活性等参数，优选生长速度快、生物量积累多及光合活性较强的固氮蓝藻作为施用藻种。

（2）固氮蓝藻低成本扩繁

简易土池搭建：土池建设地点要求水源充足，方便排灌，水源符合《农田灌溉水质标准》（GB 5084—2021）。土池选址应地势开阔，位于水渠下游，利于调节土池水位，防止雨水漫灌干扰；土池上方设置透光塑料大棚和遮阳网。土池建设面积为 50～100m²，池深 0.4m；池底平整，利于清洗，并覆盖 HDPE 防渗膜，防止漏水。

简易型基础培养基的配制：以钙镁磷肥为基础，添加微量元素配制而成，其配方：1.12g/L 市售钙镁磷肥、1.43mg/L 硼酸、0.93mg/L 四水氯化锰、0.195mg/L 钼酸钠、0.11mg/L 七水硫酸锌、0.04mg/L 五水硫酸铜、0.025mg/L 六水合硝酸钴。

低成本培养基配制：将养殖场收集的畜禽粪（便）进行无害化处理，然后进行固液分离，获得畜禽粪（便）分离液；测定畜禽粪（便）分离液中的总氮和总磷含量，获得总氮含量 C1（mg/L）和总磷含量 C2（mg/L）；分别以总氮含量 C1 和总磷含量 C2 计算畜禽养殖废弃物分离液稀释比例，基于总氮的畜禽粪（便）分离液稀释倍数 D1=C1/247，基于总磷的畜禽粪（便）分离液稀释倍数 D2=C2/7.12；比较 D1 与 D2 的大小，如果 D1＞D2，则按照 D2 的数值对畜禽粪（便）分离液进行稀释，反之则按照 D1 的数值对畜禽粪（便）分离液进行稀释，获得畜禽粪（便）分离稀释液；将畜禽粪（便）分离稀释液与简易型基础培养基按照 3：1 进行混合，配制成固氮蓝藻低成本培养基。

固氮蓝藻的扩繁和收获：在土池灌入适量的固氮蓝藻低成本培养基后，将固氮蓝藻以 OD_{680}=0.1～0.3 接种进行自然培养；每隔 3d 补充一次新鲜培养基至初始水深；当光照强度大于 6000lx 或水温高于 34℃时，调整大棚的遮阳网，以保持适宜的光照强度和水温；扩繁过程中测定固氮蓝藻的生物量变化，绘制生长曲线，用于指导收获。根据生长曲线，当生物量达到最大值或增速放缓时，用 2mm×2mm 孔径的塑料网捞取 3/4 固氮蓝藻，保留一部分作为藻种继续培养；如果条件允许可全部收获，用新鲜藻液补充接种继续培养，效果更佳。

（3）固氮蓝藻施用

施用时间：水稻种植模式可分为双季稻与单季稻（图12-40）。双季稻模式下，在早稻插秧前期先进行深耕，耕层深度为15～20cm；早稻收割后将茬口田进行浅耕，耕层深度为5～10cm。单季稻模式下，第一年在水稻插秧前期先进行浅耕，耕层深度为5～10cm；第二年在水稻插秧前期进行深耕，耕层深度15～20cm。

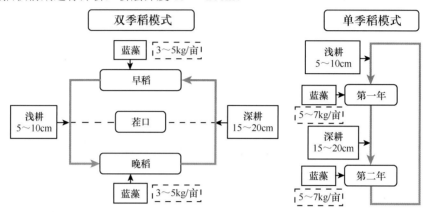

图12-40 固氮蓝藻替代氮肥技术模式

施用量：在晴天上午接种固氮蓝藻。双季稻模式下，每季每亩施用干重为3～5kg的固氮蓝藻；单季稻模式下每亩施用干重为5～7kg的固氮蓝藻。水稻插秧后施用固氮蓝藻并配施氮磷钾肥。

（4）大田管理

双季稻水肥管理：双季稻的早稻时期，保持田间水深5～7cm，晚稻时期保持水深7～12cm；单季稻保持田间水深5～10cm。氮肥分为插秧期基肥和抽穗期追肥两次施用，磷钾肥作基肥一次性施用，肥料使用应符合《肥料合理使用准则》（NY/T 496—2010）的规定。水稻生长期间定期监测水温和水深等，晴天温度较高时适当提高水位，降雨量较大时要注意及时排水。浅水分蘖，分蘖期结束及时晒田复水，灌浆至成熟期注意干湿间歇性灌溉。

双季稻病虫害防治：放藻前检查，有病虫害要先防治再放藻。放藻后加强管理，以防为主，消灭虫害。放藻后7d内减少除草剂使用。水稻生长后期，注意水稻病虫害防治，及时喷洒农药防治病虫害。

12.4.3 红壤旱地地力提升和氮肥减施技术模式

12.4.3.1 猪粪激发式秸秆还田和施用生物炭对红壤地力与养分利用的促进机制

秸秆还田可以提高土壤养分库容、改良土壤结构，但需要采用合理的耕作和管理措施，促进秸秆的腐熟，避免土壤碳氮比失调、田间抗性杂草和病虫害增加，影响作物出苗和生长。相比于秸秆还田，猪粪和秸秆配施的激发式还田可以调节秸秆碳氮比，促进秸秆分解和腐殖化。秸秆在厌氧条件下低温热解成的生物炭提高了芳香结构含量（高凯芳等，2016），增加了其稳定性和吸附性能，施用生物炭可以改良土壤酸度（Yuan et al.，2011），提高表层土壤＞0.25mm水稳性大团聚体的含量（米会珍等，2015；庄硕等，2018），提高土壤有效磷含量，减少土壤无机氮含量及损失（Gao et al.，2019；Liu et al.，2019）。不同方法制备的生物炭具有不同的孔隙、表面积和 pH，施入土壤后影响了土壤物理（容重、含水量、孔隙度等）和化学性质（pH、阳离子交换量等），从而显著影响了微生物的群落结构和活性（Gul et al.，2015）。施用生物炭可以改变土壤细菌、古细菌和真菌的群落组成（Chen et al.，2013；Hu et al.，2014；Li et al.，2016），影响土壤微生物对养分的转化，最终影响作物的养分利用率和产量（Zhu et al.，2014）。

本研究在江西鹰潭农田生态系统国家野外科学观测研究站建立了等碳量输入的有机肥（秸秆、畜禽粪便）和生物炭对比试验，碳输入量均为每年 1000kg/hm^2，有机肥养分含量见表 12-13。试验设置了 5 种处理：①对照（CK），种植玉米，不施肥；②单施化肥（N），施 NPK 化肥；③秸秆还田（NS），施 NPK 化肥，玉米秸秆还田；④秸秆与猪粪配施（NSM），施 NPK 化肥，玉米秸秆和猪粪按 9∶1 的碳投入比配施；⑤生物炭还田（NB），施 NPK 化肥，玉米生物炭还田。除对照处理外，所有处理在播种前一次性施入尿素 150kg N/hm^2、钙镁磷肥 75kg P$_2$O$_5$/hm^2、氯化钾 60kg K$_2$O/hm^2。试验区属亚热带季风性湿润气候，年均温 17.8℃，平均海拔 45.5m，年均降水量 179mm。供试土壤为第四纪红黏土发育的红壤，酸度强、养分贫瘠，试验前表层土壤（0～20cm）有机碳含量为 2.52g/kg，全氮含量为 0.40g/kg，全磷含量为 0.23g/kg，全钾含量为 11.95g/kg，速效氮含量为 38.3mg/kg，有效磷含量为 0.76mg/kg，速效钾含量为 47.58mg/kg，缓效钾含量为 135.38mg/kg，CEC 为 12.12cmol/kg，pH 为 4.73。

表 12-13　秸秆、猪粪和生物炭的养分含量　　　　（单位：g/kg）

有机物料	全碳	全氮	全磷	全钾
秸秆	397.82	10.55	0.80	14.94
猪粪	325.09	52.72	8.94	5.38
生物炭	413.19	17.45	1.83	14.46

1. 红壤团聚体和有机质

通过干筛法和湿筛法可以分别获得原状土壤中机械稳定性团聚体和水稳性团聚体。与对照（CK）相比，秸秆配施猪粪（NSM）显著增加了＞2mm 机械稳定性和水稳性团聚体数量，显著提高了团聚体的平均重量直径（MWD），进而提升了团聚体的平均粒径、团聚性和稳定性；施用生物炭（NB）显著增加了＞2mm 机械稳定性团聚体数量并提高了其稳定性，但对＞2mm 水稳定性团聚体数量和稳定性没有显著影响；而秸秆还田（NS）可以同时显著增加机械稳定性团聚体和水稳性团聚体的稳定性，但仅显著增加了＞2mm 水稳性团聚体的数量（表 12-14）。

表 12-14　等碳量输入的有机肥对红壤团聚体组成和平均粒径团聚度的影响

处理	机械稳定性团聚体			水稳性团聚体		
	＞2mm/%	0.25～2mm/%	MWD/mm	＞2mm/%	0.25～2mm/%	MWD/mm
CK	26.17±1.52b	46.42±0.95a	1.08±0.02d	1.71±0.36c	27.91±1.53ab	0.44±0.01b
N	34.45±1.36a	44.45±1.87a	1.22±0.01bc	2.19±0.36c	28.81±3.42b	0.45±0.03b
NS	28.62±6.39ab	49.54±8.89a	1.16±0.05c	3.12±0.40b	31.77±1.46a	0.50±0.02a
NSM	36.37±4.27a	45.72±3.41a	1.26±0.05ab	4.38±0.23a	31.28±0.68ab	0.52±0.01a
NB	37.03±4.51a	51.11±3.30a	1.33±0.05a	2.08±0.21c	29.92±0.60ab	0.46±0.01b

注：表中数据为平均值 ± 标准偏差（n=3），同列不同小写字母表示不同施肥处理间差异显著（P＜0.05）

在土壤团聚体形成过程中，小团聚体通过团聚可以形成大团聚体，而大团聚体由于机碳分解而破碎可以形成小团聚体。加入土壤的新鲜有机碳在微生物作用下分解，其中一部分与土壤矿物结合促进了土壤团聚体形成（Six et al.，2004）。秸秆等有机物料的组成影响有机碳的分解，一般苯溶性醇、溶性物质及蛋白质等小分子物质分解最快，其次是纤维素和半纤维素，木质素难于分解。其次，有机物料的C/N也影响其分解，一般在（20～30）∶1条件下更利于分解。配施秸秆和猪粪可以调节碳氮比，促进秸秆降解和团聚体形成，提高团聚体的机械稳定性和水稳性。生物炭难以被微生物分解利用，但其孔隙结构和碱性物质可以促进微生物的生长，间接促进土壤团聚体的形成，提高团聚体的机械稳定性，但对团聚体的水稳性影响不大。总体上，秸秆配施猪粪协同提高团聚体有机碳含量和团聚体稳定性的作用比秸秆还田和生物炭还田要强。

施肥提高了土壤有机碳含量，与CK相比（2.60g/kg），施用化肥（N）增加到了2.88g/kg，但与CK差异不显著，秸秆还田（NS）、秸秆与猪粪配施（NSM）处理有机碳含量分别显著增加到了3.45g/kg、4.21g/kg，生物炭还田（NB）处理增加到了4.92g/kg。从不同粒级团聚体看，施用有机肥显著增加了不同粒级团聚体有机碳含量，在机械稳定性团聚体中主要是增加<0.25mm团聚体的有机碳含量，而在水稳性团聚体中主要是增加>2mm团聚体的有机碳含量（图12-41）。生物炭在团聚体中累积的是结构稳定的惰性碳，与秸秆和猪粪经过微生物分解转化形成的腐殖化有机质不同，这部分腐殖化有机质可以和土壤矿物形成复合体，促进小团聚体的形成和大团聚化，从而提高其水稳性。另外，大团聚体的形成也对其内部的有机质起到物理性保护作用，从而形成相互反馈作用，促进大团聚体和有机质的协同累积。

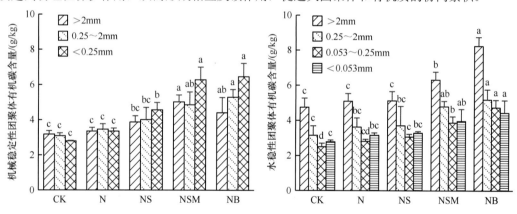

图12-41　等碳量输入的有机肥对红壤机械稳定性和水稳性团聚体有机质含量的影响

2. 红壤磷组分及磷素有效性

红壤固磷作用强烈，红壤可变电荷矿物表面的铝（Al）氧化物和铁（Fe）氧化物、土壤碳酸盐均对磷素具有固定作用，降低了土壤磷的有效性。长期施用有机肥可以提高活性有机磷的含量。与CK相比，施用化肥和有机肥后有机磷（Po）含量提高了0.003～0.07g/kg，有机磷占全磷的11.1%～25.3%，其中秸秆与猪粪配施（NSM）显著提高了有机磷的含量。与N处理相比，NSM处理显著增加了Fe-P含量，降低了Ca-P含量，土壤有机磷含量显著提高了 132.1%。此外，生物炭还田（NB）处理也可以提高土壤有机磷含量，但其增幅较小，与 N 处理相比仅增加了 5.6%（图 12-42）。

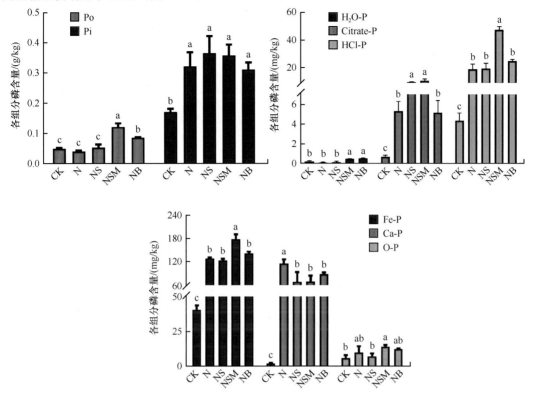

图 12-42　等碳量输入的有机肥对红壤磷素组成和含量的影响

土壤磷分为无机磷（Pi）和有机磷（Po），无机磷分为磷酸铁盐（Fe-P）、磷酸钙盐（Ca-P）和闭蓄态磷酸盐（O-P），土壤磷的生物有效性分级包括 0.01mol/L CaCl$_2$ 溶液提取的水溶态磷（H$_2$O-P）、10mmol/L 柠檬酸溶液提取的有机酸溶态磷（Citrate-P）、1mol/LHCl 提取的质子交换态磷（HCl-P）。不同小写字母表示差异显著（$P < 0.05$）

土壤有效磷分为极易被根系吸收的水溶态磷（H$_2$O-P）、缺磷情况下根系分泌柠檬酸活化的磷（有机酸溶态磷，Citrate-P）、极度缺磷情况下根尖释放 H$^+$ 活化的磷（质子交换态磷，HCl-P）。施用有机肥后，红壤水溶态磷（H$_2$O-P）、有机酸溶态磷（Citrate-P）较 CK 分别上升了 0.05 ～ 0.43mg/kg、0.16 ～ 5.21mg/kg。与 N 处理相比，NSM 处理和 NB 处理显著提高了 H$_2$O-P 含量，NSM 和 NS 处理显著提高了 Citrate-P 含量，只有 NSM 处理可以显著提高 HCl-P 含量。土壤有效磷含量与 Citrate-P（AP=0.730Citrate-P+0.716）和 HCl-P（AP=0.227HCl-P+0.132）显著正相关，并显著促进了磷素的利用率，因此这两种磷库对红壤磷素的持续十分重要。

利用随机森林模型分析表明，Po、Fe-P、Ca-P、Citrate-P 及 HCl-P 是红壤磷活化系数（PAC）的主要决定因素（$P < 0.05$），其对红壤 PAC 变化（以均方误差计算）的贡献率在 5.9% ～ 10.7%。Po、Fe-P 及 HCl-P 对磷肥表观利用率（PAUE）变化的贡献率在 7.3% ～ 8.0%（$P < 0.05$），对磷肥经济利用率（PEUE）变化的贡献率在 7.3% ～ 7.9%（$P < 0.05$），此外 Citrate-P 对磷肥经济利用率的影响也较显著（5.48%，$P < 0.05$）（图 12-43）。

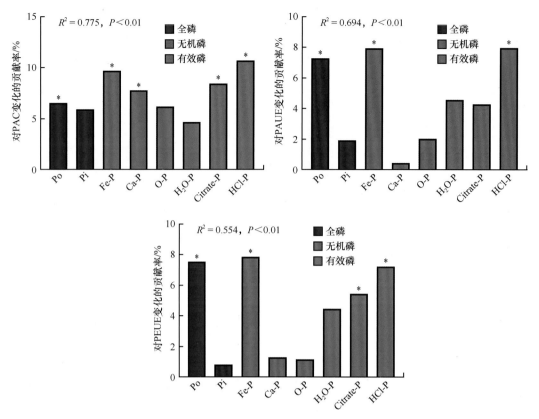

图 12-43　等碳量输入有机肥下红壤磷素组分对红壤磷活化系数、磷肥表观利用率和磷肥经济利用率变化的影响

红壤磷活化系数（PAC）=红壤有效磷/红壤全磷×100%；磷肥表观利用率（PAUE）=（施肥处理生物量含磷总量−对照处理生物量含磷总量）/施磷总量×100%；磷肥经济利用率（PEUE）=（施肥处理籽粒含磷总量−对照处理籽粒含磷总量）/施磷总量×100%。＊表示 $P<0.05$

12.4.3.2　生物培肥对红壤捕食性细菌的促进作用

　　生物培肥是指利用微生物肥料和蚯蚓等生物提升土壤肥力、调控养分转化、促进作物生长、提高作物产品质量。微生物肥料是指含有一些特定微生物活体的复合肥料，通过其中的活性微生物活化土壤养分，产生植物生理活性物质，抑制土壤病原微生物生长，提高植物抗环境胁迫的能力。微生物肥料主要包括微生物菌剂和微生物有机肥。微生物菌剂是以具有某些特定功能微生物为主的微生物制剂，其中微生物的代谢产物及其所含的一些活性酶类可以增进某些特定肥效，按照其功效特性可分为营养肥、抗病肥、生长刺激肥、农药降解肥等，主要的微生物菌剂包括固氮菌、硅酸盐细菌、磷细菌、假单胞菌和放线菌等细菌菌剂。微生物有机肥是指包含特定的功能性微生物和动植物源废弃物制得的有机肥，兼具微生物肥和有机肥效应，用于研发微生物有机肥的功能菌菌属包括固氮螺菌（*Azospirillum*）、假单胞菌（*Pseudomonas*）、芽孢杆菌（*Bacillus*）、根瘤菌（*Rhizobium*）、伯克霍尔德菌（*Burkholderia*）、无色杆菌（*Achromobacter*）、纤维素单胞菌（*Cellulomonas*）、黄杆菌（*Flavobacterium*）、链霉菌（*Streptomyces*）和黄单胞菌（*Xanthomonas*）。植物根际促生菌（plant growth promoting rhizobacteria，PGPR）是目前微生物肥料的研究重点，以荧光假单胞菌为代表的根际促生微生物定植在根际，其鞭毛和脂多糖（lipopolysaccharide，LPS）能够诱导植物产生系统抗性，抑

制病害发生。微生物肥料具有广泛的应用和发展前景，但其在实际生产中的效果并不稳定，解决功能性微生物在土壤中与土著微生物的生态位竞争、实现顺利定植是微生物肥料成功应用的关键。此外，用于微生物肥料研发的微生物种类日益增加，迫切需要形成相应的菌种资源库，促进生物肥菌种生产的标准化，为微生物肥料的产业开发提供保障。

捕食性细菌具有生物培肥的潜力，可以促进作物对化肥养分的高效利用。捕食性细菌（predatory bacteria）广泛存在于生物圈的各种生境，通过攻击和捕食其他细菌来维持生存，主要分布在绿弯菌门（Chloroflexi）、变形菌门（Proteobacteria）、噬纤维菌科（Cytophagaceae）等类群中（Pérez et al.，2016），并有多种多样的捕食策略（Chen et al.，2011）（表 12-15）。捕食细菌分为专性（obligate）和兼性（facultative）捕食性细菌，它们的基因组富含编码蛋白酶、黏附素和特殊代谢蛋白的基因。研究表明捕食性细菌对多种土传病害有显著抑制作用，包括辣椒炭疽病、黄瓜枯萎病、稻瘟病和软腐病等（Wang et al.，2020；Li et al.，2018；Li et al.，2019）。

表 12-15　主要捕食性细菌的栖息地和捕食策略（Pérez et al.，2016；Wang et al.，2020）

捕食性细菌	栖息环境	捕食策略
云母弧菌属（Micavibrio）	污水和土壤	与猎物细胞接触捕食
爬管菌目（Herpetosiphonales）	土壤、腐烂有机物、淡水、活性污泥	分泌溶解酶和次级代谢产物，正面攻击和"狼群捕食"策略
贪铜菌属（Cupriavidus）	土壤	分泌次级代谢产物
剑菌属（Ensifer）	土壤	分泌溶解因子
壤霉菌属（Agromyces）	土壤	分泌溶解酶
寡养单胞菌属（Stenotrophomonas）	土壤	分泌次级代谢产物和抗生素
蛭弧菌目（Bdellovibrionales）	土壤、植物根系、海水、污水	侵入猎物细胞周质空间进行捕食
溶杆菌属（Lysobacter）	土壤、鱼塘和河流	分泌表面溶菌酶等
链霉菌属（Streptomyces）	水、土壤和植物根系	分泌次级代谢产物、溶解酶、蛋白酶、几丁质酶和抗生素
噬纤维菌科（Cytophagaceae）	富营养化湖泊	分泌表面溶解酶
黏细菌目（Myxococcales）	土壤、腐烂植物、淡水、海洋	分泌溶解酶和次级代谢产物、正面攻击和"狼群捕食"策略

有机农业管理方式可以促进黏细菌与细菌形成复杂的生物网络。对南方红壤区（长沙市、婺源县、上海市、句容市、南京市溧水区和扬州市）的有机农业和常规农业管理系统的对比调查研究表明，有机农业（蔬菜、水稻、茶叶）管理方式增加了大多数捕食性细菌，特别是捕食性细菌中的黏细菌目（Myxococcales）、噬纤维菌科（Cytophagaceae）和贪铜菌属（Cupriavidus）丰度显著增加（图 12-44）。对土壤细菌网络的分析表明，有机农业促进了土壤中细菌和捕食性细菌目（特别是黏细菌目下的属）形成更为复杂的生态网络，黏细菌是细菌生态网络中重要的节点微生物（关键种）（图 12-45）。黏细菌能捕食许多参与养分循环的微生物种群，如根瘤菌属和假单胞菌属等。黏细菌可以影响参与碳和氮磷循环的微生物种群，影响植物宿主与寄生虫的相互作用及根瘤菌–豆科植物的固氮等，促进土壤有机质、氮磷等土壤养分转化。

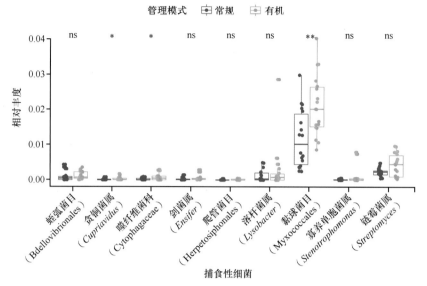

图 12-44　有机和常规农业管理模式对典型土壤捕食性细菌丰度的影响

* 和 ** 表示有机和常规管理下捕食性细菌丰度存在显著差异（* 表示 $P < 0.05$，** 表示 $P < 0.01$）；

ns 表示没有显著差异（ANOVA）

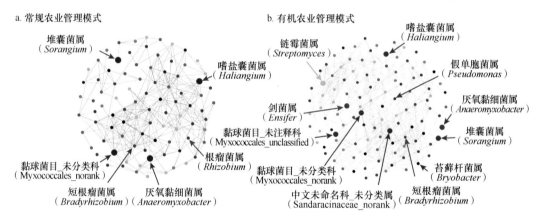

图 12-45　有机和常规农业管理模式下土壤捕食性细菌与细菌形成的分子生态网

红色连线表示正相关；蓝色连线表示负相关。红色节点表示捕食性黏细菌；其他不同颜色节点表示隶属于不同细菌门的细菌
属。较大的节点表示捕食性细菌，较小的节点表示非捕食性细菌

　　施肥可以显著改变土壤中黏细菌的丰度。在湖南省祁阳市进行的红壤旱地长期施肥试验表明，长期施用氮肥显著改变了黏细菌的群落结构，降低了黏细菌的丰度和拷贝数，而长期施用有机肥则显著增加了近半数（共 419 个 OTU）黏细菌 OTU 的丰度和拷贝数，这些 OTU 分属于不同的黏细菌科并包含了大量丰度较低的稀有黏细菌 OTU（图 12-46）。旱地红壤施用有机肥，通过培肥土壤提高了黏细菌丰度和拷贝数，长期施用有机肥显著提升了红壤速效养分含量，SOC、TN、TP 和 AN 含量分别提高了 1.11 倍、1.18 倍、3.65 倍和 1.19 倍。

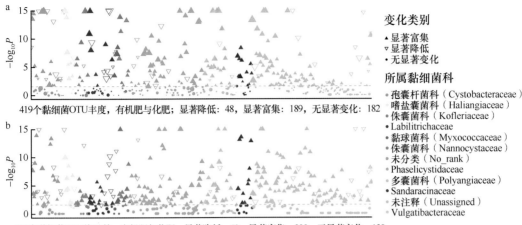

图 12-46　红壤旱地长期施有机肥对黏细菌丰度（a）和拷贝数（b）的影响

样品中共测得 419 个黏细菌 OTU。图中每一个散点代表一种黏细菌 OTU。实心三角形：有机肥处理下显著富集的黏细菌 OTU；空心三角形：显著降低的黏细菌 OTU；实心圆形：无显著差异的黏细菌 OTU。虚线对应于 $P=0.05$ 的显著性阈值。每个点的颜色表示 OTU 归属的黏细菌科

12.4.3.3　红壤旱地玉米–绿肥轮作有机肥激发式还田控酸培肥技术模式

1. 模式技术原理

玉米是南方红壤区第三大粮食作物，可以与冬季绿肥（如光叶苕子）建立良好的红壤旱地轮作制。同时，我国南方畜禽养殖废弃物资源丰富，2018 年南方生猪出栏 2.63 亿头，每年每头猪产生 4.73kg N、1.53kg P_2O_5。因此，畜禽粪便腐熟后与秸秆配合还田，结合绿肥轮作，可以为红壤旱地提供丰富的有机肥来源。玉米秸秆、光叶苕子和猪粪尿的氮（N）含量分别为 8.7g/kg、2.8g/kg 和 8.54g/kg；磷（P_2O_5）养分含量分别为 3.1g/kg、0.55g/kg 和 2.77g/kg。玉米秸秆和光叶苕子的钾（K_2O）含量分别为 13.4g/kg 和 4.3g/kg。

玉米–光叶苕子轮作体系配合有机肥激发式还田技术模式可以有效提升红壤地力，其主要技术原理包括：①秸秆还田添加适量有机肥，通过提高投入物料 C：N，激发秸秆快速分解，促进氮磷养分资源的高效利用，实现节肥增效目标；②有机肥还田（腐熟畜禽粪便、绿肥）可以快速提升有机质和氮磷钾养分含量，促进土壤团聚体形成，提高活性有机质含量和土壤腐殖质品质，稳定提高土壤微生物的多样性和活性，快速提升红壤质量和健康水平，提高作物产量；③针对强酸性红壤旱地（pH＜5.5）施用石灰质物质进行土壤酸化治理，以提升土壤 pH 至 5.5 为目标，对于弱酸性红壤旱地（pH＞5.5）施用有机肥长期控制土壤酸化，以提升土壤酸缓冲容量（长效抗酸化能力）为目标。该模式适用于坡度在 8° 以下，土层厚度 30cm 以上的南方红壤旱坡地。

2. 模式技术要点

（1）强酸性红壤酸度改良

根据农业行业标准《石灰质物质改良酸化土壤技术规范》（NY/T 3443—2019），选择生石灰、熟石灰、石灰石、白云石等石灰质物质，也可以采用碱渣及生物源（牡蛎壳）等含碳酸钙类物质提高红壤 pH。主要改良强酸性红壤（pH＜5.5）酸度，以提升耕层土壤（0～20cm）pH 至 5.5 为目标，石灰质物质施用量根据土壤有机质和质地条件确定（表 12-11）。

（2）有机肥前处理、堆腐和施用

有机肥前处理：通过干湿分离、堆沤发酵等方式将畜禽粪便等有机肥完全腐熟，腐熟后的有机肥含水量低于50%。对含有砷、铅等重金属和抗生素的畜禽粪便，通过添加相关的调理剂和微生物菌剂来钝化重金属或分解抗生素，实现畜禽粪便有机肥的无害化处理。

有机肥堆腐：以腐熟猪粪和碎秸秆作为堆肥基料，秸秆∶猪粪（含碳量）=9∶1，基料碳氮比为20～30，基料水分在60%～70%，若施用其他腐熟有机肥，可根据所需碳氮比进行适当调整（表12-16）。秸秆原料分三层堆积（第一、第二层高60cm，第三层高40cm，总高度1.6m，总宽度2m），堆体两边与地面成70°左右角，用塑料地膜封盖、裹严，并就地取泥压实；按堆腐原料含量的0.25%添加生石灰调节pH，促进腐解；堆沤期每隔10d左右翻堆一次，便于堆体通风；以腐解秸秆手感柔软、颜色为黑褐色为堆沤腐熟标准。

表12-16　不同种类畜禽粪便的有机质和氮、磷、钾含量（李书田等，2009）

种类	有机质/（g/kg）	氮/（g N/kg）	磷/（g P₂O₅/kg）	钾/（g K₂O/kg）	pH
牛粪	145	15.6	14.9	19.6	7.8
羊粪	255	13.1	10.3	24.0	8.1
猪粪	150	22.8	39.7	20.9	7.6
鸭粪	262	10.0	14.0	6.2	6.5
鸡粪	255	20.8	35.3	23.8	7.7

有机肥施用：在玉米种植过程中，畜禽粪便等有机肥一般在玉米播种前做基肥施用，即在翻耕前撒施于土壤表层，然后结合翻耕将有机肥埋入土壤中30cm处。翻耕完毕一周后，实施作物播种。如果采用玉米秸秆直接还田方式，可在玉米秸秆晾晒2～3d后，用粉碎机粉碎至平均长度5～10cm，根据秸秆产量按秸秆∶猪粪（含碳量）=9∶1在田间抛洒腐熟猪粪，然后用拖拉机将秸秆和猪粪翻耕至耕作层。

（3）玉米种植管理

玉米品种选择和种植方式：选择优良的玉米品种，要求具有高抗病、抗旱和耐高温等特性。播种量一般为3kg/亩，株行距为20cm×40cm，播种深度为10～15cm。

玉米生长期养分管理：常规情况下，玉米种植中，尿素为187.5kg/hm²，氯化钾为146.0kg/hm²。以腐熟猪粪–秸秆还田及光叶苕子翻压可替代15%～30%化肥。玉米目标产量为7500～9000kg/hm²时，N、P₂O₅、K₂O施用量分别为180～210kg/hm²、60～90kg/hm²、75～90kg/hm²。磷钾全部做基肥，氮肥40%～50%做基肥，50%～60%小喇叭口期做追肥。

玉米生长期水分管理：在苗期和开花期等作物生长的关键时期，根据作物需水规律及时灌水，保证作物正常生长。玉米生长期遇旱及时灌溉，遇强降雨应及时排涝。

玉米生长期病虫害防治：玉米秸秆还田后可能会导致虫害发生加重，在将秸秆翻压还田之前，可用50%百菌清和50%辛硫磷1000倍液喷洒，以减少病原菌和虫卵残留。玉米病虫害按常规防治技术进行，主要加强地下虫害的防控。

（4）光叶苕子栽培和翻压管理

光叶苕子种子准备：种子质量应符合国家标准《绿肥种子》（GB 8080—2010）中规定的三级良种以上，即纯度不低于92%、净度不低于94%、发芽率不低于75%、水分不高于12%。

播种前晒种 1 ～ 2d，或用浸种方法，即 50℃水浸没种子，自然冷却 6 ～ 8h，将种子捞出，放置阴凉处晾干。

土地准备、施用基肥和光叶苕子播种：玉米收获后，清除地面根茬、杂草和杂物，地块翻耕，耙平土地。保证墒情，墒情不足应在播种后及时浇水或覆盖保墒。播种前，随整地每亩施入 150 ～ 300kg/hm² 过磷酸钙，以磷增氮。光叶苕子–玉米轮作模式中，较适宜 9 月上中旬播种光叶苕子，播种量每亩 3 ～ 5kg。播种方式可采用条播或撒播，条播时将种子与细土 1∶2 ～ 3 混合，行距 30 ～ 40cm，播深为 1 ～ 2cm，墒情差的地块播深 2 ～ 3cm，撒播时将种子与细土 1∶2 ～ 3 混合，播后用耙浅翻土掩埋。

光叶苕子追肥、灌溉和虫草害的防治管理：若光叶苕子长势非常不好，在入春后追施尿素 5 ～ 8kg/亩。早春返青期，光叶苕子需水，若过于干旱需要灌水，同时防止渍水。光叶苕子在潮湿高热条件下可能会有蚜虫、白粉病发生，需要在苗期长到 10cm 左右时喷洒 50% 多菌灵 1500 倍液 50kg/亩防止白粉病发生，喷施乐果或除虫菊酯防治蚜虫。

光叶苕子翻压：在玉米播种前 25 ～ 35d 用农机耕翻，翻压量为鲜草 15 ～ 22.5t/hm²。

综上所述，我国东北平原、华北平原、四川盆地和长江中下游地区主要分布着黑土、潮土、紫色土、红壤和红壤性水稻土，制约不同区域耕地化肥养分高效利用的土壤关键因子不同，基于"扩增土壤蓄纳养分功能"和"提升生物养分转化功能"的双核驱动理论，本书提出了消减土壤障碍和构建肥沃耕层措施，分别建立了黑土肥沃耕层构建的玉米–大豆培肥减施模式、潮土碳氮协同管理的小麦–玉米培肥减施模式、紫色土快速增厚熟化（腐殖化、结构化、细菌化）的玉米垄作培肥减施模式、红壤酸化修复与微生物功能提升的玉米/花生–绿肥培肥减施模式、红壤性水稻土秸秆高效管理的稻–稻–肥/藻培肥减施模式，通过试验示范验证，实现了农田化肥减施和作物增产增效的目标。

参 考 文 献

白洋, 钱景美, 周俭民, 等. 2017. 农作物微生物组: 跨越转化临界点的现代生物技术. 中国科学院院刊, 32(3): 260-265.

鲍士旦. 1999. 土壤农化分析. 第3版. 北京: 中国农业出版社.

蔡祖聪, 钦绳武. 2006. 华北潮土长期试验中的作物产量、氮肥利用率及其环境效应. 土壤学报, 43(6): 885-891.

曹卫东, 徐昌旭. 2010. 中国主要农区绿肥作物生产与利用技术规程. 北京: 中国农业科学技术出版社: 282.

曹志洪, 周健民. 2008. 中国土壤质量. 北京: 科学出版社: 709.

柴仲平, 梁智, 王雪梅, 等. 2008. 连作对棉田土壤物理性质的影响. 中国农学通报, 24(8): 192-195.

常海娜, 王春兰, 朱晨, 等. 2020. 不同连作年限番茄根系淀积物的变化及其与根结线虫的关系. 土壤学报, 57(3): 750-759.

常熟市统计局. 2017. 2016年常熟市国民经济和社会发展统计公报. www.changshu.gov.cn/zgcs/UploadFile/ffe0c347-ef27-4ab3-9ed1-9fa81fffc94d/20170316165033480.doc [2021-03-30].

常潇, 肖鹏峰, 冯学智, 等. 2014. 近30年长江中下游平原典型区耕地覆盖变化. 国土资源遥感, (2): 170-176.

陈敦佩, 韩福山. 1964. 利用土壤藻类提高土壤肥力问题的探讨. 土壤通报, (1): 43-46.

陈芬, 洪坚平, 郝鲜俊, 等. 2012. 不同培肥处理对采煤塌陷地复垦土壤 Hedley P 形态的影响. 山西农业科学, 40(3): 243-245.

陈辉林, 田霄鸿, 王晓峰, 等. 2010. 不同栽培模式对渭北旱塬区冬小麦生长期间土壤水分、温度及产量的影响. 生态学报, 30(9): 2424-2433.

陈军胜, 苑丽娟, 呼格·吉乐图. 2005. 免耕技术研究进展. 中国农学通报, 21(5): 184-190.

陈奇恩. 1997. 棉花生育规律与优质高产高效栽培. 北京: 中国农业出版社.

陈温福, 张伟明, 孟军, 等. 2011. 生物炭应用技术研究. 中国工程科学, 13(2): 83-89.

陈文超, 朱安宁, 张佳宝, 等. 2014. 保护性耕作对潮土团聚体组成及其有机碳含量的影响. 土壤, 46(1): 35-40.

陈小云, 刘满强, 胡锋, 等. 2007. 根际微型土壤动物: 原生动物和线虫的生态功能. 生态学报, 27(8): 3132-3143.

陈晓芬, 李忠佩, 刘明, 等. 2013. 不同施肥处理对红壤水稻土团聚体有机碳、氮分布和微生物生物量的影响. 中国农业科学, 46(5): 950-960.

陈晓芬, 刘明, 江春玉, 等. 2019. 红壤性水稻土不同粒级团聚体有机碳矿化及其温度敏感性. 土壤学报, 56(5): 1118-1127.

陈效民, 茹泽圣, 刘兆普, 等. 1994. 大丰王港试验站滨海盐渍土饱和导水率的初步研究. 南京农业大学学报, 17(4): 134-137.

陈宗定, 许春雪, 安子怡, 等. 2019. 土壤碳赋存形态及分析方法研究进展. 岩矿测试, 38(2): 233-244.

戴佩彬. 2016. 模拟条件下磷肥配施有机肥对土壤磷素转化迁移及水稻吸收利用的影响. 杭州: 浙江大学硕士学位论文.

丁哲利, 彭建伟, 刘强, 等. 2010. 不同地力水平下不同养分管理模式对早稻氮素利用效率及产量的影响. 中国稻米, 16(2): 30-33.

董国涛, 张爱娟, 罗格平, 等. 2009. 三工河流域绿洲土壤重金属元素有效含量特征分析. 土壤, 41(5): 726-732.

窦森. 2019. 秸秆 "富集深还" 新模式及工程技术. 土壤学报, 56(3): 553-560.

段武德, 陈印军, 翟勇, 等. 2011. 中国耕地质量调控技术集成研究. 北京: 中国农业科学技术出版社.

段玉琪, 陈冬梅, 晋艳, 等. 2012. 不同肥料对连作烟草根际土壤微生物及酶活性的影响. 中国农业科技导报, 14(3): 122-126.

范庆锋, 张玉龙, 陈重, 等. 2009. 保护地土壤酸度特征及酸化机制研究. 土壤学报, 46(3): 466-471.

付凤云. 2016. 多菌灵与菌肥复合施用对连作平邑甜茶幼苗及土壤环境的影响. 泰安: 山东农业大学硕士学位论文.

付金霞, 常庆瑞, 李粉玲, 等. 2011. 基于 GIS 的黄土高原地貌复杂区县域耕地地力评价: 以陕西省澄城县为例. 地理与地理信息科学, 27(4): 61-65.

付鑫, 王俊, 赵丹丹. 2016. 覆盖方式对旱作小麦田土壤团聚体有机碳的影响. 干旱地区农业研究, 34(6): 163-169, 183.

高凯芳, 简敏菲, 余厚平, 等. 2016. 裂解温度对稻秆与稻壳制备生物炭表面官能团的影响. 环境化学, 35(8): 1663-1669.

高璟. 1988. 棉花优质高产栽培理论与实践. 南京: 江苏科学技术出版社.

高新昊, 张英鹏, 刘兆辉, 等. 2015. 种植年限对寿光设施大棚土壤生态环境的影响. 生态学报, 35(5): 1452-1459.

高阳, 段爱旺, 刘战东, 等. 2009. 玉米/大豆间作条件下的作物根系生长及水分吸收. 应用生态学报, 20(2): 307-313.

贡付飞, 查燕, 武雪萍, 等. 2013. 长期不同施肥措施下潮土冬小麦农田基础地力演变分析. 农业工程学报, (12): 120-129.

关连珠, 禅忠祥, 张金海, 等. 2013. 炭化玉米秸秆对棕壤磷素组分及有效性的影响. 中国农业科学, 46(10): 2050-2057.

郭菊花, 陈小云, 刘满强, 等. 2007. 不同施肥处理对红壤性水稻土团聚体的分布及有机碳、氮含量的影响. 土壤, 39(5): 787-793.

国家统计局. 2016. 中国统计年鉴: 2016. 北京: 中国统计出版社.

韩福山, 傅华龙, 陈维群. 1991. 稻田常见丝状藻类对土壤肥力的影响. 四川大学学报（自然科学版）, 28(3): 361-365.

韩江培. 2015. 设施栽培条件下土壤酸化与盐渍化耦合发生机理研究. 杭州: 浙江大学博士学位论文.

韩晓增, 李娜. 2018. 中国东北黑土地研究进展与展望. 地理科学, 38(7): 1032-1041.

韩晓增, 邹文秀. 2018. 我国东北黑土地保护与肥力提升的成效与建议. 中国科学院院刊, 33(2): 206-212.

韩晓增, 邹文秀, 王凤仙, 等. 2009. 黑土肥沃耕层构建效应. 应用生态学报, 20(12): 2996-3002.

韩晓增, 邹文秀, 严君, 等. 2019. 农田生态学和长期试验示范引领黑土地保护和农业可持续发展. 中国科学院院刊, 34(3): 362-370.

韩旭, 杨衍, 牛玉, 等. 2015. 不同方法收集辣椒根系分泌物化感自毒作用研究. 中国农学通报, 31(31): 62-67.

韩召强, 陈效民, 曲成闯, 等. 2017. 生物质炭施用对潮土理化性状、酶活性及黄瓜产量的影响. 水土保持学报, 31(6): 272-278.

郝晋珉, 牛灵安. 1997. 盐渍土利用过程中土壤磷素的累积与利用. 中国农业大学学报, 2(3): 69-72.

何毓蓉. 2003. 中国紫色土（下篇）. 北京: 科学出版社.

何园球, 孙波. 2008. 红壤质量演变与调控. 北京: 科学出版社.

贺纪正, 袁超磊, 沈菊培, 等. 2012. 土壤宏基因组学研究方法与进展. 土壤学报, 49(1): 155-164.

贺纪正, 张丽梅. 2013. 土壤氮素转化的关键微生物过程及机制. 微生物学通报, 40(1): 98-108.

侯红雨, 庞鸿宾, 齐学斌, 等. 2003. 温室滴灌条件下尿素转化运移分布规律试验研究. 灌溉排水学报, 22(6): 18-22.

胡伟, 赵兰凤, 张亮, 等. 2012. 不同种植模式配施生物有机肥对香蕉枯萎病的防治效果研究. 植物营养与肥料学报, 18(3): 742-748.

胡艳霞, 孙振钧, 程文玲. 2003. 蚯蚓养殖及蚓粪对植物土传病害抑制作用的研究进展. 应用生态学报, 14(2): 296-300.

胡莹洁, 孔祥斌, 张玉臻. 2018. 中国耕地土壤肥力提升战略研究. 中国工程科学, 20(5): 84-89.

花可可, 朱波, 杨小林, 等. 2014. 长期施肥对紫色土旱坡地团聚体与有机碳组分的影响. 农业机械学报, 45(10): 167-174.

环境保护部, 国家统计局, 农业部. 2010. 第一次全国污染源普查公报. http://www.mee.gov.cn/gkml/hbb/bgg/201002/W020100210571553247154.pdf/gkml/hbb/bgg/201002/t20100210_185698.htm [2021-07-01].

环境保护部, 国土资源部. 2014. 全国土壤污染状况调查公报. www.gov.cn/foot/2014-04/17/content_2661768.htm [2021-07-01].

黄昌勇. 2000. 土壤学. 北京: 中国农业出版社: 44.

黄耀, 孙文娟. 2006. 近20年来中国大陆农田表土有机碳含量的变化趋势. 科学通报, 51(7): 750-763.

冀建华, 李絮花, 刘秀梅, 等. 2019. 硅钙钾镁肥对南方稻田土壤酸度的改良作用. 土壤学报, 56(4): 895-906.

贾武霞, 文炯, 许望龙, 等. 2016. 我国部分城市畜禽粪便中重金属含量及形态分布. 农业环境科学学报, 35(4): 764-773.

江春玉, 李忠佩, 崔萌, 等. 2014. 水分状况对红壤水稻土中有机物料碳分解和分布的影响. 土壤学报, 51(2): 325-334.

姜灿烂, 何园球, 刘晓利, 等. 2010. 长期施用有机肥对旱地红壤团聚体结构与稳定性的影响. 土壤学报, 47(4): 715-722.

金欣, 姚珊, Batbayar Javkhlan, 等. 2018. 冬小麦–夏休闲体系作物产量和土壤磷形态对长期施肥的响应. 植物营养与肥料学报, 24(6): 1660-1671.

巨晓棠. 2014. 氮肥有效率的概念及意义: 兼论对传统氮肥利用率的理解误区. 土壤学报, 51(5): 921-933.

巨晓棠. 2015. 理论施氮量的改进及验证: 兼论确定作物氮肥推荐量的方法. 土壤学报, 52(2): 249-261.

黎尚豪, 叶清泉. 1959. 固氮蓝藻是稻田氮肥的新肥源. 湖北农业科学, (4): 106-107.

黎尚豪, 叶清泉, 刘富瑞, 等. 1959a. 固氮蓝藻对水稻肥效的初步研究. 水生生物学报, (4): 440-444.

黎尚豪, 叶清泉, 刘富瑞, 等. 1959b. 我国的几种蓝藻的固氮作用. 水生生物学集刊, (4): 429-439.

李昌明, 王晓玥, 孙波. 2017. 不同气候和土壤条件下秸秆腐解过程中养分的释放特征及其影响因素. 土壤学报, 54(5): 1206-1217.

李春龙. 2018. 外源化感物质香豆酸对豌豆种子萌发、幼苗根际土壤酶活性及土壤微生物的影响. 江苏农业科学, 46(4): 94-97.

李虹儒, 许景钢, 徐明岗, 等. 2009. 我国典型农田长期施肥小麦氮肥回收率的变化特征. 植物营养与肥料学报, 15(2): 336-343.

李建军. 2015. 我国粮食主产区稻田土壤肥力及基础地力的时空演变特征. 贵阳: 贵州大学硕士学位论文.

李九玉, 赵安珍, 袁金华, 等. 2015. 农业废弃物制备的生物质炭对红壤酸度和油菜产量的影响. 土壤, 47(2): 334-339.

李菊梅, 李生秀. 2003. 可矿化氮与各有机氮组分的关系. 植物营养与肥料学报, 9(2): 158-164.

李隆. 2016. 间套作强化农田生态系统服务功能的研究进展与应用展望. 中国生态农业学报, 24(4): 403-415.

李庆凯, 郭峰, 唐朝辉, 等. 2019. 三种酚酸类物质在花生连作障碍中的生态效应分析. 中国油料作物学报, 41(1): 53-63.

李锐. 2011. 不同基础地力对水稻产量和肥料利用效率的影响. 武汉: 华中农业大学硕士学位论文.

李书田, 金继运. 2011. 中国不同区域农田养分输入、输出与平衡. 中国农业科学, 44(20): 4207-4229.

李书田, 刘荣乐, 陕红. 2009. 我国主要畜禽粪便养分含量及变化分析. 农业环境科学学报, 28(1): 179-184.

李顺姬, 邱莉萍, 张兴昌. 2010. 黄土高原土壤有机碳矿化及其与土壤理化性质的关系. 生态学报, 30(5): 1217-1226.

李天来, 杨丽娟. 2016. 作物连作障碍的克服: 难解的问题. 中国农业科学, 49(5): 916-918.

李文军, 杨基峰, 彭保发, 等. 2014. 施肥对洞庭湖平原水稻土团聚体特征及其有机碳分布的影响. 中国农业科学, 47(20): 4007-4015.

李孝良, 陈效民, 徐克琴, 等. 2012. 肥料与石膏配施对滨海盐土油菜生长及养分吸收的影响. 土壤通报, 43(5): 1221-1226.

李孝良, 徐克琴, 肖瑞, 等. 2011. 肥料与石膏配施对滨海盐土玉米生长及养分吸收的影响. 安徽科技学院学报, 25(6): 23-28.

李戍清, 张雅, 田忠玲, 等. 2017. 茄子连作与轮作土壤养分、酶活性及微生物群落结构差异分析. 浙江大学学报（农业与生命科学版）, 43(5): 561-569.

李艳, 李玉梅, 刘峥宇, 等. 2019. 秸秆还田对连作玉米黑土团聚体稳定性及有机碳含量的影响. 土壤与作物, 8(2): 129-138.

李志刚, 王灿, 杨建峰, 等. 2017. 连作对胡椒园土壤和植株中微量元素含量的影响及相关特征分析. 热带作物学报, 38(12): 2215-2220.

李自博. 2018. 人参根系自毒物质在连作障碍中的化感作用及其缓解途径研究. 沈阳: 沈阳农业大学博士学位论文.

连慧姝. 2018. 太湖平原水网区氮磷流失特征及污染负荷估算. 北京: 中国农业科学院硕士学位论文.

梁涛, 陈轩敬, 赵亚南, 等. 2015. 四川盆地水稻产量对基础地力与施肥的响应. 中国农业科学, (23): 4759-4768.

廖海兵, 李云霞, 邵晶晶, 等. 2011. 连作对浙贝母生长及土壤性质的影响. 生态学杂志, 30(10): 2203-2208.

廖育林, 鲁艳红, 聂军, 等. 2016. 长期施肥稻田土壤基础地力和养分利用效率变化特征. 植物营养与肥料学报, 22(5): 1249-1258.

凌宁, 王秋君, 杨兴明, 等. 2009. 根际施用微生物有机肥防治连作西瓜枯萎病研究. 植物营养与肥料学报, 15(5): 1136-1141.

刘超, 相立, 王森, 等. 2016. 土壤熏蒸剂棉隆加海藻菌肥对苹果连作土微生物及平邑甜茶生长的影响. 园艺学报, 43(10): 1995-2002.

刘建国. 2008. 新疆棉花长期连作的土壤环境变化及其化感作用的研究. 南京: 南京农业大学博士学位论文.

刘京, 常庆瑞, 陈涛, 等. 2010. 黄土高原南缘土石山区耕地地力评价研究. 中国生态农业学报, 18(2): 229-234.

刘宁, 何红波, 解宏图, 等. 2011. 土壤中木质素的研究进展. 土壤通报, 42(4): 991-996.

刘欣红. 2008. 设施蔬菜土传病害的成因及防治技术. 河北农业科技, (10): 19.

刘亚锋, 孙富林, 周毅, 等. 2007. 黄瓜连作对土壤微生物区系的影响 I：基于可培养微生物种群的数量分析. 中国蔬菜, (7): 4-7.

刘震, 徐明岗, 段英华, 等. 2013. 长期不同施肥下黑土和红壤团聚体氮库分布特征. 植物营养与肥料学报, 19(6): 1386-1392.

卢鑫萍, 杜茜, 闫永利, 等. 2012. 盐渍化土壤根际微生物群落及土壤因子对 AM 真菌的影响. 生态学报, 32(13): 4071-4078.

鲁艳红, 廖育林, 聂军, 等. 2016. 长期施用氮磷钾肥和石灰对红壤性水稻土酸性特征的影响. 土壤学报, 53(1): 202-212.

鲁艳红, 廖育林, 聂军, 等. 2017. 长期施肥红壤性水稻土磷素演变特征及对磷盈亏的响应. 土壤学报, 54(6): 1471-1485.

栾文楼, 宋泽峰, 李随民, 等. 2011. 河北平原土壤有机碳含量的变化. 地质学报, 85(9): 1528-1535.

吕慧捷. 2012. 肥料氮向土壤有机组分的转化动态及稳定机制. 北京: 中国科学院大学博士学位论文.

吕晓, 史洋洋, 黄贤金, 等. 2016. 江苏省土地利用变化的图谱特征. 应用生态学报, 27(4): 1077-1084.

麻万诸, 章明奎. 2017. 中国土系志 浙江卷. 北京: 科学出版社.

马丽娟. 2015. 咸水滴灌对棉田土壤硝化关键微生物的影响. 石河子: 石河子大学硕士学位论文.

孟赐福, 傅庆林. 1995. 施石灰石粉后红壤化学性质的变化. 土壤学报, 32(3): 300-307.

孟红旗, 刘景, 徐明岗, 等. 2013. 长期施肥下我国典型农田耕层土壤的 pH 演变. 土壤学报, 50(6): 1109-1116.

米会珍, 朱利霞, 沈玉芳, 等. 2015. 生物炭对旱作农田土壤有机碳及氮素在团聚体中分布的影响. 农业环境科学学报, 34(8): 1550-1556.

闵炬, 施卫明, 王俊儒. 2008. 不同施氮水平对大棚蔬菜氮磷钾养分吸收及土壤养分含量的影响. 土壤, 40(2): 226-231.

闵伟, 侯振安, 梁永超, 等. 2012. 土壤盐度和施氮量对灰漠土尿素 N 转化的影响. 土壤通报, (6): 1372-1379.

南雄雄, 游东海, 田霄鸿, 等. 2011. 关中平原农田作物秸秆还田对土壤有机碳和作物产量的影响. 华北农学报, 26(5): 222-229.

倪康, 廖万有, 伊晓云, 等. 2019. 我国茶园施肥现状与减施潜力分析. 植物营养与肥料学报, 25(3): 421-432.

农业部. 2013. 中国三大粮食作物肥料利用率研究报告. www.moa.gov.cn/zwllm/zwdt/201310/t20131010_3625203.htm [2021-07-01].

农业农村部. 2019. 2019 年全国耕地质量等级情况公报. http://www.ntjss.moa.gov.cn/zcfb/202006/P020200622573390595236.pdf [2021-07-01].

农业农村部种植业管理司, 农业农村部耕地质量监测保护中心. 2019. 东北黑土地保护利用集成技术模式. 北京: 中国农业出版社: 114.

潘凤兵. 2016. 短期轮作加施菌肥对连作苹果园土壤环境及平邑甜茶幼苗的影响. 泰安: 山东农业大学硕士学位论文.

潘根兴, 张阿凤, 邹建文, 等. 2010. 农业废弃物生物黑炭转化还田作为低碳农业途径的探讨. 生态与农村环境学报, 26(4): 394-400.

裴瑞杰, 袁天佑, 王俊忠, 等. 2017. 施用腐殖酸对夏玉米产量和氮效率的影响. 中国农业科学, 50(11): 2189-2198.

戚瑞敏, 赵秉强, 李娟, 等. 2016. 添加牛粪对长期不同施肥潮土有机碳矿化的影响及激发效应. 农业工程学报, 32(z2): 118-127.

乔磊, 江荣风, 张福锁, 等. 2016. 土壤基础地力对水稻体系的增产与稳产作用研究. 中国科技论文, 11(9): 1031-1034, 1045.

钦绳武, 顾益初, 朱兆良. 1998. 潮土肥力演变与施肥作用的长期定位试验初报. 土壤学报, 35(3): 367-375.

秦瑞君, 陈福兴. 1999. 湘南红壤作物苗期铝中毒的研究. 植物营养与肥料学报, 5(1): 50-55, 84.

秦树平. 2011. 华北平原不同耕作条件下表层土壤有机碳稳定性与养分释放的酶学调控机理. 北京: 中国科学院大学博士学位论文.

曲成闯, 陈效民, 韩召强, 等. 2018. 生物有机肥对潮土物理性状及微生物量碳、氮的影响. 水土保持通报, 38(5): 70-76.

曲成闯, 陈效民, 张志龙, 等. 2019. 生物有机肥提高设施土壤生产力减缓黄瓜连作障碍的机制. 植物营养与肥料学报, 25(5): 814-823.

全国农业技术推广服务中心, 中国农业科学院农业资源与区划所. 2008. 耕地质量演变趋势研究: 国家级耕地土壤监测数据整编. 北京: 中国农业科学技术出版社.

全国土壤普查办公室. 1998. 中国土壤. 北京: 中国农业出版社.

全智, 吴金水, 魏文学, 等. 2011. 长期种植蔬菜后土壤中氮、磷有效养分和重金属含量变化. 应用生态学报, 22(11): 2919-2929.

任江静, 吕新, 祈力敏, 等. 2019 不同滴灌水肥配施模式对土壤硝态氮与棉花根系形态的影响. 西北农业学报, 28(11): 1812-1820.

单晶晶. 2017. 肥盐交互作用对滨海盐渍土与冬小麦生长的影响及肥料效应研究. 青岛: 中国科学院烟台海岸带研究所硕士学位论文.

申飞, 郭瑞, 朱同彬, 等. 2016. 蚓粪和益生菌配施对设施番茄地土壤线虫群落的影响. 土壤学报, 53(4): 1015-1026.

申建波, 张福锁. 1999. 根分泌物的生态效应. 中国农业科技导报, 1(4): 21-27.

沈其荣, 陈立华, 杨兴明, 等. 2010a. 连作黄瓜、西瓜枯萎病的生物防治菌株及其微生物有机肥料: 中国, ZL200910233576.1.

沈其荣, 刘东阳, 杨兴明, 等. 2010b. 农业废弃物的快速堆肥菌剂及其生产有机肥的方法: 中国, ZL200910233577.6.

沈仁芳, 王超, 孙波. 2018. "藏粮于地、藏粮于技"战略实施中的土壤科学与技术问题. 中国科学院院刊, 33(2): 135-144.

沈善敏. 1998. 中国土壤肥力. 北京: 中国农业出版社.

舒馨, 朱安宁, 张佳宝, 等. 2014. 保护性耕作对潮土物理性质的影响. 中国农学通报, 30(6): 175-181.

宋春, 韩晓增, 王凤菊, 等. 2010. 长期不同施肥条件下黑土水稳性团聚体中磷的分布及其有效性. 中国生态农业学报, 18(2): 272-276.

宋大利, 侯胜鹏, 王秀斌, 等. 2018. 中国秸秆养分资源数量及替代化肥潜力. 植物营养与肥料学报, 24(1): 1-21.

苏海英. 2008. 新疆盐渍化土壤上氮肥的主要转化过程与氨挥发损失研究. 乌鲁木齐: 新疆农业大学硕士学位论文.

苏海英, 徐万里, 蒋平安, 等. 2008. 盐渍化土壤上不同类型氮肥氨挥发损失特征研究. 新疆农业科学, (2): 236-241.

苏州市统计局. 2005. 苏州统计年鉴: 2004. http://tjj.suzhou.gov.cn/sztjj/tjnj/2004/indexce.htm [2021-07-01].

苏州市统计局. 2017. 苏州统计年鉴: 2017. http://tjj.suzhou.gov.cn/sztjj/tjnj/2017/indexce.htm [2021-07-01].

苏州市统计局. 2018. 苏州统计年鉴: 2018. http://tjj.suzhou.gov.cn/sztjj/tjnj/2018/indexce.htm [2021-07-01].

隋世江, 张海楼, 张艳君, 等. 2014. 施氮方式对连作花生生长发育及产量的影响. 河南农业科学, 43(11): 32-35.

孙波. 2011. 红壤退化阻控与生态修复. 北京: 科学出版社.

孙波, 陆雅海, 张旭东, 等. 2017. 耕地地力对化肥养分利用的影响机制及其调控研究进展. 土壤, 49(2): 209-216.

孙波, 严浩, 施建平. 2007. 基于红壤肥力和环境效应评价的油菜–花生适宜施肥量. 土壤, 39(2): 222-230.

孙波, 严浩, 施建平, 等. 2006. 基于组件式 GIS 的施肥专家决策支持系统开发和应用. 农业工程学报, 22(4): 75-79.

孙波, 赵其国, 张桃林. 1997a. 土壤质量与持续环境 Ⅱ. 土壤质量评价的碳氮指标. 土壤, 29(4): 169-175, 184.

孙波, 赵其国, 张桃林, 等. 1997b. 土壤质量与持续环境Ⅲ. 土壤质量评价的生物学指标. 土壤, 29(5): 225-234.

孙家骏, 付青霞, 谷洁, 等. 2016. 生物有机肥对猕猴桃土壤酶活性和微生物群落的影响. 应用生态学报, 27(3): 829-837.

孙天聪, 李世清, 邵明安. 2005. 长期施肥对褐土有机碳和氮素在团聚体中分布的影响. 中国农业科学, 38(9): 1841-1848.

孙秀山, 许婷婷, 冯昊, 等. 2018. 不同种类肥料单配施对连作花生生长发育的影响. 山东农业科学, 50(6): 135-139.

汤勇华, 黄耀. 2009. 中国大陆主要粮食作物地力贡献率和基础产量的空间分布特征. 农业环境科学学报, 28(5): 1070-1078.

唐时嘉, 孙德江, 罗有芳, 等. 1984. 四川盆地紫色土肥力与母质特性的关系. 土壤学报, 21(2): 123-133.

滕明姣, 万兵兵, 王东升, 等. 2017. 蚓粪施用方式对不同品种番茄生长和土壤肥力的影响. 土壤, 49(4): 712-718.

田小明, 李俊华, 危常州, 等. 2012. 连续 3 年施用生物有机肥对土壤有机质组分、棉花养分吸收及产量的影响. 植物营养与肥料学报, 18(5): 1111-1118.

汪涛, 朱波, 罗专溪, 等. 2010. 紫色土坡耕地硝酸盐流失过程与特征研究. 土壤学报, 47(5): 962-970.

王伯仁, 徐明岗, 文石林. 2005. 有机肥和化学肥料配合施用对红壤肥力的影响. 中国农学通报, 21(2): 160-163.

王闯, 刘敏, 徐宁, 等. 2015. 黄瓜根系分泌物对黄瓜幼苗生长和生理特性的影响. 北方园艺, (10): 39-42.

王笃超, 吴景贵, 李建明. 2018. 不同有机物料对连作大豆根际土壤线虫的影响. 土壤学报, 55(2): 490-502.

王富华, 黄容, 高明, 等. 2019. 生物质炭与秸秆配施对紫色土团聚体中有机碳含量的影响. 土壤学报, 56(4): 929-939.

王改玲, 李立科, 郝明德. 2017. 长期施肥和秸秆覆盖土壤活性有机质及碳库管理指数变化. 植物营养与肥料学报, 23(1): 20-26.

王觉, 聂春鹏, 罗夫来, 等. 2016. 半夏连作障碍与土壤微生物数量变化初步探究. 南方农业, 10(19): 101-105.

王劲松, 樊芳芳, 郭珺, 等. 2016. 不同作物轮作对连作高粱生长及其根际土壤环境的影响. 应用生态学报, 27(7): 2283-2291.

王敏. 2013. 土传黄瓜枯萎病致病生理机制及其与氮素营养关系研究. 南京: 南京农业大学博士学位论文.

王仁杰, 强久次仁, 薛彦飞, 等. 2015. 长期有机无机肥配施改变了娄土团聚体及其有机和无机碳分布. 中国农业科学, (23): 4678-4689.

王树起, 韩晓增, 乔云发, 等. 2008. 长期施肥对东北黑土酶活性的影响. 应用生态学报, 19(3): 551-556.

王晓婷, 陈瑞蕊, 井忠旺, 等. 2019. 水稻和小麦根际效应及细菌群落特征的比较研究. 土壤学报, 56(2): 443-453.

王永章. 2006. 江苏省补充耕地数量质量实行按等级折算研究. 南京: 南京农业大学硕士学位论文.

王月, 刘兴斌, 韩晓日, 等. 2016. 不同施肥处理对连作花生土壤微生物量和酶活性的影响. 沈阳农业大学学报, 47(5): 553-558.

魏全全, 芶久兰, 赵欣, 等. 2018. 黄壤区烤烟轮作与连作根系形态、产量及养分吸收的变化. 西南农业学报, 31(11): 2294-2299.

魏晓兰, 吴彩姣, 孙玮, 等. 2017. 减量施肥条件下生物有机肥对土壤养分供应及小白菜吸收的影响. 水土保持通报, 37(1): 40-44.

吴道铭, 傅友强, 于智卫, 等. 2013. 我国南方红壤酸化和铝毒现状及防治. 土壤, 45(4): 577-584.

吴凤芝, 赵凤艳, 谷思玉. 2002. 保护地黄瓜连作对土壤生物化学性质的影响. 农业系统科学与综合研究, 18(1): 20-22.

吴盼盼, 杨丽娟. 2017. 蚓粪对不同连作年限设施番茄生长、品质及产量的影响. 江苏农业科学, 45(7): 104-107.

吴泉. 2013. 分析大豆根系分泌物并检测其化感作用. 河南科技, (10): 213, 221.

吴泽新. 2007. 气候变化对黄淮海平原主要粮食作物的影响. 兰州: 兰州大学硕士学位论文.

武良. 2014. 基于总量控制的中国农业氮肥需求及温室气体减排潜力研究. 北京: 中国农业大学博士学位论文.

夏军, 苏人琼, 何希吾, 等. 2008. 中国水资源问题与对策建议. 中国科学院院刊, 23(2): 116-120.

夏伟光. 2015. 淮北地区耕层浅薄的砂姜黑土肥力提升技术研究. 合肥: 安徽农业大学硕士学位论文.

邢旭明, 王红梅, 安婷婷, 等. 2015. 长期施肥对棕壤团聚体组成及其主要养分赋存的影响. 水土保持学报, 29(2): 267-273.

徐立华, 王进友, 王书红, 等. 2007. Bt 移栽棉干物质积累与产量及器官建成关系的研究. 棉花学报, 19(1): 13-17.

徐明岗, 张文菊, 黄少敏. 2015. 中国土壤肥力演变. 第 2 版. 北京: 中国农业科学技术出版社.

徐仁扣. 2013. 酸化红壤的修复原理与技术. 北京: 科学出版社.

徐仁扣, 李九玉, 周世伟, 等. 2018. 我国农田土壤酸化调控的科学问题与技术措施. 中国科学院院刊, 33(2): 160-167.

徐少卓. 2018. 棉隆熏蒸加短期轮作葱对苹果连作障碍的防控研究. 泰安: 山东农业大学硕士学位论文.

徐志超, 于东升, 潘月, 等. 2018. 长三角典型区占补耕地土壤肥力的时段特征. 应用生态学报, 29(2): 617-625.

许艳, 张仁陟. 2017. 陇中黄土高原不同耕作措施下土壤磷动态研究. 土壤学报, 54(3): 670-681.

薛继澄, 毕德义, 李家金, 等. 1994. 保护地栽培蔬菜生理障碍的土壤因子与对策. 土壤肥料, 1(1): 4-9.

闫翠萍, 张玉铭, 胡春胜, 等. 2016. 不同耕作措施下小麦–玉米轮作农田温室气体交换及其综合增温潜势. 中国生态农业学报, 24(6): 704-715.

闫海丽. 2007. 不同磷效率小麦根际土壤磷的活化机理研究. 北京: 中国农业科学院硕士学位论文.

闫建文. 2014. 盐渍化土壤玉米水氮迁移规律及高效利用研究. 呼和浩特: 内蒙古农业大学博士学位论文.

闫湘, 金继运, 梁鸣早. 2017. 我国主要粮食作物化肥增产效应与肥料利用效率. 土壤, 49(6): 1067-1077.

闫颖, 何红波, 白震, 等. 2008. 有机肥对棕壤不同粒级有机碳和氮的影响. 土壤通报, 39(4): 738-742.

闫颖, 袁星, 樊宏娜. 2004. 五种农药对土壤转化酶活性的影响. 中国环境科学, 24(5): 588-591.

闫映宇. 2016. 塔里木灌区膜下滴灌的棉花需水量及节水效益. 水土保持研究, 23(1): 123-127.

晏娟. 2009. 太湖地区稻麦轮作体系氮肥适宜用量及提高其利用效率的研究. 南京: 南京农业大学博士学位论文.

杨恩东, 崔丹曦, 汪维云. 2019. 马赛菌属细菌研究进展. 微生物学通报, 46(6): 1537-1548.

杨帆, 徐洋, 崔勇, 等. 2017. 近 30 年中国农田耕层土壤有机质含量变化. 土壤学报, 54(5): 1047-1056.

杨劲松, 姚荣江. 2015. 我国盐碱地的治理与农业高效利用. 中国科学院院刊, 30(S): 162-170.

杨林章, 孙波. 2008. 中国农田生态系统养分循环和平衡及其管理. 北京: 科学出版社.

杨瑞秀. 2014. 甜瓜根系自毒物质在连作障碍中的化感作用及缓解机制研究. 沈阳: 沈阳农业大学博士学位论文.

杨永辉, 吴普特, 武继承, 等. 2011. 复水前后冬小麦光合生理特征对保水剂用量的响应. 农业机械学报, 42(7): 116-123.

尹恩, 吴丽丽, 陈毛华, 等. 2017. 不同比例蚯蚓粪对生姜连作障碍的影响. 信阳农林学院学报, 27(2): 99-102.

尹秀玲, 张璐, 贾丽, 等. 2016. 玉米秸秆生物炭对暗棕壤性质和氮磷吸附特性的影响. 吉林农业大学学报, 38(4): 439-445.

尤垂淮, 曾文龙, 陈冬梅, 等. 2015. 不同养地方式对连作烤烟根际土壤微生物功能多样性的影响. 中国烟草学报, 21(2): 68-74.

於修龄. 2015. 土壤团聚体/铁锰结核的三维结构、形成过程及其环境意义. 杭州: 浙江大学博士学位论文.

于飞, 施卫明. 2015. 近10年中国大陆主要粮食作物氮肥利用率分析. 土壤学报, 52(6): 1311-1324.

于寒, 吴春胜, 王振民, 等. 2014. 连作对大豆根际可培养微生物及土壤理化性状的影响. 华南农业大学学报, 35(2): 28-34.

于群英. 2001. 土壤磷酸酶活性及其影响因素研究. 安徽技术师范学院学报, (4): 5-8.

袁伟, 董元华, 王辉. 2010. 不同施肥模式下番茄的生长及生态化学计量学特征. 江苏农业科学, (2): 146-149.

曾希柏, 李永涛, 林启美. 2017. 低产田改良新技术及发展趋势. 北京: 科学出版社.

张登科, 宋珍珍. 2018. 不同连作年限下土壤物理性质对土壤饱和导水率空间分布的影响. 西部大开发（土地开发工程研究）, 3(10): 41-47.

张登晓, 周惠民, 潘根兴, 等. 2014. 城市园林废弃物生物质炭对小白菜生长、硝酸盐含量及氮素利用率的影响. 植物营养与肥料学报, 20(6): 1569-1576.

张福锁. 2008. 我国肥料产业与科学施肥战略研究报告. 北京: 中国农业大学出版社: 102.

张福锁, 马文奇, 陈新平. 2006. 养分资源综合管理理论与技术概论. 北京: 中国农业大学出版社: 329.

张福锁, 王激清, 张卫峰, 等. 2008. 中国主要粮食作物肥料利用率现状与提高途径. 土壤学报, 45(5): 915-924.

张甘霖, 王秋兵, 张凤荣, 等. 2013. 中国土壤系统分类土族和土系划分标准. 土壤学报, 50(4): 826-834.

张甘霖, 吴运金, 赵玉国. 2010. 基于SOTER的中国耕地后备资源自然质量适宜性评价. 农业工程学报, 26(4): 1-8.

张甘霖, 龚子同. 2012. 土壤调查实验室分析方法. 北京: 科学出版社.

张晗芝, 黄云, 刘钢, 等. 2010. 生物炭对玉米苗期生长、养分吸收及土壤化学性状的影响. 生态环境学报, 19(11): 2713-2717.

张欢强, 慕小倩, 梁宗锁, 等. 2007. 附子连作障碍效应初步研究. 西北植物学报, 27(10): 2112-2115.

张佳宝. 2019. 农田生态系统过程与变化. 北京: 高等教育出版社.

张教林, 陈爱国, 刘志秋. 2000. 定植3、13、34年热带胶园的土壤磷素形态变化和有效性研究. 土壤, 32(6): 319-322.

张杰, 陆雅海. 2015. 互营氧化产甲烷微生物种间电子传递研究进展. 微生物学通报, 42(5): 920-927.

张金锦, 段增强, 李汛. 2012. 基于黄瓜种植的设施菜地土壤硝酸盐型次生盐渍化的分级研究. 土壤学报, 49(4): 673-680.

张晶, 濮励杰, 朱明, 等. 2014. 如东县不同年限滩涂围垦区土壤pH与养分相关性研究. 长江流域资源与环境, 23(2): 225-230.

张军, 张洪程, 段祥茂, 等. 2011. 地力施氮量对超级稻产量、品质及氮素利用率的影响. 作物学报, 37(11): 2020-2029.

张玲玉, 赵学强, 沈仁芳. 2019. 土壤酸化及其生态效应. 生态学杂志, 38(6): 1900-1908.

张璐, 张文菊, 徐明岗, 等. 2009. 长期施肥对中国3种典型农田土壤活性有机碳库变化的影响. 中国农业科学, 42(5): 1646-1655.

张苗, 施娟娟, 曹亮亮, 等. 2014. 添加三种外源蛋白研制生物有机肥及其促生效果. 植物营养与肥料学报, 20(5): 1194-1202.

张铭, 蒋达, 缪瑞林, 等. 2010. 不同土壤肥力条件下施氮量对稻茬小麦氮素吸收利用及产量的影响. 麦类作物学报, 30(1): 135-140, 148.

张庆霞, 宋乃平, 王磊, 等. 2010. 马铃薯连作栽培的土壤水分效应研究. 中国生态农业学报, 18(6): 1212-1217.

张秋菊. 2012. 三萜人参皂苷对人参、西洋参等植物生长发育的效应研究. 长春: 吉林农业大学博士学位论文.

张舒玄, 常江杰, 李辉信, 等. 2016. 奶牛粪蚯蚓堆肥的基质配方及对草莓育苗的影响. 土壤, 48(1): 59-64.

张桃林. 2015. 加强土壤和产地环境管理促进农业可持续发展. 中国科学院院刊, 30(4): 435-444.

张桃林, 李忠佩, 王兴祥. 2006. 高度集约农业利用导致的土壤退化及其生态环境效应. 土壤学报, 43(5): 843-850.

张体彬, 展小云, 冯浩. 2017. 盐碱地土壤酶活性研究进展和展望. 土壤通报, 48(2): 495-500.

张万杰, 李志芳, 张庆忠, 等. 2011. 生物质炭和氮肥配施对菠菜产量和硝酸盐含量的影响. 农业环境科学学报, 30(10): 1946-1952.

张文明, 邱慧珍, 张春红, 等. 2018. 不同连作年限马铃薯根系分泌物的成分鉴定及其生物效应. 中国生态农业学报, 26(12): 1811-1818.

张先富, 李卉, 洪梅, 等. 2012. 苏打盐碱土对氮转化的影响. 吉林大学学报（地球科学版）, 42(4): 1145-1150.

张翔, 毛家伟, 司贤宗, 等. 2014. 不同种类有机肥与钼肥配施对连作花生生长发育及产量、品质的影响. 中国油料作物学报, 36(4): 489-493.

张雅蓉, 李渝, 刘彦伶, 等. 2016. 长期施肥对黄壤有机碳平衡及玉米产量的影响. 土壤学报, 53(5): 1275-1285.

张彦东, 白尚斌, 王政权, 等. 2001. 落叶松根际土壤磷的有效性研究. 应用生态学报, 12(1): 31-34.

张玉兰, 王俊宇, 马星竹, 等. 2009. 提高磷肥有效性的活化技术研究进展. 土壤通报, 40(1): 194-202.

张玉铭, 张佳宝, 胡春胜, 等. 2006. 华北太行山前平原农田土壤水分动态与氮素的淋溶损失. 土壤学报, 43(1): 17-25.

张月平, 张炳宁, 田有国, 等. 2013. 县域耕地资源管理信息系统开发与应用. 土壤通报, 44(6): 1308-1313.

张志毅, 范先鹏, 夏贤格, 等. 2019. 长三角地区稻麦轮作土壤养分对秸秆还田响应-Meta 分析. 土壤通报, 50(2): 401-406.

赵凤亮, 单颖, 刘玉学, 等. 2016. 不同生物炭类型及添加量对土壤碳氮转化的影响. 热带作物学报, 37(12): 2261-2267.

赵海涛, 罗娟, 单玉华, 等. 2010. 蚓粪有机无机复混肥对黄瓜产量和品质的影响. 植物营养与肥料学报, 16(5): 1288-1293.

赵惠丽, 董金琎, 师江澜, 等. 2021. 秸秆还田模式对小麦–玉米轮作体系土壤有机碳固存的影响. 土壤学报, 58(1): 213-224.

赵金花, 张丛志, 张佳宝. 2016. 激发式秸秆深还对土壤养分和冬小麦产量的影响. 土壤学报, 53(2): 438-449.

赵宽, 周葆华, 马万征, 等. 2016. 不同环境胁迫对根系分泌有机酸的影响研究进展. 土壤, 48(2): 235-240.

赵力莹. 2018. 耕作方式对华北农田温室气体排放和土壤有机碳库动态的影响研究. 北京: 中国科学院大学硕士学位论文.

赵其国, 孙波, 张桃林. 1997. 土壤质量与持续环境 I. 土壤质量的定义及评价方法. 土壤, 29(3): 113-120.

赵秀玲, 任永祥, 赵鑫, 等. 2017. 华北平原秸秆还田生态效应研究进展. 作物杂志, (1): 1-7.

赵绪生, 齐永志, 甄文超. 2012. 不同抗连作障碍品种草莓根系分泌物化感物质差异分析及其化感效应. 河北农业大学学报, 35(3): 100-105.

赵学强, 沈仁芳. 2015. 提高铝毒胁迫下植物氮磷利用的策略分析. 植物生理学报, 51: 1583-1589.

郑昊楠, 王秀君, 万忠梅, 等. 2019. 华北地区典型农田土壤有机质和养分的空间异质性. 中国土壤与肥料, (1): 55-61.

郑洪元, 张德生. 1982. 土壤动态生物化学研究法. 北京: 科学出版社: 173-265.

郑圣先, 廖育林, 杨曾平, 等. 2011. 湖南双季稻种植区不同生产力水稻土肥力特征的研究. 植物营养与肥料学报, 17(5): 1108-1121.

郑阳霞, 唐海东, 李焕秀, 等. 2011. 嫁接西瓜根系分泌物的化感效应及其化感物质的鉴定. 果树学报, 28(5): 863-868.

中国科学院成都分院土壤研究室. 1991. 中国紫色土（上篇）. 北京: 科学出版社.

中国科学院农业领域战略研究组. 2009. 中国至2050年农业科技发展路线图. 北京: 科学出版社: 156.

中国科学院水生生物研究所第五室藻类实验生态学组. 1978. 双季晚稻田大面积放养固氮蓝藻的试验. 水生生物学集刊, 6(3): 299-310.

中国农业年鉴编辑委员会. 1961-2008. 中国农业年鉴: 1961—2008. 北京: 中国农业出版社.

钟颖荣. 2016. 施肥模式对苏南地区稻麦轮作制度下土地生产力的影响. 南京: 南京农业大学硕士学位论文.

周丹丹, 周崇峻, 杨丽娟. 2012. 有机肥和化肥配施对露地黄瓜养分吸收、产量和品质的影响. 沈阳农业大学学报, 43(4): 498-501.

周海燕, 徐明岗, 蔡泽江, 等. 2019. 湖南祁阳县土壤酸化主要驱动因素贡献解析. 中国农业科学, 52(8): 1400-1412.

周建斌, 翟丙年, 陈竹君, 等. 2004. 设施栽培菜地土壤养分的空间累积及其潜在的环境效应. 农业环境科学学报, 23(2): 332-335.

周卫. 2015. 低产水稻土改良与管理: 理论·方法·技术. 北京: 科学出版社: 353.

周晓阳, 徐明岗, 周世伟, 等. 2015. 长期施肥下我国南方典型农田土壤的酸化特征. 植物营养与肥料学报, 21(6): 1615-1621.

朱波, 陈实, 游祥, 等. 2002. 紫色土退化旱地的肥力恢复与重建. 土壤学报, 39(5): 743-749.

朱波, 况福虹, 高美荣, 等. 2009. 土层厚度对紫色土坡地生产力的影响. 山地学报, 27(6): 735-739.

朱波, 罗晓梅, 徐佩, 等. 2000. 紫色土肥力要素的剖面分异与肥力潜力. 西南农业学报, 13(4): 50-56.

朱国锋, 李秀成, 石耀荣, 等. 2018. 国内外耕地轮作休耕的实践比较及政策启示. 中国农业资源与区划, 39(6): 35-41, 92.

朱海, 杨劲松, 姚荣江, 等. 2019. 有机无机肥配施对滨海盐渍农田土壤盐分及作物氮素利用的影响. 中国生态农业学报, 27(3): 441-450.

朱兆良. 1982. 土壤氮素. 土壤, (2): 115-119.

朱兆良. 2006. 推荐氮肥适宜施用量的方法论刍议. 植物营养与肥料学报, 12(1): 1-4.

朱兆良, 金继运. 2013. 保障我国粮食安全的肥料问题. 植物营养与肥料学报, 19(2): 259-273.

朱兆良, 文启孝 1992. 中国土壤氮素. 南京: 江苏科学技术出版社.

朱兆良, 张福锁. 2010. 主要农田生态系统氮素行为与氮肥高效利用的基础研究. 北京: 科学出版社.

朱兆良, Norse D, 孙波. 2006. 中国农业面源污染控制对策. 北京: 中国环境科学出版社: 287.

祝丽香, 霍学慧, 孙洪信, 等. 2013. 桔梗连作对土壤理化性状和生物学性状的影响. 水土保持学报, 27(6): 177-181.

庄硕, 陈鸿洋, 张明, 等. 2018. 生物质炭施加对新成水稻土碳组分及其分解的影响. 生态与农村环境学报, 34(11): 1010-1018.

庄振东, 李絮花, 张健, 等. 2016. 冬小麦-夏玉米轮作制度下腐植酸氮肥去向与平衡. 水土保持学报, 30(6): 201-206.

邹文秀, 韩晓增, 陆欣春, 等. 2017. 施入不同土层的秸秆腐殖化特征及对玉米产量的影响. 应用生态学报, 28(2): 563-570.

邹文秀, 韩晓增, 陆欣春, 等. 2018. 玉米秸秆混合还田深度对土壤有机质及养分含量的影响. 土壤与作物, 7(2): 139-147.

邹文秀, 陆欣春, 韩晓增, 等. 2016. 耕作深度及秸秆还田对农田黑土土壤供水能力及作物产量的影响. 土壤与作物, 5(3): 141-149.

Acosta-Martínez V, Zobeck TM, Allen V. 2004. Soil microbial, chemical and physical properties in continuous cotton and integrated crop-livestock systems. Soil Science Society of America Journal, 68(6): 1875-1884.

Ahmad N, Hassan FU, Belford RK. 2009. Effect of soil compaction in the sub-humid cropping environment in Pakistan on uptake of NPK and grain yield in wheat (*Triticum aestivum*): I . Compaction. Field Crops Research, 110(1): 54-60.

Ai C, Liang GQ, Sun JW, et al. 2013. Different roles of rhizosphere effect and long-term fertilization in the activity and community structure of ammonia oxidizers in a calcareous fluvo-aquic soil. Soil Biology and Biochemistry, 57: 30-42.

Albassam BA. 2001. Effect of nitrate nutrition on growth and nitrogen assimilation of pearl millet exposed to sodium chloride stress. Journal of Plant Nutrition, 24(9): 1325-1335.

Allen AP, Gillooly JF. 2009. Towards an integration of ecological stoichiometry and the metabolic theory of ecology to better understand nutrient cycling. Ecology Letters, 12(5): 369-384.

Alvarez R, Evans LA, Milham PJ, et al. 2004. Effects of humic material on the precipitation of calcium phosphate. Geoderma, 118(3-4): 245-260.

An H, Wu XZ, Zhang YR, et al. 2019. Effects of land-use change on soil inorganic carbon: a meta-analysis. Geoderma, 353: 273-282.

An N, Fan MS, Zhang FS, et al. 2015. Exploiting co-benefits of increased rice production and reduced greenhouse gas emission through optimized crop and soil management. PLoS ONE, 10(10): e140023.

Andresen LC, Dungait JAJ, Bol R, et al. 2014. Bacteria and fungi respond differently to multifactorial climate change in a temperate heathland, traced with 13c-glycine and FACE CO_2. PLoS ONE, 9(1): e85070.

Ansari RA, Mahmood I. 2017. Optimization of organic and bio-organic fertilizers on soil properties and growth of pigeon pea. Scientia Horticulturae, 226: 1-9.

Aparicio V, Costa JL. 2007. Soil quality indicators under continuous cropping systems in the Argentinean Pampas. Soil and Tillage Research, 96(1-2): 155-165.

Appuhn A, Joergensen RG. 2006. Microbial colonisation of roots as a function of plant species. Soil Biology and Biochemistry, 38(5): 1040-1051.

Asari N, Ishihara R, Nakajima Y, et al. 2007. Cyanobacterial communities of rice straw left on the soil surface of a paddy field. Biology and Fertility of Soils, 44(4): 605-612.

Ashman MR, Hallett PD, Brookes PC, 2003. Are the links between soil aggregate size class, soil organic matter and respiration rate artefacts of the fractionation procedure? Soil Biology and Biochemistry, 35(3): 435-444.

Ashraf M, Harris PJC. 2013. Photosynthesis under stressful environments: an overview. Photosynthetica, 51(2): 163-190.

Atlas RM, Horowitz A, Krichevsky M, et al. 1991. Response of microbial populations to environmental disturbance. Microbial Ecology, 22(1): 249-256.

Aye NS, Butterly CR, Sale PWG, et al. 2017. Residue addition and liming history interactively enhance mineralization of native organic carbon in acid soils. Biology and Fertility Soils, 53(1): 61-75.

Aye NS, Sale PWG, Tang CX. 2016. The impact of long-term liming on soil organic carbon and aggregate stability in low-input acid soils. Biology and Fertility Soils, 52: 697-709.

Bahram M, Hildebrand F, Forslund SK, et al. 2018. Structure and function of the global topsoil microbiome. Nature, 560(7717): 233-237.

Bais HP, Weir TL, Perry LG, et al. 2006. The role of root exudates in rhizosphere interactions with plants and other organisms. Annual Review of Plant Biology, 57: 233-266.

Bakker MM, Govers G, Rounsevell MDA. 2004. The crop productivity-erosion relationship: an analysis based on experimental work. Catena, 57(1): 55-76.

Baldock JA, Smernik RJ. 2002. Chemical composition and bioavailability of thermally altered *Pinus resinosa* (red pine) wood. Organic Geochemistry, 33(9): 1093-1109.

Balser TC, Firestone MK. 2005. Linking microbial community composition and soil processes in a California annual grassland and mixed-conifer forest. Biogeochemistry, 73: 395-415.

Banerjee S, Walder F, Büchi L, et al. 2019. Agricultural intensification reduces microbial network complexity and the abundance of keystone taxa in roots. The ISME Journal, 13(7): 1722-1736.

Barberán A, Bates ST, Casamayor EO, et al. 2012. Using network analysis to explore co-occurrence patterns in soil microbial communities. The ISME Journal, 6: 343-351.

Bardgett RD, van der Putten WH. 2014. Belowground biodiversity and ecosystem functioning. Nature, 515(7528): 505-511.

Barin M, Aliasgharazd N, Olsson PA, et al. 2015. Salinity-induced differences in soil microbial communities around the hypersaline Lake Urmia. Soil Research, 53(5): 494-504.

Bates ST, Berg-Lyons D, Caporaso JG, et al. 2011. Examining the global distribution of dominant archaeal populations in soil. The ISME Journal, 5(5): 908-917.

Batjes NH. 2006. Soil carbon stocks of Jordan and projected changes upon improved management of croplands. Geoderma, 132(3-4): 361-371.

Baumann K, Dignac MF, Rumpel C, et al. 2013. Soil microbial diversity affects soil organic matter decomposition in a silty grassland soil. Biogeochemistry, 114(1-3): 201-212.

Bayer EA, Belaich JP, Shoham Y, et al, 2004. The cellulosomes: multienzyme machines for degradation of plant cell wall polysaccharides. Annual Review Microbiology, 58: 521-554.

Beardmore RE, Gudelj I, Lipson DA, et al. 2011. Metabolic trade-offs and the maintenance of the fittest and the flattest. Nature, 472(7343): 342-346.

Beck MA, Sanchez PA. 1994. Soil phosphorus fraction dynamics during 18 years of cultivation on a typic paleudult. Soil Science Society of America Journal, 58(5): 1424-1431.

Becker A, Bergès H, Krol E, et al. 2004. Global changes in gene expression in *Sinorhizobium meliloti* 1021 under microoxic and symbiotic conditions. Molecular Plant-Microbe Interactions, 17(3): 292-303.

Belimov AA, Dodd IC, Hontzeas N, et al. 2009. Rhizosphere bacteria containing 1-aminocyclopropane -1-carboxylate deaminase increase yield of plants grown in drying soil via both local and systemic hormone signaling. New Phytologist, 181(2): 413-423.

Berendsen RL, Pieterse CMJ, Bakker PAHM. 2012. The rhizosphere microbiome and plant health. Trends in Plant Science, 17(8): 478-486.

Beveridge TJ, Makin SA, Kadurugamuwa JL, et al. 1997. Interactions between biofilms and the environment. FEMS Microbiology Reviews, 20(3-4): 291-303.

Bidyarani N, Prasanna R, Babu S, et al. 2016. Enhancement of plant growth and yields in chickpea (*Cicer arietinum* L.) through novel cyanobacterial and biofilmed inoculants. Microbiological Research, 188-189: 97-105.

Bierman P. 2004. Influences of vermicomposts on field strawberries: I . effects on growth and yields. Bioresource Technology, 93: 145-153.

Bijoor N, Czimczik CI, Pataki DE, et al. 2008. Effects of temperature and fertilization on nitrogen cycling and community composition of an urban lawn. Global Change Biology, 14(9): 2119-2131.

Bingham AH, Cotrufo MF. 2016. Organic nitrogen storage in mineral soil: implications for policy and management. The Science of Total Environment, 551-552: 116-126.

Bird DM, Kaloshian I. 2003. Are roots special? Nematodes have their say. Physiological and Molecular Plant Pathology, 62(2): 115-123.

Bjørnlund L, Liu MQ, Rønn R, et al. 2012. Nematodes and protozoa affect plants differently, depending on soil nutrient status. European Journal of Soil Biology, 50: 28-31.

Blagodatskaya E, Yuyukina T, Blagodatsky S, et al. 2011. Turnover of soil organic matter and of microbial biomass under C_3-C_4 vegetation change: consideration of ^{13}C fractionation and preferential substrate utilization. Soil Biology Biochemistry, 43(1): 159-166.

Blair G, Lefroy R, Lisle L. 1995. Soil carbon fractions based on their degree of oxidation, and the development of a carbon management index for agricultural systems. Australian Journal of Agricultural Research, 46(7): 1459-1466.

Blossfeld S, Kuchendorf CM, Liebsch G, et al. 2013. Quantitative imaging of rhizosphere pH and CO_2 dynamics with planar optodes. Annals of Botany, 112(2): 267-276.

Bolan NS, Adriano DC, Curtin D. 2003. Soil acidification and liming interactions with nutrient and heavy metal transformation and bioavailability. Advances in Agronomy, 78: 215-272.

Bolinder M, Angers D, Giroux M, et al. 1999. Estimating C inputs retained as soil organic matter from corn (*Zea mays* L.). Plant Soil, 215(1): 85-91.

Bonfante P, Genre A. 2010. Mechanisms underlying beneficial plant-fungus interactions in mycorrhizal symbiosis. Nature Communications, 1: 48.

Bonkowski M, Villenave C, Griffiths BS. 2009. Rhizosphere fauna: the functional and structural diversity of intimate interactions of soil fauna with plant roots. Plant and Soil, 321(1): 213-233.

Borer B, Tecon R, Or D. 2018. Spatial organization of bacterial populations in response to oxygen and carbon counter-gradients in pore networks. Nature Communications, 9(1): 769.

Botella MA, Martínez V, Nieves M, et al. 1997. Effect of salinity on the growth and nitrogen uptake by wheat seedlings. Journal of Plant Nutrition, 20(6): 793-804.

Bottomley PJ, Yarwood RR, Kageyama SA, et al. 2006. Responses of soil bacterial and fungal communities to reciprocal transfers of soil between adjacent coniferous forest and meadow vegetation in the Cascade Mountains of Oregon. Plant and Soil, 289(1): 35-45.

Bremner JM. 1965. Organic nitrogen in soils // Bartholomew WV, Clark FE. Soil Nitrogen. Wisconsin: American Society of Agronomy: 93-149.

Brentrup F, Pallière C. 2010. Nitrogen use efficiency as an agro-environmental indicator. Proceedings of the OECD Workshop on Agri-environmental Indicators. Leysin, Switzerland, 23-26.

Briar SS, Fonte SJ, Park I, et al. 2011. The distribution of nematodes and soil microbial communities across soil aggregate fractions and farm management systems. Soil Biology and Biochemistry, 43(5): 905-914.

Broekgaarden C, Caarls L, Vos IA, et al. 2015. Ethylene: traffic controller on hormonal crossroads to defense. Plant Physiology, 169: 2371-2379.

Brooker RW, Bennett AE, Cong WF, et al. 2015. Improving intercropping: a synthesis of research in agronomy, plant physiology and ecology. New Phytologist, 206(1): 107-117.

Brown J, Gillooly J, Allen AP, et al. 2004. Toward a metabolic theory of ecology. Ecology, 85(7): 1771-1789.

Bru D, Ramette A, Saby N, et al. 2011. Determinants of the distribution of nitrogen-cycling microbial communities at the landscape scale. The ISME Journal, 5(3): 532-542.

Brussaard L, van Faassen HG. 1994. Effects of compaction on soil biota and soil biological processes // Soane BD, van Ouwerkerk C. Developments in Agricultural Engineering. Amsterdam: Elsevier: 215-235.

Bruun EW, Hauggaard-Nielsen H, Ibrahim N, et al. 2011. Influence of fast pyrolysis temperature on biochar labile fraction and short-term carbon loss in a loamy soil. Biomass and Bioenergy, 35(3): 1182-1189.

Bryan BA, Gao L, Ye YQ, et al. 2018. China's response to a national land-system sustainability emergency. Nature, 559(7713): 193-204.

Bulgarelli D, Schlaeppi K, Spaepen S. 2013. Structure and functions of the bacterial microbiota of plants. Annual Review of Plant Biology, 64: 807-838.

Bünemann EK, Oberson A, Frossard E. 2011. Phosphorus in Action: Biological Processes in Soil Phosphorus

Cycling. Berlin Heidelberg: Springer.

Butler JL, Williams MA, Bottomley PJ, et al. 2003. Microbial community dynamics associated with rhizosphere carbonflow. Applied and Environmental Microbiology, 69(11): 6793-6800.

Cahill JF, McNickle GG, Haag JJ, et al. 2010. Plants integrate information about nutrients and neighbors. Science, 328(5986): 1657.

Cai AD, Zhang WJ, Xu MG, et al. 2018. Soil fertility and crop yield after manure addition to acidic soils in South China. Nutrient Cycling in Agroecosystems, 111: 61-72.

Cai ZJ, Wang BR, Xu MG, et al. 2014. Nitrification and acidification from urea application in red soil (ferralic cambisol) after different long-term fertilization treatments. Journal of Soils and Sediments, 14(9): 1526-1536.

Campos-Soriano L, Sequndo BS. 2011. New insights into the signaling pathways controlling defense gene expression in rice roots during the arbuscular mycorrhizal symbiosis. Plant Signaling and Behavior, 6(4): 553-557.

Cao P, Zhang LM, Shen JP, et al. 2012. Distribution and diversity of archaeal communities in selected Chinese soils. FEMS Microbiology Ecology, 80(1): 146-158.

Cardinale M, Suarez C, Steffens D, et al. 2019. Effect of different soil phosphate sources on the active bacterial microbiota is greater in the rhizosphere than in the endorhiza of barley (Hordeum vulgare L.). Microbial Ecology, 77: 689-700.

Carter MR, Angers D, Gregorich EG. 2003. Characterizing organic matter retention for surface soils in Eastern Canada using density and particle size fraction. Canadian Journal of Soil Science, 83(1): 11-23.

Cassman KG. 1999. Ecological intensification of cereal production systems: yield potential, soil quality, and precision agriculture. Proceedings of the National Academy of Sciences of the United States of America, 96(11): 5952-5959.

Chagas FO, Pessotti RD, Caraballo-Rodriguez AM, et al. 2018. Chemical signaling involved in plant-microbe interactions. Chemical Society Reviews, 47: 1652-1704.

Chen BQ, Liu EK, Tian QZ, et al. 2014. Soil nitrogen dynamics and crop residues: a review. Agronomy for Sustainable Development, 34(2): 429-442.

Chen CR, Xu ZH, Mathers N. 2004. Soil carbon pools in adjacent natural and plantation forests of Subtropical Australia. Soil Science Society of America Journal, 68(1): 282-291.

Chen H, Athar R, Zheng GL, et al. 2011. Prey bacteria shape the community structure of their predators. The ISME Journal, 5(8): 1314-1322.

Chen HY, Teng YG, Lu SJ, et al. 2015. Contamination features and health risk of soil heavy metals in China. Science of the Total Environment, 512-513: 143-153.

Chen J, Ferris H. 1999. The effects of nematode grazing on nitrogen mineralization during fungal decomposition of organic matter. Soil Biology and Biochemistry, 31(9): 1265-1279.

Chen JH, Liu XY, Zheng JW, et al. 2013. Biochar soil amendment increased bacterial but decreased fungal gene abundance with shifts in community structure in a slightly acid rice paddy from Southwest China. Applied Soil Ecology, 71: 33-44.

Chen P, Du Q, Liu XM, et al. 2017. Effects of reduced nitrogen inputs on crop yield and nitrogen use efficiency in a long-term maize-soybean relay strip intercropping system. PLoS ONE, 12: e0184503.

Chen R, Senbayram M, Blagodatsky S, et al. 2014. Soil C and N availability determine the priming effect: microbial N mining and stoichiometric decomposition theories. Global Change Biology, 20(7): 2356-2367.

Chen RR, Zhong LH, Jing ZW, et al. 2017. Fertilization decreases compositional variation of paddy bacterial community across geographical gradient. Soil Biology and Biochemistry, 114: 181-188.

Chen S, Xu CM, Yan JX, et al. 2016. The influence of the type of crop residue on soil organic carbon fractions:

an 11-year field study of rice-based cropping systems in Southeast China. Agriculture Ecosystems & Environment, 223: 261-269.

Chen SF, Wu WL, Hu KL, et al. 2010. The effects of land use change and irrigation water resource on nitrate contamination in shallow groundwater at county scale. Ecological Complexity, 7(2): 131-138.

Chen XP, Cui ZL, Fan MS, et al. 2014. Producing more grain with lower environmental costs. Nature, 514(7523): 486-489.

Chen Y, Bonkowski M, Shen Y, et al. 2020. Root ethylene mediates rhizosphere microbial community reconstruction when chemically detecting cyanide produced by neighbouring plants. Microbiome, 8(1): 4.

Chen Y, Sun RB, Sun TT, et al. 2018. Organic amendments shift the phosphorus-correlated microbial co-occurrence pattern in the peanut rhizosphere network during long-term fertilization regimes. Applied Soil Ecology, 124: 229-239.

Chen Y, Sun RB, Sun TT, et al. 2020. Evidence for involvement of keystone fungal taxa in organic phosphorus mineralization in subtropical soil and the impact of labile carbon. Soil Biology and Biochemistry, 148: 107900.

Chon SU, Jang HG, Kim DK, et al. 2005. Allelopathic potential in lettuce (*Lactuca sativa* L.) plants. Scientia Horticulturae, 106(3): 309-317.

Chu HY, Fujii T, Morimoto S, et al. 2007. Community structure of ammonia-oxidizing bacteria under long-term application of mineral fertilizer and organic manure in a sandy loam soil. Applied and Environmental Microbiology, 73(2): 485-491.

Clapp CE, Chen Y, Hayes M, et al. 2001. Plant growth promoting activity of humic substances // Swift RS, Spark KM. Understanding Organic Matter in Soils, Sediments and Waters. Madision: IHSS: 243-255.

Clemente JS, Simpson AJ, Simpson MJ. 2011. Association of specific organic matter compounds in size fractions of soils under different environmental controls. Organic Geochemistry, 42(10): 1169-1180.

Cleveland CC, Liptzin D. 2007. C: N: P stoichiometry in soil: is there a "Redfield ratio" for the microbial biomass? Biogeochemistry, 85(3): 235-252.

Condron LM, Turner BL, Cade-Menun BJ. 2005. Chemistry and dynamics of soil organic phosphorus // Sims JT, Sharpley AN. Phosphorus, Agriculture and the Environment. Madison: Soil Science Society of America.

Corrêa A, Cruz C, Pérez-Tienda J, et al. 2014. Shedding light onto nutrient responses of arbuscular mycorrhizal plants: nutrient interactions may lead to unpredicted outcomes of the symbiosis. Plant Science, 221-222: 29-41.

Costello EK, Lauber CL, Hamady M, et al. 2009. Bacterial community variation in human body habitats across space and time. Science, 326(5960): 1694-1697.

Cotrufo MF, Soong JL, Horton AJ, et al. 2015. Formation of soil organic matter via biochemical and physical pathways of litter mass loss. Nature Geoscience, 8(10): 776-779.

Cotrufo MF, Wallenstein MD, Boot CM, et al. 2013. The microbial efficiency-matrix stabilization (MEMS) framework integrates plant litter decomposition with soil organic matter stabilization: do labile plant inputs form stable soil organic matter? Global Change Biology, 19(4): 988-995.

Cottrell MT, Kirchman DL. 2003. Contribution of major bacterial groups to bacterial biomass production (thymidine and leucine incorporation) in the Delaware Estuary. Limnology and Oceanography, 48(1): 168-178.

Craine JM, Morrow C, Fierer NO. 2007. Microbial nitrogen limitation increases decomposition. Ecology, 88(8): 2105-2113.

Creamer CA, de Menezes AB, Krull ES, et al. 2015. Microbial community structure mediates response of soil C decomposition to litter addition and warming. Soil Biology and Biochemistry, 80: 175-188.

Crowther TW, van den Hoogen J, Wan J, et al. 2019. The global soil community and its influence on biogeochemistry. Science, 365(6455): eaav0550.

Cui ZL, Zhang FS, Chen XP, et al. 2008. On-farm evaluation of an in-season nitrogen management strategy based on soil N_{min} test. Field Crops Research, 105(1-2): 48-55.

Cui ZL, Zhang HY, Chen XP, et al. 2018. Pursuing sustainable productivity with millions of smallholder farmers. Nature, 555(7696): 363-366.

Cusack D, Torn MS, McDowell WH, et al. 2010. The response of heterotrophic activity and carbon cycling to nitrogen additions and warming in two tropical soils. Global Change Biology, 16(9): 2555-2572.

Daguerre Y, Siegel K, Edel-Hermann V, et al. 2014. Fungal proteins and genes associated with biocontrol mechanisms of soil-borne pathogens: a review. Fungal Biology Reviews, 28(4): 97-125.

Dai HC, Xie XX, Xie Y, et al. 2016. Green growth: the economic impacts of large-scale renewable energy development in China. Applied Energy, 162: 435-449.

Dai J, Hu J, Zhu A, et al. 2015. No-tillage enhances arbuscularmycorrhizal fungal population, glomalin-related soil protein content and organic carbon sequestration in soil macroaggregates. Journal of Soils and Sediments, 15: 1055-1062.

Dai J, Hu JL, Zhu AN, et al. 2017. No-tillage with half-amount residue retention enhances microbial functional diversity, enzyme activity and glomalin-related soil protein content within soil aggregates. Soil Use and Management, 33(1): 153-162.

Dai ZM, Zhang XJ, Tang C, et al. 2017. Potential role of biochars in decreasing soil acidification: a critical review. Science of the Total Environment, 581-582: 601-611.

Dai TJ, Zhang Y, Tang YS, et al. 2017. Identifying the key taxonomic categories that characterize microbial community diversity using full-scale classification: a case study of microbial communities in the sediments of Hangzhou bay. FEMS Microbiology Ecology, 93(1): 1-14.

Dalias P, Anderson JM, Bottner P, et al. 2002. Temperature responses of net nitrogen mineralization and nitrification in conifer forest soils incubated under standard laboratory conditions. Soil Biology Biochemistry, 34(5): 691-701.

Damon PM, Bowden B, Rose T, et al. 2014. Crop residue contributions to phosphorus pools in agricultural soils: a review. Soil Biology and Biochemistry, 74: 127-137.

Daraghmeh O, Jensen JR, Petersen CT. 2008. Near-saturated hydraulic properties in the surface layer of a sandy loam soil under conventional and reduced tillage. Soil Science Society of America Journal, 72(6): 1728-1737.

Datta MS, Sliwerska E, Gore J, et al. 2016. Microbial interactions lead to rapid micro-scale successions on model marine particles. Nature Communications, 7: 11965.

Davidson EA, Janssens IA. 2006. Temperature sensitivity of soil carbon decomposition and feedbacks to climate change. Nature, 440(7081): 165-173.

Davinic M, Fultz LM, Acosta-Martine V, et al. 2012. Pyrosequencing and mid-infrared spectroscopy reveal distinct aggregate stratification of soil bacterial communities and organic matter composition. Soil Biology and Biochemistry, 46: 63-72.

Dawes MA, Schleppi P, Hattenschwiler S, et al. 2017. Soil warming opens the nitrogen cycle at the alpine treeline. Global Change Biology, 23(1): 421-434.

de Boer W, Kowalchuk GA. 2001. Nitrification in acid soils: micro-organisms and mechanisms. Soil Biology and Biochemistry, 33(7-8): 853-866.

de Frenne P, Brunet J, Shevtsova A, et al. 2011. Temperature effects on forest herbs assessed by warming and transplant experiments along a latitudinal gradient. Global Change Biology, 17(10): 3240-3253.

DeAngelis KM, Pold G, Topcuoglu BD, et al. 2015. Long-term forest soil warming alters microbial communities in temperate forest soils. Frontiers in Microbiology, 6: 104.

Deb S, Mandal B, Bhadoria PBS, et al. 2016. Microbial biomass and activity in relation to accessibility of organic carbon in saline soils of coastal agro-ecosystem. Proceedings of the National Academy of Sciences,

India Section B: Biological Sciences.

Dechesne A, Wang G, Gülez G, et al. 2010. Hydration-controlled bacterial motility and dispersal on surfaces. Proceedings of the National Academy of Sciences of the United States of America, 107(32): 14369-14372.

Delgado-Baquerizo M, Maestre FT, Reich PB, et al. 2016. Microbial diversity drives multifunctionality in terrestrial ecosystems. Nature Communications, 7: 10541.

Delgado-Baquerizo M, Oliverio AM, Brewer TE, et al. 2018. A global atlas of the dominant bacteria found in soil. Science, 359(6373): 320-325.

Denef K, Roobroeck D, Wadu MCWM, et al. 2009. Microbial community composition and rhizodeposit-carbon assimilation in differently managed temperate grassland soils. Soil Biology and Biochemistry, 41(1): 144-153.

Deng NY, Grassini P, Yang HS, et al. 2019. Closing yield gaps for rice self-sufficiency in China. Nature Communications, 10(1): 1725.

Dennis PG, Miller AJ, Hirsch PR. 2010. Are root exudates more important than other sources of rhizodeposits in structuring rhizosphere bacterial communities? FEMS Microbiology Ecology, 72(3): 313-327.

Derenne S, Largeau C. 2001. A review of some important families of refractory macromolecules: composition, origin, and fate in soils and sediments. Soil Science, 166(11): 833-847.

Derpsch R, Franzluebbers AJ, Duiker SW, et al. 2014. Why do we need to standardize no-tillage research? Soil and Tillage Research, 137: 16-22.

Deslippe JR, Hartmann M, Simard SW, et al. 2012. Long-term warming alters the composition of Arctic soil microbial communities. FEMS Microbiology Ecology, 82(2): 303-315.

Ding H, Zheng XZ, Zhang J, et al. 2019. Influence of chlorothalonil and carbendazim fungicides on the transformation processes of urea nitrogen and related microbial populations in soil. Environmental Science and Pollution Reasarch, 26(9): 31133-31141.

Ding WX, Zhang YH, Cai ZC. 2010. Impact of permanent inundation on methane emissions from a *Spartina alterniflora* coastal salt marsh. Atmospheric Environment, 44(32): 3894-3900.

Ding XL, Han XZ, Liang Y, et al. 2012. Changes in soil organic carbon pools after 10 years of continuous manuring combined with chemical fertilizer in a mollisol in China. Soil and Tillage Research, 122: 36-41.

Ding XL, Han XZ, Zhang XD. 2013. Long-term impacts of manure, straw, and fertilizer on amino sugars in a silty clay loam soil under temperate conditions. Biology and Fertility of Soils, 49(7): 949-954.

Ding XL, He HB, Zhang B, et al. 2011. Plant-N incorporation into microbial amino sugars as affected by inorganic N addition: a microcosm study of ^{15}N-labeled maize residue decomposition. Soil Biology and Biochemistry, 43(9): 1968-1974.

Ding XL, Liang C, Zhang B, et al. 2015. Higher rates of manure application lead to greater accumulation of both fungal and bacterial residues in macroaggregates of a clay soil. Soil Biology and Biochemistry, 84: 137-146.

Ding XL, Zhang XD, He HB, et al. 2010. Dynamics of soil amino sugar pools during decomposition processes of corn residues as affected by inorganic N addition. Journal of Soils and Sediments, 10(4): 758-766.

Dong ZX, Zhu B, Jiang Y, et al. 2018. Seasonal N$_2$O emissions respond differently to environmental and microbial factors after fertilization in wheat-maize agroecosystem. Nutrient Cycling in Agroecosystem, 112(2): 215-229.

Dong ZX, Zhu B, Zeng ZB. 2015. The influence of N-fertilization regimes on N$_2$O emissions and denitrification in rain-fed cropland during the rainy season. Environmental Science: Processes and Impacts, 16(11): 2545-2553.

Doran JW. 1987. Microbial biomass and mineralizable nitrogen distributions in no-tillage and plowed soils. Biology and Fertility of Soils, 5(1): 68-75.

Duan YH, Xu MG, Gao SD, et al. 2014. Nitrogen use efficiency in a wheat–corn cropping system from 15 years of manure and fertilizer applications. Field Crops Research, 157(2): 47-56.

Eisenhauer N, Antunes PM, Bennett AE, et al. 2017. Priorities for research in soil ecology. Pedobiologia, 63: 1-7.

Ekelund F, Rønn R, Griffiths BS. 2001. Quantitative estimation of flagellate community structure and diversity in soil samples. Protist, 152(4): 301-314.

Engelking B, Flessa H, Joergensen RG. 2007. Shifts in amino sugar and ergosterol contents after addition of sucrose and cellulose to soil. Soil Biology and Biochemistry, 39(8): 2111-2118.

Engels C, Munkle L, Marschner H. 1992. Effect of root zone temperature and shoot demand on uptake and xylem transport of macronutrients in maize (*Zea mays* L.). Journal of Experimental Botany, 43(4): 537-547.

Fageria NK, dos Santos AB, Moraes MF. 2010. Influence of urea and ammonium sulfate on soil acidity indices in lowland rice production. Communications in Soil Science and Plant Analysis, 41(13): 1565-1575.

Fageria NK, Nascente AS. 2014. Management of soil acidity of South American soils for sustainable crop production. Advances in Agronomy, 128: 221-275.

Falchini L, Naumova N, Kuikman PJ, et al. 2003. CO_2 evolution and denaturing gradient gel electrophoresis profiles of bacterial communities in soil following addition of low molecular weight substrates to simulate root exudation. Soil Biology and Biochemistry, 35(6): 775-782.

Falkowski PG, Fenchel T, Delong EF. 2008. The microbial engines that drive Earth's biogeochemical cycles. Science, 320(5879): 1034-1039.

Fan JL, Ding WX, Xiang J, et al. 2014. Carbon sequestration in an intensively cultivated sandy loam soil in the North China Plain as affected by compost and inorganic fertilizer application. Geoderma, 230-231: 22-28.

Fan KK, Delgado-Baquerizo M, Guo XS, et al. 2019. Suppressed N fixation and diazotrophs after four decades of fertilization. Microbiome, 7(1): 143.

Fan MS, Lal R, Cao J, et al. 2013. Plant-based assessment of inherent soil productivity and contributions to China's cereal crop yield increase since 1980. PLoS ONE, 8(9): e74617.

Fan TL, Stewart BA, Wang Y, et al. 2005. Long-term fertilization effects on grain yield, water-use efficiency and soil fertility in the dryland of Loess Plateau in China. Agriculture Ecosystems & Environment, 106(4): 313-329.

Fang SQ, Clark RT, Zheng Y, et al. 2013. Genotypic recognition and spatial responses by rice roots. Proceedings of the National Academy of Sciences of the United States of America, 110(7): 2670-2675.

Fang SQ, Gao X, Deng Y, et al. 2011. Crop root behavior coordinates phosphorus status and neighbors: from field studies to three-dimensional in situ reconstruction of root system architecture. Plant hysiology, 155(3): 1277-1285.

Faust K, Raes J. 2012. Microbial interactions: from networks to models. Nature Reviews Microbiology, 10(8): 538-550.

Feng WT, Plante AF, Aufdenkampe AK, et al. 2014. Soil organic matter stability in organo-mineral complexes as a function of increasing C loading. Soil Biology and Biochemistry, 69: 398-405.

Feng YZ, Chen RR, Hu JL, et al. 2015. Bacillus asahii comes to the fore in organic manure fertilized alkaline soils. Soil Biology and Biochemistry, 81: 186-194.

Feng XJ, Simpson AJ, Wilson KP, et al. 2008. Increased cuticular carbon sequestration and lignin oxidation in response to soil warming. Nature Geoscience, 1: 836-839.

Fernández-Crespo E, Scalschi LM, Llorens E. et al. 2015. NH_4^+ protects tomato plants against *Pseudomonas syringae* by activation of systemic acquired acclimation. Journal of Experimental Botany, 66(21): 6777-6790.

Fernández-Ugalde O, Barré P, Virto I, et al. 2016. Does phyllosilicate mineralogy explain organic matter stabilization in different particle-size fractions in a 19-year C_3/C_4 chronosequence in a temperate cambisol? Geoderma, 264: 171-178.

Fierer N, Jackson RB. 2006. The diversity and biogeography of soil bacterial communities. Proceedings of the National Academy of Sciences of the United States of America, 103: 626-631.

Fierer N, Ladau J, Clemente JC, et al. 2013. Reconstructing the microbial diversity and function of pre-agricultural tallgrass prairie soils in the United States. Science, 342(6158): 621-624.

Fierer N, Bradford MA, Jackson RB. 2007. Toward an ecological classification of soil bacteria. Ecology, 88(6): 1354-1364.

Fleming H, Haselkorn R. 1973. Differentiation in Nostoc muscorum: nitrogenase is synthesized in heterocysts. Proceedings of the National Academy of Sciences of the United States of America, 70(10): 2727-2731.

Flemming HC, Wingender J. 2010. The biofilm matrix. Nature Reviews Microbiology, 8(9): 623-633.

Fofana B, Wopereis MCS, Bationo A, et al. 2008. Millet nutrient use efficiency as affected by natural soil fertility, mineral fertilizer use and rainfall in the West African Sahel. Nutrient Cycling in Agroecosystems, 81(1): 25-36.

Folberth C, Skalský R, Moltchanova E, et al. 2016. Uncertainty in soil data can outweigh climate impact signals in global crop yield simulations. Nature Communications, 7: 11872.

Fontaine S, Barot S, Barre P, et al. 2007. Stability of organic carbon in deep soil layers controlled by fresh carbon supply. Nature, 450(7167): 277-280.

Fontaine S, Henault C, Aamor A, et al. 2011. Fungi mediate long term sequestration of carbon and nitrogen in soil through their priming effect. Soil Biology and Biochemistry, 43(1): 86-96.

Fonte SJ, Nesper M, Hegglin D, et al. 2014. Pasture degradation impacts soil phosphorus storage via changes to aggregate-associated soil organic matter in highly weathered tropical soils. Soil Biology and Biochemistry 68: 150-157.

Francioli D, Schulz E, Lentendu G, et al. 2016. Mineral vs. organic amendments: microbial community structure, activity and abundance of agriculturally relevant microbes are driven by long-term fertilization strategies. Frontiers in Microbiology, 7(289): 1446.

Frey SD, Knorr M, Parrent JL, et al. 2004. Chronic nitrogen enrichment affects the structure and function of the soil microbial community in temperate hardwood and pine forests. Forest Ecology and Management, 196(1): 159-171.

Frey SD, Ollinger S, Nadelhoffer K, et al. 2014. Chronic nitrogen additions suppress decomposition and sequester soil carbon in temperate forests. Biogeochemistry, 121: 305-316.

Friesen PC, Cattani DJ. 2017. Nitrogen use efficiency and productivity of first year switchgrass and big bluestem from low to high soil nitrogen. Biomass and Bioenergy, 107: 317-325.

Fu SL, Ferris H, Brown D, et al. 2005. Does the positive feedback effect of nematodes on the biomass and activity of their bacteria prey vary with nematode species and population size? Soil Biology and Biochemistry, 37(11): 1979-1987.

Fuhrman JA. 2009. Microbial community structure and its functional implications. Nature, 459(7244): 193-199.

Fussmann KE, Schwarzmueller F, Brose U, et al. 2014. Ecological stability in response to warming. Nature Climate Change, 4(3): 206-210.

Galand PE, Casamayor EO, Kirchman DL, et al. 2009. Ecology of the rare microbial biosphere of the Arctic Ocean. Proceedings of the National Academy Science of the United State of America, 106: 22427-22432.

Gallo M, Sayre R. 2009. Removing allergens and reducing toxins from food crops. Current Opinion in Biotechnology, 20(2): 191-196.

Gao S, DeLuca TH, Cleveland CC. 2019. Biochar additions alter phosphorus and nitrogen availability in agricultural ecosystems: a meta-analysis. Science of the Total Environment, 654: 463-472.

Gao SJ, Zhang RG, Cao WD, et al. 2015. Long-term rice-rice-green manure rotation changing the microbial communities in typical red paddy soil in South China. Journal of Integrative Agriculture, 14(12): 2512-2520.

García LE, Sánchez-Puerta MV. 2015. Comparative and evolutionary analyses of *Meloidogyne* spp. based on mitochondrial genome sequences. PLoS ONE, 10(3): e0121142.

Gardner JB, Drinkwater LE. 2009. The fate of nitrogen in grain cropping systems: a meta-analysis of ^{15}N field experiments. Ecological Applications, 19(8): 2167-2184.

Garnett T, Appleby MC, Balmford A, et al. 2013. Sustainable intensification in agriculture: premises and policies. Science, 341: 33-34.

Ge TD, Yuan HZ, Zhu HH, et al. 2012. Biological carbon assimilation and dynamics in a flooded rice-soil system. Soil Biology and Biochemistry, 48: 39-46.

George PBL, Lallias D, Creer S, et al. 2019. Divergent national-scale trends of microbial and animal biodiversity revealed across diverse temperate soil ecosystems. Nature Communications, 10(1): 1107.

Gerzabek MH, Haberhauer GF, Kirchmann H. 2001. Nitrogen distribution and ^{15}N natural abundances in particle size fractions of a long-term agricultural field experiment. Journal of Plant Nutrition and Soil Science, 164(5): 475-481.

Gilbert N. 2009. Environment: the disappearing nutrient. Nature, 461(7265): 716-718.

Giuffrida F, Scuderi D, Giurato R, et al. 2013. Physiological response of broccoli and cauliflower as affected by NaCl salinity. Acta Horticulturae, 1005: 435-441.

Glaser B, Turrión MB, Alef K. 2004. Amino sugars and muramic acid: biomarkers for soil microbial community structure analysis. Soil Biology and Biochemistry, 36(3): 399-407.

Glassman SI, Weihe C, Li JH, et al. 2018. Decomposition responses to climate depend on microbial community composition. Proceedings of the National Academy of Science of the United States of America, 115: 11994-11999.

Gniazdowska A, Krasuska U, Bogatek R. 2010. Dormancy removal in apple embryos by nitric oxide or cyanide involves modifications in ethylene biosynthetic pathway. Planta, 232(6): 1397-1407.

Gomez-Roldan V, Fermas S, Brewer PB, et al. 2008. Strigolactone inhibition of shoot branching. Nature, 455(7210): 189-194.

Gong JL, Wang B, Zeng GG, et al. 2009. Removal of cationic dyes from aqueous solution using magnetic multi-wall carbon nanotube nanocomposite as adsorbent. Journal of Hazardous Materials, 164(2-3): 1517-1522.

Green J, Bohannan BJM. 2006. Spatial scaling of microbial biodiversity. Trends in Ecology and Evolution, 21(9): 501-507.

Gruber N, Galloway JN. 2008. An Earth-system perspective of the global nitrogen cycle. Nature, 451(7176): 293-296.

Grundmann GL, Renault P, Rosso L, et al. 1995. Differential effects of soil water content and temperature on nitrification and aeration. Soil Science Society of America Journal, 59(5): 1342-1349.

Gu Y, Wang P, Kong CH. 2009. Urease, invertase, dehydrogenase and polyphenoloxidase activities in paddy soil influenced by allelopathic rice variety. European Journal of Soil Biology, 45(5-6): 436-441.

Gu Z, Wang M, Wang Y, et al. 2020. Nitrate stabilizes rhizospheric fungal community to suppress *Fusarium* wilt disease in cucumber. Molecular Plant-Microbe Interactions, 33: 590-599.

Guan ZH, Li XG, Wang L, et al. 2018. Conversion of Tibetan grasslands to croplands decreases accumulation of microbially synthesized compounds in soil. Soil Biology and Biochemistry, 123: 10-20.

Guardia G, Cangani MT, Sanz-Cobena A, et al. 2017. Management of pig manure to mitigate NO and yield-scaled N_2O emissions in an irrigated Mediterranean crop. Agriculture Ecosystems & Environment, 238: 55-66.

Güereña D, Lehmann J, Hanley K, et al. 2013. Nitrogen dynamics following field application of biochar in a temperate North American maize-based production system. Plant and Soil, 365(1-2): 239-254.

Gul S, Whalen JK, Thomas BW, et al. 2015. Physico-chemical properties and microbial responses in biochar-amended soils: mechanisms and future directions. Agriculture Ecosystems & Environment, 206: 46-59.

Gunina A, Kuzyakov Y. 2015. Sugars in soil and sweets for microorganisms: review of origin, content, composition and fate. Soil Biology and Biochemistry, 90: 87-100.

Guo JH, Liu XJ, Zhang Y, et al. 2010. Significant acidification in major Chinese croplands. Science, 327(5968): 1008-1010.

Guo LP, Lin E. 2001. Carbon sink in cropland soils and the emission of greenhouse gases from paddy soils: a review of work in China. Chemosphere-Gobal Change Science, 3(4): 413-418.

Guo L, Gifford RM. 2002. Soil carbon stocks and land use change: a meta-analysis. Global Change Biology, 8(4): 345-360.

Guo LJ, Zhang ZS, Wang DD, et al. 2015. Effects of short-term conservation management practices on soil organic carbon fractions and microbial community composition under a rice-wheat rotation system. Biology and Fertility of Soils, 51(1): 65-75.

Gupta KJ, Brotman Y, Segu S, et al. 2013. The form of nitrogen nutrition affects resistance against *Pseudomonas syringae* pv. *phaseolicola* in tobacco. Journal of Experimental Botany, 64(2): 553-568.

Gutierrez RA. 2012. Systems biology for enhanced plant nitrogen nutrition. Science, 336(6089): 1673-1675.

Han PF, Zhang W, Wang GC, et al. 2016. Changes in soil organic carbon in croplands subjected to fertilizer management: a global meta-analysis. Scientific Reports, 6: 27199.

Hanson CA, Fuhrman JA, Horner-Devine MC. et al. 2012. Beyond biogeographic patterns: processes shaping the microbial landscape. Nature Reviews Microbiology, 10(7): 497-506.

Hanson PJ, Edwards NT, Garten CT, et al. 2000. Separating root and soil microbial contributions to soil respiration: A review of methods and observations. Biogeochemistry, 48: 115-146.

Hao MM, Hu HY, Liu Z, et al. 2018. Shifts in microbial community and carbon sequestration in farmland soil under long-term conservation tillage and straw returning. Applied Soil Ecology, 136: 43-54.

Hao X, Jiao S, Lu YH. 2019. Geographical pattern of methanogenesis in paddy and wetland soils across Eastern China. Science of the Total Environment, 651(Pt 1): 281-290.

Häring V, Manka'abusi D, Akoto-Danso EK, et al. 2017. Effects of biochar, waste water irrigation and fertilization on soil properties in West African urban agriculture. Scientific Reports, 7(1): 10738.

Harrison JJ, Ceri H, Turner RJ. 2007. Multimetal resistance and tolerance in microbial biofilms. Nature Reviews Microbiology, 5(12): 928-938.

Hasegawa H. 2003. Crop ecology, management & quality. Crop Science, 43: 921-926.

Hassink J. 1997. The capacity of soils to preserve organic C and N by their association with clay and silt particles. Plant and Soil, 191(1): 77-87.

Hastings A. 2010. Timescales, dynamics, and ecological understanding. Ecology, 91(12): 3471-3480.

Hatosy SM, Martiny JBH, Sachdeva R, et al. 2013. Beta diversity of marine bacteria depends on temporal scale. Ecology, 94(9): 1898-1904.

Haynes RJ, Naidu R. 1998. Influence of lime, fertilizer and manure applications on soil organic matter content and soil physical conditions: a review. Nutrient Cycling in Agroecosystems, 51: 123-137.

He HB, Zhang W, Zhang XD, et al. 2011. Temporal responses of soil microorganisms to substrate addition as indicated by amino sugar differentiation. Soil Biology and Biochemistry, 43(6): 1155-1161.

He JZ, Shen JP, Zhang LM, et al. 2007. Quantitative analyses of the abundance and composition of ammonia-oxidizing bacteria and ammonia-oxidizing archaea of a Chinese upland red soil under long-term fertilization practices. Environmental Microbiology, 9(9): 2364-2374.

He XH, Du ZL, Wang YD, et al. 2016. Sensitivity of soil respiration to soil temperature decreased under deep biochar amended soils in temperate croplands. Applied Soil Ecology, 108: 204-210.

He ZL, Xu MY, Deng Y, et al. 2010. Metagenomic analysis reveals a marked divergence in the structure of belowground microbial communities at elevated CO_2. Ecology Letters, 13(5): 564-575.

Hedley MJ, Stewart JWB, Chauhan BS. 1982. Changes in inorganic and organic soil phosphorus fractions induced by cultivation practices and by laboratory incubations. Journal of the Soil Science Society of America, 46(5): 970-976.

Heim A, Schmidt MWI. 2007. Lignin is preserved in the fine silt fraction of an arable luvisol. Organic Geochemistry, 38(12): 2001-2011.

Henry S, Texier S, Hallet S, et al. 2008. Disentangling the rhizosphere effect on nitrate reducers and denitrifiers: insight into the role of root exudates. Environmental Microbiology, 10(11): 3082-3092.

Hermansson A, Lindgren PE. 2001. Quantification of ammonia-oxidizing bacteria in arable soil by real-time PCR. Applied and Environmental Microbiology, 67(2): 972-976.

Hetrick JA, Schwab AP. 1992. Changes in aluminum and phosphorus solubility in response to long-term fertilization. Soil Science Society of America Journal, 56: 755-761.

Hines J, Megonigal JP, Denno RF. 2006. Nutrient subsidies to belowground microbes impact aboveground food web interactions. Ecology, 87(6): 1542-1555.

Hodge A, Fitter AH. 2010. Substantial nitrogen acquisition by arbuscular mycorrhizal fungi from organic material has implications for N cycling. Proceedings of the National Academy of Sciences of the United States of America, 107(31): 13754-13759.

Högberg P, Campbell C, Linder S, et al. 2010. High temporal resolution tracing of photosynthate carbon from the tree canopy to forest soil microorganisms. New Phytologist, 177(1): 220-228.

Holland JE, Bennett AE, Newton AC, et al. 2018. Liming impacts on soils, crops and biodiversity in the UK: a review. Science of the Total Environment, 610-611: 316-332.

Horz HP, Barbrook A, Field CB, et al. 2004. Ammonia-oxidizing bacteria respond to multifactorial global change. Proceedings of the National Academy of Sciences of the United States of America, 101(42): 15136-15141.

Hou EQ, Chen CR, Kuang YW, et al. 2016. A structural equation model analysis of phosphorus transformations in global unfertilized and uncultivated soils. Global Biogeochemical Cycles, 30(9): 1300-1309.

Houlbrooke DJ, Thom ER, Chapman R, et al. 1997. A study of the effects of soil bulk density on root and shoot growth of different ryegrass lines. New Zealand Journal of Agricultural Research, 40(4): 429-435.

Hu AY, Yu ZY, Liu XH, et al. 2019. The effects of irrigation and fertilization on the migration and transformation processes of main chemical components in the soil profile. Environmental Geochemistry and Health, 41(2): 1-18.

Hu GQ, Zhao Y, Liu X, et al. 2020. Comparing microbial transformation of maize residue-N and fertilizer-N in soil using amino sugar-specific ^{15}N analysis. European Journal of Soil Science, 71(2): 252-264.

Hu JL, Cui XC, Wang JH, et al. 2019. The non-simultaneous enhancement of phosphorus acquisition and mobilization respond to enhanced arbuscular mycorrhization on maize (*Zea mays* L.). Microorganisms, 7(12): 651.

Hu JL, Yang AN, Wang JH, et al. 2015. Arbuscula rmycorrhizal fungal species composition, propagule density, and soil alkaline phosphatase activity in response to continuous and alternate no-tillage in Northern China. Catena, 133: 215-220.

Hu L, Cao LX, Zhang RD. 2014. Bacterial and fungal taxon changes in soil microbial community composition induced by short-term biochar amendment in red oxidized loam soil. World Journal of Microbiology Biotechnology, 30(3): 1085-1092.

Hu XJ, Liu JJ, Wei D, et al. 2017. Effects of over 30-year of different fertilization regimes on fungal community compositions in the black soils of Northeast China. Agriculture Ecosystem and Environment, 248: 113-122.

Hu XJ, Liu JJ, Wei D, et al. 2018. Soil bacterial communities under different long-term fertilization regimes in three locations across the black soil region of Northeast China. Pedosphere, 28(5): 751-763.

Huang JJ, Ma K, Xia XX, et al. 2020. Biochar and magnetite promote methanogenesis during anaerobic decomposition of rice straw. Soil Biology and Biochemistry, 143: 107740.

Huang S, Sun YY, Zhang WJ. 2012. Changes in soil organic carbon stocks as affected by cropping systems and cropping duration in China's paddy fields: a meta-analysis. Climatic Change, 112(3-4): 847-858.

Huang T, Yang H, Huang CC, et al. 2017. Effect of fertilizer N rates and straw management on yield-scaled nitrous oxide emissions in a maize-wheat double cropping system. Field Crops Research, 204: 1-11.

Huber DM, Watson RD. 1974. Nitrogen form and plant disease. Annual Review Phytopathology, 12: 139-165.

Hulugalle NR, Weaver TB, Finlay LA, et al. 2007. Soil properties and crop yields in a dryland vertisol sown with cotton-based crop rotations. Soil and Tillage Research, 93(2): 356-369.

Hussain S, Sharma V, Arya VM, et al. 2019. Total organic and inorganic carbon in soils under different land use/ land cover systems in the foothill Himalayas. Catena, 182: 104104.

Inagaki M, Chaabane R, Bari A. 2016. Root water-uptake and plant growth in two synthetic hexaploid wheat genotypes grown in saline soil under controlled water-deficit stress. Journal of Plant Breeding and Genetics, 3(2): 49-57.

Iqbal J, Hu RG, Feng ML, et al. 2010. Microbial biomass, and dissolved organic carbon and nitrogen strongly affect soil respiration in different land uses: a case study at Three Gorges Reservoir Area, South China. Agriculture Ecosystems & Environment, 137(3-4): 294-307.

Irisarri P, Gonnet S, Deambrosi E, et al. 2007. Cyanobacterial inoculation and nitrogen fertilization in rice. World Journal of Microbiology and Biotechnology, 23(2): 237-242.

Jagadamma S, Steinweg JM, Mayes M, et al. 2014. Decomposition of added and native organic carbon from physically separated fractions of diverse soils. Biology and Fertility of Soils, 50(4): 613-621.

Jastrow JD. 1996. Soil aggregate formation and the accrual of particulate and mineral-associated organic matter. Soil Biology and Biochemistry, 28(4-5): 665-676.

Jastrow JD, Miller RM. 1998. Soil aggregate stabilization and carbon sequestration: feedbacks through organomineral associations // Lal R, Kimble JM, Follett RF, et al. Soil Processes and the Carbon Cycle. Boca Raton: CRC Press: 207-223.

Ji Q, Zhao SX, Li ZH, et al. 2016. Effects of biochar-straw on soil aggregation, organic carbon distribution, and wheat growth. Agronomy Journal, 108(5): 2129-2136.

Jia WX, Wen J, Xu WL, et al. 2016. Content and fractionation of heavy metals in livestock manures in some urban areas of China. Journal of Agro-Environment Science, 35(4): 764-773.

Jia ZJ, Kuzyakov Y, Myrold D, et al. 2017. Soil organic carbon in a changing world. Pedosphere, 27(5): 789-791.

Jiang YJ, Jin C, Sun B. 2014. Soil aggregate stratification of nematodes and ammonia oxidizers affects nitrification in an acid soil. Environmental Microbiology, 16(10): 3083-3094.

Jiang YJ, Sun B, Jin C, et al. 2013. Soil aggregate stratification of nematodes and microbial communities affects the metabolic quotient in an acid soil. Soil Biology and Biochemistry, 60: 1-9.

Jiang YJ, Liang YT, Li CM, et al. 2016. Crop rotations alter bacterial and fungal diversity in paddy soils across East Asia. Soil Biology and Biochemsitry, 95: 250-261.

Jiang YJ, Liu MQ, Zhang JB, et al. 2017. Nematode grazing promotes bacterial community dynamics in soil at the aggregate level. The ISME Journal, 11(12): 2705-2717.

Jiang YJ, Qian HY, Wang XY, et al. 2018. Nematodes and microbial community affect the sizes and turnover rates of organic carbon pools in soil aggregates. Soil Biology and Biochemistry, 119: 22-31.

Jiang YJ, Sun B, Li HX, et al. 2015. Aggregate-related changes in network patterns of nematodes and ammonia oxidizers in an acidic soil. Soil Biology and Biochemistry, 88: 101-109.

Jiao S, Liu ZS, Lin YB, et al. 2016. Bacterial communities in oil contaminated soils: biogeography and co-occurrence patterns. Soil Biology and Biochemistry, 98: 64-73.

Jiao S, Xu YQ, Zhang J, et al. 2019a. Environmental filtering drives distinct continental atlases of soil archaea between dryland and wetland agricultural ecosystems. Microbiome, 7(1): 15.

Jiao S, Xu YQ, Zhang J, et al. 2019b. Core microbiota in agricultural soils and their potential associations with nutrient cycling. mSystems, 4(2): e00313-18.

Jiao S, Yang YF, Xu YQ, et al. 2020. Balance between community assembly processes mediates species coexistence in agricultural soil microbiomes across Eastern China. The ISME Journal, 14(1): 202-216.

Jiao S, Chen WM, Wei GH. 2017. Biogeography and ecological diversity patterns of rare and abundant bacteria in oil-contaminated soils. Molecular Ecology, 26(19): 5305-5317.

Jin XX, An TT, Gall AR, et al. 2018. Enhanced conversion of newly-added maize straw to soil microbial biomass C under plastic film mulching and organic manure management. Geoderma, 313: 154-162.

Jing X, Sanders NJ, Shi Y, et al. 2015. The links between ecosystem multifunctionality and above- and belowground biodiversity are mediated by climate. Nature Communications, 6: 8159.

Jing ZW, Chen RR, Wei SP, et al. 2017. Response and feedback of C mineralization to P availability driven by soil microorganisms. Soil Biology and Biochemistry, 105: 111-120.

Joergensen RG. 2018. Amino sugars as specific indices for fungal and bacterial residues in soil. Biology and Fertility of Soils, 54(5): 559-568.

Joergensen RG, Mäder P, Fließbach A. 2010. Long-term effects of organic farming on fungal and bacterial residues in relation to microbial energy metabolism. Biology and Fertility of Soils, 46(3): 303-307.

John B, Yamashita T, Ludwig B, et al. 2005. Storage of organic carbon in aggregate and density fractions of silty soils under different types of land use. Geoderma, 128(1-2): 63-79.

Johnson JMF, Allmaras RR, Reicosky DC. 2006. Estimating source carbon from crop residues, roots and rhizodeposits using the national grain-yield database. Agronomy Journal, 98(3): 622-636.

Jones DA. 1998. Why are so many food plants cyanogenic? Phytochemistry, 47: 155-162.

Jones DL, Murphy DV, Khalid M, et al. 2011. Short-term biochar-induced increase in soil CO_2 release is both biotically and abiotically mediated. Soil Biology and Biochemistry, 43(8): 1723-1731.

Jones DL, Rousk J, Edwards-Jones G, et al. 2012. Biochar-mediated changes in soil quality and plant growth in a three year field trial. Soil Biology and Biochemistry, 45: 113-124.

Jones SE, Lennon JT. 2010. Dormancy contributes to the maintenance of microbial diversity. Proceedings of the National Academy of Science of the United States of America, 107(13): 5881-5886.

Jouquet E, Bloquel E, Doan TT, et al. 2011. Do compost and vermicompost improve macronutrient retention and plant growth in degraded tropical soils? Compost Science & Utilization, 19: 15-24.

Jousset A, Rochat L, Péchy-Tarr M, et al. 2009. Predators promote defence of rhizosphere bacterial populations by selective feeding on non-toxic cheaters. The ISME Journal, 3(6): 666-674.

Jousset A, Bienhold C, Chatzinotas A, et al. 2017. Where less may be more: how the rare biosphere pulls ecosystems strings. The ISME Journal, 11(4): 853-862.

Ju XT. 2014. Direct pathway of nitrate produced from surplus nitrogen inputs to the hydrosphere. Proceedings of the National Academy of Sciences of the United States of America, 111(4): E416.

Ju XT, Xing GX, Chen XP, et al. 2009. Reducing environmental risk by improving N management in intensive Chinese agricultural systems. Proceedings of the National Academy of Sciences of the United States of America, 106(9): 3041-3046.

Kahlon MS, Lal R, Ann-Varughese M. 2013. Twenty-two years of tillage and mulching impacts on soil physical characteristics and carbon sequestration in Central Ohio. Soil and Tillage Research, 126: 151-158.

Kalambukattu JG, Singh R, Patra AK, et al. 2013. Soil carbon pools and carbon management index under different land use systems in the Central Himalayan region. Acta Agriculturae Scandinavica, 63(3): 200-205.

Kallenbach CM, Frey SD, Grandy AS. 2016. Direct evidence for microbial-derived soil organic matter formation and its ecophysiological controls. Nature Communications, 7: 13630.

Kameyama K, Miyamoto T, Shiono T, et al. 2012. Influence of sugarcane bagasse-derived biochar application on nitrate leaching in calcaric dark red soil. Journal of Environmental Quality, 41(4): 1131-1137.

Kardol P, Wardle DA. 2010. How understanding aboveground-belowground linkages can assist restoration ecology. Trends in Ecology and Evolution, 25(11): 670-679.

Kayani MZ, Mukhtar T, Hussain MA. 2017. Effects of southern root knot nematode population densities and plant age on growth and yield parameters of cucumber. Crop Protection, 92: 207-212.

Kedi B, Abadie J, Sei J, et al. 2010. Interaction of enzymes with soil colloids: adsorption and ectomycorrhizal phosphatase activity on tropical soils // World Congress of Soil Science: Soil Solutions for a Changing World.

Keith RE, Tomáš P, Hana Č, et al. 2015. Nutrient addition effects on carbon fluxes in wet grasslands with either organic or mineral soil. Wetlands, 35: 55-68.

Kepenekci I, Hazir S, Oksal E, et al. 2018. Application methods of *Steinernema feltiae*, *Xenorhabdus bovienii* and *Purpureocillium lilacinum* to control root-knot nematodes in greenhouse tomato systems. Crop Protection, 108: 31-38.

Khan KS, Mack R, Castillo X, et al. 2016. Microbial biomass, fungal and bacterial residues, and their relationships to the soil organic matter C/N/P/S ratios. Geoderma, 271: 115-123.

Khan MA, Kim KW, Wang M, et al. 2008. Nutrient-impregnated charcoal: an environmentally friendly slow-release fertilizer. The Environmentalist, 28(3): 231-235.

Kiem R, Kögel-Knabner I. 2003. Contribution of lignin and polysaccharides to the refractory carbon pool in C-depleted arable soils. Soil Biology and Biochemistry, 35(1): 101-118.

Kiers ET, Duhamel M, Beesetty Y, et al. 2011. Reciprocal rewards stabilize cooperation in the mycorrhizal symbiosis. Science, 333(6044): 880-882.

Kim ST, Yun SC. 2011. Biocontrol with *Myxococcus* sp. KYC 1126 against anthracnose in hot pepper. The Plant Pathology Journal, 27(2): 156-163.

Kirkby CA, Richardson AE, Wade LJ, et al. 2014. Nutrient availability limits carbon sequestration in arable soils. Soil Biology and Biochemistry, 68: 402-409.

Kirschbaum MUF. 2004. Soil respiration under prolonged soil warming: are rate reductions caused by acclimation or substrate loss? Global Change Biology, 10(11): 1870-1877.

Kleber M, Eusterhues K, Keiluweit M, et al. 2015. Mineral-organic associations: formation, properties, and relevance in soil environments. Advances in Agronomy, 130: 1-140.

Klironomos J. 2003. Variation in plant response to native and exotic arbuscular mycorrhizal fungi. Ecology, 84(9): 2292-2301.

Koller R, Rodriguez A, Robin C, et al. 2013. Protozoa enhance foraging efficiency of arbuscular mycorrhizal fungi for mineral nitrogen from organic matter in soil to the benefit of host plants. The New Phytologist, 199(1): 203-211.

Kong AYY, Six J, Bryant DC, et al. 2005. The relationship between carbon input, aggregation, and soil organic carbon stabilization in sustainable cropping systems. Soil Science Society of America Journal, 69(4): 1078-1085.

Kong CH, Zhang SZ, Li YH, et al. 2018. Plant neighbor detection and allelochemical response are driven by root-secreted signaling chemicals. Nature Communications, 9(1): 3867.

Korhonen JJ, Soininen J, Hillebrand H. 2010. A quantitative analysis of temporal turnover in aquatic species assemblages across ecosystems. Ecology, 91(2): 508-517.

Kostenko O, Mulder PPJ, Courbois M, et al. 2017. Effects of plant diversity on the concentration of secondary plant metabolites and the density of arthropods on focal plants in the field. Journal of Ecology, 105(3): 647-660.

Kostenko O, van de Voorde TFJ, Mulder PPJ, et al. 2012. Legacy effects of aboveground-belowground interactions. Ecology Letters, 15(8): 813-821.

Kowalenko CG, Ihnat M. 2013. Residual effects of combinations of limestone, zinc and manganese applications on soil and plant nutrients under mild and wet climatic conditions. Canadian Journal of Soil Science, 93(1): 113-125.

Krause U, Koch HJ, Maerlaender B. 2009. Soil properties effecting yield formation in sugar beet under ridge and flat cultivation. European Journal of Agronomy, 31(1): 20-28.

Krishnamoorthy R, Kim K, Subramanian P, et al. 2016. Arbuscular mycorrhizal fungi and associated bacteria isolated from salt-affected soil enhances the tolerance of maize to salinity in coastal reclamation soil. Agriculture Ecosystems & Environment, 231: 233-239.

Krug EC, Frink CR. 1983. Acid rain on acid soil: a new perspective. Science, 221(4610): 520-525.

Krumböck M, Conrad R. 1991. Metabolism of position-labelled glucose in anoxic methanogenic paddy soil and lake sediment. FEMS Microbiology Letters, 85(3): 247-256.

Kumar K, Goh KM. 1999. Crop residues and management practices: effects on soil quality, soil nitrogen dynamics, crop yield, and nitrogen recovery. Advances in Agronomy, 68: 197-319.

Kunhikrishnan A, Thangarajan R, Bolan NS, et al. 2016. Functional relationships of soil acidification, liming, and greenhouse gas flux. Advances in Agronomy, 139: 1-71.

Kuzyakov Y. 2010. Priming effects: interactions between living and dead organic matter. Soil Biology and Biochemistry, 42(9): 1363-1371.

Kuzyakov Y, Blagodatskaya E. 2015. Microbial hotspots and hot moments in soil: concept & review. Soil Biology and Biochemistry, 83: 184-199.

Kuzyakov Y, Friedel JK, Stahr K. 2000. Review of mechanisms and quantification of priming effects. Soil Biology and Biochemistry, 32(11): 1485-1498.

Kuzyakov Y, Larionova AA. 2005. Root and rhizomicrobial respiration: A review of approaches to estimate respiration by autotrophic and heterotrophic organisms in soil. Journal of Plant Nutrition and Soil Science, 168(4): 503-520.

Kuzyakov Y, Subbotina I, Chen HQ, et al. 2009. Black carbon decomposition and incorporation into soil microbial biomass estimated by ^{14}C labeling. Soil Biology and Biochemistry, 41(2): 210-219.

Kyaschenko J, Clemmensen KE, Karltun E, et al. 2017. Below-ground organic matter accumulation along a boreal forest fertility gradient relates to guild interaction within fungal communities. Ecology Letters, 20(12): 1546-1555.

Ladygina N, Hedlund K. 2010. Plant species influence microbial diversity and carbon allocation in the rhizosphere. Soil Biology and Biochemistry, 42(2): 162-168.

Lakshmanan V, Selvaraj G, Bais HP. 2014. Functional soil microbiome: belowground solutions to an aboveground problem. Plant Physiology, 166(2): 689-700.

Lal B, Gautam P, Nayak AK, et al. 2019. Energy and carbon budgeting of tillage for environmentally clean and resilient soil health of rice-maize cropping system. Journal of Cleaner Production, 226: 815-830.

Lal R. 2004. Soil carbon sequestration impacts on global climate change and food security. Science, 304(5677): 1623-1627.

Lal R. 2009. Soils and food sufficiency: a review. Agronomy of Sustainable Development, 29: 113-133.

Lal R. 2015. Restoring soil quality to mitigate soil degradation. Sustainability, 7: 5875-5895.

Lal R, Follett R, Stewart BA, et al. 2007. Soil carbon sequestration to mitigate climate change and advance food security. Soil Science, 172(12): 943-956.

Lammirato C, Miltner A, Kaestner M. 2011. Effects of wood char and activated carbon on the hydrolysis of cellobiose by β-glucosidase from *Aspergillus niger*. Soil Biology and Biochemistry, 43(9): 1936-1942.

Lang JJ, Hu J, Ran W, et al. 2012. Control of cotton *Verticillium* wilt and fungal diversity of rhizosphere soils by bio-organic fertilizer. Biology and Fertility of Soils, 48(2): 191-203.

LaRoche J, Breitbarth E. 2005. Importance of the diazotrophs as a source of new nitrogen in the ocean. Journal of Sea Research, 53(1-2): 67-91.

Lassaletta L, Billen G, Grizzetti B, et al. 2014. 50-year trends in nitrogen use efficiency of world cropping systems: the relationship between yield and nitrogen input to cropland. Environmental Research Letters, 9(10): 105011.

Läuchli A, Epstein E. 1990. Plant response to saline and sodic conditions // Tanji KK. Agricultural Salinity Assessment and Management. New York: American Society of Civil Engineers: 113-137.

Lazcano C, Arnold J, Tato A, et al. 2009. Compost and vermicompost as nursery pot components: effects on tomato plant growth and morphology. Spanish Journal of Agricultural Research, 7: 944-951.

Lebeis SL, Paredes SH, Lundberg DS, et al. 2015. Salicylic acid modulates colonization of the root microbiome by specific bacterial taxa. Science, 349(6250): 860-864.

Lefcheck JS, Byrnes JEK, Isbell F, et al. 2015. Biodiversity enhances ecosystem multifunctionality across trophic levels and habitats. Nature Communications, 6: 6936.

Lehmann J, da Silva JP, Stenier C, et al. 2003. Nutrient availability and leaching in an archaeological anthrosol and a ferralsol of the Central Amazon basin: fertilizer, manure and charcoal amendments. Plant and Soil, 249(2): 343-357.

Lehmann J, Kleber M. 2015. The contentious nature of soil organic matter. Nature, 528(7850): 60-68.

Lehmann J, Rillig MC, Thies J, et al. 2011. Biochar effects on soil biota: a review. Soil Biology and Biochemistry, 43(9): 1812-1836.

Leigh JA. 2000. Nitrogen fixation in methanogens the archaeal perspective. Current Issues of Molecular Biology, 2(4): 125-131.

Leininger S, Urich T, Schloter M, et al. 2006. Archaea predominate among ammonia-oxidizing prokaryotes in soils. Nature, 442(7104): 806-809.

Lejon DPH, Nowak V, Bouko S, et al. 2007. Fingerprintinganddiversityof bacterial *copA* genes in response to soil types, soil organic statusand copper contamination. FEMS Microbiology Ecology, 61(3): 424-437.

Li B, Li YY, Wu HM, et al. 2016. Root exudates drive interspecific facilitation by enhancing nodulation and N_2 fixation. Proceedings of the National Academy of Sciences of the United States of America, 113(23): 6496-6501.

Li H, Cao Y, Wang XM, et al. 2017. Evaluation on the production of food crop straw in China from 2006 to 2014. Biology Energy Research, 10(3): 949-957.

Li HJ, Chang JL, Liu PF, et al. 2014. Direct interspecies electron transfer accelerates syntrophic oxidation of butyrate in paddy soil enrichments. Environmental Microbiology, 17(5): 1533-1547.

Li H, Dai MW, Dai SL, et al. 2018. Current status and environment impact of direct straw return in China's cropland: a review. Ecotoxicology and Environmental Safety, 159: 293-300.

Li H, Zhang YY, Yang S, et al. 2019. Variations in soil bacterial taxonomic profiles and putative functions in response to straw incorporation combined with N fertilization during the maize growing season. Agriculture Ecosystems & Environment, 283: 106578.

Li JG, Wan X, Liu XX, et al. 2019. Changes in soil physical and chemical characteristics in intensively cultivated greenhouse vegetable fields in North China. Soil and Tillage Research, 195: 104366.

Li L, Zhang FS, Li XL, et al. 2003. Interspecific facilitation of nutrient uptake by intercropped maize and faba bean. Nutrrient Cycling in Agroecosystems, 65: 61-71.

Li L, Zhang L, Zhang F. 2013. Crop mixtures and the mechanisms of overyielding // Levin SA. Encyclopedia of Biodiversity, 2nd ed, vol 2. Waltham: Academic Press: 382-395.

Li M, Liu M, Li ZP, et al. 2016. Soil N transformation and microbial community structure as affected by adding biochar to a paddy soil of Subtropical China. Journal of Integrative Agriculture, 15(1): 209-219.

Li S, Chen J, Shi JL, et al. 2017. Impact of straw return on soil carbon indices, enzyme activity, and grain production. Soil Science Society America Journal, 81(6): 1475-1485.

Li S, Li YB, Li XS, et al. 2016. Effect of straw management on carbon sequestration and grain production in a maize-wheat cropping system in Anthrosol of the Guanzhong Plain. Soil and Tillage Research, 157(303): 43-51.

Li SX, Wang ZH, Li SQ, et al. 2013. Effect of plastic sheet mulch, wheat straw mulch, and maize growth on water loss by evaporation in dryland areas of China. Agricultural Water Management, 116: 39-49.

Li Y, Wu JS, Liu SL, et al. 2012. Is the C∶N∶P stoichiometry in soil and soil microbial biomass related to the landscape and land use in southern subtropical China? Global Biogeochemical Cycles, 26(4): 4002.

Li YX, Ye GP, Liu DY, et al. 2018. Long-term application of lime or pig manure rather than plant residues suppressed diazotroph abundance and diversity and altered community structure in an acidic ultisol. Soil Biology and Biochemistry, 123: 218-228.

Li ZK, Wang T, Luo X, et al. 2018. Biocontrol potential of Myxococcus sp. strain BS against bacterial soft rot of calla lily caused by *Pectobacterium carotovorum*. Biological Control, 126: 36-44.

Li ZH, Wei BM, Wang XD, et al. 2018c. Response of soil organic carbon fractions and CO_2 emissions to exogenous composted manure and calcium carbonate. Journal of Soil and Sediments, 18: 1832-1843.

Li ZK, Ye XF, Chen PL, et al. 2017. Antifungal potential of *Corallococcus* sp. strain EGB against plant pathogenic fungi. Biological Control, 110: 10-17.

Li ZK, Ye XF, Liu MX, et al. 2019. A novel outer membrane β-1,6-glucanase is deployed in the predation of fungi by myxobacteria. The ISME Journal, 13(9): 2223-2235.

Liang BQ, Lehmann J, Sohi SP, et al. 2010. Black carbon affects the cycling of non-black carbon in soil. Organic Geochemistry, 41(2): 206-213.

Liang CY, Pineros MA, Tian J, et al. 2013. Low pH, aluminum, and phosphorus coordinately regulate malate exudation through *GmALMT1* to improve soybean adaptation to acid soils. Plant Physiology. 161(3): 1347-1361.

Liang C, Cheng G, Wixon DL, et al. 2011. An absorbing Markov Chain approach to understanding the microbial role in soil carbon stabilization. Biogeochemistry, 106(3): 303-309.

Liang C, Schimel JP, Jastrow JD, 2017. The importance of anabolism in microbial control over soil carbon storage. Nature Microbiology, 2(8): 17105.

Liang YT, Jiang YJ, Wang F, et al. 2015. Long-term soil transplant simulating climate change with latitude significantly alters microbial temporal turnover. The ISME Journal, 9(12): 2561-2572.

Liang YT, Xiao X, Nuccio EE, et al. 2020. Differentiation strategies of soil rare and abundant microbial taxa in response to changing climatic regimes. Environmental Microbiology, 22(4): 1327-1340.

Likens GE, Driscoll CT, Buso DC. 1996. Long-term effects of acid rain: response and recovery of a forest ecosystem. Science, 272(5259): 244-246.

Lim SS, Choi WL. 2014. Changes in microbial biomass, CH_4 and CO_2, emissions, and soil carbon content by fly ash co-applied with organic inputs with contrasting substrate quality under changing water regimes. Soil Biology and Biochemistry, 68(1): 494-502.

Lin XJ, Feng YZ, Zhang HY, et al. 2012. Long-term balanced fertilization decreases arbuscular mycorrhizal fungal diversity in an arable soil in North China revealed by 454 pyrosequencing. Environmental Science and Technology, 46(11): 5764-5771.

Lisboa CC, Conant RT, Haddix ML, et al. 2009. Soil carbon turnover measurement by physical fractionation at a forest-to-pasture chronosequence in the Brazilian amazon. Ecosystems, 12: 1212-1221.

Liu C, Lu M, Cui J, et al. 2014. Effects of straw carbon input on carbon dynamics in agricultural soils: a meta-analysis. Global Change Biology, 20(5): 1366-1381.

Liu J, Hu J, Cheng Z, et al. 2021. Can phosphorus (P)-releasing bacteria and earthworm (*Eisenia fetida* L.) co-enhance soil P mobilization and mycorrhizal P uptake by maize (*Zea mays* L.)? Journal of Soils and Sediments, 21: 842-852.

Liu J, Jing F, Jiang GY, et al. 2017. Effects of straw incorporation on soil organic carbon density and the carbon pool management index under long-term continuous cotton. Communications of Soil Science and Plant

Analysis, 48(4): 412-422.

Liu J, Li JM, Ma YB, et al. 2018. Apparent accumulated nitrogen fertilizer recovery in long-term wheat-maize cropping systems in China. Agronomy, 8(12): 293.

Liu J, Liu H, Huang SM, et al. 2010. Nitrogen efficiency in long-term wheat-maize cropping systems under diverse field sites in China. Field Crops Research. 118(2): 145-151.

Liu JJ, Sui YY, Yu ZH, et al. 2014. High throughput sequencing analysis of biogeographical distribution of bacterial communities in the black soils of Northeast China. Soil Biology and Biochemistry, 70: 113-122.

Liu JJ, Sui YY, Yu ZH, et al. 2015. Soil carbon content drives the biogeographical distribution of fungal communities in the black soil zone of Northeast China. Soil Biology and Biochemistry, 83: 29-39.

Liu PF, Lu YH. 2018. Concerted metabolic shifts give new insights into the syntrophic mechanism between propionate-fermenting *Pelotomaculum thermopropionicum* and hydrogenotrophic *Methanocella conradii*. Frontiers in Microbiology, 9: 1551.

Liu Q, Liu BJ, Zhang YH, et al. 2019. Biochar application as a tool to decrease soil nitrogen losses (NH_3 volatilization, N_2O missions, and N leaching) from croplands: options and mitigation strength in a global perspective. Global Change Biology, 25(6): 2077-2093.

Liu X, Hu GQ, He HB, et al. 2016. Linking microbial immobilization of fertilizer nitrogen to *in situ* turnover of soil microbial residues in an agro-ecosystem. Agriculture Ecosystems & Environment, 229: 40-47.

Liu X, Zhou F, Hu GQ, et al. 2019. Dynamic contribution of microbial residues to soil organic matter accumulation influenced by maize straw mulching. Geoderma, 333: 35-42.

Liu Y, Xu RK. 2015. The forms and distribution of aluminum adsorbed onto maize and soybean roots. Journal of Soils and Sediments, 15(3): 491-502.

Liu Z, Gao TP, Liu WT, et al. 2019. Effects of part and whole straw returning on soil carbon sequestration in C_3-C_4 rotation cropland. Journal of Plant Nutrition and Soil Scence, 182(3): 429-440.

Liu XJ, Zhang Y, Han WX, et al. 2013. Enhanced nitrogen deposition over China. Nature, 494(7438): 459-462.

Logares R, Audic S, Bass D, et al. 2014. Patterns of rare and abundant marine microbial eukaryotes. Current Biology, 24(8): 813-821.

Lopes AR, Manaia CM, Nunes OC. 2014. Bacterial community variations in an alfalfa-rice rotation system revealed by 16S rRNA gene 454-pyrosequencing. FEMS Microbiology Ecology, 87(3): 650-663.

López-Berges MS, Rispail N, Prados-Rosales RC, et al. 2010. A nitrogen response pathway regulates virulence functions in *Fusarium oxysporum* via the protein kinase TOR and the bZIP protein MeaB. The Plant Cell, 22(7): 2459-2475.

Lou J, Gu HP, Wang HZ, et al. 2016. Complete genome sequence of *Massilia* sp. WG5, an efficient phenanthrene-degrading bacterium from soil. Journal of Biotechnology, 218: 49-50.

Lovley DR, Phillips EJP. 1998. Novel mode of microbial energy metabolism: organic carbon oxidation coupled to dissimilatory reduction of iron or manganese. Applied and Environment Microbiology, 54(6): 1472-1480.

Lu CY, Zhang XD, Chen X, et al. 2010. Fixation of labeled ($^{15}NH_4)_2SO_4$ and its subsequent release in black soil of Northeast China over consecutive crop cultivation. Soil and Tillage Research, 106(2): 329-334.

Lu F, Wang XK, Han B, et al. 2009. Soil carbon sequestrations by nitrogen fertilizer application, straw return and no tillage in China's cropland. Global Change Biology, 15(2): 281-305.

Lu HY, Wan JJ, Li JY, et al. 2016. Periphytic biofilm: a buffer for phosphorus precipitation and release between sediments and water. Chemosphere, 144: 2058-2064.

Lu P, Lin YH, Yang ZQ, et al. 2015. Effects of application of corn straw on soil microbial community structure during the maize growing season. Journal of Basic Microbiology, 55(1): 22-32.

Lu SG, Sun FF, Zong YT. 2014. Effect of rice husk biochar and coal fly ash on some physical properties of expansive clayey soil (vertisol). Catena, 114(2): 37-44.

Lu SG, Yu XL, Zong YT. 2019. Nano-microscale porosity and pore size distribution in aggregates of paddy soil as affected by long-term mineral and organic fertilization under rice-wheat cropping system. Soil and Tillage Research, 186: 191-199.

Lu WW, Ding WX, Zhang JH, et al. 2014. Biochar suppressed the decomposition of organic carbon in a cultivated sandy loam soil: A negative priming effect. Soil Biology and Biochemistry, 76: 12-21.

Lu YH, Murase J, Watanabe A, et al. 2004. Linking microbial community dynamics to rhizosphere carbon flow in a wetland rice soil. FEMS Microbiology Ecology, 48(2): 179-186.

Ludwig M, Achtenhagen J, Miltner A, et al. 2015. Microbial contribution to SOM quantity and quality in density fractions of temperate arable soils. Soil Biology and Biochemistry, 81: 311-322.

Luke C, Krause S, Cavigiolo S, et al. 2010. Biogeography of wetland rice methanotrophs. Environmental Microbiology, 12(4): 862-872.

Luo CW, Rodriguez-RLM, Johnston E R, et al. 2014. Soil microbial community responses to a decade of warming as revealed by comparative metagenomics. Applied and Environmental Microbiology, 80(5): 1777-1786.

Luo YQ. 2007. Terrestrial carbon-cycle feedback to climate warming. Annual Review of Ecology Evolution of Systematics, 38(1): 683-712.

Lynch MDJ, Neufeld JD. 2015. Ecology and exploration of the rare biosphere. Nature Reviews Microbiology, 13(4): 217-229.

Ma Q, Wu ZJ, Pan FF, et al. 2016. Effect of glucose addition on the fate of urea-^{15}N in fixed ammonium and soil microbial biomass N pools. European Journal of Soil Biology, 75: 168-173.

MacArthur RH, Wilson E. 1967. The Theory of Island Biogeography. Princeton: Princeton University Press.

Mäder P, Fließbach A, Dubois D, et al. 2002. Soil fertility and biodiversity in organic farming. Science, 296(5573): 1694-1697.

Maestre FT, Quero JL, Gotelli NJ, et al. 2012. Plant species richness and ecosystem multifunctionality in global drylands. Science, 335(6065): 214-218.

Maestre FT, Callaway RM, Valladares F, et al. 2009. Refining the stress-gradient hypothesis for competition and facilitation in plant communities. Journal of Ecology, 97(2): 199-205.

Maestre FT, Delgado-Baquerizo M, Jeffries TC, et al. 2015. Increasing aridity reduces soil microbial diversity and abundance in global drylands. Proceedings of the National Academy of Science of the United States of America, 112(51): 15684-15689.

Magurran AE. 2004. Measuring Biological Diversity. Oxford: Blackwell Publishing.

Major J, Rondon M, Molina D, et al. 2010. Maize yield and nutrition during 4 years after biochar application to a Colombian savanna oxisol. Plant and Soil, 333: 117-128.

Mamedov A, Beckman S, Huang C, et al. 2006. Effects of Polyacrylamide Molecular Weight, Soil Texture and Electrolyte Concentration on Drainable Porosity and Aggregate Stability. 18th World Congress of Soil Science. July 9-15, 2006. Philadelphia, PA.

Mandal B, Majumder B, Bandyopadhyay PK, et al. 2007. The potential of cropping systems and soil amendments for carbon sequestration in soils under long-term experiments in Subtropical India. Global Change Biology, 13: 357-369.

Mandal B, Vlek PLG, Mandal LN. 1999. Beneficial effects of blue-green algae and *Azolla*, excluding supplying nitrogen, on wetland rice fields: a review. Biology and Fertility of Soils, 28: 329-342.

Manosalva P, Manohar M, von Reuss SH, et al. 2015. Conserved nematode signalling molecules elicit plant defenses and pathogen resistance. Nature Communications, 6: 7795.

Mao JD, Olk DC, Fang XW, et al. 2008. Influence of animal manure application on the chemical structures of soil organic matter as investigated by advanced solid-state NMR and FT-IR spectroscopy. Geoderma, 146(1): 353-362.

Mao LL, Zhang LZ, Li WQ, et al. 2012. Yield advantage and water saving in maize/pea intercrop. Field Crop Research, 138: 11-20.

Maqubela MP, Mnkeni PNS, Issa OM, et al. 2009. Nostoc cyanobacterial inoculation in South African agricultural soils enhances soil structure, fertility, and maize growth. Plant and Soil, 315(1-2): 79-92.

Maranguit D, Guillaume T, Kuzyakov Y. 2017. Land-use change affects phosphorus fractions in highly weathered tropical soils. Catena, 149(1): 385-393.

Marris E. 2006. Putting the carbon back: black is the new green. Nature, 442(7103): 624-626.

Martiny JB, Eisen JA, Penn K, et al. 2011. Drivers of bacterial β-diversity depend on spatial scale. Proceedings of the National Academy of Sciencesof the United States of America, 108: 7850-7854.

Mavi MS, Marschner P. 2013. Salinity affects the response of soil microbial activity and biomass to addition of carbon and nitrogen. Soil Research, 51(1): 68-75.

McFee WW, Kelly JM, Beck RH. 1977. Acid precipitation effects on soil pH and base saturation of exchange sites. Water Air and Soil Polltion, 7: 401-408.

McGuire KL, Treseder KK. 2010. Microbial communities and their relevance for ecosystem models: decomposition as a case study. Soil Biology and Biochemistry, 42(4): 529-535.

McInerney MJ, Sieber JR, Gunsalus RP. 2009. Syntrophy in anaerobic global carbon cycles. Current Opinion in Biotechnology, 20(6): 623-632.

McNickle GG, Dybzinski R, Klironomos J. 2013. Game theory and plant ecology. Ecology Letters, 16(4): 545-555.

Mendes R, Kruijt M, de Bruijn I, et al. 2011. Deciphering the rhizosphere microbiome for disease-suppressive bacteria. Science, 332(6033): 1097-1100.

Meyer JR, Kassen R. 2007. The effects of competition and predation on diversification in a model adaptive radiation. Nature, 446(7134): 432-435.

Miao YX, Stewart BA, Zhang FS. 2011. Long-term experiments for sustainable nutrient management in China. A review. Agronomy for Sustainable Development, 31: 397-414.

Montoya JM, Pimm SL, Sole RV. 2006. Ecological networks and their fragility. Nature, 442(7100): 259-264.

Moore-Kucera J, Dick RP. 2008. Application of ^{13}C-labeled litter and root materials for *in situ* decomposition studies using phospholipid fatty acids. Soil Biology and Biochemistry, 40(10): 2485-2493.

Moosavi MR. 2015. Damage of the root-knot nematode Meloidogyne javanica to bell pepper, *Capsicum annuum*. Journal of Plant Diseases and Protection, 122(5-6): 244-249.

Mooshammer M, Wanek W, Hämmerle I, et al. 2014. Adjustment of microbial nitrogen use efficiency to carbon: nitrogen imbalances regulates soil nitrogen cycling. Nature Communication, 5: 3694.

Morales SE, Cosart T, Holben WE. 2010. Bacterial gene abundances as indicators of greenhouse gas emission in soils. The ISME Journal, 4(6): 799-808.

Moritz LK, Liang C, Wagai R, et al. 2009. Vertical distribution and pools of microbial residues in tropical forest soils formed from distinct parent materials. Biogeochemistry, 92(1-2): 83-94.

Morris RA, Garrity DP. 1993. Resource capture and utilization in intercropping: water. Field Crops Research, 34(3-4): 303-317.

Mueller ND, Gerber J S, Johnston M, et al. 2012. Closing yield gaps through nutrient and water management. Nature, 490(7419): 254-257.

Müller C, Rütting T, Kattge J, et al. 2007. Estimation of parameters in complex ^{15}N tracing models by Monte Carlo sampling. Soil Biology and Biochemistry, 39(3): 715-726.

Mur LAJ, Kumari A, Brotman Y, et al. 2019. Nitrite and nitric oxide are important in the adjustment of primary metabolism during the hypersensitive response in tobacco. Journal of Experimental Botany, 70(17): 4571-4582.

Murtaza B, Murtaza G, Sabir M, et al. 2016. Amelioration of saline-sodic soil with gypsum can increase yield and nitrogen use efficiency in rice-wheat cropping system. Archives of Agronomy and Soil Science, 63(9): 1267-1280.

Murugan R, Djukic I, Keiblinger K, et al. 2019. Spatial distribution of microbial biomass and residues across soil aggregate fractions at different elevations in the Central Austrian Alps. Geoderma, 339: 1-8.

Nahar K, Kyndt T, de Vleesschauwer D, et al. 2011. The jasmonate pathway is a key player in systemically induced defense against root knot nematodes in rice. Plant Physiology, 157(1): 305-316.

Naidu R, Rengasamy P. 1993. Ion interactions and constraints to plant nutrition in Australian sodic soils. Soil Research, 31(6): 801-819.

Navarrete AA, Taketani RG, Mendes LW, et al. 2011. Land-use systems affect archaeal community structure and functional diversity in western amazon soils. Revista Brasileira De Ciencia Do Solo, 35: 1527-1540.

Navas-Castillo J, Fiallo-Olive E, Sanchez-Campos S, et al. 2011. Diseases transmitted by whiteflies. Annual Review of Phytopathology, 49: 219-248.

Negassa W, Leinweber P. 2009. How does the Hedley sequential phosphorus fractionation reflect impacts of land use and management on soil phosphorus: a review. Journal Plant Nutrition and Soil Science, 172(3): 305-325.

Neher DA. 1999. Soil community composition and ecosystem processes: comparing agricultural ecosystems with natural ecosystems. Agroforestry Systems, 45: 159-185.

Neher DA. 2001. Role of nematodes in soil health and their use as indicators. Journal of Nematology, 33(4): 161-168.

Neher DA. 2010. Ecology of plant and free-living nematodes in natural and agricultural soil. Annual Review of Phytopathology, 48: 371-394.

Nemergut DR, Schmidt SK, Fukami T, et al. 2013. Patterns and processes of microbial community assembly. Microbiology and Molecular Biology Reviews, 77(3): 342-356.

Nesper M, Bünemann EK, Fonte SJ, et al. 2015. Pasture degradation decreases organic P content of tropical soils due to soil structural decline. Geoderma, 257-258: 123-133.

Nguyen TH, Shindo H. 2011. Effects of different level of compost application on amounts and distribution of organic nitrogen forms in soil particle size fractions subjected mainly to double cropping. Agricultural Scoence, 2(3): 213-219.

Ni HW, Jing XY, Xiao X, et al. 2021. Microbial metabolism and necromass mediated fertilization effect on soil organic carbon after long-term community incubation in different climates. The ISME Journal, 15(9): 2561-2573.

Nicolás C, Hernández T, García C. 2012. Organic amendments as strategy to increase organic matter in particle-size fractions of a semi-arid soil. Applied Soil Ecology, 57: 50-58.

Nieder R, Benbi DK, Scherer HW. 2011. Fixation and defixation of ammonium in soils: a review. Biology and Fertility of Soils, 47(1): 1-14.

Noll M, Matthies D, Frenzel P, et al. 2005. Succession of bacterial community structure and diversity in a paddy soil oxygen gradient. Environmental Microbiology, 7(3): 382-395.

Noritomi H, Kai R, Iwai D, et al. 2011. Increase in thermal stability of proteins adsorbed on biomass charcoal powder prepared from plant biomass wastes. Journal of Biomedical Science and Engineering, 4(11): 692-698.

Nosil P, Crespi BJ. 2006. Experimental evidence that predation promotes divergence in adaptive radiation. Proceedings of the National Academy of Sciences of the United States of America, 103(24): 9090-9095.

Nouri E, Breuillin-Sessoms F, Feller U, et al. 2014. Phosphorus and nitrogen regulate arbuscular mycorrhizal symbiosis in *Petunia hybrid*. PLoS ONE, 9(6): e90841.

Nunan N, Wu KJ, Young IM, et al. 2003. Spatial distribution of bacterial communities and their relationships with the micro-architecture of soil. FEMS Microbiology Ecology, 44(2): 203-215.

Nziguheba G, Merckx R, Palm CA, et al. 2000. Organic residues affect phosphorus availability and maize yields in a nitisol of Western Kenya. Biology and Fertility of Soils, 32(4): 328-339.

Ochsenreiter T, Selezi D, Quaiser A, et al. 2003. Diversity and abundance of Crenarchaeota in terrestrial habitats studied by 16S RNA surveys and real time PCR. Environmental Microbiology, 5(9): 787-797.

Oka YJ, Koltai H, Bar-Eyal M, et al. 2000. New strategies for the control of plant-parasitic nematodes. Pest Management Science, 56(11): 983-988.

Oliveira CF, de Cassia PR, Mauricio CRA, et al. 2018. Chemical signaling involved in plant-microbe interactions. Chemical Society Reviews, 47(5): 1652-1704.

Oliver A, Lilley AK, van der Gast CJ. 2012. Species-time relationships for bacteria // Ogilvie LA, Hirsch PR. Microbial Ecological Theory: Current Perspectives. Norfolk: Caister Academic Press.

Oliverio AM, Geisen S, Delgado-Baquerizo M, et al. 2020. The global-scale distributions of soil protists and their contributions to belowground systems. Science Advances, 6(4): eaax8787.

Pageria NK, Baligar VG. 2008. Chapter 7 ameliorating soil acidity of tropical oxisols by liming for sustainable crop production. Advance in Agronomy, 99: 345-399.

Pan XY, Li JY, Deng KY, et al. 2019. Four-year effects of soil acidity amelioration on the yields of canola seeds and sweet potato and N fertilizer efficiency in an ultisol. Field Crops Research, 237: 1-11.

Pan GX, Smith P, Pan WN. 2009. The role of soil organic matter in maintaining the productivity and yield stability of cereals in China. Agriculture Ecosystems & Environment, 129(1-3): 344-348.

Passioura JB. 2002. Soil conditions and plant growth. Plant Cell Environment, 25(2): 311-318.

Pasternak Z, Pietrokovski S, Rotem O, et al. 2013. By their genes ye shall know them: genomic signatures of predatory bacteria. The ISME Journal, 7(4): 756-769.

Patzel N, Sticher H, Karlen DL. 2000. Soil fertility-phenomenon and concept. Journal of Plant Nutrition and Soil Science, 163(2): 129-142.

Paul D, Lade H. 2014. Plant-growth-promoting rhizobacteria to improve crop growth in saline soils: a review. Agronomy for Sustainable Development, 34(4): 737-752.

Pedrós-Alió C. 2012. The rare bacterial biosphere. Annual Review of Marine Science, 4: 449-466.

Peng JJ, Lü Z, Rui JP, et al. 2008. Dynamics of the methanogenicarchaeal community during plant residue decomposition in an anoxic rice field soil. Applied and Environmental Microbiology, 74(9): 2894-2901.

Peng XH, Horn R, Hallett P, 2015. Soil structure and its functions in ecosystems: phase matter & scale matter. Soil and Tillage Research, 146(Pare A): 1-3.

Perassi I, Borgnino L. 2014. Adsorption and surface precipitation of phosphate onto $CaCO_3$-montmorillonite: effect of pH, ionic strength and competition with humic acid. Geoderma, 232-234(12): 600-608.

Pérez J, Moraleda-Muñoz A, Marcos-Torres FJ, et al. 2016. Bacterial predation: 75 years and counting! Environmental Microbiology, 18(3): 766-779.

Petchey OL, McPhearson P, Casey TM, et al. 1999. Environmental warming alters food-web structure and ecosystem function. Nature, 402: 69-72.

Philippot L, Hallin S, Borjesson G, et al. 2009. Biochemical cycling in the rhizosphere having an impact on global change. Plant and Soil, 321(1-2): 61-81.

Philippot L, Raaijmakers JM, Lemanceau P, et al. 2013. Going back to the roots: the microbial ecology of the rhizosphere. Nature Reviews Microbiology, 11(11): 789-799.

Phillips HRP, Guerra CA, Bartz MLC. et al. 2019. Global distribution of earthworm diversity. Science, 366(6464): 480-485.

Pierik R, Mommer L, Voesenek LACJ. 2013. Molecular mechanisms of plant competition: neighbour detection and response strategies. Functional Ecology, 27(4): 841-853.

Pieterse CMJ, Leon-Reyes A, van der Ent S, et al. 2009. Networking by small-molecule hormones in plant immunity. Nature Chemical Biology, 5(5): 308-316.

Pittelkow CM, Liang XQ, Linquist B A, et al. 2015. Productivity limits and potentials of the principles of conservation agriculture. Nature, 517(7534): 365-368.

Plaza C, Courtier-Murias D, Fernández JM, et al. 2013. Physical, chemical, and biochemical mechanisms of soil organic matter stabilization under conservation tillage systems: a central role for microbes and microbial by-products in C sequestration. Soil Biology and Biochemistry, 57: 124-134.

Poret-Peterson AT, Ji BM, Engelhaupt E, et al. 2007. Soil microbial biomass along a hydrologic gradient in a subsiding coastal bottomland forest: implications for future subsidence and sea-level rise. Soil Biology and Biochemistry, 39(2): 641-645.

Potthoff M, Steenwerth KL, Jackson LE, et al. 2006. Soil microbial community composition as affected by restoration practices in California grassland. Soil Biology and Biochemistry, 38(7): 1851-1860.

Qadir M, Schubert S. 2002. Degradation processes and nutrient constraints in sodic soils. Land Degradation and Development, 13(4): 275-294.

Qian C, Hettich RL. 2017. Optimized extraction method to remove humic acid interferences from soil samples prior to microbial proteome measurements. Journal of Proteome Research, 16(7): 2537-2546.

Qian HY, Pan JJ, Sun B. 2013. The relative impact of land use and soil properties on sizes and turnover rates of soil organic carbon pools in Subtropical China. Soil Use and Management, 29(4): 510-518.

Qiao J, Yang LZ, Yan TM, et al. 2012. Nitrogen fertilizer reduction in rice production for two consecutive years in the Taihu Lake area. Agriculture Ecosystems & Environment, 146(1): 103-112.

Qiao J, Yang LZ, Yan TM, et al. 2013. Rice dry matter and nitrogen accumulation, soil mineral N around root and N leaching, with increasing application rates of fertilizer. European Journal of Agronomy, 49: 93-103.

Qiu HS, Zheng XD, Ge TD, et al. 2017. Weaker priming and mineralisation of low molecular weight organic substances in paddy than in upland soil. European Journal of Soil Biology, 83: 9-17.

Qiu QY, Wu LF, Zhu OY, et al. 2016. Priming effect of maize residue and urea N on soil organic matter changes with time. Applied Soil Ecology, 100: 65-74.

Quénéhervé P, Chotte JL. 1996. Distribution of nematodes in vertisol aggregates under a permanent pasture in Martinique. Applied Soil Ecology, 4(3): 193-200.

Quirk JP. 2001. The significant of the threshold and turbidity concentrations in relation to sodicity and microstructure. Australian Journal of Soil Research, 39(6): 1185-1217.

Raes J, Bork P. 2008. Molecular eco-systems biology: towards an understanding of community function. Nature Review Microbiology, 6(9): 693-699.

Raghothama KG, Karthikeyan AS. 2005. Phosphate acquisition. Plant and Soil, 274(1-2): 37-49.

Rahman MA, Chikushi J, Saifizzaman M, et al. 2005. Rice straw mulching and nitrogen response of no-till wheat following rice in Bangladesh. Field Crops Research, 91(1): 71-81.

Rajkovich S, Enders A, Hanley K, et al. 2012. Corn growth and nitrogen nutrition after additions of biochars with varying properties to a temperate soil. Biology and Fertility of Soils, 48(3): 271-284.

Ramirez KS, Craine JM, Fierer N. 2012. Consistent effects of nitrogen amendments on soil microbial communities and processes across biomes. Global Change Bioloy, 18(6): 1918-1927.

Ravanbakhsh M, Sashmi S, Voesenek LACJ, et al. 2018. Microbial modulation of plant ethylene signaling: ecological and evolutionary consequences. Microbiome, 6(1): 52.

Razafimbelo TM, Albrecht A, Oliver R, et al. 2008. Aggregate associated-C and physical protection in a tropical clayey soil under Malagasy conventional and no-tillage systems. Soil and Tillage Research, 98(2): 140-149.

Reinhold-Hurek B, Bünger W, Burbano CS, et al. 2015. Roots shaping their microbiome: global hotspots for microbial activity. Annual Review of Phytopathology, 53: 403-424

Revsbech NP, Pedersen O, Reichardt W, et al. 1999. Microsensor analysis of oxygen and pH in the rice rhizosphere under field and laboratory conditions. Biology and Fertility of Soils, 29: 379-385.

Rice EL. 1984. Allelopathy. 2nd ed. New York: Academic Press: 422.

Richardson AE, Simpson RJ. 2011. Soil microorganisms mediating phosphorus availability update on microbial phosphorus. Plant Physiology, 156(3): 989-996.

Rillig MC. 2004. Arbuscular mycorrhizae, glomalin and soil aggregation. Canadian Journal of Soil Science, 84(4): 355-363.

Rinnan R, Michelsen A, Bååth E, et al. 2007. Fifteen years of climate change manipulations alter soil microbial communities in a subarctic heath ecosystem. Global Change Biology, 13(1): 28-39.

Roberts P, Jones DL, Edwards G, 2010. Yield and vitamin C content of tomatoes grown in vermicomposted wastes. Journal of the Science of Food and Agriculture, 87: 1957-1963.

Rønn R, McCaig AE, Griffiths BS, et al. 2002. Impact of protozoan grazing on bacterial community structure in soil microcosms. Applied and Environmental Microbiology, 68(12): 6094-6105.

Rønn R, Vestergård M, Ekelund F. 2012. Interactions between bacteria, protozoa and nematodes in soil. Acta Protozoologica, 51(3): 223-235.

Rose TJ, Hardiputra B, Rengel Z. 2010. Wheat, canola and grain legume access to soil phosphorus fractions differs in soils with contrasting phosphorus dynamics. Plant and Soil, 326(1-2): 159-170.

Rosolem CA, Assis JS, Santiago AD. 1994. Root growth and mineral nutrition of corn hybrids as affected by phosphorus and lime. Communications in Soil Science and Plant Analysis, 25(13-14): 2491-2499.

Rousk J, Frey SD, Bååth E. 2012. Temperature adaptation of bacterial communities in experimentally warmed forest soils. Global Change Biology, 18(10): 3252-3258.

Ruamps LS, Nunan N, Chenu C. 2011. Microbial biogeography at the soil pore scale. Soil Biology and Biochemistry, 43(2): 280-286.

Ruyter-Spira C, Al-Babili S, van der Krol S, et al. 2013. The biology of strigolactones. Trends in Plant Science, 18(2): 72-83.

Saadatnia H, Riahi H. 2009. Cyanobacteria from paddy fields in Iran as a biofertilizer in rice plants. Plant Soil and Environment, 55(5): 207-212.

Sackett TE, Classen AT, Sanders NJ. 2010. Linking soil food web structure to above- and belowground ecosystem processes: a meta-analysis. Oikos, 119(12): 1984-1992.

Said-Pullicino D, Cucu MA, Sodano M, et al. 2014. Nitrogen immobilization in paddy soils as affected by redox conditions and rice straw incorporation. Geoderma, 228-229: 44-53.

Sakadevan K, Nguyen ML. 2010. Extent, impact, and response to soil and water salinity in arid and semiarid regions. Advances in Agronomy, 109(109): 55-74.

Salgado E, Cautin R. 2008. Avocado root distribution in fine and coarse-textured soils under drip and microsprinkler irrigation. Agricultural Water Management, 95(7): 817-824.

Salinas KA, Edenborn SL, Sexstone AJ, et al. 2007. Bacterial preferences of the bacterivorous soil nematode Cephalobus brevicauda (Cephalobidae): effect of bacterial type and size. Pedobiologia, 51: 55-64.

Salvagiotti F, Cassman KG, Specht JE, et al. 2008. Nitrogen uptake, fixation and response to fertilizer N in soybeans: a review. Field Crops Research, 108(1): 1-13.

Samaddar S, Chatterjee P, Truu J et al. 2019. Long-term phosphorus limitation changes the bacterial community structure and functioning in paddy soils. Applied Soil Ecology, 134: 111-115.

Sanders RW, Caron DA, Davidson JM, et al. 2001. Nutrient acquisition and population growth of a mixotrophic alga in axenic and bacterized cultures. Microbial Ecology, 42: 513523.

Sattari SZ, Bouwman AF, Giller KE, et al. 2012. Residual soil phosphorus as the missing piece in the global phosphorus crisis puzzle. Proceedings of the National Academy of Sciences of the United States of America, 109(16): 6348-6353.

Sauer D, Kuzyakov Y, Stahr K. 2006. Spatial distribution of root exudates of five plant species as assessed by ^{14}C labeling. Journal of Plant Nutrition and Soil Science, 169(3): 360-362.

Schimel JP, Schaeffer SM. 2012. Microbial control over carbon cycling in soil. Frontiers in Microbiology, 3: 348.

Schink B. 1997. Energetics of syntrophic cooperation of methanogenic degradation. Microbiology and Molecular Biology Reviews, 61(2): 262-280.

Schmatz R, Recous S, Aita C, et al. 2017. Crop residue quality and soil type influence the priming effect but not the fate of crop residue C. Plant and Soil, 414: 229-245.

Schmidt MWI, Torn MS, Abiven S, et al. 2011. Persistence of soil organic matter as an ecosystem property. Nature, 478(7367): 49-56.

Schneider T, Keiblinger KM, Schmid E, et al. 2012. Who is who in litter decomposition? Metaproteomics reveals major microbial players and their biogeochemical functions. The ISME Journal, 6(9): 1749-1762.

Schnitzer M, Ivarson KC. 1982. Different forms of nitrogen in particle size fractions separated from two soils. Plant and Soil, 69: 383-389.

Schroder J, Zhang HL, Desta K, et al. 2011. Soil acidification from long-term use of nitrogen fertilizers on winter wheat. Soil Science Society of America Journal, 75(3): 957-964.

Schulten HR, Leinweber P. 1991. Influence of long-term fertilization with farmyard manure on soil organic matter: characteristics of particle-size fractions. Biology and Fertility of Soils, 12: 81-88.

Sebilo M, Mayer B, Nicolardot B, et al. 2013. Long-term fate of nitrate fertilizer in agricultural soils. Proceedings of the National Academy of Sciences of the United States of America, 110(45): 18185-18189.

Seid A, Fininsa C, Mekete T, et al. 2015. Tomato (*Solanum lycopersicum*) and root-knot nematodes (*Meloidogyne* spp.): a century-old battle. Nematology, 17: 995-1009.

Sekiya N, Araki H, Yano K. 2011. Applying hydraulic lift in an agroecosystem: forage plants with shoots removed supply water to neighboring vegetable crops. Plant and Soil, 341: 39-50.

Sessitsch A, Weilharter A, Gerzabek MH, et al. 2001. Microbial population structures in soil particle size fractions of a long-term fertilizer field experiment. Applied and Environment Microbiology, 67(9): 4215-4224.

Sessitsch A, Gyamfi S, Stralis-Pavese N, et al. 2002. RNA isolation from soil for bacterial community and functional analysis: evaluation of different extraction and soil conservation protocols. Journal of Microbiological Methods, 51(2): 171-179.

Shackel KA, Hall AE. 1984. Effect of intercropping on the water relations of sorghum and cowpea. Field Crops Research, 8: 381-387.

Shade A, Handelsman J. 2012. Beyond the Venn diagram: the hunt for a core microbiome. Environmental Microbiology, 14(1): 4-12.

Shade A, Caporaso JG, Handelsman JL, et al. 2013. A meta-analysis of changes in bacterial and archaeal communities with time. The ISME Journal, 7(8): 1493-1506.

Shahbaz M, Kumar A, Kuzyakov Y, et al. 2018. Priming effects induced by glucose and decaying plant residues on SOM decomposition: a three-source, $^{13}C/^{14}C$ partitioning study. Soil Biology and Biochemistry, 121: 138-146.

Shahbaz M, Kuzyakov Y, Sanaullah M, et al. 2017. Microbial decomposition of soil organic matter is mediated by quality and quantity of crop residues: mechanisms and thresholds. Biology and Fertility of Soils, 53: 287-301.

Shainberg I, Letey J. 1984. Response of soils to sodic and saline conditions. Hilgardia, 52: 1-57.

Shan LN, He YF, Chen J, et al. 2015. Nitrogen surface runoff losses from a Chinese cabbage field under different nitrogen treatments in the Taihu Lake Basin, China. Agricultural Water Management, 159: 255-263.

Shen JP, Cao P, Hu HW, et al. 2013. Differential response of archaeal groups to land use change in an acidic red soil. Science of the Total Environment, 461: 742-749.

Shen JP, Zhang LM, Zhu YG, et al. 2008. Abundance and composition of ammonia-oxidizing bacteria and ammonia-oxidizing archaea communities of an alkaline sandy loam. Environmental Microbiology, 10(6): 1601-1611.

Shen RP, Sun B, Zhao QG. 2005. Spatial and temporal variability of N, P and K balances for agroecosystems in

China. Pedosphere, 15(3): 347-355.

Shen KP, Harte J. 2000. Ecosystem climate manipulations // Sala OE, Jackson RB, Mooney HA, et al. Methods in Ecosystem Science. New York: Springer: 353-369.

Shi RY, Hong ZN, Li JY, et al. 2017. Mechanisms for increasing the pH buffering capacity of an acidic ultisol by crop straw derived biochars. Journal of Agricuitural and Food Chemistry, 65(37): 8111-8119.

Shi RY, Hong ZN, Li JY, et al. 2018. Peanut straw biochar increases the resistance of two ultisols derived from different parent materials to acidification: a mechanism study. Journal Environmental Management, 210: 171-179.

Shi RY, Li JY, Ni N, et al. 2019. Understanding the biochar's role in ameliorating soil acidity. Journal of Integrative Agricuiture, 18(7): 1508-1517.

Shi RY, Liu ZD, Li Y, et al. 2019. Mechanisms for increasing soil resistance to acidification by long-term manure application. Soil and Tillage Research, 185: 77-84.

Shi SJ, Nuccio EE, Shi ZJ, et al. 2016. The interconnected rhizosphere: high network complexity dominates rhizosphere assemblages. Ecology Letters, 19(8): 926-936.

Shi WM, Xu WF, Li SM, et al. 2010. Responses of two rice cultivars differing in seeding-stage nitrogen use efficiency to growth under low-nitrogen conditions. Plant and Soil, 326(1-2): 291-302.

Shi WM, Yao J, Yan F. 2009. Vegetable cultivation under greenhouse conditions leads to rapid accumulation of nutrients, acidification and salinity of soils and groundwater contamination in South-Eastern China. Nutrient Cycling in Agroecosystems, 83: 73-84.

Shi Y, Li YT, Xiang XJ, et al. 2018. Spatial scale affects the relative role of stochasticity versus determinism in soil bacterial communities in wheat fields across the North China Plain. Microbiome, 6: 27.

Shu X, Zhu AN, Zhang JB, et al. 2015. Changes in soil organic carbon and aggregate stability after conversion to conservation tillage for seven years in the Huang-Huai-Hai Plain of China. Journal of Integrative Agriculture, 14(6): 1202-1211.

Silby MW, Cerdeño-Tárraga AM, Vernikos GS, et al. 2009. Genomic and genetic analyses of diversity and plant interactions of *Pseudomonas fluorescens*. Genome Biology, 10(5): R51.

Silva UC, Medeiros JD, Leite LR, et al. 2017. Long-term rock phosphate fertilization impacts the microbial communities of maize rhizosphere. Front in Microbiology, 8: 1266.

Silveira ML, Liu K, Sollenberger LE, et al. 2013. Short-term effects of grazing intensity matter accumulation in cultivated and native grass soils. Soil Science Society of America Journal, 62: 1367-1377.

Simsek-Ersahin Y. 2011. The use of vermicompost products to control plant diseases and pests. Biology of Earthworms, 24: 191-213.

Šimunek J, Jacques D, Šejna M, et al. 2012. The HP2 Program for HYDRUS (2D/3D): A Coupled Code for Simulating Two-Dimensional Variably-Saturated Water Flow, Head Transport, Solute Transport and Biogeochemistry in Porous Media (HYDRUS+PHREEQC+2D). Version 1.0.

Sinsabaugh RL, Follstad Shah JJ. 2012. Ecoenzymatic stochiometry and ecological theory. Annual Review of Ecology, Evolution, and Systematics, 43(1): 313-343.

Six J, Bossuyt H, Degryze S, et al. 2004. A history of research on the link between (micro) aggregates, soil biota, and soil organic matter dynamics. Soil and Tillage Research, 79(1): 7-31.

Six J, Conant RT, Paul EA, et al. 2002. Stabilization mechanisms of soil organic matter: implications for C-saturation of soils. Plant and Soil, 241(2): 155-176.

Six J, Paustian K. 2014. Aggregate-associated soil organic matter as an ecosystem property and a measurement tool. Soil Biology and Biochemistry, 68(1): A4-A9.

Skopp J, Jawson M, Doran JW. 1990. Steady-state aerobic microbial activity as a function of soil water content. Soil Science Society of America Journal, 54(6): 1619-1625.

Smith AP, Marín-Spiotta E, de Graaff MA, et al. 2014. Microbial community structure varies across soil organic matter aggregate pools during tropical land cover change. Soil Biology and Biochemistry, 77: 292-303.

Sokol NW, Bradford MA. 2019. Microbial formation of stable soil carbon is more efficient from belowground than aboveground input. Nature Geoscience, 12(1): 46-53.

Song H, Che Z, Jin WJ, et al. 2020. Changes in denitrifier communities and denitrification rates in an acidifying soil induced by excessive N fertilization. Archives of Agronomy and Soil Science, 66(9): 1203-1217.

Spedding TA, Hamel C, Mehuys GR, et al. 2004. Soil microbial dynamics in maize-growing soil under different tillage and residue management systems. Soil Biology and Biochemistry, 36(3): 499-512.

Spokas KA, Koskinen WC, Baker JM, et al. 2009. Impacts of woodchip biochar additions on greenhouse gas production and sorption/degradation of two herbicides in a Minnesota soil. Chemosphere, 77(4): 574-581.

Sradnick A, Oltmanns M, Raupp J, et al. 2014. Microbial residue indices down the soil profile after long-term addition of farmyard manure and mineral fertilizer to a sandy soil. Geoderma, 226-227: 79-84.

Srinivasarao C, Venkateswarlu B, Lal R, et al. 2012a. Soil carbon sequestration and agronomic productivity of an alfisol for a groundnut-based system in a semiarid environment in Southern India. European Journal of Agronmy, 43: 40-48.

Srinivasarao C, Venkateswarlu B, Lal R, et al. 2012b. Long-term effects of soil fertility management on carbon sequestration in a rice-lentil cropping system of the Indo-Gangetic Plains. Soil Science Society of America Journal, 76(1): 168-178.

Srivastava P, Singh R, Tripathi S, et al. 2017. Soil carbon dynamics under changing climate: a research transition from absolute to relative roles of inorganic nitrogen pools and associated microbial processes: a review. Pedosphere, 27(5): 792-806.

Stams AJM, Plugge CM. 2009. Electron transfer in syntrophic communities of anaerobic bacteria and archaea. Nature Reviews Microbiology, 7(8): 568-577.

Stewart CE, Paustian K, Conant RT, et al. 2007. Soil carbon saturation: concepts, evidence and evaluation. Biogeochemistry, 86(1): 19-31.

Stewart CE, Paustian K, Conant RT, et al. 2008. Soil carbon saturation: evaluation and corroboration by long-term incubations. Soil Biology and Biochemistry, 40(7): 1741-1750.

Strickland MS, Rousk J. 2010. Considering fungal: bacterial dominance in soils: methods, controls, and ecosystem implications. Soil Biology and Biochemistry, 42(9): 1385-1395.

Su JQ, Ding LJ, Xue K, et al. 2015. Long-term balanced fertilization increases the soil microbial functional diversity in a phosphorus-limited paddy soil. Molecular Ecology, 24(1): 136-150.

Subrahmanyan R, Relwani LL, Manna GB. 1965. Fertility build-up of rice field soils by blue-green algae. Proceedings of the Indian Academy of Sciences: Section B, 62(6): 252-272.

Sul WJ, Asuming-Brempong S, Wang Q, et al. 2013. Tropical agricultural land management influences on soil microbial communities through its effect on soil organic carbon. Soil Biology and Biochemistry, 65: 33-38.

Sullivan WM, Jiang ZC, Hull RJ. 2000. Root morphology and its relationship with nitrate uptake in Kentucky Bluegrass. Crop Science, 40(3): 765-772.

Sumner ME. 1993. Sodic soils-new perspectives. Australian Journal of Soil Research, 31(6): 683-750.

Sun B, Zhang LX, Yang LZ, et al. 2012. Agricultural non-point source pollution in China: causes and mitigation measures. AMBIO, 41(4): 370-379.

Sun L, Lu YF, Yu FW, et al. 2016. Biological nitrification inhibition by rice root exudates and its relationship with nitrogen-use efficiency. New Phytologist, 212(3): 646-656.

Sun RB, Zhang XX, Guo XS, et al. 2015. Bacterial diversity in soils subjected to long-term chemical fertilization can be more stably maintained with the addition of livestock manure than wheat straw. Soil Biology and Biochemistry, 88: 9-18.

Sun B, Wang F, Jiang YJ, et al. 2014. A long-term field experiment of soil transplantation demonstrating the role of contemporary geographic separation in shaping soil microbial community structure. Ecology and Evolution, 4(7): 1073-1087.

Swella GB, Ward PR, Siddique KHM, et al. 2015. Combinations of tall standing and horizontal residue affect soil water dynamics in rainfed conservation agriculture systems. Soil and Tillage Research, 147: 30-38.

Szukics U, Abell GCJ, Hödl V, et al. 2010. Nitrifiers and denitrifiers respond rapidly to changed moisture and increasing temperature in a pristine forest soil. FEMS Microbiology Ecology, 72(3): 395-406.

Tabatabai MA. 1994. Soil enzymes // Weaver RW, Angle JS, Bottomley PS. Methods of Soil Analysis, Part 2, Microbiological and Biochemical Properties. Madison: Soil Science Society of America: 775-833.

Tang JT, Han Z, Zhong SQ, et al. 2019. Changes in the profile characteristics of cultivated soils obtained from reconstructed farming plots undergoing agricultural intensification in a hilly mountainous region in Southwest China with regard to anthropogenic pedogenesis. Catena, 180: 132-145.

Tedersoo L, Bahram M, Põlme S, et al. 2014. Global diversity and geography of soil fungi. Science, 346(6213): 1256688.

Tejada M, Benitez C. 2015. Application of vermicomposts and compost on tomato growth in greenhouses. Compost Science and Utilization, 23(2): 94-103.

Tejada M, Gonzalez JL. 2006. Effects of two beet vinasse forms on soil physical properties and soil loss. Catena, 68(1): 41-50.

Thomas C, Cameron A, Green RE, et al. 2004. Extinction risk from climate change. Nature, 427: 145-148.

Thompson LR, Sanders JG, McDonald D, et al. 2017. A communal catalogue reveals Earth's multiscale microbial diversity. Nature, 551(7681): 457-463.

Throckmorton HM, Bird JA, Monte N, et al. 2015. The soil matrix increases microbial C stabilization in temperate and tropical forest soils. Biogeochemistry, 122(1): 35-45.

Tian HQ, Chen GS, Zhang C, et al. 2010. Pattern and variation of C : N : P ratios in China's soils: a synthesis of observational data. Biogeochemistry, 98(1-3): 139-151.

Tian K, Zhao YV, Xu XH, et al. 2015. Effects of long-term fertilization and residue management on soil organic carbon changes in paddy soils of China: a meta-analysis. Agriculture Ecosystems & Environment, 204: 40-50.

Tian YH, Yin B, Yang LZ, et al. 2007. Nitrogen runoff and leaching losses during rice-wheat rotations in Taihu Lake region, China. Pedosphere, 17(4): 445-456.

Tilman D, Lehman CL, Thomson KT. 1997. Plant diversity and ecosystem productivity: theoretical considerations. Proceedings of the National Academy of Sciences of the United States of America, 94(5): 1857-1861.

Tisserant E, Malbreil M, Kuo A, et al. 2013. Genome of an arbuscular mycorrhizal fungus provides insight into the oldest plant symbiosis. Proceedings of the National Academy of Sciences of the United States of America, 110(50): 20117-20122.

Tittonell P, Giller KE. 2013. When yield gaps are poverty traps: the paradigm of ecological intensification in African smallholder agriculture. Field Crops Research, 143(1): 76-90.

Tonitto C, David MB, Drinkwater LE. 2006. Replacing bare fallows with cover crops in fertilizer-intensive cropping systems: a meta-analysis of crop yield and N dynamics. Agriculture Ecosystems & Environment, 112(1): 58-72.

Tracy SR, Black CR, Roberts JA, et al. 2012. Quantifying the impact of soil compaction on root system architecture in tomato (*Solanum lycopersicum*) by X-ray micro-computed tomography. Annals of Botany, 110(2): 511-519.

Trap J, Bonkowski M, Plassard C, et al. 2016. Ecological importance of soil bacterivores for ecosystem functions. Plant and Soil, 398: 1-24.

Treusch AH, Leininger S, Kletzin A, et al. 2005. Novel genes for nitrite reductase and Amo-related proteins indicate a role of uncultivated mesophilic crenarchaeota in nitrogen cycling. Environmental Microbiology, 7(12): 1985-1995.

Tripathi BM, Kim M, Lai-Hoe A, et al. 2013. pH dominates variation in tropical soil archaeal diversity and community structure. FEMS Microbiology Ecology, 86(2): 303-311.

Tripathi S, Chakraborty A, Chakrabarti K, et al. 2007. Enzyme activities and microbial biomass in coastal soils of India. Soil Biology and Biochemistry, 39(11): 2840-2848.

Turner BL, Haygarth PM. 2005. Phosphatase activity in temperate pasture soils: potential regulation of labile organic phosphorus turnover by phosphodiesterase activity. Science of the Total Environment, 344(1-3): 27-36.

Vaccari FP, Baronti S, Lugato E, et al. 2011. Biochar as a strategy to sequester carbon and increase yield in durum wheat. European Journal of Agronomy, 34(4): 231-238.

Vaishampayan A, Sinha RP, Hader DP, et al. 2001. Cyanobacterial biofertilizers in rice agriculture. Botanical Review, 67(4): 453-516.

van Dam NM, Bouwmeester HJ. 2016. Metabolomics in the rhizosphere: tapping into belowground chemical communication. Trends in Plant Science, 21(3): 256-265.

van den Hoogen J, Geisen S, Routh D, et al. 2019. Soil nematode abundance and functional group composition at a global scale. Nature, 572(7768): 194-198.

van der Heijden MGA, Bardgett RD, van Straalen NM. 2008. The unseen majority: soil microbes as drivers of plant diversity and productivity in terrestrial ecosystems. Ecology Letters, 11(3): 296-310.

van Horn DJ, van Horn ML, Barrett JE, et al. 2013. Factors controlling soil microbial biomass and bacterial diversity and community composition in a cold desert ecosystem: role of geographic scale. PLoS ONE, 8(6): e66103.

Vandenkoornhuyse P, Quaiser A, Duhamel M, et al. 2015. The importance of the microbiome of the plant holobiont. The New Phytologist, 206(4): 1196-1206.

Vanhala P, Karhu K, Tuomi M, et al. 2011. Transplantation of organic surface horizons of boreal soils into warmer regions alters microbiology but not the temperature sensitivity of decomposition. Global Change Biology, 17(1): 538-550.

Ventura M, Zhang CB, Baldi E, et al. 2014. Effect of biochar addition on soil respiration partitioning and root dynamics in an apple orchard. European Journal of Soil Science, 65(1): 186-195.

Villamil MB, Little J, Nafzinger ED. 2015. Corn residue, tillage, and nitrogen rate effects on soil properties. Soil and Tillage Research, 151(2): 61-66.

Vogel C, Heister K, Buegger F, et al. 2015. Clay mineral composition modifies decomposition and sequestration of organic carbon and nitrogen in fine soil fractions. Biology and Fertility of Soils, 51(4): 427-442.

Vogel C, Mueller CW, Höschen C, et al. 2014. Submicron structures provide preferential spots for carbon and nitrogen sequestration in soils. Nature Communications, 5: 2947.

Wagg C, Bender SF, Widmer F, et al. 2014. Soil biodiversity and soil community composition determine ecosystem multifunctionality. Proceedings of the National Academy of Sciences of the United States of America, 111(14): 5266-5270.

Wagg C, Jansa J, Schmid B, et al. 2011. Belowground biodiversity effects of plant symbionts support aboveground productivity. Ecology letters. 14(10): 1001-1109.

Walder F, van der Heijden MGA. 2015. Regulation of resource exchange in the arbuscular mycorrhizal symbiosis. Nature Plants, 1: 15159.

Waldrip HM, He ZQ, Erich MS. 2011. Effects of poultry manure amendment on phosphorus uptake by ryegrass, soil phosphorus fractions and phosphatase activity. Biology and Fertility of Soils, 47(4): 407-418.

Waldrop MP, Firestone MK. 2006. Response of microbial community composition and function to soil climate change. Microbial Ecology, 52(4): 716-724.

Walker CB, de la Torre JR, Klotz MG, et al. 2010. Nitrosopumilus maritimus genome reveals unique mechanisms for nitrification and autotrophy in globally distributed marine crenarchaea. Proceedings of the National Academy of Sciences of the United States of America, 107: 8818-8823.

Wang G, Or D. 2010. Aqueous films limit bacterial cell motility and colony expansion on partially saturated rough surfaces. Environmental Microbiology, 12(5): 1363-1373.

Wang G, Or D. 2013. Hydration dynamics promote bacterial coexistence on rough surfaces. The ISME Journal, 7(2): 395-404.

Wang HY, Zhang D, Zhang YT, et al. 2018. Ammonia emissions from paddy fields are underestimated in China. Environmental Pollution, 235: 482-488.

Wang J, Cheng Y, Jiang YJ, et al. 2017. Effects of 14 years of repeated pig manure application on gross nitrogen transformation in an upland red soil in China. Plant and Soil, 415(1-2): 161-173.

Wang J, Zhu B, Zhang JB, et al. 2015. Mechanisms of soil N dynamics following long-term application of organic fertilizers to subtropical rain-fed purple soil in China. Soil Biology and Biochemistry, 91: 222-231.

Wang M, Gu ZC, Wang RR, et al. 2019. Plant primary metabolism regulated by nitrogen contributes to plant-pathogen interactions. Plant and Cell Physiology, 60(2): 329-342.

Wang M, Pendall E, Fang CM, et al. 2018. A global perspective on agroecosystem nitrogen cycles after returning crop residue. Agriculture Ecosystems & Environment, 266: 49-54.

Wang M, Sun YM, Gu ZC, et al. 2016. Nitrate protects cucumber plants against *Fusarium oxysporum* by regulating citrate exudation. Plant and Cell Physiology, 57(9): 2001-2012.

Wang SC, Zhao YW, Wang JZ, et al. 2018. The efficiency of long-term straw return to sequester organic carbon in Northeast China's cropland. Journal of Integrative Agriculture, 17(2): 436-448.

Wang WH, Luo X, Ye XF, et al. 2020. Predatory myxococcales are widely distributed in and closely correlated with the bacterial community structure of agricultural land. Applied Soil Ecology, 146: 103365.

Wang XB, Cai DX, Hoogmoed WB, et al. 2011. Regional distribution of nitrogen fertilizer use and N-saving potential for improvement of food production and nitrogen use efficiency in China. Journal of the Science of Food and Agriculture, 91(11): 2013-2023.

Wang XT, Chen RR, Jing ZW, et al. 2018. Root derived carbon transport extends the rhizosphere of rice compared to wheat. Soil Biology and Biochemistry, 122: 211-219.

Wang XY, Sun B, Mao JD, et al. 2012. Structural convergence of maize and wheat straw during two-year decomposition under different climate conditions. Environmental Science and Technology, 46(13): 7159-7165.

Wang XR, Yan XL, Liao H. 2010. Genetic improvement for phosphorus efficiency in soybean: a radical approach. Annals of Botany, 106(1): 215-222.

Wang YY, Hu CS, Dong WX, et al. 2015. Carbon budget of a winter-wheat and summer-maize rotation cropland in the North China Plain. Agriculture Ecosystems & Environment, 206: 33-45.

Wang Y, Li CY, Tu C, et al. 2017. Long-term no-tillage and organic input management enhanced the diversity and stability of soil microbial community. Science of the Total Environment, 609: 341-347.

Wang Z, Kadouri DE, Wu M. 2011. Genomic insights into an obligate epibiotic bacterial predator: *Micavibrio aeruginosavorus* ARL-13. BMC Genomics, 12: 453.

Wang ZL, Li YF, Chang SX, et al. 2014. Contrasting effects of bamboo leaf and its biochar on soil CO_2 efflux and labile organic carbon in an intensively managed Chinese chestnut plantation. Biology and Fertility of Soils, 50: 1109-1119.

Wang GH, Jin J, Liu JJ. 2009. Bacterial community structure in a mollisol under long-term natural restoration, cropping, and bare fallow history estimated by PCR-DGGE. Pedosphere, 19(2): 156-165.

Wang JG, Bakken LR. 1997. Competition for nitrogen during mineralization of plant residues in soil: microbial response to C and N availability. Soil Biology and Biochemistry, 29(2): 163-170.

Wang MM, Ding JJ, Sun B, et al. 2018. Microbial responses to inorganic nutrient amendment overridden by warming: consequences on soil carbon stability. Environmental Microbiology, 20(7): 2509-2522.

Wang W, Wang T. 1995. On the origin and the trend of acid precipitation in China. Water Air and Soil Pollution, 85: 2295-2300.

Wei Z, Gu Y, Friman VP, et al. 2019. Initial soil microbiome composition and functioning predetermine future plant health. Science Advances, 5(9): eaaw0759.

Wiesmeier M, Urbanski L, Hobley EU, et al. 2019. Soil organic carbon storage as a key function of soils: a review of drivers and indicators at various scales. Geoderma, 333(5): 149-162.

Wilhelm R, Singh R, Eltis LD, et al. 2018. Bacterial contributions to delignification and lignocellulose degradation in forest soils with metagenomic and quantitative stable isotope probing. The ISME Journal, 13(2): 413-429.

Wilson Jr CE, Norman RJ, Wells BR. 1994. Chemical estimation of nitrogen mineralization in paddy rice soils. Ⅱ. Comparison to laboratory indices. Communications in Soil Science and Plant Analysis, 25(5-6): 591-604.

Wolf AB, Vos M, de Boer W, et al. 2013. Impact of matric potential and pore size distribution on growth dynamics of filamentous and non-filamentous soil bacteria. PLoS ONE, 8(12): e83661.

Woodward GUY, Benstead JP, Beveridge OS, et al. 2010. Ecological networks in a changing climate. Advance Ecology Research, 42: 72-120.

Wrage N, Velthof GL, van Beusichem ML, et al. 2001. Role of nitrifier denitrification in the production of nitrous oxide. Soil Biology and Biochemistry, 33(12-13): 1723-1732.

Wright AL. 2009. Phosphorus sequestration in soil aggregates after long-term tillage and cropping. Soil and Tillage Research, 103(2): 406-411.

Wu J. 2011. Carbon accumulation in paddy ecosystems in Subtropical China: evidence from landscape studies. European Journal of Soil Science, 62(1): 29-34.

Wu JS, Huang M, Xiao HA, et al. 2007. Dynamics in microbial immobilization and transformations of phosphorus in highly weathered subtropical soil following organic amendments. Plant and Soil, 290(1-2): 333-342.

Wu JS, Zhou P, Li L, et al. 2012. Restricted mineralization of fresh organic materials incorporated into a subtropical paddy soil. Journal of the Science of Food and Agriculture, 92(5): 1031-1037.

Wu L, Zhang WJ, Wei WJ, et al. 2019. Soil organic matter priming and carbon balance after straw addition is regulated by long-term fertilization. Soil Biology and Biochemistry, 135: 383-391.

Wu X, Zhao QY, Zhao J, et al. 2015. Different continuous cropping spans significantly affect microbial community membership and structure in a vanilla-grown soil as revealed by deep pyrosequencing. Microbial Ecology, 70(1): 209-218.

Wu YC, Lu L, Wang BZ, et al. 2011. Long-term field fertilization significantly alters community structure of ammonia-oxidizing bacteria rather than archaea in a paddy soil. Soil Science Society of America Journal, 75: 1431-1439.

Wu YH, Liu JZ, Lu HY, et al. 2016. Periphyton: an important regulator in optimizing soil phosphorus bioavailability in paddy fields. Environmental Science and Pollution Research, 23(21): 21377-21384.

Wu YH, Liu JZ, Rene ER. 2018. Periphytic biofilms: a promising nutrient utilization regulator in wetlands. Bioresource Technology, 248(Pare B): 44-48.

Wu YY, Xi XC, Tang X, et al. 2018. Policy distortions, farm size, and the overuse of agricultural chemicals in China. Proceedings of the National Academy of Sciences of the United States of America, 115(27): 7010-7015.

Xia K, Ou X, Tang H, et al. 2015. Rice microRNA osa-miR1848 targets the obtusifoliol 14α-demethylase gene *OsCYP51G3* and mediates the biosynthesis of phytosterols and brassinosteroids during development and in response to stress. New Phytologist, 208(3): 790-802.

Xiao HF, Griffiths B, Chen XY, et al. 2010. Influence of bacterial-feeding nematodes on nitrification and the ammonia-oxidizing bacteria (AOB) community composition. Applied Soil Ecology, 45(3): 131-137.

Xiao Z, Liu M, Jiang L, et al. 2016. Vermicompost increases defense against root-knot nematode (*Meloidogyne incognita*) in tomato plants. Applied Soil Ecology, 105: 177-186.

Xie ZB, Zhu JG, Liu G, et al. 2007. Soil organic carbon stocks in China and changes from 1980s to 2000s. Global Change Biology, 13(9): 1989-2007.

Xu BC, Li FM, Sham L. 2008. Switchgrass and milkvetch intercropping under 2 : 1 row-replacement in semiarid region, Northwest China: aboveground biomass and water use efficiency. European Journal Agronomy, 28(3): 485-492.

Xu F, Zhang DW, Zhu F, et al. 2012. A novel role for cyanide in the control of cucumber (*Cucumis sativus* L.) seedlings response to environmental stress. Plant Cell and Environment, 35(11): 1983-1997.

Xu J, Han HF, Ning TY, et al. 2019. Long-term effects of tillage and straw management on soil organic carbon, crop yield, and yield stability in a wheat-maize system. Field Crops Research, 233: 33-40.

Xu MJ, Lou YL, Sun XL, et al. 2011. Soil organic carbon active fractions as early indicators for total carbon change under straw incorporation. Biology and Fertility of Soils, 47(7): 745-752.

Xu RK, Zhao AZ, Yuan JH, et al. 2012. PH buffering capacity of acid soils from tropical and subtropical regions of China as influenced by incorporation of crop straw biochars. Journal of Soils and Sediments, 12: 494-502.

Xu WF, Shi WM, Jia LJ, et al. 2012. TFT6 and TFT7, two different members of tomato 14-3-3gene family, play distinct roles in plant adaption to low phosphorus stress. Plant, Cell and Environment, 35(8): 1393-1406.

Xu YM, Liu H, Wang XH, et al. 2014. Changes in organic carbon index of grey desert soil in Northwest China after long-term fertilization. Journal of Integrative Agriculture, 13(3): 554-561.

Xue LH, Yu YL, Yang LZ. 2014. Maintaining yields and reducing nitrogen loss in rice-wheat rotation system in Taihu Lake region with proper fertilizer management. Environmental Research Letters, 9(11): 115010.

Xue K, Yuan MM, Shi ZJ, et al. 2016. Tundra soil carbon is vulnerable to rapid microbial decomposition under climate warming. Nature Climate Change, 6(6): 595-600.

Xue YY, Chen HH, Yang JR, et al. 2018. Distinct patterns and processes of abundant and rare eukaryotic plankton communities following a reservoir cyanobacterial bloom. The ISME Journal, 12(9): 2263-2277.

Yan DZ, Wang DJ, Yang LZ. 2007. Long-term effect of chemical fertilizer, straw, and manure on labile organic matter fractions in a paddy soil. Biology and Fertility of Soils, 44(1): 93-101.

Yan QY, Dong F, Li JH, et al. 2019. Effects of maize straw-derived biochar application on soil temperature, water conditions and growth of winter wheat. European Journal of Soil Science, 70: 1280-1289.

Yan XY, Ti CP, Vitousek P, et al. 2014. Fertilizer nitrogen recovery efficiencies in crop production systems of China with and without consideration of the residual effect of nitrogen. Environmental Research Letters, 9(9): 095002.

Yan ZJ, Chen S, Dari B, et al. 2018. Phosphorus transformation response to soil properties changes induced by manure application in calcareous soil. Geoderma, 322: 163-171.

Yang CH, Crowley DE, Menge JA. 2001. 16S rDNA fingerprinting of rhizosphere bacterial communities associated with healthy and *Phytophthora* infected avocado roots. FEMS Microbiology Ecology, 35(2): 129-136.

Yang HS, Xu MM, Koide RT, et al. 2016. Effects of 440 ditch-buried straw return on water percolation, nitrogen leaching and crop yields in a 441 rice-wheat rotation system. Journal Science Food Agriculture, 96: 1141-1149.

Yang SH, Liu F, Song XD, et al. 2019. Mapping topsoil electrical conductivity by a mixed geographically weighted regression kriging: a case study in the Heihe River Basin, Northwest China. Ecological Indicators, 102: 252-264.

Yang XL, Lu YL, Ding Y, et al. 2017. Optimising nitrogen fertilisation: a key to improving nitrogen-use efficiency and minimising nitrate leaching losses in an intensive wheat/maize rotation (2008-2014). Field Crops Research, 206: 1-10.

Yang X, Meng J, Lan Y, et al. 2017. Effects of maize stover and its biochar on soil CO_2 emissions and labile organic carbon fractions in Northeast China. Agriculture Ecosystems & Environment, 240: 24-31.

Yasukazu H. 2007. Nitrogen cycling and losses under rice-wheat rotations with coated urea and urea in the Taihu Lake region. Pedosphere, 17(1): 62-69.

Yin R, Deng H, Wang HL, et al. 2014. Vegetation type affects soil enzyme activities and microbial functional diversity following re-vegetation of a severely eroded red soil in Subtropical China. Catena, 115: 96-103.

Ying JY, Zhang LM, He JZ. 2010. Putative ammonia-oxidizing bacteria and archaea in an acidic red soil with different land utilization patterns. Environmental Microbiology Reports, 2(2): 304-312.

Young IM, Crawford JW. 2004. Interactions and self-organization in the soil-microbe complex. Science, 304(5677): 1634-1637.

Yuan SF, Wang LL, Wu K, et al. 2014. Evaluation of *Bacillus*-fortified organic fertilizer for controlling tobacco bacterial wilt in greenhouse and field experiments. Applied Soil Ecology, 75: 86-94.

Yu HY, Ding WX, Chen ZM, et al. 2015. Accumulation of organic C components in soil and aggregates. Scientific Reports, 5: 13804.

Yu HY, Ding WX, Luo JF, et al. 2012a. Effects of long-term compost and fertilizer application on stability of aggregate-associated organic carbon in an intensively cultivated sandy loam soil. Biology and Fertility of Soils, 48(3): 325-336.

Yu HY, Ding WX, Luo JF, et al. 2012b. Long-term application of organic manure and mineral fertilizers on aggregation and aggregate-associated carbon in a sandy loam soil. Soil and Tillage Research, 124: 170-177.

Yu JQ, Ye SF, Zhang MF, et al. 2003. Effects of root exudates and aqueous root extracts of cucumber (*Cucumis sativus*) and allelochemicals, on photosynthesis and antioxidant enzymes in cucumber. Biochemical Systematics and Ecology, 31(2): 129-139.

Yu WH, Li N, Tong DS, et al. 2013. Adsorption of proteins and nucleic acids on clay minerals and their interactions: review. Applied Clay Science, 80-81: 443-452.

Yu WT, Pan FF, Ma Q, et al. 2016. Alterations of pathways in fertilizer N conservation and supply in soils treated with dicyandiamide, hydroquinone and glucose. Applied Soil Ecology, 108: 108-117.

Yu X, Hong C, Peng G, et al. 2018. Response of pore structures to long-term fertilization by a combination of synchrotron radiation X-ray microcomputed tomography and a pore network model. European Journal of Soil Scienc, 69(2): 290-302.

Yuan HZ, Ge TD, Chen CY, et al. 2012. Significant role for microbial autotrophy in the sequestration of soil carbon. Applied and Environmental Microbiology, 78(7): 2328-2336.

Yuan HZ, Liu SL, Razavi BS, et al. 2019. Differentiated response of plant and microbial C ：N ：P stoichiometries to phosphorus application in phosphorus-limited paddy soil. European Journal of Soil Biology, 95: 103122.

Yuan JH, Xu RK. 2010. The amelioration effects of low temperature biochar generated from nine crop residues on an acidic ultisol. Soil Use Management, 27(1): 110-115.

Yuan JH, Xu RK, Wang N, et al. 2011. Amendment of acid soils with crop residues and biochars. Pedosphere, 21(3): 302-308.

Yuan ZL, Druzhinina IS, Labbé J, et al. 2016. Specialized microbiome of a halophyte and its role in helping non-host plants to withstand salinity. Science Report, 6: 32467.

Yue HW, Wang MM, Wang SP, et al. 2015. The microbe-mediated mechanisms affecting topsoil carbon stock in Tibetan grasslands. The ISME Journal, 9: 2012-2020.

Zeng MF, de Vries W, Bonten LTC, et al. 2017. Model-based analysis of the long-term effects of fertilization management on cropland soil acidification. Environmental Science and Technology, 51(7): 3843-3851.

Zeng J, Shen JP, Wang JT, et al. 2018. Impacts of projected climate warming and wetting on soil microbial communities in alpine grassland ecosystems of the Tibetan Plateau. Microbial Ecology, 75(4): 1009-1023.

Zettler J, Xia HY, Burkard N, et al. 2014. New aminocoumarins from the rare actinomycete *Catenulispora acidiphila* DSM 44928: identification, structure elucidation, and heterologous production. Chembiochem, 15(4): 612-621.

Zha Y, Wu XP, Gong FF, et al. 2015. Long-term organic and inorganic fertilizations enhanced basic soil productivity in a fluvo-aquic soil. Journal of Integrative Agriculture, 14(12): 2477-2489.

Zhalnina K, Louie KB, Hao Z, et al. 2018. Dynamic root exudate chemistry and microbial substrate preferences drive patterns in rhizosphere microbial community assembly. Nature Microbiology, 3(4): 470-480.

Zhang FS, Cui ZL, Chen XP, et al. 2012. Integrated nutrient management for food security and environmental quality in China. Advances in Agronomy, 116: 1-40.

Zhang FS, Li L. 2003. Using competitive and facilitative interactions in intercropping systems enhances crop productivity and nutrient-use efficiency. Plant and Soil, 248: 305-312.

Zhang HJ, Ding WX, He XH, et al. 2014. Influence of 20-year organic and inorganic fertilization on organic carbon accumulation and microbial community structure of aggregates in an intensively cultivated sandy loam soil. PLoS ONE, 9(3): e92733.

Zhang HJ, Ding WX, Yu HY, et al. 2015. Linking organic carbon accumulation to microbial community dynamics in a sandy loam soil: result of 20 years compost and inorganic fertilizers repeated application experiment. Biology and Fertility of Soils, 51(2): 137-150.

Zhang H, Sekiguchi Y, Hanada S, et al. 2003. *Gemmatimona saurantiaca* gen. nov., sp. nov., a Gram-negative, aerobic, polyphosphate-accumulating micro-organism, the first cultured representative of the new bacterial phylum Gemmatimonadetes phyl. nov. International Journal of Systematic and Evolutionary Microbiology, 53(Pt 4): 1155-1163.

Zhang HX, Sun B, Xie XL, et al. 2015. Simulating the effects of chemical and non-chemical fertilization practices on carbon sequestration and nitrogen loss in subtropical paddy soils using the DNDC model. Paddy and Water Environment, 13: 495-506.

Zhang J, Hu KL, Li KJ, et al. 2017. Simulating the effects of long-term discontinuous and continuous fertilization with straw return on crop yields and soil organic carbon dynamics using the DNDC model. Soil and Tillage Research, 165: 302-314.

Zhang J, Jiao S, Lu YH. 2018. Biogeographic distribution of bacterial, archaeal and methanogenic communities and their associations with methanogenic capacity in Chinese wetlands. Science of the Total Environment, 622-623: 664-675.

Zhang JY, Liu YX, Zhang N, et al. 2019. NRT1.1B is associated with root microbiota composition and nitrogen use in field-grown rice. Nature Biotechnology, 37(6): 676-684.

Zhang JJ, Xu XW, Lei JQ. 2013. Leaching effect of drip irrigation with saline water on soil salt. Journal of Irrigation and Drainage Engineering, 32: 55-58.

Zhang JH, Wang Y, Li FC. 2015. Soil organic carbon and nitrogen losses due to soil erosion and cropping in a sloping terrace landscape. Soil Research, 53(1): 87-96.

Zhang JH, Wang Y, Zhang ZH. 2014. Effect of terrace forms on water and tillage erosion on a hilly landscape in the Yangtze River Basin, China. Geomorphology, 216: 114-124.

Zhang SS, Zheng Q, Noll L, et al. 2019. Environmental effects on soil microbial nitrogen use efficiency are controlled by allocation of organic nitrogen to microbial growth and regulate gross N mineralization. Soil Biology and Biochemistry, 135: 304-315.

Zhang SX, Li Q, Lü Y, et al. 2013. Contributions of soil biota to C sequestration varied with aggregate fractions under different tillage systems. Soil Biology and Biochemistry, 62: 147-156.

Zhang S, Zhou J, Wang GH, et al. 2015. The role of mycorrhizal symbiosis in aluminum and phosphorus interactions in relation to aluminum tolerance in soybean. Applied Microbiology and Biotechnology, 99(23): 10225-10235.

Zhang TQ, MacKenzie A. 1997. Changes of soil phosphorous fractions under long-term corn monoculture. Soil Science Society of America Journal, 61(2): 485-493.

Zhang WJ, Li ZF, Zhang QZ, et al. 2011. Impacts of biochar and nitrogen fertilizer on spinach yield and tissue nitrate content from a pot experiment. Journal of Agro-Environment Science, 30(10): 1946-1952.

Zhang W, Cui YH, Lu XK, et al. 2016. High nitrogen deposition decreases the contribution of fungal residues to soil carbon pools in a tropical forest ecosystem. Soil Biology and Biochemistry, 97: 211-214.

Zhang WJ, Wang XJ, Xu MG, et al. 2010. Soil organic carbon dynamics under long-term fertilization in arable land of Northern China. Biogeoscience Discussions, 7(2): 409-425.

Zhang X, Davidson EA, Mauzerall DL, et al. 2015. Managing nitrogen for sustainable development. Nature, 528(7580): 51-59.

Zhang XF, Xin XL, Zhu AN, et al. 2018a. Linking macroaggregation to soil microbial community and organic carbon accumulation under different tillage and residue managements. Soil and Tillage Research, 178: 99-107.

Zhang XF, Zhu AN, Xin XL, et al. 2018b. Tillage and residue management for long-term wheat-maize cropping in the North China Plain: I. Crop yield and integrated soil fertility index. Field Crops Research, 221: 157-165.

Zhang XH, Zhang R, Wu J, et al. 2016. An emergy evaluation of the sustainability of Chinese crop production system during 2000. Ecological Indicators, 60: 622-633.

Zhang YL, Zhang MY, Tang L, et al. 2018. Long-term harvest residue retention could decrease soil bacterial diversities probably due to favouring oligotrophic lineages. Microbial Ecology, 76(3): 771-781.

Zhang FS, Chen XP, Vitousek P. 2013. Chinese agriculture: an experiment for the world. Nature, 497(7447): 33-35.

Zhao HL, Jiang YH, Ning P, et al. 2019. Effect of different straw return modes on soil bacterial community, enzyme activities and organic carbon fractions. Soil Science Society of America Journal, 83(3): 638-648.

Zhao HL, Shar AJ, Li S, et al. 2018. Effect of straw return mode on soil aggregation and aggregate carbon content in an annual maize-wheat double cropping system. Soil and Tillage Research, 175: 178-186.

Zhao H, Sun B, Jiang L, et al. 2015. Erratum to: how can straw incorporation management impact on soil carbon storage? A meta-analysis. Mitigation and Adaptation Strategies for Global Change, 20(8): 1569.

Zhao H, Tian XH, Chen YL, et al. 2017. Effect of exogenous substances on soil organic and inorganic carbon sequestration under maize stover addition. Soil Science and Plant Nutrition, 63(6): 591-598.

Zhao QY, Dong CX, Yang XM, et al. 2011. Biocontrol of Fusarium wilt disease for *Cucumis melo*, melon using bio-organic fertilizer. Applied Soil Ecology, 47(1): 67-75.

Zhao SC, Qiu SJ, Cao CY, et al. 2014. Responses of soil properties, microbial community and crop yields to various rates of nitrogen fertilization in a wheat-maize cropping system in North-Central China. Agriculture Ecosystems & Environment, 194: 29-37.

Zhao WR, Li JY, Jiang J, et al. 2020. The mechanisms for reducing aluminum toxicity and improving the yield of sweet potato (*Ipomoea batatas* L.) with organic and inorganic amendments in an acidic ultisol. Agriculture Ecosystems & Environment, 288: 106716.

Zhao XQ, Guo SW, Shinmachi F, et al. 2013. Aluminium tolerance in rice is antagonistic with nitrate preference and synergistic with ammonium preference. Annals of Botany, 111(1): 69-77.

Zhao X, Xie YX, Xiong ZQ, et al. 2009. Nitrogen fate and environmental consequence in paddy soil under rice-wheat rotation in the Taihu Lake Region, China. Plant and Soil, 319(1-2): 225-234.

Zhao X, Zhou Y, Min J, et al. 2012. Nitrogen runoff dominates water nitrogen pollution from rice-wheat rotation in the Taihu Lake region of China. Agriculture Ecosystems & Environment, 156(4): 1-11.

Zhao YC, Wang MY, Hu SJ, et al. 2018, Economics- and policy-driven organic carbon input enhancement dominates soil organic carbon accumulation in Chinese croplands. Proceedings of the National Academy of Sciences of the United States of America, 115(16): 4045-4050.

Zhao MX, Xue K, Wang F, et al. 2014. Microbial mediation of biogeochemical cycles revealed by simulation of global changes with soil transplant and cropping. The ISME Journal, 8(10): 2045-2055.

Zheng BX, Bi QF, Hao XL, et al. 2017. *Massilia phosphatilytica* sp. nov., a phosphate solubilizing bacterium isolated from a long-term fertilized soil. International Journal of Systematic and Evolutionary Microbiology, 67(8): 2514-2519.

Zheng BX, Zhang DP, Wang Y, et al. 2019. Responses to soil pH gradients of inorganic phosphate solubilizing bacteria community. Scientific Reports, 9: 25.

Zheng GD, Shi LB, Wu HY et al. 2012. Nematode communities in continuous tomato-cropping field soil infested by root-knot nematodes. Acta Agriculturae Scandinavica Section B: Soil and Plant Science, 62(3): 216-223.

Zheng Z, Yu G, Fu Y, et al. 2009. Temperature sensitivity of soil respiration is affected by prevailing climatic conditions and soil organic carbon content: a trans-China based case study. Soil Biology and Biochemistry, 41: 1531-1540.

Zhong YJ, Yang YQ, Liu P, et al. 2019. Genotype and rhizobium inoculation modulate the assembly of soybean rhizobacterial communities. Plant Cell and Environment, 42(6): 2028-2044.

Zhou J, Li S, Chen Z. 2002. Soil microbial biomass nitrogen and its relationship to uptake of nitrogen by plants. Pedosphere, 12(3): 251-256.

Zhou JZ, Deng Y, Luo F, et al. 2010. Functional molecular ecological networks. mBio, 1(4): e00169-10.

Zhou JZ, Deng Y, Luo F, et al. 2011. Phylogenetic molecular ecological network of soil microbial communities in response to elevated CO_2. mBio, 2(4): e00122-11.

Zhou JZ, Deng Y, Shen LN, et al. 2016. Temperature mediates continental-scale diversity of microbes in forest soils. Nature Communications, 7: 12083.

Zhou JZ, Xue K, Xie JP, et al. 2012. Microbial mediation of carbon-cycle feedbacks to climate warming. Nature Climate Change, 2(2): 106-110.

Zhu B, Wang T, Kuang FH, et al. 2009. Measurements of nitrate leaching from a hillslope cropland in the Central Sichuan Basin, China. Soil Science Society of America Journal, 73(4): 1419-1426.

Zhu B, Wang T, You X, et al. 2008. Nutrient release from weathering of purplish rocks in the Sichuan Basin, China. Pedosphere, 18(2): 257-264.

Zhu JH, Li XL, Christie P, et al. 2005. Environmental implications of low nitrogen use efficiency in excessively fertilized hot pepper (*Capsicum frutescens* L.) cropping systems. Agriculture Ecosystems & Environment, 111(1-4): 70-80.

Zhu LQ, Hu NJ, Zhang ZW, et al. 2015. Short-term responses of soil organic carbon and carbon pool management index to different annual straw return rates in a rice-wheat cropping system. Catena, 135: 283-289.

Zhu QH, Peng XH, Huang TQ, et al. 2014. Effect of biochar addition on maize growth and nitrogen use efficiency in acidic red soils. Pedosphere. 24(6): 699-708.

Zhu XY, Zhu B. 2015. Diversity and abundance of soil fauna as influenced by long-term fertilization in cropland of purple soil, China. Soil and Tillage Research, 146(Part A): 39-46.

Zimdahl RL. 2015. Six Chemicals That Changed Agriculture. London: Academic Press.

Zimmerman AR, Gao B, Ahn MY. 2011. Positive and negative carbon mineralization priming effects among a variety of biochar-amended soils. Soil Biology and Biochemistry, 43(6): 1169-1179.

Zumsteg A, Bååth E, Stierli B, et al. 2013. Bacterial and fungal community responses to reciprocal soil transfer along a temperature and soil moisture gradient in a glacier forefield. Soil Biology and Biochemistry, 61: 121-132.